Friedrich Plehn

Die Kamerun-Küste

Studien zur Klimatologie, Physiologie und Pathologie in den Tropen

Friedrich Plehn

Die Kamerun-Küste
Studien zur Klimatologie, Physiologie und Pathologie in den Tropen

ISBN/EAN: 9783744665735

Hergestellt in Europa, USA, Kanada, Australien, Japan

Cover: Foto ©berggeist007 / pixelio.de

Weitere Bücher finden Sie auf **www.hansebooks.com**

Die

KAMERUN-KÜSTE.

Studien

zur

Klimatologie, Physiologie und Pathologie

in den Tropen.

Von

Dr. Friedrich Plehn,

Regierungsarzt beim Kaiserl. Gouvernement von Deutsch-Ostafrika,
Ehemaliger Regierungsarzt von Kamerun.

Mit 17 Abbildungen im Text und 1 Karte der Kamerun-Küste.

Berlin 1898.

Verlag von August Hirschwald.

NW. Unter den Linden 68.

Vorwort.

—

Das Erscheinen der nachstehenden tropenmedicinischen Studien hat sich zu meinem Bedauern sehr verzögert. Der Einfluss eines länger dauernden Aufenthalts an der westafrikanischen Fieberküste machte es mir zur Zeit des auf denselben folgenden Heimathsurlaubs nicht möglich, das umfangreiche, während einiger Jahre Tropenlebens zusammengebrachte Material zu ordnen und zu bearbeiten. Die auf den Urlaub folgende fast $2\frac{1}{2}$ jährige Thätigkeit als Regierungsarzt beim Kaiserlichen Gouvernement von Deutsch-Ostafrika war durch das Studium der ostafrikanischen Pathologie und die Anbahnung erträglicher sanitärer Verhältnisse im nördlichen Bezirk der Kolonie, in welchem ich stationirt war, stark in Anspruch genommen, der Verkehr mit der Verlagsbuchhandlung zwischen Berlin und meiner südhemisphärischen Station, im besondern die Erledigung der nothwendigen Correcturen nahm ausserordentlich viel Zeit in Anspruch. So ist es mir erst im Beginn meines zweiten Heimathsurlaubs möglich, die kleine Arbeit abzuschliessen.

Einzelnes hat sich inzwischen in der Kolonie, die ich im Nachstehenden schildere, geändert. Unsere Kenntniss eines Theiles derselben, namentlich des küstennahen Terrassen- und Hochlands ist durch kleine Expeditionen erweitert und vertieft worden, einige der sanitären Verbesserungen, die ich für die Küste erstrebte und anzubahnen meiner Zeit bemüht war, sind inzwischen durchgeführt oder in der Durchführung begriffen. Andererseits hat sich manche Hoffnung nicht erfüllt, die ich auf Grund der Erfahrungen glaubte hegen zu dürfen, welche ich in Kamerun gesammelt und später in Ostafrika unter allerdings unvergleichlich viel günstigeren gesundheitlichen Verhältnissen bestätigt gefunden hatte. In erster Linie rechne ich dahin den ausserordentlich schweren Charakter, mit welchem in den letzten zwei Jahren die Malaria, zeitweis in gradezu epidemieartiger Weise, an der ganzen tropischen Westküste, im besondern in Togo und Kamerun, aufgetreten ist. Speciell gilt das vom Schwarzwasserfieber. Trotz der grossen Vorsicht, mit welcher neuerdings von den Aerzten an der Westküste dieser Krankheit gegenüber mit dem Chinin vorgegangen wird, an dessen ätiologischer Beziehung zu einer beträchtlichen Zahl von hämoglobinurischen Fiebererkrankungen in den Tropen nach den neuesten Untersuchungen R. Koch's in Ostafrika ein Zweifel wohl auch dem in seinen medicinischen Anschauungen conservativsten Tropenarzt nicht mehr möglich sein wird, herrschte das Schwarzwasserfieber parallel laufend der nach Zahl und Intensität gleichfalls ausserordentlich gesteigerten allgemeinen Malariamorbidität in zeitweis epidemieartiger Weise und ergriff entgegen ihrem sonst allgemein beobachteten Verhalten nicht allein Europäer, sondern auch Neger, namentlich solche, die aus dem Innern zur Küste kamen. Auch unter ihnen waren Morbidität und Mortalität an der Krankheit, welche meist einige Tage nach dem Verlassen der Küste auf dem Rückmarsch zum Ausbruch gekommen zu sein scheint, zeitweis so gross, dass z. B. im Sommer 1896 die Träger der Stationen des Innern von Togo sich aus Furcht vor der Krankheit vielfach weigerten, mit Lasten nach der Küste zu gehen. Es beweist diese Thatsache wieder, wie bedenklich es bei dem ausserordentlich wechselnden Charakter der Malaria ist, auf die zu einer bestimmten Zeit und an einem bestimmten Ort gemachten Erfahrungen weitgehende verallgemeinernde Schlüsse über die klinischen Aeusserungen der Krankheit zu gründen.

Besonders bedaure ich, dass ich die Ergebnisse der Untersuchungen R. Koch's über ostafrikanische Malaria bei meinen hier veröffentlichten Studien nicht mehr habe verwerthen können. Die meteorologischen und sonstigen physikalischen wie die pathologischen Verhältnisse der Ost- und Westküste des tropischen Afrika sind in mancher Hinsicht sehr verschieden. Nur die eines Theils der letzteren während eines bestimmten Zeitraums habe ich in meiner kleinen Arbeit darzustellen unternommen.

Berlin, im Mai 1898.

Der Verfasser.

Inhalt.

Einleitung.

Die vorliegende kleine Arbeit enthält die Ergebnisse einer nunmehr über dreijährigen meteorologischen und ärztlichen Thätigkeit in den Tropen. Die Anregung zu derselben gewann ich vor 10 Jahren auf einer im Anschluss an mein Staatsexamen unternommenen Reise als Schiffsarzt nach Südamerika. Es folgte eine mehrjährige praktische Ausbildung zunächst als Assistent am hygienischen Institut zu Jena unter Herrn Hofrath Professor Dr. Gärtner, sodann an der inneren und chirurgischen Abtheilung des Städtischen Krankenhauses Moabit zu Berlin. An letzterem begann ich mit dem Studium der Malaria, dessen Ergebniss ein in der Zeitschrift für Hygiene (Bd. VIII. Heft 1) veröffentlichter „Beitrag zur Lehre von der Malariainfection", eine kleine im A. Hirschwald'schen Verlag 1890 erschienene Arbeit: „Aetiologische und klinische Malariastudien", sowie ein in der Berliner medicinischen Gesellschaft gehaltener und in der Berliner klinischen Wochenschrift (1890. No. 13) veröffentlichter Vortrag „über die Aetiologie der Malaria" war. Ein mir von Seiner Excellenz, dem damaligen preussischen Kultusminister, Herrn Dr. v. Gossler, verliehenes Staatsstipendium ermöglichte es mir, die auf diesem Gebiet gesammelten Erfahrungen auf zwei Reisen nach Indien und Ostasien zu erweitern. Es kamen auf denselben meteorologische Untersuchungen über das Klima auf dem tropischen Meer hinzu, für welche ich Anregung und Berathung der Liebenswürdigkeit des Directors der deutschen Seewarte, des wirklichen Geheimen Admiralitätsraths Herrn Professors Dr. Neumayer verdanke. Damals begann ich zugleich mit Untersuchungen über einige physiologische Veränderungen, welche der menschliche Organismus unter dem Einfluss des tropischen Klimas erleidet, sowie mit dem Studium der sanitären Massnahmen und Institute in den englischen und niederländischen Colonien, vorzugsweise in den von mir besuchten Plätzen Penang, Singapore, Hongkong, Batavia, Samarang, Soerabaya und Malang. Die Erfahrungen dieser Reisen sind zum Theil in zwei kleinen, in den Annalen der Hydrographie und maritimen Meteorologie October 1892 und April 1893 erschienenen Arbeiten klimatologischen Inhalts und in einem Aufsatz: „Beitrag zur Pathologie der Tropen" in Virchow's Archiv für pathologische Anatomie (Bd. 129. Heft 2. 1892) niedergelegt.

Unmittelbar nach meiner Rückkehr aus Ostasien wurde mir seitens der Colonialabtheilung des Auswärtigen Amts die Stellung als Regierungsarzt für die Colonie Kamerun mit dem besonderen Auftrag übertragen, das daselbst soeben fertig gestellte Regierungshospital mit einem für physiologische und bakteriologische Untersuchungen genügenden Laboratorium zu verbinden. Mein Aufenthalt an der afrikanischen Westküste währte vom Frühjahr 1893 bis Winter 1894; ich hatte während desselben reichlich Gelegenheit, an einem grossen Krankenmaterial unter günstigen klinischen Verhältnissen eine Reihe von Erfahrungen auf dem Gebiet der tropischen Pathologie zu sammeln, sowie mich auf zahlreichen Dienst- und Informationsreisen über die hygienischen Verhältnisse an anderen Punkten der Küste, im Kamerungebiete selbst sowohl wie auf Fernando Poo, São Thomé, Lagos, Sierra Leone und Gorée zu orientiren. Während meiner regierungsärztlichen Thätigkeit hatte ich regelmässig monatlich meiner vorgesetzten Behörde in Berlin über die klimatischen und sanitären Verhältnisse von Kamerun eingehend Bericht zu erstatten. Eine kleine Arbeit über „Einige auf Krankheit und Tod bezügliche Vorstellungen und Gebräuche der Duallaneger" erschien im VII. Band, Heft 2 der „Mittheilungen von Forschungsreisenden und Gelehrten aus den deutschen Schutzgebieten". Während eines längeren Heimathsurlaubs rächte sich der Aufenthalt an der Fieberküste durch mehrfache theilweise schwere Malariarückfälle, welche die Ausarbeitung des auf meinen Reisen, sowie während meines Aufenthalts in Kamerun angesammelten Materials sehr gegen meinen Willen verzögerten. Ich war gezwungen, mich während desselben auf einige kleinere Arbeiten: „Ueber die Pathologie Kameruns mit Rücksicht auf die unter den Küstennegern vorkommenden Krankheiten" (Virchow's Archiv, 139. Bd. 1895), sowie einen in der Berliner medicinischen Gesellschaft am 8. Mai 1895 gehaltenen Vortrag: „Ueber das Schwarzwasserfieber an der afrikanischen Westküste" zu beschränken, über das bisherige Ergebniss der hygienischen Forschungen in Kamerun nur in ganz gedrängter Form vor der in Lübeck abgehaltenen Versammlung deutscher Naturforscher und Aerzte am 18. September 1895 zu berichten[1]) und den Abschluss der Arbeit bis zur abermaligen Heraussendung in die Colonien, diesmal als Regierungsarzt beim Kaiserlichen Gouvernement von Deutsch Ostafrika, zu verschieben, wo selbst mir zunächst die specielle Aufgabe zufiel, in der nördlichen Hafenstadt Tanga ein Regierungshospital einzurichten und wie in Kamerun mit einem wissenschaftlichen Laboratorium zu verbinden.

In erster Linie habe ich, wie das schon aus dem Titel meiner Arbeit hervorgeht, die Erfahrungen benutzt, welche ich als Regierungsarzt von Kamerun an der afrikanischen Westküste zu sammeln Gelegenheit hatte. Die dortigen Verhältnisse können in vieler Hinsicht als typisch für Flussniederungen des tropischen Westafrika angesehen werden. In dem zweiten, die physiologischen Veränderungen des europäischen Organismus unter dem Einfluss des tropischen Klimas behandelnden Kapitel sind ausserdem die Untersuchungen herangezogen, welche ich im Jahre 1892 auf Seereisen im rothen Meer und indischen Ocean vornahm. Verschiedene Lücken, die sich bei der Ausarbeitung fanden, sind dann nach Möglichkeit nachträglich durch das unter ähnlichen Verhältnissen in Deutsch Ostafrika gewonnene Beobachtungsmaterial ausgefüllt worden.

---

1) Der Vortrag ist inzwischen erschienen in den Veröffentlichungen des Gesundheitsamts.

Ich habe in allererster Linie eigene Erfahrungen und Beobachtungen mitgetheilt. Schon daraus ergiebt sich, dass das Buch durchaus nicht beansprucht, als eine Pathologie der Tropen im Allgemeinen angesehen zu werden. Es sind in demselben stets ganz specielle Verhältnisse geschildert. Wer Erfahrungen in verschiedenen Gegenden der Tropen gemacht hat, hütet sich mit Rücksicht auf die ausserordentliche Verschiedenheit derselben in klimatischer wie sanitärer Hinsicht vor jeder weitgehenden Verallgemeinerung des Beobachteten, so viel Verlockendes dieselbe auch haben mag.

Bei der Art der mir gestellten Aufgabe musste mir daran liegen, nach Möglichkeit eine Uebersicht zu bekommen über alle wichtigeren, für die Hygiene unserer Colonie in Betracht kommenden Verhältnisse. Dieselbe bringt, zumal bei der äusserst kurzen, mir dazu zur Verfügung stehenden Zeit, die von mir gewiss nicht unterschätzte Gefahr mangelnder Vertiefung im Einzelnen mit sich. Ich bin mir wohl bewusst, derselben vielfach nicht entgangen zu sein. Die äusseren Verhältnisse, unter welchen ich arbeitete, mögen mich in der Hinsicht entschuldigen. Ich war an der ganzen Kamerunküste der einzige Arzt, die Ansprüche, welche die praktisch ärztliche Thätigkeit an Zeit und Arbeitskraft stellte, dementsprechend sehr gross; darunter musste eine consequente wissenschaftliche Thätigkeit natürlich ebenso leiden, wie unter den häufigen Dienstreisen und kleinen Expeditionen während des Dahomehaufstandes und im Anschluss an denselben, welche auch den Arzt nicht allzu selten zwangen, Mikroskop, Operationszimmer und Laboratorium mit Büchse und Lagerzelt zu vertauschen. Dazu kommt die nicht so seltene weitere Unterbrechung der Arbeit durch vorübergehende eigne Erkrankung, der Mangel jeglicher Assistenz und die Schwierigkeit, sich von einem entlegenen Punkt der Tropen aus in engem Connex mit seiner Wissenschaft in der Heimath zu erhalten. Namentlich mit letzterer Schwierigkeit möge man es entschuldigen, wenn die einschlägige Literatur, welche inzwischen über die von mir besprochenen Gegenstände erschienen ist, im Nachfolgenden nicht ganz die eingehende Würdigung finden sollte, wie ich es selbst am meisten wünschen würde.

Wenn es mir trotz einer Reihe von Schwierigkeiten, welche der Forscher in der Heimath wenig oder gar nicht kennt, gelungen sein sollte, ein einigermassen übersichtliches Bild von den in sanitärer Hinsicht in Betracht kommenden Verhältnissen unserer Kolonie zu entwerfen und eine Grundlage für deren weitere speciellere Erforschung zu schaffen, so verdanke ich die Möglichkeit dazu in erster Linie dem lebhaften Interesse und der thatkräftigen Unterstützung, welche mir seitens meiner vorgesetzten Behörde, der Colonialabtheilung des Auswärtigen Amtes und speciell seitens des Directors derselben, des wirklichen Geheimen Legationsraths Herrn Dr. Kayser, stets bei meinen Arbeiten zu Theil geworden ist. Ich verfehle nicht, demselben auch an dieser Stelle meinen ehrerbietigsten Dank auszusprechen.

Tanga, Frühjahr 1897.

Dr. **Friedrich Plehn.**

Capitel I.

Physikalische und klimatische Verhältnisse von Kamerun.

—

Etwa zwischen dem 8°30' und 15° östlicher Länge und dem 10°30' und 2°2' nördlicher Breite gelegen ist die deutsche Kamerunkolonie, in ihrer ganzen Ausdehnung im eigentlichen Sinne ein tropisches Land. Ihre für die europäische Bewohnerschaft z. Z. fast allein in Betracht kommende Meeresküste sammt dem den unteren Flussläufen entsprechenden Tiefland gehört völlig der äquatorialen Zone an. Die erstere bildet die einzige natürliche Grenze der Kolonie, im Uebrigen wird dieselbe gegen die umgebenden englischen und französischen Besitzungen fast ausschliesslich durch ideale mathematische Linien gebildet.

Der westliche Rand des im Mittel ca. 800—1000 m hohen central-afrikanischen Hochplateaus, welchem auch der weitaus grösste Theil der Kamerunkolonie angehört, umschliesst bogenförmig einen schmalen Tief-landstreifen, der durch die Ablagerung von Sinkstoffen, theils Produkten der Gesteinsverwitterung, theils der Urwaldvegetation von den das Pla-teau in westlicher Richtung durchbrechenden Flüssen gebildet wurde und mit geringer Neigung nach dem Meer sich absenkt. Scharf markirt wird die Grenze zwischen dem steil und vielfach terrassenförmig sich voll-ziehenden Abfall des Plateaus und dem Küstentiefland durch die Wasser-fälle, welche beim Eintritt in das letztere die zahlreichen, auf dem Hoch-land entspringenden und in westlicher Richtung dem atlantischen Ocean zufliessenden Flüsse bilden, der Kamerunfluss, Sannaga, Njong, Lokundje, Kribi- und Campofluss. Die Entfernung dieser Wasserfälle von der Mün-dung bezeichnet zugleich die Breite des Tieflands und offenbart die Bogenform, in welcher der Abhang des Hochplateaus nach dem Innern zu dasselbe abschliesst. Im Süden bei Kribi treten die Ausläufer desselben unmittelbar an die See heran und die Küstenbäche fallen direct in Kas-kaden in diese hinein, weiter nach Norden zieht der Plateaurand sich von der Küstenlinie zurück, in der Breite des Njong beträgt die Breite der Küstenebene ca. 60 km, in der des Sannaga über 80. Noch weiter nördlich biegt der Plateaurand mehr nach Westen um und vereinigt sich mit den

Ausläufern des Kamerungebirges, das sich in steilem Abfall nach dem Meer senkt und nach Norden und Nordwesten hin die Küstenebene begrenzt.

Im südlichen Theil der Kolonie erfolgt der Anstieg zur Plateauhöhe in deutlich markirten Terrassen, im Norden steil und unmittelbar bis zu 1000—1500 m Höhe. An verschiedenen Stellen wird es noch durch Gebirge durchbrochen und überhöht, welche in den Bafarami-Bergen eine Erhebung von ca. 2300 m erreichen. Im Uebrigen zeigt das Plateau wechselnde Höhe, auf der Jaundestation ist dieselbe auf 800 m, an den Fällen des Njong auf 650 m, bei den Nachtigalfällen des Sannaga auf 500 m bestimmt worden, im Baliland erreicht sie 1400 m und darüber nach dem Ergebniss von Zintgraff's Messung. Die im Allgemeinen festgestellte Senkung des centralafrikanischen Plateaus von SO nach NW macht sich im Kamerungebiet nach den bis jetzt freilich noch wenig zahlreichen Messungen nicht bemerkbar.

Wie das ganze afrikanische Hochplateau, besteht das Hochland in Kamerun aus Urgestein, Granit, Gneis und vorzugsweise aus krystallinischen Schiefern, häufig ist das Urgebirge von altem Sandstein überlagert, am Sannaga, Mungo und Abo ist auch Thonschiefer und Glimmerschiefer gefunden worden, vereinzelt — an der Batangaküste — kommt Kreide vor. In der Umgebung der Jaundestation, wahrscheinlich auch an anderen Stellen, kommt die reine Porzellanerde, kieselsaures Aluminium, als Endprodukt der atmosphärischen Verwitterung des Urgesteins vor. Durchaus vulkanischen Charakter haben die Nkossi- und Bafaramiberge sowie das bis zu 4000 m ansteigende Kamerungebirge, dessen Grundstock aus Basalt besteht. Derselbe tritt an manchen Stellen in 50—75 m hohen Säulen frei zu Tage und wird am Mungo von den Bakundus, wie auch von den Eingeborenen am Rio del Rey, vielfach zu Hauspfeilern benutzt. Ueberall im Hochland ist der Wasserreichthum beträchtlich.

Das Tiefland der Küste verdankt seine Entstehung fast ausschliesslich der Zersetzung der Gesteine des Plateaus durch atmosphärische Einflüsse, sowie durch die der Vegetation und des Wassers. Durch sie wird das Urgestein zersetzt und verwittert, durch die Flussläufe dann nach der Niederung heruntergeführt, wo es sich schichtweis als Laterit absetzt und als solcher die typische Formation des westafrikanischen Tieflandes bildet.

Wo durch die Flüsse, oder die Arbeit der Wellen Aufschlüsse gebildet worden sind, erkennt man deutlich die Schichtung mit dem wechselnden Eisengehalt, welcher an manchen Stellen der Formation das für die Ostküste so charakteristische völlig rothe Ansehen giebt.

Wo die Wässer zweier Flüsse aufeinandertreffen, oder wo die Fluth an der Mündung dieselben aufstaut, setzen die Sinkstoffe sich ab und bilden den Grundstock für zahlreiche Barren, welche das Befahren der Flüsse, namentlich in der trockenen Zeit, unbequem und selbst gefährlich machen. Auf den Lateritablagerungen aber sorgt die schnell sich einfindende niedere Vegetation für die Bildung der erforderlichen Humusschicht und schafft damit die Bedingungen für immer weiter fortschreitende Entwickelung höherer Pflanzen. Die Vegetation ist im Hochland und Tiefland durchaus verschieden. So weit die ausgleichende

Thätigkeit des Menschen nicht in Betracht kommt, charakterisirt dichter Urwald mit Baumriesen, welche bis 60 m Höhe erreichen das Tiefland und die tiefer gelegenen Theile des Gebirges und des Hochlandrandes, Grassteppe das Hochland selbst und die höheren Theile des Gebirges. Im Gebirge vollzieht der Uebergang sich je nach der Bodenbeschaffenheit in wechselnder Höhe, zwischen 2000 und 2500 m, schroff und ohne Uebergang; im Hochplateau vermittelt, aus geschlossenen Waldbeständen und dazwischen gestreuten Grasflächen gemischt, die sogenannte Parklandschaft den Uebergang zwischen beiden Vegetationstypen. Im Tiefland ist die Mangrove (Rhizophora mangle) mit den blanken, lederartig festen Blättern der Charakterbaum für die unter dem Einfluss von Ebbe und Fluth abwechselnd unter Wasser gesetzten und wieder trocken gelegten Flussufer im Bereich der Brackwasserzone. Pandanus und Raphia bezeichnen den Uebergang zur Ufervegetation des reinen Süsswassers. So weit die Seebrise reicht, treten an den trockneren Stellen dazu Kokospalmen, die Morgen noch 10 Tagemärsche von der Küste entfernt vorfand, sonst gehören der Wollbaum (Eriodendron anfractuosum), Akazienarten, Gelb- und Rothholz, die Oelpalme (Elaeis), die namentlich im Nordwesten des Schutzgebietes, nach dem Rio del Rey hin, in ungeheuren Massen vorkommt und bis gegen 1200 m am Rand des afrikanischen Plateaus hinaussteigt (Zintgraff) und die Weinpalme (Raphia vinifera) zu den Charakterbäumen der Kamerunküste. Auch Ebenholz ist im nordwestlichen Theil des Gebirges nicht selten. Am oberen Sannaga kommt auch die Fächerpalme (Hyphaene) vor; Tamarinden und Dracänen sind im ganzen Küstengebiet häufig.

Als Nahrungs- und Genussmittel der Negerbevölkerung und vielfach auch der Europäer kommt praktisch im Tiefland die Kassada oder Maniok (Manihot utilissima), die Erdnuss (Arachis hypogaea), Kolanüsse, Bananen (Musa paradisiaca) sowie in hervorragender Weise die im ganzen Küstengebiet sehr verbreitete Kokosnuss in Betracht, deren Frucht in der mannigfachsten Weise ausgenutzt wird und in sich alle zur Erhaltung des Stoffwechsels erforderlichen Nährstoffe vereinigt[1]). Ebenso ist die Kamerunküste an vorzüglichen Früchten, Mangopflaumen, der Frucht der Mangifera indica, Ananas (Ananassa sativa) u. a. reich. Das aus den Fruchthüllen der Eleacis gewonnene Palmöl dient Eingeborenen und Europäern bei der Bereitung der Speisen; aus ihr, wie auch aus der Raphiapalme wird Palmwein gewonnen; auch Gewürze, namentlich Pfeffer, liefert der Wald in reicher Menge. Die Plantagen am Westabhang des Kamerungebirges produciren Kakao und Caffee, sowohl arabischen als auch, wenn auch nicht so reichlich, Liberiacaffee, dazu Tabak und Cardemom, Ingwer, Pfeffer, sowie fast alle europäischen Gemüse, letztere namentlich in ausgezeichneter Qualität im Gebirge und Hochland in 600—900 m Höhe nach den in Buea und Bonjongo, sowie in Jaunde gemachten Erfahrungen. In hygienischer Hinsicht ist das von nicht zu unterschätzender Bedeutung. — Im Hochland tritt die Negerhirse

---

1) Die Analyse der Nuss ergieb: 46,6 pCt. Wasser, 35,9 pCt. Fett, 5,5 pCt. Eiweissstoffe, 8,1 pCt. Zucker, 1 pCt. Mineralstoffe. Semler, Trop. Agricult. I. S. 593.

(Sorghum) an ihre Stelle, welche nach Osten hin bis zur Küste des Indischen Oceans eine der hervorragendsten Stellen unter den Feldfrüchten der Eingeborenen einnimmt; das Kamerungebirge ist in der entsprechenden Höhe nicht mehr dauernd bewohnt. Auch Yams (Dioscorea), Pisang, Koko, Colocasia und namentlich Mais gedeihen im Hochland. Letzterer sowie Hirse und Bohnen bilden in demselben die Hauptnutzpflanzen.

Von den für den menschlichen Haushalt in Betracht kommenden Hausthieren sind Rinder, Schafe, Ziegen, Schweine, Hühner und Enten im ganzen Kamerungebiet häufig, auch Tauben halten sich gut. Milch wird, im Gegensatz zum Binnenlande und zur Ostküste Afrikas, nicht gewonnen, da die Eingeborenen sich scheuen, das halbwild im Busch sich herumtreibende Vieh zu melken. Ebensowenig ist von regelrechten Schlächtereien die Rede. Wer von einem der Eingeborenen ein Stück Schlachtvieh erstanden, dem liegt es zunächst ob, sich dasselbe unter Führung des Besitzers selbst im Busch aufzusuchen und zu erlegen. Die von den Eingeborenen eifrig betriebene Fischerei liefert ziemlich reichlichen Ertrag; die Gebirgsbäche und das Meer enthalten zahlreiche essbare und auch für den Europäer schmackhafte Arten; in den dem Tiefland angehörigen Unterläufen der Flüsse sind solche selten.

Von besonderem hygienischem Interesse sind die speciellen klimatischen Verhältnisse einer tropischen Kolonie. Leider ist die Zahl der Oertlichkeiten in Kamerun, an welchen seit genügend langer Zeit exakte meteorologische Beobachtungen angestellt sind, sehr klein; es sind Kamerun selbst, Victoria am Fuss des Gebirges und die Jaundestation, 770 m hoch im südlichen Theil des Schutzgebiets bereits auf dem Plateau gelegen. Kurze Beobachtungsreihen haben wir ausserdem von Baliburg 1340 m hoch im Grasland des nördlichen Theils der Kolonie, von der Barombistation am Nordostabhang des Kamerungebirges in ca. 320 m Höhe, Buea ca. 920 m hoch im südöstlichen Theil desselben gelegen, sowie von Edea ca. 80 km von der Küste am Fuss der ersten Terrasse des Plateaus, aber noch in der Tiefebene am Sannaga gelegen. Aus dem südlichsten Theil des Küstengebiets der Kolonie fehlen Beobachtungen leider gänzlich: gerade hier, wo sich der Uebergang zu dem südhemisphärischen Typus vollzieht, der in dem 50 geographische Meilen südlich von Kamerun gelegenen Gabun bereits so vollkommen ausgeprägt ist, dass die Regenzeit daselbst mit der kameruner Trockenzeit zeitlich zusammenfällt, wären Beobachtungen von grosser Wichtigkeit. Im übrigen sind die vorhandenen Beobachtungsreihen, welche sich in Kamerun selbst nachgerade bereits über einen Zeitraum von 8 Jahren erstrecken, für eine Beurtheilung der betreffenden Verhältnisse vom hygienischen Standpunkt aus immerhin genügend.

Als klimatische Faktoren von der grössten hygienischen Bedeutung bespreche ich zuerst Lufttemperatur, Luftfeuchtigkeit und -Bewegung, Niederschläge, Luftdruck; von geringerem Einfluss auf das Wohlbefinden sind Bewölkung und strahlende Wärme, Bodenstrahlung und Bodentemperatur.

Trotz der Nähe des Aequators ist die Lufttemperatur in Kamerun keineswegs eine excessive, im ganzen anscheinend nicht so hoch wie unter gleichen Breiten an der Ostküste, wie überhaupt die Isothermen im äquatorialen Afrika ein Abweichen vom Aequator von West nach Ost erkennen lassen. Die Ursache dafür ist die kalte Meeresströmung, welche, aus dem südlichen Polargebiet kommend, die Aguljasströmung nach Osten zurückwirft und als Benguelaströmung an der Westküste Afrikas emporsteigt, um dann in die südliche Aequatorialströmung einzutreten.[1] Sie wirft ihren Kälteschatten auf die benachbarten Gebiete, welche wie Kamerun tagüber die Seebrise von daher erhalten.

Fig. 1.

Temperaturschwankung im Laufe des Jahres.
Kamerun-Gebiet.

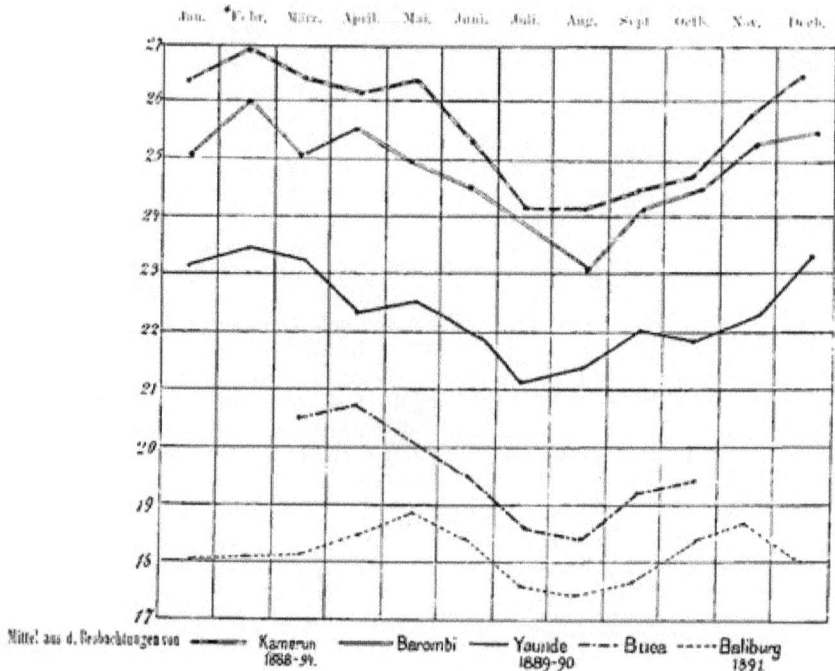

Mittel aus d. Beobachtungen von ———— Kamerun 1888-94. ———— Barombi ———— Yaunde 1889-90 — · — Buea ·········· Baliburg 1891

Wie an den meisten Orten der Tropen bestimmt in der Kamerunkolonie nicht sowohl eine erhebliche Temperaturdifferenz, als vielmehr der Wechsel von Regen- und Trockenzeit den Charakter der Jahreszeiten. Die Zeit des höchsten Sonnenstandes, welche die Niederschläge mit sich bringt, ist in Kamerun die kühlste des Jahres, eine Erscheinung, die bekanntlich keineswegs für alle tropischen Orte zutrifft.

----

1) Krümmel, Die äquatorialen Meeresströmungen des atlantischen Oceans. Leipzig 1877.

Den folgenden Schilderungen lege ich, soweit dieselben die Niederlassung Kamerun selbst betreffen, die Ergebnisse meiner eigenen Beobachtungen zu Grunde; über die kleinen Abweichungen, welche dieselben gegenüber den Resultaten der früheren Untersucher zeigen, gestatten die beigefügten Tabellen eine leichte Uebersicht. Diese Abweichungen sind, so gering sie den entsprechenden Verhältnissen im gemässigten Klima gegenüber erscheinen, in der That von nicht unbeträchtlicher hygienischer Bedeutung. Temperaturunterschiede von 1 bis 2 °, bei gleichbleibenden sonstigen klimatischen Faktoren sind ebenso wie geringe Unterschiede in Luftfeuchtigkeit, Sonnenstrahlung und Windstärke

Fig. 2.

Mittlere Monatstemperatur. Kamerun.

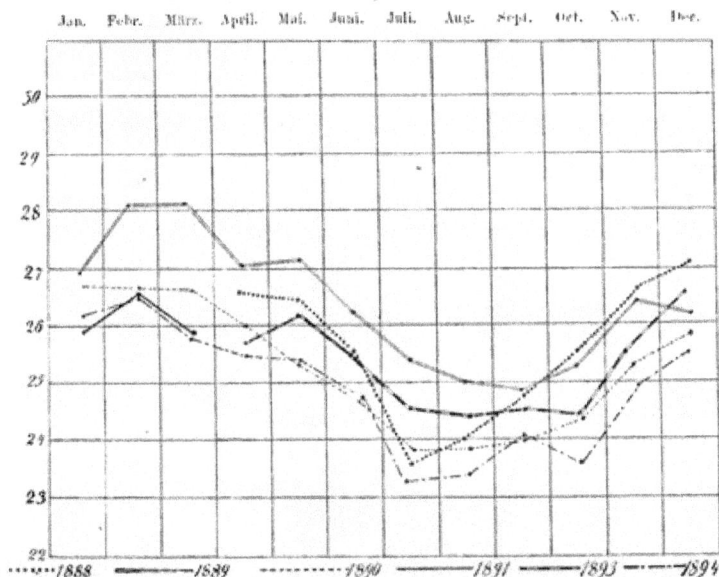

für das subjective Befinden des nach kurzem Aufenthalt in den Tropen bereits gegen klimatische Einflüsse sehr empfindlichen Organismus des Europäers viel wichtiger als in gemässigten Breiten (Fig. 1).

Die mittlere Lufttemperatur in Kamerun betrug im Beobachtungsjahr 1893/94 25,4° und entsprach damit der mittleren Julitemperatur von Palermo[2]. Die höchste mittlere Temperatur hatte der Januar mit 26,6°, etwa entsprechend der mittleren Julitemperatur von Smyrna, die tiefste der Oktober mit 24,3°, entsprechend der mittleren Julitemperatur von Neapel. Entsprechend den aus den Curven ersichtlichen ziemlich be-

1) Sämmtliche angegebenen Temperaturgrade sind als Celsiusgrade anzusehen.
2) Van Bebber, Hygienische Meteorologie. p. 988.

trächtlichen Schwankungen in der Vertheilung der Regentage und der Regenmenge im Lauf der Regenzeit schwankt die Temperaturbewegung. Dieselbe hängt in erster Linie von der Vertheilung der für das Temperaturmittel besonders wichtigen mittäglichen Niederschläge ab. Die Maxima liegen — bei wenigen Zehntelgraden Differenz — zwischen Juli und Oktober. Die wärmsten Monate sind Januar, Februar und März.

Fig. 3.

Typische Curve des Verlaufs der Tagestemperatur in Kamerun.

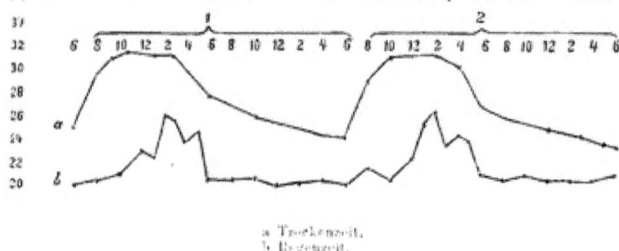

a Trockenzeit.
b Regenzeit.

Der Verlauf der täglichen Temperaturen ist in der Trockenzeit ein sehr gleichmässiger und entspricht fast genau dem, welchen ich auf früheren Reisen für die gleichen Verhältnisse auf dem offenen tropischen Meer feststellen konnte[1]. Kurz vor Sonnenaufgang zwischen 5 und 6 Uhr liegt das Temperaturminimum. Sogleich mit dem Hervortreten der Sonne steigt die Temperatur steil an und hat nicht selten schon zwischen 8 und 9 Uhr gegen 30° erreicht. Von da an folgt eine weitere langsame, nicht selten von kleinen durch vorübergehende Bewölkung oder Veränderung der Windrichtung und -Stärke bedingten Remissionen unterbrochene Steigung bis gegen 2 Uhr, zu welcher Zeit im allgemeinen die höchste Temperatur erreicht zu sein pflegt, alsdann ein gleichmässiger ziemlich schneller Abfall bis gegen Sonnenuntergang. Ein weiteres Sinken der Temperatur erfolgt dann langsam und gleichmässig bis zum Sonnenaufgang.

Einen viel unregelmässigeren Verlauf zeigt die Tagestemperaturcurve während der Regenzeit entsprechend dem zu verschiedenen Zeiten und in ungleich langer Dauer zwischen den Regengüssen erfolgenden Hervortreten der Sonne, auf welches das Thermometer auch im Schatten sogleich kräftig reagirt. Im Gegensatz dazu verläuft entsprechend dem alsdann fast ununterbrochen erfolgenden Regenfall die nächtliche Temperaturcurve nahezu horizontal.

Excessive Temperaturen werden niemals im eigentlichen Küstengebiet erreicht. Die mittleren Tagesmaxima liegen zwischen 30,2° (März 93 u. 94) und 26,2° (Juli 94). Als höchsten Werth überhaupt beobachtete ich 32,8° im Mai 94 in Kamerun.

––––––––––

[1] Annalen der Hydrographie und maritimen Meteorologie. Jahrg. 1892. Oct.

Die mittleren Minima schwankten in Kamerun zwischen 21,4°
(August 94) und 23,4° (Febr. 94). Die tiefste beobachtete Temperatur
betrug 20,1° im März und Juni 93. In Victoria wurden etwas grössere
Differenzen beobachtet, das höchste Maximum betrug Mai 93 33,6°, das
tiefste Minimum 19,0° im Juni.

Dass die mittlere Temperatur von Victoria mit 24,9°, etwas niedriger als in Kamerun ist, hängt vielleicht mit den zeitlich etwas anders
gewählten Beobachtungsterminen, vielleicht auch mit der direkteren Abkühlung durch den Bergwind zusammen, welcher seinen Einfluss namentlich auf die Morgen- und Abendtemperaturen ausübt.

Von grosser Bedeutung sind die täglichen Wärmeschwankun-
gen; dieselben sind entsprechend der maritimen Lage Kameruns unbedeutend. Sie zeigen im ganzen eine Curve, welche ihren tiefsten Stand
in der Regenzeit, ihren höchsten in der Trockenzeit erreicht.

Die durchschnittliche tägliche Temperaturschwankung betrug 6,8°,
den geringsten Werth zeigte der Juli 94 mit 4,2°, den höchsten der
März 94 mit 7,7°; die grösste überhaupt beobachtete Differenz zeigte der
April 94 mit 10,5°, die kleinste der August 94 mit 1,5° täglicher
Schwankung.

Einerseits ist es gerade die ausserordentliche Gleichmässigkeit der
Temperaturbewegung, welche so erschlaffend in den Tropen wirkt, andererseits sind schon verhältnissmässig geringe Schwankungen, namentlich
nach unten, bei der grossen Empfindlichkeit, welche die Haut in den
Tropen erlangt, von grossem Einfluss in hygienischer Beziehung; so besonders für Darmkrankheiten und Rheumatismus.

Das Klima im Gebirge und auf dem centralafrikanischen Plateau
nähert sich wesentlich mehr europäischen Temperaturverhältnissen; dort
würde dasselbe an sich dem Wohlbefinden des eingewanderten Europäers
kaum ein Hinderniss in den Weg legen.

Als Uebergang zu diesem Gebirgsklima können die desbezüglichen
Verhältnisse auf der Barombistation angesehen werden, die nach den
11 Monate hindurch fortgesetzten Beobachtungen eine mittlere Temperatur
von ca. 24,8°, also analog der Julitemperatur von Rom, besitzt. Entsprechend dem mehr continentalen Charakter zeigte sich eine grössere
Differenz zwischen den Maxima und Minima als in Kamerun, welche
zwischen 19,0 und 34,3° schwankten und monatliche Temperaturschwankung bis 14,4° zeigten. Aehnliche geringe Abweichungen zeigt die ca.
80 km landeinwärts am Sannaga gelegene Station Edea, wo nach den mit
kurzen Unterbrechungen vom März bis September 94 durch v. Branchitsch
durchgeführten Beobachtungen die Extreme gleichfalls weiter auseinander
liegen und zwischen 35,5 und 19,5° schwanken.

Wesentlich tiefer ist die Temperatur im Gebirge. Eine über
8 Monate sich erstreckende Beobachtungsreihe aus Buea verdanken wir
Dr. Preuss.

Nach demselben schwankte die Temperatur zwischen 18,5 und 20,7°
im Mittel, lag also zwischen der mittleren Jahrestemperatur von
Algier und Alexandrien, resp. zwischen der mittleren Julitemperatur
von Leipzig und Bordeaux. Die Temperatur überschritt niemals 28,5°
und sank bis 11,6° im Mai, welcher überhaupt die grössten Differenzen

aufwies. Hier haben wir bereits im Lauf eines Monats Temperaturschwankungen bis 16,9° C. (Mai 91).

Es würde das Resultat dieser ja leider nur eine kurze Zeit hin-
hindurch fortgesetzten Untersuchungen ziemlich genau dem in Ceylon gewonnenen entsprechen, wo sich für je 100 m Höhe eine durchschnittliche Temperaturverminderung von 0,59° ergab[1], dasselbe gilt nach
den bisherigen Beobachtungen für Baliburg.

Die in Baliburg in 1340 m über dem Meer beobachteten Temperaturen sind noch tiefer: die 1891 angestellten Beobachtungen ergaben
eine mittlere Temperatur von 18,1°, der Jahrestemperatur von Algier
oder der Julitemperatur von Hannover entsprechend: dabei ganz geringe Monatsschwankungen, zwischen 17,2 und 18,8°. Die mittlere tägliche Wärmeschwankung betrug zwischen 7,3° im Juli und 15,4° im
December. Der continentale Charakter des Klimas tritt also hier bereits
deutlich hervor. Die Temperaturextreme betrugen 30,7° im März 91
und 6,5° im Januar 92. Hier liegen also von denen der Küste bereits
völlig abweichende Temperaturverhältnisse vor, die Kälte macht sich
bereits in der unangenehmsten Weise bemerkbar und das Bedürfniss
einer geregelten Heizung ist unabweislich.

Sehr gleichmässig sind die Temperaturverhältnisse auf der Janude-
station, ca. 770 m hoch im Hochland des südlichen Theils des Schutzgebietes gelegen, die in ihrem klimatischen Charakter schon den entsprechenden Verhältnissen der südlichen Halbkugel sich nähert.
Nach Tappenbeck's und Zenker's Beobachtungen beträgt die Mittel-
temperatur hier 22,5°, die Differenz des wärmsten (Februar 23,4°) gegen
den kühlsten Juli 21,1°) Monat betrug nur 2,3°. Die höchste beobachtete Temperatur war 32,5°, die tiefste 12,5°, die tägliche durchschnittliche Wärmeschwankung 8,5°—13,5°.

Von grosser hygienischer Bedeutung ist die ausserordentlich hohe
Luftfeuchtigkeit, welche namentlich in den heissen Niederungen das
Klima des tropischen Theils der Westküste so schwer erträglich macht.
Von Bedeutung ist sie einmal, weil sie es nie zu völliger Austrocknung
des Bodens also auch nicht zu Staubbildung kommen lässt. Darauf ist
wohl das Fehlen der Tuberkulose zu beziehen. Von ihr hängt zweitens
das Maass der Wasserausscheidung ab, die in hervorragender Weise
die Temperaturregulirung des Körpers ermöglicht. Sie ist besonders wichtig bei hohen Temperaturen, bei welchen mit zunehmender
Luftfeuchtigkeit die Wasserabgabe des Körpers durch die Lungen sehr
schnell abnimmt, welche schon im Sommer bei uns um mehr als das
dreifache schwanken kann. Von viel grösserer Bedeutung noch, als in
den gemässigten Breiten, wo sowohl eine feuchtigkeitsgesättigte, wie eine
sehr trockene Luft bei mittlerer Temperatur vertragen werden kann, ist
sie in den Tropen bei hoher Luftfeuchtigkeit. Gerade hier sind Erkrankungen infolge von Wärmestauung häufig.

Die Beobachtungen in Kamerun selbst ergaben die extremen Werthe
von 87,4 pCt. durchschnittlich in der Beobachtungsperiode 1888/89.

---

1) Van Bebber. Hygienische Meteorologie. p. 77.

Die Luftfeuchtigkeit betrug 94 pCt. um 7 a. m., 79,4 pCt. um 2 p. m., 88,7 pCt. um 9 p. m. 88,0 pCt. als Mittel beobachtete ich selbst 1893/94: 95 pCt. um 7 a. m., 78 pCt. um 2 p. m., 91 pCt. um 9 p. m. Die relativ geringste Feuchtigkeit mit 84 resp. 81 pCt. zeigte December 1888 und Januar 1894, die grösste mit 92,3 pCt. resp. 92 pCt. Juli 1888 und August 1894.

Zum Vergleich mögen die entsprechenden Verhältnisse an einigen der luftfeuchtesten Orte Europas dienen:

Borkum 86 pCt. (92 pCt. und 81 pCt. Extreme),

Helgoland 84 pCt. (90 pCt. und 78 pCt. Extreme),

Die Ortschaften des Binnenlandes haben eine mittlere Feuchtigkeit von ca. 75 pCt.

Bezüglich der Luftfeuchtigkeit zeigen die Beobachtungsstationen weiter im Innern nur wenig in Betracht kommende Differenzen.

Auf der Barombistation betrug die mittlere relative Feuchtigkeit 88,3 pCt., 94,8 pCt. um 7 a. m., 77,3° um 2 p. m., 92,7 pCt. um 9 p. m. Der trockenste Monat war der Februar mit 83,3 pCt., der feuchteste der September mit 93,3 pCt.

Noch höhere Feuchtigkeitsgrade zeigt das im Gebirge ca. 920 m hoch gelegene Buea. Hier beträgt die mittlere Feuchtigkeit März-October 1891 zwischen 93 und 94 pCt. Der trockenste Monat in der Zeit war der April mit 90 pCt., der feuchteste der Juli mit fast 98 pCt.; dabei zeigten die Beobachtungen nicht die sonst allgemeine Herabminderung auf Mittag, dieselbe betrug um 1 p. m. durchschnittlich noch über 93 pCt. gegen 92,8 pCt. um 7 a. m. und 95,4 pCt. um 7 p. m. Es sind das ganz extreme Werthe, wie sie wohl nur sehr selten an anderen Stellen der Erde wieder gefunden werden dürften, bei deren Beurtheilung aber zu berücksichtigen ist, dass vier Monate der relativ trockenen Zeit hier nicht in Berücksichtigung gezogen sind. Immerhin zeigt die vorhergehende Zusammenstellung der Feuchtigkeitswerthe der entsprechenden Monate in Kamerun, dass die Luftfeuchtigkeit in Buea wesentlich höher ist.

Buea liefert den Beweis, dass die Höhenlage allein keineswegs schon eine Verminderung der Luftfeuchtigkeit zu bewirken braucht. Ueber die noch höher im Gebirge gelegenen Punkte fehlen uns fortgesetzte Beobachtungsreihen. In hohem Maass ist dieselbe jedenfalls von der Vegetation abhängig. Die von mir März 1894 auf einer Informationsreise im Gebirge mittels des Aspirationspsychrometers angestellten Beobachtungen ergaben bis zur Urwaldgrenze, die wir in ca. 2100 m erreichten, keine Abnahme der Luftfeuchtigkeit, sondern eine fast vollkommene Sättigung selbst in den Mittagsstunden. Anders waren die Verhältnisse oberhalb der Waldgrenze in der Steppe in 2300—3300 m Höhe. Hier machte sich, so weit wir nicht in die reichlich treibenden Wolken hineingerithen, eine beträchtliche Lufttrockenheit bemerkbar, die selbst in den Morgenstunden bis 65 pCt. (5. März 1894) herabging und im Allgemeinen zwischen dieser Zahl und 76 pCt. schwankte.

In Baliburg haben die Untersuchungen auch nur geringe Unterschiede der Luftfeuchtigkeit ergeben.

Die mittlere relative Feuchtigkeit betrug hier auch 88 pCt., 94 pCt. um 7 a. m., 76 pCt. um 2 p. m., 96 pCt. um 9 p. m. Die trockensten

Monate waren der December und Februar mit 77 pCt. Feuchtigkeit, die feuchtesten der Mai und Juli mit 96 resp. 95 pCt. Doch sank im December die mittlere relative Feuchtigkeit Mittags 2 Uhr bis 55 pCt., auf einen im Küstengebiet unerreichten Werth.

Die Beobachtungen in Jaunde zeigen gleichfalls nur geringe Abweichung bezüglich der Luftfeuchtigkeit. Dieselbe betrug 1889/90 im Mittel 85 pCt., um 7 a. m. 92 pCt., um 2 p. m. 68 pCt., um 9 p. m. 90 pCt.; der trockenste Monat ist der August mit 81 pCt., der feuchteste der October mit 90 pCt. Die Luftfeuchtigkeit ist also eine sehr gleichmässige.

In directer Beziehung zu der hohen Luftfeuchtigkeit stehen die Niederschlagsmengen. Die Niederschläge haben ein ganz hervorragendes hygienisches Interesse für die Kolonie, und ihre Vertheilung, welche beträchtliche Schwankungen in zeitlicher und quantitativer Beziehung in den verschiedenen Jahren zeigt, beeinflusst die Morbilität in unverkennbarer Weise. Ihr Einfluss auf den Organismus kann ein directer und ein indirecter sein, ein directer durch die besondere Gefahr, welche Durchnässungen und die damit verbundene Abkühlung der Haut für den Ausbruch von Fieberrückfällen hat, ein indirecter, insofern gerade durch die Niederschläge die ausserordentlichen Niveauschwankungen im Flussgebiet hervorgerufen werden. Letztere haben die abwechselnde Austrocknung und Inundirung weiter Ufergebiete zur Folge, die gleichfalls in so hervorragender Weise geeignet sind, eine Landschaft ungesund zu machen. Am oberen Mungo in Mundame betrug die Differenz des Wasserstandes zwischen Regen- und Trockenzeit 6—9 m. Am Sannaga beobachtete Knochenhauer einen Wechsel des Wasserstandes von 10 m innerhalb noch nicht drei Wochen[1]. Auch diese Zahlen unterliegen, je nach Menge und Vertheilung der Niederschläge, beträchtlichen Schwankungen, die in ihrer Gesetzmässigkeit erst durch eingehende Detailstudien aufgeklärt werden können.

Von nicht geringerer Bedeutung ist die Vertheilung des Regens. Wo der Regen, wie am westlichen Abhang des Kamerungebirges, fast täglich fällt und eine Austrocknung gar nicht zu Stande kommt, gilt der Aufenthalt mit Recht für verhältnissmässig gesund. Ebenso in der in ihrer Länge sehr wechselnden Periode ununterbrochenen Regens an andern Theilen der Küste. Dasselbe trifft von der Trockenzeit zu, welche auf ihrer Höhe eine nicht unbeträchtliche Verminderung der Fieberfälle, sowie Abnahme ihrer Schwere erkennen lässt, während andere Krankheiten wieder vorzugsweise in den Trockenmonaten auftreten.

Die Niederschlagsmengen zeigen, durch locale Einflüsse bedingt, nicht unbeträchtliche Schwankungen an den verschiedenen Punkten des Schutzgebiets und wechseln, wie aus der unten für Kamerun aufgestellten Tabelle ersichtlich, auch am einzelnen Ort nach den Jahren innerhalb ziemlich weiter Grenzen.

Im Ganzen ist die Guineaküste ausserordentlich regenreich und die am Südwestabhang des Kamerungebirges gelegenen Küstenplätze, wo die feuchtwarme Luft durch die aus Südwest wehende Seebrise am Gebirgs-

---

1) Mitheil. von Forschungsreisenden aus d. deutsch. Schutzgebieten. VIII. Bd. 1. H.

abhang emporgetrieben und die reichlichen Wassermassen, welche sie enthält, durch die Abkühlung bei der Steigung niedergeschlagen werden. gehören mit 7000 mm und mehr Regen[1]) jährlich zu den regenreichsten Gegenden der Erde überhaupt. Als Vergleich mag Deutschland dienen, dessen Regenreichthum nach den geographischen Gebieten zwischen 500 mm (Mecklenburgische Seenplatte) und 1060 mm (Harz) schwankt und im Durchschnitt ca. 600 mm beträgt.

Uebrigens nehmen die bezeichneten Küstengebiete zwischen Bibundi und Debundscha vermöge ihrer Lage gegen das Gebirge auch in der Kamerunkolonie eine exceptionelle Stellung ein. Schon Victoria am Südabhang hat wesentlich geringere denen von Kamerun selbst ziemlich genau entsprechende Regenmengen.

Während es in dem vorher bezeichneten Gebiet fast täglich regnet, haben alle anderen Orte des Schutzgebietes, an denen Beobachtungen angestellt wurden, eine ausgesprochene Scheidung von trockener und Regenzeit, welche sich bezüglich der Zeit ihres Eintretens nach Süden zu verschiebt, so dass die Jaundestation bereits durchaus andere Verhältnisse zeigt, als die in der Hinsicht übereinstimmenden Stationen im nördlichen Kamerun, Victoria, Buea, Barombi und Baliburg.

Die Scheidung zwischen nord- und südhemischärischem Regentypus scheint sich an der Küste etwa in der Gegend von Klein-Batanga an der Mündung des Njong zu vollziehen.

Im allgemeinen bezeichnet die Zeit, in welcher die Sonne sich dem Zenith nähert, denselben erreicht und überschreitet die Regenzeit eines Ortes in den Tropen: es tritt eben in dieser Zeit unter dem Einfluss der fast senkrecht einwirkenden Sonne in Folge der Erwärmung eine starke Lockerung und Hebung der über der Erde lagernden Luftmassen ein, welche schon bei geringer Erhebung in Folge der Abkühlung in den höheren Luftschichten den Wasserdampf, welchen sie mit sich führen, als Regen niederfallen lassen. Eigentlich sollte dem zweimaligen Zenithstand der Sonne über den dem Aequator so nahe gelegenen Landstrichen auch eine zweimalige Regenzeit, wie an der ostafrikanischen Küste entsprechen, in der That hat die Fabel von der zweimaligen Regenzeit in Kamerun, die sich bisher nur für Jaunde richtig erwiesen hat, vielfach Anhänger in der Kolonie, ja selbst in dem ausgezeichneten Buch van Bebbers über hygienische Klimatologie finde ich die Kamerunküste noch in das Gebiet einer doppelten Regenzeit eingetragen. Indess haben die seit nunmehr 8 Jahren exakt durchgeführten Beobachtungen ergeben, dass es nur eine Regenzeit in Kamerun giebt, welche im Allgemeinen von Ende Mai bis zum Oktober dauert und nur ausnahmsweise in Folge lokaler Ein-

1) cf. Bericht des Dr. Preuss über das Gebiet des kleinen Kamerunbergs. Mittheilungen von Forschungsreisenden und Gelehrten aus den deutschen Schutzgebieten. VIII. Bd. 2. Heft. S. 118.
Nach den seit Kurzem in Debundscha angestellten exakten Regenmessungen dürfte die obige nur geschätzte Niederschlagsmenge sogar noch beträchtlich höher sein und sich der bis jetzt als höchste auf der Erde beobachteten von Cherrapunjo in Indien (12000 mm jährlich) nähern. (van Bebber, l. c. p. 166.)

Fig. 4.

Regenmenge und -Vertheilung in Kamerun.

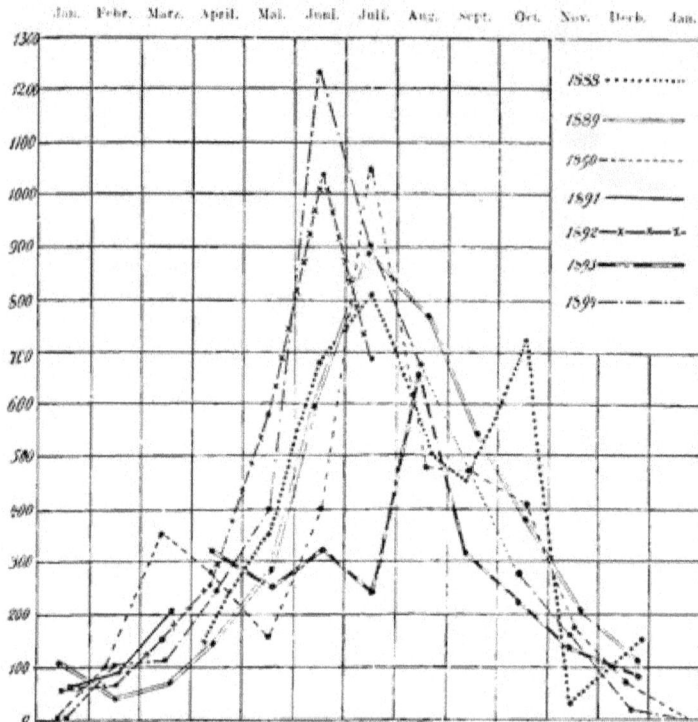

flüsse durch eine kurz dauernde, zeitlich wechselnde Intermission unterbrochen wird (cf. Curve). Eingeleitet und beschlossen wird die Regenzeit
durch die Tornadomonate, März, April und Mai, sowie Oktober und November. Sie bilden die Uebergangsperioden, die durch häufige heftige
Gewitter und Platzregen abwechselnd mit klarem, sonnigem Himmel
charakterisirt werden. December, Januar und Februar bilden die Trockenzeit und zugleich in Folge der geringen Bewölkung und der verringerten
Abkühlung durch Wasserverdunstung die heisseste Zeit des Jahres trotz
des relativen Tiefstandes der Sonne.

Regenmenge und Vertheilung in Kamerun ist aus den nachstehenden
Curven ersichtlich (Fig. 4). Dieselben zeigen zugleich, in welch beträchtlicher Weise die Vertheilung und die Menge der Niederschläge an demselben
Ort wechseln kann, eine Thatsache, die für die Hygiene, namentlich bezüglich der Malaria, von grosser Bedeutung ist. Die bisherigen Zu-
sammenstellungen 12 monatlicher Beobachtungsperioden ergeben 4275 mm,
4022 mm, 3880 mm. Ich selbst hatte im Laufe der Jahre 1893 und

Fig. 5.

Jährliche Vertheilung der Zahl der Regentage in Kamerun nach den bisherigen Untersuchungen.

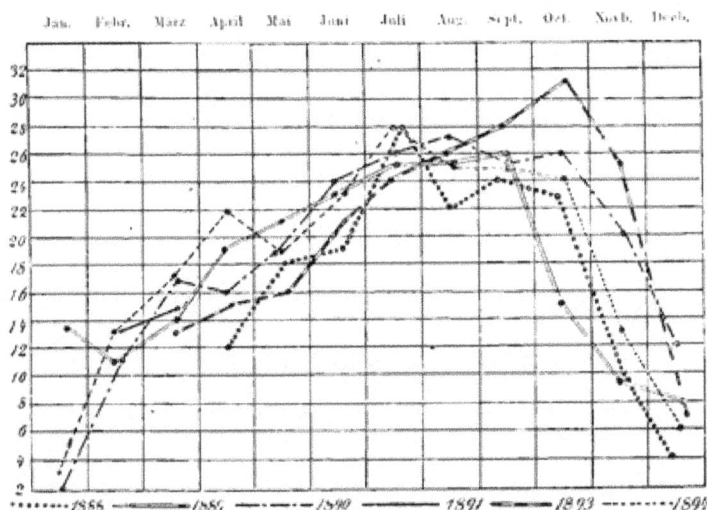

| Jan. | Febr. | März | April | Mai | Juni | Juli | Aug. | Sept. | Oct. | Novb. | Decb. |

1894 Gelegenheit, extreme Niederschlagsmengen zu beobachten. 1893 war ein verhältnissmässig sehr trockenes Jahr. Die Niederschlagsmenge vom 1. April 1893 bis 1. April 1894 betrug nur 2813,7 mm; die vom 1. April bis 21. September 1894, also während eines Zeitraums von noch nicht 6 Monaten dagegen bereits 4209,3 mm.

Die Regenmenge von Victoria zeigt Kamerun gegenüber, wie bereits erwähnt, nur geringe Abweichungen.

Betreffs der im Kamerungebirge selbst fallenden Regenmengen gestatten die in der Hinsicht nur 6 Monate hindurch geführten Beobachtungen in Buea noch kein sicheres Urtheil, sondern nur eine ungefähre Schätzung. Es fielen Mai bis Oktober 91, also in der eigentlichen Regenzeit 2154,7 mm Regen. Vergleichende Beobachtungen aus Victoria und Kamerun fehlen aus dieser Zeit. Die Durchschnittsberechnungen ergeben für den bezeichneten 6 monatlichen Zeitraum der Regenzeit 2784,9 mm im Mittel für Kamerun selbst. In Baliburg betrug die Regenmenge 1891 2846,2 mm. Die Zahl der Regentage (238) entsprach der in Kamerun selbst beobachteten.

Wesentlich geringer war die Regenmenge auf der Jaundestation. Sie betrug 1889/90 nur 1417,2 mm, die Zahl der Regentage 154.

In der Zahl der Regentage, welche in hygienischer Hinsicht von ebenso grosser Bedeutung ist wie die Regenmenge, zeigen sich keine sehr beträchtlichen Unterschiede zwischen den einzelnen Beobachtungspunkten. In Kamerun wurden 1888/89 199, 1893/94 von mir 224 Regentage

beobachtet. Die früheren Beobachtungen ergaben 201, 199, 238 Regentage jährlich. In Victoria ist die Zahl der Regentage um ein geringes
höher, auf der Jaunde- und Barombistation sowie in Baliburg um ein
geringes niedriger als in Kamerun.

Von anderen Formen der Niederschläge sind Hagelfälle in den
höheren Theilen des Kamerungebirges, wie auf dem Hochplateau nicht
so selten und von den Eingeborenen ausserordentlich gefürchtet.

Dr. Preuss beobachtete einen solchen bereits an der Urwaldgrenze
des Kamerungebirges in 2200 m Höhe von solcher Stärke, dass noch
auf Mittag des folgenden Tages Haufen von Hagelkörnern bis $\frac{1}{2}$ Fuss
Höhe herumlagen[1].

Auch Zintgraff erlebte im Hochplateau (Höhen von Mambui) von
Adamaua in 1500 m Höhe einen Hagelsturm, in dem 16 Menschen
seiner Expedition umkamen[2], ebenso Hutter in Baliburg selbst[3] und
Zenker in Jaunde[4].

Zur Ermöglichung eines Ueberblicks über die für die hygienischen
Verhältnisse der Kolonie im Allgemeinen in Betracht kommenden klimatischen Faktoren sei noch kurz der Wind-, Bewölkungs- und Luftdruck-
verhältnisse gedacht, bevor ich mich der Betrachtung der im Speciellen
für das Tiefland des Kamerunflusses geltenden Verhältnisse zuwende.

Von sehr grosser Bedeutung für das Wohlbefinden des Körpers in den
Tropen ist die Luftbewegung durch die Begünstigung der Verdunstung
an der Körperoberfläche und die damit verbundene Wärmeentziehung,
sowie die direkte Anregung der Hautnerven. Der Einfluss macht sich
durch die Unterschiede im Befinden bei völliger Windstille, wie sie den
grössten Theil des Vormittags in Kamerun charakterisirt und in den Nachmittagsstunden, während welcher die Brise weht, sehr auffällig bemerkbar.
Von ganz besonderer Bedeutung sind die Windverhältnisse während der
Mittagsstunden, während bei Tiefstand der Sonne am frühen Morgen und
späteren Abend auch bei unbewegter Luft durchaus erträgliche Verhältnisse vorliegen.

Die hygienische Bedeutung der Windrichtung richtet sich fast ausschliesslich nach lokalen Verhältnissen, von denen später die Rede sein
wird. Ein principieller Gegensatz zwischen Seebrise und Landbrise als
eines gesunden und eines schädlichen Windes lässt sich im Kamerungebiet nicht durchführen. Die Seebrise streicht über weitausgedehnte
Sumpfflächen bevor sie die Niederlassung Kamerun erreicht, während die
Landbrise aus dem verhältnissmässig gesunden Hochland herüberweht.
Umgekehrt erhalten die unmittelbar an der See gelegenen Plätze die
Seebrise direkt, während der Landwind vielfach über Lagunen und Kricks
weht und schlechte Luft herüberbringt.

Von besonderem Einfluss ist der Wind ferner auf das Zustandekommen der gesundheitlich sehr schädlichen Nebel. In Kamerun selbst,

1) Mittheilungen von Forschungsreisenden und Gelehrten aus den deutschen
Schutzgebieten. V. Bd. 5. H. S. 236.

2) Zintgraff, Nordkamerun. S. 325.

3) Mittheilungen u. s. w. V. Bd. 5. H. S. 222.

4) Eod. loco. S. 218.

wo die Seebrise wie die Landbrise im Flussthal freien Zutritt hat, ist Nebelbildung trotz der fast völligen Sättigung der Luft mit Wasserdampf in den Abend-, Nacht- und Morgenstunden sehr selten, anders ist es in den tiefer eingeschnittenen, die Richtung der Brise mehr oder weniger rechtwinklig kreuzenden Nebenflüssen.

Im Allgemeinen sind die Windverhältnisse an den in der Nähe der Küste gelegenen Orten bei mannigfachen kleineren, durch lokale Einflüsse bedingten Unterschieden sehr übereinstimmend. Tagüber, je nach der Jahreszeit resp. der augenblicklichen Witterung etwas früher oder später einsetzend, weht die Seebrise aus westlicher oder südwestlicher Richtung. Abends flaut sie ab und wird gegen Mitternacht von der von Osten her wehenden Landbrise ersetzt, welche bis nach Sonnenaufgang anhält. Während der Regenzeit, in welcher die Temperaturverhältnisse zwischen Land und Meer geringere Unterschiede zeigen, ist auch der auf der Höhe der trockenen heissen Zeit sehr scharf ausgesprochene Gegensatz zwischen Land- und Seebrise mehr verwischt und die Windstärke beider geringer. Abwechslung in den regelmässigen Gang der Luftbewegung bringen im Frühjahr und Herbst die orkanartigen Tornados, welche die Regenzeit einleiten und beschliessen. Auf sie werde ich später noch einzugehen haben.

Wesentliche Unterschiede in der Windstärke lassen sich an den verschiedenen Beobachtungsstationen nicht konstatiren. Kleinere Differenzen liegen, da es sich bei diesen Bestimmungen zum überwiegenden Theil nur um Schätzungen handelt, innerhalb der Grenze der Beobachtungsfehler.

In Kamerun ergaben die Untersuchungen 1890/91 eine mittlere Windstärke von 1,0 um 7 a. m, 3,5 um 2 p. m, 1,2 um 9 p. m.[1]. Das Mittel ergab 1,9, die niedrigsten Werthe (1,6) wurden im April, Mai und December, der höchste (2,3) im Februar notirt. Die Beobachtungen auf der Barombistation ergaben ähnliche Verhältnisse, 1,5 Windstärke im Mittel, die mittlere Windstärke um 2 p. m betrug 2, sie erhob sich nicht über 2,6 im August. Fast entsprechend sind die für die Windstärke in Baliburg erhaltenen Werthe, wo dieselbe 1,7 im Mittel betrug und wo auch noch eine kräftige Seebrise mit einer mittleren Stärke von 3,2 um 2 Uhr nachmittags, die nach Hutter's Schilderung gegen Mittag häufig wesentlich höhere Werthe (bis 8) erreicht, zur Geltung kommt. Während der im November einsetzenden Trockenzeit macht sich hier auch tagüber eine ausgesprochene Ost-Brise von verhältnissmässig beträchtlicher Trockenheit bemerkbar. Geringer erwies sich die Windstärke mit 1,2 in Buea, wo auch die Windrichtung durch die Berglage in dem Sinn eine Aenderung erfuhr, dass in der Trocken- und Uebergangszeit der Wind tagüber den Berg hinan, nachts vom Berge herab wehte; in der Regenzeit ausschliesslich den Berg hinauf. Gering ist auch die Windstärke auf der Jaundestation, wo sie durchschnittlich 1,1 mit Schwankungen von 0,6 (Nov. 90) und 1,6 (Juli 90) betrug, die mittlere Windstärke am Mittag war hier nicht höher als 1,7 und stieg nicht über 2,5 (Juli 90).

---

[1] Die Bestimmungen der Windstärke sind nach der Beaufort'schen Skala vorgenommen, 0 bedeutet demnach absolute Windstille, 12 die Stärke eines Orkans.

Die Intensität der Sonnenstrahlung, welche zugleich von beträchtlichem Einfluss auf das Zustandekommen des Hitzschlags und der comatösen Fieberformen beim Europäer, sowie eigenthümlicher Augenkrankheiten beim Neger ist, ist entsprechend dem geringen Widerstand, welchen die in den Mittagsstunden fast vertical auffallenden Strahlen beim Passiren der Atmosphäre finden, eine sehr hohe. Leider verfügen wir noch nicht über völlig zuverlässliche Messungsmethoden, doch geben die mittels eines Aktinometers (Thermometers mit geschwärzter Kugel im Vakuum) lange Zeit hindurch regelmässig angestellten Beobachtungen immerhin einen gewissen Anhalt. Die zwischen 12 m. und 2 p. m. beobachteten Werthe schwankten zwischen 56 und 70° C.

Eine besondere hygienische Bedeutung hat die Bewölkung in den Tropen, insofern durch sie einerseits die mannigfachen schädlichen Einflüsse der intensiven Sonnenstrahlung auf den Organismus, andererseits auch die häufig unerträglichen Ausdünstungen des Schlammbodens der Flussufer vermindert werden, welch letztere die durch die intensive Erhitzung der mit Zersetzungsprodukten überladenen Bodenluft deren Aufsteigen in die Höhe der Respirationsluft bewirkt. Sie gehört zusammen mit Lufttemperatur, Luftfeuchtigkeit, Niederschlägen und Wind zu den wichtigsten meteorologischen Faktoren der Tropenhygiene.

Die folgende Uebersicht giebt ein ungefähres Bild von dem Verhältniss der Bewölkung an der Küste, im Gebirge und auf dem Hochplateau. Es handelt sich auch hier um Verhältnisse, die jedes Jahr ziemlich beträchtlichem Wechsel unterliegen:

	7 a. m.	2 p. m.	9 p. m.	Durchschnittl. Bewölkung.	Stärkste Bewölkung.	Geringste Bewölkung.
Victoria	8.2	6.6	5.2	6.6	8.6 Aug.	4.3 Januar
Kamerun	7.8	6.6	5.1	6.3	8.1 Juli u. Aug.	3.6 Febr. 1883/94
Buea	7.9	9.5	7.0	8.1	9.6 Juli	6.9 October[1]
Baronabi	7.0	6.4	5.2	6.2	8.4 Aug.	4.3 Februar
Baliburg	7.1	7.5	6.9	7.2	9.4 Aug.	3.2 December
Jaunde	7.0	5.5	3.3	5.3	6.8 October	2.9 Januar.

Wenn wir mit van Bebber als heitere Tage solche bezeichnen, welche höchstens eine mittlere Bewölkung von 2 resp. 2.5 haben[2], so ergiebt sich, dass solche in Kamerun wohl im Lauf von Jahren äusserst selten sind, praktisch gar nicht in Betracht kommen; dasselbe dürfte von den anderen Stationen gelten, nur Baliburg und die Jaundestation hatten einige völlig wolkenlose Tage in der Trockenzeit.

Im Uebrigen herrscht im Kamerungebiet, so weit es bekannt ist, eine sehr beträchtliche Bewölkung. Namentlich im Küstengebiet ist trüber Himmel vorherrschend und im Mittel etwa 7—8 Zehntel desselben mit Wolken bedeckt.

Gegenüber den genannten Faktoren treten die geringen Barometer-

1) Die Beobachtungen beziehen sich nur auf 8 Monate.
2) Der Grad der Bewölkung wird geschätzt, indem 0 absolut unbewölkten, 10 ganz bedeckten Himmel bezeichnet.

schwankungen in ihrer Bedeutung für den Organismus völlig zurück. Längere Zeit hindurch sind Beobachtungen bisher nur in Kamerun selbst und in Victoria durchgeführt, die gewonnenen Resultate sind sehr übereinstimmend. Das Barometer zeigt sehr regelmässig Maxima zwischen 9 und 10 Vormittags und 10 und 11 Abends. Minima zwischen 3 und 4 Nachts und gegen 4 Nachmittags; die monatlichen Differenzen betrugen im Beobachtungsjahr 1893 94 2,8 mm mit dem Maximum von 759,6 im August, einem Minimum von 756,8 mm im December. Die Differenz zwischen dem höchsten überhaupt in Kamerun beobachteten Barometerstand und dem tiefsten (761,4 im Juli und 753,6 im Februar) betrug in dem bezeichneten Zeitraum 7,8 mm.

Für den menschlichen Organismus sind diese Schwankungen völlig irrelevant. Auch die Luftdruckerniedrigung, wie sie in der höchsten von Europäern bisher längere Zeit bewohnten Station des Schutzgebietes, Baliburg in 1340 m, beobachtet wird, ist an sich von keinem in hygienischer Hinsicht in Betracht kommenden Interesse.

Im Allgemeinen wird man die klimatischen Unterschiede zwischen der Urwald- und Steppenregion des Schutzgebiets in der Weise charakterisiren können, dass die Flussniederung und die urwaldbedeckte Küstenebene sich durch hohe Temperatur, hohen Feuchtigkeitsgehalt der Luft, geringe Luftbewegung und starke Bewölkung, die Steppe durch niedrigere Temperatur, grössere tägliche und jahreszeitliche Unterschiede in Lufttemperatur und -Feuchtigkeit, welch letztere während der Trockenzeit wesentlich geringere Werthe zeigt, kräftigere Luftbewegung, geringere Bewölkung und intensivere Sonnenstrahlung auszeichnet.

Für die folgende kurze Schilderung der ausser den rein meteorologischen in Betracht kommenden physikalischen Verhältnisse von Kamerun, soweit dieselben ein hygienisches Interesse haben, lege ich in allererster Linie meine in Kamerun selbst gemachten Beobachtungen zu Grunde. Dieselben sind mit ganz geringen Modifikationen für das ganze Küsten-Tiefland der Kolonie massgebend. Kleine lokale Verschiedenheiten spielen dabei keine wesentliche Rolle.

Der Sitz der Verwaltung, Kamerun, liegt an dem linken Ufer des gleichnamigen Flusses ca. 35 km von der Küste entfernt.

Das Ufer bildet hier eine ca 12 m hohe, aus Laterit bestehende, mit einer nur geringen Humusdecke bekleidete plateauartige Erhebung, welche nach dem Fluss zu steil abfällt und durch zahlreiche zur Flussrichtung im Allgemeinen senkrecht stehende, zur Regenzeit reissende Bäche führende Schluchten durchbrochen wird. Die höchste Erhebung wird durch den westlichsten Theil, die sogenannte Jossplatte gebildet, auf welcher die Regierungsgebäude stehen; weiter östlich schliessen sich in langer Reihe auf dem niedrig werdenden Rücken die Dörfer der Eingeborenen an. Ein Theil der Häuser der Faktoristen, sowie die Missionsgebäude sind bereits auf den Rand der Höhe gebaut, ein anderer Theil der ersteren, sowie sämmtliche Geschäftslokalitäten, Büreaus und Vorrathsräume liegen direkt am Fluss auf dem schmalen von zähem Schlamm bedeckten Uferstreifen, welcher das Flussufer von dem Rand des Lateritplateaus trennt. Nach dem Innern zu folgt in östlicher Richtung flachhügeliges und welliges, mit Buschwald und den Pflanzungen der

Eingeborenen bedecktes Land, das sich, vielfach von kleinen, zur Regenzeit gewaltig anschwellenden Flussläufen durchzogen, bis an den Rand des Hochplateaus erstreckt. Letzteres kann von Kamerun aus an klaren Tagen deutlich gesehen werden und macht den Eindruck eines zu beträchtlicher Höhe ansteigenden Gebirges. Nach Südwesten zu folgt dem Flussufer entlang flaches, mit Mangroven bestandenes Land mit zähem Sumpfboden, von zahllosen kleinen Flussläufen und Kricks durchschnitten, welches in seiner ganzen, viele Quadratmeilen betragenden Ausdehnung bei einem auch bei Kamerun selbst im Mittel noch 2—2,5 m betragenden Unterschied im Wasserstand zweimal täglich abwechselnd überschwemmt und wieder trocken gelegt wird. Die Breite des Flusses beträgt etwas oberhalb Kameruns, zwischen Bonaberi und Dejdodorf, wo derselbe durch Zusammenfliessen mehrerer, bis dahin durch sumplige Inseln auseinandergedrängter Flussarme eine seenförmige Erweiterung erfährt, etwa 7 km, bei Kamerun selbst wird er wieder schmaler, hier beeinflusst Regen- und Trockenzeit, sowie Ebbe und Fluth, die Flussbreite beträchtlich. Die Breite des Kamerunastuars zwischen der Manokaspitze und Cap Kamerun beträgt etwa 17 km.

An den regelmässigen periodischen Ueberschwemmungen, welche die ganzen im Tiefland gelegenen Flussufer bis etwa in die Höhe von Bossua ca. 8—10 Stunden oberhalb Kamerun unter dem Einfluss von Ebbe und Fluth erfahren, nimmt die nächste Umgebung eines grossen Theils der europäischen Niederlassungen am Fluss unmittelbarsten Antheil. Zur Fluthzeit tritt der Fluss bis unmittelbar an die Pfeiler heran, auf welchen die Wohnungen gebaut sind, während er zur Ebbezeit zurücktretend eine nicht selten 300 und über 300 m breite Schlammfläche vor denselben frei lässt, über welchem die darauf brütende Sonne eine mit unerträglichen Gerüchen erfüllte Atmosphäre schafft. Eine nicht unwesentliche Verbesserung der hygienischen Verhältnisse bedeutet in der Hinsicht die vor einem Jahr fast vollendete Quaianlage, welche wenigstens einen Theil der Faktoreien dem unmittelbarsten Einfluss der Schädlichkeiten des wechselnden Wasserstandes entzogen hat.

Günstiger liegen die Verhältnisse schon für die auf dem Lateritplateau gelegenen Wohnungen, wohin die Dünste vom Ufer nur bei besonders ungünstigen Windverhältnissen gelangen. Für diese liegt eine besondere Schädlichkeit in der Art der Bodenzusammensetzung. Die dünne Humusschicht, welche den Lateritstock bedeckt, vermag nur eine sehr geringe Wassermenge aufzunehmen, der zähe Laterit selbst aber ist für dasselbe fast gänzlich undurchlässig. So bilden sich bei den grossen Niederschlagsmengen und den geringen Niveaudifferenzen der undurchlässigen Schicht in reichlicher Menge sumpfige Stellen, Tümpel und kleine stagnirende Seen, welche auch ihrerseits von sehr ungünstigem Einfluss auf die Gesundheitsverhältnisse sein müssen. Eine für tropische Verhältnisse sehr üppige Vegetation kommt auch unter den obwaltenden Verhältnissen nicht zu Stande, wie sie in den Urwäldern an anderen Stellen des Kamerun- und Batangagebiets in Folge der tiefgründigen Humusschicht beobachtet wird und die Nutz- und Küchenpflanzen gedeihen lange nicht in dem Maasse, wie in Victoria am Fuss des Gebirges.

Die Jahreswende bezeichnet in Kamerun den Höhepunkt der heissen regenlosen Zeit.

Hinter dem gleichmässigen, trüben, weissgrauen Dunst bleibt die aufsteigende Sonne lange völlig verborgen und lässt nur durch einen undeutlich umgrenzten röthlich-grauen Schein, der nicht selten schon längere Zeit vor Sonnenaufgang im Osten bemerkbar wird, die Stelle errathen, hinter welcher sie sich befindet. Nach dem Zenith zu nimmt allmählich ein bläulicher Farbenton in dem Grau an Intensität zu, wird aber erst, wenn die Sonne beim Höhersteigen die Dunstschicht durchbrochen, völlig rein und deutlich. Die Gräser sind mit reichlichem Thau getränkt, der bald nach dem Sichtbarwerden der Sonne verschwindet. Die Landbrise, welche die ganze Nacht hindurch kräftig mit einer Stärke von 5 und über 3 geweht hatte, flaut ab und ist schon gegen 8 Uhr fast ganz unspürbar. Damit und mit dem Vorkommen der Sonne beginnt die unerträglichste Zeit des Kameruner Aufenthalts. Das neblige dunstige Grau über dem Fluss und den jenseitigen Mangroven verschwindet auch bei dem Zutagetreten der Sonne nicht und der Kamerunberg bleibt hinter der dichten Dunstschicht viele Wochen lang verborgen; wie auch zeitweise selbst die in den Fluss einlaufenden Dampfer kaum vom Ufer aus durch den dicken Dunst zu erkennen sind. Woher derselbe stammt, ist noch nicht völlig erklärt; dass es sich um eine Art Harmattan handle, welcher aus dem Innern des Continents weht, scheint mit Rücksicht auf die im Princip durchaus nicht veränderten Windverhältnisse ebenso wenig wahrscheinlich, wie mit Rücksicht auf die geringe Verminderung, welche die Luftfeuchtigkeit zeigt im Verhältniss zu den in zweifellosen Harmattangegenden beobachteten Werthen. Ausserdem treten ganz ähnliche Erscheinungen auch während der vereinzelten sonnigen und regenlosen Tagen der Regenzeit auf. Eher ist die Wirkung des Dunstes in der feuchtigkeitsgesättigten Luft auf die gewaltigen Grasbrände zu beziehen, welche zur Trockenzeit allenthalben, wo Gras wächst, von den Eingeborenen zur Gewinnung neuen Ackerlandes vorgenommen werden. Von den sichtbaren Folgen, welche in den ungeheuren Steppen des inneren Hochlandes diese Grasbrände haben können, macht man sich ein Bild, wenn man zu der angegebenen Zeit nur in Kamerun selbst einem solchen Grasbrand von kleinem Umfang zusieht; wie der weiss-graue Rauch weit in der Umgebung des Feuers den Boden bedeckt, über demselben hinkriecht und weithin die Gegenstände in weisslichem Dunst schleierartig einhüllt. Trotz der relativ verringerten Luftfeuchtigkeit (73–76 pCt.) ist die Luft auf Mittag mit ihren 30–32° vor dem Einsetzen der Seebrise unerträglich drückend, namentlich zur Ebbezeit am Flussufer, wo sich ihr die Ausdünstungen der von der Sonne bestrahlten weiten Schlammflächen des Ufers beimischen. Die Bewölkung ist zu der Zeit verhältnissmässig gering. Gegen 1 Uhr tritt die von Südwest wehende Seebrise ein, meist ziemlich unvermittelt und mit beträchtlicher Kraft, trotz der Hitze durch die Anregung der Hautnerven und die regere Verdunstung Erleichterung schaffend. Sie bringt auch reichliches, weiss-graues, geballtes Gewölk mit herauf, mit dem gegen 2 Uhr p. m. etwa die Hälfte des sichtbaren Himmels bedeckt ist und durch das die intensive Sonnenstrahlung wenigstens zeitweise gemildert wird. Regen fällt zu dieser Zeit selten, manchmal 3—4 Wochen lang garnicht. Trotzdem lässt sich an der Vegetation äusserlich kaum irgend welcher Einfluss der verringerten Feuchtigkeit erkennen, wie in der Trockenzeit in so ausgeprägter Weise an der regenärmeren Ostküste; auch die absterbenden gelben Gräser werden so schnell von der grünen lebensfähigen Vegetation überwuchert, dass der Eindruck der Dürre, nirgends aufzukommen vermag. Nur an dem gewaltigen Zurückgehen des Wasserstandes der Flüsse, der sich an verschiedenen Stellen bis 10 m und mehr senkt und viele ganz unpassirbar macht, kann man den Einfluss des Regenmangels spüren. Häufig ist gegen Abend Wetterleuchten, namentlich in östlicher Richtung, und ferner Donner. Die Richtung, in welcher der grelle, über den ganzen Himmel leuchtende Wetterschein aufflammt, lässt sich vielfach gar nicht mit Sicherheit bestimmen. Stärkere Gewitter sind zu dieser Zeit sehr selten.

Bis ziemlich spät in den Abend hinein weht die Seebrise. Von besonderer Pracht sind der Sonnenuntergang und die Dämmerungserscheinungen. Wie beim Aufgang verschwindet die rothe Sonnenscheibe nicht selten in beträchtlicher Höhe über dem Horizont hinter dem gleichförmig grauen dichten Dunst, welcher denselben umlagert. Dann theilt sich dem ganzen westlichen Himmel eine an Intensität langsam gegen den Zenith hin abnehmende gleichmässige Röthe mit, welche im Osten eine schwächere Gegendämmerung hervorruft und nur kleine Abschnitte des nördlichen und südlichen Quadranten völlig frei lässt. Die Nächte sind meist wolkenlos, doch lässt die dunstige Trübung der Atmosphäre das Licht der tieferstehenden Sterne gar nicht durchdringen und von den dem Zenith näher stehenden nur das der grösseren, während sie das der weniger hellen auch vollkommen aufsaugt. Den Mond umgiebt nicht selten ein trüb-röthlich-gelber Hof. Nicht lange nach Sonnenuntergang schläft die Seebrise ein, um dann nach wenigen Stunden der östlichen Landbrise Platz zu machen, die bis gegen Morgen anhält.

Nur kurze Zeit zeigt sich das geschilderte Bild der typischen Trockenzeit rein: wochenlang vor ihrem Eintritt, wie auch vor ihrem Uebergang in die Tornadozeit des Frühlings, wechseln Tage von dem beschriebenen Charakter mit solchen, welche durch reichliche Bewölkung, wolkenbruchartige Regen, die plötzlich auftreten und mit Sonnenschein wechseln, sowie durch das zeitweise Auftreten von den mit heftigen Stürmen begleiteten Gewittern, den sogenannten Tornados, völlig den eigentlichen Charakter der sogenannten Uebergangszeit zeigen.

Die ersten Tornados pflegen vereinzelt schon früh aufzutreten. 1894 beobachtete ich den ersten am 2. Februar; häufiger und intensiver werden sie im März und April. Von da an wird Gewitterbildung im Osten, von wo der Tornado so gut wie stets aufzieht, häufig beobachtet als Zusammenziehen von dunklem Gewölk, doch sieht man dasselbe oft durch die kräftige Westbrise wieder auseinandergejagt werden. Wetterleuchten und ferner Donner im Osten nimmt zu und völlig trübe Regentage zwischen den heissen, sonnigen werden immer häufiger.

Das typische Bild des Tornado ist folgendes: Meist am Nachmittag oder gegen Abend bemerkt man im Osten ein dunkles, grau-blaues Seg-

ment am Himmel, am freien westlichen Rand durch lichtweisses, nicht
selten schleierförmig ausgezogenes Gewölk eingefasst, das sich scharf
abgegrenzt von dem lichtblauen, sonnigen Himmel abhebt. Aus der
dunklen Wolke ertönt in Zwischenräumen von etwa einer Minute dumpfer,
langgezogener Donner. Auch Zackenblitze leuchten in kurzen Intervallen aus ihr auf. So lange die Seebrise mit Intensität weht, kommt
das Gewölk selten herauf und gewinnt nur langsam an Boden. Allmählich aber gewinnt der Ostwind die Oberhand und nun verbreitet sich
das dunkle Gewölk unter immer zunehmender Zahl und Intensität von
Blitz und Donner reissend schnell über den Himmel, die Randwolke löst
sich in dem Gewölk des übrigen Himmels auf. Bereits mehrere Minuten
vor Einsetzen des Regens kündigt sich das Heranahen desselben durch
fernes Klingen und Brausen in der Luft an. Dann setzt der Ostwind
kräftig ein und fast gleichzeitig prasseln die Regenmassen hernieder. Die
Zahl der Blitze nimmt zu, so dass man nicht selten 2—3 in einer Sekunde und mehrere Minuten hindurch im Mittel einen in der Sekunde
zählt. Steht das Gewitter über dem Beobachtungsort, so glaubt man
die Blitze von allen Seiten aufleuchten zu sehen; verhältnissmässig häufig
sieht man sie in Zickzacklinien oder in Strahlenbüscheln annähernd horizontal verlaufen, in andern fahren sie vertical zur Erde nieder und es
ist ziemlich häufig, dass Masten, Flaggenstangen oder Bäume von ihnen
getroffen werden, von letzteren auffallend häufig Kokospalmen im Gegensatz zu den anscheinend weit weniger exponirten Oelpalmen. Die Temperatur geht während eines intensiven Tornados ziemlich beträchtlich herunter, während ich eine wesentliche Beeinflussung des Barometers durch
denselben bei mehrfachen Beobachtungen nicht habe bemerken können.
Seinen Namen hat der Tornado von der drehenden Bewegung, welche
bereits vor mehreren Jahrhunderten von den Seefahrern an ihm beobachtet wurde und die ihn bei diesen äusserst gefürchtet machte. Ich selbst
habe diese drehende Bewegung des Sturmes in Kamerun selbst niemals
beobachten können, ebensowenig wie Dr. Preuss in Victoria und im
Kamerungebirge. Ich habe denselben an Land immer nur als einen mit
beträchtlicher (9—10) Stärke wehenden Ostwind mit bald etwas mehr
nördlicher, bald mehr südlicher Abweichung kennen gelernt. Dagegen
haben wir beide auf einer Fahrt von Victoria nach Kribi einen Tornado
erlebt, welcher in ausgesprochenster Weise den Charakter eines die Richtung ausserordentlich schnell wechselnden Wirbelwindes darbot. Möglicher
Weise ist der Uebertritt auf das Meer von Einfluss[1]. Die Dauer des
Tornado ist eine kurze, selten über länger als zwei Stunden sich hinziehende. Von Beschädigungen von Menschen durch Blitzschlag hört
man sehr selten.

Mit dem Einsetzen des Tornados klärt die trübe Atmosphäre sich
allmählich auf, und namentlich unmittelbar nach einem solchen wird,
zunächst nach der See hin in westlicher Richtung, die Luft so durch-
sichtig, dass man die Umrisse der Insel Fernando Poo, sowie das
Kamerungebirge völlig klar vor sich sieht. Nach Osten hin erfolgt die

---

[1] Dr. Th. Reye, Prof. in Strassburg, Die Wirbelstürme, Tornados und Wetter-
säulen in der Erdatmosphäre.

Aufklärung im Allgemeinen erst einige Stunden später und lässt dann deutlich und in scharfen Conturen die Umrisse der Nkossi- und Bafaramiberge, sowie des centralafrikanischen Randplateaus hervortreten. Gerade in dieser Uebergangszeit, in welcher heftige aber kurz dauernde Regengüsse mit intensivem Sonnenschein abwechseln, zeigen sich die heissen Tagesstunden, in welchen die höher tretende Sonne auf den durch die Regengüsse durchfeuchteten Boden brennt, dem unterirdischer Abfluss fehlt, ganz besonders unerträglich. Die die Trockenzeit charakterisirenden Darmkrankheiten beginnen jetzt allmählich in den Hintergrund zu treten und machen dem Fieber Platz, das von da ab mit geringem zeitweisem Wechsel in Intensität und Häufigkeit die unumschränkte Herrschaft in der Pathologie Kameruns bis zum Wiedereintritt der Trockenzeit behauptet. Je weiter die Uebergangszeit vorrückt, um so spärlicher werden die sonnigen Tage und einen um so gleichmässigeren Charakter nimmt der Regenfall an. Doch kommen bis weit in den Mai herein noch Tage vor, welche in ausgesprochener Weise alle charakteristischen Erscheinungen der Trockenzeit, auch die höhenrauchähnliche dunstige Trübung der Atmosphäre, welche für dieselbe charakteristisch ist, erkennen lassen. Doch wechseln dieselben bereits mit Tagen, welche vollkommen der Regenzeit entsprechen. Die Tornados werden selten, die Gewitter, welche immer noch häufig sind, nehmen durch Fehlen der stürmischen Erscheinungen einen völlig veränderten Charakter an: sie ziehen weniger rapide auf, zeigen weniger mächtige Entladungen und dauern längere Zeit. Die Dämmerungserscheinungen verändern sich. Die Sonnenuntergänge sind meist klar, und scharfbegrenzte, weit am Himmel heraufziehende, mannigfach durch vorüberziehendes Gewölk unterbrochene Strahlenbildung tritt an Stelle der ohne scharfe Grenzen in das Blaugrau des Himmels übergehenden röthlich-grauen Dämmerung der Trockenzeit. Die Nächte sind klar und sternhell, oder durch Regengewölk völlig dunkel. Die Landbrise nimmt an Intensität ab, die Regen kommen, im Gegensatz zur eigentlichen Tornadozeit, grösstentheils von der See her aus westlicher Richtung. So vollzieht sich allmählich der Uebergang in die eigentliche Regenzeit, die ihre Höhe wechselnd zwischen Juni und August erreicht. Die heftigen Gewitterentladungen hören allmählich völlig auf, nur selten begleiten einzelne ferne Donnerschläge das Grauen des beginnenden Tages. Selten wird auch der Anblick der Sonne. Dafür fällt unablässig aus dem trüben, gleichmässig grauen Himmel der Regen herunter, bald anschwellend, bald nachlassend, Nachts mit grösserer Intensität als tagüber. Ein gleichmässig grauer Schleier verhüllt den Fluss fast ganz und lässt von dem gegenüberliegenden Mangrovenufer nicht selten tagelang nichts erkennen. Auch alle in der Nähe befindlichen Gegenstände, Bäume und Büsche sind in mattes, wässriges Grau gehüllt. Auf dem Lateritplateau stehen, so weit das natürliche Gefälle nicht für Abfluss sorgt, Seen und Pfützen: die kleineren, fast völlig ausgetrockneten Wasserläufe schwellen zu reissenden Bächen an, und die zu dieser Zeit im Urwald oder Busch befindlichen Expeditionen sind gezwungen, in Zwischenräumen von nicht selten wenigen Minuten Flussläufe bis zum Bauch oder Hals zu durchwaten, so dass eine Trocknung des Körpers vor dem Erreichen des Nachtquartiers ausgeschlossen ist.

Die Windbewegung ist abgeschwächt, trotzdem und trotz der zunehmenden Feuchtigkeit, welche alle Gegenstände mit Schimmel überzieht, empfindet der Körper die namentlich nächtlich niedere Temperatur und das Fehlen der intensiven Sonnenstrahlung sehr wohlthätig und das zeitweise Hervorkommen der Sonne, welche die oberflächlichen Bodenschichten austrocknet, ist nichts weniger als gern gesehen und meist von sich mehrenden Fiebererkrankungen gefolgt. Zwischen den dunklen geballten Wolken, welche, dem Boden fast auflagernd, den Fuss des Kamerunberges verhüllen, lässt nur selten ein für kurze Zeit matt aufleuchtender schwefelgelber Schein am Abendhimmel den Stand der untergehenden Sonne errathen. Die während der heissen Zeit so unerträgliche Schlaflosigkeit und Nervosität lässt trotz der verhältnissmässig so geringen Herabsetzung der nächtlichen Minima (höchste von mir beobachtete Differenz der mittleren monatlichen Minima 23,4 [Februar 1894] gegen 21,6 [Juni 1894], also 1,8°) wesentlich nach, die Schweissproduction hört fast ganz auf und das lästige Uebel der Trockenzeit, der Lichen tropicus, der sonst allen Mitteln so hartnäckig widersteht, verschwindet spontan nach wenigen Tagen trüben, regnerischen Wetters.

Mit mannigfachen Unterbrechungen dauert die Regenzeit bis in den Herbst hinein, im Jahre 94 wurden die Regentage bereits in der ersten Hälfte August von klaren Tagen unterbrochen und es machten sich da bereits gleichzeitig mit ihnen elektrische Erscheinungen geltend, welche allmählich in die zweite Uebergangszeit herüberleiteten. Fast kein Tag vergeht ohne Wetterleuchten oder fernes Gewitter, auch Tornados mit dem ausgesprochenen Charakter der im Frühling beobachteten werden häufiger, erreichen aber im Allgemeinen an Intensität diese nicht. Die Zahl der Regentage zeigt im Allgemeinen bis gegen Oktober hin keine konstante Abnahme, doch werden die Regenmengen geringer, die Zahl der sonnigen Tagesstunden nimmt zu und der regelmässige und ausgesprochene Wechsel zwischen Land- und Seebrise macht sich wieder bemerkbar. Die bis dahin unsichtbaren Gebirge treten, nicht wie in der ersten Uebergangszeit nach den Tornados mit scharf ausgeprägten klaren Einzelheiten, welche am Kamerungebirge überall auf das deutlichste den Uebergang der Urwald- in die Steppenzone erkennen lassen, sondern als scharfumrandete blaugraue Silhouetten hervor. Der Pflanzenwuchs hat in dieser Zeit, wo die Einwirkung der Sonne zu der des feuchtigkeitsgetränkten Erdreichs sich gesellt, ihre höchste Entwicklung erreicht, zugleich aber auch die Fiebermortalität, welche mit unregelmässigen Remissionen bis gegen den Eintritt der trockenen Zeit ansteigt. Die Schwüle an den heissen Vormittagen ist besonders gross und zu den Fiebererkrankungen gesellen sich allmählich auch wieder die Leiden der Trockenzeit in Gestalt von zunehmender Nervosität, von Darm- und Hautleiden. So vollzieht sich unter allmählichem Zunehmen der heissen Tage und Abnahme der schweren Fiebererkrankungen etwa im December wieder der Uebergang in die heisse Zeit.

Aus dem Gesagten wird es möglich sein, sich ein ungefähres Bild von der klimatischen Umgebung zu machen, in welcher, mit geringen Modifikationen die derzeitige europäische Bevölkerung an der Kamerun-

küste sich bewegt. Die ausserordentlichen hygienischen Vortheile des Ge-
birgs- und Hochlandklimas kamen meiner Zeit nur vereinzelten katholischen Missionaren auf dem ca. 620 m hohen Hügel von Bonjongo in
Buea und einigen auf der Jaundestation wohnenden Europäern zu gute;
alle anderen hochgelegenen Stationen waren eingezogen. Die europäische
Bewohnerschaft war des Verkehrs wegen, der im ganzen Tieflandgebiet
zum überwiegenden Theil zu Wasser vor sich geht, an die Seeküste und
die Flussufer gebunden, wo die Hauptniederlassungen der Schwarzen sich
befinden, und mit dem Kaufmann ging der Missionar; und der Regierungs-
beamte folgte ihnen. Die weiter im Innern zeitweise unterhaltenen Handelsstationen der Privatgesellschaften wurden im Lauf der letzten Jahre
auch als unrentabel eingezogen, so dass in hygienischer Beziehung zur
Zeit in der That kaum noch andere als die beschriebenen oder diesen
sehr ähnliche Verhältnisse praktisch in Betracht kommen.

Die Bewohnerschaft der Kolonie Kamerun betrug während der Zeit
meines Dortseins nach den Erhebungen der Regierung 231 Menschen,
abgerechnet die unter völlig anderen hygienischen Verhältnissen an Bord
lebende Mannschaft der Marinestation. Von denselben waren 44 Regie-
rungsbeamte, 40 Missionare, 9 Pflanzer, 90 Kaufleute, 12 Handwerker
und Arbeitsaufseher, die übrigen Frauen und Kinder.

Die Bevölkerung ist ziemlich ungleichmässig über das Küstengebiet
vertheilt, sie schwankt innerhalb geringer Grenzen und zeigt einstweilen
eine nur langsame Zunahme. In Kamerun wohnten 92, in Victoria 14,
in Kribi 27, in Gross-Batanga 22 Europäer, in den anderen Plätzen sind
sie nur ganz vereinzelt zu 2 bis 11 vertreten, als Plantagenverwalter am
Fuss des Gebirges oder als Missionare oder Händler an den Flussufern
des Tieflandes.

Bis auf einen Spanier waren meiner Zeit keine Südeuropäer in der
Kolonie vertreten, sondern nur Deutsche, Engländer, Schweden, Ameri-
kaner, sowie ein Russe.

Die Erfahrung hat gelehrt, dass unter den Eingeborenen-Rassen
der Tropen die Widerstandsfähigkeit gegen die einzelnen Infektionskrankheiten eine sehr verschiedenene ist, ja dass dieselbe sogar innerhalb derselben Rasse nach den Stämmen manchmal nicht unbeträchtlich wechselt.
Einige kurze Bemerkungen über die Zusammensetzung der farbigen Bewohnerschaft von Kamerun ist deshalb am Platz.

Das Tiefland und die Ränder des Plateaus, sowie das Gebirge werden
von Bantustämmen bewohnt, welche von Osten her eingewandert sind
und noch in ihrer Sprache wie in ihren Gebräuchen mannigfache auffällige Anklänge an die Suahelibevölkerung der deutsch-ostafrikanischen
Küste erkennen lassen. Von Osten her dringen, dem allgemeinen in
westlicher Richtung sich vollziehenden Völkerschub folgend, mohameda-
nische Sudanneger-, Haussa- und Fullahstämme immer weiter nach der
Küste vor, an der immer weiter nach Westen sich verschiebenden Grenze
eine Mischlingsbevölkerung mit der ursprünglichen Bewohnerschaft pro-
ducirend. Sie bilden ziemlich mächtige, in losem Abhängigkeitsverhält-
niss zu dem dem Sultan von Sokoto tributpflichtigen Herrscher von Jola

stehende Reiche im Hochland, während die Bantustämme der Küste in
zahllose kleine, durch Sprache und Kleidung verschiedene Stammesgenossenschaften getrennt und meist unter einander verfeindet, irgend
welche politische Macht nicht entfalten. Dieser Umstand ist von nicht
unbeträchtlicher hygienischer Bedeutung, insofern ein Verschleppen von
ansteckenden Krankheiten aus dem Innern nach der Küste so gut wie
ausgeschlossen und in der That noch nie beobachtet ist, im Gegensatz
zu der Ostküste, wo die bis tief in' das Innere hineinführenden, jedes
Jahr von vielen Tausenden von Menschen beschrittenen Karavanen-
strassen zugleich den Verbreitungsweg für eine grosse Anzahl von Infektionskrankheiten bilden. Es mag das mit eine Ursache dafür sein,
dass die ostafrikanische Pathologie ein weit abwechselungsvolleres und
bunteres Bild bietet als die Kameruns.

Das Gebiet des unteren Kamerunflusses und in zerstreuten Handelsniederlassungen auch das der von diesem aus zu erreichenden Wasser-
strassen, wie des Sannaga und Langasi, bewohnen die Duallaneger,
ein kräftiger Menschenschlag, der sich einer verhältnissmässig grossen
Unempfänglichkeit gegen die meisten Krankheiten erfreut, welche den
Europäer in Kamerun heimsuchen. Etwa dasselbe gilt von den im Süden
sich anschliessenden Bakokos- und Batangaleuten, über welche gleich
reichliche Erfahrungen in der Hinsicht freilich fehlen. Die am Plateaurand, auf demselben und im Kamerungebirge wohnenden Stämme sind
von Malaria ziemlich verschont, dagegen spielen Erkältungskrankheiten,
namentlich Pneumonie, sowie Dysenterie und Hautaffektionen bei ihnen
eine grosse Rolle. Bevor wir über die in der Hinsicht bei denselben
herrschenden Zustände im einzelnen unterrichtet sein werden, wird voraussichtlich noch eine längere Zeit vergehen.

Nicht unwesentliche Abweichungen zeigen in pathologischer Hinsicht
die Mitglieder importirter farbiger Stämme, welche bei der einstweiligen
Abneigung der einheimischen, fast ausschliesslich von Handel und Fischfang lebenden Bevölkerung gegen körperliche Arbeit, als Plantagenarbeiter, Ruderer, Handwerker und Soldaten jährlich in grösseren Mengen
importirt werden. Als solche kommen bis jetzt ausser den letzthin als
Soldaten angeworbenen Haussas aus Lagos, über deren Abstammung
sicheres bisher nicht ermittelt ist, nur eigentliche Negerstämme in Betracht. Chinesen, wie auf Fernando Poo und im Congostaat, sind bisher
nicht zur Verwendung gelangt und das wird nach den dort gemachten
Erfahrungen auch späterhin schwerlich geschehen. In Betracht kommen
Kru- und Weyneger von der Liberiaküste, Sierra-Leoneleute als Handwerker, eine Zeit lang Dahomeys und eine kurze Zeit lang Sudanesen.

Immer mehr hat sich in letzter Zeit das Bestreben geltend gemacht,
die kostspieligen fremden Arbeitskräfte durch einheimische zu ersetzen,
und es sind in der Hinsicht, speciell was die Plantagenarbeit im Gebirge
anlangt, einige erfreuliche Resultate bereits erziel worden.

Auf das in mancher Hinsicht unterschiedliche Verhalten der genannten verschiedenen Stämme gegenüber den pathologischen Einflüssen
des Kameruner Aufenthalts wird an anderer Stelle eingegangen werden.

Ueber die Beeinflussung einiger physiologischer Functionen des Europäers durch das tropische See- und Tiefland-Klima.

Die vielen Fragen, welche in Beziehung stehen zu der Fähigkeit des Europäers, sich den veränderten Anforderungen, welche das Tropenleben an ihn stellt, durch Veränderung des eigenen Organismus anzupassen, sind in ganz allgemeiner Weise nicht zu beantworten, sondern verlangen ganz abgesehen von der Berücksichtigung vielfältiger Stammes- und individueller Verschiedenheiten eine genaue Prüfung der im einzelnen Fall in Betracht kommenden Oertlichkeit. Ausschlaggebend sind in der Hinsicht einmal die meteorologischen Verhältnisse, welche je nach der Entfernung vom Aequator, der Küsten- oder Binnenlandlage, der Erhebung über dem Meer und der lokalen Umgebung die beträchtlichsten Unterschiede bezüglich Barometerstand, Lufttemperatur und Luftfeuchtigkeit, der Regen-, Bewölkungs- und Windverhältnisse aufweisen und allein schon dadurch dem Eingewanderten wesentlich verschiedene Existenzbedingungen bieten; dann die über die Tropen ganz ungleichmässig vertheilten Infektionskrankheiten, welche wie Cholera, Gelbfieber, Dysenterie, Beri-beri und Malaria vielfach gradezu ausschlaggebend für die Morbilität gewisser Tropengegenden sind und denselben theilweise einen völlig von einander verschiedenen pathologischen Charakter verliehen haben. Die Summe der den bezeichneten Gruppen zugehörigen Erscheinungen fassen wir als Klima zusammen. An dieser Stelle habe ich nur auf die Beziehungen der zur ersten Gruppe gehörigen Faktoren zu den Funktionen des menschlichen Körpers einzugehen und werde andererseits nur die in hohem Grade untereinander übereinstimmenden Verhältnisse berücksichtigen, wie sie sich in den tropischen Küstentiefländern oder über der tropischen See selbst darbieten. Die völlig von diesen und vielfach auch unter einander abweichenden Verhältnisse, welche das tropische Höhen- oder auch nur Binnenlandklima charakterisiren, werden an einer anderen Stelle, bei Besprechung tropischer Höhensanatorien behandelt werden. In der That fehlt den bezeichneten Plätzen bei aller Verschiedenheit unter einander ein grosser Theil der Eigenschaften, welche wir als charakteristisch für das Tropenklima als solches anzusehen gewohnt sind.

Einfachere physiologische Untersuchungen über die Veränderungen, welche der Organismus des Europäers beim Uebergang aus dem gemässigten in das heisse Klima sowie während seines Aufenthaltes in dem letzteren erleidet, sind bereits seit lange und mehrfach angestellt worden, meist indess ohne specielle Berücksichtigung der zur Zeit der Beobachtung wirksamen klimatischen Faktoren, theilweise auch ohne genaue Beschreibung der angewandten Methoden, welche Gewähr für die Zuverlässigkeit der gewonnenen Resultate geben soll, endlich immer noch in viel zu geringer Zahl, letzteres namentlich im Hinblick auf die grossen individuellen Schwankungen, welche die Ableitung allgemein gültiger Gesetze aus den unter einander häufig beträchtlich differirenden Ergebnissen der Einzelbeobachtungen sehr erschweren.

Körpertemperatur.

Seit lange hat verschiedene Forscher in den Tropen die Frage beschäftigt, ob und in welcher Weise die Körpertemperatur beim Uebergang in das tropische Klima beeinflusst wird. Sie ist sehr verschieden beantwortet worden und das hat vielfach seinen Grund in der abweichenden Versuchsanordnung, in individuellen Verschiedenheiten, endlich in der Thatsache, dass die Untersucher nicht immer streng zwischen dem Einfluss des unvermittelten Uebergangs aus dem gemässigten oder kalten Klima in die Tropen von dem eines länger dauernden Aufenthalts daselbst unterschieden haben.

Dass es auch bei dem sogenannten homöothermen animalischen Wesen unter dem Einfluss extremer äusserer Temperaturen zu Veränderungen der Körperwärme kommt, ist als unzweifelhaft anzusehen[1].

Für den Menschen ist sie unanfechtbar bewiesen durch die in Dampfbädern beobachteten Temperatursteigerungen, welche bis zu 5° C. betragen können, ferner die bei Tunnelarbeitern und bei Heizern auf Kriegsschiffen vorgenommenen Messungen, bei denen bei gänzlich verschiedenem Klima der Umgebung die Temperatur bis 40° steigen kann, ohne dass deshalb ohne weiteres pathologische Erscheinungen aufzutreten brauchten.

Es sind vorzugsweise drei Faktoren, welche sich unter den vorbezeichneten klimatischen Verhältnissen, wie auch ganz im Allgemeinen, von Einfluss auf das Verhalten der Körpertemperatur zeigen: die Höhe der Umgebungstemperatur, der Grad der Luftfeuchtigkeit, durch welche die Wärmeregulirung des Organismus in hohem Grade beeinflusst wird und die Intensität der Luftbewegung. Von Bedeutung ist ausserdem das Maass der verrichteten Arbeit.

Bei anstrengender Arbeit, mangelnder Windbewegung und hohem

---

1) Rosenthal, Zur Kenntniss der Wärmeregulirung bei den warmblütigen Thieren. Erlangen 1872, S. 15.

Hermann, Handbuch der Physiologie, 2. Th., S. 337.

Feuchtigkeitsgehalt der Luft kommt es schon bei verhältnissmässig niedrigen Lufttemperaturen zur Wärmestauung, wie die interessanten Versuche des kürzlich in Ostafrika verstorbenen Ingenieurs Stapff beim Bau des Gotthardtunnels bewiesen haben. Stapff beobachtete unter solchen Verhältnissen bereits bei einer Aussentemperatur von 30° eine Steigerung der Körpertemperatur bis 40°.[1])

Andererseits ist bei beträchtlicher Lufttemperatur, Sättigung der Luft mit Wasserdampf, und Mangel an Luftbewegung keine Arbeitsverrichtung erforderlich, um, wie das in Dampfbädern vielfach beobachtet worden, bereits nach 25 Minuten die Körpertemperatur auf 39° und dann noch höher ansteigen zu lassen.

Der Einfluss, welchen die trockne Hitze an sich bei mehr oder weniger bewegter Luft auf den in Ruhe verharrenden und auf den Arbeit verrichtenden Organismus ausübt, lässt sich am besten in den Maschinen- und Heizräumen von Dampfschiffen feststellen und es sind in der That bereits mehrfach diese Verhältnisse Gegenstand der Untersuchung gewesen.

Ich selbst habe mich auf zwei Reisen, welche ich vom 31. Januar bis 10. Mai 1892 und vom 22. Juli bis 25. December 1892 nach Holländisch Indien und Japan unternahm, mit diesem Gegenstand eingehender beschäftigt.

Lufttemperatur und Luftfeuchtigkeit wechseln bekanntlich in den Heiz- und Maschinenräumen der grossen Ueberseedampfer je nach deren Bauart und Fahrgeschwindigkeit, sowie nach Windrichtung und Windstärke beträchtlich.

Die „Salatiga" und „Priok" der deutschen Dampfschiffsrhederei in Hamburg boten als Schwesterschiffe einen gleichen Schiffstypus und sehr genau übereinstimmende Verhältnisse der Heiz- und Maschinenräume.

Die Dauer der Wache betrug für die Maschinisten 4 Stunden; eine beträchtliche körperliche Arbeit hatten sie während derselben nicht zu verrichten. Um so schwerer ist die Arbeit der im Heizraum beschäftigten Kohlenzieher. Je zwei von diesen liegt es ob, die für ein Schiff je nach dem Raumgehalt verschiedene, 2800 Tons, im Mittel 27 Centner stündlich betragende Kohlenmenge heranzuschleppen, während die beiden Anderen damit beschäftigt sind, die Kohlen in die 1 m über dem Boden befindliche Feuerung zu werfen. Die Arbeitsleistung lässt sich demgemäss berechnen. Sie beträgt $\frac{27,50}{2} = 675$ kgm stündlich für den Einzelnen[2].

Diese Arbeit wird auf den die Tropen befahrenden Handelsdampfern grösstentheils von farbigen Arbeitern, Hindus, Chinesen oder Negern verrichtet.

Die mittlere Lufttemperatur im Maschinenraum betrug während der Beobachtungszeit 38,5—47° C. im Maschinenraum, 39—53° im Heizraum, bei 25,5—26,5° Aussenlufttemperatur, die relative Luftfeuchtigkeit 32—49 pCt. im Maschinenraum, 25—47 pCt. im Heizraum bei

[1] Stapff, Arch. f. Anat. u. Physiol. 1879, Ergänzungs-band. S. 72.

[2] cf. Ueber Temperaturerhöhungen bei Heizern. Inaug.-Diss. Dr. A. Kurrer. Braunschweig 1892.

70—77 pCt. mittlerer Luftfeuchtigkeit der äusseren Atmosphäre. Die Bestimmungen der Luftfeuchtigkeit im Maschinenraum sind mittels des sogenannten Polymeter von Lambrecht-Göttingen gefunden worden, modificirte Haarhygrometer, die sich gut bewährt haben. Das Aspirationspsychrometer reichte für die in Betracht kommenden hohen Temperaturen nicht aus. Die Controle der Polymeter durch dasselbe fand alle 4—5 Tage statt.

Ventilation und Luftzug wurde durch zwei von den Maschinenräumen über das Oberdeck hinausreichende weite Luftsäcke bis auf wenige Tage, an welchen das Schiff durch seine Eigenbewegung den von Achter kommenden Wind „todtlief", in hinreichendem Maasse unterhalten[1].

Zunächst wurde an zwei Maschinisten, welche nach einander Wache zu beziehen hatten, ausser einigen andern später eingehender besprochenen Körperfunctionen die Achselhöhlentemperatur vor Antritt der Wache bestimmt und diese Bestimmung unmittelbar nach Beendigung derselben wiederholt. Zu derselben Zeit wurde das jeweilig zur Zeit der Wache im Maschinenraum herrschende Klima festgestellt. Um eine etwaige durch innere physiologische Vorgänge während der in Betracht kommenden Zeit verursachte Aenderung der Körpertemperatur als solche erkennen zu können, wurde nach Abschluss der ersten Versuchsreihe die Wachezeit beider Maschinisten umgetauscht und durch die alsdann in derselben Weise fortgesetzten Messungen eine Controle geschaffen. Eine Uebersicht über das Ergebniss gestatten die folgenden Tabellen (No. 1—9.)

Es ergiebt sich in diesen Fällen ein Temperaturanstieg von 0,4 bis 0,6° nach einem vierstündigen mit keiner nennenswerthen Arbeit verbundenen Aufenthalt in einem Klima des vorbezeichneten Charakters. Diese Temperaturerhöhung ist nach vier Stunden beim Antritt der folgenden Wache wieder vollkommen ausgeglichen.

Entsprechend war das Ergebniss bei zwei anderen europäischen Maschinisten, bei welchen aus äusseren Gründen Controluntersuchungen nicht vorgenommen werden konnten. Es zeigte sich bei ihnen unter dem Einfluss des Maschinenraum-Klimas eine zwischen 0,2 und 0,6, resp. 0,1 und 0,7° schwankende, im Mittel 0,4° betragende Temperaturerhöhung.

Eine Akklimatisation an die extreme Temperatur der Umgebung scheint unter diesen Umständen hinsichtlich des Verhaltens der Körpertemperatur nicht zu Stande zu kommen, wenigstens habe ich bei mehrfachen, theilweise einige Stunden hindurch fortgesetzten Selbstversuchen im Maschinen- und Heizraum zwar stets ein Steigen der Eigenwärme um 0,2 bis 0,5°, im Mittel 0,3°, niemals aber beträchtlichere Temperaturerhebungen beobachtet, als bei den an diese abnorme Umgebung gewöhnten Maschinisten.

Es ist bereits früher hervorgehoben worden, dass es sich bei den bis dahin besprochenen Versuchen um Menschen handelt, welche keine

1) Die speciellen das Klima während der Beobachtungszeit betreffenden Daten finden sich in: Annalen der Hydrographie und maritimen Meteorologie. Jahrg. XX. 1892. S. 340—345.

Beeinflussung des Körpers durch extreme Temperatur im Heiz- und Maschinenraum.

No. 1. P., Maschinist.

Datum.	Tageszeit.	Temperatur Heiz-raum.	Masch.-raum.	Luftfeuchtigkeit Heiz-raum. pCt.	Masch.-raum. pCt.	Temp.	Puls.	Blut-druck. mm Hg
25. 2. 92	4 p. m. vor Wache	39,0	39,8	45	48	37,0	68	110
	8 p. m. nach „					37,6	100	90
26. 2. 92	4 p. m. vor „	45,3	41,8	37	45	37,1	87	110
	8 p. m. nach „					37,7	99	80
5. 3. 92	4 p. m. vor „	44,6	41,8	39	49	36,8	81	105
	8 p. m. nach „					37,2	80	99
6. 3. 92	4 p. m. vor „	48,6	44,3	33	45	37,4	73	100
	8 p. m. nach „					37,7	75	95
7. 3. 92	4 p. m. vor „	47	45,5	34	44	37,4	76	100
	8 p. m. nach „					37,7	81	90
8. 3. 92	4 p. m. vor „	49,9	46,0	33	40	36,7	65	102
	8 p. m. nach „					37,3	82,5	90
9. 3. 92	4 p. m. vor „	47,8	43,5	37	42	37,0	67	102
	8 p. m. nach „					37,4	74,5	90
10. 3. 92	4 p. m. vor „	48,5	45,9	33	41	37,0	72	105
	8 p. m. nach „					37,7	81	92
11. 3. 92	4 p. m. vor „	48,3	44,1	39	45	37,1	73	101
	8 p. m. nach „					37,8	79	92
13. 3. 92	4 p. m. vor „	52,8	47,8	34	44	37,3	89	105
	8 p. m. nach „					37,8	91	95
16. 3. 92	4 p. m. vor „	—	—	—	—	36,6	70	107
	8 p. m. nach „					38,0	89	100

Durchschnittl. Temp. vor d. Wache 4 p.m. 37,0. Puls vor W. 75. Blutdr. vor W. 104.
-        „   nach „   8 p.m. 37,5.   „ nach „ 85.   „   nach „ 91.

No. 2. P., Maschinist. II. Controlle.

Datum.	Tageszeit.	Temperatur Heiz-raum.	Masch.-raum.	Luftfeuchtigkeit Heiz-raum. pCt.	Masch.-raum. pCt.	Temp.	Puls.	Blut-druck. mm Hg
7. 4. 92	4 St. nach Wache	50,4	46,2	37	46	37,2	67	95
	8 „ vor „					36,9	63	100
8. 4. 92	4 „ nach „	49,0	46,5	32	44	37,4	79	93
	4 „ vor „					36,8	63	100
9. 4. 92	8 „ nach „	53,2	47,3	35	39	37,4	70	95
	4 „ vor „					37,2	69	100
10. 4. 92	4 „ nach „	52,8	47,0	43	45	37,1	77	95
	8 „ vor „					36,6	70	102
11. 4. 92	4 „ nach „	53,1	46,8	40	46	37,1	74	97
	8 „ vor „					36,8	71	100
12. 4. 92	4 „ nach „	48,8	44,0	36	41	37,3	75	94
	8 „ vor „					36,9	73	100
13. 4. 92	4 „ nach „	47,3	44,0	35	39	37,4	71	93
	8 „ vor „					37,1	71	103
14. 4. 92	4 „ nach „	49,0	45,0	30	42	37,7	74	95
	8 „ vor „					36,8	71	105
15. 4. 92	4 „ nach „	49,3	45,5	31	46	37,4	75	93
	8 „ vor „					36,9	74	105
16. 4. 92	4 „ nach „	49,0	45,7	35	41	37,4	74	97
	8 „ vor „					36,8	67	105
17. 4. 92	4 „ nach „	49,3	46,0	30	38	37,8	90	94
	8 „ vor „					37,0	76	105

Durchschnittliche Körpertemperatur vor der Wache 36,9. Puls 70. Blutdruck 102.
-        „   „   „   nach „   „   37,4.   „   75.   „   94.

No. 3. Sch., Maschinist.

Datum.	Zeit.	Temperatur Heiz-raum.	Masch.-raum.	Luftfeuchtigkeit Heiz-raum.	Masch.-raum.	Temp.	Puls.	Blutdruck. mm Hg
20. 4. 92	4 N. Vor Wache	44.3	39.5	37	43	36.2	78	90
	8 N. Nach „					37.5	60	87
21. 4. 92	4 N. Vor „	---	---	---	---	36.5	58	98
	8 N. Nach „					36.7	52	94
22. 4. 92	4 N. Vor „	48.8	44.7	28	32	37.2	64	95
	8 N. Nach „					37.2	59	95
23. 4. 92	4 N Vor „	47.9	43.3	28	35	36.3	60	98
	8 N. Nach „					36.7	60	96
24. 4. 92	4 N. Vor „	45.8	41.1	25	34	36.3	56	105
	8 N. Nach „					36.7	57	100
25. 4. 92	4 N. Vor „	42.3	39.9	28	33	36.3	68	115
	8 N. Nach „					36.5	55	100

No. 4. Sch., Maschinist. Controlle.

Datum.	Zeit.					Temp.	Puls.	Blutdruck.
28. 4. 92	4 N. nach Wache					36.8	70	114
	8 N. vor „					36.7	67	115
29. 4. 92	4 N. nach „					37.1	76	100
	8 N. vor „					36.6	75	105
30. 4. 92	4 N. nach „					37.0	60	103
	8 N. vor „					36.4	62	108
1. 5. 92	4 N. nach „					36.8	62	---
	8 N. vor „					36.6	66	103
2. 5. 92	4 N. nach „					36.7	63	---
	8 N. vor „					36.0	59	---
5. 5. 92	4 N. nach „					36.6	78	100
	8 N. vor „					36.5	70	100

Temp. vor der Wache: 36.5. Puls 64. Blutdruck 100.
„ nach „ „ 36.9. „ 57. „ 94.
Controlle: „ vor „ „ 36.4. „ 66. „ 106.
„ nach „ „ 36.8. „ 68. „ 104.

oder fast keine Arbeit verrichteten. Es kann nach dem Ausgeführten als feststehend angesehen werden, dass auch bei solchen unter dem Einfluss einer 40 bis 50° betragenden Umgebungstemperatur und einer Luftfeuchtigkeit zwischen 30 und 50 pCt. eine geringe Erhöhung der Körpertemperatur um 0,3 bis 0,4° im Mittel regelmässig eintritt.

Tritt zu den bezeichneten klimatischen Einflüssen noch die Anforderung, beträchtliche Arbeit zu verrichten, an den Organismus heran, durch welche an sich schon die Wärmebildung im Körper gesteigert wird, so zeigen sich Unterschiede in dem Verhalten des Farbigen gegenüber dem des Europäers.

Wie sich die Sache bei der vorbezeichneten beträchtlichen Arbeitsleistung, welche die Heizer in der entsprechenden Umgebung zu verrichten haben, verhält, darüber habe ich selbst nur in 10 Fällen an den an Bord der „Salatiga“ beschäftigten chinesischen Kohlentrimmern Untersuchungen anstellen können. Die Leute wurden durch gleichzeitig von mir vorgenommene Blutuntersuchungen misstrauisch gemacht und verweigerten nach kurz dauernder Beobachtungszeit die Zulassung weiterer Messungen.

3*

No. 5. W., Maschinist.

Datum.	Zeit.	Temperatur Heiz-raum.	Temperatur Masch.-raum.	Luftfeuchtigkeit Heiz-raum.	Luftfeuchtigkeit Masch.-raum.	Temp.	Puls.	Blut-druck. mm Hg
19. 4. 92	Vor Wache 12 M.	51,3	46,4	34	37	36,6	59	100
	Nach „ 4 N.					37,2	64	94
20. 4. 92	Vor „ 12 M.	53,0	46,3	27	32	36,4	59	100
	Nach „ 4 N.					36,6	58	90
23. 4. 92	Vor „ 8 V.	47,9	43,3	28	35	36,6	70	105
	Nach „ 12 N.					36,8	60	95
24. 4. 92	Vor „ 8 V.	45,8	41,1	25	34	36,1	69	105
	Nach „ 12 M.					36,5	65	100
25. 4. 92	Vor „ 8 V.	42,3	39,9	28	35	36,0	64	100
	Nach „ 12 M.					36,6	58	92

Vor Wache: Körpertemp. 36,3. Puls 64. Blutdruck 102.
Nach „ „ 36,7. „ 61. „ 94.

No. 6. L., Maschinist.

Datum.	Zeit.	Temperatur Heiz-raum.	Temperatur Masch.-raum.	Luftfeuchtigkeit Heiz-raum.	Luftfeuchtigkeit Masch.-raum.	Temp.	Puls.	Blut-druck.
19. 4. 92	Vor Wache 12 M.	51,3	46,4	34	37	36,9	62	80
	Nach „ 4 N.					37,2	88	85
20. 4. 92	Vor „ 12 M.	53,0	46,3	27	32	36,8	64	85
	Nach „ 4 N.					37,5	84	80
21. 4. 92	Vor „ 12 M.	—	—	—	—	36,5	80	75
	Nach „ 4 N.					37,0	62	70
22. 4. 92	Vor „ 12 M.	48,8	44,7	28	32	36,5	61	82
	Nach „ 4 N.					36,9	63	80
23. 4. 92	Vor „ 12 M.	47,9	43,3	28	35	36,5	66	92
	Nach „ 4 N.					36,8	57	90
24. 4. 92	Vor „ 12 M.	45,8	41,1	25	34	36,1	64	93
	Nach „ 4 N.					36,3	56	100
25. 4. 92	Vor „ 12 M.	42,3	39,9	28	33	36,3	61	93
	Nach „ 4 N.					36,4	55	90

Vor Wache: Körpertemp. 36,5. Puls 65. Blutdruck 86.
Nach „ „ 36,9. „ 66. „ 85.

Die Erhöhung der Körpertemperatur betrug in den zur Untersuchung
gelangten Fällen nach vierstündiger schwerer Arbeit in einer Temperatur von 37—47° bei 39—46,8 pCt. Luftfeuchtigkeit 0,4—0,74°. Es
sind das Werthe, die mit den von Neuhauss[1]) erhaltenen — 0,4—0,6°,
sehr selten 0,7—0,8° Temperaturerhöhung nach der Wache — gut übereinstimmen, ebenso mit den etwas höheren Kurrer's[2]), der bei indischen
Heizern nach der Wache 38,1° im Mittel beobachtete und ein Ansteigen
bis 38,9°.

Es ergiebt sich also, dass farbige Heizer ohne eine beträchtliche,
dem Pathologischen sich nähernde Temperaturerhöhung in einer die
Körperwärme zeitweise um mehr als 10° überschreitenden Umgebung bei
trockener Luft schwere Arbeit zu verrichten vermögen.

---

1) Neuhauss, Untersuchungen über Körpertemperatur, Puls und Urinabsonderung auf einer Reise um die Erde. Arch. f. pathol. Anat, Bd. 134. Heft 3.

2) Kurrer, Ueber Temperaturerhöhungen bei Heizern. Inaug.-Dissert. 1892.
Braunschweig.

No. 7.

Selbstversuch im Maschinenraum.

Datum.	Zeit.	Temp.	Puls.	Resp.	Blut-druck.	Masch.-Raum-Temp.	Luft-feucht pCt.
7. 4. 92	Vormittags 10—11	37,1	75	16	90	46,2	46
	Nach 1 Stunde	37,4	92	11,5	80		
8. 4. 92	Vormittags 10—11	37,4	73	14	90	46,1	44
	Nach 1 Stunde	37,35	78,5	13	90		
10. 4. 92	Vormittags 10—11	37,15	75	13,5	91	47,0	45
	Nach 1 Stunde	37,2	70	13	90		
11. 4. 92	Vormittags 10—11	36,9	70	15	90	46,8	46
	Nach 2 Stunden	37,3	83	12	80		
12. 4. 92	Vormittags 12—11	37,0	71	13	95	44,0	41
	Nach 2 Stunden	37,2	76	12	80		
13. 4. 92	Vormittags 10—11	37,2	75	16	92	44,0	35
	Nach 2 Stunden	37,5	80	13	85		

	Temp.	Puls.	Resp.	Blutdruck.
An Deck	37,1	73	14,6	91
Nach 1—2stündig. Verweilen im Maschinenraum	37,3	79,5	12,4	84

Arbeitende Chinesen im Heizraum.
No. 8.

Datum.	Zeit.	Temp.	Puls.	Heizraum-Temp.	Luftfeuchtigkeit
20. 2. 92.	Vor Wache	36,8	59	38°	49 pCt.
	Nach „	37,2	60		
23. 2. 92.	Vor „	36,8	65	47	47
	Nach „	37,2	61	—	
24. 2. 92.	Vor „	37,4	84	41	42
	Nach „	37,8	91		
25. 2. 92.	Vor „	37,2	74	39	43
	Nach „	37,4	80	—	
26. 2. 92.	Vor „	37,2	—	45	37
	Nach „	38,3	—		

Vor Wache: Temperatur 37,08, Puls 70.
Nach „ „ 37,58, „ 73.

No. 9.

Datum.	Zeit.	Temp.	Puls.	Heizraum-Temp.	Luftfeuchtigkeit
20. 2. 92.	Vor Wache	37,2	93	38°	46 pCt.
	Nach „	38,3	102		
23. 2. 92.	Vor „	37,2	92	38	49
	Nach „	37,4	99		
24. 2. 92.	Vor „	37,4	73	47	47
	Nach „	38,7	81	—	
25. 2. 92.	Vor „	37,6	87	41	42
	Nach „	37,8	84	—	
19. 2. 92.	Vor „	37,4	89	39	43
	Nach „	38,5	87		

Vor Wache: Körpertemperatur 37,36, Puls 87.
Nach „ „ 38,14, „ 91.

Vergleichbare Werthe ergeben die an Bord von Schiffen der Kaiserlich deutschen Marine in den Jahren 1876/81 mehrfach angestellten Untersuchungen an europäischen Heizern.

An letzteren sind vor Allem auffällig, im Gegensatz zu den farbigen Heizern, die höchst beträchtlichen individuellen Schwankungen. Die Durchschnittswerthe der Körpertemperatur nach der Wache lagen bei einem Heizraumklima, welches den Kurrer's, Neuhauss' und meinen Beobachtungen zu Grunde liegenden etwa entsprach, zwischen 37,9 und 38,8, also nur um wenige Zehntelgrade höher als im Mittel bei den farbigen Heizern. Dagegen werden vereinzelt bereits bei Heizraumtemperaturen von 44—57° Steigerungen der Körperwärme bis 39,5 und 40° an Bord der „Ariadne" 1877/78 und des „Prinz Adalbert" 1878/79 beobachtet. Bei der excessiven Heizraumtemperatur von 72° auf „Victoria" 1880/81 betrug die durchschnittliche Erhöhung der Körpertemperatur der Heizer 2,3—4°.[1]

Es handelt sich in diesen letzteren Fällen ebenso wie bei den von Stapff an Tunnelarbeitern beobachteten Temperatursteigerungen unzweifelhaft um Erscheinungen, welche an der Grenze des Physiologischen stehen. Eine geringe weitere Temperaturerhöhung hat hier mit Nothwendigkeit Hitzschlag zur Folge.

Als unzweifelhaft ist jedenfalls anzusehen, dass, wie beim Thier so auch beim Menschen die Eigentemperatur abhängig von der Aussentemperatur ist in dem Sinne, dass auch in der Ruhe bezüglich bei nicht schwerer Arbeit eine, wenn auch verhältnissmässig geringe, nicht mehr als einige Zehntelgrad betragende Temperatursteigerung die constante Reaction auf eine plötzliche beträchtliche Erhöhung der Umgebungstemperatur ist.

Bei schwerer Arbeit kommt es in heisser Umgebung um so leichter, je stärker die Wasserdampfspannung in der Luft ist, zu beträchtlichen Temperatursteigerungen. Dieselben werden durch individuelle Verschiedenheiten wesentlich beeinflusst und sind bei Europäern im Allgemeinen höher als bei Farbigen.

Anders und complicirter liegt die Sache, wenn nicht der Einfluss eines plötzlichen, unvermittelten Ueberganges in eine extrem heisse Temperatur, sondern der eines immerhin viel allmählicheren Ueberganges in ein nur um einige Grade höher temperirtes natürliches Medium studirt werden soll. Die Zahl der Fehlerquellen in Gestalt einer Menge ausser der veränderten Temperatur den Körper beeinflussender meteorologischer Factoren, Luftfeuchtigkeit, Sonnenstrahlung, Wind u. s. w. ist hier beträchtlich und wenn man auch bezüglich der letzteren nach Möglichkeit constante Verhältnisse zu erzielen strebt, so ist doch eine sehr grosse Zahl von Einzelbeobachtungen erforderlich, um zu bestimmten Ergebnissen zu kommen.

Zunächst von Bedeutung ist die Art der Messung selbst.

Bei den zahlreichen in der Litteratur niedergelegten Temperaturbestimmungen, welche zu dem bezeichneten Zweck ausgeführt worden sind, ist die Art resp. der Ort der Messung nicht immer angegeben.

[1] Statistische Sanitätsberichte aus der Kaiserl. deutschen Marine. 1876—81.

Dadurch wird ihr Werth natürlich beträchtlich herabgesetzt, insofern die einzelnen höchstens Vergleiche unter sich gestatten. Einheitliches Vorgehen wäre hier sehr erwünscht.

Die Messungen unter der Zunge sind unzweifelhaft besonders bequem auszuführen, aber nach Faber's[1] Nachprüfungen nicht besonders zuverlässig. Die sichersten Resultate würden Messungen in ano geben, sie sind aber in praxi mit der erforderlichen Häufigkeit schwer durchzuführen. Achselhöhlenmessungen geben, wenn sie mit peinlicher Sorgfalt, d. h. 10 Minuten lang, in der von Schweiss gereinigten Achselhöhle vorgenommen werden, durchaus übereinstimmende und zuverlässige Resultate. Zu berücksichtigen sind natürlich die constanten Differenzen, welche sich dabei, gegenüber den durch Messungen an anderen Körperstellen gewonnenen Werthen ergeben. Dieselben betragen zwischen Mundhöhle und Achselhöhle nach in Indien angestellten Vergleichungen 0.2° F. = 0,111° C.[2].

Die Temperaturdifferenz zwischen Rectum und Achselhöhle beträgt nach Ziemssen[3] 0,2°, nach Liebermeister[4] zwischen 0,1 und 0,4°, nach Crombie[5] 0,64° F. = 0.35° C., nach Neuhauss[6] 0,6° C., nach 24 eigenen Untersuchungen 0,41° C. im Mittel. Ich habe als mittlere Differenz im Folgenden 0,36° C. angenommen.

Mit dem in Frage stehenden Problem seit längerer Zeit beschäftigt, habe ich seit einigen Jahren Körpertemperaturbestimmungen in den verschiedenen Jahreszeiten im gemässigten Klima, beim Uebergang aus diesem in die Tropen zu verschiedenen Jahreszeiten, sowie nach längerem Aufenthalt in den Tropen, wieder zu verschiedenen Jahreszeiten, in systematischer Weise vorgenommen. Es lag in der Natur der Sache, dass ich dabei in erster Linie auf Selbstversuche angewiesen war, daneben habe ich, mit Rücksicht auf die nicht unbeträchtlichen individuellen Schwankungen nach Möglichkeit auch andere Personen zu diesen Versuchen herangezogen.

Die Messungen selbst habe ich, nachdem ich mich durch eine Reihe von Selbstversuchen von der grossen Gleichmässigkeit der Differenz zwischen Rectum- und Achselhöhlentemperatur überzeugt, stets in letzterer, nachdem dieselbe gründlich von Schweiss gereinigt war, vorgenommen. Die Dauer der Messung betrug 10 Minuten. Die Messungen wurden meist fünf Mal täglich, um 6, 8, 12, 4 und 10 Uhr, vorgenommen, dazu sehr häufig Messungen zu andern Tagesstunden interpolirt. Benutzt wurden ausschliesslich Thermometer, welche kurze Zeit zuvor in der physikalisch-technischen Reichsanstalt geprüft worden waren und innerhalb der physiologisch in Betracht kommenden Grade keinen Fehler

1) Faber, On the influence of sea-voyages on the human body etc. Practioner Mai 1875.

2) Davidson, Hygiene and diseases of warm climates, p. 8.

3) Ziemssen u. Krabler, Greifswalder medicin. Beiträge, Bd. I, 1863, S. 12.

4) Vierort, Anatom.-physiolog. und physikal. Daten und Tabellen, S. 238.

5) Crombie, Indian annals of med. science, No. XXXII.

6) Neuhauss, Untersuchungen über Körpertemperatur, Puls und Urinabsonderung auf einer Reise um die Erde, Virch. Arch. Bd. 134, 1893.

aufzuweisen hatten. Hand in Hand mit den Messungen der Körpertemperatur gingen meteorologische Beobachtungen, betreffend Lufttemperatur, Luftfeuchtigkeit, Bewölkung, Windbewegung und Niederschläge.
Die Bestimmungen der Lufttemperatur und Luftfeuchtigkeit wurden mit
dem z. Z. vollkommensten Instrument, dem Assmann'schen Aspirationspsychrometer, ausgeführt. Die über tropische Meere gewonnenen Resultate meiner Beobachtungen sind in den „Annalen der Hydrographie
und maritimen Meteorologie", die in Kamerun an Land erhaltenen in
den „Deutschen überseeischen meteorologischen Beobachtungen" der
deutschen Seewarte veröffentlicht worden.

Fig. 6.

I. Selbstversuch. Tageskurve der Körpertemperatur auf erster Reise
nach Indien.

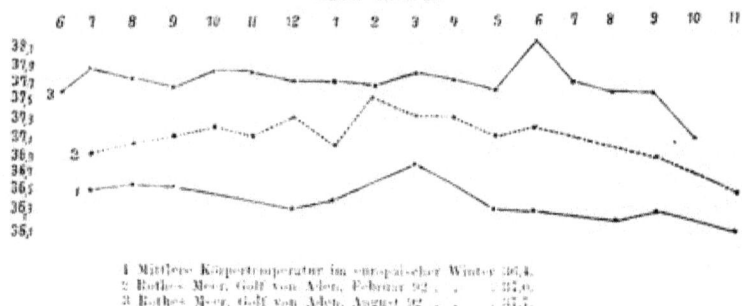

1 Mittlere Körpertemperatur im europäischen Winter 36,4.
2 Rothes Meer, Golf von Aden, Februar 92 . . . 35,0.
3 Rothes Meer, Golf von Aden, August 92 . . . 37,7.

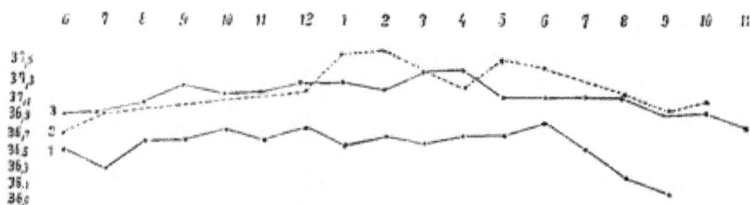

II. Selbstversuch. Reise nach Ostasien.

1 Mittlere Temperatur in gemässigtem Klima April und Mai 92 (36,5).
2 - - - August im Indischen Ocean 37,3.
3 - - - März, April im Indischen Ocean 37,0.

Zunächst habe ich im Selbstversuch durch mindestens fünf Mal
täglich durchgeführte Temperaturbestimmungen den Einfluss der europäischen Jahreszeiten auf meine Körpertemperatur studirt. Dieselben
ergaben eine constante, wenn auch geringe Differenz:

36,4° Ende December und Anfang Januar 1892 bei durchschnittlich — 2,8° und 88 pCt. Luftfeuchtigkeit.
36,35° Februar 1893 bei + 2,6° und 91 pCt. Luftfeuchtigkeit.
36,5° April und Mai 1892 bei + 7,8° und 73 pCt. Luftfeuchtigkeit.
36,8° Juli 1892 bei + 18° und 68 pCt. Luftfeuchtigkeit.

Eine nicht unbeträchtliche Differenz ergiebt sich beim Vergleich der in gemässigten Breiten erhaltenen Curven gegenüber den auf den folgenden Tropenreisen erhaltenen. Während die im Indischen Ocean bei 26,0 resp. 27,4° Durchschnittstemperatur und 79 pCt. relativer Feuchtigkeit bei kräftiger Brise erhaltenen Werthe nicht wesentlich über die im heimathlichen Sommer erhaltenen hinausgehen (0,2—0,5), ergeben sich für die Fahrt durch das Rothe Meer im August 92 Zahlen, welche die sommerliche Körpertemperatur in gemässigten Breiten um 0,9°, die im Winter zu Hause resp. in nordischen Gewässern bestimmte um 1,3° überschreiten. Bei einer zwischen 28,9 und 31,8° schwankenden mittleren Lufttemperatur und einer Luftfeuchtigkeit von 60 bis 74 pCt. betrug die Achselhöhlentemperatur im Mittel 37,7°, sie überschritt häufig 38° C. und erreichte mit 38,4° ihr Maximum[1]).

Dabei war ein im Allgemeinen proportional dem Ansteigen der Lufttemperatur gehendes Ansteigen der Körperwärme unverkennbar, wie es durch die beifolgenden correspondirenden Temperaturtabellen (cf. Fig. 7) illustrirt wird.

1 2 3   Fig. 7.

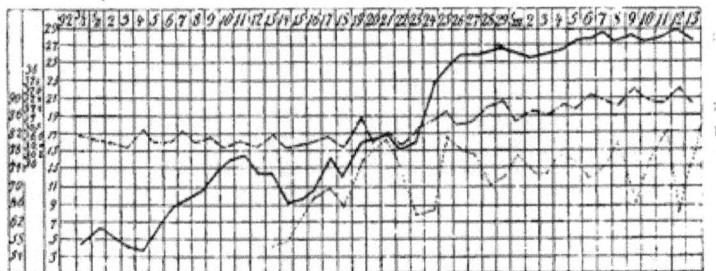

Beziehung zwischen der Kurve der mittleren Lufttemperatur und Luftfeuchtigkeit zur Körperwärme auf einer Reise nach Indien.

1 Luftfeuchtigkeit. ....
2 Körpertemperatur. . ._____
3 Lufttemperatur. _____

1 4 Nordsee. — 5 9 Canal. — 10 11 Finisterre. — 12 Palos. — 13, 14, 15 Golf von Lion. — 16 Genua. 12 20 Mittelmeer. — 21 23 Canal von Suez. — 24 29 Rothes Meer. — 1 4 III. Golf von Aden. — 5 9 Indischer Ocean. — 10 13 Strasse von Malakka.

Es ergiebt sich ferner aus meinen Messungen, dass nicht, wie Faber[2]) das annahm, mit der Annäherung an den Aequator ein gleichmässiges constantes Steigen der Eigentemperatur sich bemerkbar macht, sondern dass dasselbe, vielfach beeinflusst durch Aenderungen der Luftfeuchtigkeit und Windbewegung, im Allgemeinen durchaus entsprechend

1) cf. Plehn, Reisebericht l. c. Annal. d. Hydrograph. u. maritim. Meteorologie. Jahrgang XX. 1892. S. 345.
2) Faber, On the influence of sea voyages on the human body. Practioner. Mai 1876.

der äusseren Temperatur erfolgt und dass, wenn wie z. B. regelmässig im Sommer der nördlichen Halbkugel die Lufttemperatur über dem Indischen Ocean eine niedrigere ist als über dem Rothen Meer, auch die Körpertemperatur nach Passiren des letzteren einen Abfall zeigt.

Die zunächst an mir selbst angestellten Beobachtungen wurden an einer Anzahl anderer Personen vervollständigt. Ich traf es so glücklich, als Reisebegleiter auf meiner Fahrt nach Indien vier junge holländische Kaufleute im Alter von 20—26 Jahren an Bord zu haben, welche es mir für die in Frage stehenden Untersuchungen zu interessiren gelang. Als fünfte Versuchsperson diente ein im Alter von 23 Jahren stehender Angestellter des Schiffes. Das Ergebniss der Temperaturbestimmungen war das folgende:

	Mittelmeer 12—16° Lufttemperatur Körpertemperatur	Indischer Ocean 26—28° Lufttemperatur Körpertemperatur
B., 23 J., Steward	36,7°	37,3°
Sch., 24 J., Kaufmann	36,4°	36,9°
W., 26 J., „	36,6°	37,2°
van Bl., 25 J., „	37,3°	37,6°
B., 21 J., „	36,4°	37,0°

Es ergiebt sich demgemäss bei individuellen Schwankungen zwischen 0,3 und 0,6° eine mittlere Steigung von 0,46° beim Uebergang aus einem gemässigten Klima in die Tropen.

Auf Grund vorstehender Beobachtungen halte ich das Zustandekommen einer je nach dem Umgebungsklima und der Individualität in der Höhe wechselnden Vermehrung der Körperwärme beim Uebergang aus einem gemässigten, bezüglich kalten in ein heisses Klima für sichergestellt.

Es ist damit nicht gesagt, dass eine solche nothwendiger Weise bei einer Reise von Europa nach dem tropischen Afrika zu Stande kommen muss. In der Hinsicht sind die Jahreszeiten von beträchtlicher Bedeutung.

Als ich meine Reise nach Kamerun antrat, reiste ich anfangs Februar (93) in strengster Winterkälte von Hamburg ab und langte in Kamerun in der ersten Hälfte des März gegen Ende der heissesten Jahreszeit an. Die Differenz der täglichen Lufttemperaturmittel betrug 24,0° 2,6° : 26,6°).

Meine aus 83 Einzelbeobachtungen zu Beginn der Ausreise ermittelte Körpertemperatur betrug in den nordeuropäischen Gewässern 36,35°, die unmittelbar nach meinem Eintreffen in Kamerun gemachten Bestimmungen ergaben 37,14°, also eine Erhöhung um 0,79°.

Im Gegensatz dazu ergaben Untersuchungen, welche ich 14 Tage hindurch 4mal täglich an meinem Lazarethgehilfen, der im August 93 von Deutschland abgereist und zur kühlen Regenzeit in Kamerun eingetroffen war, anstellte, eine Temperatur von 36,6°. Vergleichswerthe aus den gemässigten Breiten liegen hier freilich nicht vor, doch ist die beobachtete Körpertemperatur so niedrig, dass eine in Betracht kommende

Steigerung gegen die europäische [37,1 i. r. = 36,75 i. ax. als Mittelwerth für Europa nach Jürgensen[1] als ausgeschlossen angesehen
werden darf. Die durchschnittliche Lufttemperatur betrug zu der in
Betracht kommenden Zeit in Kamerun 24,4°, nur 7,2° mehr als die
mittlere Julitemperatur in Hamburg[2]. Die Extreme waren 21,1° und
29,9, letzterer ein auch für den heimathlichen Sommer nicht excessiver
Werth.

Eine weitere, das Verhalten der Körpertemperatur in den Tropen
betreffende Frage ist die, ob die Erhöhung derselben, welche wir mit
mannigfachen graduellen und individuellen Verschiedenheiten beim Uebergang aus einem kalten in ein heisses Klima eintreten sehen, eine dauernde
ist, ob also der in den Tropen ansässige Europäer in der That eine höhere
Eigenwärme besitzt als in seiner gewohnten meteorologischen Umgebung
in gemässigten Breiten. Diese Frage ist mit der vorher behandelten
vielfach mit Unrecht identificirt worden und es erklärt sich daraus wohl
die verschiedene Beantwortung, welche sie gefunden hat. -

Fig. 8.

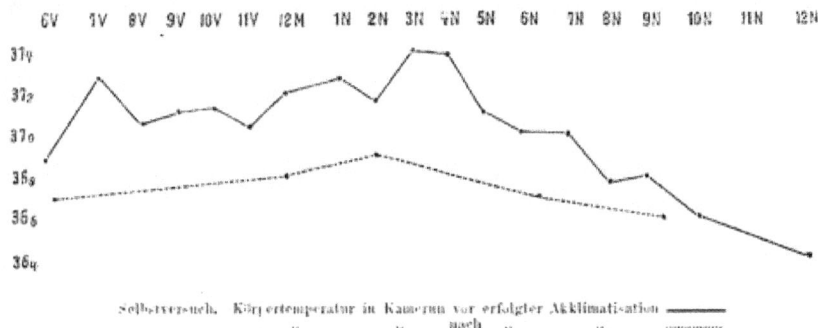

Selbstversuch. Körpertemperatur in Kamerun vor erfolgter Akklimatisation ━━━━
nach ......

Nach meinen an einer grossen Zahl von gesunden Individuen in Kamerun wie auf früheren Seereisen gemachten Erfahrungen besteht eine
Temperaturerhöhung des in den Tropen lebenden und an die meteorologischen Verhältnisse derselben akklimatisirten Europäers im Zustand
körperlicher Ruhe resp. mässiger Thätigkeit nicht. Ich beziehe mich in
der Hinsicht zunächst auf die in grosser Zahl und lange Zeit hindurch
an mir selbst und zwei meiner Lazarethgehülfen regelmässig vorgenommenen Messungen, sowie die Erfahrungen an zahlreichen im Hospital behandelten Patienten, bei welchen die Art der Krankheit, leichte, völlig
aseptisch heilende Verwundungen, Knochenbrüche u. dgl. jede in Betracht kommende Beeinflussung der Temperatur ausschloss. Bei mir
bewegte sich dieselbe zwischen 36,7 und 37,0° während der zweiten Uebergangszeit in Kamerun (September 93) bei einer mittleren Lufttemperatur

_____

1) Jürgensen. Die Körperwärme des gesunden Menschen. 1873. S. 11.
2) van Bebber. Hygienische Meteorologie. S. 89.

von 24,5° und Extremen von 20,5 und 29,7°, entsprach also durchaus dem im europäischen Sommer beobachteten Mittel. Eine Bestätigung der Davy'schen[1]) Angabe, dass die mittlere Körpertemperatur des Europäers in den Tropen um 1° F. höher sei als in Europa, ergab die Selbstbeobachtung demgemäss nicht. Ebensowenig die bei den beiden Lazarethgehülfen und 31 anderen durchaus unverdächtigen Personen erhaltenen Werthe. Dieselben schwankten zwischen 36,4 und 37,1° in axilla.

Dass auch in den Tropen die geringen periodischen Temperaturschwankungen unter dem gleichzeitigen Einfluss der veränderten Luftfeuchtigkeit, Luftbewegung und Bewölkung nicht völlig bedeutungslos für die Körpertemperatur sind, ergab sich für meine und meines Lazarethgehülfen Person aus einem bei Beiden deutlich nachweisbaren Temperaturunterschied von 0,18 resp. 0,4° im Mittel zwischen der heissen Trockenzeit und der kühleren Regenzeit.

Bezüglich des täglichen Ganges der Körpertemperatur habe ich irgend eine für die Tropen charakteristische Abweichung nicht nachweisen können. Selten waren ausgesprochene Erhebungen der Tagescurve in den frühen Abendstunden, wie sie in Europa, wenn nicht die Regel, so doch häufig sind. Die Temperaturcurve folgte im Allgemeinen der Curve der Aussentemperatur, zeigte aber vielfach auch Abweichungen von derselben, meist unter dem nachweisbaren Einfluss der Nahrungszufuhr und der Körperbewegung. Bezüglich des Verhaltens der Körpertemperatur früh morgens in den Tropen besteht ein unvermittelter Gegensatz zwischen Davy[2]) und Glogner[3]. Ersterer behauptet das Bestehen eines Temperaturminimums zu der bezeichneten Zeit in Folge starker nächtlicher Abkühlung, während Glogner eine gegenüber den gemässigten Breiten beträchtliche Erhöhung der morgentlichen Körperwärme von 0,5° annimmt.

Ich selbst habe nur bei den extremen Temperaturgraden im rothen Meer, August 92, sowie unmittelbar nach meinem Eintreffen in Kamerun vor erfolgter Akklimatisation ein bemerkenswerthes Verhalten der Morgentemperatur in sofern gefunden, als die mit der Einfuhr heissen Getränks verbundene Morgenmahlzeit bei dem labilen Zustand der Wärmeregulirung von einer deutlichen bald ausgeglichenen Erhöhung der Körpertemperatur gefolgt war, nachdem sie sich vorher in völlig normalen Grenzen bewegt hatte.

Einen unverkennbaren Einfluss in demselben Sinne, wie oben für Tunnelarbeiter und Heizer angeführt, hat im heissen Klima die Verrichtung beträchtlicher Arbeit. Die Thatsache ist bereits von Neuhauss[4]) mitgetheilt, der bei starker Anstrengung die Körpertemperatur auf Hawai über 38° ansteigen sah. Eingehende Untersuchungen sind in der Hinsicht bisher nicht angestellt. Die beste Gelegenheit dazu bieten Bergbesteigungen, bei welchen sich die verrichtete Arbeit in Kilogrammmetern genau ausdrücken lässt. Ich selbst hatte während meines Aufenthalts in den Tropen 4 mal Gelegenheit, Körpertemperaturmessungen bei Bergbesteigun-

1. Davy, Philos. Transact. 1850.
2. Davy, Philos. Transact. 1850, p. 437.
3. Glogner, Virchow's Archiv, Bd. 116.
4. Neuhauss, l. c. pag. 369.

gen auszuführen, zunächst auf Pulo Penang bei Besteigung des ca. 750 m
hohen Piks am 13. 3. 92. Bei 65 kg Eigengewicht betrug die Arbeitsleistung 48750 kgm. Die Lufttemperatur betrug beim Ausmarsch 25,3°
bei 84 pCt. Luftfeuchtigkeit, bei der Ankunft auf dem Gipfel nach
3 Stunden 28,1°, die Körpertemperatur war von 37,0 auf 38,1° gestiegen.
Besteigung des Pik von Hongkong 7. 9. 92: Höhe ca. 520 m; Gewicht 65 kg.: Arbeitsleistung 33800 kgm. Zeit 2 Stunden. Temperatur
beim Ausmarsch 27,9°. Luftfeuchtigkeit 79 pCt., bei der Ankunft 26,0°,
Luftfeuchtigkeit 65 pCt., Körpertemperatur steigt von 36,9 auf 37,8°.
Besteigung des Kamerunberges 3. 3. 94. Mapanja (685 m) bis
Mannsquelle 2288 m = 1603 m. Gewicht 64 kg. Arbeitsleistung
102592 kgm. Lufttemperatur 19,5° im Mittel, Luftfeuchtigkeit 85 pCt.
Körpertemperatur beim Ausmarsch 36,6°, bei Ankunft an der Mannsquelle 37,8°.
    4. 3. 94 Aufstieg von Mannsquelle bis 3300 m. Arbeitsleistung
65780 kgm. Lufttemperatur 15 – 9°. Luftfeuchtigkeit wechselt stark
zwischen 51 und 98 pCt.
    Hier war trotz des ausserordentlich anstrengenden Marsches über das
grasüberwucherte Lavageröll der Hochsteppe offenbar unter dem Einfluss
der niederen häufig geradezu als kalt empfundenen Lufttemperatur eine
Erhöhung der Körperwärme nicht nachweisbar. Dieselbe betrug beim
Ausmarsch 36,7, beim Endpunkt des Marsches in 3300 m Höhe 36,78°
als Mittel aus 3 unmittelbar hinter einander vorgenommenen Messungen.
Die Ergänzung der bisherigen Beobachtungen ist sehr zu wünschen.
Meine eigenen, ja noch sehr spärlichen Untersuchungen machen eine beträchtliche Beeinflussung der Körpertemperatur des Europäers durch körperliche Arbeit in den Tropen wahrscheinlich. Weiter wird zu untersuchen sein, wie der an die meteorologische Verhältnisse desselben
völlig akklimatisirte Farbige sich unter entsprechenden Umständen verhält. Ich habe bei 6 Trägern unserer Kamerunberg-Expedition Messungen
der Körpertemperatur beim Ausmarsch und beim Eintreffen am Lagerplatz
angestellt. Dieselben ergaben trotz der beträchtlichen Belastung (im
Mittel 20 kg) sehr geringe Beeinflussung der Körpertemperatur.

3. 3. 94 Weg von Mapanja nach Mannsquelle.

Gewicht mit Last.	Erstiegene Höhe.	Anzahl der kgm.	Körpertemperatur beim Aus- marsch.	beim Eintreffen im Lager.
85	1603	136255	36,3	36,5
81	1603	129834	36,6	36,7
82	1603	131446	36,45	36,5
80	1603	128240	36,8	36,8
78	1603	125084	36,4	36,8
84,5	1603	135453,5	36,6	36,5

    Die durchschnittliche Arbeitsleistung beträgt etwas über 131000 kgm.
Bei einer Aussentemperatur von 19,5° im Mittel wird dieselbe innerhalb
7 Stunden von dem Neger verrichtet, ohne dass seine Temperatur eine
Steigerung von wesentlich mehr als 0,1°, also eine innerhalb der
Fehlergrenzen liegende Differenz zeigte. — Weitere Untersuchungen am

folgenden Tag unterblieben, da ein kalter Regensturm, welcher unsere
Expedition nahe dem Aschenkegel, welcher den Kamerunberg krönt zur
Umkehr zwang, pathologische Verhältnisse unter den Trägern schaffte und
die alleinige physiologische Wirkung der Arbeitsleistung nicht mehr rein
zu Tage treten liess.

Es seien zum Schluss noch mit wenigen Worten die normalen Temperaturverhältnisse der Neger berührt, über welche, wie über die der
Farbigen in den Tropen überhaupt, das Urtheil der Beobachter noch vielfach verschieden ist.

Die von mir durch im Ganzen 157 Temperaturmessungen bei Negern,
grossentheils Liberia- und Kamerunnegern, im April und Mai 94 erhaltenen Werthe sind die folgenden:

Morgens zwischen 7 und $7\frac{1}{2}$: 36,4° i. ax. (50 Messungen) entsprechend 36,76 in ano[1].

Nachmittag 3 p. m.: 37,15° i. ax. (49 Messungen), 37,32 i. ano
beim Europäer[2].

Nachmittag 5 p. m.: 37,2° i. ax. (32 Messungen), 37,38 i. ano beim
Europäer[2].

Abends 6 p. m.: 37,1° C. i. ax. (56 Messungen), 37,3 i. ano
beim Europäer[2].

Wenn man von den in Europa durch Untersuchungen in ano erhaltenen Werthen den entsprechenden Abzug macht, erhält man fast genau
übereinstimmende Zahlen und es ergiebt sich aus diesen Untersuchungen
jedenfalls keine Stütze der von Livingstone[3] vertretenen Ansicht, dass
die Eigentemperatur der Eingeborenen in Afrika um 2° F. im Mittel
niedriger sei als die der Europäer.

Circulation.

Spärlicher noch und widersprechender als bezüglich des Einflusses,
welchen das heisse Klima auf die Körpertemperatur des Menschen ausübt,
sind die bisher angestellten Untersuchungen über die Beeinflussung
der Circulationsverhältnisse durch dasselbe. Zur Beurtheilung derselben
dienen uns in erster Linie Bestimmungen der Pulsfrequenz und des
Blutdrucks. Nach Jousset[4] ist die Pulsfrequenz erhöht. Birck[5],
Rattray[6] und auf Grund einer Anzahl ärztlicher Berichte aus verschiedenen Theilen der Tropen auch Schellong[7] nehmen eine Herabsetzung
derselben in den Tropen an.

1) Hermann, Handbuch der Physiologie S. 325. Nach Vierordt S. 239 genau
übereinstimmend mit der von Juergensen, Liebermeister, Gierse, Hallmann,
Lichtenstein und Froehlich für den Europäer festgestellten Körpertemperatur.

2) Vierordt, l. c. S. 239.

3. Livingstone, Travels in South Africa. p. 509.

4) Jousset, Traité de l'acclimatement et de l'acclimatation. Paris 1840.

5. Davidson, Hygiene and diseases of warm climates. p. 12.

6) Rattray, De quelques modifications physiologiques importantes etc. Arch.
de méd. vas. 1871.

7) Schellong, Die Klimatologie der Tropen. S. 44.

Wie bei der Bestimmung der Körpertemperatur wird strikt der Einfluss aus einander zu halten sein, welchen ein in kurzer Zeit und wenig vermittelter Weise sich vollziehender Klimawechsel auf die Pulsfrequenz hat und der einer continuirlichen langdauernden Einwirkung des tropischen Klimas.

Ich habe mich, wie oben bereits erwähnt, um die Beeinflussung des Körpers durch extreme Temperaturen an mir selbst zu studiren, auf meinen Reisen stundenlang im Maschinen- und Heizraum des Schiffes in einem Klima zwischen 44 und 47° bei 39 bis 46 pCt. Feuchtigkeitsgehalt aufgehalten und dabei nach Verlauf von 1—2 Stunden regelmässig eine Vermehrung der Pulsfrequenz beobachtet. Dieselbe betrug im Mittel 6,5 (73 : 79,5).

Bei den an diese Umgebung gewöhnten Maschinisten war die Beeinflussung des Pulses keine constante. Die regelmässig bei vier von ihnen vorgenommenen Messungen ergaben nur bei Einem, nach 4stündiger Wache im Maschinenraum eine constante Steigerung, welche im Mittel 11 Schläge betrug, während die Controllversuche bei Vertauschung der Wachezeit eine solche von 5 Schlägen ergaben (cf. pag. 34, No. 1 u. 2).

Bei den drei anderen zum Vergleich herangezogenen Maschinisten ergab sich keine in Betracht kommende Differenz zwischen der Pulszahl vor und nach der Wache:

Schn.   vor der Wache 64, nach der Wache 57 (pag. 35, No. 3)
Controlle „   „   „   66,   „   „   „   68 (pag. 35, No. 4)

Ebenso wenig bei den beiden letzten, bei welchen die Pulszahl nach der Wache in einem Fall um 1 Schlag höher als vorher war, während im andern ein Sinken um 3 Schläge sich bemerkbar machte (pag. 36 No. 5 u. 6).

Selbst bei den Heizern, bei denen während der Arbeit die Pulsfrequenz meist über 100 betrug und häufig 120 erreichte, ergab sich, nachdem dieselben nur wenige Minuten lang sich von dem direkten Einfluss der schweren überstandenen Arbeit erholt, wie aus Tabelle 8 u. 9 pag. 37 ersichtlich, keine wesentliche Vermehrung der Pulsfrequenz.

Die Beeinflussung der Pulsfrequenz durch den Uebergang aus der gemässigten in die heisse Zone erwies sich gleichfalls als verschieden je nach dem die Ausreise in den heimischen Winter oder Sommer fiel. Meine eigne Pulsfrequenz betrug im europäischen Winter 1891/92 auf Grund von 106 zu bestimmten Tagesstunden in sitzender Stellung ausgeführten Messungen 75,2 im Mittel. Einen charakteristischen Unterschied gegenüber den im Sommer 92 in Europa erhaltenen Werthen vermochte ich nicht festzustellen. Dieselben betrugen im Mittel 73,9. Eine Beeinflussung der Pulsfrequenz durch die Seereise als solche, wie Faber[1] sie beobachtet hat, war ich nicht im Stande nachzuweisen, solange das Schiff sich in gemässigten Breiten bewegte. Ein deutliches, wenn auch geringes Ansteigen der Pulsfrequenz machte sich erst bemerkbar als der

1) Faber, On the influence of sea-voyages on the human body. Practitioner, July 1876.

Suezkanal passirt war und wir in das Rothe Meer einliefen: die mittlere Temperatur schwankte in demselben zu jener Zeit (24.—28. Febr. 92) zwischen 22,8 und 26,1°; die relative Luftfeuchtigkeit zwischen 65 und 80 pCt.[1]. Die Temperaturmaxima erhoben sich nicht über 27°.

Die Pulsfrequenz stieg bei mir auf 79,3 im Mittel, dabei charakterisirte sich der Puls in der bezeichneten Umgebung deutlich durch beträchtliche Beeinflussbarkeit durch äussere Momente, namentlich rasche Bewegung und die Einnahme von Mahlzeiten, welche stets eine Vermehrung der Herzschläge um 8—15 zur Folge hatten. Pulse von über 90 waren unter diesen Umständen keine Seltenheit. Eine Zunahme dieser Erscheinungen mit der Annäherung an den Aequator machte sich nicht bemerkbar. Dieselben blieben bei annäherndem Constantbleiben der mittleren Lufttemperaturen auch im Indischen Ocean in gleichem Grade erhalten.

Individuelle Schwankungen kommen bei der Bestimmung der Pulsfrequenz mehr noch als bei der der Körpertemperatur in Betracht, und mehr noch als bei jener ist es erforderlich, die Durchschnittswerthe nur aus grossen Zahlenreihen zu gewinnen: doch war das bei 5 Reisegenossen zugleich gewonnene Endresultat im Allgemeinen mit dem an mir selbst gewonnenen übereinstimmend.

B., Stewart, 58 Messungen im atlantischen Ocean und Mittelmeer (Februar 92) ergaben 70 Pulsschläge im Mittel. Die Pulszahl stieg im Rothen Meer bei 39 Messungen auf 80 im Mittel.

van B., Kaufmann,	66 Puls im Mittelmeer,	78 Puls im Rothen Meer.
S., "	76 " " "	80 " " " "
W., "	73 " " "	73 " " " "
B., "	70 " " "	75 " " " "

Es würde sich daraus eine mittlere Zunahme der Pulsfrequenz um ca. 6 Schläge beim Uebergang aus dem gemässigten in das tropische Klima ergeben[2], bei individuellen Schwankungen zwischen 0 und 12.

Unzweifelhaft spielt gerade bezüglich der Beeinflussung des Pulses durch das umgebende Klima Gewöhnung eine nicht unbeträchtliche Rolle. Bei mir selbst erwies sich bereits nach 6wöchentlichem Aufenthalt im tropischen Klima die anfänglich erhöhte Pulsfrequenz wieder auf die für das europäische Klima geltende Norm von ca. 75 Schlägen herabgesetzt, ohne eine in physiologischer Hinsicht in Betracht kommende Aenderung der meteorologischen Verhältnisse. Dasselbe Verhalten zeigte sich bei dem Stewart, bei welchem die im rothen Meer auf 80 gestiegene Pulsfrequenz gleichfalls nach 5—6 Wochen nur noch 74 betrug. Bei meinen andern Reisegefährten war leider eine diesbezügliche Controlle,

---

1) cf. Plehn, Bericht über eine Reise im tropischen Theil des indischen Oceans. Annalen der Hydrographie und maritimen Meteorologie. Oct. 92.

2) Neuhaus l. c. beobachtete an sich beim Uebergang in die Tropenzone eine Pulsbeschleunigung von 57 auf 66 Schläge.

Untersuchungen über Körpertemperatur, Puls und Urinabsonderung auf einer Reise um die Erde. Virch. Arch. Bd. 134. Heft 3.

da sich dieselben von mir in Singapore resp. in Batavia trennten, nicht möglich.

In entsprechender Weise machte sich auch bei mir im Frühjahr 93 beim Uebergang aus der europäischen Winterkälte in die heisse Niederungsluft von Kamerun im Anfang eine Steigerung der Pulsfrequenz von 75 auf 83 bemerkbar. Dazu trug gewiss ausser dem beträchtlich erhöhten Feuchtigkeitsgehalt der Luft die Lebensweise bei, welche nicht unbedeutende Mehr-Anforderungen an die körperliche Leistungsfähigkeit stellte. Im Lauf meines Aufenthalts in Kamerun sank die Pulsfrequenz wieder, wie es durch die Curve Fig. 9 illustrirt wird. Gegen Ende desselben betrug sie im Mittel 78,4, unterscheidet sich also nur noch um 3 Schläge von der in Europa gefundenen Zahl. Die Beobachtung, dass allgemein im Anfang gleich nach ihrem Eintreffen die Pulszahl bei den Europäern in Kamerun beschleunigt ist, mit der Zeit aber ein je nach der Individualität, der speciellen Natur des Klimas der Umgebung und der Beschäftigungsart mehr oder weniger schneller und vollständiger Ausgleich in der Hinsicht stattfindet, habe ich bei einer grösseren Zahl anderer Europäer, bei welchen längere Beobachtungsreihen nicht zu erhalten waren, bestätigt gefunden. Die mittlere Pulsfrequenz betrug 65—75 bei den acclimatisirten Europäern. Dass es übrigens zu einer Pulsbeschleunigung auch beim Neuankömmling nicht absolut nothwendiger Weise zu kommen braucht, wenn derselbe aus dem heimathlichen Sommer mit

Fig. 9.

Pulsfrequenz vor und nach erfolgter Acclimatisation.
Selbstversuch.

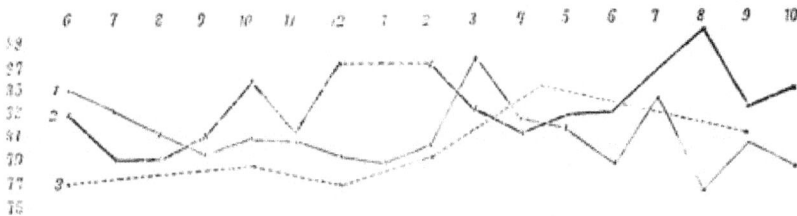

1 Puls L. Trop... 2 Puls Kamerun März 93. 3 Puls Kamerun Juli 94.

seinen tagüber häufig die Kameruner Temperaturen überragenden Maxima, nach dem tropischen Westafrika reist, beweist die auf 80 Beobachtungen an dem Lazarethgehülfen S. basirende Erfahrung. Derselbe war, wie bereits erwähnt, im August von Deutschland ausgereist und traf in der relativ kühlen Jahreszeit in Kamerun ein. Eine vorherige Messung hatte nicht stattgefunden, doch weist der in den ersten Wochen nach seiner Ankunft erhaltene Beobachtungswerth einer mittleren Pulsfrequenz von 65,8 mit grosser Sicherheit darauf hin, dass eine in Betracht kommende Pulsbeschleunigung bei ihm überhaupt nicht eingetreten ist.

Schliesslich sei noch des Ergebnisses von 147 an Negern, meist Kru- und Dahomeleuten vorgenommenen Pulsbestimmungen. Erwähnung gethan. Dieselben ergaben 7—8 a. m. 70 im Mittel, 3—5 p. m. 66—67. Es zeigt sich also in der Hinsicht kein Unterschied zwischen der farbigen und der akklimatisirten europäischen Bevölkerung in Westafrika[1]).

Constanter als die Veränderung der Pulsfrequenz erwies sich unter dem Einfluss des veränderten Klimas die Beeinflussung des Blutdrucks, über dessen Verhalten in den Tropen meines Wissens bisher Untersuchungen nicht angestellt sind. Ich habe mich zur Bestimmung desselben stets des sehr handlichen und hinreichend genau funktionirenden v. Basch'schen Sphygmomanometers[2]) bedient. Als Applikationsstelle diente mir stets die Art. temp. superfic. dext., nachdem ich mich längere Zeit hindurch vergebens bemüht, bei Beobachtungen an der Radialis brauchbare und vergleichbare Werthe zu erhalten. Der Mangel einer festen Unterlage bei der sie umgebenden Menge von Weichtheilen, sowie die reichliche und wechselnde Communication mit der Ulnaris liessen sie mir für diese Versuche als ungeeignet erscheinen. Auch die bei der Temporalis gefundenen Werthe dürften bezüglich der Vergleichung der an verschiedenen Menschen gefundenen Zahlen mit Vorsicht zu beurtheilen sein, da die Stärke der Arterie wie die Verzweigungen derselben bei verschiedenen Menschen keine völlige Uebereinstimmung zeigen und eine Verschiebung der untersuchten Stelle um wenige Millimeter bei Abgang eines grösseren Gefässästchens bereits beträchtliche Aenderung des Blutdrucks zur Folge haben kann. Um diese zu vermeiden, habe ich bei mir wie bei Andern die zur Untersuchung dienende, dicht über dem Jochbogen befindliche Stelle stets mit einem kleinen Zeichen mit Arg. nitr. versehen, welche das jedesmalige Wiederauffinden derselben mit völliger Sicherheit ermöglichte. Auch dann habe ich mich mit Rücksicht auf etwa vorhandene anatomische Verschiedenheiten an den untersuchten Individuen nur zu Vergleichen der Ergebnisse an demselben Object für berechtigt gehalten.

Die Art. temp. dextra wählte ich mit Rücksicht auf das ziemlich häufige Abgehen der sinistra direkt aus dem Arcus aortae.

Die Untersuchung selbst wurde entsprechend der v. Basch'schen Vorschrift in der Art vorgenommen, dass zunächst die Arterie durch Druck auf die Gummipelotte des Instruments völlig comprimirt und alsdann ganz langsam mit dem Druck nachgelassen wurde, bis der Puls eben bemerkbar wurde. Die alsdann auf dem Zifferblatt abgelesene Zahl wurde in die Tabelle eingetragen. Die Ablesungen beim Selbstversuch erfolgten in sehr bequem zu bewerkstelligender Weise vor dem Spiegel.

---

1) Auch in Nordamerika fand Gobeld zwischen Vollblutnegern (74,02,) und Europäern (74,84 Pulsschläge im Mittel) keinen in Betracht kommenden Unterschied.

2) v. Basch, Ueber die Messung des Blutdrucks beim Menschen. Zeitschr. f. klin. Medicin. Bd. II. 1880.

Derselbe, Das Sphygmomanometer und seine Verwendung in der Praxis. Berliner klin. Wochenschr.

Zadeck, Die Messung des Blutdrucks am Menschen vermittelst des v. Basch'schen Apparats. Zeitschr. f. klin. Med. Bd. II. 1881.

Christeller, Ueber Blutdruckmessungen am Menschen in patholog. Verhältnissen. Zeitschr. f. klin. Med. Bd. II. 1881.

Unter diesen Umständen erhält man in der That in der Sphygmo-
manometerablesung einen Ausdruck für die Höhe der Spannung, in
welcher die Wand der Arterie sich unter dem Druck der Blutsäule befindet. Dieser allein ändert sich unter dem Einfluss des Klimas,
während die beiden andern ausserdem in Betracht kommenden Faktoren, der Widerstand der Gefässwand und der bedeckenden Haut bei
Untersuchungen an demselben Individuum als Constante angesehen
werden dürfen.

Wenn wir anzunehmen berechtigt sind, dass der Druck im Innern
der Arterie abhängig ist einmal von der Blutmenge, welche das Herz
in dieselbe hineinwirft und von dem Widerstand, welchen diese im
arteriellen System resp. im Kreislauf überhaupt findet, so werden
wir von vornherein der Annahme zuneigen, dass der Blutdruck sich bei
einer beträchtlichen Erhöhung der Aussentemperatur vermindern wird
wegen der unter dem Einfluss derselben zu Stande kommenden mehr
oder weniger bedeutenden Erweiterung des Capillarsystems der peripheren Gefässe, durch die, ein Constantbleiben der Blutmenge selbst
vorausgesetzt, eine Minderfüllung der Arterien bedingt sein muss. Das
Experiment bestätigt diese Annahme und es kann als eine der con-
stantesten physiologischen Alterationen des menschlichen Organismus in
den Tropen eine Herabsetzung des Blutdrucks in den arteriellen Gefäss-
bahnen angesehen werden. Dieselbe ist nicht, wie die im Vorange-
genen erwähnten physiologischen Veränderungen etwas Vorübergehendes,
also eine blosse Akklimatisationserscheinung, sondern sie bleibt für die
Dauer des Aufenthalts in den Tropen mit geringen Modificationen bestehen und bedingt natürlich eine consecutive in physiologischer wie
pathologischer Hinsicht gleich wichtige Aenderung der Circulationsverhältnisse im Ganzen.

Die Experimente, auf welche ich diesen Satz gründe, sind die
folgenden:

Zunächst beobachtete ich bei meinen Untersuchungen über die Einwirkung eines extrem heissen Klimas auf einige physiologische Functionen
des menschlichen Körpers ein regelmässiges Sinken des Blutdrucks beim
längeren Verweilen im Maschinen- und Heizraumklima.

Ich fand im Selbstversuch nach 1—2 stündigem Verweilen in dem
44—47° warmen Maschinenraum bei einer Luftfeuchtigkeit von 39
bis 46 pCt. (s. S. 37 No. 9) ein zwischen 0 15 mm Quecksilber
schwankendes, im Mittel 7 mm betragendes Minus.

Wechselnd erwies die Differenz sich bei den Berufsmaschinisten.
Die Untersuchungen ergaben bei dem Einen eine Differenz von 11 mm
im Durchschnitt, beim zweiten eine solche von 4 mm Hg. (S. 35
No. 3 u. 4), bei den beiden letzten 8 resp. 1 mm Hg. (S. 37 No. 5
u. 6). Die Mittelwerthe für die Abnahme des arteriellen Blutdrucks
in der Temporalis nach vierstündiger Wache bei der oben bezeichneten
Temperatur und Luftfeuchtigkeit betrüge demgemäss bei Leuten, welche
als durchaus akklimatisirt an die in Betracht kommenden klimatischen
Verhältnisse angesehen werden müssen 6 mm Quecksilber bei individuellen Schwellungen zwischen 1 und 11 mm.

Bezüglich der an mir selbst und anderen Passagieren meines

4*

52

Schiffes beim Uebergang aus gemässigten in die tropischen Breiten, also unter dem dauernden Einfluss eines wesentlich veränderten Klimas gemachten Beobachtungen sei Folgendes erwähnt[1]:

	Europäischer Winter Febr. 92. (Durchschn. Temp. +2 bis +8° C.) 75–90pCt. relat. Feuchtigkeit.	Tropenklima März u. April 92. Ind. Ocean (durchschn. Temp. 27,4 28,76° Maxima 28,6 32,1°: Luftfeuchtigkeit 66 83 pCt.[2].
	mm Hg.	mm Hg.
P.:	95	88
v. Bl.:	90	86
W.:	92	86
S.:	101.7	85
B :	80	79
B.:	101,5	100

Es ergiebt sich also ein Heruntergehen des durch das Sphygmomanometer messbaren Blutdrucks um 7,5 mm Hg. Zu beziehen dürfte dieselbe in erster Linie auf die Verringerung der intraarteriellen Blutspannung unter dem Einfluss der dilatirten Hautgefässe sein. Individuelle Schwankungen im Grad der Herabsetzung des Blutdrucks kommen auch hier selbstverständlich vor. Es zeigen sich sogar Differenzen von 1 bis 16,7 mm Hg.: eine Erklärung für dieselbe dürfte die bei verschiedenen Individuen so ausserordentlich verschiedene Neigung zur Capillarerweiterung und Schweissbildung geben. S., welcher die höchste Differenz zwischen dem Stand seines Blutdruckes ausserhalb und innerhalb der Tropen zeigte, war zugleich besonders disponirt für ausserordentliche Schweissproduktion beim Uebergang in das heisse Klima.

Zur Beurtheilung der Frage, ob wie bei Temperatur und Puls eine gewisse Akklimatisation auch bezüglich des Blutdrucks bei längerem Aufenthalt in den Tropen eintritt, war ich zunächst auf den Selbstversuch angewiesen, da sich unter meinen Reisegenossen auf der Reise nach Kamerun kein zu bleibendem Aufenthalt dort Bestimmter befand. Im Juli und August 1893, nach ½ jährigem Aufenthalt in der Kolonie erhielt ich auf Grund von 57 Beobachtungen an mir selbst, die genau in derselben Weise wie auf meiner vorangegangenen indischen Reise angestellt waren, eine durchschnittliche Blutdruckszahl von 90 mm Hg. mit geringen Schwankungen von 88—91 mm. Auf Grund dieser einen Beobachtungsreihe wird die Frage, ob in der That mit dem längerem Aufenthalte in den Tropen auch eine geringe Erhebung des Blutdrucks wieder erfolge, nicht zu beantworten sein. Jedenfalls scheint aus derselben mit Wahrscheinlichkeit hervorzugehen, dass auch nach längerem Aufenthalt in den Tropen der Blutdruck die Höhe nicht erreicht, welche er in dem heimatlichen Klima zeigt. Ich habe alsdann noch bei

---

1) Die Untersuchungen sind alle in der oben angeführten Weise, und zwar zu bestimmten Tagesstunden, um 8, 12, 4 und 8, angestellt. Der Durchschnitt aus mindestens 12 Einzelbeobachtungen ist als Mittelwerth angegeben.

2) cf. Plehn, Reisebericht l. c. October 1892.

13 eben in Kamerun eingetroffenen gesunden Leuten Blutdruck-
bestimmungen zu wiederholten Malen vorgenommen und nur bei drei
von ihnen ein Konstantbleiben desselben gefunden, bei den zehn übrigen
ein weiteres Sinken um 5—11 mm Hg. im Lauf eines halben bis eines
ganzen Jahres. Auf das Zustandekommen des letzteren dürften die
von Allen überstandenen Malariafieber von wesentlichem Einfluss gewesen sein.

Eine deutliche Curve der Blutdruckbewegung in den Tropen nachzuweisen gelang mir nicht; die Verbindungslinie der für die einzelnen
Tagesstunden erhaltenen Durchschnittswerthe des Manometerstandes
ergab mannigfache, im Einzelnen schwer auf bestimmte Ursachen zurückzuführende Zacken[1]. Es sind eben wie auf Körpertemperatur und Puls
so auch auf den Stand des Blutdrucks mannigfache Faktoren, Bewegung,
Anstrengung, Nahrungszufuhr, von beträchtlicherem Einfluss als in der
Heimat.

Respiration.

Besonders schwierig ist der Einfluss zu bestimmen, den das veränderte Klima auf die Respirationsfrequenz des Menschen ausübt, da
wir für deren Beurtheilung einen objektiven Anhalt nicht haben und hier
unter dem Eindruck einer an ihnen vorgenommenen Untersuchung wenige
Menschen die völlige Unbefangenheit bewahren und dem entsprechend
durchaus physiologische Verhältnisse klar erkennen lassen. Gerade bei
der Untersuchung einer etwaigen Abweichung dieser Function in den
Tropen wird deshalb auf die Selbstuntersuchung von Schiffsärzten und
in den Tropen stationirten Aerzten recurrirt werden müssen, um individuelle Abweichungen an der Hand eines grösseren Materials beurtheilen
zu können.

Navarre[2] bezieht sich vor allem auf die vorher citirten Arbeiten
von Rattrey[3] und Jousset[4]. Diese berichten übereinstimmend beim
Uebergang aus der gemässigten in die heisse Zone anfänglich eine Vermehrung der Respirationsfrequenz von 17 auf 21 bis 22 Athemzüge
beobachtet zu haben. Dabei nimmt Rattray eine Zunahme der Lungen-
kapacität um 7—8 pCt. an in Folge der Verminderung des Blutgehalts
der Lungen bei starker Füllung der Hautgefässe. Diese grössere Luft-
zufuhr wöge die in Folge der hohen Temperatur derselben zu Stande
kommende relative Verringerung des O.-Gehaltes der eingeathmeten Luft

---

1) In der Hinsicht zeigen die Ergebnisse meiner Untersuchungen für die Tropen
wenigstens keine Uebereinstimmung mit den von Zadek erhaltenen Werthen. Derselbe beobachtet eine tägliche Periode des Blutdrucks mit Steigerung im Lauf des
Nachmittags - unabhängig von der Mahlzeit. Abends findet er Sinken des Blutdrucks. (Zadek, Die Messung des Blutdrucks am Menschen mittels des v. Basch-
schen Apparates. Zeitschr. f. klin. Med. Bd. II. 1884.

2) Navarre, Manuel d'hygiène coloniale. p. 69.

3) Rattray, De quelques modifications physiologiques importantes etc. Arch.
de méd. nav. 1872 und derselbe, Procedings of the Royal Society. 1871.

4) Jousset, Traité d'acclimatement et d'acclimatisation. Paris 1840.

anfänglich auf. Allmälig aber käme es zu einer Herabsetzung sowohl der Tiefe wie der Frequenz der Athemzüge von 17 auf 14 und dadurch doch zu einer Verminderung der gesammten O-Aufnahme durch die Lungen. Navarre[1] glaubt in den Tropen eine von der gewöhnlichen gleichmässigen Art des Athmens abweichende Form konstatiren zu können, insofern auf eine Anzahl oberflächlicher Athemzüge eine tiefe die ganze Lunge mit Luft füllende Inspiration folge.

Faber[2] fand beim Uebergang aus dem gemässigten in das tropische Klima keine Beeinflussung der Respirationsfrequenz. Sie blieb bei ihm nach wie vor auf der für ihn früher beobachteten Zahl 16.

Schellong[3] nimmt an, dass die Respiration in den Tropen herabgesetzt sei.

Zu berücksichtigen ist, dass schon beim gesunden Menschen in der gewohnten Umgebung des gemässigten Klimas nicht unwesentliche Verschiedenheiten in der Athmungsfrequenz vorkommen. Hutchinson[4] beobachtete bei 1897 Zählungen Schwankungen zwischen 16 und 24, Quetelet[5] im Alter zwischen 20 und 30 Jahren 14–15 Respirationen.

An mir selbst beobachtete ich bei der ersten Ausreise nach Indien im Februar 1892 bei einer Aussentemperatur von + 6° im Mittel und einer zwischen 75 und 90 pCt. schwankenden Luftfeuchtigkeit eine mittlere Respirationsfrequenz von 15,2; im Juli 1892 in Deutschland bei einer mittleren Lufttemperatur von 19° eine mittlere Respirationsfrequenz von 14,5; die Bestimmungen sind gleichzeitig mit den obenerwähnten meteorologischen und anderen physiologischen Untersuchungen regelmässig zu bestimmten Tageszeiten im Freien unter dem vollen Einflusse des umgebenden Klimas ausgeführt worden. Das Mittel wurde aus je 40 Bestimmungen erhalten.

Der unvermittelte Uebergang zu den klimatischen Verhältnissen des rothen Meeres hatte eine mittlere Beschleunigung der Respirationsfrequenz auf 15,6 Athemzüge zur Folge (Ergebniss aus 51 Messungen). Es scheint diese Respirationsbeschleunigung eine reflektorisch zu Stande kommende Ausgleichsbestrebung des Organismus zu bedeuten, die bei der hohen, aber immer noch hinter der Körperwärme zurückbleibenden Temperatur der Umgebung zu der häufigeren Einfuhr einer niedriger temperirten Luft in die Lunge führt, an welche die Lungenoberfläche immer noch Wärme abzugeben vermag.

Dementsprechend fand ich die Athmungsfrequenz in dem höher als die Körpertemperatur erwärmten Maschinen- und Heizraum, wenigstens im Ruhezustand, regelmässig und deutlich herabgesetzt. Ich beobachtete bei einer mittleren Temperatur von 45,5° und 42 pCt. Luftfeuchtigkeit ein constantes Herabgehen der Respiration von 15,6 auf 9, 10, 11,5. Meist war die Zahl der Athemzüge bald nach dem Betreten des heissen Raumes am stärksten, bis 8, vermindert und hob sich erst allmälig

1) Navarre, Manual d'hygiène coloniale.
2) Faber. The Practitioner. July 1876.
3) Schellong. Klimatologie der Tropen. S. 44.
4) Hutchinson in Todd's Cyclopädia. IV. S. 1065.
5) Quetelet. Sur l'homme etc. II. p. 86. Paris 1835.

nach 1—2 Stunden später zu ca. 11—15. Nach dem Verlassen der Maschinenräume trat der Ausgleich sehr schnell ein.

Auch bei längerem Verbleib in den Tropen scheint ein Ausgleich durch energische Inanspruchnahme der compensatorischen Thätigkeit der Haut sehr bald zu Stande zu kommen. Nach einem Verweilen von einigen Wochen in den Tropen war die Respirationsfrequenz bei mir wenigstens stets völlig oder fast völlig auf die Norm zurückgegangen. Bei meiner Ausreise nach Kamerun im Februar 1893 betrug die anfängliche Steigerung der Respirationsfrequenz 1,4 (13,2 : 14,6). Wenige Wochen nach meinem Eintreffen daselbst war die Athemfrequenz auf 13,9 herabgegangen. Gegen Ende meines Aufenthalts in Kamerun betrug sie 14,4 in der Minute, also 1,2 Athemzüge mehr als im Winter und etwa grade so viel wie im Sommer zu Hause.

Aus dem Angeführten glaube ich, soweit die einzelne Selbstbeobachtung überhaupt einen solchen Schluss gestattet, die Annahme einer Herabsetzung der Respirationsfrequenz im tropischen Klima im Allgemeinen als nicht zutreffend bezeichnen zu müssen. Beim schroffen Uebergang aus dem kalten in das heisse Klima tritt eine Vermehrung der Athemzüge in geringem Grade ein, welche nach erfolgter Akklimatisation Verhältnissen Platz macht, die irgendwelche in Betracht kommende Abweichung von den heimathlichen nicht erkennen lassen. So ergab auch eine grössere Zahl von Beobachtungen an anderen mehr oder weniger lange Zeit in Kamerun stationirten Europäern normale Verhältnisse, d. h. eine Respirationsfrequenz von 14—17. Körperliche Anstrengungen vermehren die Zahl der Athemzüge in den Tropen in beträchtlicherem Maasse als in den gemässigten Breiten.

Haut- und Nierenthätigkeit.

Haut und Nieren treten so vielfach in Wechselbeziehungen zu einander und ergänzen sich in so mannigfacher Weise, dass die Besprechung ihrer Functionsänderung in den Tropen am besten zusammen erfolgt. In den Tropen findet eine beträchtliche Entlastung der Nieren auf Kosten der Haut statt, welche letztere in erster Linie die Wärmeregulirung des Organismus durch Abkühlung in Folge von Verdunstung zu übernehmen hat. Der Haut wird eine wesentlich grössere Blutmenge durch die erweiterten Hautcapillaren zugeführt und damit eine beträchtliche Entlastung des arteriellen Systems bewirkt, wie sie sich in der regelmässigen Herabsetzung des Blutdrucks in den grösseren Gefässen äussert. Zur Messung des Blutdrucks im Capillarsystem der Haut reichen die Mittel, mit welchen ich in meiner Umgebung als Schiffsarzt resp. als einzeln stationirter Arzt in einer Fiebergegend arbeiten musste, nicht aus: es handelte sich also darum, einen Ausdruck für das Plus an Blut, welches sich in den Tropen in der Hautdecke befindet, zu gewinnen durch thermometrische Messungen der Hauttemperatur. Es ist eine bekannte Thatsache, dass die Hautdecke an verschiedenen Körperstellen eine verschiedene Temperatur zeigt. Vergleichbare absolute Zahlen sind kaum zu erhalten bei verschiedenen Menschen. Es trifft in der Hinsicht das oben bereits bei Besprechung des Blutdrucks Gesagte zu. Wohl aber lassen sich vergleichbare Werthe bei Verwendung derselben Stelle der Körperoberfläche bei demselben Menschen erhalten. Ich habe für meine diesbezüglichen Untersuchungen stets die Haut der Aussenfläche des Oberarms gewählt und die Senator'sche Methode der Temperaturmessung angewendet. Dieselbe besteht bekanntlich darin, dass man das Quecksilberröhrchen des Maximumthermometers zwischen zwei emporgehobene, über demselben zusammengelegte und durch Heftpflasterstreifen fixirte Hautfalten legt, so dass dasselbe allseitig von Haut umgeben ist. Die Methode ist, wenn auch nicht absolut zuverlässig — denn es tritt durch den Druck eine gewisse mechanische Anämie in den für die Messung bestimmten Hauttheilen ein —, von den in Betracht kommenden die sicherste und sie hat mir in einer Reihe von Untersuchungen sehr gut vergleichbare Werthe gegeben. Ich habe mich bei diesen Versuchen aus rein mechanischen Gründen der Beobachtung an mir selbst enthalten, da auf sorgfältigste Anlegung des Hautthermometers der hervorragendste Werth zu legen ist und man diese an sich selbst schwer vornehmen kann. In erster Linie diente mir dabei, soweit es sich um rein physiologische Untersuchungen handelte, mein europäischer Lazarethgehülfe, ein durchaus normaler Mann von 24 Jahren.

Je 15 vergleichende Messungen um 8 a. m, 12 m und 4 p. m. in der Trockenzeit in Kamerun bei 26.5° mittlerer Lufttemperatur und 81 pCt. relativer Luftfeuchtigkeit angestellt, ergaben bei demselben:

	8 a. m	12 m	4 p. m
in axill.	36,9 (36,5—37,4)	36,9 36,4 37,6)	37,1 (36,4—37,6)
Hauth.	34,65 (34,2—35,6)	34,7 (34,3—35,2)	34,85 (34,3—35,5)

Es ergiebt sich also ein Mittelwerth von 34,7°. Derselbe zeigt keinen charakteristischen Unterschied gegenüber den von Davy[1] und Kunkel[2] bei Zimmertemperatur im europäischen Klima gefundenen Werthen.

Die zur Regenzeit angestellten Controllmessungen im September 1893 ergaben mir höhere Werthe.

Dieselben schwankten zwischen 34,35 und 36,68° auf der Oberfläche des Arms und betrugen im Mittel 35,8°, also einen vollen Grad mehr als in der Trockenzeit trotz der um ein Geringes niedrigeren Lufttemperatur. Es wird diese Temperaturerhöhung auf die Verminderung der Hautabkühlung durch Verdunstung und Wärmeabgabe an die feuchtigkeitsgesättigte Luft der Umgebung bezogen werden müssen und ausdrücklich darauf aufmerksam zu machen sein, dass diese Erhöhung der Hauttemperatur sich subjektiv nicht bemerkbar macht, sondern dass im Kamerunklima wenigstens trotz der niedrigeren Hauttemperatur die Trockenzeit nicht allein die für das Hautgefühl unangenehmere ist, sondern auch die Zeit darstellt, welche besonders zu Hautkrankheiten disponirt.

---

1) Davy, Philos. Transact. CIV, p. 590.
2) Kunkel (Zeitschrift für Biologie. 25. Bd. 1888. S. 69 u. 73) bestimmte Hauttemperatur am Oberarm auf 34,3°.

Die direkte Bestimmung der Hautfeuchtigkeit durch Messung hat mir verwerthbare Zahlen nicht gegeben. Die lange Zeit hindurch von mir durchgeführten Bestimmung der relativen Feuchtigkeit der der Haut unmittelbar anliegenden im Verhältniss zu den entfernteren dem Einfluss der Hautverdunstung nicht ausgesetzten Luftschichten mittels eines kleinen recht handlichen von E. Lamprecht-Göttingen nach den Angaben C. Wurster's[1] verfertigten Hygrometers ergaben auf einer Reise nach Indien keine völlig verlässlichen Werthe.

Einen sicheren Anhalt für die Beurtheilung des Maasses, in welchem die Hautthätigkeit durch die Wasserverdunstung an der Oberfläche in Anspruch genommen wird, haben wir in dem direkt bestimmbaren Verhalten der Organe, welche vikariirend für dieselbe einzutreten haben. Wasserausscheidung findet ausser durch die Haut noch statt durch Lungen und Nieren; unter physiologischen Verhältnissen kann die geringe Wasserabgabe durch den Darm vernachlässigt werden. Dieselbe beträgt bei einer Fäcalmenge von 60—250 g[2] und einem mittleren Wassergehalt derselben von 75,3 pCt.[3] täglich 120 g im Durchschnitt für den Erwachsenen.

Die durch die Lungen ausgeschiedene Wassermenge beträgt im europäischen Klima ca. $\frac{1}{2}$ der durch die Haut ausgeschiedenen. Unzweifelhaft verschiebt sich in einer tropischen Niederung wie Kamerun, wo während eines beträchtlichen Theils des Tages die Luft schon mit Wasserdampf annähernd gesättigt ist, dies Verhältniss noch beträchtlich zu Gunsten der Haut, insofern bei nicht vermehrter Athmungsfrequenz und Athmungstiefe die Inspirationsluft nur noch sehr wenig Wasserdampf in den Lungen aufzunehmen vermag. Es ist unzweifelhaft, dass die Schwankungen in der relativen Feuchtigkeit der Luft auch Aenderungen des absoluten Maasses des durch die Lungen ausgeschiedenen Wasserdampfs zur Folge haben werden. Dieser Frage näher zu treten war mir in K. nicht möglich, Angaben in der Litteratur existiren darüber nicht. Genaue Untersuchungen in der Hinsicht bleiben künftigen Beobachtern vorbehalten.

Den besten Anhalt für die durch die Haut ausgeschiedenen Wassermengen geben uns Bestimmungen des Urinquantums. Im grossen und ganzen sind wir berechtigt anzunehmen, dass sich zwischen beiden ein umgekehrtes Verhältniss ergeben wird.

Es ist eine stets betonte Thatsache, dass das durch die Nieren ausgeschiedene Flüssigkeitsquantum in den Tropen ein relativ geringeres ist als im gemässigten Klima. Die Angaben vergleichbarer Zahlen sind bisher noch sehr spärlich. Es hängt das damit zusammen, dass man in der Hinsicht grossentheils auf den Selbstversuch angewiesen ist, aus äusseren Gründen.

Ich habe im Jahre 1892 auf meiner Reise nach Holländisch Indien angefangen, diesen Verhältnissen nachzugehen.

1) C. Wurster, Die Temperaturverhältnisse der Haut. Göttingen 1889.

2) Voit, Sitzungsbericht der k. bair. Akademie d. Wissenschaften zu München. 1887, S. 63.

3) Berzelius, Mikroskopische und chemische Untersuchungen der Fäces gesunder, erwachsener Menschen. Giessen 1853.

No. 10.
Urinproduktion im europäischen Winter 1892.

Datum	Schiffsort		Eingeführte Flüssigkeit	Urinquantität	Specif. Gewicht	Lufttemperatur	Relative Luftfeuchtigkeit
	Breite N	Länge O					
5. 2.	50° 47'	0° 47 W	2000	2074	1015.5	4.9 – 8.2	90 pCt.
6. 2.			2000	1733	1020	7.3 – 9.4	88 „
7. 2.	50° 19'	2° 12 W	2000	2288	1024	8.2 – 10.0	76 „
8. 2.	47° 47'	5° 52 W	2000	2162	1024	10.6 – 10.8	68 „
9. 2.	43° 56'	8° 49 W	2000	2059	1015.3	11.6 – 13.3	62 „
10. 2.	39° 14'	9° 27 W	2000	2112	1022.6	12.4 – 15.6	59 „
11. 2.	36° 14'	6° 32 W	2000	2002	1019	12.6 – 15.2	69 „
12. 2.	36° 56'	1° 56 W	2000	2498	1021	11.4 – 13.4	64 „
14. 2.	41° 10'	4° 9 W	2000	1950*	1022	8.3 – 9.5	62 „
17. 2.	41° 40'	11° 0 W	2000	2648	1020	12.4 – 15.6	74 „
20. 2.	34° 30	24° 4 W	2000	2359	1012	15.3 – 16.6	68 „
			2000	**2171.4**	**1019**		

*) Heftiger Mistral.

Die Untersuchungen wurden in der Weise eingeleitet, dass das dem Körper zugeführte Flüssigkeitsquantum ebenso wie der producirte Urin genau gemessen und in Vergleich gezogen wurden. Von dem gelassenen Urin wurde das jedesmalige specifische Gewicht, sowie das des innerhalb 24 Stunden producirten gesammten Quantums bestimmt. Die mit der Nahrung aufgenommene Flüssigkeit konnte in exakter Weise nicht bestimmt werden, sie ist, da nur an Tagen völligen Wohlbefindens die Untersuchungen vorgenommen wurden, als constante und da der Appetit in keiner Weise eine merkbare Beeinflussung durch den Schiffsaufenthalt erlitt, als übereinstimmend mit der durch die Nahrung unter den heimischen Verhältnissen aufgenommenen angesehen worden, ohne dass ein irgend in Betracht kommender Fehler zu befürchten ist. Ich habe sie als N, den als Einführungen unten angegebenen Werthen zugezählt. Nach Möglichkeit wurde darauf gesehen, dass immer Serienbeobachtungen von mehreren Tagen hinter einander angestellt wurden, um einen Ausgleich zwischen den an den einzelnen Tagen nicht selten beträchtlich variirenden Werthen zu erhalten. In letzterer Hinsicht haben auch mir mehrfache Erfahrungen die Richtigkeit der von Neuhauss[1] gemachten Beobachtung ergeben, dass beträchtliche Schiffsbewegungen an sich eine wesentliche Verminderung der Urinsekretion zur Folge haben. Es handelt sich dabei in der That nicht um eine in Folge von Seekrankheit etwa durch verminderte Nahrungsaufnahme oder durch Entleerung per vomitum zu Stande kommende Erscheinung, denn ich selbst habe unter diesem Leiden bei vielen und langen Seereisen, die ich gemacht, und zahlreichen heftigen Stürmen, die

1) Neuhauss, Untersuchungen über Körpertemperatur, Puls und Urinabsonderung auf einer Reise um die Erde. Virch. Arch. 134. Bd.

No. 11.
Urinproduktion in den Tropen.

Seereise im Rothen Meer und Indischen Ocean. Februar und März 1892.

Datum	Schiffsort 12 m		Mittlere Lufttemperatur. Grad C.	Relative Feuchtigkeit	Eingeführte Flüssigkeit	Urinquantität	Specif. Gewicht
	Breite N	Länge O					
1892							
24. 2.	26° 2′	35° 5′	22,8	65 pCt.	2365	1232	1027
25. 2.	22° 36′	35° 36′	24,8	80 „	2125	1588	1023
26. 2.	18° 40′	39° 29′	26,3	78 „	3240	1785	1015
27. 2.	15° 21′	41° 40′	25,9	77 „	2000	1037	1024,5
29. 2.	12° 16′	47° 39′	26,4	72 „	2300	1530	1024,2
2. 3.	10° 49′	53° 3′	25,5	73 „	2000	1490	
3. 3.	10° 5′	60° 7′	26,0	75 „	2275	1385	1027
4. 3.	9° 8′	64° 30′	26,5	77 „	2700	1216	1027
5. 3.	8° 36′	68° 34′	27,4	75 „	2050	912	—
6. 3.	8° 2′	72° 55′	27,8	71 „	2950	1135	1024
7. 3.	6° 47′	77° 15′	28,5	74 „	2845	800	1031,5
8. 3.	5° 43′	81° 32′	27,3	80 „	2090	820	1027
9. 3.	5° 48′	85° 19′	27,9	66 „	2320	780	1026
10. 3.	6° 1′	89° 10′	27,6	76 „	2035	835	1027
11. 3.	5° 54′	93° 33′	27,9	83 „	2850	800	1028
12. 3.	5° 15′	97° 43′	28,8	74 „	2510	870	1025
3. 4.			—	— „	2000	840	1026
7. 4.	3° 19′	100° 29′	25,8	79 „	2000	880	1026
9. 4.	5° 52′	92° 40′	27,0	73 „	2740	740	
10. 4.	5° 46′	88° 19′	28,1	67 „	2300	730	1027
11. 4.	5° 42′	85° 52′	28,0	75 „	2600	875	—
12. 4.	6° 1′	79° 37′	27,5	80 „ ·	2000	720	1029
13. 4.	7° 5′	75° 42′	28,1	75 „	2400	630	1029
14. 4.	8° 13′	71° 35′	27,7	78 „	2500	700	1025
15. 4.	8° 55′	67° 23′	28,3	70 „	2210	1180	1020
16. 4.	9° 47′	63° 17′	27,5	71 „	2700	800	1029
17. 4.	10° 41′	58° 59′	27,7	70 „	3045	1555	1018
18. 4.	11° 30′	54° 23′	27,6	74 „	2400	982	1028
19. 4.	12° 14′	50° 5′	27,9	82 „	3300	1500	—
20. 4.	12° 18′	45° 40′	27,9	85 „	2480	1100	
21. 4.	13° 34′	43° 0′	28,0	80 „	2550	900	1027
22. 4.	16° 58′	40° 44′	27,6	73 „	2480	1100	1024
23. 4.	20° 27′	58° 28′	26,3	71 „	1935	905	1027
24. 4.	23° 46′	36° 39′	23,2	60 „	2180	1735	1024
25. 4.	26° 55′	34° 27′	22,6	52 „	2120	1545	1023
Mittel:					2416	1075	1025,4

Flüssigkeitseinfuhr + 2416 ccm.
Urinausscheidung 1075 ccm.

ich auf denselben überstanden, niemals gelitten, und trotzdem war auch bei mir die Erscheinung deutlich ausgeprägt. Wahrscheinlich beruht sie auf einer reflektorischen Beeinflussung des Gefässtonus, durch welche die Durchlässigkeit der Glomeruli beeinträchtigt wird.

Im Winter der gemässigten Zone wurde die Flüssigkeitszufuhr in der Weise regulirt, dass täglich genau zwei Liter aufgenommen wurden.

Das an diesem Quantum nach der abendlichen Berechnung Fehlende wurde durch Zufuhr des Restquantums ergänzt. Im Rothen Meer und in den Tropen erwies sich dies Quantum als dem subjektiven Bedürfniss nicht entsprechend, und es wurde eine Mehrzufuhr von Flüssigkeit von im Durchschnitt 116 ccm erforderlich, dieselbe musste später bei dauerndem Aufenthalt in den Tropen und starker Arbeitsleistung noch beträchtlich vergrössert werden.

Das Resultat ist aus den beigefügten Tabellen, welche gleichzeitig die während der Beobachtungszeit herrschenden klimatischen Verhältnisse erkennen lassen, ersichtlich.

Es wurde im heimathlichen Winter bei beträchtlicher Luftfeuchtigkeit ein etwas grösseres als das allein durch die Getränke eingeführte Quantum Flüssigkeit im Urin entleert: 2071,4 gegen 2000 ccm, die Differenz ist auf die mit der festen Nahrung eingeführte Flüssigkeit zu beziehen, welche bei völlig normalem Appetit nach den Voit'schen Untersuchungen[1]) auf 323,4—341,5 g zu veranschlagen ist. Es wird demgemäss die durch Lungen und Haut an die feuchte kalte Luft der Umgebung abgegebene Flüssigkeit nur ein sehr geringes Quantum darstellen, ca. 250 ccm.

Unter dem Einfluss des Klimas im Rothen Meer und im Indischen Ocean ändert dies Verhältniss sich gänzlich: von durchschnittlich 2416 ccm als solche eingeführter Flüssigkeit werden nur 1075 ccm durch die Nieren entleert, d. h. es werden bei Einfuhr von 100 Theilen Flüssigkeit als solcher, im ersteren Fall 103,5, im zweiten 44 Theile als Urin ausgeschieden.

Den letzteren entsprechende Werthe ergab die Fortsetzung dieser Beobachtungen in Kamerun selbst. Es stellte sich daselbst bald die Nothwendigkeit heraus, zwischen den zur Trockenzeit und zur Regenzeit gewonnenen Untersuchungsresultaten streng zu scheiden.

Wie aus der beifolgenden Tabelle ersichtlich, betrug in der Regenzeit, Juli und August 1893, bei einer durchschnittlichen Lufttemperatur von 24,6° und einer Luftfeuchtigkeit von 91 pCt. die mittlere Flüssigkeitszufuhr 3877 ccm, die producirte Urinmenge 1957 ccm, d. h. es wurde fast genau 50 pCt. der als solche eingeführten Flüssigkeit durch die Nieren ausgeschieden.

In der Trockenzeit, im Januar und Februar 1894, bei einer mittleren Lufttemperatur von 26,5° und einer relativen Luftfeuchtigkeit von 85 pCt. waren zur Bekämpfung des Durstgefühls bei starker körperlicher Inanspruchnahme 5310 ccm[2]) Flüssigkeit erforderlich; es wurden von denselben nur 1835 ccm, fast genau $\frac{1}{3}$ der als solche aufgenommenen Flüssigkeit durch die Nieren ausgeschieden; das ganze Deficit oder doch der grösste Theil desselben wird durch die Hautthätigkeit gedeckt, da bei der auch in der Trockenzeit hochgradigen Feuchtigkeit der Luft in

---

[1] Voit, Ueber die Kost in öffentlichen Anstalten. 1876, S. 39.

[2] Individuelle Verschiedenheiten spielen gerade in der Hinsicht eine sehr wesentliche Rolle. Es ist bekannt, dass Rohlfs 10 Liter Getränk täglich für erforderlich für den in gewissen Theilen Ostafrikas Reisenden ansieht.

Kamerun eine wesentliche Flüssigkeitsabgabe durch die Athmung auszuschliessen ist.

Das specifische Gewicht des Urins betrug im Winter in Europa
im Mittel von 56 Einzeluntersuchungen 1019, im Rothen Meer und In-

No. 12.

Beziehungen zwischen Flüssigkeitszufuhr und Urinmenge und spec. Gewicht.

Kamerun. Regenzeit 1893.

Datum	Flüssigkeits-zufuhr	Urin-quantität	Spec. Gewicht
19. 7.	3560 cbcm	2289 cbcm	1022
20. 7.	3316 „	1355 „	1025
21. 7.	3626 „	2432 „	1020
22. 7.	3344 „	1334 „	1021
23. 7.	3726 „	2464 „	1020
24. 7.	3741 „	1269 „	1024
1. 8.	5244 „	2271 „	1018
2. 8.	3918 „	1870 „	1023
3. 8.	3778 „	1938 „	1025
4. 8.	4850 „	2857 „	1020
5. 8.	3588 „	1575 „	1024
6. 8.	3834 „	1854 „	1022

Durchschnittl. tägl. Flüssigkeitszufuhr X + 3877 ccm
„   „   Urinmenge ....1957 „
„   spec. Gewicht des Urins 1022

No. 13.

Beziehungen zwischen Flüssigkeitszufuhr und Urinmenge und spec. Gewicht.

Kamerun. Trockenzeit 1894.

Datum	Flüssigkeits-zufuhr	Urinmenge	Spec. Gewicht
22. 1.	4966 cbcm	1975 cbcm	1029
23. 1.	5589 „	1640 „	1030
24. 1.	7054 „	2480 „	1026
11. 2.	3644 „	1354 „	1028
12. 2.	5622 „	1170 „	1025
13. 2.	3848 „	1820 „	1027
16. 2.	6564 „	2190 „	1025
21. 2.	4290 „	1730 „	1027
27. 3.	4825 „	2030 „	1028
28. 3.	5398 „	1450 „	1024
29. 3.	5818 „	2685 „	1026
30. 3.	6132 „	1500 „	1029

Flüssigkeitszufuhr im Mittel: X + 5310 ccm
Urinquantum   -   „   1835 „
Specif. Gewicht 1027.

dischen Ocean stieg dasselbe auf 1025,4. In Kamerun betrug es in der Regenzeit 1022, in der Trockenzeit 1027 als Mittel des Tagesquantums; es ergaben sich also nicht die erwarteten erheblichen Steigerungen des specifischen Gewichts. Einzelwerthe von 1030 und etwas mehr waren nicht ganz selten, ebenso wenig aber solche von 1002—1004. Letztere wurden auch in den Tropen regelmässig beobachtet, wenn grössere Quantitäten Flüssigkeit auf einmal oder in kurzen Zwischenräumen getrunken waren und die Urinproduktion in Folge stärkerer Inanspruchnahme des Cirkulationssystems der Flüssigkeitsaufnahme in Kurzem folgte.

Unzweifelhaft unterliegen auch diese Verhältnisse individuellen Schwankungen. Jeder, der sich längere Zeit in den Tropen aufgehalten, kennt die beträchtlichen Verschiedenheiten, welche die einzelnen Individuen bezüglich Schweissproduction zeigen. Der Eine neigt in sehr geringem Masse zu derselben, während ein Anderer zu dreimaligem und öfterem Kleiderwechsel täglich wegen der profusen Schweisssecretion gezwungen ist. Es ist selbstverständlich, dass diese Verschiedenheiten auch in verschieden starker Urinproduction ihren Ausdruck finden werden.

Die von Neuhauss erhaltenen Werthe stimmen mit den meinen recht gut überein.

Neuhauss[1] beobachtete bei sich selbst in der nördlichen gemässigten Zone bei 11,5° bis 13,6° Lufttemperatur 1563 ccm Urin täglich bei 1021 spec. Gewicht — leider sind Angaben über die eingeführten Flüssigkeitsmengen, die wahrscheinlich im heissen Klima beträchtlich grösser waren als in den gemässigten Breiten, nicht gemacht. Im rothen Meere und indischen Ocean ging die tägliche Urinmenge auf 1206 ccm bei 1033 specifischem Gewicht herunter, während des Aufenthalts in der südlichen gemässigten Zone betrug die Urinmenge 1609 ccm bei 1023 spec. Gewicht, bei der abermaligen Durchschiffung der Tropen fällt das Urinquantum dann wieder auf 1178 bezw. 1100 ccm, das spec. Gewicht steigt auf 1032 bezw. 1029; in der nördlichen gemässigten Zone betragen die Werthe auf der Heimreise 1353 bezw. 1523 bei 1023 spec. Gewicht.

Die Bestätigung des von mir erhaltenen Resultats, dass Urinmenge und specifisches Gewicht in den Tropen bei kräftiger Bewegung keine wesentliche Abweichung von den in der Heimath beobachteten haben, ergaben die Untersuchungen von Eykmann[2]. Auch dieser hat leider Bestimmungen der eingeführten Flüssigkeitsmenge nicht ausgeführt, so dass Vergleiche mit den von mir gefundenen Verhältnisszahlen zwischen dieser und der Urinmenge nicht möglich sind.

Eykmann erhielt aus zahlreichen Beobachtungen, die er an 17 Europäern in Java anstellte, als mittleres tägliches Urinquantum 1556 ccm, als mittleres specifisches Gewicht des Urins 1017,7, also Werthe, die kaum in irgend etwas von den heimathlichen abweichen.

1) Neuhauss, Untersuchungen über Körpertemperatur, Puls und Urinabsonderung auf einer Reise um die Erde. l. c.

2) Eykmann, Ueber den Eiweissbedarf des Tropenbewohners. Virchow's Arch. 131. Bd.

Es ergiebt sich, dass von einer absoluten Verminderung des Urin-quantums in den Tropen, wie Rattray[1] sie annimmt, im allgemeinen nicht gesprochen werden kann, wenn auch meine Selbstversuche zeigen, dass in den Tropen von der aufgenommenen Flüssigkeit nur ein je nach den speciellen meteorologischen Verhältnissen verschieden grosser Bruchtheil durch die Nieren zur Ausscheidung gelangt.

Abweichend noch gestalten diese Verhältnisse sich bei hochgradiger Trockenheit der Umgebungsluft, wie sie, etwa dem Wüstenklima ent-sprechend, in den Maschinen- und Heizräumen der Schiffe zu herrschen pflegt. Maschinisten wie Heizer trinken im allgemeinen ausserordentlich grosse, viele Liter während einer Wache betragenden Quantitäten Ge-tränke, Thee oder schleimige Abkochungen, um das durch rapide Ver-dunstung an der Körperoberfläche entstehende Durstgefühl zu bekämpfen und dem Körper die durch dieselbe verloren gegangenen Flüssigkeits-mengen wieder zuzuführen. Es ist unter diesen Umständen nicht selten, dass sie tagüber fast gar keinen Urin entleeren; die von mir unter ähn-lichen Verhältnissen untersuchten Urinproben zeigten eine Concentration von 1036—1040. — Kurrer[2] beobachtete unter diesen Verhältnissen bei 6000 ccm Flüssigkeitszufuhr an einzelnen Tagen völliges Fehlen irgend welcher Urinproduktion, im Durchschnitt eine solche von 50 ccm täglich. Dass es unter derart abnormen Verhältnissen in der That allmälig zu histologischen Veränderungen an den Nieren kommen kann, wie Dundas[3] sie als Akklimatisationsatrophie der Niere beobachtet zu haben angiebt, ist gewiss von vornherein nicht in Abrede zu stellen. Ich selbst bin einer entsprechenden Erscheinung bei den von mir in Afrika ausgeführten Obduktionen niemals begegnet.

Mit Versuchen durch Harnanalysen eine Vorstellung von etwaigen Stoffwechselmodificationen des in den Tropen lebenden Europäers im Gegensatz zu dem im gemässigten Klima lebenden zu gewinnen, ist erst vor kurzem, namentlich seitens holländischer Kolonialärzte be-gonnenen worden. Dieselben sind noch höchst spärlich und wider-sprechen sich in vielen wichtigen Punkten. Es muss einstweilen noch als durchaus zweifelhaft angesehen werden, ob in der chemischen Zu-sammensetzung des Harns irgend ein charakteristischer Unterschied zwischen dem Tropenbewohner und dem in gemässigten Breiten lebenden Europäer besteht. Die Untersuchungen Lehmanns[4] ergeben bezüglich der Chlorausscheidung keinen Unterschied zwischen beiden. Glogner[5] glaubte Herabsetzung der Stickstoffausscheidung durch die Nieren beim Tropenbewohner constatiren zu müssen, die er durch mangelhafte Eiweiss-resorption der Darmschleimhaut erklärt. Dieser Angabe tritt Eykmann[6] mit Entschiedenheit entgegen und kommt auf Grund von zahlreichen ver-

1) Rattray, Arch. de médec. nav. Juni 1872, nimmt an, dass die Urinsekre-tion in den Tropen um 17,5 pCt. herabgesetzt ist.

2) Kurrer, l. c. p. 14.

3) Dundas, Sketches of Brasil etc. b. Hirsch, Handb. d. hist. geogr. Pathol.

4) Virch. Arch. Bd. 115. Heft 2 u. 3.

5) Virch. Arch. Bd. 115. Heft 3.

6) Virch. Arch. 131. Bd. 1893.

gleichenden Untersuchungen von Neuankömmlingen und längere Zeit in Java angesessenen Europäern zu dem Schluss, dass die Tropen auf die Eiweisszersetzung am menschlichen Körper keinerlei charakteristischen Einfluss ausüben.

Es liegen bis jetzt keine Gründe vor, irgend welche Alteration des Urins in qualitativer oder quantitativer Hinsicht durch den Tropenaufenthalt als solchen anzunehmen. — Die Reaction des Urins ist nach sehr zahlreichen von mir angestellten Prüfungen im Gegensatz zu Glogner's[1] Angabe unter physiologischen Verhältnissen auch in den Tropen deutlich sauer.

Das Verhalten des Bluts in den Tropen.

Von besonderem Interesse ist zur Beurtheilung des physiologischen Verhaltens des Tropenbewohners die Untersuchung seiner Blutbeschaffenheit. Dieselbe ist seit längerer Zeit, seit man diesen Fragen überhaupt auf experimentellem Wege näher zu treten begonnen hat, Gegenstand vielfacher Discussionen gewesen. Angaben über wesentliche Veränderungen des Bluts unter dem alleinigen physiologischen Einfluss des heissen Klimas finden sich noch in den Erzeugnissen der neuesten Litteratur über diesen Gegenstand.

Im Allgemeinen geht die Ansicht dahin, dass es in der That eine Anämie giebt, die lediglich durch Einwirkung des Klimas in tropischen Ländern zu Stande kommt, und die unabhängig ist von jeder direkten Krankheitseinwirkung. Diese Anämie, als deren äusseren Ausdruck man die häufig in den Tropen beobachtete Blässe der Hautdecken anzusehen gewohnt ist, soll sich bei der mikroskopischen Untersuchung durch Verminderung der Zahl der rothen Blutkörper, Verringerung ihres Umfangs und Herabsetzung ihres Hämoglobingehalts bemerkbar machen. Es wird diese Ansicht von den älteren Forschern auf diesem Gebiete ziemlich allgemein getheilt. Moore[2], Navarre[3] halten an dieser Ansicht fest. Jousset[4] nimmt sie als eine allgemeine, für die Tropen physiologische Erscheinung an. Treille[5] glaubt eine relative Verminderung der Blutkörper durch Hydrämie des Tropenbewohners constatiren zu sollen. Auf Grund des Ergebnisses der Fragebogenenquête giebt auch Schellong[6] die Zahl der Blutkörper als herabgesetzt und diese selbst als kleiner wie in der Heimath an.

An der Thatsache, dass anämische Zustände in den Tropen häufig sind, wesentlich häufiger als in der Heimath, ist nicht zu zweifeln; eine Folge der Einwirkung des Klimas an sich, physiologisch sind sie nach meinen Erfahrungen nie und stets durch anderweitige pathologische Zustände hervorgerufen, die allerdings besonders häufig in den Tropen

---

1) Virch. Arch. Bd. 115. Heft 3.
2) Moore, Diseases of India.
3) Navarre, Manual de l'hygiène coloniale.
4) Jousset, Traité de l'acclimatement et de l'acclimatation. Paris 1890.
5) Treille, Comptes rendu du VI. Congrès international d'hygiène. Wien 1888.
6) Dr. O. Schellong, Die Klimatologie der Tropen. Berlin 1891.

zu Stande kommen und dort schwerer als in gemässigten Breiten zu beseitigen sind.

Das Vorhandensein einer primären Tropenanämie wurde auf Grund experimenteller Untersuchungen zuerst von Marestang geleugnet[1]). Derselbe fand Zahl und Hämoglobingehalt völlig normal. Er untersuchte freilich Leute an Bord eines Kriegsschiffs und Personen, die nur 3½ Monate in den Tropen waren. Ich selbst hatte Gelegenheit die Marestang'schen Untersuchungen auf meiner Reise nach Indien in der ersten Hälfte des Jahres 1892 fortzusetzen[2]). Gegenstand derselben waren zunächst ich selbst, ein Stewart und vier Passagiere, alles kräftige Personen im Alter von 20—30 Jahren, deren Blutbeschaffenheit nach Zahl der Formelemente und der Färbkraft zuerst im heimathlichen Winter und dann nach 2—3 wöchentlichem sehr unvermitteltem Uebergang in das Klima des Rothen Meeres und des Indischen Oceans untersucht wurde. Die Untersuchungen wurden mittelst des Thoma-Zeiss'schen Blutkörperzählapparates und des Gowers'schen Hämoglobinometers vorgenommen. Die Beobachtungszahlen stellen die Mittelwerthe aus mindestens je vier Einzelbeobachtungen dar. Das Ergebniss war folgendes:

No. 14.

Name. Alter	Winter zu Haus			Tropenzone		
	rothe Blutkörper	weisse Blutkörp.	Hämo-globin	rothe Blutkörper	weisse Blutkörp.	Hämo-globin
P. 30	5 100 000	6 700	105 pCt.	5 201 000	6 600	100 pCt.
Br. 28	4 490 000	5 300	99 „	5 000 000	6 100	102 „
v. Bl. 25	5 322 000	7 000	105 „	5 100 000	6 500	99 „
Sm. 24	4 900 000	6 900	98 „	4 850 000	6 700	97 „
W. 26	5 460 000	7 320	102 „	5 588 000	7 640	100 „
B. 21	5 080 000	5 600	97 „	5 025 000	6 200	96 „
Mittel:	5 058 666	6 470	100 „	5 127 333	6 623	99 „

Es lässt sich dementsprechend eine Abnahme des Blutfarbstoffs oder der Blutkörperzahl beim Uebergang aus dem kalten in das tropische Klima im Allgemeinen nicht wahrnehmen, vielmehr macht sich eine geringe Vermehrung der ersteren, möglicherweise unter dem Einfluss einer durch reichlichere Wasserverdunstung hervorgerufenen Eindickung des Bluts bemerkbar. Eine nicht ganz unbeträchtliche Bedeutung kommt auch bei diesen Vorgängen der Individualität zu.

Ebenso wenig ist eine Verminderung der Blutkörper und des Farbstoffgehalts des Bluts bei Leuten nachweisbar, welche Jahre lang in gesun-

1) Marestang, Hématimétrie normale de l'Européens dans les pays chauds. Arch. de med. nav. LII. 1887.
2) cf. Plehn, Beitrag zur Pathologie in den Tropen. Virch. Arch. Bd. 129. Heft 2.

den Tropengegenden, wie Singapore oder den gebirgigen Theilen Central-Javas zugebracht hatten. Auf meiner Rückreise von Java im April 1892 gelang es mir aus der grossen Zahl nach Hause kehrender javanischer Passagiere einige zur Zulassung der in Frage stehenden Untersuchungen zu gewinnen.

No. 15.

Name	Alter	Jahre in den Tropen	Blutkörper rothe	Blutkörper weisse	Blut-farbstoff
K.	42 J.	13	5 000 000	6 200	100 pCt.
Frau K.	33 „	3	4 420 000	4 700	95 „
J.	44 „	15	5 116 000	5 400	102 „
M.	31 „	8	4 920 000	5 500	103 „
L.	48 „	21	4 980 000	6 100	101 „
Mittel:			4 897 000	5 580	100,2 „

Etwas höhere Werthe erhielt ich bei Untersuchungen, die ich in der trockenen Jahreszeit in Tanga-Ostafrika an verschiedenen mehr oder weniger lange Zeit in den Tropen sich aufhaltenden Europäern anstellte.

No. 16.

Name	Alter	Jahre in den Tropen	Blutkörper rothe	Blutkörper weisse	Blut-farbstoff
P.	33 J.	3	5 046 200	6 800	98 pCt.
A.	28 „	11½	5 162 000	7 100	102 „
L.	31 „	1	4 998 000	5 900	99 „
K.	35 „	5	5 002 000	6 450	100 „
F.	25 „	2	4 950 000	6 100	97 „
B.	24 „	1¼	5 012 000	6 300	101 „
Mittel:			5 018 333	6 441	99,5 „

Das sind wohl etwas geringere Werthe als die in gemässigten Breiten beobachteten, immerhin aber fallen sie durchaus in das Bereich des Physiologischen.

Ebenso wenig wie bezüglich der Zahl der rothen und weissen Blutkörper und ihres Verhältnisses zu einander sowie des Hämoglobingehalts war es mir möglich, irgend welche Beeinträchtigung der Grösse der rothen Blutkörper zu entdecken. Ich bediente mich zum Vergleich einer grossen Zahl von Deckgläschen, welche ich in der Heimath mit frischem Blut völlig gesunder Individuen beschickt, in concentrirter alkoholischer Sublimatlösung fixirt und in Deckglasschachteln mit mir genommen hatte. Diese Präparate wurden unmittelbar vor dem Gebrauch mit einer dünnen wässrigen Eosinlösung gefärbt und getrocknet; alsdann in derselben Weise eine dünne Schicht des zu untersuchenden Blutes darüber geschichtet, in der gleichen concentrirten alkoholischen Sublimatlösung fixirt, getrocknet und abermals, meist mit einer dünnen Hämatoxilinlösung gefärbt. Bei der mikroskopischen Untersuchung unterscheidet man alsdann auf das schärfste das aus dem europäischen Klima stammende Blut durch seine differente Färbung von dem zu untersuchenden und hat einen sehr zuverlässigen Anhalt zur Beurtheilung einer etwaigen Grössendifferenz der Blutkörper. In der That hat sich eine solche bei meinen Untersuchungen niemals mit irgend welcher Sicherheit ergeben, wo es sich um zweifellos gesunde Tropenbewohner handelte. Lag sie vor, so war stets auch die Zahl und der Farbstoffgehalt der Blutkörper alterirt, und es liessen sich in jedem Fall pathologische Verhältnisse, wirklich pathologisch-anämische Zustände feststellen, wie sie z. B. für den überwiegenden Theil der Bewohner Kameruns zutreffen, wo die von mir bei relativ gesunden jungen männlichen Individuen gefundenen Werthe ganz allgemein unter der physiologischen Norm lagen. Bei 24 verschiedenen in diesem Zustand untersuchten Individuen fand ich 4 512 000 rothe Blutkörper und 74 pCt. Hämoglobin im Mittel. Diese Verhältnisse aber bewegen sich nicht mehr im Rahmen des Physiologischen; ich werde sie im Speciellen bei der Behandlung der Anämie als einer tropischen Krankheit in einem späteren Theil meiner Arbeit zu besprechen haben.

Was das physiologische Verhalten in den Tropen anlangt, so stehen Marestangs und meine Untersuchungen in vollem Einklang mit denen holländischer, resp. in Holländisch-Indien thätiger Forscher, denen von van der Scheer[1], Eykmann[2] und Glogner[3]).

van der Scheer beobachtete nach 5—10jährigem Aufenthalt in Holländisch-Indien 5022500 — 5038000 rothe Blutkörper bei 95,9 bis 97 pCt. Hämoglobin im Mittel, Eykmann nach $^1/_4$ — 14jährigem Aufenthalt 5182000—5358000 mit 100 pCt. Hämoglobingehalt, Glogner 5230000, also alle drei noch höhere Werthe, als ich sie bei den von mir untersuchten Personen gefunden hatte. Es dürfte damit die Lehre von einer lediglich durch meteorologische Einflüsse zu Stande kommenden Tropenanämie als widerlegt anzusehen sein. Ich habe nicht einmal unter dem Einfluss der extremen Temperaturgrade der Heiz- und Maschinenräume anämische Zustände entstehen sehen. Die Blässe der Haut bei Heizern wie bei einem grossen Theil von Tropenbewohnern ist nicht auf Blutveränderung zurückzuführen. Die von mir zu wiederholten Malen auf ihre Blutbeschaffenheit untersuchten Maschinisten an Bord der Dampfer „Salatiga" und „Priok" ergaben bezüglich Hämoglobingehalt und Blutkörperzahl durchaus normale Verhältnisse; die Blutkörperzahl schwankte zwischen 4995000 und 5210000, der Blutfarbstoffgehalt

1) van der Scheer, Over tropische Anaemie. Geneesk. Tijdschr. v. Nederl. Indie. 1890.

2) Eykmann, Blutuntersuchungen in den Tropen. Virch. Arch. Bd. 126. 1891.

3) Glogner, Virch. Arch. Bd. 126. 131.

zwischen 98 pCt. und 105 pCt.; die geringen Einzelschwankungen liegen durchaus innerhalb der Grenzen der auch normaler Weise bestehenden individuellen Verschiedenheiten und der Fehlerquellen der in Frage kommenden Beobachtungsmethoden.

Nach dem Angeführten ist die in einer grossen Zahl von Fällen ohne weiteres auffällige Blässe der Europäer in den Tropen im allgemeinen auf andere Ursachen als auf Abweichung des Blutes vom Normalen zurückzuführen, welch' letztere andererseits unzweifelhaft zur Verstärkung der Erscheinung in verschiedenen Fiebergegenden der Tropen ganz wesentlich beiträgt. Es dürften als solche in besonderem Maass die eigenthümlichen Beleuchtungsverhältnisse und die Veränderung der Circulationsverhältnisse in den peripheren Hautgefässen in Betracht zu ziehen sein. Es klingt paradox und ist doch jedem, der aus eigener Erfahrung das Leben in den Tropen kennen gelernt hat, hinlänglich bekannt, dass der in den Tropen lebende Europäer im allgemeinen weniger der directen Einwirkung der Sonne auf seine Haut ausgesetzt ist, als in der Heimath. Er vermeidet mit einer gewissen Aengstlichkeit unbedeckte Hautstellen der Sonne preiszugeben. Dieser Umstand im Verein mit der starken Erweiterung der Hautgefässe, durch welche möglicher Weise eine Pigmentablagerung im Gewebe hintangehalten wird, dürfte in erster Linie für die Blässe der Haut in den Tropen auch bei gesunden Individuen verantwortlich zu machen sein. Es ist eigenthümlich, dass dieselbe eine Erscheinung ist, die in analoger Weise in arktischen Breiten unter dem Einfluss der Polarnacht zu Stande kommt. Wo der gesunde Mensch sich den Strahlen der Tropensonne in vollem Maass aussetzt, da „verbrennt" er, wie ich das schon in einer früheren Arbeit[1] betonte, intensiv. Seeleute, Jäger und Pflanzer, die, wie kein anderer Tropenbewohner dem unmittelbaren Einfluss des tropischen Klimas ausgesetzt sind, zeigen in gesundem Zustand ganz dieselbe Bräunung der unbedeckten Hautstellen, wie in der Heimath. Wo die Einwirkung der Sonne mit einer durch andere pathologische Einflüsse, namentlich Malaria, erzeugten sekundären Anämie zusammentrifft, da entsteht das eigenthümlich gelbliche Kolorit, welches, wieder durchaus verschieden von einer eigentlich ikterischen Färbung, das Aussehen vieler im Freien beschäftigter Europäer in den Tropen charakterisirt.

Nachdem ich meine bezüglich Körpertemperatur, Pulsfrequenz, Blutdruck, Athmungs-, Haut- und Nierenthätigkeit und Blutbeschaffenheit erhaltenen Beobachtungsergebnisse dargethan, bleiben mir in allgemeinerer Weise einige andere physiologische Funktionen des Organismus zu besprechen übrig, die nicht mit den verhältnissmässig einfachen Methoden in exacter Weise auf etwaige qualitative oder quantitative Unterschiede geprüft werden können, wie es bei den vorher behandelten möglich war.

Es gehören dazu in hervorragendem Maass

---

1) Plehn. Beitrag zur Pathologie der Tropen. Virch. Arch. Bd. 129. 1892. Heft 2.

die Funktionen des Verdauungsapparates.

Die alte Anschauung, dass der menschliche Organismus in den Tropen zur Erhaltung seines Stoffwechselgleichgewichts eine geringere Nahrungszufuhr brauche, als in der Heimath, kann im ganzen als verlassen angesehen werden. Die so häufig in den Tropen sich einstellende Appetitlosigkeit auf Grund von Magen- und Darmaffektionen hat zweifellos zum Allgemeinwerden dieser Ansicht ihrer Zeit viel beigetragen. Es handelt sich da eben stets um pathologische Zustände, die ja freilich in den Tropen wesentlich leichter und häufiger zu stande kommen, als im gemässigten Klima. Der gesunde Mensch verbraucht bei entsprechender Arbeitsleistung, wie die einfache Beobachtung an sich selbst und seiner Umgebung lehrt, keineswegs geringere Mengen von Nährstoffen in den Tropen, als in der Heimath. Dementsprechend bleiben auch die täglichen Nahrungsrationen, welche von lang colonisirenden Völkern für ihre europäischen Kolonialsoldaten ausgesetzt werden, nicht hinter denen in der Heimath zurück. So berechnet Eykmann[1]) den kalorimetrischen Werth der in drei verschiedenen indischen Garnisonen für die europäischen Soldaten ausgeworfenen Rationen auf 3300 Calorien im Mittel (136,22 g Eiweiss, 79,0 g Fett, 496,3 g Kohlhydrate). Das sind Werthe, wie sie sehr genau den in Deutschland für den Soldaten im Feld und im Dienst berechneten entsprechen[2]) oder den von Meinert[3]) und Buchholtz[4]) geforderten täglichen Soldatenrationen von 115 g Eiweiss, 50 g Fett, 500 g Kohlhydrate.

Aehnliche Vorurtheile wie bezüglich des Quantums der zur Erhaltung des physiologischen Gleichgewichts einzuführenden Menge von Nährstoffen bestehen vielfach noch hinsichtlich der Qualität derselben. Es ist eine vielfach angenommene, dem einfachsten physiologischen Schema durchaus entsprechende Meinung, dass der Mensch im tropischen Klima im allgemeinen eine fettärmere Nahrung nötig hat, als in nördlicheren Breiten. Schon die augenscheinlichste Praxis widerlegt diese Anschauung. Die Ansicht, dass der Europäer im tropischen Klima gut thut, ein vegetarisches Nahrungsprincip anzunehmen, wobei man zur Begründung noch öfters hört, dass der Eingeborene ein solches einhalte, wird schon durch das Beispiel der ursprünglichen Bewohner dieser Breiten widerlegt. Es ist eine hinlänglich bekannte Thatsache, dass auch der Neger in den Tropen die Fleischnahrung, wenn er nur zu ihr gelangen kann, jeder anderen vorzieht, und die charakteristischen Gerichte derselben an der Westküste, wie der „Palmoilchop", eine aus Maniok, kleingeschnittenen Fischen und, wenn möglich, sonstigem Fleisch mit beträchtlichem

1) Eykmann, Beitrag zur Kenntniss des Stoffwechsels der Tropenbewohner. Virch. Arch. Bd. 131.

2) cf. Studemund, Arch. für die gesammte Physiologie. 48. Bd. S. 586. 1891. 24stündige Versuchsreihe an 37 Rekruten (146 resp. 113 g Eiweiss, 44 resp. 54,3 g Fett, 504 resp. 552 g Kohlehydrate).

3) Meinert, Ernährung des Soldaten im Frieden und im Kriege. Bericht der über die Ernährungsfrage niedergesetzten Specialkommission. München 1880.

4) Buchholtz. Rathgeber für den Menagebetrieb der Truppen. 1882.

Zusatz des Oels der Oelpalme und Pfeffer hergestellte Speise, widerstehen zunächst dem Europäer durch den ausserordentlichen Fettreich-
thum. Es dürfte somit die Ansicht, dass das Nahrungsbedürfniss des
Tropenbewohners wesentliche charakteristische Unterschiede gegenüber
dem des Gewohners gemässigter Breiten zeigt, zunächst als entschieden
irrig anzusehen sein, bis der exakte experimentelle Nachweis dafür erbracht ist. Einstweilen steht derselbe noch völlig aus. In dem Maass,
als die Cultur in colonisirten Tropenländern vorschreitet, nähert sich
die Zusammensetzung der Mahlzeiten den heimathlichen Gewohnheiten,
Abwechslung durch Landesprodukte ist natürlich dabei nicht ausgeschlossen. Im ganzen aber kann man sagen, dass das allgemeine Wohlbefinden und die Euphorie des Verdauungstraktus im speciellen sich in
dem Maasse hebt, als die neugeschaffenen Kostverhältnisse sich den
in der Heimath gewohnten nähern. Die in der englischen Marine
durchgeführte Praxis beruht auf dem Princip, dass im Ruhezustand
im allgemeinen in den Tropen die animalische und Fettkost zu Gunsten
der vegetabilischen etwas reducirt, die Getränkezufuhr vermehrt, die
Alkoholration gestrichen werden soll, dass dagegen beträchtlicheren Anforderungen an körperliche Leistungen im Feldzug oder Manöver nur bei
voller Einhaltung des in den gemässigten Breiten bewilligten Nahrungs-
maasses auch an Fleisch und Fett entsprochen werden kann[1].

Ebensowenig wie die vielfach behauptete Nothwendigkeit einer
nach Quantität und Qualität wesentlich modificirten Ernährungsweise
können die Angaben über beträchtliche Aenderungen der Funktionen
bestimmter der Verdauung dienender Organe als wissenschaftlich begründet angesehen werden. Eine besondere Bedeutung wird in der
Hinsicht vielfach der Leber zugesprochen. Grossentheils gehen die
betreffenden Beobachter von der unbestreitbaren Thatsache aus, dass
Lebererkrankungen in gewissen Theilen der Tropen weit häufiger sind,
als in den gemässigten Breiten. Daraus ist sicher nicht zu folgern,
dass der physiologische Zustand des Organs in den Tropen abweicht
von dem in Europa: es ist das sogar bestimmt zu bezweifeln. Es sind
Einflüsse chemischer und infektiöser Reizmittel, unter ersteren namentlich des Alkohols, die sich unter diesen Umständen geltend machen,
nicht direkte Einflüsse meteorologischer Faktoren. Schon die grosse
Verschiedenheit der geographischen Verbreitung der Hepatitis in den
Tropen ist ein Beweis, dass es sich keineswegs um eine im eigentlichen
Sinn klimatische Krankheit handelt.

Ob eine Atonie der Leber, wie Nielly[2] sie annimmt, als Ursache
der häufig in den Tropen beobachteten Obstipation anzusehen ist, ist
ebenso wenig bewiesen, wie die von der Mehrzahl der anderen Forscher
behauptete lebhaftere Thätigkeit derselben, die sich in Hypercholie äussern
soll. Die letztere Ansicht finden wir schon bei Hasper[3] deutlich aus-

1) Davidsohn, Hygiene and diseases of warm climates. p. 94.
2) Nielly, Elements de la pathologie exotique. Paris 1881.
3) Hasper, Ueber die Natur und die Behandlung der Krankheiten der Tropenländer. Leipzig 1831. 1. Theil. S. 12.

gesprochen. Johnson[1]) construirt ein Parallellaufen der Hautperspiration mit der Gallensekretion, welch beide in den Tropen erhöht seien, als Sympathia cutaneo-hepatica. Seither zieht sich diese Ansicht wie ein rother Faden durch das Glaubensbekenntniss der Tropenpathologen, obwohl inzwischen keinerlei exaktere Beweise für das Vorhandensein einer physiologischen Mehrausscheidung von Galle beigebracht sind als damals. Für die häufige tropische-Obstipation, welche nach meinen Erfahrungen ausschliesslich bei Leuten mit sitzender Lebensweise beobachtet wird, ist die geringere Flüssigkeitszufuhr zum Darm in Folge der starken Wasserabgabe durch die Haut und die Erweiterung der Hautkapillaren in Verbindung mit der mangelhaften Anregung der Darmnerven durch Bewegung Erklärung genug. Von Seiten von Expeditionsmitgliedern wie auch von anderen Berufsangehörigen mit kräftiger Bewegung ist mir kaum je über Ostipation geklagt worden. Auch Navarre[2]), welcher der Funktion der Leber in den Tropen besondere Aufmerksamkeit schenkt, vermag exaktes experimentelles Material zur Lösung der Frage nicht herbeizubringen. Er schliesst auf eine funktionelle Hypercholie aus der „von allen Autoren festgestellten Neigung derselben zur Hyperämie; dem häufigen Wechsel von Durchfällen und Obstipation, den Beschwerden und dem häufigen galligen Erbrechen ohne ersichtliche Ursache, der Häufigkeit von biliöser Intoxikation, Komplikationen aller interkurrenten Affektionen mit Lebererscheinungen, dem leichten Zustandekommen von Hypothermie" alles Erscheinungen, die keineswegs so allgemein in den Tropen sind, an den tropischen Küsten Afrikas z. B. nach meinen Erfahrungen durchaus keine beträchtliche Rolle spielen und meist auf ganz besondere pathologische Zustände zu beziehen sind. Rattray[3]) giebt freilich an, dass der Farbstoffgehalt der Fäces in den Tropen vermehrt sei, diese Angabe bedarf aber einstweilen noch der experimentellen Bestätigung.

Es wären exakte Untersuchungen auf dem Gebiet durchaus erforderlich, um zu irgend welcher Sicherheit bezüglich des physiologischen Verhaltens der Leber im tropischen Klima zu gelangen. In Kamerun, wo Leberleiden überhaupt verhältnissmässig selten zur Beobachtung kamen, habe ich im Allgemeinen charakteristische Beeinflussung des Organs weder durch physikalische Untersuchung noch durch subjektive Klagen noch endlich durch die Obduktion 'festzustellen vermocht und muss demgemäss einstweilen an dem Zustandekommen einer solchen unter dem alleinigen Einfluss des feuchtwarmen Klimas zweifeln. Auch die Angabe Navarre's[4]), dass die Leber bei den Europäern in den Tropen bei der Obduktion fast immer vergrössert und hyperämisch gefunden würde, entspricht nach den von mir gemachten Erfahrungen durchaus nicht allgemein

---

1) J. Johnson, The atmosphere and climate of Great Britain as connected with derangements of the liver. London 1819.

Derselbe, Treatise on derangements of the liver. London 1819.

2) Navarre, Manual d'hygiène coloniale. p. 97.

3) Rattray, De quelques modifications physiologiques importantes etc. Arch. de méd. nav. 1871.

4) Navarre, l. c. p. 105.

den Thatsachen. Cayley[1] behauptet eine vermehrte Thätigkeit der Leber
als Compensationserscheinung für die von ihm angenommene, aber gleichfalls des exakten Nachweises noch entbehrende Verminderung der Lungen-
funktion. Auch die Blutverschlechterung und der massenhafte Zerfall von
Blutkörpern, welche nach seiner Annahme eine Wirkung des heissen Klimas
ist, führe zu regerer Thätigkeit der Leber, in welcher dieselben grossentheils zu Grunde gehen. Auch diese Annahme wird, wie oben gezeigt,
durch das Ergebniss der experimentellen Untersuchung nicht gestützt. So
leugnen auch Layet[2] und Nielly[3] jede Hyperfunktion der Leber
unter dem Einfluss des tropischen Klimas als solches vollkommen und
nach meinen Erfahrungen durchaus mit Recht. Es besteht eben bei der
Leber nur wie auch bei anderen Organen, dem Magen und Darm z. B., ein
besonderer Grad von Widerstandsunfähigkeit, welcher sie bestimmten
Schädlichkeiten, vorzugsweise toxischer und infektiöser Natur, leichter an-
heimfallen lässt als in der gewohnten klimatischen Umgebung.

Es möge mir beim Schluss meiner Betrachtung gestattet sein, ein
viel besprochenes Gebiet wenigstens zu streifen, das der experimentellen
Erforschung schwer zugänglich ist und auf dem wohl auch in späterer
Zeit nur der auf Grund einer Reihe von Beobachtungen gewonnene Eindruck ausschlaggebend für das Urtheil des Einzelnen sein wird, ich meine
den Einfluss des tropischen Klimas auf die geistige Leistungsfähigkeit des Menschen. Wie über die meisten den Einfluss des tropischen
Klimas als solches betreffenden Fragen sind über diese sehr vielfach un-
zutreffende Ansichten verbreitet.

Im Allgemeinen begegnet man häufig der Annahme, dass die geistige
Leistungsfähigkeit nach einiger Zeit des Tropenaufenthaltes nicht unbeträchtlich herabgesetzt sei. Nach meinen mit van der Burg[4] übereinstimmenden Erfahrungen entbehrt diese Ansicht der thatsächlichen Begründung
durchaus. Ich habe im tropischen Klima — und meine diesbezüglichen
Erfahrungen beziehen sich auf die ungünstigsten Theile der tropischen
Küste Afrikas — in verschiedenen Berufszweigen, vor allem im Ver-
waltungs- und Gerichtswesen, vielfach Männer gefunden, die theilweise
nicht allein relativ, sondern absolut mehr geistige Arbeit verrichten
mussten als in der Heimath. Es lag das an der Insalubrität der betreffenden Plätze, welche sehr häufige Vertretungen für erkrankte andere
Beamte und damit wesentliche Erhöhung der an sie gestellten Anforderungen nothwendig machten. Unzweifelhaft ist die heisse Zeit des
Tages und namentlich die Zeit unmittelbar nach dem Mittagsessen, wo
die ohnehin unter dem Einfluss der Ableitung beträchtlicher Blutmengen
nach dem Kapillarsystem der Haut in gewissem Mass bestehende Gehirn-
anämie durch die digestive Füllung der Baucheingeweidegefässe eine
weitere Erhöhung erfährt, durchaus ungeeignet zur Leistung beträchtlicher

1) In Davidson, Hygiene and diseases of the warm climates. p. 613.
2) Layet, Arch. de méd. nav. 1877. 2. semestre. p. 42.
3) Nielly. Elements de pathologie exotique. Paris 1881. p. 462.
4) van der Burg, De geneesheer in Nederlandsch Indië. 1882.

geistiger Arbeit und diese alsdann auch vom hygienischen Standpunkt zu widerrathen. Abend- und Morgenstunden sind aber, eine nur einigermassen geeignete Wohnung vorausgesetzt, zur Verrichtung der gleichen Arbeitsmenge wie in den nördlichen Breiten geeignet und werden auch von den mit Energie begabten europäischen Tropenbewohnern ganz in gleicher Weise dazu ausgenutzt. Es ist dabei natürlich, dass die Gesammtarbeitsleistung wegen der verhältnissmässig häufigen Erkrankungen in einem so ungesunden Land wie Kamerun eine geringere sein wird als im Allgemeinen in gemässigten Breiten.

Es kann nicht geleugnet werden, dass die Energie des Einzelnen unter dem gleichzeitigen Einfluss von Klima und schwächenden Krankheiten eine nicht selten wesentliche Herabsetzung erfährt. Dass bei dem freien Leben in einer verhältnissmässig noch wenig kultivirten Kolonie, wo nicht eigener Thätigkeitsbetrieb, sondern überhaupt nur die hier häufig fehlende Beaufsichtigung zur Arbeit veranlasst, in der That von Vielen, wenn nicht von der Mehrzahl, weniger Arbeit verrichtet wird als unter den geordneten Verhältnissen inmitten des auf geistigem Gebiet in schrofferer Form zum Ausdruck kommenden Kampfs ums Dasein der kultivirten Heimath, besagt natürlich nichts bezüglich der physiologischen Möglichkeit, diese Arbeit zu verrichten. Viele unserer hervorragenden Tropenreisenden, die vielen werthvollen wissenschaftlichen Arbeiten, welche in den Tropen, ich nenne nur englisch und holländisch Indien, ihre Entstehung gefunden haben, sind Beweis genug dafür, dass das heisse Klima an sich kein Hinderniss für geistige Bethätigung und Entwickelung darstellt und es ist ein unzweifelhaft richtiges Urtheil van der Burg's[1]), dass die in Java geborene holländische Jugend, welche in den holländischen Schulen Europas vielfach bezüglich ihrer Intelligenz die europäischen Mitschüler übertrifft und ihre Examina mit Glanz in Europa ablegt, nicht der wissenschaftlichen Ausbildung als solcher wegen nach Europa geschickt zu werden brauchte, sondern vorzugsweise einer gewissen Education de la rue und einer ästhetischen Bildung wegen, die für Kinder im Ausland freilich an der Hand der sie umgebenden Beispiele kaum zu erlangen ist.

Auch die Arbeitszeit in den Tropen bedarf nach meinen vielfältigen Erfahrungen für den Akklimatisirten einer Beschränkung aus physiologischen Gründen nicht. Dass das Schlafbedürfniss, wie vielfach behauptet, physiologischer Weise in den Tropen ein grösseres ist, als in den gemässigten Breiten, habe ich niemals bestätigt gefunden, — vorausgesetzt selbstverständlich, dass der Mensch während der zum Schlafen bestimmten Zeit wirklich schläft. Das ist vielfach unter dem Einfluss der klimatischen Verhältnisse in den Tropen nicht der Fall. Die Besprechung dieser Zustände aber gehört nicht hierher, sie wird Gegenstand eingehender Erörterung bei der Behandlung der tropischen Schlaflosigkeit als einer allgemeinen Neurose sein. Normaler Weise kommt der Europäer in den Tropen wie in der Heimat auch bei kräftiger

---

1) Das Leben in der Tropenzone. speciell im indischen Archipel. Nach Dr. v. d. Burg's De geneesheer in Nederlandsch Indië. 1. Bd. 2. Aufl. Mit Genehmig. des Autors bearb. von Dr. L. Diemer, Stabsarzt in Dresden.

körperlicher Thätigkeit mit 7 Stunden Nachtschlaf und ½—1 Stunde Ruhe nach der Mittagsmahlzeit vollkommen aus.

Ebenso wie der Ansicht, dass die geistige Leistungsfähigkeit in den Tropen eine Herabsetzung erfahre, begegnet man häufig der Anschauung, dass das Moralgefühl unter dem Einfluss des Klimas physiologischer Weise ein laxeres werde und Delikte in den Tropen eine mildere Beurtheilung seitens des Richters verdienten, als unter entsprechenden Verhältnissen in der Heimath begangene. Dass so manche Momente, vor allem wieder die geringere, häufig ganz fehlende Controlle, durch die Art des Lebens draussen herbeigeführt werden, welche geeignet sind, Individuen, welche der Selbstzucht entbehren, zu Thaten, über deren Strafbarkeit sie selbst nicht im Zweifel sein können, zu veranlassen, ist unzweifelhaft. Der Arzt aber wird diesen Erscheinungen gegenüber immer zu betonen haben, dass das Klima an sich auf den gesunden Organismus einen solchen Einfluss niemals hat und dass der nicht geradezu Kranke durchaus in derselben Weise im Sinne des Gerichts als zurechnungsfähig und verantwortlich für seine Handlungen anzusehen ist wie in den gemässigten Breiten.

Ich habe nach dem Vorangegangenen das Ergebniss meiner Untersuchungen über den Einfluss eines veränderten speciell des tropischen Klimas auf die einfachsten physiologischen Funktionen des eingewanderten Europäers in folgende Sätze zusammenzufassen:

1. Die Körpertemperatur unterliegt schon unter dem Einfluss der Jahreszeiten in Europa gewissen, nicht über wenige Zehntel Grad hinausgehenden Schwankungen.

2. Der vorübergehende Aufenthalt in Räumen mit extrem hohen Temperaturen führt auch bei beträchtlicher Lufttrockenheit zu vorübergehender Steigerung der Körpertemperatur um 0,1—0,7° C. in der Ruhe, bei starker Arbeit und namentlich gleichzeitiger Feuchtigkeit der Luft kann die Steigerung bis zu 40° betragen. Bei farbigen beobachtet man im allgemeinen geringere Temperatursteigerungen und geringere individuelle Schwankungen als bei Europäern.

3. Der Uebergang aus der gemässigten in die Tropenzone ist mit einer je nach der Individualität und der jeweiligen Temperaturdifferenz wechselnden Erhöhung der Körpertemperatur verbunden, welche bei schroffem Uebergange aus europäischer Winterkälte in die extreme Temperatur des rothen Meeres bis 1,9° betragen und ganz fortfallen kann, wenn die Ausreise von Europa im Sommer erfolgte und der Eintritt in die Tropen in der kühlen Jahreszeit stattfindet.

4. Bei längerem Tropenaufenthalt tritt als eins der Zeichen erfolgter Akklimatisation ein Ausgleich der Körpertemperatur in der Art ein, dass der in den Tropen lebende Europäer dieselbe Körpertemperatur hat, wie in den gemässigten Breiten. Geringe Schwankungen finden auch in den Tropen unter dem Einfluss des Wechsels der Jahreszeiten statt.

5. Die Wärmeregulirung in den Tropen befindet sich in einem labileren Gleichgewicht als in den gemässigten Breiten. Einnahme der Mahlzeiten, körperliche Anstrengung u. s. w. haben beträchtliche Tem-

peraturerhöhung zur Folge. Die Morgentemperatur ist verhältnissmässig hoch.

6. Die Körpertemperatur der westafrikanischen Neger zeigt keine
charakteristische Abweichung gegenüber der des akklimatisirten Europäers.

6. Die Pulszahl zeigt beim Uebergang in ein heisses Klima eine
nach der Individualität, dem Grad der Luftfeuchtigkeit und der verrichteten Arbeit wechselnde, im Mittel ca. 6 Schläge in den Minute
betragende Vermehrung. Sie zeigt nach einem Aufenthalt von einigen
Monaten in einem tropischen Klima keinen regelmässig bemerkbaren
Unterschied gegenüber der in gemässigten Breiten. Unbedeutende Einflüsse wie körperliche Arbeit und Nahrungszufuhr ziehen in den Tropen
eine beträchtlichere Vermehrung der Pulsfrequenz nach sich als in gemässigten Breiten. Die Pulszahl des Negers zeigt gegenüber der des
akklimatisirten Europäers keinen Unterschied.

8. Der Blutdruck in den peripherischen Arterien ist in einem je nach
der Individualität wechselnden Grade im tropischen Klima herabgesetzt.
Diese Verminderung des Blutdrucks ist nicht nur eine Akklimatisationserscheinung, sondern macht sich auch nach längerem Aufenthalt in den
Tropen noch mit grosser Regelmässigkeit bemerkbar. Die von mir beobachteten Schwankungen betragen 0.6—16,7 mm Hg.

9. Die Respirationsfrequenz ist beim schnellen Uebergang aus dem
nordischen Winter in das tropische Klima etwas vermehrt.

10. Eine deutliche Verschiedenheit der Respirationsfrequenz beim
Europäer in gemässigten Breiten und nach längerem Aufenthalt in den
Tropen existirt unter physiologischen Verhältnissen im Allgemeinen nicht.

11. Die Hautperspiration ist in den Tropen beträchtlich vermehrt.
Die Hauttemperatur entspricht in der trocknen Zeit der für die gemässigten Breiten festgestellten, in der Regenzeit ist sie in Folge mangelnder Abkühlung durch Verdunstung um ca. 1° erhöht.

12. Während sich (im Selbstversuch) die durch den Urin ausgeschiedene
Flüssigkeitsmenge im heimatlichen Winter ziemlich genau mit dem als
solches aufgenommenen Flüssigkeitsquantum deckt, ist dieselbe in den
Tropen wesentlich kleiner, bis zu $\frac{1}{2}$ in der Regenzeit und $\frac{1}{3}$ in der
Trockenzeit herabgesetzt. Dabei ist eine absolute Verminderung des
ausgeschiedenen Urins in Folge von beträchtlicher Mehraufnahme von
Flüssigkeit im Allgemeinen nicht zu konstatiren. Das specifische Ge-
wicht des Urins ist abhängig von der producirten Menge, im Allgemeinen
höher als in der Heimat (1022 resp. 1027 in der Regen- resp.
Trockenzeit in Kamerun). Individuelle Unterschiede sind namentlich auf
Grund der individuell sehr verschiedenen Neigung zur Schweissbildung häufig.

13. Chemische Unterschiede zwischen dem in gemässigten Breiten
und dem in den Tropen producirten Urin haben die bisherigen Untersuchungen nicht mit Sicherheit ergeben.

14. Die Reaktion des Urins auch in den Tropen ist sauer.

15. Ein charakteristischer Unterschied in der Blutzusammensetzung,
der Zahl und Grösse der rothen und weissen Blutkörper ist weder
beim Uebergang aus dem kalten in das heisse Klima, noch bei längerem Verbleib in dem letzteren festzustellen, soweit es sich um gesunde Individuen handelt.

16. Die sogenannte Tropenanämie ist in allen Fällen als eine pathologische Erscheinung aufzufassen. Die Blässe der Hautdecken, welche sich häufig bei gesunden Individuen in den Tropen bemerkbar macht, die sich in geringem Mass der Einwirkung der Sonne aussetzen, ist nicht auf Blutalteration, sondern auf Aenderung der Haut unter dem veränderten Einfluss der Belichtungs- und Circulationsverhältnisse zu beziehen, ähnlich wie bei Polarfahrern und Heizern.

18. Bestimmte Unterschiede des Stoffwechsels, welche in dem physiologischen Einfluss des tropischen Klimas liegen, sind bisher mit zwingender Beweiskraft nicht nachgewiesen worden. Im allgemeinen bedarf der Mensch in den Tropen dieselbe Menge von Nahrungsstoffen wie in gemässigten Breiten, um sich leistungsfähig zu erhalten. Auch bezüglich der Zusammensetzung der Nahrung besteht ein durchgreifender allgemeiner Unterschied nicht. Wesentliche Unterschiede in den physiologischen Funktionen der Digestionsorgane, speciell der Leber, sind zwar vielfach behauptet, bisher aber nicht mit irgend welcher Sicherheit nachgewiesen worden.

18. Alterationen der geistigen oder moralischen Eigenschaften des Menschen unter dem alleinigen Einfluss der klimatischen Verhältnisse sind zu leugnen. Die Häufigkeit ihres Zustandekommens in den Tropen ist auf äussere mit dem Tropenleben vielfach zusammenhängende Einflüsse zu beziehen.

Capitel III.

Die Malaria in Kamerun.

Die Bedeutung der Malaria für die Kamerunküste ist eine derart überwiegende, alle einzelnen übrigen Krankheiten treten ihr gegenüber bei den Europäern wenigstens, so vollkommen zurück, dass ohne sie Kamerun als ein gesundes Land bezeichnet werden könnte. Von 624 Krankheitsfällen bei Europäern, welche ich während 18 Monaten in der Kolonie zu behandeln hatte, betrafen 438, also ca. 70 pCt. Malariaerkrankungen. Von den Todesfällen von Europäern, die nicht durch äussere Gewalt erfolgten, kamen 77 pCt. auf Malaria.

Lokale Verbreitung und meteorologische Einflüsse.

Die verschiedenen Gebiete der Kolonie sind sehr verschieden stark der Malaria ausgesetzt. In dem weitaus grössten Theil derselben, fast dem ganzen Hochland des Innern, spielt die Malaria eine verhältnissmässig unbedeutende Rolle. Sie wird daselbst durch andere Infectionskrankheiten, vor allem Dysenterie und Pocken, vertreten. Yaunde wie Baliburg haben sich so gut wie völlig fieberfrei erwiesen, das schliesst selbstverständlich nicht aus, dass bei im Tiefland erfolgter Infection Fieberrückfälle oben ebenso gut beobachtet werden, wie wochen- und monatelang nach der Ansteckung auf hoher See oder in Deutschland. Der gleichen relativen Fieberfreiheit erfreuen sich die weiter nach Osten und Nordosten gelegenen Theile Hoch-Adamauas nach den Berichten unserer Forschungsreisenden, während die Niederungen am Tschadsee und Benue wieder gefährliche Malariaherde darstellen. Die genannten relativ gesunden und auch nach ihren klimatischen Verhältnissen, soweit wir uns von denselben aus den Berichten mehr oder weniger eilig durchgezogener Reisender ein Bild zu machen vermögen, dem Europäer günstige Lebensbedingungen bietenden Gegenden unserer Kolonie kommen, wenn sie an räumlicher Ausdehnung auch den weitaus grössten Theil derselben ausmachen, praktisch einstweilen aus politischen wie wirthschaftlichen Gründen nicht in Betracht. Dies ist nur mit dem schmalen Küstengebiet der Fall und letzteres bietet in sanitärer Hinsicht ganz wesentlich ungünstigere Verhältnisse bezüglich der Malaria.

Es ist ja seiner früher beschriebenen ganzen physikalischen Beschaffenheit nach so recht der Prototyp eines Malariabodens, wie wir uns einen solchen auch jetzt noch vorzustellen gewohnt sind, wo wir längst wissen, dass die Malaria durchaus nicht an heisse, feuchte, sumpfige Tiefländer gebunden ist.

Völlig verschont ist an der Küste von der Krankheit kein dauernd bewohnbarer Ort, wenn sich auch bezüglich der Gefährlichkeit der einzelnen nicht unbeträchtliche Unterschiede ergeben. Wenig verbreitet ist das Fieber im Kamerungebirge von etwa 500 m Höhe an. Europäer, welche längere Zeit hinter einander auf dem etwas über 600 m hohen Hügel von Bonjongo oder in dem über 900 m hohen Buea zubrachten, hatten unvergleichlich viel weniger vom Fieber zu leiden als unten im Tiefland, und es kann, da es sich ausschliesslich um Leute handelte, welche bevor sie sich dorthin begaben, bereits mit Malaria inficirt waren, noch nicht einmal als absolut sicher angesehen werden, dass Malariainfectionen oben vorkommen.

Auch an der Küste sind die verschiedenen Plätze je nach ihrer Lage verschieden durch die Krankheit gefährdet. Im Tiefland gilt als verhältnissmässig gesund der schmale sandige, dem directen Einfluss der Seebrise ausgesetzte Landstreifen, welcher sich unmittelbar am Meeresgestade hinzieht, namentlich wo mangrovebestandene Flussmündungen fern liegen. Je reiner und ausgedehnter der Sandgrund und je schneller ansteigend die Uferböschung dahinter, um so günstiger ist erfahrungsgemäss die Lage des Küstenplatzes; Malimba und Gross-Batanga mögen als Beispiele dafür dienen. Am ungünstigsten sind die Flussufer namentlich an ihrem Unterlauf, wo zu den erheblichen, einige Meter betragenden Niveaudifferenzen der Jahreszeiten die täglichen durch den Wechsel von Ebbe und Fluth verursachten Wasserstandsschwankungen hinzukommen. Diese Schwankungen mit der zeitweisen Trockenlegung ausgedehnter, an verschiedenen Stellen einige hundert Meter breiter Uferflächen zählen, bei flacher Auflagerung über undurchlässigem Laterit rasch antrocknenden Schlammes sind gefährlichere Brutstätten des Fiebergifts als die weit ausgedehnten kreekdurchzogenen Mangrovewildnisse, welche in bisher noch nicht genauer bestimmter Form und Ausdehnung die Mündung einzelner grosser Flüsse direct umgeben und in denen es auch bei niedrigem Wasserstand wegen ihrer minimalen Höhendifferenz gegenüber dem Meeresspiegel und der den Untergrund bildenden wasserdurchzogenen tiefen Schlammschicht zu einer wirklichen Austrocknung des Bodens überhaupt nicht kommt. So erfreut sich die mitten im Flussgewirr des Rio del Rey auf einer flachen kaum aus dem Wasser hervorragenden Insel gelegene schwedische Faktorei, auf deren schlammigen Grund erst durch Aufhäufen von Faschinen und einer Aufschüttung von Schlammboden ein eine Anzahl von Quadratmetern messender Baugrund geschaffen werden musste, verhältnissmässig günstiger Gesundheitsverhältnisse, während auf Stunden in der Umgebung ein Verkehr nur im Canoe möglich ist und der Mensch auch bei niedrigem Wasser nirgends an Land Fuss fassen kann, ohne im Schlamm bis an den Leib zu versinken.

Die einige Meilen landeinwärts und höher gelegene Zollstation Ndobe, für welche die oben skizzirten Verhältnisse in exquisiter Weise zutreffen, ist eins der schlimmst verrufenen Fiebernester.

Aehnliche Verhältnisse wie für die schwedische Rio del Reyfaktorei liegen aus anderen Gründen für die am Westabhang des Kamerungebirges angelegten einstweilen freilich noch spärlichen Plantagen und Ansiedelungen vor. Hier sind es vor allem die in dem klimatologischen Theil erwähnten kolossalen Regenmassen, welche während der ersten Monate exakter Untersuchungen das vierfache der in Kamerun selbst beobachteten Niederschläge ergaben, die ein Austrocknen des Bodens überhaupt nicht zu Stande kommen lassen. Auch hier herrschen im Ganzen bezüglich der Malaria günstige sanitäre Verhältnisse.

Besonders verrufen sind die an solchen Flussläufen gelegenen Niederlassungen, welche den Längengraden mehr oder weniger genau parallel laufen, wie Mungo, Abo, Dibombe, Lokundje und andere. Diese, meist eng eingeschnittenen, von ziemlich hohen Ufern überragten Flussläufe sind ihrer Richtung halber der See- wie der Landbrise so gut wie unzugänglich, über ihnen sammeln sich demgemäss morgens die Nebel an, welche an den freier gelegenen Flussläufen leicht durch die Brise zerstreut werden. Bei völlig mangelndem Luftzug wird die Kleidung des sie durchfahrenden in kürzester Zeit mit Feuchtigkeit durchtränkt, eine Ausdunstung ist in der feuchten Luft schwierig und in kurzem befällt den Organismus das Gefühl hochgradigen Unbehagens. Einzelne dieser Stationen, so Mundame am Mungo, geniessen aus den bezeichneten Gründen als Fiebernester einen besonders ungünstigen Ruf, während schon in geringer Erhebung über dem Niveau des Flusses, in ca. 150 m absoluter Höhe und der Brise frei zugänglich, die Missionsstation Mangamba am Abo unvergleichlich gesundere Verhältnisse bietet als die direkt am Fluss gelegenen Plätze.

Wo die Niederlassung überhaupt nicht auf dem Lande gewählt ist, sondern, wie das früher die Regel war, ein zur Wohnung umgebautes Schiff als „Hulk" auf dem Fluss verankert liegt und nur ein mässiger Verkehr mit dem Lande unterhalten wird, ist die Gefahr der Fiebererkrankung eingeschränkt aber durchaus nicht beseitigt. Zeigt doch die Erfahrung, dass kaum eine Reise eines der Hamburger oder Liverpooler Dampfer an diesem Theil der Küste ohne Fiebererkrankung verläuft, obwohl von der Schiffsmannschaft der Handelsmarine wenigstens nur ein verschwindend kleiner Theil überhaupt Zeit und Erlaubniss zum Betreten des Landes hat; und es handelt sich keineswegs allein um leichte Erkrankungen. Die von der Kaiserlichen Marine gesammelten Erfahrungen bestätigen dies. Fiebererkrankungen an Bord der in Kamerun stationirten Kriegsschiffe sind trotz der erdenklichsten Vorsichtsmassregeln sehr häufig und befallen, selbst mit tödtlichem Ausgang, nicht selten Officiere und Mannschaften, auch solche welche das Land nicht betreten hatten. Zeitweise, wie in der Zeit meiner Anwesenheit in Kamerun, war der unter den Marinemannschaften hervorgerufene Verlust sogar ein verhältnissmässig recht beträchtlicher.

Bezüglich der Jahreszeit, in welcher die meisten Fiebererkrankungen vorkommen, weichen die an verschiedenen Plätzen der Tropen gesammelten Erfahrungen noch sehr von einander ab und nur ein für die wenigsten bereits durchgeführtes genaues Specialstudium der in Betracht kommenden klimatischen, wie überhaupt physikalischen Verhältnisse jeder einzelnen Gegend wird im Stande sein, die Ursache davon aufzuklären. Während nach Schellong[1] für Neu-Guinea und nach Martin[2] für Delhi auf Sumatra die geringste Erkrankungsziffer mit der Höhe der Regenzeit zusammenfällt, kommen in Kamerun die relativ wenigsten und namentlich die wenigsten schweren Fiebererkrankungen auf die Höhe der kurzdauernden Trockenzeit und die ersten Monate der Uebergangszeit, um von da an stetig zu steigen und während der auf die Höhe der Regenzeit folgenden auch noch sehr regenreichen Monate September und October ihre höchste Höhe zu erreichen. Es bestätigte sich in Kamerun die an anderen Plätzen

Fig. 10.

Beziehungen zwischen Regenmenge und Malariamorbidität in Kamerun.

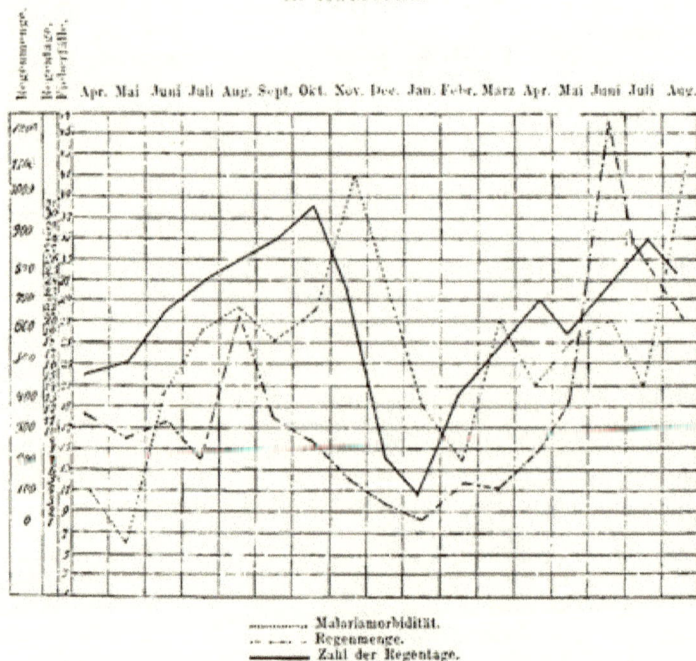

.... Malariamorbidität.
.—.—. Regenmenge.
———— Zahl der Regentage.

1) Schellong, Deutsche med. Wochenschr. 1889. No. 36.

2) Martin, Aerztliche Erfahrungen über die Malaria der Tropenländer. Jul. Springer. 1889.

der Erde beobachtete Erscheinung, dass die Curve der Fiebermorbilität derjenigen der gefallenen Regenmenge ungefähr entspricht, in dem Sinne, dass die höchsten Erhebungen der ersteren denen der zweiten in Abständen von ca. einem Monat nachfolgten. Die vorstehende Curve, welche die Vertheilung der unter Europäern während meines Aufenthalts in Kamerun beobachteten Malariafieber illustrirt, ist geeignet das zu beweisen.

Die grösste Zahl von Todesfällen am Fieber fällt in Kamerun auf den Juli, die Höhe der Regenzeit. Die mehrfach geäusserte Ansicht, dass feuchte Jahre das Zustandekommen besonders schwerer Endemien begünstigen, während trockene gesunder seien, hat sich in Kamerun bisher nicht deutlich erweisen lassen. Besonders verhängnissvoll pflegen starke Platzregen zu sein, auf welche einige Tage hellen trockenen Wetters folgen; dieselben sind regelmässig von mehrfachen Fiebererkrankungen begleitet. Ein Zusammenhang der übrigen in klimatischer Hinsicht in Betracht kommenden meteorologischen Faktoren mit der Malariamorbilität lässt sich für Kamerun nicht mit irgend welcher Sicherheit nachweisen. Ebensowenig beruht die vielfach geäusserte Ansicht von der Gefährlichkeit gewisser Tagesstunden auf allgemein gültiger Erfahrung. Im allgemeinen werden die frühen Morgen- und die späten Abendstunden als besonders für die Infection disponirend angesehen. Für eine Anzahl von Plätzen, wo bei stagnirender feuchter Luft und durch kleine körperliche Bestandtheile stark veranreinigter Atmosphäre eine beträchtliche Abkühlung Morgens und Abends Nebelbildung mit ihrer ungünstigen Einwirkung auf die Hautathmung und Wärmeregulirung erzeugt, ist der Aufenthalt zu den bezeichneten Stunden gewiss als gesundheitsschädlich an sich und damit indirekt disponirend zum Ausbruch der latenten Infektion zu bezeichnen. Im allgemeinen sind Nebel ausser am Gebirge und in den nordsüdlich gerichteten Flussläufen an der Küste eine sehr seltene Erscheinung, die erfrischende Luft abends, nachts und am frühen Morgen entschädigt für die unerträglichen Stunden während des Hochstandes der Sonne und ermöglicht eine wirklich intensive körperliche und geistige Arbeit, die während desselben nicht vorgenommen werden konnte. Dass eine Infektion zu dieser Zeit leichter zu Stande kommt als tagüber, ist bis jetzt durchaus unbewiesen und mit Recht zu bezweifeln.

Rassendisposition.

Seit lange ist es bekannt, dass die verschiedenen Rassen eine verschieden grosse Widerstandsfähigkeit gegen die Malaria haben.

Wir wissen, dass keineswegs allein die Europäer der Malarianoxe unterworfen sind. Die Bewohner Neu-Guineas, Madagaskars, die Hindus und Sepoys im indischen Heere leiden auch in ihrer Heimath schwer an Malaria, die nicht selten unter perniciösen Formen bei ihnen auftritt. Die von den Franzosen nach dem Senegal als Soldaten exportirten Cabylen hatten eine ausserordentlich hohe Malariamortalität; die als Arbeiter nach verschiedenen Gegenden der Tropen, so nach dem Congostaat und Fernando Poo gebrachten Chinesen erlagen dem Fieber in wenigen Jahren. Sie rechtfertigten den ihnen keineswegs mit allgemeiner Berechtigung anhaftenden Ruf als Kosmopoliten in physiologischem und pathologischem Sinne durchaus nicht, ebenso wenig wie in Ostafrika.

Für die der Malaria ausgesetzte Kamerunküste kommen ausser den Europäern nur verschiedene Negerstämme in Betracht. Ueber das Verhalten der Negerrasse der Malaria gegenüber ist eine Klärung der Ansichten noch nicht eingetreten. Noch Schellong[1] glaubt, gestützt auf die Autorität Boudin's[2] und Corre's[3], den Negern eine fast vollkommene Immunität gegen Malaria ebenso wie gegen Gelbfieber zusprechen zu sollen. Geltung hat dies Gesetz nur in gewissem Grade für die Bantustämme, welche seit längerer Zeit an ihren Wohnsitzen festhalten; sie erlischt auch für diese, sobald ihre Angehörigen in eine klimatisch anders, wenn selbst keineswegs ungünstiger geartete Umgebung versetzt werden. Der Sudanneger ist schon in seiner eigenen Heimath dem Fieber stark ausgesetzt[4] und erkrankt, wenn er, wie das vielfach geschieht, als Soldat nach anderen Theilen des Continents gebracht wird, noch leichter.

Die in Kamerun angesessenen Küstenstämme, die Dualla, Bassa, Bakoko, Batangaleute und andere erkranken in ihrer Heimath sehr selten am Fieber und fast stets nur an einmaligen, wenige Stunden andauernden Paroxysmen, wegen deren sie sich äusserst selten an den Europäer um Chinin wenden, das die importirten farbigen Arbeiter wohl zu schätzen wissen und häufig verlangen. Der am Fieber erkrankte Dualla legt sich in Decken gewickelt möglichst dicht an das Feuer in seiner Hütte, lässt sich von seinem Medicinmann eine aus den Blättern des Ejege-Strauches bereitete, bitter schmeckende, in vielfachen Versuchen von mir völlig indifferent wirkend befundene Medicin einflössen und verlässt noch an demselben oder am folgenden Tage geheilt sein Krankenlager. Ortsveränderungen heben diese relative Immunität auf, wenigstens zeitweise. Drei Duallas, welche um die Zeit meiner Anwesenheit in Kamerun herum von einem mehrjährigen Aufenthalt in Europa zurückkehrten, erkrankten sehr bald nach ihrem Wiedereintreffen in Kamerun, wo sie es anfangs sehr heiss zu finden behaupteten, an schweren remittirenden Fiebern, die sie erst nach Verlauf einiger Tage verliessen.

Bei allen das Küstentiefland bewohnenden Bantustämmen, welche sich in der bezeichneten Hinsicht durchaus wie die Duallas verhalten, kann es sich kaum um etwas anderes als eine weitgehende Unempfänglichkeit gegen die Krankheit handeln, während das zweifelhaft ist bei den das Gebirge von seinem Fuss bis ca. 1000 m Höhe bewohnenden Bakwiris, Bakundus und Bombokos. Diese, wenigstens die in den höheren Theilen des Gebirges ansässigen, sind, so lange sie ihre Wohnsitze da-

---

1) Schellong. Akklimatisation und Tropenhygiene. S. 332.

2) Boudin, Recherches sur l'acclimatement des races humaines sur divers points du globe. Ann. d'hygiène. Paris 1860, 2. Sér. Bd. 310 - 341.

3) Corre, De l'acclimatement de la race noire africaine. Revue d'anthropologie, 1882.

4) Im Sudan liegt zur Sonnenzeit 1/4 der Bewohner am Fieber darnieder. (Rubner, Handbuch der Hygiene.)

selbst nicht verlassen, so gut wie völlig verschont von der Malaria, sie
scheuen sich, jedenfalls auf Grund ungünstiger Erfahrungen, die sie gemacht, nach der nahen Küste herunterzukommen, und manche sterben
oben, ohne die Küste besucht zu haben, da sie unten Erkrankung fürchten.
In der That sind unter ihnen Fiebererkrankungen, seit sie sich in
grösserer Zahl nach Viktoria als Plantagenarbeiter verdingen, nicht selten.
Dasselbe gilt für die Bevölkerung der Yaundestation; erst neuerdings
entschliessen sie sich, als Träger nach der Küste zu kommen und erkranken alsdann nicht selten am Fieber.

Wesentlich ungünstiger sind dem Fieber gegenüber die von anderen
Theilen der Westküste her, als Soldaten, Bootsleute, Träger, Plantagenarbeiter u. s. w. angeworbenen Kru-, Vey-, Sierra-Leone- und Dahome-
neger daran, die sich in ihrer Heimath kaum weniger günstiger Morbilitätsverhältnisse bezüglich des Fiebers erfreuen als die ansässigen Bantustämme der Kamerunküste an dieser; vor allem aber die für die da-
malige Polizeitruppe 1893 angeworbenen Sudanesen. Unter ihnen betrug
die Morbilität an Malaria fast zu jeder Zeit 12—13 pCt. der Gesammt-
stärke, häufig waren hartnäckige remittirende Formen und Komplikationen von Seiten der Athmungsorgane, heftige Bronchitiden und nicht
selten auch Pneumonien. Immerhin ist es charakteristisch, dass die
schwerste Fieberform in Kamerun, das Schwarzwasserfieber, das übrigens
an anderer Stelle auch vereinzelt bei Negern beobachtet ist Wicke,
Fisch, Bérenger-Ferraud, Schellong, A. Plehn, unter 276 von
mir bei Negern beobachteten Fieberfällen niemals vorkam; ebensowenig
habe ich unter den erwähnten 276 Fieberfällen bei Negern einen Todesfall gehabt.

Beim Europäer kommen Stammesunterschiede, wie sie von beträchtlicher Bedeutung bei der Negerrasse sind, hinsichtlich der Malariamorbilität anscheinend in wesentlich geringerem Maasse in Betracht.

Für exakte statistische Erhebungen ist das vorliegende Material nicht
umfangreich genug, namentlich mangelt es in der Kamerunkolonie selbst
an dem erforderlichen Vergleichsmaterial südeuropäischer Stammesange-
höriger; immerhin spricht einerseits die grosse Widerstandsfähigkeit, welche
in der Kolonie vielfach die ziemlich reichlich in derselben vertretenen
Schweden, Engländer und Norddeutschen den schädlichen Einflüssen des
Klimas entgegensetzen, andererseits die grosse Mortalität, welche unter
gleichen oder entsprechenden hygienischen Verhältnissen die flachen Küsten
des gegenüberliegenden Fernando Poo und Sao Thomé mit ihrer überwiegend spanischen bezüglich portugiesischen Bewohnerschaft aufweisen,
nicht gerade sehr entschieden für die Richtigkeit der vielfach, wenn nicht
allgemein angenommenen kolonisations-physiologischen Ueberlegenheit der
südeuropäischen über die nordeuropäischen Stämme.

Individuelle Disposition.

Die individuelle Disposition für die Krankheit ist eine verschiedene,
ohne dass es im allgemeinen möglich wäre, in irgend welchen besonderen
konstitutionellen Verhältnissen einen auch nur einigermaassen zuverlässigen Anhalt für die voraussichtliche Widerstandsfähigkeit des Einzelnen

zu finden. Schnelles schweres Erkranken unmittelbar nach dem Eintreffen gestattet keineswegs im Allgemeinen dem Einzelnen eine ungünstige Prognose für die Zukunft zu stellen, nicht selten bleiben gerade solche Leute nachher lange Zeit von Recidiven verschont. Ebenso wenig berechtigt ist die vielfach bei solchen hervortretende Zuversicht, welche längere Zeit seit ihrem Eintreffen in der Kolonie kein Fieber gehabt haben. Dieselbe äussert sich alsdann ziemlich regelmässig in einer gewissen renommistischen Stimmung sobald die Rede auf das Fieber kommt und schlägt nur allzuhäufig bei einem dann doch eintretenden, nicht selten nach langer Gesundheit ganz besonders schweren Anfall in recht kläglicher Weise in das Gegentheil um. Denn wirklich verschont von der Malaria bleibt, möge er Maassregeln anwenden welche er wolle, bei länger dauerndem Aufenthalt in der Kolonie und Beschäftigung an Land kaum unter Hunderten einmal Einer. Ich selbst habe nur einen Herrn gekannt, der während eines mehr als 18 monatlichen Aufenthalts in Kamerun vom Fieber völlig frei geblieben ist. Auch er war nicht immun, sondern erkrankte später nach seiner Versetzung an die deutsch-ostafrikanische Küste einige Male an keineswegs leichten Anfällen.

Eine gewisse lokale Akklimatisation ist unzweifelhaft von Bedeutung, in ähnlicher Weise, wie das nach dem vorher gesagten für die Neger gilt, die sich verschieden in ihrer Heimath und ausserhalb derselben verhalten. Es ist für den im Kamerungebiet, wie in anderen Fiebergegenden Reisenden auffällig, wie häufig er in den einzelnen Niederlassungen hört, hier sei es verhältnissmässig ganz gesund, aber eine oder einige Tagereisen, ja vielleicht nur wenige Stunden von hier sei ein gefährlicher Malariaherd, wo der Berichterstatter kaum je hinkomme, ohne sich ein Fieber zu holen. Man ist alsdann erstaunt, an dem bezeichneten Ort nachträglich etwa das Gleiche von dem erstbesuchten zu hören. Unzweifelhaft ist vielfach der Zufall von ausschlaggebendem Werth auf den Ausfall dieses Urtheils, sicher aber nicht immer. Es scheint sich da in der That um eine Art von lokaler Akklimatisation zu handeln. Jeder Ortswechsel bedeutet für den Gesunden in einer Malariagegend ein Risiko der Fiebererkrankung und ruhiges Verhalten an demselben Ort giebt unzweifelhaft einen gewissen Schutz.

Besonders gross wird die Gefahr, wenn die Ortsveränderung zugleich einen beträchtlichen Klimawechsel bedeutet. Die schwedischen Sammler und Pflanzer Knudson und Velden waren während ihres vieljährigen Aufenthalts in der Kolonie niemals so viel krank, wie zu der Zeit, als sie im Gebirge in Mapanja in ca. 800 m Höhe ihr Domicil aufgeschlagen hatten und von da aus häufig mehrmals wöchentlich Wanderungen nach der Küste antraten. Selten kommt eine Expedition aus dem wesentlich andere klimatische Verhältnisse bietenden Innern an die Küste, ohne mehr oder weniger zahlreiche und schwere Erkrankungsfälle an Fieber unter ihren Theilnehmern.

In demselben Sinne wirken klimatische Veränderungen, auch wenn sie in unzweifelhaft günstigem Sinne stattfinden. Es ist eine an der Westküste allgemein bekannte Thatsache, dass Leute, welche sich an der Fieberküste wohl befunden haben, in kurzem erkranken, wenn sie, sei es Zwecks vorübergehender Reisen oder zum dauernden Fortgang sich auf See begeben, ebenso kommt es nicht selten zu einem fast epidemieartigen Ausbruch unter der Bemannung von Schiffen, welche lange Zeit in einem Fieber-Hafen der Westküste stationirt waren, nachdem sie denselben verlassen und sich auf See begeben hatten, und einzelne alte Afrikaner leiden in dem ihnen lange entwöhnten europäischen Klima nach ihrer Rückreise schwerer am Fieber als in ihrer gewohnten Umgebung. Es ist gewiss mehr als ein blosser Zufall, dass gerade um die Zeit meiner Anwesenheit in Kamerun vier alte seit Jahrzehnten in der Kolonie als Vertreter deutscher und englischer Firmen ansässige Kapitäne, welche dieselbe in relativ guter Gesundheit verliessen, um nach Europa zurückzukehren, unmittelbar resp. sehr kurze Zeit nach ihrer Ankunft daselbst starben. Dies schlechte Ertragen des heimathlichen Klimas nach langem Tropenaufenthalt seitens älterer Leute ist eine Erfahrung, auf die bereits van der Burg[1], für Indien hinweist. Doch auch beim Verbleib an der Küste ist die durch den Decennien langen Aufenthalt an derselben gewonnene Sicherheit für diese alten Afrikaner nur eine sehr relative. Der eine der alten Kapitäne erwarb noch nach mehr als 20jährigem Aufenthalt an der Küste und langem völligem Wohlbefinden ein schweres Schwarzwasserfieber.

Namentlich unter Laien sehr weit verbreitet ist die Ansicht, dass gewisse Hautkrankheiten für die Dauer ihres Bestehens einen Schutz gegen Fieber gewähren. Auf dieser Ansicht beruht die nicht selten von dieser Seite angewendete prophylaktische Erzeugung von Moxen sowie die künstliche Konservirung kleiner Geschwüre und offner Wunden, sowie gewisser Hautleiden, vor allem des als „rother Hund" in allen feuchtwarmen Tropengegenden bekannten Lichen tropicus und der tropischen, auf Infection mit Staphylococcus pyogenes aureus beruhenden Furunkulose. Die übrigens auch in Indien nach van der Burg verbreitete Ansicht tritt Einem seitens erfahrener, ruhiger und gut beobachtender Leute vielfach mit einer solchen Bestimmtheit entgegen, dass sie kaum völlig von der Hand zu weisen sein dürfte, wenn man sie auch an der Hand einer grösseren Erfahrung als nichts weniger wie allgemein zutreffend finden wird.

Im allgemeinen kann der nicht gerade in der relativ gesunden kurzen Trockenzeit nach Kamerun versetzte Europäer, welcher nicht sogleich eine Bureauthätigkeit findet, welche ihn dem direkten Einfluss des Klimas in gewissem Grade entrückt, darauf rechnen, innerhalb der ersten 4 Wochen seines Aufenthalts daselbst sein erstes, meist leichtes und bei rationeller Behandlung nach 1 oder 2 Anfällen vorübergehendes Fieber durchzumachen, also unmittelbar nach Ablauf der Inkubationszeit oder nur wenige Tage später. Eine systematische Chininprophylaxe vermag den Ausbruch dieser Primärerkrankungen unzweifelhaft etwas hinauszuschieben. Meist verläuft dies erste Fieber wie gesagt leicht, doch ist dies nicht immer der Fall, hartnäckige Erkrankungen mit remittirendem Fiebercharakter kommen auch bei diesen Primärerkrankungen vor. Solch ein erstes Fieber hatte bei einem solchen herausgeschickten Unteroffizier einen

---

1) van der Burg, De genesheer in Nederlandsch Indie. I. Bd. II. Aufl.

derartig schweren Verlauf, dass ich den Kranken demselben Dampfer, welcher ihn herausgebracht, bei dessen nach 4 Wochen auf der Rückreise vom Congo erfolgenden Wiedereintreffen in Kamerun, zur Heimbeförderung mitgeben musste; ein für den Congostaat engagirter junger Arzt starb 6 Tage nach seinem Eintreffen in Banana an der Congomündung an Malaria.

Wenn die körperliche Konstitution eine Voraussage auf das zu erwartende Verhalten des Einzelnen dem Fieber gegenüber nicht zulässt, so ist das in sehr wesentlich höherem Maass bei Berücksichtigung seiner Lebensweise und Beschäftigung der Fall.

Es ist ja eine allgemein bestätigte Erfahrung in Malarialändern und auch die Morbilitäts- und Mortalitätsstatistik von Kamerun zeigt, dass, während die Bureaubeamten, namentlich die auf der verhältnissmässig hoch und gesund gelegenen Jossplatte stationirten Beamten, sowie die unter ähnlichen Verhältnissen ihre Thätigkeit ausübenden Lehrer verhältnissmässig wenig vom Fieber befallen werden, sich Plantagenbauer, Gärtner und Hafenarbeiter ganz besonders exponirt erweisen. Namentlich die beiden letzten Klassen von Berufsangehörigen haben bisher nur in ganz vereinzelten Fällen eine mehr als einige Monate betragende Arbeitszeit in der Kolonie ohne schwere Schädigung ihrer Gesundheit ertragen.

Zwischen beiden Berufsklassen stehen Missionare und Faktoristen. Bei ihnen ist in erster Linie die Lage der Wohnungen ausschlaggebend auf die Zahl und Schwere der Erkrankungen. In der That sind einzelne Häuser im Kamerungebiet Allen als selten malariafreie Infectionsherde bekannt.

Von vorübergehenden, die körperliche Disposition erheblich steigernden Einflüssen sind Erkältungen, starke Anstrengungen und nicht zuletzt gemüthliche Erregungen von Bedeutung. Es ist in der That auffällig, wie häufig dem Arzt vom Kranken geklagt wird, dass ein besonderer Aerger, eine Aufregung oder eine sonstige Gemüthsbewegung im Geschäft direkt von einem Fieberanfall gefolgt sei, und ebenso sind Fieberfälle im unmittelbaren Anschluss an gefährliche Situationen auf Expeditionen keine besondere Seltenheit.

Meist dürfte der Zusammenhang der sein, dass bei inficirten Personen durch ein bestimmtes Nocens die bis dahin fehlende Disposition der Körpersäfte plötzlich hergestellt wird, in andern Fällen mag man auch berechtigt sein, die starke gemüthliche Erregung bereits als Erscheinung des herannahenden Fiebers anzusehen.

Frauen erkranken im Allgemeinen seltener als Männer; das liegt sehr viel mehr an weniger häufiger Gelegenheit zur Infektion in Folge anderer Lebensweise als an geringerer Disposition. Erkrankungen auch von Frauen an den schwersten Fieberformen und Todesfälle am Fieber sind genugsam in Kamerun beobachtet worden. Besondere Gefahren liegen für die Frau im Puerperium. Von den vier Entbindungen, welche während meines Aufenthalts in Kamerun bei Europäerinnen zur Beobachtung kamen, verlief keine ohne sich anschliessende Malaria, in dem einen Fall handelte es sich um ein intra partum auftretendes schweres Schwarzwasserfieber. Es wurde ein reifes aber todtes Kind geboren.

Die Mutter genas. Verwechslungen mit specifischen Puerperal-Erkrankungen sind in diesen Fällen häufig nur auf Grund der ätiologischen Blutuntersuchung auszuschliessen. Intrauterine Malariaübertragung, an deren Vorkommen gewiss nicht gezweifelt werden kann, habe ich selbst nie zu beobachten Gelegenheit gehabt. In einem Fall, wo bei der Mutter heftige Intermittensanfälle während der Gravidität vorkamen, wurde ein völlig gesundes Kind geboren, dessen Milz keine Spur einer Vergrösserung zeigte.

Allgemeine Erfahrungen über das Verhalten von europäischen Kindern in Kamerun fehlen. Die wenigen, welche ich selbst dort zu beobachten Gelegenheit hatte, befanden sich sämmtlich im Säuglingsalter. Sie lebten in verhältnissmässig günstigen Lebensbedingungen und gediehen gut. Der Ernährungszustand war ein befriedigender, die sehr ausgesprochene Blässe der Hautdecken rührte, wie mehrfach angestellte Blutuntersuchungen ergaben, nicht von Verarmung des Bluts an Blutkörpern oder Blutfarbstoff, sondern von dem im Interesse der Gesundheit strengstens durchgeführten Meiden des Einflusses direkter Besonnung her. Fieber waren bei den Kindern nicht ganz selten, in einem Fall trat eine Tertiana bei dem 3 Wochen alten Säugling zu derselben Zeit auf, zu welcher seine Mutter an derselben Fieberform erkrankt war. Im Blut der Mutter wie des Kindes fanden sich dieselben grossen pigmenthaltigen Amöben. Sie verschwanden nach 3 Anfällen bei dem Kind spontan, bei der Mutter nach Anwendung von Chinin.

Allgemein bestätigt sich die Erfahrung, dass mehrfach überstandene Fieberanfälle eine Disposition für weitere Erkrankungen setzen. Zweifelhaft ist es jedoch, ob diese Disposition eine specifische ist: jede Schwächung des Organismus durch jede denselben treffende Noxe bedeutet eben eine Dispositionsbereitung für das Malariavirus: es giebt wenige den Körper schwächende Einflüsse, welche nicht Malariaerkrankung zur Folge haben. So habe ich in Kamerun kaum einen an Gelenkrheumatismus, Ischias, schwerer Enteritis Erkrankten gesehen, bei dem sich nicht ein Malariafieber über kurz oder lang zu seinem Primärleiden hinzugesellt hätte. Es wird sich kaum in Abrede stellen lassen, dass auf diese Weise durch Kombination zweier Krankheiten häufig die als besondere Formen der Malaria bezeichneten Krankheitsbilder zu Stande kommen.

Die Lebensweise im Allgemeinen hat nur insofern einen Einfluss auf die Morbilität, als sie durch schwächende Einflüsse den ganzen Körper widerstandsunfähig zu machen geeignet ist. Jedes Excediren ist natürlich vom Uebel. Doch glaubt derjenige mit Unrecht sich sicher zu stellen, der die Lebensweise der Eingeborenen nach Möglichkeit nachahmt. Dass der Alkohol, wie Müller das annimmt, direkt eine Art Schutz gegen die Malaria darstellt, ist sicher nicht richtig: akuter Alkoholismus rächt sich in den Tropen durch viel langwierigere und schmerzlichere Folgeerscheinungen als im gemässigten Klima, und sehr häufig ist ein Fieberanfall die unmittelbare Folge. Mässiger Genuss von Bier und Wein hat noch Niemandem ein Fieber eingetragen. Ebensowenig aber gewährt die völlige Abstinenz von alkoholischen Getränken, welche wir in einzelnen Fällen bei Mitgliedern religiöser Gemeinschaften, aber auch bei weltlichen Theoretikern, durchgeführt finden, irgend einen zweifellosen Schutz gegen die Erkrankung.

Klinik der Kamerunmalaria.

Die bezüglich der Inkubationsdauer der Malaria gesammelten praktischen Erfahrungen decken sich sehr genau mit den bei künstlichen Infektionen beobachteten Resultaten. Es können als solche 10 Tage im Mittel bei nicht unbeträchtlichen individuellen Schwankungen angesehen werden. Maillot[1] nimmt 10—12 Tage Inkubationsdauer bei natürlicher Infektion an. Sorel beobachtete 7—9 Tage in Algier. Nach einer grösseren Reihe Beobachtungen an Bord der die afrikanische Küste anlaufenden deutschen Dampfer — allein auf Schiffen lässt sich die Zeit der stattgehabten natürlichen Infektion mit Sicherheit oder doch grosser Wahrscheinlichkeit ermitteln — ergiebt sich für diese eine mittlere Inkubationszeit der Krankheit von 12—14 Tagen, übereinstimmend mit den Erfahrungen, die ich früher an der Küste von Java sammeln konnte. Die kürzeste Inkubationszeit bei einem früher nicht inficirten Individuum, welches sich die Infektion in Lagos zugezogen, vorher mit Sicherheit nicht an Land gekommen war, betrug 10 Tage. Die bezüglich Fiebererkrankungen günstige Trockenzeit schien sich gegenüber der Regenzeit und der gefährlichen zweiten Uebergangsperiode durch besonders lange Inkubationsdauer auszuzeichnen. Andrerseits scheint mit der Länge des Aufenthalts in einer Malariagegend die Inkubationsdauer abzunehmen; die individuellen Schwankungen sind freilich alsdann sehr beträchtlich. Erkrankungen nach 5, ja selbst 2 Tagen konnten an Bord von Kriegsschiffen, die längere Zeit bereits im Kamerunfluss gelegen, unmittelbar nach Expeditionen an Land festgestellt werden; absolut beweisend sind diese Zahlen ja nicht, da in diesen Fällen eine früher bereits stattgehabte Infektion nicht ausgeschlossen werden kann. In der Regel erfolgte auch unter diesen Umständen die überwiegende Zahl der Erkrankungen etwa am 12. Tage[2].

Im Gegensatz zu so manchem Beobachter in andern Fiebergegenden habe ich in Kamerun die Malaria selten ohne alle Prodromalerscheinungen ausbrechen sehen, wenn auch Fälle eines ganz plötzlichen Ausbruchs aus völliger Gesundheit heraus unzweifelhaft vorkommen. In der Regel merkt der Befallene einige Tage oder wenigstens einige Stunden vor dem Einsetzen des Anfalls, dass etwas mit ihm nicht richtig ist, wenn er sich einigermaassen selbst zu beobachten gelernt hat. Es treten allgemeine Missstimmung ohne äussere Veranlassung, Gefühl des Unbehagens und der Abgeschlagenheit, Appetitlosigkeit, vorübergehendes leichtes Ziehen im Rücken und in den Beinen, Kriebelgefühl in Fingern und Zehen als Vorboten nicht selten auf. Bei einem von mir behandelten alten englischen Kapitän kündigten die bevorstehenden Anfälle sich regelmässig

---

1) Maillot. Traité des fièvres. pag. 283.
2) Cf. Statistischer Bericht über die Kaiserl. Marine 1883/85 p. 30. 1885/87 p. 37. 1887/89 p. 38. 1889/91 p. 46. 1891/93 p. 46.

einige Stunden vorher durch das Einsetzen unerträglicher Kopfschmerzen an, bei mir selbst eine Zeit lang durch das Auftreten heftiger, namentlich nächtlicher Schmerzen in subkutanen Infiltrationen, welche durch Chininjektionen vor Monaten entstanden waren. Sehr häufig beobachtet man, dass diese Prodromalerscheinungen sich bei demselben Individuum mit einer gewissen Regelmässigkeit stets in derselben Weise wiederholen und alsdann mit grosser Sicherheit den herannahenden Anfall ankündigen. Während der Anfälle selbst zeigen gerade diese Erscheinungen dann meist beträchtliche Exacerbationen und bilden die lästigsten subjektiven Beschwerden des Kranken. Unzweifelhaft sind sie in einer Reihe von Fällen selbst bereits Zeichen der schon bestehenden Krankheit und in der That lehrt die alsdann vorgenommene, im Hospital regelmässig durchgeführte Temperaturmessung, dass die Körperwärme zur Zeit des Auftretens der bezeichneten Symptome eine, wenn auch geringe, so doch deutlich wahrnehmbare Erhebung bis 38° und selbst mehr zeigt, auch wenn bis zum Ausbruch des eigentlichen Anfalls noch Stunden und Tage vergehen. Andrerseits brauchen diese Prodrome sich subjektiv nicht oder kaum bemerkbar zu machen, sondern verrathen sich dem Arzt, der mit der Behandlung von Malariakranken reichliche Erfahrungen zu machen Gelegenheit hatte, allein durch Veränderung des Carakters der Temperaturkurve. Gelegenheit diese Beobachtung zu machen bietet sich ebenfalls kaum ausserhalb eines Hospitals, in welchem unterschiedslos jeder Kranke oder Reconvalescent regelmässigen mehrmaligen Temperaturbestimmungen täglich unterworfen wird. Hier aber beobachtet man häufig, dass die bis dahin fast regelmässig zwischen 36 und 37°, verlaufende Curve zeitweise einen steileren Verlauf mit Erhebungen auf 37,8 oder selbst 38° zeigt. Dieselben werden häufig übersehen oder auf andere gleichzeitig bestehende kleine Beschwerden bezogen, bis ihre wahre Bedeutung durch einen sich anschliessenden Malariaanfall klar wird, wenn die Blutuntersuchung nicht auch in diesen Fällen schon vorher Sicherheit schaffte.

Nicht ganz selten bleibt es bei diesen „kleinen" Fiebern, deren Charakteristisches vor allem in dem Missverhältniss zwischen den vielfach quälenden subjektiven Erscheinungen zu dem objektiven Befund besteht, welch' letzterer ausser der eben erwähnten noch keineswegs konstanten geringen Temperaturerhebung sehr häufig auf den positiven Ausfall der mikroskopischen Blutuntersuchung beschränkt bleibt. In vielen Fällen liegt die Ursache des Ausbleibens weiterer und schwererer Erscheinungen in der Anwendung des Chinins, doch muss es als ebenso unzweifelhaft angesehen werden, dass auch wo dies nicht angewendet wurde, völlige Heilung eintreten kann, und in Kamerun giebt es oder gab es meiner Zeit eine nicht ganz kleine Zahl von Leuten, welche auf die Anwendung von Chinin, „das sie nicht vertragen konnten" völlig verzichteten, ihre Fieber rein symptomatisch behandelten und dementsprechend ein gutes Beobachtungsmaterial für die Beurtheilung des Verlaufs der nicht durch ein specifisches Mittel beeinflussten Malaria darstellten; ebenso wie jene Kranken, welche zur Feststellung der Heilwirkung bestimmter von den Eingebornen als heilkräftig empfohlener Pflanzen, mit Mitteln behandelt wurden, die sich bei der Fortsetzung der Versuche als durchaus ohne Einfluss auf den Verlauf der Krankheit erwiesen.

In klinischer Hinsicht unterscheidet die einfache unkomplicirte Malaria sich in Kamerun im allgemeinen nicht wesentlich von der an anderen Orten, wo Intermittens beobachtet wird. Deren Verlauf ist so hinlänglich bekannt, dass ich mich in der Hinsicht kurz fassen kann und nur auf einige unterscheidende Erscheinungen näher einzugehen brauche.

Es ist eine bekannte Thatsache, dass in den gefährlichsten Fiebergegenden die Intervalle, in welchen die einzelnen Paroxysmen einander folgen, näher zusammentreten. Fieber von regelmässigem Charakter und mehrtägigen Apyrexien, wie sie Golgi in einer sehr interessanten kleinen Abhandlung beschreibt und wie sie Fisch noch neuerdings in Beziehung zu dem berüchtigten Schwarzwasserfieber bringt, habe ich persönlich klinisch nicht zu beobachten Gelegenheit gehabt. Doch entsinne ich mich eines Falles, wo der Kranke mit Bestimmtheit angab, dass er während der letzten 3 Wochen an den gleichnamigen Wochentagen am Fieber erkrankt sei. Ebenso bestimmt wurde mir in andern Fällen versichert, dass die Anfälle sich regelmässig alle 14 Tage, alle 16—17 Tage, in einem weiteren Fall, dass sie sich alle 4 Wochen wiederholten. Bezweifelt kann das Vorkommen von Fiebern mit diesem Charakter nicht werden, am wenigsten in einer Gegend, wo fast nur schwere und komplicirte Malariaformen überhaupt in Hospitalbehandlung und damit zu genauer klinischer Beobachtung gelangen und nebenbei reichlicher Chiningebrauch den typischen Charakter der Krankheit meist nach kurzem Bestehen beeinflusst. Jedenfalls gehören diese Fälle zu den seltensten Ausnahmen.

Von 113 Fiebercurven von malariakranken Europäern aus der Zeit meiner ärztlichen Thätigkeit am Kameruner Hospital zeigt keine quartanen Typus. 8 tertianen[1], 29 quotidianen mit regelmässigen Intermissionen. In 76 Fällen ist der Fiebertypus ein unregelmässig intermittirender. Den noch vielfach streng auseinander gehaltenen Formen der subintrans, duplicata, der regelmässigen post- oder anteponens hätte ich kaum eins der von mir beobachteten Kamerunfieber zwanglos anreihen können. Eigentliche Continuae, bei welchen die Temperatur für länger als 2 mal 24 Stunden nicht oder nur für kürzeste Zeit unter 39° geht, liessen meiner Zeit fast in allen Fällen auf besondere Complicationen schliessen. Am häufigsten waren sie bei Farbigen, wo sich die Malaria mit Pneumonie kombinirte. Der regelmässige Fiebertypus herrscht vor bei Neuankömmlingen und in besonders günstigen hygienischen Verhältnissen befindlichen, z. B. an Bord stationirten Leuten. Mit der Dauer des Aufenthalts in der Kolonie, der Zahl der überstandenen Anfälle und der Menge des eingeführten Chinins nimmt die Regelmässigkeit der Anfälle ab. Man beobachtet dann wieder nicht selten, dass sich der regelmässige Fiebertypus mit ausgesprochenen Intermissionen von zeitlich gleicher

---

[1] An der Goldküste beobachtete Fisch den tertianen Fiebercharakter in der Mehrzahl der Fälle. R. Fisch, Tropische Krankheiten. p. 40. Basel 1891.

Dauer an Bord bei Kranken wiederherstellt, welche am Lande seit langem nur noch an unregelmässigen Fiebern gelitten hatten.

Keineswegs ganz selten sind einmalige Paroxysmen, auf welche bereits Schellong[1] nach seinen in Neu-Guinea gemachten Erfahrungen hinweist. Es ist bereits erwähnt, dass grade diese Fieberform es ist, an der die in hohem Grad gegen die Krankheit unempfindlichen Duallas am häufigsten zu erkranken pflegen. Aber auch bei Europäern wird sie beobachtet und zwar auch in solchen Fällen, in welchen auf jede Darreichung von Chinin verzichtet wurde. Diese einmaligen Anfälle haben insofern etwas charakteristisches, als sie besonders häufig der direkten Einwirkung einer bestimmten Noxe so unmittelbar folgen, dass von einer Inkubationszeit kaum gesprochen werden kann, endlich dadurch, dass wenigstens in sämmtlichen von mir mikroskopisch untersuchten Fällen der Blutbefund ein durchaus negativer war. Besonders häufig beobachtet man diese einmaligen Anfälle beim oder unmittelbar nach dem Passiren stagnirender Kranks bei sinkendem Wasser und intensivem Sonnenschein, wenn sich als Produkte rapider Zersetzung in reicher Menge widerlich riechende Gase der Athmungsluft beimischen. Es entwickelt sich dann nicht selten in kürzester Zeit das Gefühl höchsten Unbehagens und Uebelbefindens, dem meist Frostgefühl und ein ausgesprochener Fieberparoxysmus nachfolgt. Die Krankheitserscheinungen erinnern durchaus an die vielfach beobachteten namentlich von Laure, Bonnaud, Marston und Lajarte beschriebenen Fälle, wo bei langem Verschluss der unteren Schiffsräume sich pestilenzialisch riechende Gase in denselben entwickelten, nach deren Einathmung die mit Oeffnung und Reinigung betrauten Personen erkrankten. Aehnliche Fälle sind, wie mir von namhaften Anatomen versichert wird, in schlecht ventilirten Anatomieräumen keineswegs selten. Dass es sich in diesen Fällen nicht um Infektionen, sondern um primäre Intoxikationen handelt, ist zum mindesten wahrscheinlich und der regelmässig negative Befund der mikroskopischen Untersuchung dürfte das ebenso wie der Mangel einer Inkubationszeit auch für die vorhin erwähnten Paroxysmen wahrscheinlich machen. Häufig schliessen sich übrigens auch an diese primären unmittelbar unter oder nach dem Einfluss der primären Noxe auftretenden Anfälle weitere durch klinischen Verlauf und mikroskopischen Befund unzweifelhaft auf die specifische Infektionskrankheit zu beziehende Anfälle an, wie mit so grosser Regelmässigkeit auch an andre auf den Körper einwirkende Schädlichkeiten; das ist aber durchaus nicht immer der Fall.

Auch die auf Grund des mikroskopischen Befundes unzweifelhaft als Folge stattgehabter Infektion aufzufassenden Anfälle zeigen vielfach nicht in dem gleichen Grade wie in der Heimath die Neigung, viele Male hintereinander sich zu wiederholen. Der in dieser Hinsicht bestehende Unterschied lässt sich natürlich nur bei den durch Chinin unbeeinflussten Malariafiebern feststellen. Die von mir im Moabiter Krankenhaus seinerzeit beobachteten Malariafälle, an welchen ich im Jahre 1889 das Studium der Krankheit begann, zeigten, sich selbst zur Beobachtung des Verlaufs überlassen, fast ausnahmslos eine sehr geringe

1) Schellong, Die Malariakrankheiten. 1890. Springer.

Neigung zur Spontanheilung, bei den meisten wiederholten die Anfälle sich 5—8 Mal, d. h. so lange, bis im Interesse des Kranken mit der Darreichung des Chinins nicht mehr gezögert werden durfte. Nur 3 von den 18 Fällen, die ich damals zu beobachten Gelegenheit hatte, heilten nach wenigen Anfällen spontan. In den Tropen ist bei den unabsehbaren Folgen, welche das Versäumen rechtzeitigen Eingreifens auf den Verlauf der Krankheit und damit für den Patienten haben kann, das absichtliche Unterlassen einer als zweckmässig bekannten Behandlungsweise auch zu wissenschaftlichen Zwecken nicht verantwortlich. Doch bietet sich in Kamerun häufig genug von selbst die Gelegenheit, Malariafälle, die nach ganz kurzer Dauer nach ein oder zwei Anfällen spontan heilen, zu beobachten und zwar bei Leuten, bei welchen aus rein theoretischen Gründen Abneigung gegen die Anwendung von Chinin besteht, von welchem sie vielfache ungünstige Einwirkung auf den Körper glauben herleiten zu müssen, dann bei solchen, bei welchen sich in der That nach langem und reichlichem Gebrauch des Mittels eine derartige Idiosynkrasie gegen dasselbe ausgebildet hat, dass sie auf seine Anwendung während der Dauer der Krankheit vollkommen verzichten und sich in rein symptomatischer Weise mit Schwitzbädern, heissen Getränken, kalten Abreibungen u. s. w. behandeln. Keineswegs selten bleibt es bei denselben bei dem ersten Anfall, häufiger freilich stellt sich alsdann noch am folgenden oder auch am dritten Tage ein zweiter schwächerer ein, dann aber fühlt der Befallene sich wieder bis auf eine leichte nachbleibende Schwäche vollkommen wohl, und es vergehen mindestens einige Wochen, bis sich eine neue Erkrankung bei ihm zeigt. Häufig ist dieser Verlauf namentlich bei Negern und es wäre in der That bei der Neigung vieler Negerstämme, wie fast aller Sudannneger zu Fiebererkrankungen und der unter ihnen herrschenden Unkenntniss des Chinins, das körperliche Gedeihen derselben kaum zu erklären, falls in der That in jedem Fall von Malariaerkrankung das Mittel zur Heilung so unerlässlich wäre, wie es von europäischen Aerzten vielfach angesehen wird. Es geht in der Hinsicht mit der Malaria wie mit der Syphilis. Wäre zu deren Heilung das Quecksilber unerlässlich, so wäre ein sehr grosser Theil wenigstens der ostafrikanischen Negerstämme, denen seine Anwendung gänzlich unbekannt ist, längst ausgestorben oder doch völlig degenerirt.

In jedem Fall macht der auch von der leichten Form der westafrikanischen Malaria Befallene während des Anfalls durchaus den Eindruck eines Schwerkranken. Die äussere Besichtigung ergiebt selten irgend welche charakteristischen Erscheinungen. Hautausschläge, eine bei uns namentlich als Herpes labialis so regelmässig beobachtete Erscheinung, habe ich unter den Hunderten von beobachteten Fällen nur ein einziges Mal gesehen. In Ostafrika sind sie wesentlich häufiger. Ein leichter Icterus ist auch bei den nicht mit Hämoglobinurie komplicirten Fällen schwererer Erkrankung nicht ganz selten.

Unter den subjektiven Erscheinungen beherrschen Kopfschmerzen und die abnormen Temperatursensationen, namentlich aber die zweifellos auf centraler Basis zu Stande kommenden gastrischen Beschwerden das Krankheitsbild. Das mit heftigen Magenschmerzen oder doch dem Gefühl unsäglicher Uebelkeit verbundene Erbrechen bildet fast stets eine der Hauptqualen des Kranken. Nicht selten liegt derselbe während des ganzen Anfalls würgend und schliesslich nur noch gallige Massen von sich gebend da, und erst die meist mit dem Schweissausbruch eintretende Krise bringt auch in der Hinsicht Erleichterung. Ziehende Schmerzen im Rücken und in den Beinen leiten häufig schon vor dem Ausbruch des eigentlichen Paroxysmus die Krankheitserscheinungen ein, eine weitere, mehrfach von mir beobachtete Erscheinung sind eigenthümliche kriechende Sensationen in Fingern und Zehen. Sehr regelmässig prävaliren bei demselben Individuum stets dieselben subjektiven lokalen Beschwerden bei jedem sich wiederholenden Fieber. Ihre Intensität steht dabei sehr häufig durchaus nicht im richtigem Verhältniss zur Schwere der objektiv durch Temperaturbeobachtung, Pulsstärke, Dauer und Höhe des Fiebers nachweisbaren Erscheinungen, so entsinne ich mich namentlich zweier Europäer, bei welchen die Krankheit mehrmals unter den schwersten Erscheinungen des Tetanus mit Steifheit im Rücken und klonischen Zuckungen der Extremitäten begann. Die Blutuntersuchung sicherte die Diagnose. Die Erscheinungen hielten während der nur wenige Stunden betragenden Dauer des Anfalls mit allmählich sich vermindernder Intensität an, um mit dem Absinken der Temperatur völlig zu verschwinden. In beiden Fällen erfolgte auf Chinin prompte und vollständige Heilung.

Wie in der Heimath verläuft der einzelne Fieberanfall fast stets mit plötzlichem und schnellem Ansteigen der Temperatur. Häufig hat dieselbe bereits nach einer halben Stunde die Höhe von 40° und mehr erreicht. In einem Theil, etwa der Hälfte der Fälle, leitet ein ausgesprochenes Kältegefühl den Anfall ein, das sich nicht selten bis zum ausgeprägten Schüttelfrost steigert. Bei den übrigen Fällen setzt die Krankheit gleich mit intensiver Wärmeempfindung ein. Auch wo Frostgefühl vorhanden, deckt sich die Zeit von dessen Eintritt durchaus nicht immer genau mit dem objektiv nachweisbaren Temperaturanstieg. Ich habe einige Fälle gesehen, wo ausgeprägter Schüttelfrost eine Viertelstunde und länger bestand, bevor das Thermometer zu steigen begann; in anderen Fällen traten auf der Höhe des Anfalls und bei hochfebriler Körpertemperatur Schüttelfröste auf, die sich in kurzen Zwischenräumen wiederholten. Es folgt aus diesen Beobachtungen, dass der Schüttelfrost nicht etwa durch plötzliche Abkühlung der peripheren Gefühlsnerven in Folge von Gefässkontraktion zu Stande kommt, wogegen schon das später zu besprechende Verhalten der Hauttemperatur im Fieber spricht, sondern durch andre Momente, wahrscheinlich durch Beeinflussung des Centralnervensystems, wie wir das etwa beim Urethralfrost annehmen müssen. Dabei ist nicht zu leugnen, dass die Temperatur der Umgebung eine wesentliche Rolle spielt. Bei mir selbst verliefen ein paar leichte Fieber, welche ich in Kamerun durchzumachen hatte, ohne jedes initiale Kältegefühl. Die Krankheit begann sofort mit lebhaftem Hitzegefühl, aus dem sie unmittelbar in das Schweissstadium überging. Die Fieber, welche mich nach meiner Rückkehr von Kamerun während des sehr kalten Winters 94/95 in Deutschland befielen, zeigten in der Hinsicht einen durchaus anderen Charakter, insofern sie sämmtlich mit einem intensiven Frostgefühl begannen und aus diesem, ohne dass ein eigentliches Hitzestadium gefolgt wäre, direkt in das Schweissstadium übergingen, das stets nur von kurzer Dauer war. Auch in den Tropen ist es bekannt, dass die wie so häufig im direkten Anschluss an eine Erkältung, ein kaltes Bad, eine Regendouche auftretenden Fieber regelmässig mit kräftigem, subjektivem Kältegefühl beginnen. — Die Dauer des Froststadiums ist ein wechselndes, selten währt es länger als 20 bis 30 Minuten, in ganz seltenen Fällen kann es sich über 1—2 Stunden ausdehnen. Wo es vorhanden ist, nähert sich meist schon in ihm die Temperatur dem höchsten überhaupt erreichten Grad. Auf dieser Höhe bleibt sie alsdann mit geringen selten über 1½° betragenden Schwankungen meist 1—2 Stunden, um darauf, und zwar fast stets wesentlich allmählicher als der Anstieg erfolgte, wieder abzufallen. Die Entfieberung ist in den typischen leichten Fällen fast stets nach 5—8 Stunden eine vollkommne, doch werden auch bei diesen und bei Fehlen jeder Complikation Pyrexien von 10—15 Stunden Dauer öfter beobachtet.

Das Hitzestadium ist in den typischen Fällen von Kamerun-Malaria meist von kurzer Dauer, selten 1—2 Stunden überschreitend. Im Beginn desselben erreicht die Temperatur meist mit 40—41° ihr Maximum. Die Haut fühlt sich trocken und brennend heiss an und auch hinsichtlich der Schwere der subjektiven Erscheinungen ist der Höhepunkt der Krankheit erreicht. Der Ausbruch des Schweisses, der im Gesicht zu beginnen pflegt, ist in den meisten Fällen das Zeichen der Wendung zum Besseren. Häufig bleibt noch während der ersten Zeit seines Auftretens die Temperatur auf der gleichen oder annähernd der gleichen Höhe, die subjektiven Erscheinungen indess pflegen sehr schnell nachzulassen, namentlich das subjektive Gefühl intensiver Hitze — wahrscheinlich in Folge der Abkühlung der Hautnerven durch die Wasserverdunstung an der Körperoberfläche. Die lebhafte Schweissproduktion pflegt noch nach der völligen Entfieberung eine zeitlang anzudauern. Bei den schweren atypisch verlaufenden Fiebern, namentlich wo durch lange Dauer derselben eine Schwächung des Organismus bereits eingetreten ist, sind die Schweissausbrüche durchaus nicht immer die Anzeichen bevorstehender Besserung. Es kommt wahrscheinlich in jedem Fall von Fieber auf die energische Reizung der gefässkontrahirenden Nerven, welche das Froststadium charakterisirt, zu einer Lähmung oder doch Erschlaffung derselben. Bei den leichten, kurz dauernden Erkrankungen fällt die Zeit des Eintritts dieser Erschlaffung, nachdem das Stadium der vasomotorischen Reizung je nach der Stärke des primären Reizes mehr oder weniger lange Zeit gedauert, mit der Entfieberung ungefähr zusammen, bei protrahirtem Verlauf kann es zu Schweissproduktion in Folge des Versagens der Gefässnerven auf der Höhe des Anfalls kommen und sich nicht Entfieberung, sondern in Folge weiteren Einwirkens des infektiösen Agens ein weiterer Schüttelfrost ohne bemerkbare Beeinflussung der Temperatur unmittelbar an den Schweissausbruch anschliessen, oder auch unter allmählichem Trockenwerden der Haut die gesunkene Temperatur wieder ansteigen, so dass sich ein in klinischer Hinsicht dem der septischen Erkrankungen entsprechender Fieberverlauf entwickelt. Im allgemeinen ist die Entfieberung entsprechend dem alsdann regel-

mässig auftretenden Verschwinden sämmtlicher subjektiver Erscheinungen
eine vollkommene und zunächst wenigstens dauernde. Häufig sind während der Apyrexien subnormale Temperaturen von 36° und weniger in
der Achselhöhle.

Die Kurve der Hauttemperatur, welche wie bei den physiologischen
Untersuchungen nach der im II. Kapitel beschriebenen Senator'schen
Methode am Oberarm bestimmt wurde, folgt im allgemeinen recht genau
der Kurve der Körpertemperatur. Sie ist bereits im Froststadium beträchtlich erhöht. Bei 18 Messungen während ausgesprochensten Schüttelfrostes ergab sich bei 39,5° Körpertemperatur eine Hauttemperatur von
37,1° im Mittel, dieselbe lag also 1,8° über dem für die Norm in
den Tropen festgestellten Werth von 35,3°. Ihr Maximum erreicht die
Hauttemperatur im Stadium der trocknen Hitze mit 37,6—37,7° als
Mittelwerth aus 25 in diesem Stadium gemachten Messungen bei einer
mittleren Körpertemperatur von 40,0°. Schon im Beginn des Schweissstadiums macht sich in den meisten Fällen ein deutliches Sinken der
Hauttemperatur bemerkbar, nur selten geht demselben noch eine ganz
kurz dauernde Steigerung voran. Die Ursache des Sinkens ist mit
Wahrscheinlichkeit in der lebhaften Flüssigkeitsverdunstung an der
Körperoberfläche zu suchen. Nach dem Grade derselben sind die während dieses Stadiums beobachteten Werthe ziemlich wechselnd, im Mittel
betrug sie bei 15 Messungen 36,8 gegen 38,8° Körpertemperatur. Das
Sinken der Hauttemperatur hält auch nach der Entfieberung über den
Abschluss des Schweissstadiums hinaus an. Ich beobachtete einige
Male Temperaturen von 33,5, ja von 32,3 und 32,2°. Die Perspiratio
insensibilis wirkt hier offenbar noch wesentlich energischer als die Wärmeentziehung, welche die umgebende Luft in der Schweissschicht bewirkt,
die das Thermometer umgiebt.

Auch bei einfachen Intermittenten zeigt die Herzthätigkeit ziemlich
beträchtliche Abweichungen von ihrem normalen Verhalten. Im allgemeinen läuft, wie bei den meisten fieberhaften Infektionskrankheiten, die
Pulszahl mit der Höhe der Fiebertemperatur ziemlich genau parallel. Eine
Steigerung der Pulsfrequenz macht sich mit der Dauer der fieberhaften
Erkrankung bemerkbar. Eine Pulsfrequenz von 120 ist die Regel während des Anfalls, auch bei einfachen Fiebern werden Erhebungen auf
130 und 140 keineswegs nur als Ausnahmen beobachtet. Während der
Intermissionen sinkt auch die Pulsfrequenz häufig unter die Norm auf
55 und 50.

Von wesentlich grösserer, prognostischer Bedeutung als die Pulsfrequenz ist die Qualität des Pulses, vor allem die Pulsstärke. Ihre
Bestimmung habe ich in den meisten Fällen unter Anwendung der im
Kapitel II. angegebenen Cautelen mit dem v. Basch'schen Sphygmomanometer vorgenommen. Von Einfluss ist zunächst der Kräfte- und
Gesundheitszustand, in dem der Kranke sich befand, als er von der
Krankheit befallen wurde. Bei Neuerkrankungen ist der Puls meist voll
und gespannt, nicht selten dikrot im Frost- und im Beginn des Hitzestadiums, er wird gegen Ende des Hitzestadiums weicher und zeigt
während des Schwitzens auffallend hohe Elevationen bei grosser Weichheit. Sehr stark alterirt ist der Puls namentlich bei geschwächten In-

dividuen bereits nach kurzem Bestehen der Krankheit. Bei diesen wird er, wenn nicht energisch mit excitirenden Mitteln vorgegangen wird, bereits nach kurzer Zeit klein, unregelmässig und zeitweise aussetzend.

Die physikalische Untersuchung der inneren Organe ergiebt in den einfachen Fällen selten deutliche, mit Sicherheit auf die Krankheit zu beziehende Erscheinungen.

Die Herztöne sind rein und scharf accentuirt, auf die Bedeutung, welche dem Auftreten von Geräuschen an den Herzostien im Verlauf der Krankheit zukommt, wird bei specieller Besprechung der hämoglobinurischen Form der Malaria die Rede sein. Ziemlich häufig auch bei Europäern sind bronchitische Erscheinungen über den Lungen; bei den Eingebornen bilden dieselben mit grosser Regelmässigkeit einen Haupttheil der Klagen. Es ist kaum zu bezweifeln, dass diese Erscheinung durch die Blutanhäufung in den Lungen in Folge der Kontraktion der peripherischen Gefässe zu Stande kommt. Sie äussert sich objektiv in trocknem Rasseln, Giemen, Schnurren und Knacken namentlich in den hinteren unteren Lungenpartien, bald ganz vereinzelt, bald bis zu den ausgesprochenen Erscheinungen diffuser Bronchitis.

Bei der Untersuchung der Abdominalorgane interessirt vor allem das Verhalten der Milz. Mehr oder weniger beträchtliche Milzvergrösserung ist eine so regelmässige, fast ausnahmslose Erscheinung bei der europäischen Intermittens, sie erreicht namentlich in südeuropäischen Malariagegenden so bedeutende Grade, und die durch sie hervorgerufenen subjektiven Erscheinungen treten derart in den Vordergrund, dass man sich auch in ärztlichen Kreisen in der Heimath daran gewöhnt hat, in diesen Erscheinungen ein wesentliches, ja unerlässliches diagnostisches Moment auch bei der tropischen Malaria zu sehen.

Bei Ausübung der ärztlichen Thätigkeit in den Tropen selbst lernt man mit der Zeit die Bedeutung der Milzerscheinungen bei der Malaria auf das ihnen hier in der That zukommende Maass zurückführen. Spontan wird über Schmerzen in der Milz sehr selten geklagt, nur bei forcirter Inspiration oder bei energischer Palpation der Milzgegend macht sich eine geringe Empfindlichkeit etwa in der Hälfte der Fälle bemerkbar[1]. Ziemlich regelmässig findet man bei der Palpation, die man nach Niemeyer[2] am zweckmässigsten in rechter halber Seitenlage des Patienten beide Hände auf den Thorax auflegend vornimmt, so dass die palpirenden Fingerspitzen dem freien medianen Milzrand zugekehrt sind, die Milz unter dem Rippenrand zwischen achter und elfter Rippe als mässig harten Tumor eben fühlbar. Vergrösserungen der Milz bis zur Mammillarlinie sind schon wesentlich seltener, sie bilden sich wie die eben fühlbaren Tumoren mit dem Absinken des Fiebers im Allgemeinen mit grosser Schnelligkeit und Vollständigkeit zurück: es handelt sich eben ausschliesslich um eine akute Hyperämie, wie sie unter dem Einfluss

---

1) Ueber das häufige Fehlen von Milztumoren bei der Kamerunmalaria cf. auch Sanitätsbericht über die Kaiserl. Marine 1883/85 p. 41. 1885/87 p. 38. 1887/89 p. 38. 1889/91. 1891/93. p. 47.

2) Niemeyer, Specielle Pathologie und Therapie. S. 732.

des Fiebers auch in andern innern Organen zu Stande kommt, in der Milz aber wegen der durch ihre histologische Struktur bedingten grösseren Ausdehnungsfähigkeit zu stärkeren Erscheinungen führt. Sie ist in der überwiegenden Mehrzahl der Fälle nicht grösser als in den von mir in Deutschland beobachteten Fällen von Abdominaltyphus, häufig wesentlich kleiner. Ein weiteres Herabrücken des Tumors in die Bauchhöhle, wie man es nach einigen Intermittensanfällen schon in Deutschland, häufig aber in den Fiebergegenden, Russlands, Ungarns und Italiens beobachtet, habe ich in Kamerun nur ganz vereinzelt gesehen; unvergleichlich viel öfter in Ostafrika. Das Zurückbleiben deutlich palpabler Milztumoren, welche auch subjective Erscheinungen machen, gehört selbst bei Leuten, welche in Kamerun viel am Fieber gelitten, nach meinen Erfahrungen zu den Ausnahmen. Es mag das seinen Grund grossentheils darin haben, dass ein eigentliches chronisches Malariasiechthum in Kamerun selten angetroffen wird, weil einmal nur kräftige Leute im widerstandsfähigsten Alter sich den Schädlichkeiten des dortigen Klimas aussetzen, dann weil auch diese, wenn durch akute Krankheiten ihr Gesundheitszustand beträchtlich gelitten hat, fast stets rechtzeitig, d. h. vor Entwicklung eines chronischen Siechthums, nach Hause geschafft werden können und geschafft werden. Dass andrerseits auch bei den ausgeprägtesten Fällen von chronischer Malariainfektion der Milztumor durchaus fehlen kann, zeigen die sehr eingehenden Untersuchungen Werner's[1]) aus Russland.

Etwas häufiger als über Schmerzhaftigkeit der Milz wird von Malariakranken in Kamerun über Empfindlichkeit der Lebergegend geklagt. Auf Druck ist dieselbe häufig etwas schmerzhaft; eine deutliche Vergrösserung der Leber ist selten nachweisbar, wenigstens bei den unkomplicirten Fiebern. Oefters liegt das an der in diesem Zustand hochgradiger Tympanie, welche vielfach eine genaue Perkussion unmöglich macht.

Von besonderem Interesse ist das Verhalten der Nieren. Wo spontane oder auf Druck auftretende Schmerzhaftigkeit in der Nierengegend vorkommt, ist dieselbe mit keiner wesentlichen Wahrscheinlichkeit auf eine Affektion der Nieren zu beziehen, da Rückenschmerzen ohnehin zu den charakteristischen Erscheinungen des Malariafiebers an sich gehören. Wir sind demnach völlig auf die Untersuchung des Urins zur Beurtheilung des Zustands der Nieren angewiesen. Diese zeigt, dass Albuminurie auch während des hochfebrilen Stadiums und nach demselben für den vorher Gesunden in Kamerun zu den ausserordentlich seltenen Ausnahmen gehört. Unter 198 darauf hin untersuchten Fieberfällen wurde Albuminurie nur in 6 Fällen beobachtet[2]). In allen diesen Fällen war eine durch mehrfache vorangegangene Fieber erfolgte Schwächung des Körpers nachweisbar, die in den Nieren zu Ernährungsstörungen der Glomeruli (Hydrämie und Hypalbumose) geführt haben mochte, oder es bestanden

---

1) Beobachtungen über Malaria, insbesondere das typhoide Malariafieber, von Dr. P. Werner, Narwa. Berlin 1887. Verlag von A. Hirschwald.

2) Im Gegensatz zu Frerichs, der unter 51 Fällen 20mal Albuminurie und 3mal Suppressio urinae beobachtete. In Ostafrika ist Nephritis als Complication der Malaria eine häufigere Erscheinung.

direkte Beziehungen zum Schwarzwasserfieber, auf welche ich an späterer
Stelle einzugehen haben werde. Auch in diesen Fällen war die Eiweisstrübung im Urin eine geringe. Eine wesentliche Beeinflussung der
Urinmenge ist bei den einfachen Fiebern nicht festzustellen. Wo sehr
heftiges Erbrechen oder profuser Schweiss vikariirend für die Nierenthätigkeit eintritt, kann es vorübergehend zu völligem Stocken der Urinproduktion kommen, ohne dass deshalb dieser Erscheinung irgend welche
üble Bedeutung beizulegen wäre. Wo Erbrechen und Schweiss nicht
beträchtlich waren, kommt es nicht selten mit der Lösung des Gefäss-
krampfes zu einer wahren Harnfluth.

Aus dem Gesagten geht hervor, dass die mehr oder weniger typischen Intermittenten in Kamerun gegenüber dem, was wir von andern
Orten der Erde wie auch aus Deutschland selbst wissen, nicht allzuviel
durch das Klima und die Beeinflussung der Krankheitserreger und der
Organsäfte erklärliche Abweichungen zeigen. Kommen wir dagegen zu
den schweren, den eigentlich gefährlichen und so häufig tödtlichen
Malariaformen, so deckt sich das von mir an einem sehr beträchtlichen
Material beobachtete in so manchem Punkte nicht völlig mit dem, was
uns von andern Malariagegenden berichtet ist. Das ist bei dem ausserordentlich wechselnden Charakter der Krankheit für den nicht befremdend,
welcher zu verschiedenen Zeiten und an verschiedenen Orten seine Untersuchungen anzustellen Gelegenheit hatte. Wie nicht selten ein plötzlicher
Wechsel im Charakter der Krankheit ohne nachweisbare äussere Veranlassung eintreten kann, welcher das Bild einer neuentstandenen Epidemie
vorzutäuschen im Stande ist, so ist es sehr wohl möglich, dass nach
einer Anzahl von Jahren unter dem Einfluss hygienischer Aenderungen
oder meteorologischer Abweichungen das Bild nicht mehr zutreffen wird,
das ich auf Grund der in den Jahren 1893 und 1894 an einem reichen
Material gesammelten Erfahrungen von der atypischen Kamerunmalaria zu
entwerfen haben werde. Vereinfacht wird dasselbe durch die Thatsache,
dass nur zwei wohl charakterisirte Krankheitsbilder in demselben unter-
zubringen, eine grosse Zahl von Malariaformen, die von anderen Autoren
aus anderen Malariagegenden beschrieben wurden, dagegen fortzulassen sind.
Ich hatte in Kamerun keine Gelegenheit sie zu beobachten und habe über
ihr Vorkommen daselbst auch nachträglich nichts erfahren können.

Es kamen während meiner Zeit nicht vor die als Malariatyphoid
beschriebenen Formen mit protrahirtem Verlauf und kontinuirlichem
Fiebertypus, die als hämorrhagische Form beschriebene Malaria, mit der
ich inzwischen in Ostafrika Bekanntschaft zu machen Gelegenheit hatte,
die von Martin[1]) geschilderte, von ihm auf Malariainfection bezogene
chronische destruktive Pneumonie und die verschiedenen anderen von
demselben Autor mit der Malaria ätiologisch identificirten Krankheitsprocesse, Darmmalaria, Malariaorchitis, Keratitis u. a. Wo es sich in
Kamerun um klinisch unter ähnlichen Erscheinungen verlaufende Krankheitsprocesse handelte, hat mich das diagnostische Hilfsmittel der Blutuntersuchung bisher immer im Stich gelassen, und ich konnte auch auf

---

1) Martin. Aerztliche Erfahrungen über die Malaria der Tropenländer. 1889.
Berlin. Jul. Springer.

Grund des Verlaufs nicht die Ueberzeugung gewinnen, dass Malariainfektion beim Zustandekommen des Symptomkomplexes eine Rolle spiele.
Ich muss es unter diesen Umständen dahingestellt sein lassen, ob es sich
wirklich in all den bezeichneten Fällen um Aeusserungen stattgehabter
Malariainfektion handelt, zumal das grade in diesen Fällen für die Diagnose so ausserordentlich wichtige ätiologische Moment seitens der Forscher, welche diese Auffassung vertreten, bisher nicht verwerthet worden ist.

Dass von den als Malaria beschriebenen kontinuirlichen Fiebern ein
Theil mit Wahrscheinlichkeit auf andere Krankheitsprocesse zu beziehen
ist, hat schon Hirsch hervorgehoben. Ich selbst habe, wie bereits angeführt, eine durch die mikroskopische Untersuchung unzweifelhaft als
Malaria anzusprechende Krankheit mit mehrtägigem continuirlichem Fieber
in Kamerun nicht beobachtet. Wohl war die Länge des einzelnen Anfalls
in einigen Fällen eine sehr beträchtliche, sich über 12 ausnahmsweise
selbst 24 Stunden hinziehende, dann aber bildeten tiefe Intermissionen
fast stets eins der charakteristischsten Merkmale der Krankheit in klinischer Hinsicht. Dieselben können freilich von sehr kurzer Dauer sein
und wo, wie vielfach in den in der Literatur niedergelegten Fällen, nur
2 mal täglich Temperaturbestimmungen vorgenommen werden, welche
niemals ein auch nur annähernd richtiges Bild von dem wirklichen Verlauf der Temperaturbewegung geben, können sie leicht übersehen werden,
so dass die schliesslich gewonnene Kurve das Bild einer Continua oder
einer Remittens mit nur geringen Remissionen vortäuscht. In manchem
anderen Fall mag ein Typhus, oder eine nebenbei bestehende Komplikation, wie namentlich in Kamerun bei Negern häufig eine Pneumonie,
Ursache des kontinuirlichen Fieberverlaufs sein.

Unter den in ihren Erscheinungen von denen der Intermittens wesentlich abweichenden schweren Fieberformen hatten während der Zeit, in
welcher ich meine Beobachtungen in Kamerun anstellte, zwei eine beträchtliche praktische Bedeutung: das komatöse Fieber und die hämoglobinurische Form der Malaria, das sogenannte Schwarzwasserfieber.

Das komatöse Fieber.

Diese Form der Malaria wird charakterisirt durch das auffällige Vorwiegen der Cerebralerscheinungen, denen gegenüber die andern Fieber-
symptome vollkommen in den Hintergrund treten können, so dass das
entstehende Krankheitsbild an Typhus erinnern oder sich vorübergehend
völlig mit dem einer Insolation oder Meningitis decken kann.

Während der Verlauf des komatösen Fiebers doch gegenüber dem
des Typhus so charakteristische Unterschiede zeigt, dass von einer
Verwechslung beider Krankheiten kaum die Rede sein kann, ist ein
Irrthum in der Diagnose gegenüber Sonnenstich und daran sich anschliessende Meningitis häufig ohne differentialdiagnostische Blutuntersuchung schwer zu vermeiden, um so mehr als auch das komatöse
Fieber in Kamerun mit besonderer Vorliebe unter dem unmittelbaren Einfluss intensiver Sonneneinwirkung oder im unmittelbaren Anschluss an
eine solche aufzutreten pflegt.

Einige Krankheitsgeschichten werden am besten geeignet sein, das Krankheitsbild zu veranschaulichen:

1. K. Faktorist. 25 J. alt. Seit 6 Monaten in Afrika, seit 4 Monaten in Kamerun. 14 Tage nach seiner Ankunft daselbst erstes Fieber. Seither war der Kranke bis auf geringes, schnell vorübergehendes Unwohlsein gesund.

8. Nov. 93 wurde ich nach der Faktorei gerufen, da einer der Angestellten — K., aus einem Fenster des ca. 4 m hohen I. Stockwerks herunter auf einen Bretterhaufen gesprungen und auf demselben bewusstlos liegen geblieben sei. Derselbe hatte, den Kopf nur mit einer Mütze bedeckt, im Hof der Faktorei gearbeitet, sich dann wegen heftiger Kopfschmerzen und Schwindel in sein Zimmer zurückgezogen.

Status: Mässig kräftiger Mann mit geringem Fettpolster. Liegt mit stierem Blick auf dem Bett, murmelt vor sich hin. Die Untersuchung ergiebt einige Hautabschürfungen an der rechten Schulter sonst keine in Betracht kommende Verletzung. Temperatur zwischen 38 und 39. Puls stark beschleunigt, 115, schwach, Abdomen in toto etwas empfindlich, Milz eben unter dem Rippenbogen zu fühlen. Pat. erkennt seine Umgebung nicht, kann sich nicht darauf besinnen, aus dem Fenster gesprungen zu sein. Anamnestisch lässt sich nur feststellen, dass der Kranke gestern etwas Fieber gehabt. Heute sei die Aufmerksamkeit erst auf ihn gelenkt, als er aus dem Fenster heraussprang. In seinem Bett wurde ein geladener Revolver gefunden. Es handelt sich um einen ruhigen, keineswegs exaltirten oder in ungünstiger äusserer Lage befindlichen jungen Mann. Der Kranke wird in's Hospital geschafft, ist den Rest des Tages sehr unruhig, will seine Bettdecke abwerfen, aus dem Bett heraus u. s. w. Die Temperatur bildet eine steilzackige Kurve mit unregelmässigen tiefen Intermissionen und Erhebungen bis 40°.

Der Zustand des Kranken bleibt während der folgenden Tage unverändert. Puls zeitweise klein und aussetzend. Im Blut reichlich ringförmige Amöben. Am 11. Nov. geht die Temperatur herunter, fast gleichzeitig erlangt der Kranke sein Bewusstsein wieder, das er für fast 4 Tage völlig verloren hatte. Die Reconvalescenz geht ohne weitere Komplikation von Statten: an die Vorgänge der vergangenen Tage, speciell seinen Sprung aus dem Fenster hat der Kranke keine Spur einer Erinnerung. Lang andauernde Schwäche macht seinen längeren Verbleib im Hospital nothwendig.

Es ist durchaus nicht erforderlich, dass diese Fälle mit besonders hohen Temperatursteigerungen einhergehen. Auch wo längere Intermissionen eintreten, brauchen dieselben nicht mit Lichtung des Bewusstseins verbunden zu sein.

2. K., Expeditionsmeister. 31 Jahre alt, 2 Jahre in Kamerun War im Hinterland auf einer weit vorgeschobenen Station thätig. Erkrankt unmittelbar nach seinem Eintreffen von dort in Kamerun am 26. Juni 1893. Der Kranke leidet am Nachmittag des Tages seiner Ankunft an heftigen Kopfschmerzen, wird am nächsten Morgen in völlig bewusstlosem Zustand in seinem Bett gefunden und sogleich ins Hospital gebracht.

Sehr anämischer Mann. Temp. 40,5, Puls kräftig, stark beschleunigt, 120. Milz unter dem Rippenrand eben fühlbar. Keine weitere Veränderung an den inneren Organen. Der Kranke phantasirt, sieht bekannte Gestalten um sich und spricht leise vor sich hin. Die Temperatur fällt im Lauf der Nacht zur Norm ab, der Kranke erhält 1 g Chinin, das er bei sich behält. Am nächsten Tage ist der Kranke noch völlig benommen, trotzdem die Temperatur normal, hat von dem vorangegangenen keine Ahnung. Beginnt gegen Mittag, während die Temperatur auf 38,5 steigt, wieder zu phantasiren, gegen Abend wird er lichter, will sich von der Unrichtigkeit seiner Visionen nicht überzeugen lassen, getrübtes Sensorium. Er erhält noch 2 g Chinin im Lauf des Tages. Auch am 29. Juni ist das Bewusstsein noch nicht völlig wiedergekehrt. Somnolenz. Druckgefühl im Kopf. Die Temperatur erhebt sich nur bis 38,2. Patient erhält noch 1 g Chinin, worauf Rekonvalescenz eintritt. Schnelle vollkommene Herstellung.

Komatöse Erscheinungen treten besonders häufig auf, wo es sich um den Ausbruch von Malaria im unmittelbaren Anschluss an Aufenthalt in der Sonne ohne hinreichenden Schutz des Kopfes handelt. In solchen Fällen ist es ohne die ätiologische Untersuchung keineswegs leicht die Differentialdiagnose zwischen Malaria und Sonnenstich, eventuell mit sich anschliessender Meningitis zu stellen, was doch in therapeutischer Hinsicht von grosser Bedeutung ist. Häufig schliesst sich auch eine Malaria an einen unzweifelhaften Hitzschlag an, nachdem das Bewusstsein wiedergekehrt ist. Folgende Krankengeschichten mögen das illustriren:

3. Sp., englischer Offizier an Bord eines Handelsdampfers. Erkrankt am 22. Nov. 1893 an Bord inmitten anstrengender Arbeit, bei welcher der Kopf nur durch eine Mütze geschützt war, in der Sonne unter Schüttelfrost, ganz plötzlicher Bewusstlosigkeit und sehr hohem Fieber. Temperatur 40,8. Puls hart 122, stark beschleunigt. Rothes Gesicht. Glühend heisse Haut. Patient ist völlig bewusstlos. Der Kranke wird ins Hospital gebracht. Blutbefund negativ. Urin eiweissfrei.

23. Nov. Temperatur geht herunter, es stellt sich das Bewusstsein wieder her. Im Lauf des Vormittags erfolgt ein heftiger Fieberanfall, der Kranke ist wieder völlig bewusstlos. Puls voll, gespannt. Temperatur zwischen 38 und 39. Urin übelriechend, trüb, alkalisch.

25. Nov. Patient ist bei Bewusstsein. In seinem Blut lassen sich kleine, siegelringförmige Parasiten nachweisen. Die Temperatur ist normal.

26. Nov. Abermaliger geringerer Anfall von 3 Stunden Dauer. Die Temperrtur steigt auf 39,1. Keine Bewusstlosigkeit, aber unerträgliche Kopfschmerzen, kurz vor und während des Anfalls.

27. Nov. Völlig fieberfrei, Abends Temperatursteigerung auf 38,0. Abgeschlagen und matt. Abermaliges Emporgehen der Temperatur. Heftige Kopfschmerzen. Keine Benommenheit. 2 g Chinin. Im Blut ringförmige Parasiten. Patient schläft den ganzen Tag. Heilung. Weiterbestehen chronischer Cystitis, angeblich entstanden im Anschluss an vorangegangene gonorrhoische Infection.

4. Frau K., kräftige gesunde Frau von 23 Jahren erkrankt unmittelbar nach ihrer Ankunft in Kamerun auf einem Gang unter leichtem Strohhut in der Mittagssonne am Strand unter Schüttelfrost und völliger Bewusstlosigkeit. Sie wird sogleich in das Hospital gebracht.

Status bei der Aufnahme 4. August 1893. Temperatur 40,1, Puls 112 voll, stark gespannt. Innere Organe ohne nachweisbare Veränderung. Pupillen erweitert, reagiren schwach auf Lichteinfall. Klonische Zuckungen von Händen und Beinen. Zähneknirschen. Die erste Blutuntersuchung 11 a. m. ergiebt ein negatives Resultat.

Ord. Kalte Abreibungen, kalte Umschläge auf die Stirn. Bewusstsein kommt nicht zurück.

Nacht sehr unruhig. Temperatur zwischen 38 und 40°. Die Kranke ist noch völlig bewusstlos. Heftige Abwehrversuche beim Abreiben. Gegen Morgen auf 0,01 Morphium Ruhigerwerden. Die Kranke schläft bis 7 a. m.

5. August. Zustand fast unverändert, die Temperatur ist gesunken, zwischen 37,8 und 39°. Benommenheit hält an, die Pupillen etwas verengt, reagiren auf Lichteinfall etwas. Patientin lässt Fäces und Urin unter sich. Die Blutuntersuchung ergiebt reichlich ringförmige, ungefärbte, pigmentlose Parasiten in den Blutkörpern. Die Kranke erhält 1 g und nach 5 Stunden wieder 1 g Chinin. Gegen Abend findet sich unmittelbar im Anschluss an die kalten Abreibungen vorübergehend das Bewusstsein wieder. Die Nacht verläuft ruhiger.

6. August. Die Kranke ist bei Bewusstsein, kann sich an das Vergangene durchaus nicht erinnern. Klagt über Kopfschmerzen. Puls 60. Temperatur normal. Innere Organe ohne nachweisbare Veränderung. Im Blut noch vereinzelte ringförmige Parasiten. 1 g Chinin. Die Kopfschmerzen lassen im Lauf des Nachmittags nach.

7. August. Nacht ist ruhig verlaufen. Die Kranke fühlt sich bis auf grosse Schwäche wohl. Im Blut keine Parasiten mehr. Patientin erhält noch 1 g Chinin. Schnelle Reconvalescenz. Völlige Heilung.

5. K., Arbeiteraufseher, früher 5 Jahre in Indien, seit 5 Monaten in Kamerun. Wegen Unbrauchbarkeit entlassen. Wird am 22. Juni 96 aus der Negerhütte, in welcher er während der letzten Zeit gewohnt hat, völlig besinnungslos ins Hospital gebracht. Er ist angeblich auf Mittag desselben Tages auf dem Platz vor seiner Hütte bewusstlos aufgefunden worden.

Sehr heruntergekommenes abgemagertes Individuum. Temperatur zwischen 40 und 41. Urin ins Bett entleert. Puls klein und aussetzend 112. Die Temperatur bleibt länger als 12 Stunden über 40. Fällt dann kritisch ab. Damit kehrt das Bewusstsein wieder. Im Blut reichlich unpigmentirte Amöben. Wegen äusserster Schwäche, welche während des Anfalls reichliche Anwendung von Aether und Campher nothwendig macht, noch einige Tage im Hospital. Täglich 1 g Chinin, kein Recidiv. Langsame Wiederherstellung.

Dem Verlauf der beschriebenen Krankheitsfälle entspricht der von vier andern, welche ich in Kamerun zu beobachten Gelegenheit hatte, mit geringem Abweichen. Stets dasselbe Bild. Erkrankung im Anschluss an einen länger dauernden Aufenthalt in der Sonne, häufig ohne genügenden Kopfschutz, plötzliche Erkrankungen unter Schüttelfrost und völliger Bewusstlosigkeit, welche Stunden, ja Tage lang anhalten kann, während die Temperatur einen ganz unregelmässigen, häufig dem Bild der Continua sich nähernden Verlauf nimmt. Blutbefund anfangs sehr regelmässig negativ, während sich im weiteren Verlauf der Krankheit regelmässig kleine unpigmentirte, siegelringförmige Parasiten nachweisen lassen. Ich habe unter 10 selbstbeobachteten Fällen den tödtlichen Ausgang nur einmal bei einem Marineinfanteristen beobachtet. Im Anschluss an einen anstrengenden Marsch trat das Fieber auf, welches beim Ausbruch alle Erscheinungen des Hitzschlags zeigte. Auf eine länger dauernde 10stündige Remission, während welcher der Kranke völlig das Bewusstsein wieder erlangte, folgte abermaliges steiles Ansteigen des Fiebers. Es waren jetzt Malariaparasiten im Blut deutlich nachweisbar. Der Exitus erfolgte nach 24 stündigem Bestehen der Krankheit an Herzschwäche. Ohne den Nachweis der Parasiten im Blut wäre die Diagnose wahrscheinlich mit Sicherheit auf einfachen Hitzschlag gestellt worden.

6. D., 33 Jahr, Hafenaufseher, 14. Juni 95 ins Hospital eingeliefert, angeblich wegen Krämpfe. Aus Dahome von der Fremdenlegion desertirt, hatte dort nie Fieber, in Lagos nachher häufiger. Letzter Zeit einen um den andern Tag Fieber. Seit heut Nachmittag nach anstrengender Arbeit in der Sonne plötzlich Irrereden, Schnupfen, Fluchtversuche. Ich finde ihn am Boden seines Zimmers sitzend mit stierem Blick. D. erkennt Niemand aus seiner Umgebung. Sehr beschleunigte Herzaktion. Puls voll, 100. Temperatur 40,5. Keine nachweisbare Veränderung an den inneren Organen. Eisumschläge um den Kopf. Zustand hält die Nacht durch an. Morgens 15. Juni fühlt Patient sich besser. Urin normal, kein Haemoglobin, kein Eiweiss. Temperatur 7 a. M. 38,9. Starker Schweiss.

Patient ist bei vollem Bewusstsein. Auf Mittag steigt die Temperatur wieder. Schüttelfrost. Abends 40,8. Kein Koma. Mässige Benommenheit. Im Blut unpigmentirte kleine Amöben. Nachts guter Schlaf.

16. Juni. Patient befindet sich besser. Nachts wieder Temperatursteigerung bis 38,6. Prostration. Keine komatösen Erscheinungen. Schnelle völlige Genesung.

Das Schwarzwasserfieber.

Als Schwarzwasserfieber wird an der ganzen afrikanischen Westküste eine bestimmte, klinisch wohl charakterisirte Form der Malaria nach der dem Laien auffälligsten Erscheinung, dem im Verlauf derselben producirten rothen bis schwarzrothen Urin bezeichnet. Diese Form des Fiebers scheint in keiner dem Einfluss schwerer Malariainfection ausgesetzten Gegend vollkommen zu fehlen, die Häufigkeit ihres Vorkommens indess durch die Lokalität, das Klima, die Lebensverhältnisse und die Beschäftigung der Bewohner in wesentlicher Weise beeinflusst zu werden.

Sicher nachgewiesen ist die Krankheit in Griechenland, Italien und Sicilien, an der Ostküste des tropischen Amerika, in Neu Guinea, Java, Englisch-Indien, sowie im ganzen tropischen Afrika, in welch letzterem wieder die Westküste an Zahl und Schwere der Fälle in erster Reihe steht. Nicht haltbar ist die Ansicht, dass es sich um eine gewissermaassen neue erst seit einer gewissen Anzahl von Jahren aufgetretene Krankheit handelt, wie man grade an der afrikanischen Westküste vielfach behaupten hört. Seine Ursache hat dieser Irrthum einmal in der rasch zunehmenden Zahl europäischer Kolonisten, an der früher nur vorübergehend zu Handelszwecken von Handelsschiffen besuchten Küste, in der veränderten Art des Handels, der früher ganz allgemein von den relativ gesunden, in den Flüssen verankerten Hulks aus betrieben wurde, in der an Umfang immer zunehmenden Umwühlung des Bodens zum Zweck von Bauten, Häuserbauten sowohl wie ganzen Stadt-, Hafen- und Plantagenanlagen, endlich in der nicht anzuzweifelnden Thatsache, dass früher sehr vielfach die Krankheit mit Gelbfieber verwechselt worden ist, wozu die nicht ganz seltene, fast stets auf nachweisbare klimatologische Veränderungen oder auf Bodenveränderungen zurückzuführende, zeitweise epidemieartige Häufung der Fälle das ihrige beigetragen haben mag. Das Letztere gilt unzweifelhaft auch für die Ostküste Südamerikas und Centralamerikas. wo neben dem Schwarzwasserfieber Gelbfieber als endemische Krankheit vorkommt. Auf die auch nach neueren Veröffentlichungen dort anscheinend noch herrschende Konfusion beider klinisch wie epidemiologisch auf das schärfste zu trennenden Krankheitsbilder ist es wohl auch zurückzuführen, dass Hirsch[1]) von dem iktero-hämoglobinurischen Fieber als einer dortselbst erst seit kurzem beobachteten Krankheit spricht.

Bérenger-Ferraud gebührt vor allem das Verdienst, die Krankheit aus den alten Hospitaljournalen für St. Louis bis zum Jahr 1820, für Gorée bis zum Jahr 1845, 3 Jahre nach ihrer Gründung zurückverfolgt zu haben[2]). Freilich betont auch er, dass ein Häufigerwerden der Krankheit sich erst seit etwa 1850 nachweisen lässt. Der Procentsatz der in den Hospitälern von St. Louis und Gorée zur Aufnahme gelangenden Schwarzwasserfieberkranken gegenüber den an andern Krankheiten leidenden Patienten stieg seit dieser Zeit um das Doppelte. In dem 1843 als Station gegründeten Gabun erkrankten nach Bericht des 1846 dorthin gekommenen Losédat sämmtliche 23 ersten Ansiedler an Schwarzwasserfieber und fast alle starben[3]).

An der Goldküste ist der erste unzweifelhaft durch Schwarzwasserfieber bedingte Todesfall unter den seit 1828 dort ansässigen Baseler Missionaren im Jahre 1832 vorgekommen. Auch die Statistik dieser Mission hinterlässt den Eindruck, als ob die Krankheit in den letzten 3 Jahrzehnten wesentlich häufiger aufträte[4]).

Mit dem Aufhören der Ursache, welche früher gerade die Hauptorte der Westküste St. Louis, Dakar, Lagos und Gabun zu den gefährlichsten Fieberorten machte und dieselben in den übelsten Ruf in sanitärer Hinsicht brachte: der ersten eine höhere Kultur anbahnenden Bauthätigkeit, ist jetzt, nachdem in der Hinsicht die Grundlage geschaffen, die Morbilität auch wieder zurückgegangen und die betreffenden Orte gehören zur Zeit zu den verhältnissmässig gesunden Niederlassungen an der Küste im Vergleich zu den jetzt überall emporschiessenden neubegründeten Handelsstationen und Pflanzungen. Auch an diesen bessern die Morbilitätsverhältnisse sich allmälig wieder nach Beendigung der ersten Bau-, Rode- und Pflanzthätigkeit. Es bestätigt sich eben auch hier das alte Gesetz, dass nur absolute Kultur oder völlige Unkultur einen gewissen Schutz giebt vor der Erkrankung.

Aufenthalt an Bord giebt gleichfalls unzweifelhaft einen gewissen Schutz, doch gehören nach den in Kamerun gemachten Erfahrungen Erkrankungen an Bord doch keineswegs zu den so excessiv seltenen Fällen, wie Bérenger-Ferraud das annimmt. Sowohl Kriegs- als Handelsmarine haben im Lauf der Jahre eine beträchtliche Menge von Verlusten durch das Schwarzwasserfieber erlitten und ich selbst habe Fälle erlebt, wo im

---

1) Hirsch, Handb. d. historisch geographischen Pathologie. S. 165. Bd. I.
2) Bérenger-Ferraud. Fièvre bilieuse mélanurique. pag. 417.
3) eod. loc. pag. 25.
4) Fisch. Das Schwarzwasserfieber, nach den Beobachtungen und Erfahrungen an der Goldküste Westafrikas. Deutsche Medicinalzeitung. 1896. No. 20—22.

Fluss stationirte Schiffe durch die Krankheit Verluste an Mannschaften hatten, welche nachweislich seit Monaten nicht an Land gewesen waren.

Bezüglich der für Schwarzwasserfiebererkrankungen besondes exponirten Lokalitäten in Kamerun kann ich auf das im Vorangegangenen über das diesbezügliche Verhalten der Malaria im allgemeinen Gesagte verweisen, denn es besteht unzweifelhaft eine Proportionalität zwischen der Zahl der Fiebererkrankungen überhaupt und der der Schwarzwasserfieber. Dasselbe gilt von dem jahreszeitlichen Einfluss. Verhältnissmässig frei von Schwarzwasserfiebererkrankungen ist die Trockenzeit, ein bestimmter charakteristischer Unterschied zwischen den einzelnen Monaten der Regenzeit und der Uebergangsperioden ist bei der verhältnissmässigen Spärlichkeit des in der Hinsicht zur Verfügung stehenden Materials nicht festzustellen, im allgemeinen kann man sagen, dass mit Einsetzen der Regenzeit im März bis zu deren Nachlassen im November die Zahl der Schwarzwasserfieber stetig steigt, um dann ziemlich plötzlich abzufallen.

Wesentlich beträchtlichere Unterschiede noch als beim Fieber im allgemeinen bestehen hinsichtlich der Disposition für das Schwarzwasserfieber zwischen Europäern und Farbigen.

Die Negerrasse erfreut sich einer, wenn auch nicht absoluten, so doch sehr weit gehenden Immunität gegen dasselbe. Während von 438 von mir in Kamerun klinisch beobachteten Malariafällen bei Europäern 38 Fälle auf Schwarzwasserfieber kommen, also 1 Fall auf 11—12, habe ich unter 276 im Hospital behandelten Fiebern bei Negern die Erscheinungen der Hämoglobinurie kein einziges Mal auftreten sehen. Vereinzelte an anderen Stellen der Kolonie gemachte Erfahrungen lassen ebenso wie die Beobachtungen Wicke's in Togo und Bérenger-Ferrand's vom Senegal, Fisch's von der Goldküste nicht daran zweifeln, dass doch Erkrankungen auch bei Negern vorkommen. Von andern Rassen wissen wir, dass Chinesen wie auch indische Kulis zu Erkrankungen kaum weniger neigen als Europäer. Schellong beobachtete die Krankheit bei einem Malayen.

Das Geschlecht spielt bei der Disposition für die Krankheit keine deutlich nachweisbare Rolle. Wenn Erkrankungen bei Frauen im ganzen seltener sind, so liegt das einmal an ihrer wesentlich geringeren Zahl in den in Betracht kommenden Gegenden, dann an dem wesentlich geringerem Maass, in welchem sie sich der Gefahr der Fiebererkrankung ihrer Lebensweise und Beschäftigung nach auszusetzen gezwungen sind. Ueber das Verhalten von Kindern der Krankheit gegenüber fehlt es mir aus Mangel an Beobachtungsmaterial an eigner Erfahrung. Dass dieselben sich gleichfalls keiner Immunität erfreuen, beweisen die beiden von Fisch[1]) bei Kindern von 14 Monaten und 2½ Jahren beobachteten Fälle.

Aeussere Einflüsse, Strapazen, Erkältungen, wie überhaupt schroffer Klimawechsel, auch Trauma, z. B. Verwundung oder Entbindung, Aufregung und psychische Alterationen bei bereits durch anderweitige Schädlichkeiten geschwächtem Körper sind für die Entstehung der

1) Fisch, Tropische Krankheiten. S. 7.

Krankheit von beträchtlicher Bedeutung. Sehr häufig erfolgt der Ausbruch im direkten Anschluss an eine der genannten Schädlichkeiten unter plötzlich einsetzendem, heftigem Schüttelfrost. Ein Verlassen der Fiebergegend giebt keinen sicheren Schutz. Verhältnissmässig häufig treten Malariarecidive auf der Heimreise oder selbst in der Heimath unter dem Einfluss der veränderten Lebensweise auf und zahlreiche Afrikaner sind grade unter diesen Umständen von der Westküste heimkehrend oder heimgekehrt der Krankheit erlegen.

Eine individuelle Immunität gegen die Krankheit giebt es nicht. Bei einem alten Kapitän, welcher über 20 Jahre als Faktoreivorsteher in Kamerun Handel getrieben und sich fast stets wohl gefühlt hatte, brach unmittelbar vor seinem Verlassen der Kolonie das Schwarzwasserfieber in seiner gefährlichsten Form aus. So theilt auch Fisch[1] einen Fall mit, bei dem die Krankheit zum ersten Mal nach $13^2/_4$jährigem Aufenthalt an der Goldküste ausbrach.

Nur wenige Menschen entgehen bei langdauerndem Aufenthalt an der Kamerunküste der Krankheit gänzlich. Einer relativen Sicherheit ihr gegenüber erfreuen sich Neuankömmlinge, insofern Erkrankungen im ersten Halbjahr selten sind. Immerhin habe ich selbst zwei Fälle in Kamerun beobachtet, wo bereits nach einem Aufenthalt von wenigen Wochen das Schwarzwasserfieber zum Ausbruch kam; einen dritten, der gleichfalls innerhalb der bezeichneten Zeit lag, beobachtete ich vor kurzem an der Ostküste; auch Bérenger-Ferrand[2] berichtet über einen solchen. Im allgemeinen wächst die Chance zur Erkrankung mit der Länge des Aufenthalts in der Fiebergegend. Bérenger-Ferraud, dem wir interessante statistische Notizen über diesen Gegenstand verdanken, stellt fest, dass in den Hospitälern Senegambiens auf das erste Jahr 5,4 pCt. von 100 Schwarzwasserfiebern fielen, auf das zweite 22,5, auf das dritte 42,5 pCt., alsdann erfolgt, wahrscheinlich weil bis dahin bereits eine Ausscheidung der besonders disponirten Elemente durch Tod oder Evakuation stattgefunden, wieder eine allmälige Abnahme des Procentsatzes. Die genannte Statistik hatte als praktische Consequenz, dass die Dienstzeit des Militärs in Senegambien im Jahre 1872 von 3 auf 2 Jahre herabgesetzt wurde.

Während eine individuelle Immunität gegenüber dem Schwarzwasserfieber geleugnet werden muss, existirt eine individuelle Disposition zu häufigen Erkrankungen unzweifelhaft und zwar in erheblichem Umfang. Wie die Malaria überhaupt die Neigung hat, bei demselben Individuum immer in gleicher Form, unter bestimmten Erscheinungen und vorzugsweiser Betheiligung derselben Organe aufzutreten, so ist das in hervorragender Weise grade beim Schwarzwasserfieber der Fall. Wer dasselbe einmal überstanden, muss sich vor späteren Rückfällen durch länger dauernde vorsichtige Lebensweise hüten, denn die Wahrscheinlichkeit, dass das nächste oder die nächsten Fieber sich wieder bei ihm als Schwarzwasserfieber äussern werden, ist verhältnissmässig gross. Ich selbst erkrankte, während ich im übrigen unter dem Fieber während

1. Fisch, l. c. pag. 6.
2. Bérenger-Ferraud, De la fièvre bilieuse mélanurique. pag. 107.

meines Aufenthalts in Kamerun wenig zu leiden hatte, dreimal an Schwarzwasserfieber innerhalb eines Zeitraums von wenigen Monaten und ein viertes Mal vier Monate nach meiner Rückkehr von der Westküste in Berlin. So machte ein Faktorist einer der Woermann-Faktoreien in Kamerun, während meines Aufenthalts daselbst innerhalb weniger Wochen drei Schwarzwasserfieber durch. Erst durch länger dauernden Klimawechsel gelang es, diese Disposition zu tilgen. In andern Fällen kommt eine vielfach bereits nach kurz dauerndem Gebrauch erworbene Idiosynkrasie gegen Chinin als veranlassendes Moment beim Ausbruch des Schwarzwasserfiebers in Betracht, auf welche ich noch an anderer Stelle werde einzugehen haben.

Schon aus der vorher erwähnten Thatsache, dass das Schwarzwasserfieber in den weitaus meisten Fällen als Recidiv früher bereits bestandener unkomplicirter Malaria auftritt, folgt, dass über die Inkubationszeit der Krankheit sicheres nicht zu eruiren ist.

Prodromalerscheinungen sind häufig. Es gilt von ihnen durchaus das bei Besprechung der einfachen Kamerun-Malaria Gesagte. Fisch[1] glaubt mit Sicherheit das Auftreten regelmässig in 8 tägigen Zwischenräumen einsetzender Fieber, als dem Ausbruch der Krankheit vorangehend beobachtet zu haben. Fieber von diesem Typus sind in Kamerun nach dem bereits Gesagten mindestens äusserst selten, selbst wenn zuzugeben ist, dass sie manchmal übersehen sein mögen. In einer Anzahl der von mir beobachteten Fälle von Schwarzwasserfieber, wo der Kranke vor Ausbruch seiner Krankheit aus andern Gründen im Hospital gehalten und regelmässigen Temperaturbestimmungen unterworfen wurde, lässt sich das Vorangehen dieser Art von Prodromalerscheinungen mit Sicherheit ausschliessen. — In einzelnen Fällen folgt der Ausbruch des Schwarzwasserfiebers fast unmittelbar einer der vorbezeichneten Schädlichkeiten, in andern Fällen entwickelt die Krankheit sich im Verlauf einer einfachen unkomplicirten Intermittens spontan oder unter dem Einfluss bestimmter äusserer Veranlassungen.

Eingeleitet wird der Anfall, nachdem kurze Zeit vorher bereits meist ein mehr oder weniger deutlich empfundenes Unwohlsein bestanden, durch einen heftigen und nicht selten langanhaltenden Schüttelfrost, der von stürmischem und für den Kranken äusserst quälendem Erbrechen begleitet ist. Letzteres pflegt auch im weiteren Verlauf der Krankheit neben dem Oppressionsgefühl auf der Brust, das sich bis zu ausgesprochener Athemnoth steigern kann und wahrscheinlich in der Unfähigkeit des in Zersetzung befindlichen Bluts, Sauerstoff in hinreichender Menge zu binden, seine Ursache hat, das subjektiv am peinlichsten empfundene Symptom der Krankheit zu sein. Sehr bald nach dem Eintreten des Frostgefühls lässt sich das meist sehr rapid verlaufende Ansteigen der Temperatur nachweisen, die bereits nach $\frac{1}{2}$ bis 1 Stunde eine Höhe von 40° und über 40° erreicht haben kann. Das Ansteigen bis zu dieser Höhe ist die Regel, doch beobachtet man auch keineswegs ganz selten Malariaformen mit all' den ganz unverkennbaren Zeichen des

1) Fisch, Das Schwarzwasserfieber nach den Beobachtungen und Erfahrungen an der Goldküste Westafrikas. Deutsche Medicinalzeitung. 1896. No. 20–22.

Schwarzwasserfiebers, bei welchen die Temperatur die Höhe von 38°
nicht oder nur um wenige Zehntelgrade überschreitet, und in einem Fall
hatte ich Gelegenheit, im Anschluss an ein eben abgelaufenes Schwarzwasserfieber am Tage nach der Entfieberung einen kurz dauernden völlig
afebril verlaufenden Paroxysmus von Hämoglobinurie zu beobachten[1].

Der Fiebertypus beim Schwarzwasserfieber bietet nichts besonders
Charakteristisches gegenüber dem der einfachen Tropen-Malaria, d. h. er
ist wechselnd wie bei dieser. Wie bei dieser habe ich lang dauernde
regelmässige Intermissionen wie auch quartanen Charakter niemals in
Kamerun beobachtet, tertianen Charakter in 2 Fällen, in 7 Fällen regelmässig quotidianen, in allen andern 29 unregelmässige Intermittens oder
Remittens mit nur ganz kurz dauernden Apyrexien oder Remissionen.
In allen nicht durch die Art der Behandlung komplicirten Fällen war
der Verlauf der Krankheit ein kurzer, in einigen blieb es bei einem
einmaligen Paroxysmus, in der überwiegenden Mehrzahl der Fälle war
alsdann das fieberhafte Stadium der Krankheit abgelaufen und der
Patient trat, wenn er in demselben nicht bereits der Schwere der Infektion an Herzschwäche erlegen, in volle Rekonvalescenz oder in das
afebrile Sekundärstadium der mit Hämoglobininfarkt komplicirten Nephritis oder der durch die Blutzersetzung hervorgerufenen Herzthrombose
ein, in welchem nach meinen Erfahrungen die überwiegende Zahl der
durch das Schwarzwasserfieber überhaupt hervorgerufenen Todesfälle
erfolgt.

Im febrilen Stadium bietet der Schwarzwasserfieberkranke das charakteristische Bild des an einer schweren Infektionskrankheit Leidenden.
In Folge des üblen Rufes, in welchem diese Form des Fiebers an der
ganzen Küste steht, ist seine Stimmung von dem Moment an, wo er bemerkt, dass er schwarzen Urin entleert, meist eine sehr deprimirte. Zu
dem fortwährenden, quälenden Erbrechen und dem Oppressionsgefühl über
der Brust gesellen sich ziehende Schmerzen im Rücken und der Hinter-
fläche der Beine. Nicht selten treten im Beginn der Krankheit Diarrhoen
auf, welche in Folge von Durchtritt hämoglobinhaltigen Serums in den
Darm in seltenen Fällen eine dunkelschwarze theerartige Beschaffenheit
annehmen. Häufig besteht starke Tympanie. Gleichfalls häufig sind
Cerebralerscheinungen in Gestalt intensiver Kopfschmerzen, im Verlauf
der Krankheit kann sich in schweren Fällen tiefe Somnolenz herausbil-
den. Die Kranken liegen apathisch da und lassen Koth und Urin unter
sich. In andern Fällen bestehen Delirien, die Kranken reden irre, streben
mit Gewalt aus dem Bett und sind nur mit Mühe zu halten.

Schon bei der Inspektion fällt das eigenthümliche lividgelbe Aussehen
der Haut, sowie die deutlich gelbe Verfärbung der Conjunctiva sclerae
auf. Im Verlauf der Krankheit nimmt der Ikterus rapid an Intensität
zu, so dass in schweren Fällen der Patient bereits nach wenigen Stunden ein citronengelbes Colorit angenommen hat, welches bei länger
dauerndem Bestehen der Krankheit ein noch dunkleres, braungelbes Ansehen gewinnen kann. Hautausschläge, eine bei der heimathlichen In-

[1] Einen ganz analogen Fall bespricht Vaysse. Arch. de méd. nav. 1896.
Mars. No. 3.

termittens so regelmässige Erscheinung, fehlen fast stets, wie bei der Kamerun-Malaria überhaupt im Gegensatz zum Verhalten derselben an der ostafrikanischen Küste.

Die physikalische Untersuchung der inneren Organe ergiebt im Beginn des Anfalls die charakteristischen Erscheinungen des Blutandrangs zu den inneren Organen. Ueber den Lungen hört man namentlich hinten unten ziemlich häufig Giemen und Schnurren, selten feinblasiges Rasseln als Ausdruck beginnenden Oedems. Die Herztöne sind bei unkomplicirtem Verlauf scharf accentuirt und rein, das Auftreten von Geräuschen im Verlauf der Krankheit über den Ostien ist, soweit es sich nicht nur um Anämie in der Reconvalescenz handelt, stets ein ominöses Zeichen, auf dessen Bedeutung später noch einzugehen sein wird. Leber und Milz sind auf Druck häufig empfindlich, wohl nur in Folge der kongestiven Hyperämie. Wo nicht die häufig bestehende hochgradige Tympanie die perkutorische Abgrenzung der Abdominalorgane unmöglich macht, erweist sich der untere Leberrand mit Regelmässigkeit etwas nach unten verschoben, die Milz ist während des Anfalls häufig unter dem Rippenbogen zu palpiren. Selten erreicht ihre Vergrösserung einen beträchtlichen Grad.

Die für die Krankheit eigentlich charakteristischen Veränderungen, welchen auch in prognostischer Hinsicht weitaus die grösste Bedeutung zukommt, treffen primär das Blut und sekundär die Nieren.

Das makroskopische Aussehen des zum Zweck der Blutuntersuchung durch Lanzettenstich aus der Fingerbeere oder dem Ohrläppchen gewonnenen Bluttropfens zeigt, soweit es sich nicht bereits vorher um hochgradig anämische Kranke handelte oder die Krankheit bereits lange bestand, nichts auffälliges, der schwärzliche Farbenton, den wir bei sehr reichlicher Malariaentwicklung im Blut manchmal bei vollsaftigen erst seit kurzem von der Krankheit befallenen Intermittenspatienten bemerken, fehlt ebenso wie eine hochgradige Blässe, trotz des sehr beträchtlichen Verlustes von Blutfarbstoff durch die Nieren. Die Ursache dieser Erscheinung sowie der in den Anfangsstadien der Krankheit fast stets fehlenden Verarmung des Bluts an Formelementen ist mit grosser Wahrscheinlichkeit auf die durch das stürmische Erbrechen, die profusen Schweisse und die häufig vorhandenen Diarrhöen bei völliger oder fast völliger Unmöglichkeit der Flüssigkeitszufuhr durch Getränke herbeigeführten Eindickung des Blutes zu beziehen.

Lässt man die in einem langen mit Wachs verschlossenen Capillarröhrchen aufgehobene Blutprobe abstehen, so zeigt das Serum eine mehr oder minder schwach röthliche Verfärbung, die bei den leichtesten Formen der Erkrankung allerdings kaum wahrnehmbar sein kann. In jedem Fall gelingt der Nachweis gelösten Blutfarbstoffs im Serum durch die spektroskopische Untersuchung leicht.

Der Gehalt des Blutes an Blutfarbstoff ist bereits nach kurz dauerndem Bestehen der Krankheit sehr wesentlich herabgesetzt. Eine annähernd richtige Vorstellung von den diesbezüglichen Verhältnissen verschafft man sich, nach dem oben Gesagten, am besten kurze Zeit nach dem Anfall, wenn der während desselben zu Stande kommende nicht selten beträchtliche Wasserverlust durch reichliches Trinken, wie es meist geschieht, schnell gedeckt ist. Meist geht der Hämoglobingehalt, welcher nach mehrmonatlichem Aufenthalt in Kamerun an sich schon nur in seltenen Fällen normal ist, auf 40—60 pCt. herab; in einem besonders schweren Fall beobachtete ich kurz vor dem Tode 16 pCt. Niedrigere Werthe habe ich im Gegensatz zu Steudel niemals erhalten.

Auch die Verminderung der zelligen Elemente bewegte sich in den von mir beobachteten Fällen innerhalb mässiger Grenzen; auch in den schwersten Fällen betrug sie stets ein nicht unbeträchtliches über 1 Million rother Blutkörper im Kubikmillimeter, die der weissen Zellen zwischen 2500—3000. Reichlich findet man Makrocyten, sowie die sogenannten Ponfick'schen „Schatten", weniger zahlreich sind im ganzen Mikro- und Poikilocyten. Kernhaltige Blutkörper als Zeichen der beginnenden Regeneration sind ein regelmässiger Befund. Pigmentschollen, die bei den typischen Intermittensformen regelmässig gefunden werden, fehlen in den typischen Schwarzwasserfieberfällen völlig. Auf ihre Bedeutung in den seltenen Fällen, in welchen sie vorkommen, werde ich an einer späteren Stelle bei Besprechung der Aetiologie der tropischen Malaria zu sprechen kommen.

Das Passiren des pathologisch veränderten Blutserums durch die Glomeruli und die Harnkanäle der Niere ruft sekundär in der letzteren eine Reihe praktisch ausserordentlich wichtiger Veränderungen hervor, auf die wir in vivo nur aus dem Verhalten des Urins schliessen können.

Die Menge und das makroskopische Verhalten des Urins bei Schwarzwasserfieber wechseln innerhalb weiter Grenzen. In den leichtesten Fällen kommt eine Herabsetzung des normalen Quantums überhaupt nicht zu Stande. Die einzelnen Entleerungen ergeben bis etwa 500 cc und das täglich producirte Urinquantum beträgt 1500 und mehr cc. In diesen Fällen ist die Farbe portwein- bis bordeauxroth und die Entleerung geht ohne alle Beschwerden vor sich. Von diesen leichtesten Fällen finden sich alle Uebergänge zu den schwersten, in welchen unter den heftigsten Schmerzen bei fortwährendem Harndrang 20—50 ccm, ja auch nur wenige Tropfen tief schwarzrothen Urins entleert werden, bis bereits wenige Stunden nach Beginn der Erkrankung die Nierenthätigkeit überhaupt vollkommen sistirt. Auch in diesen schwersten Fällen ist von einer wirklichen Schwarzfärbung des Urins nur beim Betrachten desselben in auffallendem Licht und in dicker Schicht die Rede. Im Reagenzglas, namentlich wenn man den reichlichen Schleim und Detritus, welcher dem Schwarzwasserurin in Folge des Reizes, den er auf die Harnwege ausübt, stets beigemischt ist, durch Filtriren entfernt hat, erscheint der Urin auch in den schwersten Fällen nicht schwarz sondern dunkelrubinroth. Beim Schütteln bildet sich an der Oberfläche ein gelblicher Schaum; nach kurzer Zeit setzt der Urin einen reichlichen gelbbräunlichen Niederschlag ab.

Die Reaktion ist meist schwach sauer, die Acidität gegenüber normalem Urin stets nicht unbeträchtlich herabgesetzt, sie kann auch neutral und selbst alkalisch werden, wahrscheinlich durch Beimischung der in Folge des Reizes producirten Sekrete der Harnwege, in den Fällen wirklicher complicirender Cystitis, die vereinzelt die Primärkrankheit überdauern kann. Vielleicht spielt, wie A. Plehn das annimmt, auch die Beimischung von Blutsalzen dabei eine Rolle.

Das specifische Gewicht, welches je nachdem reichliche Flüssigkeitszufuhr vorangegangen war oder wo wegen des häufigen Erbrechens eine solche nicht stattfinden konnte, innerhalb weiter Grenzen schwankt, erhebt sich mit 1016 im Mittel nicht über normale Werthe. Der Eiweissgehalt, welcher dem Hämoglobingehalt im Allgemeinen parallel geht, schwankt, nach der Esbach'schen Methode bestimmt, zwischen $\frac{1}{2}$ und 2 g im Liter.

Beim Kochen des filtrirten Urins setzt sich an dessen Oberfläche sowie beim Schütteln an den Wänden des Reagenzglases ein schwärzlich-brauner, schaumiger Niederschlag ab, der Urin selbst sieht nach dem Kochen aus wie trübes, durch Lehmzusatz verunreinigtes Wasser.

Untersucht man den Bodensatz des frischen unfiltrirten Urins unter dem Mikroskop, so findet man reichlich gequollene Epithelien von Harnkanälchen, theilweis mit Fetttröpfchenbildung im Innern, Körnchenzellen, Detritus, Hämoglobinschollen, Hämatoidinkrystalle. Cylinder mit Pigmentschollen beklebt, sind gleichfalls ein sehr regelmässiger Befund. Auch Rundzellen kommen häufig vor, wogegen rothe Blutkörper von mir niemals beobachtet worden sind und, wo sie vorkommen, jedenfalls eine rein zufällige Komplikation mit Hämorrhagien im Nierenbecken bedeuten, die mit der Krankheit an sich nicht in einem direkten Zusammenhang steht.

Ich muss in der Hinsicht Roux[1]) gegenüber die Zuverlässigkeit des von Daullé in Madagaskar und Bérenger-Ferraud in Senegambien erhaltenen negativen Befundes betonen.

Ein Gegenstand specieller Diskussion ist seit längerer Zeit das Verhalten von Gallenbestandtheilen im Urin gewesen. Es kann nach den neuesten Untersuchungen Afanassiew's, Minkowski's und Naunyn's speciell auch denen Senator's[2]) keinem Zweifel unterliegen, dass der Ikterus bei Schwarzwasserfieber durch den Gallenfarbstoff zu Stande kommt, der in der Leber aus dem im Blut gelösten Blutfarbstoff erzeugt wird. Derselbe wird, so lange er in geringeren Quantitäten entsteht, als Galle ausgeschieden, bei beträchtlicher Anhäufung kann die Leber die ihr zugemuthete Arbeit nicht mehr bewältigen, und es tritt Resorption des Gallenfarbstoffs und damit Ikterus auf. Die Annahme eines hämatogenen Ikterus in dem Sinne Fisch's[3]), dass derselbe direkt aus dem Blut ohne Vermittlung der Leber erzeugt werden könne, wäre demnach nicht berechtigt. Die in einem Fall von Kohlstock[4]), sowie in einer grösseren Zahl von Fällen von Bérenger-Ferraud[5]) gewonnenen positiven Resultate bei Untersuchung des Bluts sowohl wie des Urins bestätigen diese Annahme in der That für eine Anzahl von Fällen. Auffällig ist es unter diesen Umständen, dass in den Fällen von Schwarzwasserfieber, welche Karamitsas[6]), Farrell Easmon[7]),

1) Roux, Traité pratique des maladies des pays chauds. pag. 448.
2) Senator, Ueber Icterus, seine Entstehung und Behandlung. Berliner Klinik. 1888.
3) Fisch, Tropische Krankheiten. S. 10.
4) Kohlstock, Berliner klinische Wochenschrift. 1892. No. 19.
5) l. c. pag. 284.
6) Karamitsas. Gazette des hôpitaux 1882. L'urine de la plupart des malades ne contenait pas la moindre trace de principes biliaires.
7) Farrel Easmon, Semaine médicale 1885. p. 302.

Fisch[1]), Schellong[2]), A. Plehn[3]) und ich zu beobachten Gelegenheit hatten, der Nachweis des Gallenfarbstoffs im Urin nicht gelang. Ich selbst habe an der afrikanischen Westküste an 8, an der Ostküste inzwischen an 6 Fällen, wo ausgesprochener Ikterus bei Schwarzwasserfieber bestand, die doch ausserordentlich scharfe und in einfachen Fällen von Ikterus stets mit Erfolg angewandte Gmelin-Rosenbach'sche Probe angestellt, indem ich das mit dem zu untersuchenden Urin befeuchtete Filter mit einem in ein Gemisch von reiner und rauchender Salpetersäure getauchten Stäbchen betupfte. Ich habe indess sowohl bei dieser Probe als auch bei Untersuchung auf Gallensäuren mittels der Pettenkofer'schen Probe stets ein negatives Resultat erhalten[4]).

In quantitativer Hinsicht wechseln die oben angegebenen Bestandtheile des Schwarzwasserurins häufig in ganz kurzen Zwischenräumen höchst beträchtlich. Es ist bei dem rapiden Verlauf der Krankheit durchaus keine Seltenheit, dass ein eben noch völlig normaler Urin nach Verlauf von weniger als einer Stunde die ganze Zahl auffälliger Erscheinungen darbietet, welche ich im Vorangegangenen kurz zu besprechen hatte, ebenso, dass ein hochgradig veränderter bis zur dunkelschwarzrothen Verfärbung mit Hämoglobin versetzter Urin mit dem Abfall des Fiebers nach der gleichen Zeit ein makroskopisch normales und auch bei genauer Untersuchung nur durch einen geringen Eiweissgehalt von normalem Urin abweichendes Verhalten zeigt. In andern Fällen freilich schliesst sich eine hartnäckige Albuminurie als Ausdruck einer bleibenden Alteration des gereizten Nierengewebes für mehrere Tage und selbst Wochen an. In den schwersten Fällen geht das akute Stadium der Krankheit unmittelbar in das der Anurie über.

Die verschiedenen Formen, unter welchen das Schwarzwasserfieber auftritt, lassen sich in der anschaulichsten Weise an der Hand einiger charakteristischer Krankengeschichten schildern.

Ich beginne mit den schwersten, in der That perniciösen Formen und werde, da dieselben, wie Steudel richtig bemerkt, durchaus keine wesentlichen Unterschiede im Verlauf gegenüber denen an der afrikanischen Ostküste zeigen, zur Vermehrung des immerhin nicht übermässig reichlichen Materials einige letzthin an dieser gewonnene Krankengeschichten mit einfügen.

7. St., Missionar, 27 Jahre alt. Seit 2 Jahren in Kamerun. Hat mehrfach auch während der letzten Tage an leichten Fieberanfällen gelitten. Schwarzwasserfieber bisher nicht gehabt. — Patient hat sich während der letzten Tage vor seiner Erkrankung viel mit Erdarbeit im Missionsgarten beschäftigt. Den Ausbruch seiner

---

1) Fisch, l. c. pag. 10.
2) Klimatologie der Tropen 1. Bericht. S. 19.
3) A. Plehn, Beiträge zur Kenntniss von Verlauf und Behandlung der tropischen Malaria in Kamerun. Berlin 1896. A. Hirschwald.
4) Anm. bei der Correctur. Ich habe inzwischen bei 2 mit sehr hochgradigem Icterus verlaufenden Fällen in Tanga sowohl Gallenfarbstoff als Gallensäuren mit Deutlichkeit durch das gleiche Verfahren nachweisen können. Verf.

jetzigen Krankheit bringt er in Zusammenhang mit einer heftigen gemüthlichen Aufregung anlässlich eines Streits mit einem andern Missionar.

14. Juni 1893 Ausbruch des Schwarzwasserfiebers mit heftigem Schüttelfrost, angeblich 3 Stunden nachdem er 1 g Chinin genommen. Der Kranke ist somnolent, nicht völlig bewusstlos. Häufiges Erbrechen. Die Temperatur Morgens zwischen 39 und 40,5° (cf. Curve) geht im Lauf des Nachmittags auf 38° herab. Starker Ikterus. Puls stark beschleunigt 112. Herztöne rein. Ueber den abhängigen Theilen der Lungen geringe bronchitische Erscheinungen. Quälendes Oppressionsgefühl über der Brust. Lebergegend auf Druck schmerzhaft, unterer Leberrand durch die schlaffen Bauchdecken 2 fingerbreit unter dem Rippenrand deutlich fühlbar. Milzgrenze überschreitet den Rippenrand um die Breite eines Fingers. Urin reichlich, bordeauxroth, stark eiweisshaltig. Gmelin-Rosenbach'sche und Pettenkofer'sche Probe auf Gallenbestandtheile negativ. Blutuntersuchung ergiebt reichlich Makrocyten, Blutserum schwach röthlich verfärbt. Keine Parasiten im Blut nachweisbar.

Ordo: Je 1 g Chinin Morgens und Abends. Wein, Coffein. Kalte Umschläge um den Kopf.

15. Juni. Die Temperatur ist wieder gestiegen (cf. Curve), Ikterus hat zugenommen. Dunkelcitronengelbes Colorit. Puls sehr klein, 100. Patient liegt mit geschlossenen Augen besinnungslos vor sich hinmurmelnd da. Urin ziemlich reichlich (900 ccm in 24 Stunden), dunkelschwarzroth, stark eiweisshaltig (1,5 g im Liter nach Esbach). Innere Organe unverändert.

Fig. 11.

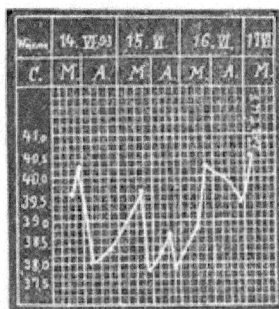

Ordo: Chinin 1 g 7 a. m., kalte Umschläge, Wein, Coffein. Gegen Abend bessert sich der Zustand, die Temperatur geht auf 37,8° herunter. Der Urin ist um 9 p. m. dunkelgelb ohne makroskopisch nachweisbaren Hämoglobingehalt, noch reichlich eiweisshaltig. Der Kranke ist bei Bewusstsein, ausserordentlich schwach. Ikterus hat etwas nachgelassen.

Ordo: 1 g Chinin 7 p. m. Wein.

In der Nacht Wiederansteigen des Fiebers. Der Kranke verfällt wieder in völlige Bewusstlosigkeit. Urin dunkelgelbbraun, reichlich Eiweiss, kein nachweisbarer Hämoglobingehalt. Puls sehr klein, aussetzend, stark beschleunigt. Ikterus hat nachgelassen. Haut schlaff und blass, lederartig trocken. Das Aussetzen des Pulses macht reichliche Verabreichung von Excitantien erforderlich.

16. Juni. Der Kranke ist völlig bewusstlos, redet leise vor sich hin. Tempe-

ratur schwankt zwischen 39 und 40°. Haut glühend heiss. Ikterus gering. Herzthätigkeit ganz schwach, macht fortwährende Darreichung von Excitantien erforderlich.
An den inneren Organen bis auf eine geringe Verschiebung der Milzgrenze nach
unten (eben unter dem Rippenrand fühlbar), keine physikalisch nachweisbare Veränderung. Während einer Einwicklung in nasse Tücher kommt der Kranke vorübergehend zu sich, verfällt aber dann sofort wieder in Bewusstlosigkeit. Urin in spärlicher Menge entleert, zeigt wieder geringe Röthung von Portweinfarbe. Gegen Abend
6 p. m. Collaps. 6 Aetherinjektionen. Der Kranke kommt wieder etwas zu sich.
Der Collaps wiederholt sich in der Nacht noch 2 mal. Der Puls ist seit Mitternacht
nur noch unmittelbar nach Aetherinjektionen fühlbar.

17. Juni 3½ a. m. Exitus. Obduktion von der Frau des Gestorbenen verweigert.

Während es sich in diesem Fall um eine excessiv schwere Infection handelte, welcher auf der Höhe des fieberhaften Paroxysmus ein
bis zum Ausbruch der Krankheit gesunder und kräftiger Organismus
ohne das Zustandekommen einer weiteren Komplikation erlag, handelt es
sich in dem folgenden Fall um ein einfaches, in intermittirendem Typus
auftretendes Schwarzwasserfieber, welchem der durch vorangegangene
Schädlichkeiten im höchsten Grade geschwächte Organismus nicht den
erforderlichen Widerstand entgegenzusetzen im Stande war. Es ist diese
Erkrankung ein Typus für die tödtliche Krankheit vieler Dutzende nach
vorangegangenen Strapazen entkräfteter afrikanischer Forscher.

8. M. Quaiarbeiter, 28 Jahre alt. Kräftiger, gesunder Mann. Seit 5 Monaten in
Kamerun. Hat vorher einige Male leichte Fieberanfälle gehabt, kein Schwarzwasserfieber. Bei dem plötzlichen Ausbruch des Dahomeyaufstandes am 15. December 1893
gelang es M. nicht, sich mit den andern Europäern vom Land auf die im Fluss verankerten Schiffe zu flüchten, weswegen er, um den Aufständischen zu entgehen, in
den Kessel des Maschinenhauses am Flussufer kroch und in demselben ohne
jede Nahrung und Getränk bis zum 23. December zubrachte, an welchem Tage er nach
Erstürmung der Jossplatte aus seinem Gefängniss befreit wurde. M. war hochgradig
abgemagert und so schwach, dass er sich anfänglich kaum auf den Beinen halten
konnte. Er erholte sich nur sehr langsam, da er seit dem 25. Dec. an leichten Fieberanfällen mit geringen Temperaturerhebungen auf 38,4—38,8° zu leiden hatte.

28. Dec. Gegen Abend unter Schüttelfrost Ausbruch schweren Schwarzwasserfiebers.

29. Dec. werde ich zu dem Kranken gerufen.

8 a. m. Stark abgemagerter, kräftig gebauter Mann. Völlig bewusstlos. Ant-
wortet auf keine Frage. Pupillen klein, reagiren auf Lichteinfall. Lässt Fäces und
Urin unter sich. Livid gelbliches Colorit der Hautdecken. Letztere trocken, glühend
heiss. Conjunctiva schon deutlich gelb. An den inneren Organen keine nachweisbare
Veränderung. Milz nicht palpabel. Temp. 40,5° (cf. Curve). Puls klein, sehr beschleunigt, 118. Quantum des Urins nicht zu bestimmen da er grossentheils in das Bett
entleert wird. Farbe trübschwarzroth. Filtrirt burgunderroth. Eiweissgehalt 1,8 nach
Esbach. Im Sediment reichlich körniger Detritus, Blasenepithelien, Pigmentschollen.
— Im Blut grosse pigmenthaltige und kleine siegelringförmige unpigmentirte Parasiten.

Ordo: Kalte Abreibung, kalte Umschläge um den Kopf. Excitantien. Coffein
und Aetherinjektionen. Gegen Mittag kommt Patient zum Bewusstsein. Starke Trans-

spiration, die durch Einwicklung in wollene Decken und Zufuhr von heissem Thee mit
Rum und Cognak gehoben wird. Der Puls bessert sich. Abends fühlt sich der
Kranke, abgesehen von grosser Schwäche, völlig wohl. Temperatur 38,4⁰. Das Bewusstsein ist völlig zurückgekehrt. Der Urin ist trüb bierbraun, reichlich Eiweiss
(1,5 g im Liter nach Esbach), Hämoglobinbeimischung ist makroskopisch nicht, durch
die Heller'sche Probe noch deutlich nachweisbar. Die Nacht verläuft ruhig.

30. Dec. Patient schwitzt noch kräftig, fühlt sich sehr matt. Völlig klares Bewusstsein. Temperatur normal. Urin gelbbraun. Flockiger Eiweissniederschlag. Kein
Hämoglobin. Erhält 8 a. m. 1,5 g Chinin. Nachmittags Temperatur normal, Puls 80,
schwach, Urin hellgelb, klar, ohne Spur von Eiweiss.

Ordo: Reichlich Wein, Porter und Milch. Abends 6 Uhr wieder 1,5 g Chinin.
In der Nacht wieder Ausbruch des Fiebers. Völlige Benommenheit. Urin sehr
dunkel. Ins Bett entleert.

Fig. 12.

31. Dec. 7 a. m. Die Temperatur ist unter mässiger Schweissentwicklung wieder
auf die Norm gesunken. Der Kranke ist völlig bei Bewusstsein. Sehr schwach.
Ikterus mässigen Grades. Herztöne rein. Milzgegend auf Druck leicht empfindlich.
Urin dunkelgelbbraun, enthält geringe Mengen von Hämoglobin, reichlich Eiweiss.
Exakte Untersuchungen sind bei völliger Inanspruchnahme durch die im Gefecht Ver-
wundeten nicht möglich.

Um 9. a. m. beginnt die Temperatur wieder rapid zu steigen. Der Kranke ist
bewusstlos. Der Puls klein, häufig aussetzend, der reichlich ins Bett gelassene Urin
ist dunkel. Nachmittags um 3 ist die Temperatur 41⁰. Durch häufige Aetherinjec-
tionen, kalte Abreibungen und Umschläge um den Kopf gelingt es zeitweise, den
Kranken zum Bewusstsein zurückzubringen, doch immer nur für Minuten. Um 4½ p.m.
tritt bei einer Temperatur von 42⁰ Collaps ein. 5 p. m. Exitus.

Die Obduction musste leider unterbleiben, da die Dahomeys sämmtliche Sektions-
instrumente zu kulinarischen Zwecken mit sich genommen hatten.

8

Die beiden vorbeschriebenen Fälle mögen als Beispiele der ungünstigsten schon im febrilen Stadium durch Herzschwäche zum Tode führenden Schwarzwasserfieber dienen, welche so rasch ablaufen, dass es zu einer der durch die Blutdissolution herbeigeführten lokalen Komplikationen gar nicht kommt. Im ganzen sind diese Fälle selten. Die unkomplicirten Schwarzwasserfieber enden in der überwiegenden Mehrzahl, wenn wie im letzten Fall nicht bereits eine hochgradige Beeinträchtigung der Widerstandsfähigkeit des Befallenen besteht, und die Krankheit nicht durch die medikamentöse Behandlung in die Länge gezogen wird, nach wenigen Tagen mit völliger Genesung.

Ganz anders verhält sich die Prognose beim Auftreten der durch die Blutveränderung hervorgerufenen schweren Komplikationen von Seiten des Cirkulationsapparats in Form von Thrombenbildung im Herzen oder in den grossen Gefässen und von Seiten der Nieren in Form von Hämoglobininfarkt und Nephritis. Es sind dies in der That die perniciösen Fälle, gegen welche sich bisher unsere Therapie so gut wie machtlos gezeigt hat.

Einige Krankengeschichten mögen zur Veranschaulichung des Verlaufs dieser Krankheitsformen dienen.

9. K., Stationsvorsteher in Edea am Sannaga. 26 Jahre alt. 1 Jahr in Kamerun hat bisher nur an leichteren Fieberformen gelitten. Seit 8 Wochen in Edea. War dort durch seine Thätigkeit namentlich häufige nächtliche Kanufahrten auf dem Fluss, den Gefahren des Klimas besonders ausgesetzt.

K. war bis zur Erkrankung fast völlig gesund. Nach einer nächtlichen Kanufahrt im Regen erkrankte er, angeblich ohne Prodrome, mit plötzlichem Schüttelfrost und heftigem Fieber am 26. November 93. Der Urin war angeblich gleich im Beginn dunkelroth. Der Kranke nimmt während des Fiebers 2 g Chinin. — er wurde von einem Faktoristen auf der Station verpflegt —, während der folgenden Tage weitere nicht abgemessene Dosen $\frac{3}{4}$—1 Theelöffel voll angeblich mehrmals täglich. Bereits am Tage nach der Erkrankung den 27. Nov. sistirt die Urinsekretion vollkommen. Blutiges Erbrechen und blutige Darmentleerungen. Citronengelbe Verfärbung der Haut. Milzgegend etwas schmerzhaft. Der einmalige Fieberanfall wiederholt sich nicht. Die Chiningaben werden fortgesetzt. Die Urinsekretion stellt sich nicht wieder ein.

Am 3. Dec. holte ich den Kranken mit dem Regierungsdampfer von der Station ab um ihn nach dem Kameruner Hospital zu bringen. Ich traf ihn bereits in hoffnungslosem Zustand.

Kräftiger, muskulöser Mann mit reichlich entwickeltem Fettpolster. Dunkelcitronengelbes Colorit. Puls sehr schwach und aussetzend. Temperatur normal, bleibt es auch auf die Dauer. Hochgradigste Athemnoth und Verzweiflung. Völlige Kraftlosigkeit. Der Kranke kann nichts bei sich behalten, Alles wird erbrochen.

5. Dec. Status idem. Die Schwäche nimmt zu. Patient kann kein Glied rühren. Das Sensorium wird trübe. Die ikterische Färbung immer tiefer. Patient lässt den Koth unter sich.

6. Dec. Patient ist moribund. Singultus. Urin ist seit 9 Tagen nicht entleert. Gegen Mittag Exitus.

Obduktion unmittelbar nach dem Tode. Gut genährte männliche Leiche. Starke Entwicklung der Muskulatur und des Fettpolsters. Gesicht leicht gedunsen. Keine Oedeme. Blutiger Schorf auf der Lippenschleimhaut.

Gehirnhäute nicht verwachsen. Hirnsubstanz sehr blass. WeisslicheTrübung an den Gefässscheiden der Pia, in den Ventrikeln geringe Menge seröser Flüssigkeit. Die grösseren Blutgefässe an der Basis sind ziemlich stark injicirt. Im Herzbeutel geringe Mengen seröser Flüssigkeit.

Um das Herz reichliche Mengen gelblichweissen Fettes. Linker Ventrikel etwas hypertrophisch, stark kontrahirt, rechter Vorhof und Ventrikel ganz schlaff. Muskulatur blassgelbbraun. Im Herzen keinerlei Gerinnungserscheinungen. Mitralis etwas verdickt, Klappenschluss vollkommen. In beiden Brusthöhlen ganz geringe Mengen seröser Flüssigkeit. Lungen nicht verwachsen, collabirt, blassweissgrau mit schiefrigen Flecken und Strichen auf Oberfläche und Schnittfläche. In den hinteren unteren Partien derb anzufühlen, sonst völlig lufthaltig. Beim Druck quillt von der Schnittfläche eine ganz geringe Menge seröser Flüssigkeit.

In der Bauchhöhle keine Flüssigkeit. Die stark lufthaltigen ganz blassen Därme quellen an der Schnittöffnung vor, überlagern die andern Eingeweide fast völlig.

Leber 29 : 27 : 10 cm. Vergrössert. Grünlichgelbbraun. Oberfläche glatt. Schnittfläche grünlichbraun. Gallenblase enthält 150 ccm dünnflüssiger dunkelgrüner Flüssigkeit mit einem Gerinnsel darin.

Milz 23:14:6 cm. Kapsel leicht abziehbar. Oberfläche glatt, dunkelgelbbraun. Reichliche weissgelbe Fettentwicklung.

Nieren 13:8:5 cm; 14:9:6 cm. Kapsel leicht abziehbar. Oberfläche eben, Pyramiden dunkel, hellere Rindensubstanz. Trübung des Parenchyms.

Blase enthält 25 ccm schwarzbraunen, hämoglobinhaltigen Urin.

10. M., Eisenbahnbeamter, 31 Jahre alt[1]). Der Kranke hat sich durch Aufsicht und Betheiligung an Erdarbeiten in letzter Zeit in besonders hohem Maass der Gefahr der Fiebererkrankung ausgesetzt. Seit $^5/_4$ Jahren in Afrika. Einige leichte Fieber sind vorangegangen. Bisher kein Schwarzwasserfieber.

Fig. 13.

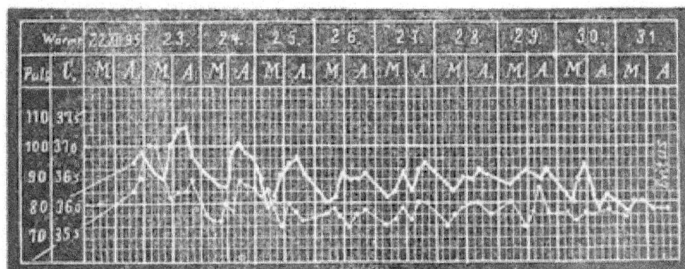

Ausbruch des hämoglobinurischen Fiebers am 17. Dec. 95 nach vorangegangenen kleinen Attaquen, gegen welche während der letzten Tage regelmässig je 2 g Chinin täglich genommen wurden. Ueber die vorangegangene Temperaturbewegung ist bei

1) Es handelt sich hier um einen in Ostafrika beobachteten Krankheitsfall, der in seinem Verlauf indess durchaus dem des schweren Schwarzwasserfiebers an der Westküste entspricht.

der am 22. Dec. erfolgten Aufnahme des Kranken im Hospital nichts sicheres zu erfahren. Es soll am 17. Dec. zum ersten Mal gleichzeitig mit blutigem Erbrechen blutiger Urin aufgetreten sein und am 19. die Urinproduction vollkommen versagt haben.

Status 22. Dec. 95. Kräftig gebauter Mann mit wenig entwickeltem Fettpolster. Blasses, leicht ikterisches Kolorit, keine Oedeme. Temperatur (cf. Curve) normal. Puls hart, gespannt, 62. An den Brust- und Abdominalorganen ist nichts abnormes nachweisbar, Milz unter dem Rippenbogen nicht fühlbar, auf Druck nicht schmerzhaft. Lebergegend etwas empfindlich. Im Blut keine Parasiten, reichlich Makrocyten und kernhaltige rothe Blutkörper. Zahl derselben 4112000 : 2800. Hämoglobingehalt 69 pCt. nach Fleischl bestimmt. Urin wird nicht producirt.

Hochgradige Schwäche und fortwährendes quälendes Erbrechen grünschwarzer Massen. Patient kann nur ganz wenig, ausschliesslich flüssige Nahrung bei sich behalten.

23. Dec. Nacht verlief ruhig. Wenig Schlaf. Alle Getränke ausser Wasser werden sofort erbrochen. Lebergegend nicht mehr empfindlich. Puls ziemlich voll. Der Kranke ist sehr matt. Sensorium frei. Ikterus hat nicht zugenommen. Kein Urin. Kein Stuhlgang.

24. Dec. Nachts wenig Schlaf. Da Patient noch immer alle eingeführte Nahrung erbricht, künstliche Ernährung durch Klystiere, die gut vertragen werden. Ikterus hat etwas abgenommen. Puls ziemlich schwach. Patient ist völlig klar bei Bewusstsein. Kein Urin.

25. Dec. Der Kranke fühlt sich etwas besser. Ikterus nur noch in mässigem Grade vorhanden. Erster Herzton unrein. Puls ziemlich kräftig. Der Kranke verlangt von selbst etwas Nahrung, die er aber fast stets gleich nach der Aufnahme wieder erbricht. Dunkelschwarzgrünes Aussehen des Erbrochenen. Fortsetzung der künstlichen Ernährung. 5 p. m. Entleerung von 120 ccm dunkelschwarzbraunen Urins. Die Untersuchung ergiebt reichliche Mengen von Hämoglobin, pigmentbeklebten Cylindern und Eiweiss. Gallenfarbstoff ist durch die Gmelin-Rosenbach'sche Probe nicht nachweisbar. Blutuntersuchung ergiebt 3650000 : 2900 Zellen im Cubikmillimeter. Keine Parasiten. Hämoglobingehalt 65 pCt. Es besteht noch starker Brechreiz.

26. Dec. Die Nacht verlief ziemlich ruhig. Sensorium ungetrübt. Ikterus nur noch sehr gering. Puls voll und kräftig. Wegen des fortwährenden Erbrechens Ernährung ausschliesslich per anum. Kein Urin.

27. Dec. Status idem. Nahrungsaufnahme fast ausschliesslich künstlich, da Nahrungszufuhr per os nur in minimalen Quantitäten möglich. Die Nährklystiere werden gut vertragen. Kein Urin. Die Kräfte des Kranken lassen nach.

28. Dec. Verschlechterung des Befindens. Der Kranke ist sehr matt, klagt über Schmerzen im Leib, der in toto auf Druck empfindlich ist. Quälendes Erbrechen galliger Massen, theilweis untermischt mit geronnenem Blut. Ikterus ist ganz verschwunden, die Haut hat ein fahllivides Aussehen. Auf derselben setzen sich Harnsäurekrystalle ab. Das Bewusstsein des Kranken beginnt sich zu trüben. Kein Urin.

29. Dec. Nach sehr unruhiger Nacht ist der Kranke sehr abgeschlagen und muthlos. Hochgradige Schwäche. Jeder Versuch per os Nahrung zuzuführen hat stürmisches Erbrechen zur Folge. Nährklystiere werden nach wie vor gut vertragen. Temperatur dauernd normal. Puls zwischen 75 und 80, sehr schwach. Blutuntersuchung ergiebt keine Parasiten, Blutkörperzahl 3876000 : 2700 im Cubikmillimeter. Hämoglobingehalt 64 pCt.

30. Dec. Die Nacht verlief sehr unruhig. Der Kranke ist nur zeitweise bei Bewusstsein, entleert die Fäces unter sich. Die Brechneigung hält an. Incontinentia

alvi. Der Kranke ist nicht mehr im Stande ein Nährklystier länger als wenige Minuten bei sich zu behalten, er klagt und jammert in einem fort über heftige Schmerzen im Leib. Blutiger Ausfluss aus dem Mund. Das Aussetzen des Pulses macht die Anwendung von Aether und Campheröl erforderlich. Kein Urin.

31. Dec. Patient hat fast gar nicht geschlafen, in einem fort leise vor sich hindelirirt, zeitweise laut aufgeschrieen. Er ist in einem unbewachten Augenblick aus dem Bett gefallen. Heftige Schmerzen im Kopf und Leib werden geklagt. Das Abdomen ist auf Druck empfindlich, namentlich in der Lebergegend. Von Nachmittag 2 Uhr an ist der Kranke besinnungslos, stertoröses Athmen, Puls klein und aussetzend. Kein Urin.

1. Januar 4 Uhr 10 Minuten Morgens Exitus in komatösem Zustand.

Die nach 4 Stunden ausgeführte Obduktion ergiebt:

Sämmtliche inneren Organe sehr blutarm. Punktförmige bis pfennigstückgrosse Hämorrhagien an Gehirnconcavität, Perikard und Pleurablättern, auf Magenschleimhaut, Mesenterium, und Nierenkapsel sowie im Nierenbecken. Linker Ventrikel stark kontrahirt, etwas hypertrophisch, rechter Ventrikel schlaff. Keine Gerinnselbildung im Herzen und in den grossen Gefässen. — Leber stark vergrössert, hell gelbbraun, Oberfläche glatt. In der Gallenblase 80 ccm grünschwarze dicke Galle. Milz wenig vergrössert, 250 g. Dunkelschwarzroth, weiches Parenchym. Starke Entwicklung der Follikel.

Nieren wenig vergrössert, weich, Kapsel leicht abziehbar, die Oberfläche glatt gelblich- bis grauroth, an der Oberfläche reichlich weissliche Flecke (Fettentwicklung) und Hämorrhagien. Rinde und Marksubstanz glänzend, dunkelgelbgrün mit punktförmigen Hämorrhagien.

Die mikroskopische Untersuchung ergiebt Ausstopfung der Glomeruli wie der Harnkanälchen mit geronnenem, reichlich mit dicht aneinander sitzenden Pigmentkörnern und Schollen beklebtem Exsudat. An einzelnen Stellen scheinen letztere allein die Lumina der Harnkanälchen vollständig zu verstopfen. Das Epithel der Rindenkanälchen ist vielfach mit Fettkörnchen durchsetzt, kernlos, trüb; an andern sind die Kerne geschwollen.

In diesen Fällen ergab die Obduktion ausser den Erscheinungen der akuten Entzündung und des Hämoglobininfarkts der Nieren, keine organische Läsion. Der Tod trat in beiden Fällen unzweifelhaft in Folge gänzlichen Versagens der Nierenthätigkeit durch Selbstintoxikation ein. Die Anurie wurde unter diesen Umständen in dem einen Fall 9 Tage, im anderen 12 Tage lang ertragen.

In anderen Fällen tritt zu den Erscheinungen von Seiten der Nieren durch die hochgradige Veränderung des Blutes einerseits, des Endokards des Herzens sowie der Intima der Gefässe durch Ernährungsstörungen andrerseits Blutgerinnung in vivo hinzu und führt als Complikation des Nierenleidens oder allein für sich durch direkte mechanische Beeinträchtigung der Herzthätigkeit oder durch Embolie zum Tode.

11. F., Factorist, 25 Jahre.

Patient ist seit 4 Jahren an der Westküste, hat viel an Fieber, auch an hämaturischem Fieber gelitten theilweise mit längerdauernder secundärer Nephritis, weshalb er ärztlicherseits bereits früher dringend zum Verlassen der Küste ermahnt wurde. Seit 14 Tagen hat Patient kein Fieber gehabt.

16. Sept. Patient fühlt sich abgespannt und matt in Folge von Ueberanstrengung in seinem Geschäft, da zwei seiner Clarks ebenfalls am Fieber erkrankt sind. Angeblich kein Fieber, Urin hell.

17. Sept. Vormittags fühlt Patient sich angeblich völlig wohl, um 1 p. m. erkrankt er mit Schüttelfrost, der eine Stunde lang anhält. Es besteht quälender Brechreiz. Gleich der erste gelassene Urin ist spärlich, schwarzroth. Der Kranke ist sehr abgeschlagen, leicht ikterisches Kolorit, Puls gespannt, 100—110, Temperatur 40,1°, dabei besteht seit ca. $\frac{1}{2}$ Stunde excessiver Schweiss. Oppressionsgefühl auf der Brust. Ueber den Brustorganen nichts abnormes. Abdomen auf Druck etwas empfindlich, es besteht leichte Tympanie. Milzvergrösserung nicht nachweisbar. Urin in dicker Schicht schwarz, Schaum rothgelb. In dünner Schicht trübdunkelroth, filtrirt dunkelrubinroth. Sehr reichliches Sediment, granulirte Cylinder, Nierenkanälchen und Blasenepithelien, Hämoglobinschollen und Detritus. Sehr reichliche Eiweisstrübung (1,2 g im Liter nach Essbach). Gegen Abend bessert sich das subjective Befinden etwas, der Brechreiz lässt nach, die Temperatur sinkt. Die Urinproduktion nimmt ab.

18. Sept. Nur 60 ccm Urin producirt, dunkler als die erste Probe, dunkelschwarz, nur der Tropfen im durchfallenden Licht dunkelrubinroth. Gehalt an Eiweiss und Cylindern hat nicht zugenommen, sehr reichlicher Niederschlag. Am Vormittag steigt die Temperatur noch auf 39,5° um dann schnell abzufallen. Patient ist äusserst matt, der Brechreiz geringer. Kolorit citronengelb. Nachmittags noch tropfenweise 5-8 ccm schwarzen Urins producirt mit hohem Eiweissgehalt, die Temperatur hält sich zwischen 37 und 38°. Puls sehr gespannt, ziemlich kräftig, 120. Zunahme der Tympanie, welche die Untersuchung von Milz und Leber erschwert. Geringe Empfindlichkeit des Abdomens. Seit 18. September Nachmittags wird kein Urin mehr producirt.

19. Sept. Die Temperatur ist normal. Keine Schmerzen. Keine Oedeme. Citronengelbes Kolorit. Blut enthält noch gelösten Blutfarbstoff. Brechreiz hat abgenommen. Patient kann flüssige Nahrung in geringer Menge bei sich behalten. Starke Tympanie macht Untersuchung der Abdominalorgane unmöglich. Kein Urin. Kein Schweiss. Nacht vom 19.—20. Sept. verläuft ruhig. Patient schläft. Temperatur 20. Sept. 37,6°. Erbrechen gering und Kopfschmerzen fehlen. Geringer Singultus. Olivengelbe Färbung der Haut, im Blut kein gelöstes Hämoglobin mehr nachweisbar; dünnes, wässriges Blut. 16pCt. Hämoglobin. 1184000 rothe Blutkörper in Cubikcentimeter. Zahlreiche Makro- und Mikrocyten. Kein Urin. Erster Herzton unrein, über sämmtlichen Ostien hört man deutliches Blasen, am ausgesprochensten über der Herzspitze. Obstipation. Im Lauf des Nachmittags verfällt der Kranke in völlige Apathie, giebt seinem Widerwillen gegen die Medicin nur durch Umwenden des Kopfes Ausdruck. Brechreiz gering. Singultus. In der Nacht 20.—21. Sept. werden Aetherinjektionen wegen Collapserscheinungen nothwendig. Der Puls hebt sich etwas. Somnolenz und Singultus dauern an. Rest der Nacht verläuft ruhig.

21. Sept. Aeusserste Schwäche. Das systolische Geräusch über der Herzspitze ist deutlicher geworden. Urinproduktion hat sich nicht wieder eingestellt. Um 10½ a. m. Collaps. Cheyne-Stoke'sches Athmen. Vorübergehende Besserung auf reichliche Aetherinjektionen. Exitus.

Obduktion 2 Stunden post mortem.

Kräftig gebauter männlicher Leichnam. Citronengelbe Färbung der Hautdecken. Welke, schlaffe Haut, nirgends Oedeme. Gut entwickeltes Fett- und Muskelgewebe.

Gehirnhäute nicht verwachsen, Pia an der Convexität leicht getrübt im Verlauf der Gefässe. Geringe Füllung der Hirngefässe, sehr blasse Hirnsubstanz, keine Spur eines embolischen Processes, in den Ventrikeln geringe Menge seröser Flüssigkeit. Herzbeutel enthält 20 ccm seröser Flüssigkeit, rechter Ventrikel schlaff, linker leicht hypertrophisch, stark kontrahirt. Beide enthalten kein flüssiges Blut, dagegen grössere und kleinere bis bleifederdicke rothe Gerinnsel und weisse randständige Thromben mit geschichteter Struktur und ziemlich erheblichem Zellreichthum. Herzmuskulatur blassgelbbraun. Klappen blass, zart, gut schliessend.

Lungen völlig kollabirt, blassweisslichgrau mit schieferfarbenen Flecken und Streifen im Bereich der grösseren Gefässe. Bis auf einzelne kleinere derbanzufühlende blauröthlich verfärbte Partien in den hinteren unteren Partien völlig lufthaltig.

Aus der eröffneten Bauchhöhle quellen die blassen, stark mit Luft gefüllten Därme mit Gewalt hervor. Schleimhaut sehr blass. Wenig flüssiger Inhalt.

Milz 14 : 11 : 6 cm, blassolivenbraun, einige narbige Einziehungen an der Oberfläche. Kapsel leicht abziehbar. Oberfläche körnig chokoladenbraun, reichliche Entwicklung stecknadel- bis hirsekorngrosser Follikel.

Leber 25 : 14.5 : 7.5 cm zurückgelagert, bräunliche Färbung, Kapsel leicht abziehbar. Schnittfläche unregelmässig gekörnt, gelbbraun, anämisch. Gallenblase schlaff, mit 24 ccm schwarzgrüner Flüssigkeit von theerartiger Consistenz gefüllt.

Nieren (12:7:4.5 cm l.; 12.5:8:5.5 cm r.) Oberfläche dunkelgelbbraun, etwas uneben. Kapsel leicht abziehbar. Oberfläche zeigt gelblich weisse Pünktchen und Streifen sehnigen Aussehens. Pyramiden olivenbraungrün, Cortikalis dunkelgelbbraun, um die rechte Nierenkapsel reichlich gelbweisses Fett. Nierenhilus zeigt auf der Schnittfläche reichlich punkt- bis hirsekorngrosse Hämorrhagien.

In diesem Fall hat unzweifelhaft die Thrombenbildung im Herzen zu der Beschleunigung des unglücklichen Ausgangs, welcher bereits nach dreitägigem Bestehen der Anurie eintrat, wesentlich beigetragen.

In den beiden folgenden ist auf sie allein der tödtliche Ausgang zu beziehen.

12. Sch., Elefantenjäger, 1½ Jahre in Kamerun, früher in Batanga, ca. 1 Jahr 6 Monate nach Ankunft in Kamerun erstes schweres Fieber. 6 Tage anhaltend. Im Busch am Mungo, wo er jetzt herkommt, hat er mehrere schwere Fieber durchgemacht, noch kein hämoglobinurisches Fieber. Hat nicht regelmässig Chinin genommen. Erkrankt unmittelbar nach seinem Eintreffen aus Mundame, wohl im Anschluss an die Bootfahrt auf dem verrufenen Fluss, in der Jantzen-Thörmählen Faktorei. Leichte Prodromalerscheinungen am 9. April 93, die ihm das Herannahen des Fiebers wahrscheinlich machen. Er nimmt vor Ausbruch des Fiebers 1.5 g, im Beginn desselben noch zweimal je 1 g Chinin. Ausbruch der Krankheit in der Nacht vom 9. zum 10. April 93 mit Schüttelfrost und hochgradiger Athemnoth. Der Urin ist gleich sehr spärlich, die Entleerung schmerzhaft, die Farbe dunkelroth, gegen Abend nimmt er eine schwarzrothe Farbe an. Es besteht lebhafter Brechreiz.

Status 9. April. Untersetzter, stämmiger, wohlgenährter Mann. Leicht ikterisches Kolorit. Hochgradige Dyspnoe. Puls regelmässig, 100, stark gespannt, über den hinteren unteren Lungenpartien trocknes Rasseln, Milz und Leber auf Druck schmerzhaft, Vergrösserung nicht nachweisbar.

Abends, 10. April, Aufnahme ins Hospital. Der fortwährende Brechreiz hält trotz geringer Morphiumgabe und Senfpapier auf den Leib an. Temperatur steigt an

40° um dann abzufallen. Die grosse Angst und Unruhe hält an. Sehr grosse Reizbarkeit und Nervosität. Gegen Morgen 11. April etwas besseres subjectives Befinden. Der Brechreiz hat nachgelassen. Patient ist nach etwas Morphium ruhiger. Der Ikterus hat zugenommen. Seit dem 10. April ist kein Urin mehr entleert worden. Gegen Abend nimmt die Unruhe wieder sehr zu. Quälendes, theilweis galliges Erbrechen.

11. April. Der Ikterus hat erheblich zugenommen, der Kranke sieht fast citronengelb aus, Temperatur fällt gegen Abend zur Norm, zwischen 36 und 37°, Puls beschleunigt, etwas gespannt. Die Athemnoth ist geringer geworden. Es werden noch 200 ccm schwarzrothen Urins entleert mit allen Erscheinungen der akuten Nephritis, reichlichen Cylindern und Hämoglobinkrystallen. An den Abdominalorganen ist keine Aenderung zu bemerken, Katarrh über den abhängigen Theilen der Lungen. Blut enthält gelöstes Hämoglobin, es sind keine Parasiten in demselben nachweisbar. Anfälle von Angstgefühl, starkes, galliges Erbrechen, alles Genossene wird sofort entleert.

12. April. Geringe Aenderung im Befinden. Erbrechen und Angstgefühl. Gelbfärbung des Körpers wird dunkler, Patient kann fast nichts bei sich behalten. Es wird kein Urin entleert. Dieser Zustand hält bis zum 15. April an, während dieser Zeit ist ein Zunehmen der Aufregungszustände bemerkbar. Ueber der Herzspitze seit dem 14. April deutliches systolisches Blasen. Puls schwach, aussetzend. Völlige Anurie, leichte Kopfschmerzen, keine Oedeme.

15. April. Ziemlich plötzliche Aenderung des Zustandes. Nach 4 × 24 stündiger Anurie werden 1000 ccm Urin von hellgelbbrauner Farbe entleert. Urin enthält geringe Mengen von flockigem Eiweiss, sehr reichlich granulirte Cylinder und Hämoglobinkörner, Nierenepithel und Blasenepithel, keinen gelösten Blutfarbstoff. Das Befinden des Kranken bessert sich auffällig. Singultus und Erbrechen lassen nach. Seine Stimmung hebt sich. Gegen Abend und am 16. April früh wird wieder Urin entleert, von normaler Farbe und geringem, stetig abnehmendem Eiweissgehalt. Die Temperatur bleibt normal. Der Puls ist noch schwach und unregelmässig. Das systolische Blasen über der Herzspitze noch deutlich. Die Kräfte verlassen den Kranken, zeitweise Kollapserscheinungen, die durch Sekt und Aetherinjektionen vorübergehend gehoben werden.

16. April tiefer Kollaps nach Aufregungszustand und Irrereden. Sinken der Temperatur. Puls unfühlbar, hebt sich vorübergehend nach Aetherinjektionen, 4½ p. m. Exitus letalis.

Obduktion. Untersetzte Leiche mit reichlich entwickelter Muskulatur, mässiges Fettpolster, dunkelcitronengelbe Färbung der Hautdecke. Keine Oedeme.

Brusthöhle: Im Brustraum ca. 10 ccm trübseröser Flüssigkeit. Lungen nicht verwachsen, völlig kollabirt, bis auf die abhängigsten Theile hinten unten, in welchen kleine dunkelroth gefärbte indurirte Herde vorhanden, durchaus lufthaltig, im Herzbeutel 8 ccm klarseröse Flüssigkeit, Herz leicht hypertrophisch, linker Ventrikel kontrahirt, rechter schlaff. Klappenapparat intakt. In beiden Herzhöhlen frische dunkelrothe und weissgraue lamellös angeordnete Gerinnsel zwischen den Trabekeln in das Herzinnere hereinragend.

Bauchhöhle: Keine Flüssigkeit. Milzgewicht 650 g. dunkelbraunroth, weich mit stark vortretenden Follikeln. Leber dunkelgelbbraun, 2100 g Gewicht, in der Gallenblase 20 ccm dickbreiiger grünlicher Inhalt.

Nieren 211 resp. 191 g. Kapsel leicht abziehbar. Pyramiden dunkel, auf dem Durchschnitt kleine Blutpunkte, trübes Aussehen der Schnittfläche.

Starkes Vorquellen der blassen, meteoristisch aufgetriebenen Gedärme.
Vereinzelte Blutpunkte auf der Darmschleimhaut.

In diesem Falle trat nach 4 tägiger Anurie spontan wieder Urinproduktion auf und zwar Produktion eines bis auf ganz geringe darin
enthaltene Albuminmengen durchaus normalen, gleich von Beginn in der
Quantität nicht verminderten Urins. Der Tod erfolgte trotzdem und zwar
in Folge der Thrombenbildung im Herzen, die während des Bestehens
der Anurie zu Stande gekommen war. Diese Thrombenbildung kann bei
hochgradiger Blutzersetzung zu Stande kommen, ohne dass Anurie oder
auch nur Herabsetzung der Urinproduktion vorangegangen zu sein braucht.

13. F., Plantagenvorsteher[1]), 26 Jahre alt. Patient ist seit 3 Jahren in Afrika.
Hat öfter leichte Fieber gehabt, die er stets ohne Chinin, nur mit Schwitzbädern und
heissen Getränken behandelt hat. Vor 1 Jahr schwere Fiebererkrankung in Usam-
bara, erhält von seiner Umgebung sehr grosse Chininmengen, infolge deren sich
bei ihm eine langwierige Mittelohrentzündung mit Perforation des rechten Trommel-
felles entwickelt. Während der letzten Monate war F. gesund.

Fig. 14.

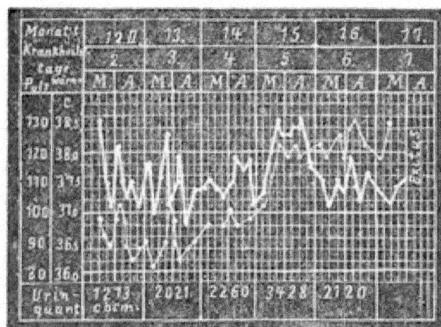

Am 10. Februar 96. Nächtliches Bad im Meer im Anschluss an einen beträcht-
lichen Excess in Baccho. Am 11. Februar früh Erkrankung unter heftigem Schüttel-
frost. Gleich der erste während desselben entleerte Urin war dunkel-schwarzroth.
Sogleich nach dieser Entdeckung nimmt F. 20 Tabletten Chinin. muriat. à 0.5 g. die
er bei sich behält. Die Folge sind unerträgliche Kopfschmerzen. Zittern an allen
Gliedern und fast völlige Taubheit. Die Hämoglobinurie hält an. Am 12. Februar wird
F. in das Hospital nach Tanga überführt.
Status 12. Februar 96. Kräftig gebauter, untersetzter junger Mann. Leichte
Somnolenz, hochgradige Schwerhörigkeit. Geringer Ikterus. Das ganze Abdomen,
vorzugsweise aber die Milzgegend auf Druck empfindlich. Auskultation und Perkussion ergiebt bis auf eine geringe Vergrösserung der Milz, deren unterer Rand
einen Querfinger breit über den Rippenrand hervorragt, nichts abnormes. Puls voll,

---

1) Es handelt sich hier wie bei 10 um einen in Ostafrika beobachteten Fall.

beschleunigt, die Temperatur bei Einlieferung des Kranken 38,6°, fällt im Lauf des Tages zur Norm ab. Es wird über Kopfschmerz und Brechneigung, letztere fast ausschliesslich nach Nahrungszufuhr, geklagt.

Urin in normaler Menge producirt (cf. Angaben auf vorstehender Tabelle). Keine Schmerzen bei der Entleerung. In dicker Schicht bei auffallendem Licht schwarz, im Reagenzglas setzt er geringen Bodensatz ab. Filtrat tiefburgunderroth. Specifisches Gewicht 1016—1020. Reaktion schwach sauer. Eiweissreaktion sehr deutlich. 2,5 g im Liter nach Esbach. Die Gmelin-Rosenbach'sche Gallenfarbstoffprobe wie die v. Pettenkofer'sche Gallensäureprobe negativ. Im Bodensatz reichlich Schleim, gequollene Blasenepithelien, Pigmentschollen und Detritus, keine Cylinder.

Blutuntersuchung: spärlich siegelringförmige unpigmentirte schwer färbbare Parasiten, reichlich Makro- und Mikrocyten, weniger reichlich kernhaltige rothe Blutkörper. Numerisches Verhältniss der Blutkörper 4100000 : 2300 im Cubikcentimeter. Hämoglobingehalt 72 pCt. (Fleischl).

Ordo: Chloroformwasser. Chloralhydrat. Reichliche Zufuhr von Getränken. Feuchte Abreibungen.

13. Februar. Die Nacht ist ziemlich ruhig verlaufen. Ikterus namentlich an den Conjunktiven deutlicher ausgesprochen. Schmerzen in der Milzgegend haben zugenommen. Milz unter dem Rippenbogen deutlich palpabel. Temperatur und Puls cf. Curve. Urinmenge 2021 ccm, in Portionen zu 150—300 ccm schmerzlos entleert. Farbe dunkelschwarzroth. Spec. Gewicht 1016—1018. Reaktion schwach sauer. Sediment reichlicher als gestern, zeigt dieselbe Zusammensetzung. Eiweissgehalt 3 g im Liter nach Esbach. Gmelin-Rosenbach'sche und Pettenkofer'sche Probe negativ.

Blut: Numerisches Verhältniss der Blutkörper 3820000 : 2600 im Cubikcentimeter. Hämoglobingehalt 68 pCt. Keine Parasiten. Kernhaltige rothe Blutkörper vermehrt gegen gestern. — Der Kranke fühlt sich bis auf grosse Schwäche wohl. Ordo: wie gestern.

14. Februar. Die Nacht ist sehr unruhig verlaufen. Patient klagt über heftige Schmerzen in der Milzgegend, welche sich auf heisse Kataplasmen wesentlich verringern, sowie über Schmerzen in der Eichel beim Uriniren. Der Harndrang ist heftiger geworden. Ikterus hat nicht zugenommen. Das Erbrechen hat nachgelassen. 4 maliges Erbrechen im Lauf des Tages.

Urin: 2260 ccm dunkelschwarzroth. gegen Abend tritt geringe Aufhellung ein. Spec. Gewicht 1015—1016. Schwachsaure Reaktion. Eiweissgehalt hat wesentlich abgenommen. 0,9 g im Liter. Gmelin-Rosenbach'sche und v. Pettenkofer'sche Probe negativ.

Blut: Numerisches Verhältniss der Blutkörper 3125000 : 2300 im Cubikmillimeter. Hämoglobingehalt 42 pCt. Keine Parasiten. Reichlich Makro- und Mikrocyten, sowie kernhaltige rothe Blutkörper.

Ordo: Hämatogen und mangansaures Eisen. Porter. Reichliches Getränk.

15. Februar. Der Kranke ist sehr schwach, klagt über Zunahme der Milzschmerzen. Der Ikterus ist geringer geworden. Temperatur etwas erhöht. Puls beschleunigt, unregelmässig. Ueber allen Herzostien, am deutlichsten über der Herzspitze systolisches Geräusch.

Urin: 3428 ccm zeigt ein völlig verändertes Aussehen. Vormittags Madeirafarbe. Hämoglobingehalt makroskopisch nicht zu erkennen. Spec. Gewicht 1009—1011, Reaktion sauer. Eiweissgehalt nach Esbach bestimmt 0,6 g im Liter. Nachmittags völlig normales hellgelbes Aussehen. Nur noch Spur von Eiweiss.

Blut: 3960000 : 2800 Blutkörper im Cubikmillimeter. Hämoglobingehalt 49 pCt. Keine Parasiten. Zahl der kernhaltigen rothen Blutkörper hat zugenommen. Der Kranke ist sehr matt und unruhig. Hochgradige Anämie der sichtbaren Schleimhäute.

16. Februar. Patient fühlt sich ziemlich wohl. Die Schmerzen in der Milzgegend haben wesentlich abgenommen. Ikterus kaum noch nachweisbar. Wachsbleiche Farbe. Hochgradige Schwäche. Oefteres Erbrechen. Geräusche über den Herzostien sind deutlicher geworden. Puls stark beschleunigt bis 140, zeitweise unregelmässig.

Urin: 2120 ccm hellgelb, 1008—1010 spec. Gewicht. Deutlich saure Reaktion. Keine Spur von Eiweiss.

Blut: 3820000 : 2600 Blutkörper im Cubikmillimeter. Hämoglobingehalt 47 pCt nach Fleischl.

Ordo: Wie bisher. Reichlich Wein.

17. Februar. Die Nacht verläuft ziemlich ruhig. Hochgradige Schwäche. Morgens ist der Kranke sehr unruhig, hat keine Schmerzen. Ikterus ist ganz verschwunden. Puls sehr klein, unregelmässig, bis 140, zeitweis aussetzend. Reichliche Anwendung von Excitantien. Der Kranke trinkt reichlich Kakao und Wein. 10 a. m. nachdem er eben getrunken, greift er plötzlich unter den Zeichen höchster Angst nach der Brust, klagt über Erstickungsnoth. Der Puls setzt vollkommen aus. Nach etwa einer Minute erholt sich der Kranke wieder fast vollkommen. Die Anfälle wiederholen sich in Zwischenräumen von 2—3 Minuten. Der Kranke verliert etwa 15 Minuten nach dem ersten Anfall das Bewusstsein, beginnt zu röcheln, Cheyne-Stokes'sches Athmen. Exitus 10 Uhr 15 Minuten.

Obduktion 2 Stunden post mortem.

Muskulöser, mässig fettreicher, männlicher Leichnam. Hochgradige Blässe der Haut und der sichtbaren Schleimhäute. Kein Ikterus. Gehirnhäute sehr blass. In den Ventrikeln geringe Menge hellgelber Flüssigkeit. Beide Lungenspitzen in ca. fünfmarkstückgrosser Ausdehnung mit dem Brustkorb verwachsen, enthalten emphysematöse Stellen und erbsen- bis halbhaselnussgrosse Indurationen. Uebrige Lunge kollabirt. Blass weissgraue Oberfläche mit schiefergrauen Streifen und Flecken. Von der Schnittfläche fliesst reichlich schaumige Flüssigkeit ab.

Im Herzbeutel 50 ccm klare seröse Flüssigkeit. Linker Ventrikel stark contrahirt, rechter schlaff. Der rechte Ventrikel und beide Herzohren enthalten dunkelrothe und weisslichgraue wandständige Gerinnsel von Stricknadel- bis zu Bleifederstärke. Klappen intakt.

Milz: 655 g schwer, 18,3 : 12,5 : 5,8 cm. Oberfläche glatt glänzend, bläulichbraun. Kapsel leicht abziehbar. Schnittflächen dunkelgelbbraun, ziemlich starke Entwicklung der Follikel.

Leber: 1902 g schwer; 31,6 : 20,2 : 10,3 cm. Hellgelbbraune, glatte Oberfläche. Schnittflächen glatt, blassgelbbraun. Gallenblase klein, enthält 30 ccm dunkelgrüner Flüssigkeit.

Linke Niere: 135 g schwer, Kapsel etwas mit der Oberfläche verwachsen. An der Oberfläche einige weissliche eingezogene Stellen. Schnittfläche glatt. Rindensubstanz gelbbraun. Pyramiden röthlichbraun.

Rechte Niere: 137 g schwer. Kapsel leicht abziehbar. Oberfläche gelbbraun. 2 keilförmige frische Infarkte. Glatte Schnittfläche. 2 stecknadelkopfgrosse Hämorrhagien im Nierenbecken.

Blase enthält 20 ccm hellen, eiweissfreien Urin.

Am Magen und Darm ausser hochgradiger Blässe der Schleimhaut nichts Abnormes.

Frische embolische Processe sind ausser in der rechten Niere nicht nachweisbar.

Die in jedem Fall von Schwarzwasserfieber durch den Reiz des pathologischen Urins verursachte Nierenaffektion verschwindet in den leichten Fällen gleichzeitig mit oder wenige Stunden nach Aufhören der Hämoglobinurie. Auch in den schweren Fällen braucht sie sich nicht in einer rasch entstehenden Anurie zu äussern, sie kann einen mehr chronischen Charakter annehmen und das fieberhafte Stadium der Krankheit beträchtlich überdauern. Geringe Mengen Eiweiss und Nierencylinder sind ein keineswegs seltener Befund im Reconvalescenzstadium der Kranken und lassen sich nicht selten noch mehrere Tage oder länger, nachdem alle sonstigen Erscheinungen verschwunden sind, im Urin nachweisen. Es kann sich auf diese Weise das Bild der parenchymatösen Nephritis aus dem des Schwarzwasserfiebers in derselben Weise wie es nach verschiedenen heimischen Infektionskrankheiten der Fall ist, entwickeln. Durch Vereinigung der Nephritis mit der durch die Blut- und Gefässalteration hervorgerufenen Thrombose können alsdann ganz komplicirte Krankheitsbilder entstehen.

14. J., Faktorist. 25 Jahre alt kommt aus Plantation, im südlichen Theil der Kamerunküste nach Kamerun. 1½ Jahre in der Kolonie. Hat mehrfach an einfachen Fiebern gelitten. Erkrankt am 1. September 93 an Schwarzwasserfieber, das 3 Tage anhält. Seither leidet er an hochgradiger Schwäche, Athemnoth und Herzklopfen, fortwährendem Brechreiz. Lässt sich deshalb am 13. September mit dem Dampfer nach Kamerun schaffen.

Stat. 13. Sept. Sehr abgemagerter junger Mann, sehr schwach, nicht fähig zu gehen. Wachsbleiches etwas gedunsenes Aussehen. Leichte Oedeme in der Knöchelgegend. Temperatur normal. Puls 110, schwach, unregelmässig. Herzdämpfung überschreitet den rechten Sternalrand. Ueber den Herzostien, namentlich an der Herzspitze deutlich hörbare Geräusche. Lungen zeigen nichts abnormes. Abdomen in toto empfindlich. Milz erreicht den Rippenbogen. Lebergrenzen normal.

Urin spärlich, trüb gelbbraun. Spec. Gewicht 1027, Reaktion neutral. Reichlich Eiweiss. Nach Esbach 1 g auf 1 Liter. Im Bodensatz hyaline und epithelbekleidete Cylinder.

Blut: 4100000 : 2100 Blutkörper im Cubikmillimeter. 60pCt. Hämoglobin nach Fleischl. Keine Parasiten. Reichlich Makro- und Mikrocyten.

14. Sept. 93. Die Nacht ist ziemlich ruhig verlaufen. Zustand unverändert. Temperatur normal. Hochgradigste Schwäche. Bei jeder kleinen Bewegung wird der Puls unregelmässig und bis 130 beschleunigt. Der Kranke vermag nur wenig Nahrung zu sich zu nehmen. Auftreten von Singultus. Urin zeigt keine Veränderung gegen gestern. Ordo: Völlige Ruhe, reichliches Trinken, fast ausschliesslich Milchdiät. Coffein und Digitalis. Gegen Abend wird der Puls des Kranken etwas langsamer und ruhiger.

15. Sept. Der Kranke hat fast gar nicht geschlafen. Singultus belästigt ihn sehr. Die Schwäche ist unverändert. Patient vermag kaum sich im Bett aufzurichten. Die Oedeme an den Knöcheln sind in Folge der dauernd horizontalen Lage fast verschwunden. Die Töne über der Herzspitze sind sehr deutlich. Puls sehr klein und frequent, theilweis aussetzend. Temperatur normal. Urinquantum mässig reichlich

(1100 ccm) trübdunkelgelb, Eiweiss 1,1 g im Liter nach Esbach. Noch reichlich
Cylinder. Temperatur zwischen 36,0 und 37,0°. Ordo wie oben.

16. Sept. Der Kranke hat etwas geschlafen. Singultus hat nachgelassen. Zu-
stand äusserster Schwäche mit Oppressionsgefühl über der Brust. Temperatur normal.
Puls klein und aussetzend. Wird im Lauf des Vormittags zeitweise unfühlbar.
Reichlich Aetherinjektionen. Der Kranke erholt sich nur für Minuten. 1 p. m. Beginn
Cheyne-Stokes'schen Athmens. Nach 10 Minuten Exitus.

Obduktion 2½ Stunden p. m.

Stark abgemagerte Leiche. Sehr blasse Hautdecken. Kein Ikterus. Leichte
Oedeme an den Knöcheln.

Gehirnhäute sehr blass. In den Ventrikeln geringe Menge heller seröser
Flüssigkeit. Lungen nicht verwachsen, völlig kollabirt, blass weisslich mit
schiefrig grauen Streifen und punktförmigen Auflagerungen an der Oberfläche. Von
der Schnittfläche entleert sich reichlich schaumige trübweissliche Flüssigkeit.

Im Herzbeutel 30 ccm seröser Flüssigkeit. Linker Ventrikel etwas hyper-
trophisch, stark kontrahirt, rechter Ventrikel schlaff. Im rechten Ventrikel, beiden
Vorhöfen und in den Herzohren weissgraue und rothe derbe Gerinnsel, zwischen den
Trabekeln und an den Ansatzstellen der Klappen derselben theilweise fest anhaftend.
Keine nachweisbare Gerinnselbildung in den grossen Gefässen.

Bauchhöhle: Därme meteoristisch aufgetrieben, überlagern den unteren Theil
der Leber. Serosa blass. Keine Flüssigkeitsansammlung in der Bauchhöhle. Leber
etwas vergrössert, 1920 g schwer. Keine Verwachsungen. Blassgelbbraune Oberfläche.
Schnittfläche glatt. In der Gallenblase 40 ccm dickflüssiger schwarzgrüner Flüssigkeit.

Milz etwas vergrössert, 410 g. Oberfläche dunkelbläulichbraun. Schnittfläche
körnig. Reichliche Entwickelung der Follikel. Wallnussgrosser gelbbrauner Infarkt.

Nieren vergrössert, 210 resp. 221 g. Linke Niere, Kapsel an einzelnen Stellen
mit der Oberfläche verwachsen. Niere fühlt sich weich an. Oberfläche trübgraues an
einzelnen Stellen röthliches Aussehen. Auf der Schnittfläche Schwellung von Mark
und Rindensubstanz gelblichgrau mit röthlichen Streifen und Flecken.

Dasselbe Bild bietet die rechte Niere. Nahe der Oberfläche derselben an der
Convexität haselnussgrosser, unregelmässig geformter Herd von gelblich grauer Farbe.
Umgebung röthlich verfärbt. Die mikroskopische Untersuchung ergiebt weitgehende
Zerstörung der Epithelien der Harnkanälchen. Dieselben sind stellenweise ganz ver-
schwunden, im übrigen trüb, mit Fetttröpfchen ausgestopft und gequollen.

Die vorbezeichneten Krankheitsgeschichten sind geeignet das Bild der
im eigentlichen Sinne perniciösen Formen des hämoglobinurischen Fiebers
und seiner Folgezustände zu veranschaulichen. Unter eins derselben wird
es fast stets möglich sein, den beobachteten perniciösen Fall unterzu-
bringen und auch die Autopsie dürfte bei reinen Fällen, abgesehen von
den möglichen vielfachen Komplicationen durch lokale Affektionen in Folge
von Embolien, sich im allgemeinen mit den bisher von mir beobachteten
ziemlich genau decken. Durchaus ungerechtfertigt aber wäre es, anzunehmen, dass alle oder auch nur die meisten der vielfach wie in Ostafrika sehr mit Unrecht schlechthin „perniciöse" genannten Schwarzwasserfieber einen derartig schweren Verlauf zeigen.

Den vorhin geschilderten schwersten Fällen mit tödtlichem Ausgang
gegenüber steht die numerisch viel beträchtlichere Zahl der Fälle, in
denen nach mehr oder weniger langdauerndem Bestehen der bedrohlichsten

Erscheinungen völlige Wiederherstellung eintritt und der Kranke, bis auf die andauernde Schwäche völlig wohl, nach einigen Tagen bereits seine gewohnte Thätigkeit wieder aufzunehmen im Stande ist, während in andern Fällen freilich die Rekonvalescenz wesentlich längere Zeit erfordert.

Einige charakteristische Krankheitsgeschichten aus dem beträchtlichen inzwischen angesammelten Beobachtungsmaterial werden die einschlägigen Verhältnisse am besten zu beleuchten im Stande sein.

15. X., Maschinist. Kräftiger Mann von 42 Jahren. Seit 19 Jahren an der Westküste, vor 7 Jahren in China, Japan, Indien und Amerika. Hat viel an Fieber gelitten und sehr viel Chinin (angeblich über 800 g) gebraucht. 4 mal Schwarzwasserfieber. Beginn der jetzigen Erkrankung am 1. April 93 nach vorausgegangenem prophylaktischem Chiningebrauch. Deutliche Prodromalerscheinungen, Ziehen in allen Gliedern, Unbehagen und Uebelkeit. Ausbruch der Krankheit in der Nacht vom 1. zum 2. April 93 mit starkem Schüttelfrost und hohem Fieber, Erbrechen und starkem Kopfschmerz. Der unmittelbar nach Ausbruch des Fiebers entleerte Urin ist dunkelschwarzroth, das Filtrat im Reagenzglas rubinroth, reichlicher Niederschlag. Starke Eiweisstrübung (1 g im Liter nach Esbach), Cylinder, Epithelien und Körnchenzellen, reichlicher Detritus. Im Blut kleinste, ringförmige, pigmentlose Amöben. Keine Halbmond- und Spindelformen. Puls mässig kräftig, nicht sehr gespannt. Milz überragt etwas den Rippenrand, ganz geringe Empfindlichkeit auf Druck. Sonst keine nachweisbaren Veränderungen an den inneren Organen. Nach Abfall der Temperatur gegen 7 Uhr Morgens erhält der Kranke 2 g Chinin subkutan injicirt, unmittelbar danach steigt die Temperatur wieder auf 39,2°, gegen 12 kollabirt der Kranke, nachdem schon eine Stunde vorher der Puls sehr schwach und aussetzend gewesen, die Respiration sehr mühsam geworden war und sich lebhaftes Angst- und Unruhegefühl eingestellt hatte, mit dem Gefühl der Erstickung. Dabei heftiges Ohren-sausen und Benommenheit. Nach Injektion von 6 ccm Aether hebt sich der fast völlig verschwundene Puls wieder. Wegen der grossen Unruhe erhält der Kranke 0,01 Morphium, das ihn beruhigt. Der Urin ist noch dunkelroth, äusserst spärlich, er wird zu 30—40 ccm entleert. Die Heller'sche Probe ergiebt sehr reichlich Blutfarbstoff. Detritus, Eiweiss- und Cylindergehalt unverändert. Beim Heruntergehen der Temperatur, 3. April Nachmittags erhält der Kranke wieder 2 g Chinin subkutan injicirt, da er es innerlich nicht bei sich behält. Die Nacht verläuft sehr unruhig.

4. April. Morgens ist der sehr spärlich gelassene Urin (30 ccm) noch dunkelroth, gegen Mittag nimmt der Blutgehalt erheblich ab, Patient fühlt sich noch sehr matt. Gegen Abend normale Temperatur, Blut ist durch die Heller'sche Probe nicht mehr im Urin nachweisbar, Eiweiss und Cylinder noch reichlich. 1½ g Chinin subkutan. Patient ist sehr entkräftet, bleibt bis zum 12. im Hospital.

Am 6. April ist der Urin eiweissfrei und der Kranke kann das Bett verlassen. Der regelmässig untersuchte Hämoglobingehalt des Blutes ging nicht unter 80 pCt., bei der Entlassung 92 pCt. Letztere erfolgt am 16. April.

Untersuchung bei der Entlassung ergiebt eine geringe (wahrscheinlich seit lange bestehende) Vergrösserung der Milz, sonst nichts abnormes. Sehr schnelle völlige Erholung.

16. W., Faktorist, 24 Jahr. Seit 3 Jahren an der Küste. Der Kranke hat mehrfach an Malaria gelitten, noch kein Schwarzwasserfieber überstanden. Nachdem während der letzten Tage täglich gegen Abend geringe Temperaturerhebungen vorangegangen, nimmt Patient am 3. Sept. 11 a.m. 1,5 g Chinin. 1 p.m. Heftiger Schüttel-

frost. Temperatur 37,4°. Nach 20 Minuten 39,3°. Anhaltendes Frieren. Gleich der erste Urin sehr spärlich, Entleerung mit Schmerzen verbunden, dunkelschwarzroth, stark eiweisshaltig. Specifisches Gewicht 1027—1033. Reaktion schwach sauer. Heftiger Kopfschmerz, mehrmaliges Erbrechen. Brustorgane ohne nachweisbare Veränderung. Leber und Milz auf Druck empfindlich. Nicht vergrössert.

Nach einstündigem Bestehen lässt bei reichlicher Zufuhr heisser Getränke der Frost nach. Starke Schweissentwicklung. Kein Ikterus. Abends 6 Temperatur 37,9, der Kranke fühlt sich ziemlich wohl. Die Kopfschmerzen haben nachgelassen. Der Urin ist noch tiefdunkelroth.

4. Sept. Die Nacht ist ruhig verlaufen. Der Urin ist noch stark hämoglobin-haltig. Es besteht deutlicher Ikterus. Gegen 2 p. m. beginnt der Urin sich aufzuhellen. 6 p. m. Urin hellgelbbraun, kein Hämoglobin, mässige Mengen von Eiweiss. Gallen-farbstoff nach Gmelin-Rosenbach nicht nachweisbar. Temperatur normal.

5. Sept. Der Kranke ist völlig wohl. Temperatur normal. Urin ohne Spur von Hämoglobin und Eiweiss.

Euphorie während der folgenden Tage.

W. macht am 17. September eine Jagdpartie auf den Doctorcreek, einen ver-rufenen Flusslauf nahe bei Kamerun. Am 19. hat er bereits leichte Fiebererschei-nungen, die er nicht beachtet. 1,5 g Chinin Abends 9. Am 20. Vormittags 8½ erkrankt er nach vorangegangenem Unbehagen und Ziehen in den Gliedern mit hef-tigem Schüttelfrost. Die Temperatur, welche unmittelbar vorher 37 und 37,5° ergeben hatte, steigt schnell auf über 40°, fortdauerndes Frieren schliesst sich an den Schüttelfrost an, dazu heftige Rückenschmerzen und Brechreiz, Kopfschmerzen und Benommenheit. Leichte Delirien. Kein Ikterus. Es besteht keine objektiv durch die Untersuchung nachweisbare Veränderung der inneren Organe, Milz nicht ver-grössert, auf Druck nicht empfindlich. Dagegen enthält der äusserlich nicht krankhaft aussehende Urin ziemlich reichlich Eiweiss, vereinzelte hyaline Cylinder, keinen Blut-farbstoff. Das Blut enthält Malariaparasiten. Bereits jetzt lässt sich eine geringe Roth-färbung des abgestandenen Serums nachweisen. Es handelt sich hier offenbar um primäre Nierenaffektion und zwar um eine frische, da wiederholte Untersuchungen nach dem letzten Schwarzwasserfieber absolut normale Verhältnisse ergeben hatten. Die Urinuntersuchung ergab:

20. Sept. 1. 10 a. m.

Quantum: 151 ccm.

Farbe: Trübdunkelbraun, in dünner Schicht gelb, etwas dunkler als normal, filtrirt gelb.

Spec. Gew. 1016.

Geringer trüber Niederschlag, vereinzelte Cylinder, flockige Eiweisstrübung beim Kochen.

Bereits das zweite gewonnene Quantum zeigt wesentlich andere Verhältnisse.

2. 12 m.

Quantum: 138 ccm.

Farbe: In dicker Schicht dunkelschwarzroth, in dünner Schicht dunkelrothbraun filtrirt rubinroth.

Spec. Gewicht 1012.

Niederschlag sehr bedeutend, reichlich hyaline und granulirte Cylinder, Nieren-und Blasenepithel und Pigmentkörner.

Sehr reichliche Eiweisstrübung, 1,2 g im Liter n. Esbach.

Das 3. um 1 p. m. bei 39,1° Körpertemperatur gewonnene Quantum (150 ccm) zeigt noch reichlichen Hämoglobingehalt, aber eine Abnahme gegenüber der zweiten Untersuchung. Der Eiweissgehalt ist unverändert.

Das gesammte Quantum zeigt keine Verminderung, der bis zum Abend entleerte Urin zeigt konstant abnehmenden Hämoglobin- und Eiweissgehalt. Damit bessert sich auch das Allgemeinbefinden; den Nachmittag über delirirt der Kranke noch leicht und klagt über wüste Träume und starke Schmerzen im Rücken sowie in der Eichel beim Uriniren (wie auch beim vorigen Mal). Die Abends um 7 Uhr gewonnene Urinprobe enthält keine Spur von Hämoglobin und Eiweiss mehr. Die letzte Messung ergiebt um 8 Uhr 38,4°. Die Nacht verläuft ruhig.

21. Sept. Gegen 2 a. m. zweites Wiederansteigen der Temperatur unter heftigem Erbrechen und ³/₄ Stunden anhaltendem Schüttelfrost. Grosse Abgeschlagenheit. Kriebeln in den Fingerspitzen und Zehen. Milz und Leber sind leicht empfindlich auf Druck. An der Conjunctiva macht sich Ikterus bemerkbar. Puls voll, beschleunigt. 100.

Der Urin ist gleich mit Ausbruch des Fiebers wieder hämoglobinhaltig.

670 ccm entleert im Lauf des Tages in 6 Malen. Es macht sich mit der Temperaturerhöhung wieder ein allmäliges Ansteigen des Hämoglobin- und Eiweissgehaltes bemerkbar.

Um 6³/₄ a. m. hat der Urin bei 40,2° Körpertempatur schwarzrothe Farbe mit reichlichem Niederschlag und hohem Eiweissgehalt, das specifische Gewicht schwankt zwischen 1014 und 1021. Abends gegen 6 ist die Entfieberung wieder eingetreten, der zu dieser Zeit entleerte Urin ist dunkelgelb, ohne Spur von Hämoglobin und Eiweiss. Die Hämoglobinurie ist also hier parallel den fieberhaften Erscheinungen gegangen und hat in den Intermissionen des Fiebers gleichfalls völlig sistirt. Eine Nephritis hat sich nicht angeschlossen.

Die am 22. Sept. noch 2 mal untersuchten Urinproben ergaben völlig normale Verhältnisse. Der Patient ist noch leicht ikterisch und angegriffen, fühlt sich aber im übrigen ganz wohl. Heilung. Entlassen. Es ist kein Chinin nach Ausbruch des Schwarzwasserfiebers angewandt worden.

Einen ähnlichen aber schwereren Verlauf nahm bei demselben Kranken ein drittes Schwarzwasserfieber, das er im Oktober desselben Jahres durchzumachen hatte.

Patient fühlte sich, ohne dass eine bestimmte Veranlassung nachweisbar war, seit 3 Tagen unwohl, matt und abgeschlagen, keine Empfindlichkeit der Milz oder Oppressionsgefühl über der Brust, kleinere Temperatursteigerungen waren wahrscheinlich unbeachtet gelassen. Es besteht leicht ikterische Hautverfärbung. Die Urinuntersuchung ergiebt ein völlig negatives Resultat.

Patient nimmt 10. Okt. um 8 Uhr Morgens 1½ g Chinin. Um 10 Uhr a. m. Kräftiger Schüttelfrost, heftiges Erbrechen und Uebelbefinden, ohne dass eine Temperaturerhöhung besteht. Letzere beginnt ½ Stunde nach dem Einsetzen des Frostes, dann geht die Temperatur rapid in die Höhe. Es bestehen heftige Schmerzen in der Milz und kurzdauernde Delirien. Deutlicher Ikterus.

11 Okt. Der um 12 m. gelassene Urin ist dunkelschwarzroth und sehr spärlich (45 ccm), filtrirt bordeauroth mit sehr reichlichem Eiweissgehalt. Fast die Hälfte der Harnsäule geronnen.

2 p. m. 68 ccm. Um ein weniges heller, noch deutlich roth und reichlich Eiweiss. Ikterus nicht nachweislich vermehrt. Taubes Gefühl in Zehen und Fingern. Glühend heisse Haut, starkes Oppressionsgefühl über der Brust. Um 4 p. m. beginnt die Temperatur zu sinken, das Allgemeinbefinden bessert sich, der Urin zeigt eine hellerrothe

Färbung. Der Eiweissgehalt ist noch sehr reichlich, das auf einmal gelassene Quantum sehr gering.

Gegen Abend ist der Eiweissgehalt geringer, der Blutfarbstoffgehalt ganz verschwunden.

Am 12. Okt. steigt die Temperatur ohne wesentliche subjektive Erscheinungen noch einmal bis 39,1 an. Blutige Verfärbung des Urins ist durchaus nicht zu konstatiren, das Quantum nicht verändert, ein geringer Eiweissgehalt ist bis zum Abend nachweisbar, verschwindet dann ganz und dauernd.

13. Okt. Etwas Brechreiz und Magenbeschwerden bestehen noch, Abgeschlagenheit und Schwäche. Normale Temperatur. Puls voll. Anämie der Schleimhäute, Urin völlig eiweissfrei. Ikterus ist noch nach 2 Tagen nach der Entfieberung nachweisbar.

Das Charakteristische ist: Vorangegangene Fieber ohne Spur von Nephritis oder Hämoglobinurie.. Nach 1½ g Chinin auf der Höhe der Chininwirkung Ausbruch des hämoglobinurischen Fiebers mit einmaligem kleinem Recidiv. Spontane Heilung ohne Chinin. Fortdauern der Nephritis über den hämoglobinurischen Zustand hinaus.

17. M., 25 Jahre. Arbeiteraufseher.

Seit ½ Jahr an der Westküste. Hat bereits mehrfach an Fieber gelitten, noch kein Schwarzwasserfieber gehabt. Seit 3 Tagen ohne besondern nachweisbaren Grund Fieber. Gefühl von Wüstheit im Kopf, leichte Delirien. Urin zeigt geringen aber deutlichen Eiweissgehalt. Ist aber hell und klar.

11. Nov. Patient erhält um 10½ a. m. 1,5 g Chinin. Um 12 m. heftige und plötzliche Erkrankung mit Schüttelfrost, geringem Ikterus und hohem Fieber. 40,3° Urin spärlich, rubinroth. Die Milz ist schmerzhaft und etwas vergrössert. Das ganze Abdomen auf Druck etwas empfindlich. Es besteht hochgradige Dyspnoe und lebhafter Brechreiz. In der Nacht wird noch hellrother Urin entleert, die Temperatur geht während der Nacht auf die Norm herunter.

12. Nov. Patient befindet sich besser. Der Urin enthält keinen Blutfarbstoff mehr aber reichlich Eiweiss. Ikterus ist noch deutlich, übrigens Euphorie. Am Nachmittag tritt noch eine kleine Temperaturerhebung mit Beeinträchtigung des Allgemeinbefindens ein. Der Urin enthält noch Abends reichlich Eiweiss, kein Blutfarbstoff mehr nachweisbar. Uebelkeit und schlechter Geschmack bestehen noch nach Aufhören des Fiebers. Gegen 9 p. m. tritt völlige Euphorie ein, der Urin ist am Abend des 12. Nov. eiweissfrei. Der Kranke bleibt zu seiner Erholung noch weiter im Hospital. 5 Tage nach seiner Entfieberung bekommt er, nachdem am 15. Nov. die Temperatur ohne in Betracht kommende subjective Erscheinungen auf 38,1° gestiegen, am 17. Nov. einen leichten Malariaanfall mit Frost, Hitze und Schweiss. Die Kurve steigt steil bis 39,6° und fällt nach kurzem Verbleib auf dieser Höhe zur Norm herab. Die Blutuntersuchung ergiebt reichlich kleine unpigmentirte Amöben. Der Urin ist eiweissfrei.

Am 17. Nov. Morgens erhält der Kranke 1,5 g salzsaures Chinin um 9 a. m. Um 11 stellt sich ein sehr heftiger 2 Stunden lang anhaltender Schüttelfrost ein mit äusserst qualvollem Oppressionsgefühl über der Brust, die Temperatur steigt rapid auf 41,2° und bleibt drei Stunden um 41°. Milz ist mässig empfindlich. Ueber den Lungen h. u. trockne Rasselgeräusche. Das ganze Abdomen ist auf Druck empfindlich. Es besteht erheblicher Brechreiz. Der erste entleerte Urin ist dunkelschwarzroth, filtrirt burgunderroth mit reichlichem bräunlichem Niederschlag, hyalinen und granulirten Cylindern, Nieren- und Blasenepithel, Detritus und Pigment-

9*.

körnchen. Das Quantum ist nicht erheblich herabgesetzt. Sehr reichlicher Eiweissniederschlag.

Die Untersuchungen auf der Höhe des Anfalls ergeben eine allmälig heller werdende Röthe, das producirte Quantum ist durchaus normal, dementsprechend das
spec. Gewicht des Urins nicht erhöht. 1017, der Eiweissgehalt bleibt während des
ganzen sehr schweren Anfalls hoch.

Sehr hochgradig ist die Dyspnoe und Brechneigung. Der Puls steigt über 120.

Schon gegen Abend (9½ p. m. Temperatur 40°, 96 Puls) nimmt die Intensität
der Rothfärbung des Urins ab. Dunkelrothbraun. Der Eiweissgehalt ist noch sehr
reichlich. Viele epithelbekleidete Cylinder. In der Nacht verliert die Rothfärbung
sich vollkommen, trotzdem die Temperatur noch gegen 39° beträgt. Der Eiweissgehalt ist deutlich, aber erheblich vermindert.

Um 3½ p. m. keine Spur von gelöstem Hämoglobin mehr im Urin. Eiweiss noch
nachweisbar. Am Nachmittag noch Spur von Eiweiss, Urin normal hellgelb, sauer,
trüb, übelriechend.

Es besteht noch grosse Mattigkeit, Abgeschlagenheit und Brechneigung. Puls
kräftig, 80.. Temperatur normal. Zunge stark belegt. M. verlässt 21. Nov. das Bett,
bleibt noch mehrere Tage zur Convalescenz im Hospital. Urin, der weiter kontrolirt
wird, bleibt eiweissfrei.

18. S., Lazarethgehülfe, 22 Jahre alt. Seit 9 Monaten in Kamerun. Schweres
mit tertianem Typus und mit Albuminurie verlaufendes Fieber vor 3 Monaten. Leichtere
Fieber häufig zwischenein.

6. Juni 94. Gegen Mittag leichter, einfacher Fieberanfall. Abends 5 Uhr völlige
Euphorie.

7. Juni. S. nimmt Morgens 7 a.m. 1 g Chinin prophylaktisch. 10½ a. m. unter
Schüttelfrost Temperaturanstieg auf 39,5°. Urin dunkelschwarzroth, Reaktion schwach
sauer. Spec. Gewicht 1021. Heftige Strangurie. Quälendes Erbrechen. Leichter Ikterus.
Die Beschwerden nehmen im Lauf des Nachmittags zu. Urin wird unter heftigen
Schmerzen in kleinen Mengen, 10—20 ccm auf einmal, entleert. Gegen Abend Abfall
des Fiebers. Urin wird 9 p. m. in reichlicher Menge ohne Schmerzen entleert. Hämoglobinbeimischung nimmt rapid ab. 10 p. m. makroskopisch keine Spur mehr nachweisbar. Trübbraungelbe Farbe. Reichlicher Eiweissgehalt, 0,8 g im Liter nach
Esbach. Hyaline pigmentbekleidete und granulirte Cylinder im Bodensatz.

8. Juni. Euphorie aber hochgradiges Schwächegefühl. Temperatur normal.
Ikterus fast ganz verschwunden. Auskultation und Perkussion ergiebt nichts abnor-
mes. Urin trübhellgelb, enthält noch Eiweiss (0,5 g in 1000 ccm) und Cylinder.
Bettruhe, Milchdiät. Reichliches Getränk. Mit Rücksicht auf die Wirkung der letzten
Chinindose kein Chinin.

9. Juni. 11 a.m. Geringe Temperaturerhöhung unter subjectivem Wärmegefühl. Kein
Ikterus. Keine Milzempfindlichkeit. Urin enthält nach wie vor eine mässige Menge
Eiweiss. Der Kranke klagt über Schwäche und Kopfschmerzen. Ordo: wie zuvor.

10. Juni. Völlige Apyrexie. Der Kranke ist noch sehr matt. Die Untersuchung
der inneren Organe ergiebt nichts Abnormes. Urin enthält noch Eiweis (0,2 : 1000),
sehr spärlich Cylinder. Gewicht 1025. Ordo wie oben.

11. Juni. Im Lauf des Mittags wieder kleine Temperaturerhebung ohne jede
subjektive Beschwerde. Allgemeinbefinden bis auf Schwäche in den Beinen normal.
Urinbefund wie gestern.

12. Juni. Status idem. Völlige Fieberlosigkeit. Der Kranke fühlt sich wohl.

Wegen des immer noch anhaltenden Eiweissgehalts des Urins wird der Kranke am 13. Juni nach Hause geschickt. Schnelle, völlige Genesung auf der Seereise. Kein Fieberrückfall. Beim Eintreffen zu Hause ergiebt die Untersuchung völlige Heilung des Nierenleidens.

19. T.[1]), Goldgräber, 30 Jahre alt. Durch vorangegangene leichtere Fieber, eine frische Syphilisinfektion und in deren Folge eingeleitete Inunktionskur stark geschwächt.

17. Febr. 96. Unter Schüttelfrost erkrankt, kommt, da er bemerkt, dass sein Urin „schwarz aussieht", ins Hospital.

Magerer äusserst anämischer Mann, geringer Ikterus. Der Kranke ist sehr abgeschlagen, verzagt und weinerlich. Temperatur cf. Curve. Innere Organe ohne nachweisbare Veränderung.

Blut: 3 980 000 : 3100 Blutkörper, 68 pCt. Hämoglobin. Mässige Menge nicht färbbarer unpigmentirter siegelringförmiger Parasiten.

Fig. 15.

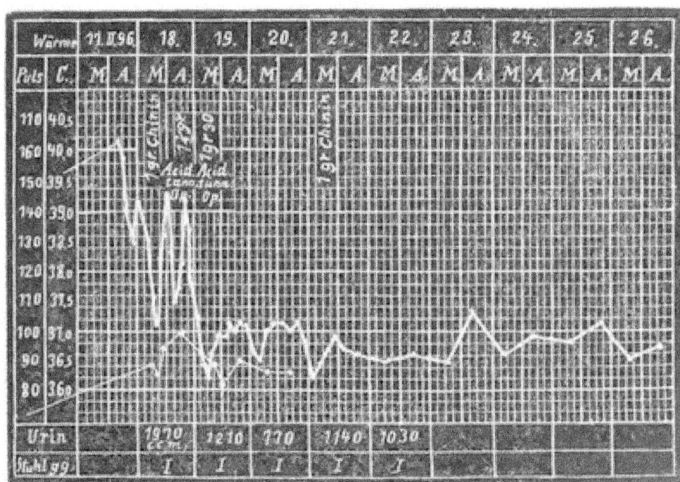

Urin: Quantum cf. Curve, bordeauroth, spec. Gewicht 1016, in 1000 ccm 3 g Eiweiss. Nach 5 Stunden beginnt die Färbung heller zu werden. Nach 10 Stunden völlig normales Verhalten des Urins. Derselbe ist hellgelb, völlig hämoglobin- und eiweissfrei.

18. Febr. Euphorie. Der Kranke ist fieberfrei, sehr schwach. Ikterus kaum noch merklich. Urin völlig normal. Gegen 11 a. m. beginnt die Temperatur wieder zu steigen, 38,2°. Hitzegefühl. Keine Schmerzhaftigkeit oder Vergrösserung der Milz. Starke Schmerzen beim Uriniren. Urinquantum normal. Farbe des Urins schwarzbraun. 1½ p. m. erreicht die Temperatur 39,8°. Schwitzbad. Heisser Thee. Reichliches Getränk. 4 p. m. Entfieberung. Urin hellgelb, klar, enthält keine Spur von

_____

1) Beobachtung aus Ostafrika.

Eiweiss. 5 p. m. der Kranke erhält 1 g Chin. mur. 8 p. m. Schüttelfrost. Schmerzen im Leib geklagt. Erbrechen. Geringer Ikterus. Patient ist sehr matt. Urin dunkel-madeirafarben, enthält Hämoglobin und reichlich Eiweiss. Gegen Abend Entfieberung. 9 p. m. Urin hellgelbbraun. Spur von Eiweiss.

19. Febr. Grosse Schwäche. Kein Fieber.

Blut: 2960000 : 2600 Blutkörper. 48 pCt. Hämoglobin.

Urin hellgelb, eiweissfrei. Keine nachweisbare Veränderung an den inneren Organen. Langdauernde Reconvalescenz.

28. Februar wird T. als geheilt entlassen.

Die bisher aufgeführten Krankheitsgeschichten illustriren den pro-trahirten Verlauf, welchen das Schwarzwasserfieber in schweren Fällen nimmt, namentlich wo es sich um einen durch den vorangegangenen Ein-fluss des Malariavirus oder durch andere Schädlichkeiten bereits ge-schwächten Organismus handelt. Die folgenden Krankheitsgeschichten schliessen den Rest der von mir in Kamerun beobachteten Krankheits-fälle ein, die unter der inzwischen als rationell erprobten mehr oder weniger ausschliesslich symptomatischen Behandlung nach kurzem, wenn auch theilweis mit sehr bedrohlichen Erscheinungen einhergehendem Ver-lauf einen günstigen Ausgang nahmen und insofern als Paradigmata für den Verlauf des nicht durch Vernachlässigung oder eine specifisch schäd-liche Therapie beeinflussten Schwarzwasserfiebers gelten können.

Fig. 16.

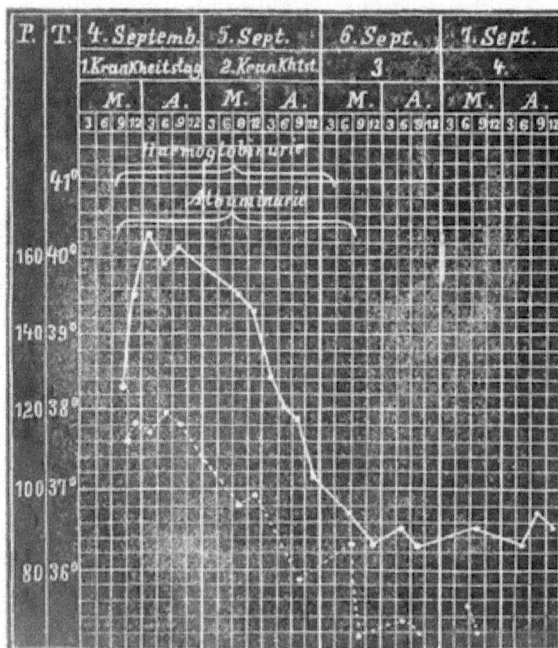

20. A., 22 Jahre alt, englischer Clark. Seit $^3/_4$ Jahren in Kamerun. Hat häufig an Fieber aber bisher nicht an hämoglobinurischem gelitten. Letztes Fieber vor 8 Tagen. Ausbruch des Schwarzwasserfiebers 4. Sept. 93 angeblich infolge von Ueberanstrengung, da sein Principal seit 3 Tagen fieberkrank ist.

Beginn 10 a. m. mit Schüttelfrost. Leichter Ikterus und Erbrechen. Temperatur steigt schnell bis 40,3. Puls zwischen 110 und 120. Milz nicht empfindlich, erreicht den Rippenrand.

Urin dunkelschwarzroth, filtrirt burgunderroth, Reaktion schwach sauer, spec. Gewicht der ersten 60 ccm 1022. Gallenfarbstoff nicht nachweisbar (Rosenbach-Gmelin'sche Probe), sehr reichlich Eiweiss. Keine Cylinder. Menge während der ersten 12 Stunden stark verminderndert, 110 ccm, steigt dann schnell zur Norm.

Terapie: Morphin. mur. 0,02. Solut. kal. acet. 20 : 200 : 2 stündlich 1 Esslöffel. Reichliche Zufuhr kohlensauren Wassers. Kein Chinin.

Heilung. Dauer des Fiebers 35 Stunden. Dauer der Hämoglobinurie 41 Stunden. Albumen in Spuren noch nach 48 Stunden nachweisbar.

Nach 5 Tagen wird prophylaktisch 1 g Chinin gegeben, nach 8 Tagen noch $^1/_2$ g. Kein Rückfall innerhalb 14 Tagen.

21. W., 24 Jahre alt, deutscher Faktorist. 2 Jahre in Kamerun. Verhältnissmässig wenige Malariafälle vorangegangen,kein hämoglobinurisches Fieber. Ausbruch der Krankheit 3. September 93 9 a. m., nachdem Tags zuvor im Anschluss an eine Jagdpartie auf dem Fluss ein leichtes einfaches Fieber aufgetreten und mit Chinin behandelt war. Heftiger Schüttelfrost tritt auf bei Anfangs durchaus normaler Temperatur 36,9°, geringer im Lauf des Tages zunehmender Ikterus, unstillbares Erbrechen, heftige Kopf- und Rückenschmerzen, leichte Delirien. Milzgegend auf Druck nicht empfindlich, Milz nicht palpabel. Puls 100- 105. Temperatur beginnt um 9 Uhr 20 Minuten zu steigen, erreicht 12 m. 40,4°.

Urinentleerung schmerzhaft. Erfolgt Anfangs nur tropfenweis, Nachmittags reichlicher. 1120 ccm während der ersten 24 Stunden. Farbe tief schwarzroth, filtrirt rubinroth. Reaktion schwach sauer. Specifisches Gewicht 1015–1017. Keine Gallenfarbstoffreaktion. Reichlich Eiweiss (2,2 g im Liter nach Esbach). Im reichlichen Sediment Schleim und Pigmentschollen. Keine rothen Blutkörper.

Im Blut reichlich unpigmentirte kleine Amöben.

Therapie: Chloral 1 g, Morph. mur. 0,01 g, Solut. antipyrin. 3 : 200; 2stündlich 1 Esslöffel. Warme Einpackung. Heisse Getränke. Wärmflaschen. Senfteig aufs Epigastrium. Kein Chinin.

5 p. m. beginnt die Temperatur zu sinken. Der Kranke ist völlig klar. Der Brechreiz hat nachgelassen. Gefühl von Taubheit in Fingern und Zehen. Ikterus stark ausgesprochen.

8 p. m. Patient fühlt sich wohl, schwitzt stark. Urin reichlich entleert. Hellröthlichgelber Farbe. Noch reichlich Eiweiss. Nacht verläuft nach Verabreichung eines weiteren Gramm Chloral ruhig.

4. Sept. Der Kranke fühlt sich matt, sonst wohl. Urin reichlich hellgelb, klar. Enthält nur noch eine Spur von Eiweiss. Um 8 a. m. beginnt die Temperatur wieder zu steigen. Kein Frost. Starkes Hitzegefühl obwohl die Temperatur 39,4° nicht überschreitet. Hochgradige Abgeschlagenheit, ziehende Schmerzen in Rücken und Beinen. Reichliches Erbrechen. Abdomen in toto empfindlich. Meteorismus. Urin reichlich, Entleerung weniger schmerzhaft als gestern, Farbe bordeauxroth. Reichlich Eiweiss (1,6 g im Liter nach Esbach), keine Cylinder. Spec. Gewicht 1021.

Im Blut keine Parasiten auffindbar.

Therapie: Acid. tannic. et Opium ana 0,05. Reichliche Zufuhr kohlensaurer Getränke. Wegen Schwächerwerden der Herzaktion von 11 a. m. an stündlich 0,06 Coffein. Kein Chinin.

Um 4 p. m. beginnt das Fieber zu sinken. Allgemeinbefinden bessert sich wesentlich. 10 p. m. fühlt der Kranke sich völlig wohl. Temperatur 36,6°, Puls 85, voll. Urin reichlich, dunkelbraungelb, enthält viel Eiweiss. Die Nacht verläuft ohne künstliche Mittel ruhig.

Fig. 17.

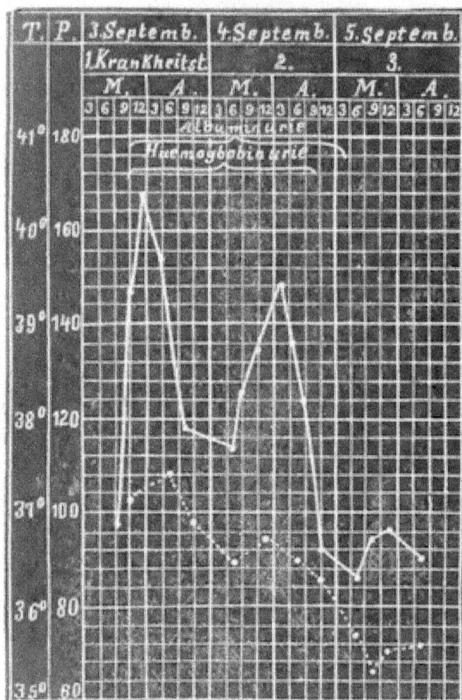

5. Sept. Patient ist wohl, aber sehr schwach. Urin klar, hellgelb. Spec. Gewicht 1006. Reaktion stark sauer. Keine Spur von Eiweiss. Schnelle Reconvalescenz. Der Ikterus ist noch nach 2 Tagen deutlich bemerkbar. Nach 3 Tagen erhält der Rekonvalescent prophylaktisch 1 g Chinin. Blut frei von Parasiten.

Dauer des Fiebers im Ganzen 25 Stunden, der Hämoglobinurie ca. 31 Stunden, der Albuminurie ca. 38 Stunden.

22. Derselbe. 19. Sept. Leichter einfacher Fieberanfall nach einer Bootfahrt in glühender Sonne. Dauer des Anfalls 4—5 Stunden. Urin reichlich, völlig normal.

20. Sept. W. nimmt prophylaktisch 1,5 g Chinin um 6 a. m.

9 a. m. Erkrankung mit Schüttelfrost und hohem Fieber. Leichter Ikterus, nimmt im Lauf des Tages an Intensität beträchtlich zu. Heftiges Erbrechen. Kopf- und Rückenschmerzen, Benommenheit. Milz überragt den Rippenrand um 1 Querfinger. Abdomen in toto empfindlich.

Der erste im Fieber entleerte Urin (10^{45} a. m.), enthält keinen Blutfarbstoff, dagegen bereits deutlich Eiweissbeimischung.

12 m. Urin spärlich 138 ccm. Entleerung schmerzhaft, dunkelschwarzroth, filtrirt dunkelrubinroth. Sehr reichlich Eiweiss (1,4 g auf 1 Liter nach Esbach). Gallenfarbstoff nicht nachweisbar. Reaktion schwach sauer. Spec. Gewicht 1020.

Im Blut reichlich unpigmentirte ringförmige kleine Parasiten.

Therapie: Tannin. à 0,05 c. Op. à 0,05, Kal. acet. 20:200 2stündlich 1 Esslöffel. Reichliches Trinken kohlensauren Wassers. Einhüllen in wollne Decken und heisser Thee. Kein Chinin.

Fig. 18.

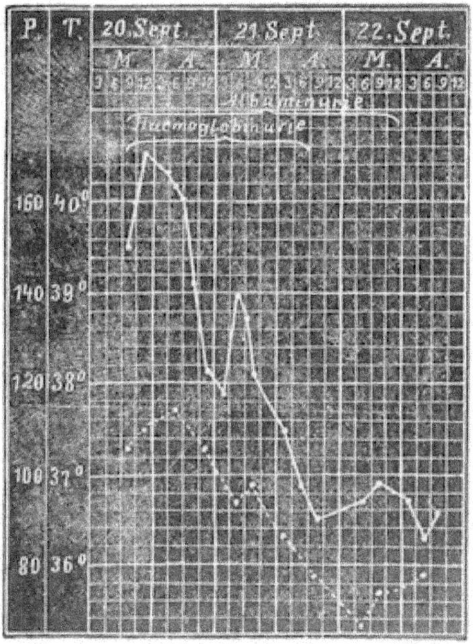

Zustand bleibt ziemlich unverändert bis Abends 7 Uhr. Alsdann allmäliges Herabgehen der Temperatur. Der Kranke ist sehr matt. Der Urin noch madeiraroth, enthält reichlich Eiweiss, hyaline und epithelbekleidete Cylinder. In der Nacht steigt die Temperatur unter leichtem Frieren nochmals, erreicht um 7 a. m. 39°, der während der Zeit entleerte Urin ist burgunderroth, stark eiweisshaltig (2,0 g im Liter nach Esbach).

21. Sept. Morgens. Der Kranke ist sehr matt, klagt über heftige Kopfschmerzen.

Starker Ikterus, der im Lauf des Tages etwas nachlässt. Temperatur normal. Urin hell sherrygelb, reagirt stark sauer, enthält noch mässige Mengen Eiweiss.

Blutbefund negativ.

22. Sept. Der Kranke befindet sich in voller Rekonvalescenz, ist aber noch sehr matt. Urin reichlich, hell, stark sauer, spec. Gewicht 1010, enthält noch geringe Mengen Eiweiss und spärliche Cylinder. Blutbefund negativ.

23. Sept. Rekonvalescenz schreitet fort. Vormittags im Urin noch Spur von Eiweiss. Nachmittags nicht mehr nachweisbar. Der Kranke wird aus der Behandlung entlassen. Gesammtdauer des Fiebers ca. 25 Stunden, der Hämoglobinurie ca. 30 Stunden, der Albuminurie ca. 50 Stunden.

Fig. 19.

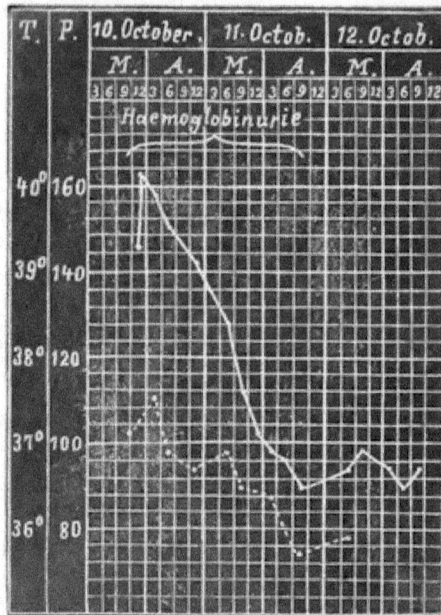

23. Derselbe. Seit 3 Tagen besteht leichtes täglich sich anfallsweise wiederholendes Fieber, Urin völlig normal.

10. Okt. W. nimmt Morgens 7 Uhr prophylaktisch 1,5 g Chinin. 9 a. m. Heftiger Schüttelfrost. Temperatur steigt auf 40,1°. Kopf- und Rücken-schmerzen. Leichter Ikterus. Erbrechen. Milz nicht nachweisbar vergrössert.

Urin reichlich, dunkelroth, filtrirt bordeauxroth. Keine Schmerzen bei der Entleerung. Spec. Gewicht 1012—1015. Reaktion neutral. Enthält keinen Gallenfarbstoff, reichlich Eiweiss (1,3 g im Liter nach Esbach). Keine Cylinder. Im Blut spärlich unfärbbare siegelringförmige kleine Parasiten.

Therapie: Acid. tannic. c. Opio. Reichliches Trinken. Einhüllen in wollene Tücher. Kein Chinin.

Heruntergehen der Temperatur nach 20 Stunden. Urin madeiraroth, geringer Eiweissgehalt.

11. Okt. Der Kranke fühlt sich schwach, sonst wohl. Temperatur geht im Lauf des Vormittags zur Norm herunter. Urin normal. Rekonvalescenz nicht unterbrochen. Nach 4 Tagen prophylaktisch 1 g Chinin.

24. M., Arbeiteraufseher, 27 Jahre alt. 9 Monate in Kamerun. Hat mehrmals an Fieber gelitten, bisher noch nicht an Schwarzwasserfieber. Fühlte sich während der letzten Tage fiebrig, Urin war normal, nimmt daher 11. Nov. 93 11 Uhr Morgens 1,5 g Chinin. 12¹/₂ p. m. unter Schüttelfrost und sehr heftigen Kopfschmerzen Ausbruch hämoglobinurischen Fiebers.

Geringer Ikterus. Starke Dyspnoe. Milz eben unter dem Rippenrand fühlbar. Puls kräftig. 100.

Fig. 20.

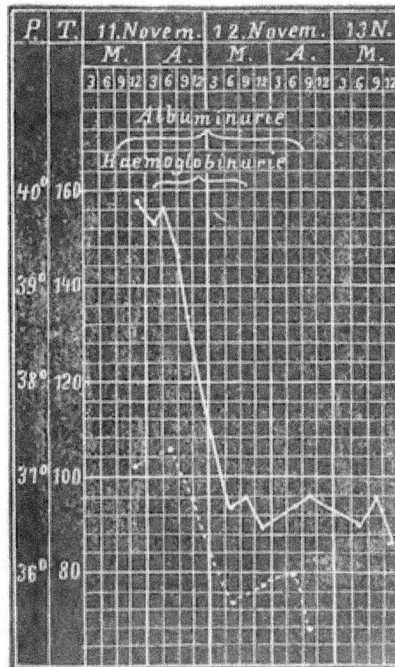

Urin reichlich, hellroth, wird ohne Schmerzen entleert. Schwach saure Reaktion. Specifisches Gewicht 1015. Reichliches Sediment, enthält Blasenepithelien, Pigmentschollen und Schleim, keine rothen Blutkörper. Eiweissgehalt: 1,1 g in 1 l nach Esbach. Blut 4100000 rothe Blutkörper, 6700 Leukocyten im Cubikmillimeter. Spärliche ringförmige unpigmentirte Amöben.

Therapie: Morph. mur. 0,01. Reichliche Flüssigkeitszufuhr. Anregung der

Hautthätigkeit durch Einwickelung in wollene Decken und Application von Wärmflaschen, heisser Thee. Kein Chinin.

Besserung des Zustandes gegen 9 Uhr Abends. Schnelles Sinken der Temperatur, der Kranke schwitzt stark. Urin reichlich, hellgelbroth. Enthält noch etwas
Eiweiss, keine Cylinder.

Dauer des Fiebers 11 Stunden. Dauer der Hämoglobinurie ca. 19 Stunden.
Dauer der Albuminurie 30 Stunden.

12. November. Patient fühlt sich matt, sonst völlig wohl. Keine Milzschwellung,
Ikterus nur noch an den Conjunctiven nachweisbar. Urin völlig normal. Blut enthält keine Parasiten.

Trotz der erhaltenen Mahnung unterlässt es M. nach 3 Tagen prophylaktisch
Chinin zu nehmen.

25. Derselbe, 17. November 93 also nach 5 Tagen leichtes uncomplicirtes Fieber-
recidiv. Urin völlig normal.

18. November 9 a. m. 1,5 g Chinin genommen. 11 a. m. Heftiger Schüttelfrost. Ausbruch schweren Schwarzwasserfiebers bei dem durch die vorangegangenen
Anfälle bereits geschwächten Kranken. Leichte Delirien. Heftige Kopf- und Rückenschmerzen. Unstillbares Erbrechen, durch das alles eingeführte Getränk wieder entleert wird. Ausgesprochener Ikterus. Sehr starkes Oppressionsgefühl über der Brust.
Milz erreicht den Rippenrand. Abdomen in toto empfindlich.

Urin nur tropfenweis mit heftigen Schmerzen entleert. Porterfarben. Leicht alkalisch.

Im Blut reichlich Makrocyten und Schatten. Viele kleine mit Methylenblau in
der gewöhnlichen Weise nicht färbbare unpigmentirte Siegelringformen. Das in einem
engen Glasröhrchen angesaugte Blut zeigt deutliche Röthung des sich abscheidenden
Serums.

Therapie: 0,01 Morph. subkutan. Einwicklung in Decken. Senfteig aufs Epigastrium. Alle Versuche dem Kranken per os Getränke oder Medikamente beizubrin-
gen, scheitern an dem fortwährenden Erbrechen.

Bis Abends 7 Uhr bleibt der Zustand ziemlich unverändert. Das Nachlassen
der Herzthätigkeit zwingt zu reichlicher Anwendung von Aether und Campheröl, unter
deren Einfluss der Puls sich wieder bessert. Gegen 8 p. m. werden 30 ccm dunkelschwarzrothen Urins entleert. Leicht alkalische Reaction. Sehr reichlicher Eiweissgehalt, ausser Schleim, Blasenepithelien und Pigmentschollen mehrere hyaline und
epithelbekleidete Cylinder. Keine rothen Blutkörper.

Die Zahl der Parasiten im Blut hat wesentlich abgenommen.

Gegen 12 Uhr Nachts bessert der Zustand des Kranken sich etwas. Die Temperatur ist auf 38,1 heruntergegangen. Es werden 45 ccm Urin von etwas hellerem
Aussehen als vorher entleert. Das Erbrechen lässt nach, so dass der Kranke etwas
Getränk bei sich behalten kann. Puls ziemlich kräftig. 112. Wegen grosser Unruhe
erhält der Kranke nochmals Morph. 0,01 in Injektion. Darauf einige Stunden unru-
higen Schlafes.

19. November. 7 a. m. Die Temperatur steigt unter leichtem Frieren des Kranken wieder an. Derselbe ist fast völlig besinnungslos, stöhnt und spricht leise vor
sich hin. Der Puls ist stark beschleunigt 110—120, klein und aussetzend. 6 Aetherinjektionen à 1 ccm, nach denen der Puls sich hebt und der Kranke etwas zum Bewusstsein kommt. Urin wird im Lauf des Tages nicht entleert. Erst seit Abends
7 Uhr im Ganzen 340 ccm.

Im Blut keine Parasiten mehr nachweisbar.

Die Temperatur geht gegen 8 p. m. zur Norm herunter. Der Kranke ist völlig kraftlos. Beim Umbetten trotz aller Vorsicht Collaps. Nach 5 Aetherinjektionen erholt der Kranke sich wieder. Von da an langsame Rekonvalescenz. Urin wird reichlicher, am 2. Tage werden 800 ccm entleert, der erste nicht mehr hämoglobinhaltige Urin am 20. November 6 a. m., Eiweiss ist bis zum Abend desselben Tages nachweisbar.

Die Reaktion bleibt alkalisch, trüb gelbbraunes Aussehen, sehr reichliches Sediment von gequollenen und verfetteten Blasenepithelien und Schleim.

Die Blutkörperzählung nach der Entfieberung ergab 2960000 rothe und 6900 weisse Blutkörper. Die Reconvalescenz wurde durch das Andauern der Cystitis aufgehalten, welche noch nach 3 Tagen aus dem trüben Aussehen des Urins, dem ammoniakalischen Geruch und der deutlich alkalischen Reaktion nachweisbar ist.

Fig. 21.

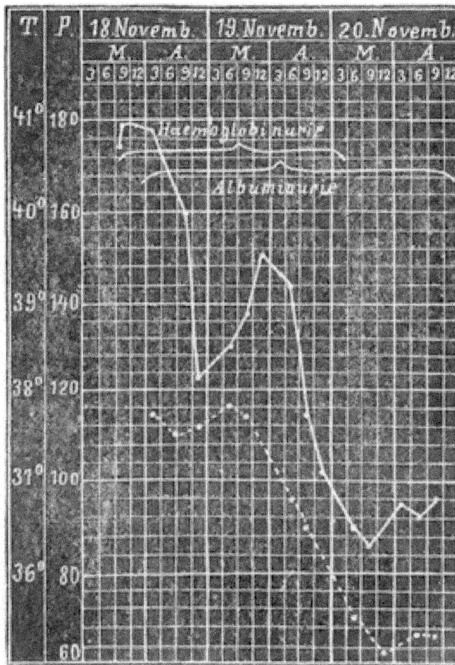

Therapie: Fol. uv. urs. schnelle Besserung. Völlig normaler Urin wird 4 Tage nach der Entfieberung wieder entleert. 2 Tage nach dem Verschwinden des Eiweiss aus dem Urin erhielt M. 1 g Chinin prophylaktisch. Der Blutbefund zu derselben Zeit war negativ. M. war nach dieser schweren Erkrankung 4 Wochen fieberfrei.

26. St., Unterofficier, 10 Monate in Kamerun, war bisher selten und nur an leichten unkomplicirten Fiebern krank. 22. November 93. Nachdem an den voran-

gegangenen Tagen zwei Fieberanfälle erfolgt und mit reichlichen Mengen Chinin bekämpft waren, erfolgt der Ausbruch eines leichten Schwarzwasserfiebers um 8 a. m.
Temperatur steigt nicht über 39,1, ausser Frieren und etwas Kopfschmerzen sind die
subjektiven Beschwerden gering, mässiger Brechreiz. Keine Empfindlichkeit oder
deutliche Vergrösserung der Milz. Kaum wahrnehmbarer Ikterus. Urin bordeauxroth,
reichlich, schwach saure Reaktion, spec. Gew. 1019—1023; im Sediment gequollene
Blasenepithelien und Pigmentschollen, kleine unpigmentirte Amöben, welche die gewöhnliche Färbung mit Methylenblau nicht annehmen.

Fig. 22.

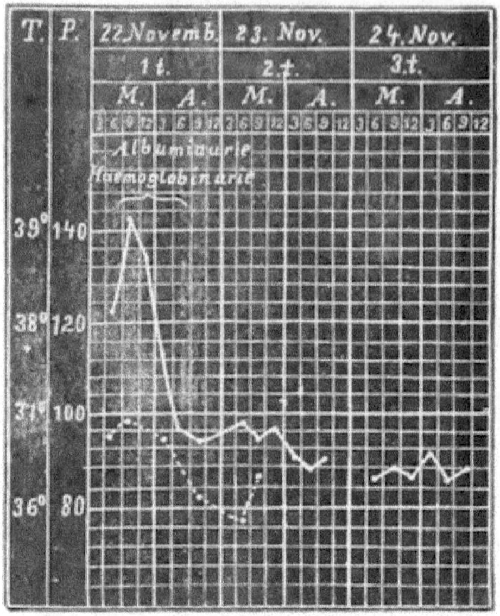

Therapie: Warme Einwickelung mit Wärmflaschen, reichliche Getränkezufuhr,
die gut vertragen wird. Liqu. kal. acet. 20:200, 2stündlich 1 Esslöffel. Kein Chinin.
Methylenblau in Dosen von 0,2 wird stets sehr bald nach der Einfuhr durch Erbrechen entleert. Entfieberung nach 8 Stunden. Dauer der Hämoglobinurie 8 bis
9 Stunden. Eiweiss verschwindet gleichzeitig mit dem Hämoglobin aus dem Urin.
Schnelle Rekonvalescenz. Nach 4 Tagen 1 g Chinin. Keine Blutparasiten. Nächstes
Fieber nach 5 Wochen.

27. v. B., Stationsvorsteher, 29 Jahre. 2½ Jahre in Kamerun. Hat öfters
leichte Fieber gehabt, bisher kein Schwarzwasserfieber.

18. Januar 94. Patient in Edea am Saunaga stationirt, nimmt, nachdem Tags
vorher ein leichtes Fieber bestanden 7 a. m. 1 g Chinin. Auf der Höhe der Chininwirkung bei starkem Ohrensausen 10 a. m. unter Schüttelfrost Auftreten heftigen
Schwarzwasserfiebers. Der Kranke wird im Boot von seiner Station nach dem Hospital in Kamerun gebracht. Sehr starker Ikterus. Quälender Brechreiz. Milzgegend

auf Druck nicht empfindlich. Milz erreicht den Rippenbogen. Hohes Fieber mit geringen Remissionen. Hochgradige Unruhe. Präkordialangst. Schmerzen in Rücken und Beinen.

Urin in Mengen von 20—40 ccm unter Schmerzen entleert, dunkelschwarzroth, neutrale Reaktion, spec. Gew. 1018, enthält reichlich Eiweiss, hyaline und epithelbekleidete Cylinder, keine rothen Blutkörper, keinen Gallenfarbstoff.

Fig. 23.

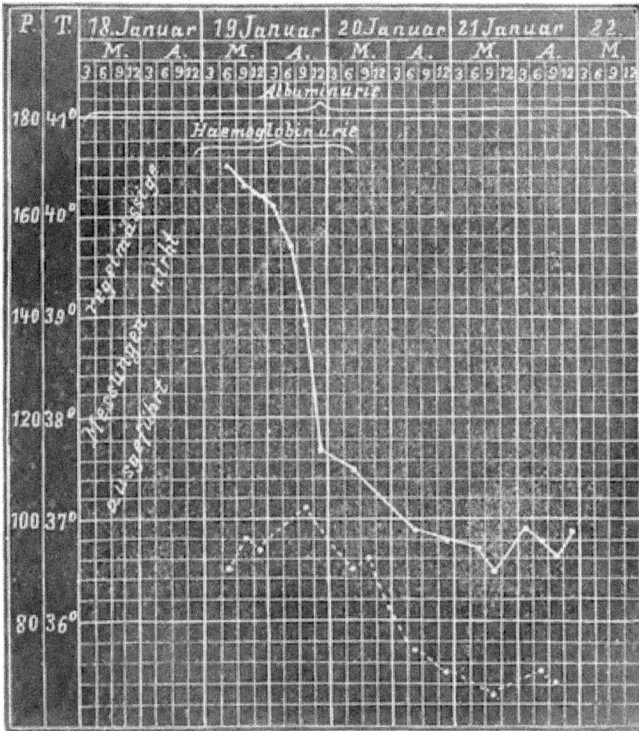

Therapie: 2 g Chloral. Liqu. Kal. acet. 20 : 200 2 stündl. 1 Esslöffel. Tinct. Jod, tropfenweis gegen das Erbrechen. Kein Chinin. Möglichst reichliche Flüssigkeitszufuhr. Nacht sehr unruhig. Temperatur ist nicht zur Norm zurückgekehrt. Puls voll, mässig beschleunigt 90—100. Ikterus noch intensiver als gestern.

20. Januar. Temperatur wird gegen Mittag normal. Puls 70. Ikterus noch deutlich. Urin reichlich, madeiraroth, enthält bedeutende Mengen Eiweiss. (1,8 g im Liter nach Esbach.) Brechneigung hat nachgelassen. Der Kranke fühlt sich bis auf grosse Schwäche wohl.

Im Lauf des Nachmittags nimmt der reichlich gelassene Urin normale Farbe an. Reaktion neutral. Eiweissgehalt noch beträchtlich, vereinzelte Cylinder.

21. Januar. Patient ist schwach, fühlt sich sonst wohl. Blutuntersuchung er-

giebt keine Parasiten. 3900000 rothe, 7200 weisse Blutkörper. Urin reichlich, zeigt normales, hellgelbes Aussehen, spec. Gew. 1019, Reaktion schwach sauer, noch ziemlich beträchlicher Eiweissgehalt.

22. Januar. Patient erholt sich langsam. Bis auf grosse Schwäche und Appetitlosigkeit normales Verhalten. Im Urin noch Eiweiss.

23. Januar. Urin eiweissfrei. Im Blut keine Parasiten. Der Kranke wird aus der Behandlung mit dem Rath entlassen am folgenden Tage 1 g Chinin prophylaktisch zu nehmen und nach Beendigung der Flussfahrt nach Edea diese Dose zu wiederholen. Innerhalb der nächsten 5 Wochen kein Fieber.

Dauer des Fiebers: ca. 40 Stunden. Dauer der Hämoglobinurie: ca. 55 Stunden. Dauer der Albuminurie: 5 Tage.

28. v. W., Polizeimeister, 25 Jahr. 13 Monate in Kamerun. Hat angeblich bis dahin nur 2mal an ganz leichten Fieberanfällen gelitten. Im Anschluss an ein Jagdunternehmen erkrankt er am 20. Januar an einem leichten unkomplicirten Fieber, dasselbe wiederholt sich am 21. Januar.

Fig. 24.

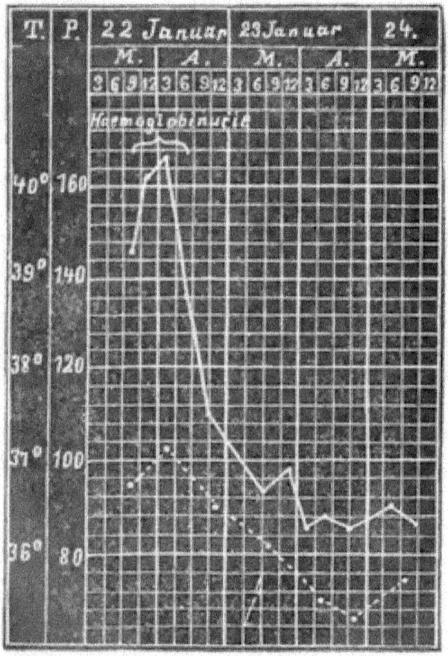

22. Januar. 7 a. m. v. W. nimmt 1½ g Chinin. 8½ a. m. Schüttelfrost lang anhaltend. Heftiges Fieber. Starkes Oppressionsgefühl. Leichter Ikterus. Geringe Milzempfindlichkeit. Urin dunkelschwarzroth, Entleerung schmerzhaft. Heftiger Harndrang. Es werden nur 20—30 ccm auf einmal entleert. Alkalische Reaktion.

Psychische Depression. Sehr verzagte Stimmung. Oppressionsgefühl. Leichter Ikterus. Milz unter dem Rippenbogen fühlbar.

Therapie: 1 g Chloralhydrat. Nach 2 Stunden 0,01 Morph. Liqu. Kal. acet. 20 : 200. Reichliche Flüssigkeitszufuhr, die gut vertragen wird. Warme Einpackung. 4 p. m. Nachlassen des Fiebers. Der Urin wird reichlicher, zu 2 300 ccm entleert. Alkalisch, übelriechend, eiweisshaltig, hellgelbroth. 6 p. m. völlig normales Aussehen, nur noch geringe Eiweisstrübung beim Kochen. Alkalische Reaktion. Reichliches Sediment. Temperatur normal.

23. Januar. Der Kranke fühlt sich völlig wohl. Ikterus kaum noch wahrnehmbar. Milz nicht nachweisbar vergrössert, nicht empfindlich. Blut frei von Parasiten. Urin noch trübe und übelriechend, deutlich alkalische Reaktion. Decoct. Fol. uv. urs. Nach 2 Tagen ist er völlig normal. Schnelle Rekonvalescenz.

Die 4 Tage nach der Entfieberung vorgenommene Blutuntersuchung ergiebt keine Parasiten, 4180000 rothe, 6800 weisse Blutkörper. Urin normal.

27. Januar. v. W. erhält 1 g Chinin prophylaktisch. Kein Fieberanfall innerhalb der nächsten 4 Wochen.

Fig. 25.

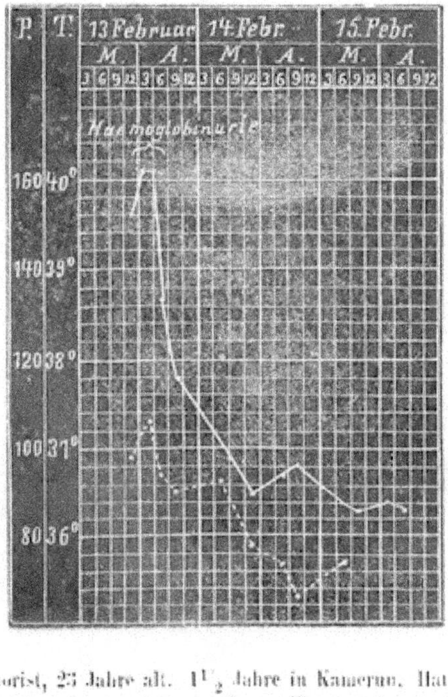

29. II., Faktorist, 25 Jahre alt. 1½ Jahre in Kamerun. Hat viel an schweren Fiebern, 3 mal an Schwarzwasserfieber, gelitten. Wegen schwerer Malariaanämie zur Erholung nach dem Süden geschickt. Hatte mehrere heftige Fieberrückfälle auf See zu überstehen. Kommt am 12 Febr. 94 nach Kamerun zurück.

13. Febr. Untersuchung. Sehr anämisches Aussehen. Milz erreicht den Rippenrand. Blutuntersuchung ergiebt 3210000 rothe, 6900 weisse Blutkörper, dazu reich-

liche Mengen von Halbmonden und kleinen unpigmentirten Hämamöben. H. erhält sogleich 1 g Chinin, das er sehr ungern nimmt, da Chinin angeblich bei ihm stets Fieber hervorrufe. Eine Stunde nach Aufnahme des Chinins erfolgt unter mässigem Frieren der Ausbruch hämoglobinurischen Fiebers. Gefühl von Uebelsein, kein Erbrechen. Mässiger Ikterus. Temperatur steigt bis 40,1. Milzgegend etwas empfindlich. Urin reichlich, dunkelbordeauxroth, enthält viel Eiweiss, keine Cylinder. Schwach sauer, spec. Gew. 1021—1024.

Therapie: Chloral 1 g. Acid. tannic. à 0,05. Heisser Thee in reichlichen Mengen, warme Einpackung. kein Chinin.

Nach 6 Stunden Abfall der Temperatur. Patient fühlt sich wohl. Urin nach 9 Stunden klar, enthält kein Hämoglobin mehr. Eiweiss verschwindet völlig nach 13 Stunden. — Bei dem Kräfteverfall des Kranken nimmt die Reconvalescenz mehrere Tage in Anspruch. Am 3. Tage erhält der Kranke, in dessen Blut keine Parasiten nachweisbar sind, $\frac{1}{2}$ g Chinin prophylaktisch, nach 3 Tagen dieselbe Dosis wieder. Nach 14 Tagen einfaches Malariarecidiv. H. wird als nicht tropendienstfähig heimgeschickt.

Fig. 26.

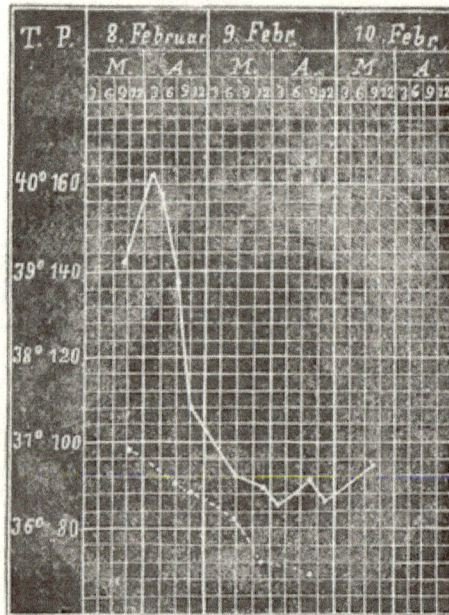

30. W., Polizeimeister, 25 Jahre alt, 13 Monate in Kamerun. Hat bisher wenig an Fieber, einmal an einem leichten Schwarzwasserfieber gelitten.

7. Febr. 94. Einfacher Malariaanfall nimmt am folgenden Tage, ohne dass Chinin gegeben wurde, hämoglobinurischen Charakter an. 10 a. m. leichter Frost, Ansteigen der Temperatur. Geringer aber deutlicher Ikterus. Milzgegend nicht

empfindlich, Milzschwellung nicht nachweisbar. Subjektive Beschwerden gering. Im Blut vereinzelte pigmentlose ringförmige Parasiten.

Urin reichlich, keine Schmerzen bei der Entleerung, burgunderroth, neutrale Reaktion, spec. Gew. 1024, stark eiweisshaltig, 2,0 g im Liter nach Esbach, keine Cylinder, kein Gallenfarbstoff.

Nach kurzem Bestehen des Fiebers Absinken der Temperatur, die um 10 p. m. normal ist. Der nach dieser Zeit entleerte Urin enthält keinen Blutfarbstoff mehr, die Albuminurie lässt sich in den einzelnen aufgefangenen Urinproben bis gegen Mitternacht nachweisen.

Es folgt schnelle Rekonvalescenz. Nach 2 Tagen erhält W. 1 g, nach 5 Tagen noch $\frac{1}{2}$ g Chinin prophylaktisch. In den nächsten 6 Wochen erfolgt kein Fieberrückfall.

Dauer des Fiebers: 12 Stunden.
Dauer der Hämoglobinurie: 12 Stunden.
Dauer der Albuminurie: ca. 15 Stunden.

Fig. 27.

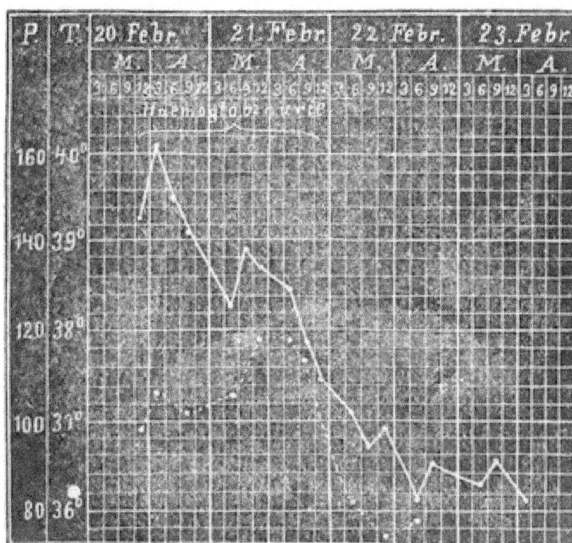

31. Frau St., Missionarfrau, 29 Jahre. $\frac{5}{4}$ Jahre in Kamerun. Mehrere leichte Fieber vorangegangen, bisher kein Schwarzwasserfieber. Ausbruch desselben am 20. Febr. 94 im unmittelbaren Anschluss an eine mit beträchtlichem Blutverlust einhergehende vorzeitige Entbindung.

Schwerer Verlauf bei der schon durch die Entbindung entkräfteten Patientin. Remittirendes, dem septischen entsprechendes Fieber, häufig sich wiederholende Schüttelfröste. Heftiges Angstgefühl, theilweise Benommenheit. Mässiger Ikterus. Geringe Milzschwellung.

Im Blut reichlich pigmentlose kleine Amöben, 2800000 rothe, 8200 weisse

Blutkörper, Hämoglobingehalt 36 pCt., Hämoglobinämie im dünnen Röhrchen unmittelbar nachweisbar.

Urin spärlich 20—40 ccm zur Zeit entleert, hohes spec. Gew. 1029—31. Schwach alkalische Reaktion. Entleerung mit heftigen Schmerzen verbunden. Profuse nicht blutige Diarrhoe.

Therapie: Chloralhydrat 1 g. Tinct. Opii. Warme Einpackung. Reichliche Zufuhr von Flüssigkeit, die meist wieder durch Erbrechen entleert wird. Kein Chinin.

21. Febr. Stat. idem, die Urinproduktion ist etwas reichlicher geworden. (450 ccm in 24 Stunden.) Aussehen des Urins etwas heller, portweinfarben, spec. Gew. 1028, alkalische Reaktion, sehr reichlicher Schleim und verfettete Blasenepithelien im Sediment, heftige Schmerzen bei der Urinentleerung (Cystitis). Temperatur bleibt bis zum Abend hoch. 6 p. m. Collaps, aus dem sich die Kranke nach reichlicher Anwendung von Aether und Campheröl wieder erholt. 8 p. m. Entfieberung. Die Urinproduktion wird reichlicher, die Schmerzen bei der Urinentleerung werden geringer. Ohne Anwendung von Narkoticis ruhige Nacht.

22. Febr. Die Kranke fühlt sich besser, aber noch äusserst schwach. Temperatur normal. Urin reichlich, madeirafarben, enthält noch viel Schleim und verfettete Blasenepithelien, reichlich Eiweiss.

22. Febr. Die Kranke ist noch sehr schwach, aber in voller Rekonvalescenz. Der Urin enthält keine Spur von Hämoglobin mehr, geringer Eiweissgehalt, ohne Cylinder, wahrscheinlich auf die noch bestehende Cystitis zu beziehen.

Die Blutuntersuchung ergiebt 1676000 rothe, 6750 weisse Blutkörper, 26 pCt. Hämoglobin.

Patientin erholt sich sehr langsam. Vom 2. Tage nach der Entfieberung in 5tägigen Zwischenräumen Chinin in $1\frac{1}{2}$ g Dosen. Innerhalb der nächsten 5 Wochen kein Rückfall.

32. P., Regierungsbeamter, 31 Jahre. 1 Jahr in Kamerun. 2 leichte und ein schwereres mit Hämoglobinurie complicirtes Fieber vorangegangen. Nach einem Jagdausflug in die Mangroven, 30. März 94, 1 g Chinin prophylaktisch genommen. Nach 3 Stunden Frösteln, Brechreiz, kein Ikterus, geringe Temperaturerhebung auf 38.2. Entleerung dunkelschwarzrothen Urins. Menge reichlich, 1400 ccm in 12 Stunden, spec. Gew. 1014, reichlicher Eiweissgehalt. Die Erscheinungen halten 6 Stunden an. Alsdann erfolgt völlige Rekonvalescenz, so dass Patient bereits Abends wieder seinen Dienst aufnehmen kann.

Fieber und Hämoglobinurie: 6 Stunden.
Albuminurie: 8—9 Stunden.

33. B., Missionar, 33 Jahre alt, 4 Jahre in Kamerun, hat öfters Fieber, 2 mal Schwarzwasserfieber gehabt. Wegen leichter Fieberanfälle während der letzten Tage öfter Chinin genommen, das jedesmal erbrochen wird. B. wendet dasselbe daher am 28. März 94 10 a. m. in 2 g Dose als Clysma an, das er bei sich behält und das, wie das nach 1 Stunde auftretende Ohrensausen beweist, resorbirt wird. 3 Stunden darauf unter Schüttelfrost Ausbruch heftigen Schwarzwasserfiebers, das mit einer kurzen Intermission 2 Tage hindurch anhält. Hohe Temperatur. Starker Ikterus. Heftiges Erbrechen. Milz erreicht den Rippenrand, ist auf Druck nicht empfindlich. Hochgradige Athemnoth, Aufregung und Angstgefühl. Urin anfangs sehr spärlich, 6—10 ccm jedes Mal, unter Schmerzen entleert, schwach saure Reaktion, dunkelrothe Farbe, reichlicher Eiweissgehalt, keine Cylinder.

29. März 94 Abends, nachdem der Zustand des Kranken bis dahin ziemlich unverändert gewesen war, Entfieberung. Der Brechreiz lässt nach. Der Ikterus ist noch sehr ausgesprochen. Das Blut ist frei von Parasiten. Hämoglobinurie überdauert das Fieber um 6 Stunden.

Fig. 28.

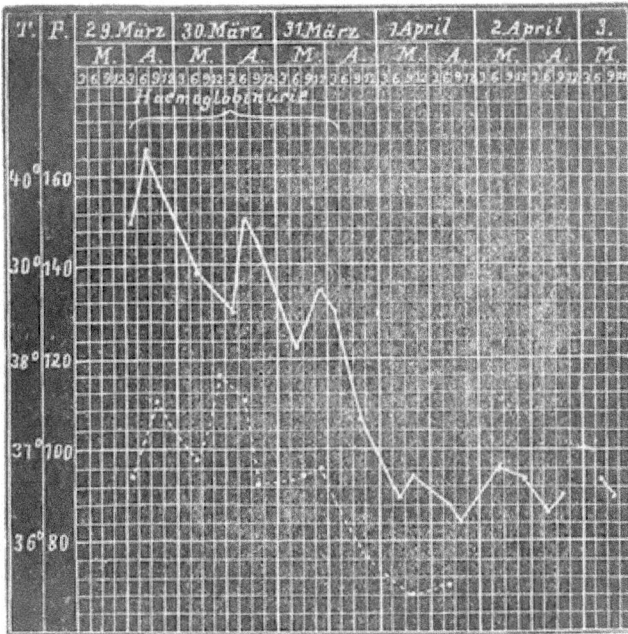

30. März 94. Patient fühlt sich wohl, ist noch sehr schwach. Im Urin noch geringe Menge Eiweiss. Ikterus verschwindet im Lauf des Tages fast völlig.

31. März 94. Der Kranke ist in voller Rekonvalescenz. Urin völlig normal. Blut frei von Parasiten.

Dauer des Fiebers. 48 Stunden.

Dauer der Hämoglobinurie: 54 Stunden.

Dauer der Albuminurie: ca. 60 Stunden.

B. erhält $\frac{1}{2}$ g Chinin mit der Weisung nach 6 Tagen noch 1 g zu nehmen. Wird aus der Behandlung entlassen. Kein Rückfall innerhalb der nächsten 14 Tage.

34. Sch., Gärtner, 26 Jahre alt. $1\frac{1}{2}$ Jahre in Kamerun. Hat viel an Fieber gelitten, mehrmals, angeblich stets nach Chiningebrauch, Hämoglobinurie bei sich beobachtet. Sch. wird wegen hochgradiger Fieberanämie am 29. März 94 von Victoria nach Kamerun ins Hospital gebracht.

29. März. Blass livide Hautfarbe. Milzgegend empfindlich. Milz unter dem Rippenbogen palpabel. Blutuntersuchung ergiebt 3860000 rothe, 7200 weisse Blutkörper, 64 pCt. Hämoglobin, ausserdem vereinzelte unpigmentirte ringförmige endo-

globuläre Parasiten von verschiedener Grösse. Auf diesen Befund hin wird Sch. trotz seines hartnäckigen Wiederstandes 1 g Chinin gegeben. 3 Stunden darauf heftiger Schüttelfrost. Temperatur steigt auf 39,4°. Brechreiz, leichter Ikterus. Milzempfindlichkeit nimmt zu. Urin reichlich, bordeauxroth, neutrale Reaktion, spec. Gew. 1026, kein Gallenfarbstoff, enthält viel Eiweiss. Im Sediment keine Cylinder, Schleim und Pigmentschollen, wenig Epithelien, keine rothen Blutkörper.

Fig. 29.

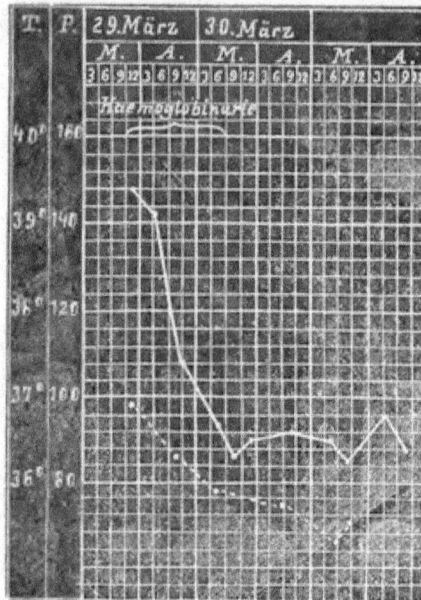

Therapie: 0,01 Morph. Solut. Antipyr. 2 : 200, stündlich 1 Esslöffel, Senfteig auf das Epigastrium, möglichst reichliche Flüssigkeitseinfuhr, warme Einwicklung, kein Chinin.

Die Temperatur ist Abends 10 Uhr wieder normal. Urin enthält bis zum nächsten Morgen geringe Mengen von Hämoglobin.

Eiweissgehalt verschwindet erst nach weiteren 2 Tagen aus dem Urin. Cylinder sind während der ganzen Zeit nicht nachweisbar. Langsame aber durch keinen Rückfall gestörte Rekonvalescenz. 3 Tage nach der Entfieberung erhält Sch. 1 g Chinin. Nach weiteren 3 Tagen wieder 1 g. Kein Rückfall innerhalb der nächsten 14 Tage.

Dauer des Fiebers: 9 Stunden.
Dauer der Hämoglobinurie: 19 Stunden.
Dauer der Albuminurie: ca. 70 Stunden.
Dauer der Hospitalbehandlung: 5 Tage.

35. D., Arbeiteraufseher, 31 Jahre alt. 2 Monate in Kamerun. Hat bisher kein Fieber gehabt, kein Chinin genommen.

30. Mai 94. Erkrankung wenige Stunden nach Beendigung einer Bootfahrt durch die Krieks der Kamerunmündung. Steiler Temperaturanstieg. Hochgradiges Angstgefühl. Heftiges Erbrechen. Leichter Ikterus gleich im Beginn der Krankheit deutlich ausgesprochen, im Lauf des Tages wird die Farbe citronengelb. Abdomen auf Druck empfindlich, namentlich die Lebergegend. Milz unter dem Rippenrand fühlbar. Im Blut vereinzelte unpigmentirte kleine ringförmige Parasiten. Urin spärlich, 420 ccm erste 24 Stunden, Entleerung mit Schmerzen verbunden. Tiefdunkelrothe Farbe. Neutrale Reaktion. Spec. Gew. 1026—1030. Kein Gallenfarbstoff nachweisbar. Im Sediment reichlich Pigmentschollen, Schleim und Blasenepithelien. Eiweissgehalt nach Esbach 2,2 g im Liter.

Fig. 30.

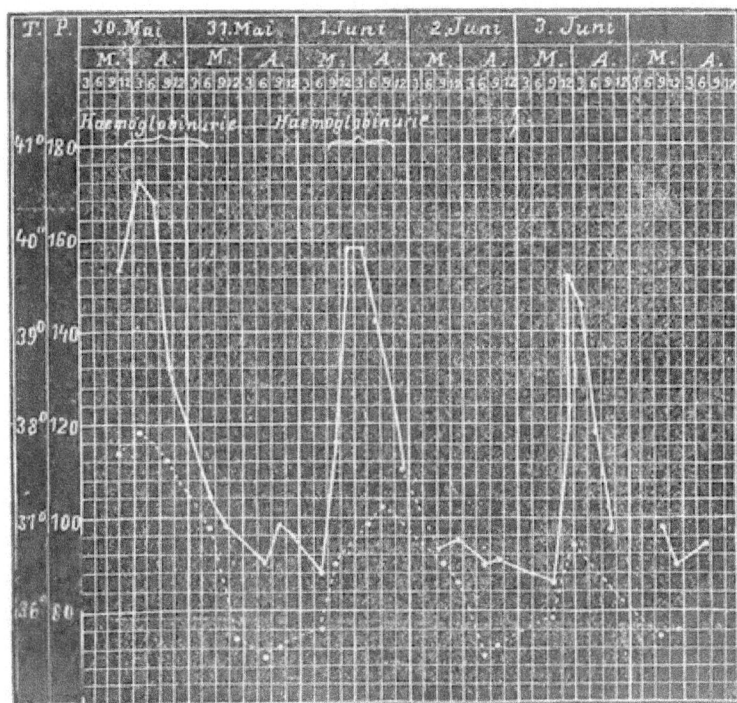

Therapie: Chloralhydrat 1 g. Solut. kal. acetic. 20:200, 2stündlich 1 Esslöffel, stündlich 0,25 g Antipyrin. Reichliche Flüssigkeitszufuhr. Warme Einpackung.

Gegen Abend lassen sämmtliche Erscheinungen nach. Die Temperatur sinkt, die Urinmenge wird reichlich, die Farbe madeiraroth, noch viel Eiweiss, das Erbrechen lässt nach, der Kranke schwitzt stark und fühlt sich wohl. Die Nacht verläuft, ohne dass ein Narkoticum angewendet wurde, ruhig.

31. Mai 94. Der Kranke fühlt sich wohl. Temperatur normal. Urin reichlich, hell, sauer. Keine Spur von Hämoglobin oder Eiweiss. Die Apyrexie und Euphorie hält den ganzen Tag an.

1. Juni. Der Kranke fühlt sich vollkommen wohl. 10 a. m. Unter leichtem Frösteln Wiederansteigen der Temperatur, die um 11½ a. m. 39,9° erreicht hat. Geringes Uebelbefinden, Kopf- und Rückenschmerzen. Milzgegend nicht empfindlich. Der Ikterus, welcher fast ganz verschwunden war, wird wieder deutlich. Im Blut sind keine Parasiten nachweisbar, der Urin ist reichlich, sauer, völlig frei von Hämoglobin und Eiweiss. Gegen 3 p. m. beginnt die Temperatur zu fallen, 5 p. m. sind 38,0° C. erreicht. Nachts starkes Schwitzen.

2. Juni. Ganzen Tag Euphorie. Kein Fieber. Urinuntersuchung völlig negativ.

3. Juni. Der Kranke fühlt sich Morgens völlig wohl. 11 a. m. unter leichtem Frieren Temperaturanstieg auf 39,6°. Kopfschmerzen. Im Uebrigen Allgemeinbefinden wenig beeinträchtigt. Milz auf Druck etwas empfindlich. Kein Ikterus.

Im Blut grosse pigmentirte und kleine siegelringförmige Amöben. Vereinzelte Halbmondformen.

Urin reichlich, gelbbraun, sauer, Spec. Gew. 1023. Keine Spur von Hämoglobin oder Eiweiss.

Bei rein symptomatischer Behandlung gegen 6 p. m. Entfieberung unter mässigem Schweissausbruch. 8 p. m. 1 g Chinin.

4. Juni. Patient fühlt sich vollkommen wohl. 7 a. m. 1 g Chinin. Im Blut keine Parasiten. Ungestörte Rekonvalescenz. In den nächsten 4 Wochen kein Fieber.

Dauer des Fiebers: 16 + 15 + 9 Stunden.

Dauer der Hämoglobinurie und Albuminurie: 18—19 Stunden.

Fig. 31.

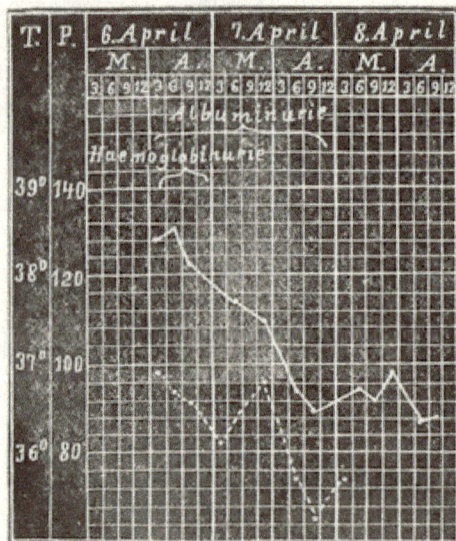

36. S., Lazarethgehülfe, 24 Jahre alt, ³/₄ Jahre lang in Kamerun. Hat wenige leichte Malariafälle überstanden, bisher keinen mit Hämoglobinurie komplicirten.

6. April 94. S. nimmt, da er sich während der letzten Tage fiebrig gefühlt

hatte, Morgens prophylaktisch 1 g Chinin. 6 Stunden darauf Schüttelfrost, steiles Ansteigen der Temperatur auf 38,4°. Sehr geringer Ikterus. Abdomen, namentlich Lebergegend empfindlich. Milz nicht palpabel. Uebelbefinden und Kopfschmerz. Grosse Unruhe.

Im Blut vereinzelte kleinste Ringformen pigmentloser Amöboiden. Urin ziemlich reichlich, burgunderroth, schwach sauere Reaktion, spec. Gew. 1024—1026, kein Gallenfarbstoff, ohne wesentliche Schmerzen entleert, im reichlichen Sediment Massen von Pigmentschollen und Blasenepithelien, keine Cylinder, keine rothen Blutkörper. Sehr reichliche Eiweissmenge.

Therapie: 1 g Chloralhydrat. Stündlich $\frac{1}{2}$ g Antipyrin. Reichliche Flüssigkeitszufuhr. Warme Einpackung. Kein Chinin. Nach 8 stündigem Bestehen des Fiebers Schweissausbruch. Die Temperatur geht langsam zur Norm herunter. Bereits der erste nach der Entfieberung gelassene Urin ist völlig frei von Blutfarbstoff. Die Albuminurie bleibt bis zum Abend des 7. April bestehen. Alsdann erfolgt schnelle Rekonvalescenz. S. bleibt 5 Wochen fieberfrei.

Dauer des Fiebers: 8 Stunden.
Dauer der Hämoglobinurie: 8 Stunden.
Dauer der Albuminurie: 36 Stunden.
Dauer des Hospitalaufenthalts: 2 Tage.

37. P., Gouvernementsbeamter, 31 Jahre alt. 13 Monate in Kamerun. Einige leichte Fieber, eins mit Hämoglobinurie komplicirt, sind vorausgegangen.

10. April 94. 10 a. m. Ohne besondere nachweisbare Veranlassung Ausbruch eines heftigen Malariaanfalls. Protrahirter Verlauf, der sich über den ganzen Tag erstreckt.

9 p. m. Abfall der Temperatur unter starkem Schwitzen. 10 p. m. erreicht die Temperatur 38°. Es werden 1,5 g Chinin verabreicht. Nacht verläuft unruhig.

11. April. Morgens 5 Uhr heftiger Schüttelfrost. Wiederansteigen der Temperatur bis 39,3°. Leichter Ikterus. Starker Brechreiz. Grosse Unruhe. Leichte Dyspnoe. Urin dunkelroth. Während der ersten Stunden spärlich und unter Schmerzen entleert, die gegen Mittag verschwinden. Die Sekretion wird alsdann reichlicher, die Färbung des Urins heller.

Therapie: Mixt. gummos. mit Salzsäure. Acid. tannic. à 0,05, mehrmals Tinct. opii zu 15 Tropfen, reichliches Getränk, warme Einpackung. Kein Chinin.

Das Fieber hält unter allmäligem Abnehmen der subjektiven Erscheinungen den ganzen Tag über an. Abends gegen 5 tritt starker Schweiss auf, die Temperatur geht bis 7 p. m. allmälig zur Norm zurück. Fast gleichzeitig klärt sich der Urin auf, gegen 10 p. m. ist keine Spur von Blutfarbstoff oder Eiweiss mehr in demselben nachweisbar. Patient ist sehr matt. Die Blutuntersuchung ergiebt 4020000 rothe, 6500 weisse Blutkörper, keine Parasiten. Der Patient erhält 1 g Chinin, das gut vertragen wird. Die Kräfte kehren schnell wieder, die Rekonvalescenz erleidet keine Unterbrechung. Nach 3 Tagen abermals 1 g Chinin prophylaktisch. Kein Fieber während der nächsten 3 Wochen.

Dauer des Fiebers: 14 Stunden.
Dauer der Hämoglobinurie und der Albuminurie: ca. 16 Stunden.
Zeit der Hospitalbehandlung: 36 Stunden.

38. St., Unteroffizier, 25 Jahre alt. Seit 20 Monaten in Kamerun. Hat bisher wenige, meist leichte Fieber durchgemacht, kein Schwarzwasserfieber. Seit 3 Wochen angeblich in regelmässigen 8 tägigen Zwischenräumen Fieberanfälle, der letzte am

16. April 1894. Nach Abfall der Temperatur und kräftigem Schwitzen nimmt St. 1,5 g Chinin. Um Mitternacht heftiger Schüttelfrost, dem lebhaftes Hitzegefühl folgt. Die Temperatur steigt nicht über 38,6°. Morgens enthält der reichlich producirte Urin beträchtliche Mengen von Hämoglobin und Eiweiss. Die Temperatur ist nach 8 Uhr Morgens, ohne dass irgend welche Therapie ausser völliger Bettruhe eingeleitet wurde, normal. Das Hämoglobin verschwindet um 9 gänzlich aus dem Urin, dagegen ist Eiweiss in demselben noch am 22. April nachweisbar. Keine Cylinder. Ungestörte Rekonvalescenz, obwohl der Albuminurie wegen kein Chinin gegeben wurde. Während der nächsten 14 Tage kein Fieber.

Dauer des Fiebers: ca. 8 Stunden.

Dauer der Hämoglobinurie: ca. 9 Stunden.

Dauer der Albuminurie: 6 Tage.

39. P., Gouvernementsbeamter, 31 Jahre alt, seit 5/4 Jahren in Kamerun. Hat wenig an Fieber gelitten, zweimal an Schwarzwasserfieber.

2. Juni 94. In der Nacht vorher Fest mit starkem Alkoholgenuss. Morgens 7 a. m. prophylaktisch 1 g Chinin genommen. Nach 4 Stunden Kältegefühl und Brechreiz. Die Temperatur steigt nicht über 38,0°. Urin spärlich, Anfangs in Portionen von 15—20 ccm entleert, porterfarben. Entleerung mit heftigen Schmerzen verbunden. Strangurie. Leichter, im Lauf des Tages zunehmender Ikterus.

Therapie: Einhüllen in wollne Decken. Möglichst reichliche Zufuhr von heissem Thee. 1 g Chloralhydrat, 0,01 Morph. Solut. Kal. acet. 20 : 200.

Um 8 p. m. reichlicher Schweissausbruch. Schlaf.

3. Juni 3 a. m. Entleerung reichlichen, dunkelbraunen Urins. Euphorie. Temperatur normal. Gegen Mittag ist P. bereits wieder im Stande seine Berufsgeschäfte zu erledigen. Ungestörte Rekonvalescenz. Am folgenden und nach 4 Tagen werden je 1/2 g Chinin genommen. Innerhalb der nächsten 4 Wochen kein Fieber.

40. S., Lazarethgehülfe, cf. Krankengeschichte No. 36. 6. Juni 94. Leichter einfacher Malariaanfall.

7. Juni. Bei völliger Euphorie Morgens 6 Uhr prophylaktisch 1,5 g Chinin genommen. 2 Stunden darauf unter Schüttelfrost Ausbruch von Schwarzwasserfieber. Schneller Temperaturanstieg auf 39,5°, die Temperatur hält sich auf dieser Höhe mit geringen Remissionen bis gegen 5 p. m. Starker Ikterus. Kopfschmerzen, leichte Benommenheit, lebhafter Brechreiz. Durchfall. Abdomen druckempfindlich. Milz überragt den Rippenbogen, auf Druck empfindlich.

Athemnoth, über beiden Lungen h. u. trocknes Rasseln, Knacken und Giemen, Herztöne rein, stark accentuirt, Herzaction nur mässig beschleunigt 90—100.

Im Blut reichlich siegelringförmige Parasiten. Hämoglobinämie im dünnen Glasröhrchen deutlich nachweisbar.

Urin dunkelbordeauxroth, spärlich, 150 ccm innerhalb der ersten 12 Stunden, schwach sauer, spec. Gew. 1030. Sehr reichlicher Eiweissgehalt.

Therapie: 1 g Chloralhydrat, Solut. Kal. acet. 20 : 200, Tinct. Opii 2stündlich 15 Tropfen. Reichliche Flüssigkeitszufuhr. Warme Einpackung.

5 p. m. Herabgehen der Temperatur. Patient beginnt kräftig zu schwitzen. Die Athemnoth lässt nach, ebenso der quälende Brechreiz. Ikterus sehr ausgesprochen. Der Urin beginnt erst gegen 10 p. m. reichlicher zu werden und sich aufzuhellen. Eiweissgehalt noch sehr beträchtlich. Nacht verläuft unter anhaltendem Schwitzen ruhig.

8. Juni. 7 a. m. Der Kranke fühlt sich wohl. Temperatur normal. Urin hell. Noch reichlich Eiweiss. Um 10 a. m. beginnt die Temperatur wieder langsam zu steigen, erreicht 12 m. 39,1°. Gleichzeitig tritt Unbehagen und Gefühl von Uebelkeit mit leichtem Frieren auf. Der Urin zeigt wieder Hämoglobingehalt, Farbe portweinroth, Menge reichlich, keine Beschwerden bei der Entleerung, Reaktion deutlich sauer, spec. Gew. 1024, beträchtlicher Eiweissgehalt. im Bodensatz hyaline und epithelbekleidete Cylinder.

Therapie wie Tags zuvor. Um 4 p. m. beginnt die Temperatur unter Schweissausbruch herabzugehen, schon der um 6 p. m. entleerte Urin zeigt völlig normale Farbe. Eiweissgehalt noch deutlich. Die Nacht verläuft ruhig.

Fig. 32.

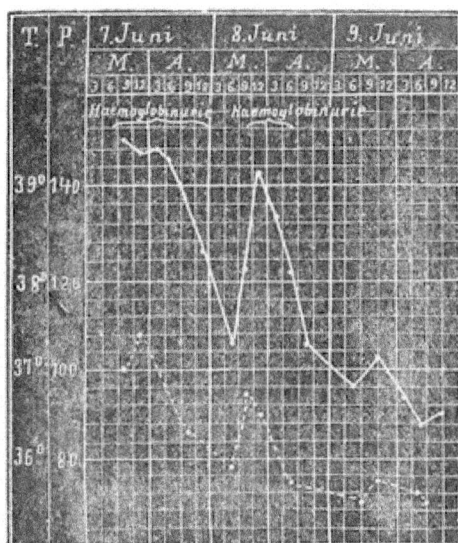

9. Juni. Patient fühlt sich vollkommen wohl, aber sehr matt. Milz auf Druck noch etwas empfindlich. Im Blut keine Parasiten nachweisbar, 3876000 rothe, 6500 weisse Blutkörper. 54 pCt. Hämoglobingehalt. Urin hellgelb, sauer, spec. Gew. 1026, enthält noch reichlich Eiweiss, vereinzelte Cylinder.

Bettruhe. Diät, Diaphorese.

Der Kranke erholt sich langsam, ein Rückfall erfolgt nicht: wegen Anhaltens der nephritischen Erscheinungen wird er nach 8 Tagen heimgeschickt.

41. W., Faktorist, 23 Jahre alt. 13 Monate in Kamerun. Hat öfter an leichten Fiebern, bisher nicht an Schwarzwasserfieber gelitten. Erkrankt 5. Juni 94 an leichtem unkomplicirtem Fieber.

6. Juni 94 7 a. m. nimmt W. 1 g Chinin prophylaktisch. 9 a. m. heftiger Schüttelfrost, Brechneigung und Rückenschmerzen. Die Temperatur beginnt erst

156

nach ¼ Stunde zu steigen, erreicht um 11 a. m. 40,5°. Heftige Präcordialangst, Dyspnoe, zeitweise Bewusstlosigkeit und Delirien. Puls voll. 96—100. Schnell zunehmender Ikterus. Ueber beiden Lungen spärliche trockne Rasselgeräusche. Empfindlichkeit des ganzen Abdomen. Milz unter dem Rippenbogen eben fühlbar.

Urin unter heftigen Schmerzen, häufig aber stets nur in ganz geringen Mengen (10—25 ccm) entleert. Schwarzroth. Leicht alkalisch. Beim Kochen gerinnt fast die ganze Urinsäule.

Therapie: Chloralhydrat 1 g. Solut. Kal. acet. 20 : 200, 2 stündlich 1 Esslöffel. Senfteig aufs Epigastrium. Tinct. Jod. tropfenweis gegen das Erbrechen. Einpacken in wollne Decken. Reichlich heisse Getränke.

Fig. 35.

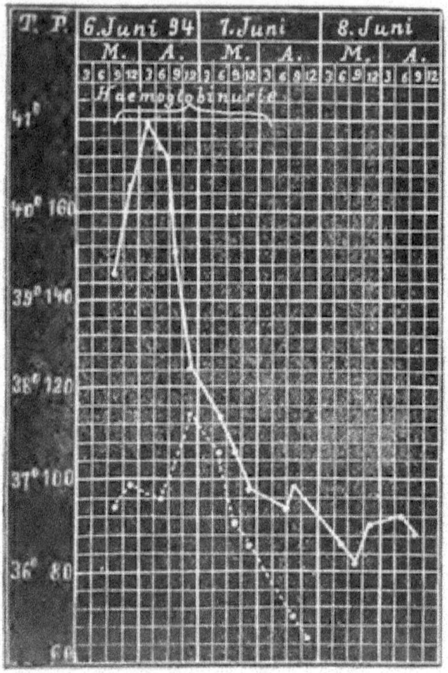

Der Zustand des Kranken bleibt bis zum Abend bedenklich. 3 p. m. bei Ansteigen des Fiebers auf 41,0° Nachlassen der Herzthätigkeit. Der Puls hebt sich wieder nach 6 Aetherinjektionen. Der bis dahin fast völlig bewusstlose Kranke kommt zu sich.

Gegen 5 p. m. bricht Schweiss aus, die Temperatur geht allmälig herunter. Die Urinproduktion wird reichlicher. Noch der Nachturin ist tiefdunkelroth gefärbt. Die Nacht verläuft auf ein weiteres Gramm Chloralhydrat ruhig.

7. Juni. Der Kranke fühlt sich bis auf sehr grosse Schwäche wohl. Temperatur normal. Morgenurin hellroth, enthält noch reichlich Eiweiss. Blutuntersuchung

ergiebt 3620000 rothe, 7200 weisse Blutkörper. 43 pCt. Hämoglobin. Keine Parasiten.

Es erfolgt langsame Rekonvalescenz. Die Hämoglobinbeimischung verschwindet aus dem Urin gegen 3 p. m.; Albumen ist zuletzt am 9. Juni im Mittagurin nachweisbar.

10. Juni. W. erhält prophylaktisch 1 g Chinin, nach 3 Tagen ein zweites. Bleibt fieberfrei bis zum 21. Juli 94.

42. Derselbe. Seit 21. Juli 94 tägliche unbedeutende Fiebererhebungen. Urin völlig normal.

Fig. 34.

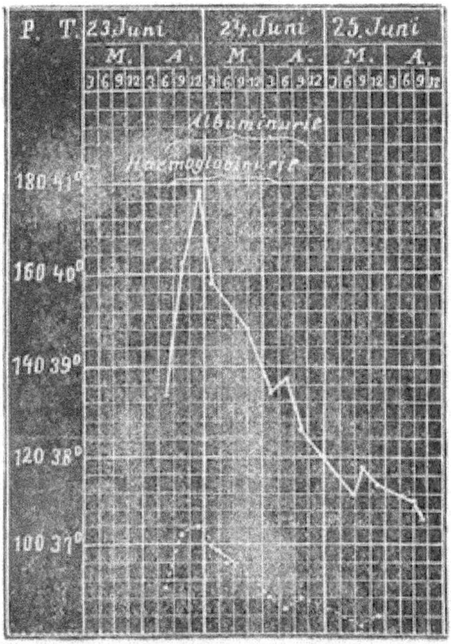

23. Juli 10 a. m. nimmt W. 1 g Chinin. 6 p. m. Schüttelfrost. Heftiger Anfall hämoglobinurischen Fiebers. Kopfschmerz. Unstillbares Erbrechen. Hochgradiges Angstgefühl. 6½ p. m. beträchtlicher Ikterus. Temperatur zwischen 40 und 41°. Trockne Rasselgeräusche über den abhängigen Lungentheilen. Milz und Lebergegend auf Druck empfindlich. Milz unter dem Rippenbogen palpabel.

Im Blut mässig grosse Menge kleiner unpigmentirter siegelringförmiger Parasiten.

Fortwährender Urindrang. Entleerung schmerzhaft. Es werden nur kleine Urinmengen (30—50 ccm) auf einmal entleert. Farbe burgunderroth, reichliche Mengen rothbraunen Sediments. Reaktion neutral. Spec. Gew. 1028—1031. Beträchtlicher Eiweissgehalt.

Therapie: Chloral. Häufige kühle Abreibungen im fieberhaften Stadium. Möglichst reichliche Zufuhr heissen Thees. Kein Chinin.

Die Temperhtur bleibt 12 Stunden lang fieberhaft. Während des grössten Theils der Zeit befindet der Kranke sich in halbbewusstlosem Zustand. Die Herzthätigkeit bleibt gut.

Gegen 9 a. m. erfolgt Schweissausbruch, worauf die Temperatur schnell abzufallen beginnt und das Bewusstsein zurückkehrt. Die Urinentleerungen sind weniger schmerzhaft und werden schnell reichlicher.

3 p. m. ist die Farbe des Urins völlig normal, derselbe enthält noch reichlich Eiweiss. Letzteres verschwindet erst gegen Abend.

Der Kranke ist sehr schwach, fühlt sich aber im übrigen vollkommen wohl.

Blut enthält keine Parasiten. 3480000 rothe, 7900 weisse Blutkörper im Cubikmillimeter. 41 pCt. Hämoglobin. Langsame, aber ungestörte Rekonvalescenz. Nach 3 Tagen 1 g Chinin, nach 8 Tagen ein weiteres. W. bleibt fieberfrei bis zum 28. August 94.

Fig. 35.

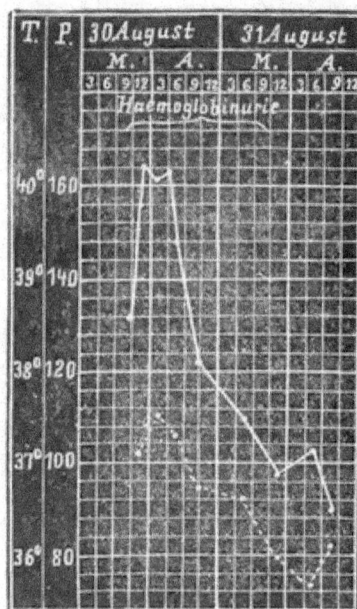

45. Derselbe. 28. und 29. August 94 leichte Fieberanfälle im Anschluss an angestrengte Arbeit in der Sonne am Flussufer. W. behandelt dieselben, da er sich scheut, Chinin zu nehmen, allein mit Schwitzbädern und Einfuhr heisser Getränke.

30. August Morgens 7 nimmt W. prophylaktisch 1,5 g Chinin. 10 a. m. Schüttelfrost. Heftiger Fieberanfall. Gefühl von Abgestorbensein in Fingern und Zehen. Kopf- und Rückenschmerzen. Dyspnoe. Leichte Delirien. Ikterus mässigen Grades. Milz erreicht den Rippenbogen, auf Druck nicht empfindlich. Herzaktion kräftig. Puls 110—120. Profuse Diarrhöen.

Urin ziemlich reichlich. Entleerung mit Schmerzen verbunden. Burgunderrothe Farbe. Spec. Gew. 1025. Amphotere Reaktion. Reichliches Sediment von Schleim, Pigmentschollen und verfetteten Epithelien. Keine Cylinder. Keine Blutkörper. Im Blut spärliche ringförmige Parasiten.

Therapie: Chloralhydrat 1 g, Solut. Kal. acet. 20 : 200, Opium à 0,05 mehrmals, warme Einpackung. Reichliche, namentlich kohlensaure Getränke. Heisser Thee. Kein Chinin. Dauer des Frostes fast 2 Stunden. Nach kurzdauernder trockener Hitze heftiger Schweissausbruch, den der Kranke wohlthätig empfindet. Um 5 p. m. beginnt die Temperatur herunterzugehen. Nachlassen der Kopfschmerzen. Hochgradige Schwäche.

Die Hämoglobinurie überdauert das Fieber um 3 Stunden. Unmittelbar nach ihrem Aufhören verschwindet auch das Eiweiss aus dem Urin. Langsame Rekonvalescenz. Die Blutuntersuchung des 2. Sept. 96 ergiebt 3920000 rothe, 6800 weisse Blutkörper. 51 pCt. Hämoglobin. Keine Parasiten. 0,5 g Chinin prophylaktisch. Wiederholung der Dose nach 3 Tagen.

Erholungsurlaub nach Europa.

Dauer der Hämoglobinurie und Albuminurie: 23 Stunden.

Fig. 36.

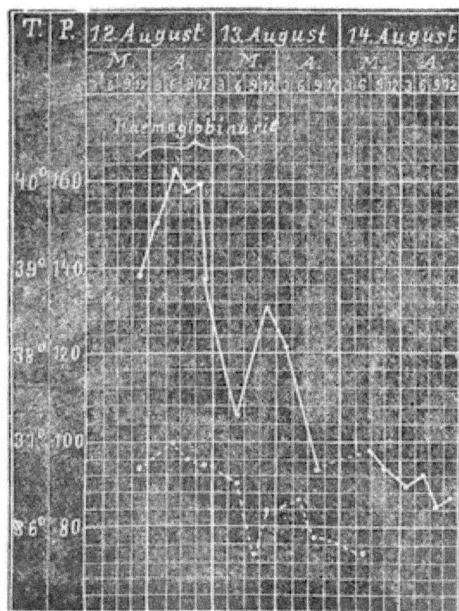

44. H., Faktorist, 23 Jahre alt, 2 Jahre lang an der Kamerunküste. Hat öfter an leichten Fiebern gelitten, einmal an Schwarzwasserfieber.

12. August 94. 12 m. Nach Durchnässung bei einer Flussfahrt unter leichtem Frostgefühl Ausbruch von Fieber. Sehr geringer Ikterus. Stürmisches Erbrechen.

Oppressionsgefühl. Sehr deprimirte Stimmung. Meteorismus. Abdomen auf Druck empfindlich, namentlich die Lebergegend. Eine Vergrösserung der Milz ist nicht nachweisbar.

Puls kräftig 90—100.

Blutbefund trotz wiederholter Untersuchung negativ.

Urinentleerung nicht schmerzhaft, Urin reichlich, dunkelroth, saure Reaktion, spec. Gew. 1018, kein Gallenfarbstoff. Reichliches graubraunes Sediment, Schleim, Pigmentschollen, verfettete Epithelien; keine Cylinder. Keine Blutkörper. Beim Kochen mit Essigsäure bildet sich ein reichlicher Niederschlag.

Therapie: Mixt. gummos. mit Chloroform 2 g (wird häufig erbrochen). Morph. 0,01 zweimal im Lauf des Tages. Solut. antipyr. 5:200 stündlich 1 Esslöffel. Warme Einpackung. Reichliche Flüssigkeits-zufuhr.

10stündiges Andauern des Fiebers, während dessen Allgemeinbefinden und Urin ziemlich unverändert bleiben. Ikterus nimmt an Intensität langsam zu.

Abends 10 Uhr beginnt die Temperatur zu sinken. Der um Mitternacht entleerte Urin ist bereits wesentlich heller, madeiraroth. Noch reichlicher Eiweissgehalt. Unter kräftiger Schweissentwicklung verläuft der Rest der Nacht ruhig in tiefem Schlaf.

15. August. 7 a. m. der Kranke fühlt sich bis auf Schwäche wohl. Ikterus hat wesentlich abgenommen. Temperatur normal. Urin reichlich, hell, sauer, spec. Gew. 1008, keine Spur von Eiweiss.

10 a. m. ohne Kältegefühl Ansteigen der Temperatur, die um 11¹⁄₂ 38,6° erreicht. Der Kranke hat ausser leichtem Wärmegefühl kaum eine subjektive Empfindung davon. Puls 100. Milz nicht vergrössert, nicht empfindlich.

Im Blut vereinzelte kleine ringförmige Parasiten.

Urin reichlich, hellgelb, klar, sauer. Spec. Gew. 1018. Beim Kochen mit Essigsäure bildet sich eine eben bemerkbare kleine flockige Eiweisstrübung. 3 p. m. 37,8°. völlige Euphorie, leichter Schweiss.

5 p. m. 36,4°. Im Urin keine Spur von Eiweiss mehr. Im Blut keine Parasiten. Der Kranke erhält 1,0 g Chinin. Schnelle Rekonvalescenz ohne Zwischenfall. Nach 4 Tagen abermals 1 g Chinin gegeben. H. bleibt 17 Tage frei von Recidiven.

Dauer des hämoglobinurischen Fiebers: 21 Stunden.

Dauer der Albuminurie: 23 Stunden.

Dauer der Hospitalbehandlung: 6 Tage.

45. Derselbe. Starke Anstrengung im Geschäft wegen Erkrankung des Principals vorangegangen.

30. August 94. 10 a. m. heftiger Anfall, von starkem Frieren eingeleitet. Quälender Brechreiz. Oppressionsgefühl auf der Brust. Ziehende Schmerzen im Rücken und in den Beinen. Heftiger Harndrang. Temperatur steigt steil bis 40,6° an.

Status 10 a. m. 30: Leicht ikterisches Kolorit. Haut trocken, glühend heiss. Dyspnoe. Puls voll. 105. Ueber der Lunge r. u. trocknes Rasseln. Herztöne stark accentuirt, rein. Lebergegend auf Druck etwas schmerzhaft. Milz überragt den Rippenbogen um 1 Querfinger.

Urin spärlich. Es besteht Harndrang. Entleerung mit Schmerzen in der Glans verbunden, jedesmal nicht mehr als 20—30 ccm producirt, dunkelrubinroth, schwach saure Reaktion. Untersuchung auf Gallenfarbstoff giebt negatives Resultat. Beträchtliches Sediment, enthält reichliche Schleimmengen, Epithelien und Hämoglobinschollen. Keine rothen Blutkörper. Spärliche Menge hyaliner Cylinder.

Mit Essigsäure gekocht erstarrt ca. die Hälfte der Urinsäule.

Das Fieber hält mit geringen Remissionen 30 Stunden an. Während desselben verändert der Allgemeinzustand des Kranken sich nicht in wesentlicher Weise. Der Puls bleibt gut. Das Erbrechen lässt nach einer Morphiuminjection von 0,01. Application eines Senfteigs auf das Epigastrium und Jodtinctur tropfenweis in Wasser gereicht, nach. Im übrigen besteht die Therapie nur in Darreichung einer schwachen Antipyrinlösung 5 : 200, 2stündlich 1 Esslöffel, reichlicher Flüssigkeitseinfuhr und warmer Einpackung.

Um 5 p. m. reichlicher Schweissausbruch ohne wesentliche Veränderung der Temperatur. 8 p. m. wieder Frostgefühl, das etwa 1 Stunde anhält. In der Nacht unruhiger Schlaf nach 1 g Chloralhydrat.

Fig. 37.

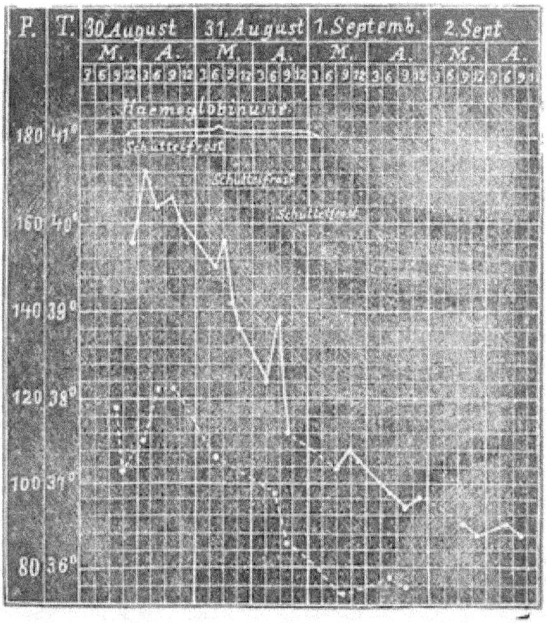

31. August. 8 a. m. Ausbruch heftigen Schweisses. Patient fühlt sich sehr schwach aber wohl. Urin portweinroth, reichlich, Schmerzen bei der Entleerung haben aufgehört. Enthält noch reichlich Eiweiss, auch vereinzelte Cylinder. 9 a. m. Temperatur 39,0°. Starker Schweiss. Ikterus sehr ausgeprägt. Urin madeirafarben, enthält reichlich Eiweiss. 10 a. m. Temperatur 38,8°. Der Kranke ist sehr erschöpft, mehrstündig ruhiger Schlaf.

4 p. m. Temperatur 38,2°. Der Kranke fühlt sich völlig wohl aber sehr schwach. Im Urin noch Spur von Hämoglobin. Eiweissgehalt wesentlich verringert, aber noch sehr deutlich. Vereinzelte Cylinder. 8 p. m. Nochmals kurzdauernder Frost mit geringer Temperaturerhebung. Langsame Rekonvalescenz. Kein Rückfall.

5. Sept. Blutuntersuchung ergiebt 3680000 rothe, 7200 weisse Blutkörper. Keine Parasiten.

Im Urin sind noch geringe Eiweissmengen nachweisbar.
1. Sept. Urin eiweissfrei. Im Blut keine Parasiten. II. erhält 1 g Chinin. Am
6. Sept. ein zweites Gramm. Rückkehr der Kräfte erfolgt langsam. In den nächsten
3 Wochen kein Fieberanfall.

46. P., Regierungsbeamter, 32 Jahr. Hat in Kamerun wenig an Fieber gelitten
3mal leichte Anfälle von Schwarzwasserfieber gehabt. Seit 3 Monaten auf Urlaub in
Europa. 19. Febr. 96, nachdem er sich bereits 2 Tage lang fiebrig gefühlt, Abends
1 g Chinin. Um Mitternacht Schüttelfrost, heftiges Fieber. Unstillbares Erbrechen.
Mässiger Ikterus. Keine Empfindlichkeit oder Vergrösserung der Milz. Urin dunkelroth, ziemlich reichlich. Das Fieber hält mit Remissionen 3mal 24 Stunden an, während derselben hellt der Urin sich vorübergehend auf. Aeusserste Schwäche. Hochgradige Dyspnoe. Rein symptomatische Behandlung. Sauerstoffinhalationen, die vorzüglich vertragen und immer wieder verlangt werden. Kein Chinin.
23. Febr. Entfieberung. Urin völlig normal. Hochgradige Schwäche. Sehr
schnelle Rekonvalescenz auf einer Erholungs-reise nach Tirol. Nächstes Fieber, obwohl
inzwischen, d. h. seit Ausbruch der Krankheit, kein Korn Chinin gebraucht wurde.
Januar 96 in Ostafrika, also nach fast einem Jahr.

Ausser den beiden genannten, dem komatösen und dem hämoglobinurischen, Fiebern kamen wohl charakterisirte anderweite Fieberformen
während der Zeit meiner Anwesenheit in Kamerun nicht vor. Die als
algide, diaphoretische, cholerische, kardialgische, dysenterische und asthe-
nische bezeichneten Fieberformen, welche in andern Malariagegenden häufig
zu sein scheinen, habe ich in Kamerun nicht beobachtet, ebenso wenig
typische Malariakachexie und die in Süditalien und Ungarn so häufigen
Milztumoren. Es scheint, als ob die schwere atypische Malaria in verschiedenen Ländern mit einer gewissen Regelmässigkeit verschiedene Formen annimmt, in Kamerun im Besondern unter dem Einfluss einer nach
verhältnissmässig kurz dauerndem Aufenthalt sich ausbildenden Blutveränderung fast jedes Mal den Charakter des hämoglobinurischen Fiebers
auf hämocytolytischer Basis. Damit ist nicht gesagt, dass die grosse
Zahl der andern Malariaerkrankungen in Kamerun unter übereinstimmenden Erscheinungen verlief. Im Gegentheil, dieselben variirten innerhalb
weiter Grenzen nach Dauer und Typus der Fieberbewegung und Schwere,
der Art der subjektiven Beschwerden, der Widerstandsfähigkeit dem
Chinin gegenüber und dem Maass der Neigung zu recidiviren. Immerhin
boten sie in keiner charakteristischen oder mit einer gewissen Einheitlichkeit sich wiederholenden Weise wesentliche Abweichungen von dem im Anfang skizzirten Bild des gewöhnlichen nicht komplicirten intermittirenden Ka-
merunfiebers.

Die Malariaerreger und ihre Beziehungen zu der Krankheit.

Ausser einer Anzahl älterer Autoren wie Burdel[1], Knapp[2],

---

1) Burdel, L'Union médicale. 1859.
2) Knapp, Researches of Primary Pathologie.

Munro[1], Peacock[2] bestreitet zur Zeit wohl nur Moore[3] die Spe-
cificität der Malariakrankheiten, die er lediglich auf meteorologische
Einflüsse beziehentlich auf Veränderungen, welche dieselben direkt im
Organismus hervorrufen, zurückführt.

Für die übrigen Forscher auf diesem Gebiet war die Frage durch
die gelungenen Uebertragungsversuche Gerhardt's[4] in bejahendem
Sinn endgültig entschieden, bevor noch Laveran's[5] Mittheilungen
über die Entdeckung von Parasiten im Blut von Malariakranken sich
allgemeine Anerkennung verschafft hatten.

Jetzt giebt es nur noch wenige Malariagegenden auf der Erde, in
welchen, mit mehr oder weniger ins Gewicht fallenden Abweichungen
im einzelnen, die Laveran'schen Beobachtungen nicht Bestätigung gefunden hätten. Die Parasiten wurden niemals im gesunden oder mit
anderen als malarischen Leiden behafteten Organismus gefunden, bei
Malariakranken hingegen, soweit die Diagnose unzweifelhaft und der Untersucher genügend geübt war, fast niemals vermisst. Damit war auch ohne
das Gelingen der Reinzüchtung und der Wiedererzeugung der Krankheit
durch Ueberimpfung der Reinkultur im Koch'schen Sinne die Bedeutung
der Parasiten als Erreger der Krankheit bewiesen.

Wir wissen jetzt, dass die Malaria durch kleinste zu den Protozoen
gehörige ausschliesslich im Blut, vorzugsweise in den rothen Blutkörpern
lebende Organismen hervorgerufen wird, deren Entwicklungscyklus bei
den typischen Intermittenten wenigstens in Parallele zu dem periodischen Gang der Fieberbewegung steht. Ueber fast alle weiteren die
Beziehungen der Parasiten zum Krankheitsprocess betreffenden Fragen
gehen die Anschauungen der zahlreichen auf diesem Gebiet forschenden
Aerzte und Zoologen noch weit auseinander. Wir wissen bis jetzt nicht,
welcher Klasse des zoologischen Systems der Erreger der Malaria zu-
gehört, ob zu den Gregarinen[6], Coccidien[7] oder Rhizopoden[8], ob die
morphologisch verschiedenen Formen, unter denen wir ihm im Kreislauf des Kranken begegnen, einem einheitlichen Organismus oder verschiedenen Species angehören, wir wissen nicht, in welcher Form der

---

1) Munro, Army report. 1872.

2) Peacock, Medical Times. 1859.

3) Moore, Diseases of India. pag. 249.

4) Gerhardt, Ueber Intermittensimpfungen. Zeitschrift f. klin. Med. 1884.
Bd. VII.

5) Laveran, Note sur un nouveau parasite trouvé dans le sang de plusieurs
malades atteints de fièvres paludéennes. Note communiquée à l'Académie de méd.,
Séance de 23. nov. 1880.

6) Derselbe, Deuxième note relative à un nouveau parasite trouvé dans le
sang des malades atteints des accidents du paludisme. eod. loc. Séance de
28. déc. 1880.

7) Kruse, Ueber Blutparasiten. Virchow's Arch. Bd. 120. Centralblatt für
Bakteriologie und Parasitenkunde. 1890. Bd. 21.

8) Grassi und Feletti, Weiteres zur Malariafrage. Centalblatt für Bakteriologie und Parasitenkunde. 1890. No. 14.

Malariaparasit ausserhalb des menschlichen Organismus vorkommt und auf welchem Wege er in denselben hineingelangt.

Klinisch von dem hervorragendsten Interesse ist die Frage, ob die Malaria ein einheitlicher Krankheitsprocess ist und es dieser klinischen Einheitlichkeit entsprechend auch nur einen einem gewissen Polymorphismus unterworfene Parasiten giebt, oder ob den verschiedenen Formen, unter welchen die Malaria zu verschiedenen Zeiten und an verschiedenen Orten auftritt, verschiedene als Species sich unterscheidende Krankheitserreger entsprechen.

Diese Frage wird bekanntlich von Laveran[1] im Sinne absoluter Einheitlichkeit des Malariaparasiten beantwortet, von den italienischen Forschern, welche auf diesem Gebiet arbeiten, fast insgesammt in entgegengesetztem Sinn. Golgi[2,3] unterschied zuerst die Parasiten des Quartan- von denen des Tertianfiebers nach der Entwicklungsdauer, Grösse und Pigmentirung, dem morphologischen Verhalten der von ihnen occupirten Blutkörper und der Art der Sporulation. Später beschrieben Marchiafava und Celli[4,5] noch einen weiteren angeblich von den beiden bezeichneten Formen verschiedenen kleinen pigmentlosen oder wenig pigmentirten Parasiten von lebhafter Beweglichkeit und deutlicher Ringform, welchen sie als charakteristisch für gewisse Fieber von quotidianem Charakter ansahen und in dessen Entwicklungskreislauf die Halbmondformen Laveran's gehören sollten. Ausser den vorerwähnten drei Species stellen Marchiafava und Bignami[6,7] noch einen weiteren Parasiten des schweren Tertianfiebers auf, der sich von dem Erreger der gewöhnlichen gutartigen Tertiana durch die Ringform, die geringere Zahl und Grösse der Sporen und die Bildung von Halbmonden unterscheide, während für die durch ihn hervorgerufene Krankheit vor Allem die Länge der Paroxysmen gegenüber der kurz dauernden Apyrexie, wie überhaupt die Schwere des Krankheitsbildes charakteristisch sei.

Grassi und Feletti[8] behaupten die Existenz von fünf verschiedenen Arten von Malariaparasiten, von welchen sie vier, die sich direkt durch Sporulation vermehren, als Haemamoebae, die fünfte, welche Halbmondformen bildet, als Laverania bezeichnen, die Haemamoebae theilen sie wieder in eine H. malariae und H. vivax als Erreger der Quar-

---

1) Laveran, Du paludisme et de son hématozoaire. Paris. 1891.

2) Golgi, Sul ciclo evolutivo dei parassiti malarici nella febbre terzana. Diagnosi differenziale. Torino. 1889.

3) Derselbe, Fortschritte der Medicin. 1886. No. 17.

4) Celli e Marchiafava, Sulle febbri predominanti nel estate e nell'antennus in Roma. Arch. per le scienze mediche de Bizzozero. T. XIV. pag. 117.

5) Dieselben, Il reperto del sangue nelle febbri malaridie invernali. R. Academia med. di Roma. XVI. T. V.

6) Marchiafava e Bigami, Riforma medica. 1891.

7) Dieselben, Ueber die Varietäten der Malariaparasiten und über das Wesen der Malariainfektion. Deutsche med. Wochenschrift. 1892. No. 51 u. 52.

8) Dieselben, Sulle febbri extivo-autumnali Roma. 1891.

Grassi e Feletti, Contribuzione allo studio dei parassiti malaria. Memoria. S. A.

tana und Tertiana, sowie in eine II. praecox und II. immaculata bei
den atypisch verlaufenden Fieberformen ein, je nachdem sie vor der
Sporulation Pigment bilden oder nicht.

Ich habe[1]) schon an früherer Stelle gegen die seitens der italienischen Forscher richtig befundene schematische Trennung verschiedener
Parasitenspecies und Krankheitstypen bei Malaria mit Rücksicht auf die
zwischen denselben sich häufig findenden Uebergangsformen Einspruch
erhoben. Anspruch auf allgemeine für alle Malarialänder zutreffende
Gültigkeit dürften jedenfalls nach meinen in Deutschland, Indien und
Afrika angestellten Untersuchungen diese Gesetze nicht erheben, wenn
ich auch nicht bestreiten will, dass zu einer bestimmten Zeit in gewissen
Gegenden Italiens bestimmte Parasitenformen bestimmten klinischen
Fieberformen entsprochen haben mögen. Schon für die uncomplicirten
Fälle typischer Intermittens ergaben meine eigenen im Jahre 1890 an
einer Anzahl von Malariakranken im städtischen Krankenhaus Moabit
zu Berlin begonnenen Untersuchungen nicht unwesentliche Unterschiede
gegenüber den die Parasiten derselben betreffenden Angaben der italienischen Forscher. Einmal war es mir unmöglich einen typischen und
konstanten Unterschied zwischen den Parasiten der Quartana und Tertiana zu finden, dann stellte ich an jeder der ektoglobulären amöboiden
Formen das Vorhandensein einer oder mehrerer Geisseln fest, welche
die italienischen Forscher als rein zufälligen Befund oder als blosse De-
generationserscheinung anzusehen geneigt sind. Endlich ergab die Art
der Sporulation in den von mir beobachteten Fällen eine Abweichung
von deren Beschreibung, insofern als ich die in Italien anscheinend charakteristische regelmässige Rosetten- oder Gänseblümchenform des Spo-
rulationskörpers vermisste und die Sporulation stets bei peripherer
Stellung des Pigmentkörnerhäufchens in Form einer mehr oder weniger unregelmässig gestalteten Traube sich vollziehen sah. Ein entsprechendes Verhalten der Parasiten bei der Sporulation beobachtete
ich später bei Malariafällen in Indien und Afrika.

Wenn ich nun auch die Berechtigung der scharfen Trennung mehrerer verschiedener und durch die von denselben hervorgerufenen Malariaformen gut charakterisirter Parasitenspecies nach meiner eigenen Erfahrung als zum mindesten nicht sicher nachweisbar bezeichnen muss, so
sprechen andrerseits doch verschiedene Gründe dafür, dass die Malaria
nicht der absolut einheitliche Process in ätiologischer wie klinischer Hinsicht ist, als welchen Laveran[2]) und mit ihm Babes und Georghiu[3])
ihn ansehen.

Die Gründe, welche Laveran zur Stützung dieser von ihm mit
ganzer Energie vertretenen Ueberzeugung anführt, erscheinen mir nicht
als völlig überzeugend.

[1) F. Plehn, Aetiologische und klinische Malariastudien. Hirschwald's Verlag.
1891. pag. 20.

2) Laveran, Du paludisme et de son hématozoaire. Paris 1891. pag. 128.

3) Babes et Georghiu, Etudes sur les différentes formes du parasite de la
malaria. Arch. de méd. expérim. et de l'Anat. pathol. 1895. pag. 186.

Laveran spricht zunächst von einer allen Malariaformen eigenen Melanämie und Milzvergrösserung. Beide Erscheinungen sind nichts weniger als konstant bei verschiedenen Formen der tropischen Malaria. Grade bei den schwersten in kurzer Zeit zum Tode führenden Fieberformen findet man häufig ein gänzlich pigmentloses helles dünnes Blut, dazu äusserste Blässe sämmtlicher innerer Organe bis auf die allerdings in der Mehrzahl der Fälle stark pigmentirte Milz.

Ebensowenig ist beträchtliche Milzschwellung wie Laveran annimmt, eine konstante Erscheinung bei sämmtlichen Malariaformen. Zum mindesten machen sich derart weitgehende graduelle Unterschiede in der Hinsicht geltend, dass das Verhalten der Milz zur Diagnosestellung der schweren Tropenfieber vielfach gar nicht verwerthet werden kann. Häufig fehlt die Schwellung vollständig, oder ist doch so unbedeutend, dass sie intra vitam kaum nachgewiesen werden kann, in andern Fällen überschreitet sie jedenfalls nicht das Maass der bei andern Infektionskrankheiten z. B. bei Abdominaltyphus beobachteten Vergrösserung und verursacht auch keinerlei subjektive Erscheinungen.

Ebensowenig kann ich Laveran beistimmen, wenn er einen Beweis für die Einheitlichkeit des Malariaprocesses in der gleichmässigen Beeinflussung aller Formen desselben durch dasselbe Medikament, das Chinin, sieht. Heute wissen wir zur Genüge, dass die für eine grosse Gruppe von Malariakrankheiten, wie ich zugebe, die überwiegende Zahl der Fälle so frappante specifische Heilwirkung des Chinins bei einer Reihe von Fiebern auch in den grössten Gaben, die der menschliche Körper zu ertragen im Stande ist, theils gänzlich im Stich lässt, theils eine günstige Wirkung vortäuscht, insofern dieselben auch ohne jede specifische Medikation nach kurzem Verlauf spontan heilen.

Wenn auch eine strikte systematische Trennung verschiedener Species der Malariaparasiten im Sinne der italienischen Forscher nach meinen Erfahrungen nicht angängig ist, so unterscheiden sich doch zwei Formen amöboider Körper, welche sich im Blut von Malariakranken vorfinden, sowohl mit Rücksicht auf ihr eignes morphologisches Verhalten als auch auf die klinischen Erscheinungen der von ihnen hervorgerufenen Krankheitsbilder so bestimmt, dass ihre Trennung schon aus praktisch ärztlichen Gründen geboten erscheint. Die amöboiden Körper aber und zeitweise deren Sporulationsformen sind die einzigen, die sich konstant im Blut von Fieberkranken während der Anfälle vorfinden und denen wir deshalb einen specifischen Einfluss auf das Zustandekommen derselben zuzuerkennen berechtigt sind, während andere später zu besprechende Parasitenformen einen durchaus inkonstanten Befund bilden und wahrscheinlich zu den Paroxysmen selbst in keiner direkten Beziehung stehen.

Die erste Form, morphologisch charakterisirt durch beträchtliche, die des rothen Blutkörpers erreichende Grösse und starke Pigmentirung, klinisch durch typisch intermittirenden Fiebercharakter, Milzschwellung, geringe Neigung zur Spontanheilung und grosse Beeinflussbarkeit durch Chinin habe ich bisher mit mehr oder weniger Häufigkeit in allen von mir besuchten Malarialändern als Krankheitserreger gefunden, bei in Deutschland entstandenen Fiebern ausschliesslich, in Indien während eines allerdings zeitlich sehr beschränkten Zeitraums die zweite Form an Zahl stark übertreffend, in Ostafrika etwa im gleichen Mengenverhältniss wie jene, in Kamerun verhältnissmässig selten, vorzugsweise bei Neuankömmlingen, bei längere Zeit Ansässigen fast nur während der kurzen Trockenzeit.

Die zweite Form kommt bei den schweren häufig atypisch verlaufenden Malariaformen der Tropen vor, sie ist wahrscheinlich identisch mit den Parasiten der schweren Sommer- und Herbstfieber Marchiafava's und Celli's, sowie der von van der Scheer[1,2] in Java beobachteten Parasitenform, wenn sie auch zeitweise wie z. B. während meiner Zeit in Kamerun dieser gegenüber gewisse tinktorielle Unterschiede zeigte. Die Parasiten bleiben klein, sind wenig oder gar nicht pigmentirt und nehmen durch knopfförmige Anschwellung eines Theils der Randzone Siegelringform an. Die durch sie hervorgerufene Krankheit ist charakterisirt durch unregelmässigen Fieberverlauf, das Zurücktreten der Milzerscheinungen, die Neigung zur Spontanheilung, andererseits das häufige Auftreten von Complikationen, die unsichere Wirkung des Chinins, das seinerseits grade bei diesen Fieberformen bedenkliche Folgen haben kann, die bei den erstgenannten anscheinend niemals auftreten.

Im frühesten Entwicklungsstadium stellt sich der junge Malariaparasit der ersten, der typisch intermittirenden Form in Indien und Afrika ebenso wie in der Umgebung von Berlin als ein ca. 1 μ im Durchmesser betragendes blasses völlig pigmentloses Protoplasmaklümpchen dar, das sich durch seine etwas stärkere Lichtbrechung und Beweglichkeit gegen das Stroma des rothen Blutkörpers deutlich abhebt. Gefärbt imponirt der junge Parasit als feinstes nur im äussersten Contour tingirtes Ringelchen. Das Wachsthum ist ein ziemlich schnelles, nach 12 Stunden hat der Parasit bereits die Grösse von 2—3 μ erreicht und man bemerkt jetzt in seinem Innern reichliche Entwicklung dunkelbraunrothen in kleinen Nadeln oder Klümpchen angeordneten Pigments. In diesem Entwicklungsstadium verlässt er nicht selten den von ihm okkupirten Blutkörper und treibt sich, wie man das in dem in flüssiges Paraffin eingebetteten Blutpräparat im Heizkasten bei einiger Uebung leicht verfolgen kann, mittelst feiner mit knötchenförmigen Anschwellungen versehener Geisseln, freischwimmend im Blutplasma herum. Das weitere Wachsthum vollzieht sich wieder im rothen Blutkörper unter fortwährender weiterer Pigmentbildung im Innern und mit dieser parallel gehender Entfärbung des Blutkörpers, der zuletzt nur als blasses flottirendes Häutchen den Parasiten umgiebt. In 2—3 × 24 Stunden ist das Wachsthum beendet. Alsdann bereitet sich die Sporulation vor, indem sich eine deutliche Differenzirung des Protoplasmas in mehr und weniger stark lichtbrechende Stellen im Innern des Parasiten herausbildet, während die Pigmentkörner in lebhafter Bewegung in demselben herumgeschleudert werden und sich schliesslich an einem peripherischen Punkt des Parasitenkörpers ansammeln.

1) van der Scheer, Over Parasieten in het bloed van Malarialijders. Met eene plat. Batavia en Noorwijk. 1891.

2) Derselbe, Uebertropische Malaria. Virch. Arch. Bd. 139. 1895. H. 1. pag. 80.

Die stärker lichtbrechenden Körperchen im Innern desselben nehmen nun immer deutlicher ovaläre Gestalt an, mit feinkörniger, weniger stark lichtbrechender Zwischensubstanz. Es ist dies das letzte Stadium in der Entwicklung dieses Parasiten, in welchem er eine gewisse Aehnlichkeit mit einer Weintraube zeigt. Das ganze Gebilde scheint nun nach vorangegangener lebhafter flimmernder Bewegung der einzelnen Körperchen zu platzen und die frei gewordenen Theilkörperchen vertheilen sich mit lebhafter Beweglichkeit in der Blutflüssigkeit, um eine neue Generation aus sich entstehen zu lassen.

Im Gegensatz zu den vorbeschriebenen Parasiten ist es mir[1] bisher bei den kleinen unpigmentirten Amöboiden nicht gelungen, den ganzen Entwicklungsprocess sich direkt unter dem Mikroskop abspielen zu sehen, so dass ich grossentheils auf die successive Untersuchung des nach einander in bestimmten Zwischenräumen gewonnenen Blutes angewiesen war.

Dieselbe zeigte den jungen Parasiten als ein bei 1000facher Vergrösserung eben sichtbares helles ziemlich stark lichtbrechendes Pünktchen im Innern des rothen Blutkörpers. Dasselbe zeigt eine langsame Ortsveränderung und ist durch die gebräuchlichen Anilinfarben nicht färbbar. Es zeigt langsames Wachsthum, tritt nach meinen Beobachtungen niemals aus dem Blutkörper heraus und erreicht seine erheblichste Grösse mit ca. $\frac{1}{4}$ von der des Blutkörpers. Auch wenn es diese Grösse erreicht hatte, war es zur Zeit meiner Beobachtungen stets völlig frei von Pigmententwicklung im Innern. Die Sporulation habe ich niemals unter dem Mikroskop sich vollziehen sehen, auch im peripherischen Blut findet man äusserst selten die sternförmig aneinandersitzenden scharf kontourirten ovalen kleinen Gebilde, welche mit grösster Wahrscheinlichkeit als Sporen gedeutet werden müssen. Auch das Ergebniss der Milzpunktion erwies sich in 4 von 12 Fällen negativ. Fast stets fanden sich Parasiten verschiedener Grösse also verschiedener Entwicklungsstadien nebeneinander im Blut, so dass dieselben zu bestimmten Stadien des Fieberverlaufs nicht in Parallele gesetzt werden konnten. Der Grad der Färbbarkeit war in einer grösseren Zahl von Fällen so gering, dass von dem üblichen Färbeverfahren Abstand genommen und zu der Färbung des frischen Bluts mittelst Methylenblau-Kochsalz- resp. Hydrocelenflüssigkeitslösung übergegangen werden musste. In diesen Fällen machte Anfangs das Auffinden der Parasiten im Blut nicht unbeträchtliche Schwierigkeiten und misslang in mehreren Fällen, was später, nachdem die erforderliche Uebung gewonnen war, nicht mehr vorkam.

Zur Beurtheilung der Beziehungen, welche zwischen den beiden kurz beschriebenen Parasitenformen bestehen, fehlt uns einstweilen ein sicherer Anhalt. Aus der Thatsache, dass es bei der kleinen unpigmentirten Form nur höchst selten gelang Reproduktionsformen im Blut aufzufinden, könnte man den Schluss ziehen, dass die einzelne Generation sich im Blut nicht regenerirt, sondern vor der Sporulation abstirbt. Vielleicht ist man berechtigt, sie als eine in ihrem Wachsthum durch Veränderung

---

1) F. Plehn, l. c. pag. 23.

des Nährbodens modificirte Form der grossen pigmentirten Parasiten anzusehen, als Parasiten, welche über ein gewisses Jugendstadium nicht herauskommen, weil in Folge grösserer ihnen selbst anhaftender Toxicität oder wegen geringerer Widerstandsfähigkeit der von ihnen befallenen Blutkörper es zu einem Zerfall der letzteren kommt, bevor die Parasiten noch in denselben sein Wachsthum beendet haben. Vielleicht kommen beide Momente gleichzeitig in Betracht. Für die erstere Auffassung könnte die Erfahrung sprechen, dass während der Regenzeit und Uebergangszeiten, welche besonders reich an schweren Malariafällen sind, das Malariagift sich also offenbar mit besonderer Intensität entwickelt, die Malariafälle mit grossen pigmentirten Amöben ganz zurücktreten und erst in der relativ gesunden Trockenzeit wieder hervortreten, wo leichtere intermittirende Fälle zahlreicher werden. Für die zweite Thatsache könnte die Erfahrung sprechen, dass bei Neuankömmlingen und besonders kräftigen Individuen z. B. bei der nur vorübergehend den Schädlichkeiten des Küstenklimas ausgesetzten Schiffsbesatzung welche häufig die grossen pigmentirten Amöben gefunden wurden zu derselben Zeit, wo die eingesessene, durch häufige Malariafieber bereits anämisch gewordene Kamerunbevölkerung fast ausnahmslos an den durch die kleinen unpigmentirten Parasiten hervorgerufenen Fiebern litt.

Als zweifelhaft in ihren Beziehungen zu den aktiv parasitären amöboiden Formen der Malariaparasiten müssen wir einstweilen trotz aller auf Erforschung derselben verwandten Mühe die grossen von Laveran im Blut algerischer Malariakranker beobachteten Flagellaten- und die Halbmondformen ansehen.

Die erstere Parasitenform, welche Laveran als charakteristisch anzusehen geneigt ist, ist anscheinend nur in Algier ein regelmässiger oder auch nur häufiger Befund. Ich selbst habe dieselbe bei einigen hundert bisher darauf hin untersuchten Malariakranken nur einmal und zwar in Deutschland gefunden, in keinem einzigen Fall in Indien und Afrika. Es dürfte demnach zweifelhaft sein ob ihr eine wesentliche Rolle beim Malariaprocess zukommt. Ebenso wenig wie mir gelang es Marchiafava und Celli[1] diese Parasitenform nachzuweisen. Sie fanden dieselben im Jahre 1887 unter 140 untersuchten Fällen kein Mal.

Ein häufigerer, wenn auch keineswegs regelmässiger Befund sind die halbmond- und spindelförmigen Körper, denen man im Blut von Malarialeidern während und ausserhalb der Anfallszeiten, häufig noch tagelang nach der Entfieberung begegnet, ohne dass sie anscheinend ihrerseits im Stande sind Fiebererscheinungen hervorzurufen. In Kamerun habe ich sie höchstens in jedem zehnten der untersuchten Fälle gefunden. Da sie eine grosse Widerstandsfähigkeit dem Chinin gegenüber besitzen, andrerseits bei dem nicht malariainficirten Menschen noch niemals angetroffen sind, so ist es wahrscheinlich, dass sie die Form darstellen, in welcher der Infektionsstoff gewissermassen im Latenzstadium im menschlichen Körper deponirt bleibt, obwohl es

---

1) Marchiafava e Celli, Nouvelles études sur l'infection malarique. Arch. ital. de biologie. 1887. Tom. VIII.

bei der Inkonstanz, mit der sie vorkommen, sehr zweifelhaft ist, ob sie die einzigen Dauerformen des malariaerregenden Parasiten darstellen.

Es ist wahrscheinlich, dass dieselben in ursächlicher Beziehung zur Malaria stehen, sicher ist es aber nicht. Nepveu[1]) behauptet, dass auch Algen und Schizomyzeten nicht selten im Blut von Malariakranken in Algier beobachtet werden.

Gänzlich offen ist einstweilen immer noch die Frage, in welcher Form die Malariaparasiten ausserhalb des menschlichen Körpers in der Natur vorkommen und auf welche Weise die Infektion zu Stande kommt.

Leider lassen uns unsre bisherigen Methoden zur Züchtung und Isolirung pathogener Mikroorganismen in diesem Fall noch vollständig im Stich. Die mit sehr verschiedenen Modifikationen immer wieder fortgesetzten Versuche die Parasiten im Blutserum, sterilisirter Erde oder Schlamm, Flusswasser, Hydrocelenflüssigkeit, auf der Cornea von Hunden, Tauben und Hühnern zur Entwickelung zu bringen, hatten sämmtlich ein negatives Ergebniss. Ebenso wenig gelang es mir, jemals bei Injektion von 1—2 ccm Malariablut bei Affen sowie Hunden Malaria wieder zu erzeugen oder die Parasiten zur Weiterentwicklung zu bringen. Die von andern Forschern gemachten Angaben über angeblich gelungene Züchtungsversuche sind einstweilen sehr vorsichtig aufzunehmen.

Andererseits kommen Blutparasiten unter den Vögeln Kameruns anscheinend nicht selten vor.

Im Blut des Schmarozermilans (Milvus egypticus), welcher an der Kamerunküste während der trocknen Jahreszeit als Strichvogel häufig ist, fand ich im Januar und Februar 1894 bei fünf untersuchten Exemplaren viermal kleine deutlich durch die intensivere Färbung der Randzone als ringförmig imponirende mit Pigmentkörnchen ausgestopfte amöboide Parasiten, häufig zwei bis drei in einem Blutkörper. Dieselben wuchsen der Oberfläche des Kerns sich anschmiegend und denselben z. Th. völlig umwachsend bis annähernd zur Grösse des Blutkörpers heran. Im frischen Blut konnte ich zweimal mit aller Deutlichkeit Organismen von reichlich Blutkörpergrösse mit drei bis fünf lebhaft beweglichen langen Geisseln beobachten.

Es wurden Subkutaninjektionen mit dem Blut an zwei kräftigen Negern, sowie an einem Hund, zwei Tauben und einer jungen Katze vorgenommen. Alle ergaben ein gänzlich negatives Resultat. In den während 14 Tagen nach der Impfung regelmässig täglich untersuchten Blutproben wurden keine Parasiten gefunden.

Bei drei jungen Graupapageien (Psittacus erithacus), welche ich im April 94 erhielt, fanden sich gleichfalls Blutparasiten, welche denen der menschlichen Malaria morphologisch sehr ähnlich sahen. Es waren amöboide Körper von winzigster Kleinheit, welche sie bei 1000facher Vergrösserung eben als helle Pünktchen im Blutkörper sichtbar erscheinen liess, bis zu ³/₄ der Grösse des letzteren. Im Inneren der grösseren, namentlich in den peripherischen Theilen lagerten kranzförmig angeordnete Pigmentkörnchen von braunrother Farbe. Grosse geisselführende Formen

---

1) Nepveu, Compt. rend. Soc. de biolog. 1891.

sah ich nicht, wohl aber Halbmondformen mit Pigmentanhäufung im Centrum, welche gleichfalls den bei Malaria beobachteten morphologisch völlig entsprachen. Die mit je $1/2$—1 ccm Blut der Thiere bei zwei kräftigen Negern, einem Hund, einer Katze, zwei Tauben und zwei Ratten vorgenommenen subkutanen Impfungen hatten ein gänzlich negatives Resultat.

Thiere erkranken im ganzen selten unter malariaähnlichen Erscheinungen, am häufigsten anscheinend Hunde, nach Parke auch Maulthiere, nach Rivolta Pferde und Rinder. Ich selbst sah in Kamerun zweimal Hunde an kurzdauernden hoch fieberhaften Anfällen erkranken, welche durchaus den Eindruck von Malariaanfällen machten. In einem Falle — es handelte sich um einen jungen Terrier — kam es an drei Tagen hinter einander zur selben Zeit am Nachmittag zu heftigen, 3—4 Stunden dauernden Anfällen, die von starkem Frieren eingeleitet wurden. Die Heilung erfolgte spontan. Die wiederholte Untersuchung des Bluts aus peripherischen Gefässen ergab ein gänzlich negatives Resultat. Impfungen konnten damals nicht vorgenommen werden. Trotz der höchst interessanten und verdienstlichen Untersuchungen Danilewsky's ist ein unanfechtbarer Beweis dafür, dass die Malariaparasiten ausser im Menschen auch in bestimmten Thierspecies als Schmarotzer vorkommen, trotz aller Wahrscheinlichkeit, die dafür spricht, in einwandfreier Weise bisher nicht erbracht worden. Jedenfalls hat von den mehrfachen Uebertragungsversuchen durch Verimpfung des parasitenhaltigen Bluts vom Thier auf den Menschen bisher keiner ein positives Ergebniss gehabt.

Einen neuen Weg, um sich über die Entwickelung der Malariaparasiten ausserhalb des menschlichen Körpers Auskunft zu holen hat bekanntlich vor kurzem Surgeon Major Ross in Indien eingeschlagen, indem er auf Initiative von Patrick Manson hin die Entwickelung der menschlichen Malariaparasiten im Darmkanal des Moskito studirte. Die Anschauung, dass Moskitos resp. überhaupt Insekten eine wichtige Rolle bei der Uebertragung der Malaria spielen, ist ja bekanntlich eine sehr alte, schon von Columella, Varro und Vitruv vertretene. Aus rein theoretischen Gründen haben sich auch verschiedene moderne Forscher, seit wir specifische Blutparasiten als Erreger der Malaria kennen gelernt haben, der Ansicht von deren Uebertragung auf dem Wege intravaskulärer, natürlicher Impfung, welcher zunächst ja am plausibelsten und einfachsten zu sein scheint, zugewendet.

Manson[1] schildert dem Royal College of Physicians in London auf Grund der Experimente, die Ross auf seine Initiative in Secunderabad in Indien vornahm, die Entwickelung der Malariaparasiten in folgender Weise:

Durch weibliche Moskitos — die männlichen stechen nicht — werden die Malariaparasiten aus dem Blut der Kranken in den Verdauungskanal der ersteren befördert. In diesem entwickeln sich und zwar innerhalb 30 Minuten die im menschlichen Blut enthaltenen Halbmonde zu sphärischen Körpern. Der weibliche Moskito deponirt, nachdem er sich voll Blut gesogen, seine Eier in Wasser und stirbt meist unmittel-

---

1) Patric Manson. The life historie of the Malaria germ outride the human body. Lancet. March. 1896.

bar darauf an derselben Stelle. Die in seinem Verdauungskanal enthaltenen Malariaparasiten werden durch die aus den Eiern entstehenden
Moskitolarven mit dem Mutterkörper gefressen und gelangen so in diese
hinein. Durch sie erfolgt dann die weitere Verschleppung der Keime,
die Infektion erfolgt nach Manson's Annahme entweder durch Trinken
des Wassers das die mit Malariaparasiten gefüllten Moskitolarven enthält,
oder durch Einathmen der eingetrockneten, mit dem Staub sich in die
Luft erhebenden Dauerformen derselben. Eine Bestätigung erblickt er
in einem von Ross mit positivem Erfolg angestellten Infektionsversuch.
Ein Eingeborener erkrankte 11 Tage nachdem er 1—2 Drachmen Wasser
getrunken, in welchem malariablutangefüllte Moskitoweibchen ihre Eier
abgelegt hatten und danach gestorben waren, an einem 3 Tage lang
anhaltenden Fieber, das darauf spontan heilte. Im Blut des Kranken
fanden sich reichlich Ringformen des Malariaparasiten. Manson's
Theorie beansprucht unzweifelhaft ein sehr beträchtliches Interesse, wenn
dieselbe sich einstweilen auch noch theilweise auf Hypothesen aufbaut,
die weit davon entfernt sind bewiesen zu sein.

Ich selbst habe bereits auf einer Reise nach Indien im Jahre 1891
mit Versuchen über das Verhalten der Malariaparasiten im Verdauungskanal von Moskitos begonnen, nachdem mir die im Moabiter Krankenhaus zu Berlin angestellten Experimente gezeigt hatten, dass dieselben
im Verdauungskanal des Blutegels sich längere Zeit lebens- und entwickelungsfähig erhielten, ohne indess irgend welche charakteristische,
morphologische Veränderungen durchzumachen.

Die Moskitoversuche, die ich dann in Kamerun und auf die Manson'schen Veröffentlichungen hin später in Ostafrika wieder aufnahm,
machte ich in der Weise, dass den Fieberkranken 1—2 kleine Gläser,
wie sie zum Schröpfen gebraucht werden, meist auf dem Arm mittelst
einiger Bindentouren befestigt wurden, nachdem in dieselbe je ein bis
drei Moskitos gesetzt waren. Während unter diesen Verhältnissen ein
Theil der Moskitos das Stechen verweigerte, konnte ich doch nach ¼
bis ½ Stunde stets einige herausfinden, an deren dunkelgefärbtem, angeschwollenem Hinterleib zu erkennen war, dass sie Blut des Kranken
aufgenommen hatten. Diese wurden in genau mit dem Datum des Versuchstages bezeichneten Gläsern aufbewahrt und nach mehr oder weniger
langer Zeit untersucht, indem die derselben Versuchsreihe angehörigen
d. h. zu gleicher Zeit mit Malariaparasiten gefütterten Thiere in bestimmten Zwischenräumen durch Chloroformdämpfe getödtet und ihr
Leibesinhalt theils frisch in Paraffineinbettung, theils mit Alkohol oder
alkoholischer Sublimatlösung fixirt und mit Eosin-Methylenblaulösung
gefärbt, untersucht wurde.

Ein weiterer Theil der Versuchsthiere wurde zu Infektionsversuchen
benutzt, indem die Moskitos, nachdem sie Malariablut eingesogen, in den
gleichen Glasgefässen gesunden, d. h. zur Zeit nicht an Malaria leidenden Individuen auf die Haut gesetzt wurden.

Bezüglich der von Ross behaupteten Entwicklung der Malariaparasiten im Moskitokörper gelang es mir nicht zu einem positiven Ergebniss
zu kommen. Die grossen pigmentirten Amöboidenparasiten erhielten
sich in vorgeschrittenem Entwickelungsstadium, 6—8 Stunden vor dem

Anfall gewonnen, 2—3 Stunden lebens- und bewegungsfähig, doch konnte ich bei keinem sporulationsähnliche Vorgänge beobachten. Nach 4 bis 5 Stunden waren ausnahmslos die Parasiten abgestorben, unfärbbar und unbeweglich, soweit sie sich in den veränderten Blutkörpern überhaupt noch erkennen liessen. Dagegen trieb sich offenbar von den Wänden des Verdauungskanals herstammend eine reichliche Menge von verschiedenartigen Bakterien, sowie auch von ovalen mit doppelt contourirter Hülle versehenen höheren Organismen in dem bald durch den Saft des Verdauungskanals veränderten Blute herum. Zwischen ihnen und den verschiedenen Formen der Malariaparasiten konnte ich wenigstens einen unzweifelhaften Zusammenhang nicht entdecken. Nach ca. 6—7 Stunden zeigten die rothen Blutkörper bereits hochgradigen Zerfall.

Nach noch kürzerer Zeit starben anscheinend die kleinen pigmentlosen amöboiden Formen ab. Ich habe sie in keinem der untersuchten 8 Fälle länger als ½ Stunde in nachweisbar lebendem Zustand im Moskitokörper erhalten können. Dagegen erwiesen sich die Halbmondformen auch unter diesen Verhältnissen widerstandsfähiger. Ich konnte an ihnen die eigenthümlichen trägen Bewegungen der Enden, die sich in der Krümmungsfläche abwechselnd strecken und beugen, noch deutlich nach 10 Stunden erkennen, nachdem der grösste Theil der Blutkörper seine Gestalt bereits völlig verändert hatte und reichliche fremde Mikroorganismen in das Blutplasma eingedrungen waren. Dagegen habe ich sie nie wie Ross in die ovaläre noch in eine sonstige andere Form übergehen sehen.

Einen Anhalt für die Richtigkeit von Manson's Lehre der Entwickelung des Malariaparasiten im Moskitokörper habe ich dem entsprechend aus dem Ergebniss meiner eignen Untersuchungen nicht gewinnen können.

Ebenso wenig ergaben meine Untersuchungen bezüglich der Infektiosität der mit Malariablut gefütterten Moskitos ein unzweifelhaft sicheres positives Ergebniss. Ich habe im Ganzen in 9 Fällen in der beschriebenen Weise mit Malariablut gefütterte Moskitos in Gläschen auf die Haut Gesunder gebunden, 7mal bei Negern, die sich wegen äusserer Verletzungen im Hospital aufhielten, 2mal bei mir und einem Lazarethgehülfen, der sich freiwillig dazu erboten hatte. In jedem Fall wurden die Moskitos, nachdem ich mich durch eine Lupe davon überzeugt, dass sie ein gewisses, stets nur kleines Quantum Blut aufgesogen, durch Erschütterung des Gläschens gestört und vom weiteren Saugen abgehalten, damit sie den ihnen alsdann angebotenen zweiten Nährboden nicht aus Uebersättigung verweigerten. Trotzdem liess sich in 4 von den 9 Fällen nicht mit Sicherheit nachweisen, dass die Moskitos den zweiten zum Infektionsversuch bestimmten Körper angenommen hatten.

Die 5 Fälle, in welchen letzteres zweifellos der Fall war, betrafen die beiden Europäer und 3 Neger, einen Sierra-Leone-Mann und 2 Weyleute.

Von diesen 5 Leuten erkrankten innerhalb der nächsten 14 Tage 2 an tertianer Intermittens und zwar beide Europäer, der eine am 7., der 2. am 12. Tage. Das Impfmaterial war in beiden Fällen von einer Quotidiana gewonnen mit reichlich kleinen, unpigmentirten Amöben im Blut. Dieselben Organismen fanden sich im Blut beider Versuchspersonen.

Dass hier eine Uebertragung durch Moskitostich vorliegt, erscheint wahrscheinlich, wenn auch immer wieder auf die Nothwendigkeit äusserster Vorsicht beim Ziehen der Consequenzen aus dem positiven Ergebniss derartiger Experimente in einer Malariagegend wie Kamerun oder auch wie Indien im Ross'schen Falle hingewiesen werden muss. Denn in dem bezeichneten 14tägigen Zeitraum litten von ca. 90 in Kamerun ansässigen Europäern ausser den bezeichneten beiden noch 15 andere an unzweifelhaft spontan entstandenem Fieber.

So wahrscheinlich es ist, dass durch Stiche von Moskitos oder anderen Insekten die Uebertragung der Malariaparasiten direkt in den Kreislauf erfolgen und damit die Krankheit hervorgerufen werden kann, so unwahrscheinlich ist es doch andererseits, dass dieser Infektionsmodus der gewöhnliche ist. Andernfalls würde sich mit Wahrscheinlichkeit eine gewisse Beziehung zwischen der Menge der an einem Platz vorhandenen Moskitos zu der Zahl der daselbst vorkommenden Malariafälle annehmen lassen. Diese existirt in der That nicht. In Kamerun z. B., diesem von Malaria in so auffälliger Weise heimgesuchten Land, ist die Moskitoplage eine sehr erträgliche. Ich selbst habe dort, obwohl in meiner Wohnung Tag und Nacht Thüren und Fenster offen standen und stets in den Zimmern Abends Licht gebrannt wurde, niemals ein Moskitonetz nöthig gehabt. Es gab auf der Jossplatte wenigstens weit weniger Moskitos als bei uns im Sommer im Allgemeinen Mücken. Andererseits sind in den an der See gelegenen Theilen Singapores, speciell im Stadttheil Tand Yong Pakar, die Moskitos eine unerträgliche Plage; infektiöses Blut aufzunehmen haben dieselben bei der ausserordentlich grossen Menge von Malarialeidern, welche auf Schiffen aller Nationen aus China und dem malayischen Archipel kommend, Singapore täglich passiren, reichlichst Gelegenheit und doch sind autochtone Malariaerkrankungen in Singapore, abgesehen von kleinen nach kurzem Aufflackern wieder verschwindenden Epidemien im Anschluss an Erdarbeiten unter den beschäftigten Arbeitern, so gut wie unbekannt.

Von den anderen möglichen Infectionsarten stehen die Wasser- und die Lufttheorie immer noch ziemlich schroff einander gegenüber. Der ersteren ist in den letzten Jahren in Laveran wiederum ein Vertreter von hervorragender Bedeutung erstanden. Durch den neuen Ross'schen Fall scheint sie nunmehr auch eine, wenn auch noch recht unsichere experimentelle Stütze gefunden zu haben, welche bisher noch gänzlich fehlte, denn alle in der Hinsicht von italienischen Forschern angestellten Experimente verliefen negativ.

Die an der afrikanischen Westküste, speciell in Kamerun, gemachten Erfahrungen sind wenig geeignet, die Trinkwassertheorie zu stützen. Von Kamerun konnte man meinerzeit bei dem mangelhaften Zustand der wenigen überhaupt vorhandenen Brunnen mit Bestimmtheit sagen, dass zum mindesten der besser situirte Theil der Kameruner weissen Bewohnerschaft das lauwarme Wasser derselben überhaupt nicht trank, sondern sich mit Mineralwässern behalf, während die Anderen sich mit dem in eisernen Tanks aufgefangenen Regenwasser begnügen, das abgekocht und zur Verbesserung des Geschmacks mit etwas Alkohol versetzt wurde.

An Bord der an der Küste stationirten oder dieselbe regelmässig befahrenden Dampfer ist der Genuss des Wassers an Land, soweit die Mannschaft dazu überhaupt Neigung zeigen sollte, ganz allgemein auf das Strengste verboten. Die Schiffe der Handelsmarine führen das Trink- und Gebrauchswasser von Hamburg mit, an Bord der Kriegsschiffe wird es direkt durch Destillation gewonnen. Und trotzdem sind Krankheitsfälle an Bord ausserordentlich häufig.

So kommen wir über die Hypothese der Aufnahme des infektiösen Agens durch die Athmungswege als die die Regel bildende Art der Ansteckung mit Malaria einstweilen noch nicht hinaus, wenn wir auch über die Art, wie die Keime durch die Epithelien der Luftwege in den Kreislauf gelangen, noch keinerlei Sicherheit haben.

Ist die Infektion erfolgt, so richtet sich die Zeit des Ausbruchs und der Charakter der zu Stande kommenden Krankheit in erster Linie nach der Beschaffenheit des Nährbodens, welchen die Malariaparasiten im menschlichen Blut vorfinden. Von dieser hängt es ab, ob die in Dauerform zunächst unfähig zu aktiv parasitärer Bethätigung in den Organismus gelangten Dauerformen die Möglichkeit finden, sogleich zu dieser aktiven Form auszuwachsen, oder ob sie wochen- und selbst monatelang ohne irgend welche Erscheinungen zu machen, in demselben deponirt bleiben. In der überwiegenden Mehrzahl der Fälle wird die Disposition durch eine vorangegangene Schädlichkeit geschaffen, welche die Körpersäfte verändert und den Parasiten die Möglichkeit zur Fortentwicklung giebt.

Dem Fieberausbruch parallel geht ein durch die Parasiten hervorgerufener mehr oder weniger hochgradiger Zerfall von rothen Blutkörpern. Es ist nicht ausgeschlossen, dass dieser Blutzerfall, durch welchen reichlich als Fremdkörper anzusehende Stoffe ins Blut übertreten, die direkte Ursache des Fiebers oder doch einer Anzahl von Erscheinungen des Fieberanfalls ist. Dass Blutzerfall allein ohne jede infektiöse Veranlassung klinische Erscheinungen, welche denen des Malariaanfalls sehr ähnlich sind, herbeiführen kann, beweisen die durch Kälteeinwirkung herbeigeführten Fälle von paroxysmaler Hämoglobinurie. Bei den hämoglobinurischen Fieberformen, bei welchen der Blutzerfall ein sehr hochgradiger ist, so dass die Leber nicht mehr zur Ausscheidung des im Blut gelösten Hämoglobins ausreicht und dasselbe durch die Nieren ausgeschieden werden muss, ist das zweifellos der Fall. Wahrscheinlich stellt aber das hämoglobinurische Malariafieber nur eine durch abnorme graduelle Steigerung augenfällig werdende Erscheinung dar, welche in geringen Graden bei keinem Malariafieber vollständig fehlt.

Andererseits ist es sehr wohl möglich, dass die Parasiten in einem bestimmten Entwicklungsstadium z. B. im Stadium der Sporulation Substanzen produciren, deren Resorption den Fieberanfall auslöst.

Die grossen pigmentirten amöboiden Parasiten besitzen keine sehr beträchtliche Toxicität für die befallenen Blutkörper, die letzteren verändern ihre Gestalt und ihren Pigmentgehalt nur sehr langsam, bis der Parasit sie fast ganz erfüllt und die Sporulation sich vollzieht. In den Sporen entsteht dann eine Entwickelungsform, welche auch zum dauernden extraglobulären Leben befähigt ist und aus der eine weitere Parasitengeneration sich entwickeln kann, welche, wenn sie nicht durch die natürlichen Schutzvorrichtungen des Körpers oder das specifisch wirkende Chinin vernichtet wird, einer beträchtlichen Anzahl weiterer Generationen das Leben zu geben vermag.

Eine viel intensivere Wirkung üben offenbar die kleinen nicht oder wenig pigmentirten Parasiten auf die Blutkörper aus, welche sie befallen haben. Durch sie wird eine Zerstörung der Blutkörper so schnell herbeigeführt, dass diese häufig bereits zerfallen, bevor der Parasit noch zur Sporulation herangereift ist. Derselbe kann seine Entwicklung in dem Fall nicht vollenden und stirbt ohne jede medikamentöse Einwirkung im Blutplasma ab. Weitere Rückfälle erfolgen alsdann nur, wenn noch widerstandsfähige Sporen im Kreislauf zurückgeblieben waren. Am deutlichsten lässt sich das beim hämoglobinurischen Fieber beobachten, wo man nach wenigen Stunden häufig keine Parasiten mehr im peripheren Kreislauf antrifft; sehr häufig ist das indess auch bei einfachen durch die gleichen Parasiten hervorgerufenen Fiebern der Fall.

Das in den nördlichen Breiten mit grosser Regelmässigkeit in 24-stündigen resp. einem mehrfachen von 24-stündigen Intervallen sich wiederholende Auftreten von Malariaanfällen ist sicher nicht ohne physiologische Begründung, sondern hat seine Ursache in den periodischen Schwankungen der Zusammensetzung des Nährbodens der so ungemein empfindlichen Parasiten des menschlichen Blutes unter dem Einfluss der regelmässigen Mahlzeiten, der Körperruhe und der Arbeit.

Sind doch die Malariaparasiten durchaus nicht die einzigen, welche sich mit grosser Pünktlichkeit in ihrer Thätigkeit unserer Zeitbestimmung anbequemen. Laveran[1] erinnert mit Recht in der Hinsicht an das endovaskuläre Verhalten der Filaria sanguinis und den Einfluss, den die Tageszeiten auf dasselbe ausüben.

Der normale menschliche Organismus hat, sei es durch die chemische Zusammensetzung seiner Säfte, sei es durch die Thätigkeit zellulärer Elemente oder durch kombinirte Wirkung beider die Fähigkeit, sich einer beschränkten Anzahl minder infektiöser Krankheitserreger zu erwehren, sie entweder zu tödten und zu eliminiren oder sie in relativ unschädlichem Zustand zurückzuhalten. Das Letztere ist mit den Malariaparasiten da der Fall, wo, wie wir das so häufig beobachten, wochen- und monatelang nach dem Verlassen der Malariagegend in gesunder Umgebung Malariaanfälle auftreten. Die Gelegenheitsursache giebt in diesen Fällen fast stets eine äussere Schädlichkeit, welche die Widerstandsfähigkeit der chemischen oder korpuskulären Hülfskräfte des Organismus durch chemische oder vitale Veränderung derselben schwächt. Erkältungen, anderweite Krankheiten, starke körperliche oder geistige Arbeit, psychische Alterationen sind die wesentlichsten in Betracht kommenden derartigen Ursachen, welche sich dabei ebenso wie im Malarialande selbst wirksam zeigen.

Die Form, in welcher beim einzelnen Individuum das Fieber auftreten wird, lässt sich mit irgend welcher Sicherheit nicht vorherbestimmen. Im Allgemeinen kann man sagen, dass in Kamerun der resp. die ersten Fieberanfälle nach sehr kurzer Zeit der Anwesenheit daselbst

---

1) Laveran, l. c. pag. 150.

auftreten werden, 14 Tage bis 6 Wochen nach dem Eintreffen. Meist verlaufen sie ohne besondere Komplikationen aber mit besonderer Heftigkeit, verhältnissmässig häufig als quotidiane, seltener als tertiane Intermittens. In der Trockenzeit bei diesen Individuen in der Mehrzahl der Fälle unter Anwesenheit grosser pigmentirter Amöben. Nach kurzem Aufenthalt in Kamerun macht sich bei den Europäern sehr regelmässig eine Veränderung des Bluts bemerkbar, insofern dasselbe eine Abnahme an Blutkörpern, vor allem aber an Hämoglobingehalt zeigt. Während sich bei den ersten Erkrankungen noch verhältnissmässig häufig grosse pigmentirte Parasiten finden, treten diese jetzt gegenüber den kleinen pigmentlosen Formen ganz in den Hintergrund. Zugleich verändert sich der Charakter der Krankheit, ein typischer Verlauf wird selten, es herrscht eine unregelmässige Fieberbewegung vor.

In dem Maass als die Anämie durch die Zahl der überstandenen Fieber zunimmt, wächst die Chance der Erkrankung an perniciösen Formen, welche andererseits disponirte Individuen bereits nach kurzem Aufenthalt an der Fieberküste befallen können. Alsdann meist unter dem Einfluss besonderer Schädlichkeiten.

Den in kurzer Zeit durch den Einfluss der Malaria immer wieder zerstörten und unter ungünstigen Umständen regenerirten Blutkörpern wohnt anscheinend eine weit geringere Widerstandsfähigkeit gegenüber chemischen und infektiösen Agentien inne als in normalem Zustand. Sie gehen namentlich unter dem kombinirten Einfluss beider leicht in grosser Zahl zu Grunde, häufig in so grosser Zahl, dass der massenhaft gelöste Blutfarbstoff durch die Nieren in den Urin übertritt.

Oefter ventilirt ist die Frage, ob eine direkte Uebertragung der Malaria von Mensch auf Mensch erfolgen kann.

Unzweifelhaft sicher ist das auf dem Wege des placentaren Kreislaufs möglich. Ich selbst habe im Herzblut einer im neunten Monat während einer heftigen Malariaerkrankung der Mutter abgestorbenen Frucht ausser beträchtlicher Milzvergrösserung reichlich Halbmonde und kleine unpigmentirte Amöben beobachtet.

Anders steht das mit der Contagiosität im extrauterinen Leben. Dieselbe ist bekanntlich öfter behauptet worden, ohne dass es gelungen wäre, völlig eindeutige Beweise dafür zu erbringen.

Das häufige Erkranken des Pflegepersonals im Hospital, das Schellong an die Möglichkeit direkter Uebertragbarkeit denken lässt, findet genügende Erklärung in dem in Kamerun wenigstens ungewöhnlich anstrengenden Dienst derselben. Das in der That sehr häufige gleichzeitige oder bald hintereinander erfolgende Erkranken von Bewohnern desselben Hauses, welches sich nicht selten in einem förmlichen Wandern der Malaria von Haus zu Haus äussert, einmal dadurch, dass häufig die Bewohner desselben Hauses gleichzeitig denselben die Disposition schaffenden klimatischen Schädlichkeiten ausgesetzt sind, andererseits dadurch, dass die Erkrankung eines Angestellten bei dem knapp bemessenen Personal in den einzelnen Berufen zu einer Ueberanstrengung der anderen führt und dieselben für den Fiebereinfluss dadurch in besonderem Grade empfänglich macht.

Die Diagnose der Malaria.

Die Diagnose der einfachen tropischen Intermittens bietet ebensowenig Schwierigkeiten wie in der Heimath. Auch trotz des häufigen Fehlens von Milzerscheinungen und des für die heimischen Intermittensformen so charakteristischen Herpes ist das Gesammtbild der Krankheit mit dem plötzlichen mit steilem Temperaturanstieg einhergehenden Beginn, der Folge von Hitze und Schweiss. — Frost ist, wie schon gesagt, eine zwar häufige aber keineswegs regelmässige Erscheinung beim Malariafieber in Kamerun, wie in den Tropen überhaupt — dem Brechreiz und den cerebralen Erscheinungen, dem häufigen Auftreten von Milzschwellung beim völligen Fehlen konstanter, anderweitiger, schwerer, lokaler Affektionen ein so charakteristisches, dass, wo die Krankheit bei einem vorher gesunden Individuum auftritt, die ätiologische Untersuchung kaum je erforderlich ist, um die Diagnose sogleich mit aller Bestimmtheit zu stellen. Anders verhält es sich in den Fällen, wo der Patient bereits vor Ausbruch der Krankheit sich in einem Zustand befand, der an sich Fieber hervorzurufen im Stande ist. Die Malaria ist eine sehr häufige Komplikation verschiedenartiger anderer Leiden und wo diese vorhanden sind, kann es ohne die ätiologische Untersuchung unter Umständen völlig unmöglich sein, frühzeitig und rechtzeitig die Diagnose einer dazutretenden fieberhaften Affektion zu stellen, wenigstens in Ländern, welche sich nicht der weitgehenden Exemption von anderen, nicht auf Malariainfektion beruhenden fieberhaften Allgemeinkrankheiten erfreuen wie Kamerun. Die bisher in solchen Fällen in den Tropen meistens geübte Praxis ist eine recht primitive. Sie beschränkt sich im Allgemeinen darauf, bei allen fieberhaften Affectionen „zur Sicherheit" Chinin zu geben. Verschwindet danach das Fieber, so sind Arzt und Patient der Ueberzeugung, dass es sich um Malaria gehandelt hat, bleibt das Fieber bestehen, so wird Malaria ausgeschlossen, in manchen Fällen auch das ohne jede Berechtigung.

In erster Linie kommen als zu Verwechslung mit Malaria leicht Anlass gebend in Betracht Wundinfectionskrankheiten, im speciellen puerperale Erkrankungen. Ich habe bereits an anderer Stelle meine Ueberzeugung dahin ausgesprochen, dass in Malariaherden wie in Kamerun in der That nach kurzer Zeit seines Aufenthalts ein jeder Bewohner als inficirt angesehen werden muss, dass es nur von der Zusammensetzung seiner Organsäfte — vielleicht von der chemischen Beschaffenheit seines Blutserums — abhängt, ob dieselben den Malariaparasiten einen für ihre Entwicklung geeigneten Nährboden darbieten. Jede den Körper treffende Schädlichkeit wirkt in diesem Sinne disponirend und zu diesen Schädlichkeiten gehören nicht an letzter Stelle äussere und innere Verletzungen. In diesen Fällen ist es häufig ganz unmöglich, ohne die diagnostische Blutuntersuchung frühzeitig eine sichere Diagnose zu stellen, zumal die klinischen Erscheinungen einer beginnenden Sepsis denen einer unregelmässig verlaufenden Malaria fast völlig entsprechen. In hervorragender Weise gilt das von puerperalen Erkrankungen. Unter den 4 Entbindungen europäischer Frauen, welche ich in Kamerun zu leiten hatte, schloss sich an 3 unmittelbar heftiges Fieber an, nur in einem Fall war ein intrauteriner Eingriff — manuelle Lösung der festverwachsenen Placenta

- vorgenommen worden. Die Fieberkurve war in allen Fällen eine unregelmässig remittirende mit Temperaturerhebungen über 40°. Lokale Erscheinungen fehlten gänzlich. In einem Fall bestand Hämoglobinurie, welche nach 37 Stunden spontan sistirte. Eine objektive Diagnose allein auf den klinischen Befund hin war in diesen Fällen kaum zu stellen. Die mikroskopische Blutuntersuchung ergab in allen 3 Fällen am 1. resp. 2. Tage des Bestehens des Fiebers Malariaparasiten, in 2 Fällen grosse pigmentirte, im 3. Fall kleine siegelringförmige unpigmentirte Amöben. Auf $2\frac{1}{2}$ resp. $3\frac{1}{2}$ g Chinin in toto sistirte das Fieber nach 2 resp. 3 Anfällen und es erfolgte prompte Rekonvalescenz. In dem Fall von hämoglobinurischem Fieber erfolgte die Heilung ohne Anwendung von Chinin.

Ausser in den Fällen von komplicirenden äusseren oder inneren Verletzungen kann die Diagnose des Malariafiebers in den Fällen Schwierigkeiten machen, wo neben den fieberhaften Allgemeinerscheinungen lokale Affektionen anderer Art bestehen. Häufig treten mit Fieber komplicirte heftige Gelenkschmerzen auf, welche den Verdacht eines bestehenden akuten Gelenkrheumatismus erwecken können, oder gleichfalls keineswegs selten Erscheinungen seitens der Athmungsorgane, welche bei Europäern einfach kongestiver Natur zu sein pflegen, bei Negern sich aber nicht selten in Form heftiger Bronchitiden und selbst Pneumonien äussern. In diesen Fällen ist die Blutuntersuchung dringend erforderlich, um Sicherheit bezüglich der Natur der vorliegenden Krankheit zu erhalten. Namentlich mit der auch an afrikanischen Küsten auftretenden Influenza ist unter diesen Umständen zweifellos die Malaria oft schon verwechselt worden. Nicht anders verhält es sich mit der Differentialdiagnose der Malaria gegenüber einer Reihe von fieberhaften Darmkrankheiten. Darmkatarrhe als Komplikationen der Malaria sind in Kamerun häufig. Meist handelt es sich um einfache Diarrhöen, sehr selten sind blutige Entleerungen, wo nicht alte von Dysenterie herrührende Darmläsionen bestanden. Meist verschwinden die Erscheinungen mit dem Fieber; häufig reagiren sie wie das letztere in deutlicher Weise auf das verabreichte Chinin. In anderen Fällen, die übrigens an der Westküste seltener als in andern Theilen der Tropen, speciell in Indien zu sein scheinen, halten Fieber- wie Darmerscheinungen viele Tage ja selbst einige Wochen an, und die Diagnose Typhus kommt in Betracht. In den wenigen derartigen von mir beobachteten Fällen war die Untersuchung des Bluts auf Malariaparasiten ebenso negativ wie die der Fäces, und in einem Fall, der zur Obduktion kam, die der Milz auf Typhusbacillen. Chinin erwies sich völlig wirkungslos. Es ist sehr wahrscheinlich, dass einstweilen noch eine ganze Reihe fieberhafter Darmkrankheiten in den Tropen der Gruppe der Malarialeiden zugezählt wird, ohne dass sie doch mit diesen irgend etwas zu thun hätten. Von hoher Bedeutung ist ferner die Blutuntersuchung für die Differentialdiagnose zwischen Malaria und Leberabscess, welche im Anfangstadium in einem Lande, wo beide Krankheiten häufig und oft allein Sicherheit geben kann. Verwechselt kann des weiteren ein Malariaanfall mit der in Kamerun namentlich unter Negern häufigen Filariakrankheit werden. Dieselbe führt keineswegs selten in ihrem Ver-

lauf zu paroxysmatischen Fiebererhebungen, welche klinisch den Malariaanfällen völlig entsprechen. In zwei derartigen von mir in der sicheren
Annahme es handle sich um Malaria, zur Gewinnung von Impfmaterial
untersuchten Fällen fanden sich zu meiner Ueberraschung keine Malariaparasiten sondern reichliche Filariaembryonen. In einem Fall bestand
ausserdem ein beträchtliches Lymphskrotum, im anderen bot der Kranke
keinerlei deutliche Erscheinungen bestehender Filariainvasion dar.

Eine ganz besondere Wichtigkeit gewinnt die objektive Sicherung der
Diagnose durch die Blutuntersuchung in den Fällen des epidemieartigen
Ausbruchs fieberhafter Erkrankungen, wie sie in den letzten Jahren an der
afrikanischen Westküste mehrfach beobachtet wurden, in Gabun, Gorée,
Quittah und Bonny, in diesem Jahr noch an der Togoküste, ferner in
Finschhafen auf Neu-Guinea im Jahre 1892 und an verschiedenen Plätzen
Indiens. In solchen Fällen pflegt nicht allein die Zahl und Schwere der
Krankheitsfälle sich in beträchtlicher Weise zu vergrössern, sondern das
ganze Krankheitsbild gegenüber dem gewöhnlichen sich so wesentlich zu verändern, dass aus den klinischen Erscheinungen allein die Diagnose häufig
nicht mit irgend welcher Sicherheit gestellt werden könnte. So verliefen
verschiedene der in Finschhafen vorgekommenen Fälle aus bestem Wohl-
sein heraus innerhalb 24 Stunden unter Delirium und Koma tödtlich, bei
der Epidemie in Haiderabad 1843 bildeten blutiges Erbrechen und blutige
Stühle ein charakteristisches Symptom, in Gazeepur 1859 Bewusstlosigkeit
und fast völlige Unempfindlichkeit, in der Epidemie 1869 im Gangesthal
verliefen die Fälle, nachdem einige Tage lang Prodromalerscheinungen bestanden hatten, vielfach mit Lungenaffektionen und Blasenbluten; nach
heftigem Fieber, dem kalter Schweiss folgte, trat der Tod vielfach an
Erschöpfung ein. Bei der Epidemie in Burdwan bestand zunächst 2 bis
3 Tage Schlafheit und Appetitverlust, es folgte ohne vorangegangenes
Froststadium Fieber mit schweren cerebralen Erscheinungen und hochgradiger Prostration. Der Tod trat im Koma nach 3—10 Tagen ein[1].

Die von Johnson[2] als Malaria beschriebene mörderische Epidemie
von Edam Islam, von welcher sämmtliche 76 gelandeten Matrosen
ergriffen wurden und welcher 66 von ihnen erlagen, zeigte gleichfalls
von denen des Malariafiebers sehr abweichende klinische Erscheinungen.
Beginn unter Frost, Erbrechen, Supraorbital- und epigastrischer Neur-
algie, darauf folgend Ikterus, blutiges, kaffeesatzartiges Erbrechen bei
starker Injektion der Conjunktiven und des ganzen Gesichts, in einzelnen Fällen Hämorrhagien. Der Verlauf zeigte klinisch mehr Aehnlichkeit mit Gelbfieber als mit Malaria, der Tod erfolgte bei den an
Land bleibenden Kranken innerhalb 18—48 Stunden.

Der Beweis, dass es sich in all diesen unter so verschiedenartigen
Krankheitserscheinungen verlaufenden Epidemien wirklich um Malaria
gehandelt habe, unter deren Namen sie in der Literatur beschrieben
sind, ist nicht erbracht. Die bei Aerzten wie beim Publikum in den
Tropen eingebürgerte Sitte, Fieber und Malaria als Synonyme zu gebrauchen, hat unzweifelhaft hier schon so manche Irrthümer hervor-

1) Davidson, Hygiene and diseases of warm climates, pag. 184.
2) Johnson, Influence of tropical climate, London 1827.

gerufen, deren Berichtigung durch eine exakte Diagnosestellung von grosser epidemiologischer Wichtigkeit wäre.

Von geringerer praktischer Bedeutung als in anderen Gegenden der Tropen ist in Kamerun die Unterscheidung von Sonnenstich und Malaria insofern es mir einmal noch nie gelungen ist, bei den im unmittelbaren Anschluss an eine Schädlichkeit rein meteorologischen Urspungs (Insolation, Durchnässung, Sumpfmiasmen unter direktem Sonneneinfluss) entstandenen Erkrankungsfällen gleich nach ihrem Ausbruch Malariaparasiten im Blut nachzuweisen, die primäre Krankheit in diesen Fällen also jedenfalls nicht Malaria war, und andererseits sich in Kamerun wenigstens an fast jede Erkrankung an Sonnenstich Malaria als sekundäre Erkrankung anzuschliessen scheint. Immerhin können einzelne derartige Fälle wenigstens im Beginn für die Diagnose Schwierigkeiten bieten, über welche ohne Verwendung des ätiologischen Moments nicht leicht fortzukommen ist.

Bei den ohne Fieber einhergehenden, intermittirend auftretenden Lokalaffektionen, welche übrigens in Kamerun seltener als in anderen Malariagegenden zu sein scheinen, ist von der diagnostischen Blutuntersuchung kein grosser Erfolg zu erwarten, da bei diesen Zuständen die amöboiden Parasiten kaum je und jedenfalls nur, wenn fieberhafte Erscheinungen bevorstehen, im peripherischen Blut sich nachweisen lassen. Ein nicht seltener Befund sind in diesen Fällen, in denen es sich meist schon um fiebergeschwächte Individuen handelt, die Halbmonde, über deren Beziehungen zu den aktiv parasitären Amöboiden ich meinerseits bisher keine völlige Sicherheit habe gewinnen können und welche keineswegs charakteristisch für diese Zustände sind.

Die Diagnose des Schwarzwasserfiebers ist in Kamerun selbst, wo kein Gelbfieber vorkommt, in den weitaus meisten Fällen auf den ersten Blick zu stellen.

Der plötzliche Beginn mit meist sehr intensivem Frostgefühl, das steile Ansteigen der Fieberkurve, der sich schnell einstellende und allmälig an Intensität zunehmende Ikterus, das charakteristische Verhalten des Urins lassen mit grosser Sicherheit jede andere Krankheit ausschliessen und es dürfte die Blutuntersuchung zum Zweck der Diagnosestellung praktisch kaum je erforderlich sein[1]).

Auch wo Gelbfieber und Schwarzwasserfieber zeitweise zusammen vorkommen, wie im westlichen Theil der Oberguineaküste — und es ist ja nicht ausgeschlossen, dass mit dem zunehmenden Schiffsverkehr das Gelbfieber auch einmal in Kamerun eingeschleppt wird — kann die Stellung der Differentialdiagnose über die ersten Stunden hinaus kaum erhebliche Schwierigkeiten machen.

Wo, wie in besonders schweren Fällen bei beiden Krankheiten von Anfang an Anurie besteht, sichert die Blutuntersuchung die Frühdiagnose. Wenn überhaupt Urin entleert wird, ist eine Verwechslung kaum möglich.

---

[1]) Yersin, Société de biologie. Sitzung vom 8. Juni 1895, giebt an, im Blut von Schwarzwasserfieberkranken keine „Plasmodien", sondern kurze, für Kaninchen infektiöse Bacillen gefunden zu haben. Mit dem Ergebniss meiner Untersuchungen stimmen diese Angaben nicht überein.

denn blutiger Urin wird bei Gelbfieber nur in höchst seltenen Fällen entleert.

Der Fieberverlauf ist bei beiden Krankheiten wesentlich verschieden. Bei Schwarzwasserfieber vollzieht er sich in einzelnen meist kurzdauernden, seltener protrahirten Paroxysmen, beim Gelbfieber erfolgt in den ersten 2—3 Tagen nach plötzlicher Erhebung der Temperatur ein kontinuirliches allmäliges Ansteigen derselben bis gegen den 3. Tag hin.

Der Ikterus entwickelt sich bei Schwarzwasserfieber wenige Stunden nach dem Ausbruch des Fiebers und nimmt dann schnell an Intensität zu. Bei Gelbfieber macht er sich meist erst am 2. oder 3. Tage bemerkbar.

Hämorrhagien sind bei Gelbfieber eine sehr regelmässige, bei Schwarzwasserfieber eine sehr seltene Erscheinung. — Ebenso sind die intensive Röthung des Gesichts, namentlich der Konjunktiva, sowie das blutige Erbrechen sehr häufige Erscheinungen bei Gelbfieber, während sie bei Schwarzwasserfieber jedenfalls ausserordentlich selten, von mir noch niemals beobachtet worden sind.

Eine besondere praktische Bedeutung kommt dem Erkennen eines bevorstehenden Malariaanfalls durch die Blutuntersuchung zu einer Zeit zu, wo der Ausbruch desselben noch nicht erfolgt ist und wo derselbe durch Darreichung von Chinin noch verhütet werden kann. Wo es sich um die sich langsam entwickelnden grossen pigmentirten Parasiten als Krankheitserreger handelt, hat die Stellung der Frühdiagnose keine besonderen Schwierigkeiten. Ich selbst habe zuerst bei einem an Malariarückfällen häufiger krankenden Collegen in Berlin bereits im Jahre 1890 zweimal die Diagnose eines herannahenden Malariaanfalls, ehe noch irgend welche Krankheitserscheinungen bei demselben bemerkbar geworden waren, auf Grund der Blutuntersuchung feststellen und in einem Fall, wo reichlich junge Parasiten im Blut vorhanden waren, den Ausbruch der Krankheit verhüten können. Letzteres gelang mir später bei mir selbst an der javanischen Küste, wo ich, in hohem Maasse der Gefahr der Malariainfektion ausgesetzt, mein Blut in regelmässigen Zwischenräumen mikroskopisch untersuchte und die erfolgte Infektion nachweisen konnte, bevor es noch zu einem Anfall gekommen war. Derselbe blieb aus nach Anwendung von Chinin[1)—3)]. In gleicher Weise gelang es mir zweimal in Kamerun die stattgehabte Infektion vor Ausbruch der Krankheit bei mir selbst zu erkennen; doch blieb der Anfall nur in einem Falle auf das sofort genommene Chinin hin aus. Im zweiten Falle erfolgte trotz desselben bereits nach 3 Stunden ein heftiger Paroxysmus. Ich zweifle nicht, dass der in der mikroskopischen Technik hinlänglich erfahrene Arzt in den Tropen bei dauernder Selbstbeobachtung eine Reihe von Fiebererkrankungen, welche durch die grossen, langsam wachsenden pigmentirten Parasiten hervorgerufen werden, bei sich wird verhüten können, ja dass rein theoretisch jeder durch diese Parasitenform hervorgerufene Malariaanfall durch regelmässige Blutuntersuchung und eine auf

1) F. Plehn, Beitrag zur Lehre von der Malariainfektion. Zeitschrift für Hygiene. Bd. VIII. H. 1.

2) Derselbe, Zur Aetiologie der Malaria. Vortrag gehalten in der Berliner med. Gesellsch. Berl. klin. Wochenschr. 1890. No. 13.

3) Derselbe, Beitrag zur Pathologie der Tropen. Virch.Arch. 1892. Bd.129.

das Ergebniss derselben basirte rechtzeitige Chininprophylaxe müsste verhütet werden können. Von der Theorie zur Praxis aber ist hier ein weiter Schritt, und es ist mir sehr zweifelhaft, ob die diagnostische Blutuntersuchung in der Prophylaxe der Malaria jemals eine praktisch in Betracht kommende Bedeutung gewinnen wird.

Bei den wichtigeren und schwereren Malariaerkrankungen, welche der Einwirkung der kleinen pigmentlosen Parasiten ihre Entstehung verdanken, hat mich diese Art der Prophylaxe fast gänzlich im Stich gelassen. Die Sporulation scheint vielfach zunächst in inneren Organen vor sich zu gehen, so dass erst einige Zeit nach Ausbruch des Anfalls Parasiten im peripherischen Blut nachweisbar werden. In einzelnen Fällen verläuft die Krankheit, ohne dass überhaupt, trotz aller angewandten Mühe Organismen in demselben nachweisbar würden. Vielleicht handelt es sich hier, wie früher gesagt, gar nicht um den Ausdruck einer stattgehabten Infektion sondern einer primären Intoxikation[1].

Die Technik der Blutuntersuchung ist nicht schwierig. Fingerkuppe oder Ohrläppchen werden mit Aether tüchtig abgerieben, der durch schnellen Stich mit einer feinen Lanzette entleerte Bluttropfen zwischen 2 Deckgläschen, die mittelst Pincetten gehandhabt werden, in dünnster Schicht ausgebreitet und an der Luft getrocknet. Als Fixationsmittel benutzte ich auch im tropischen Küstenklima früher den absoluten Alkohol, der sich nur in der Heimath für diesen Zweck ausgezeichnet bewährt hatte. Im Kamerunklima zieht derselbe sehr leicht grössere Wassermengen aus der Luft an und wird dadurch für die Fixirung weniger geeignet. Statt desselben benutze ich in letzter Zeit meist koncentrirte alkoholische Sublimatlösung. Nach 3—4 Minuten ist die Fixirung eine vollständige, das Präparat wird alsdann durch reichliches Auswaschen von den etwa anhaftenden Sublimatkrystallen gereinigt und ca. eine Stunde lang in eine Eosin-Methylenblanlösung (koncentrirte wässrige Methylenblaulösung, ½ proc. wässrige Eosinlösung) gelegt, abgespült, an der Luft getrocknet und in Canadabalsam oder Gummi arabicum aufbewahrt. Immersionssysteme und ein Abbé'scher Beleuchtungsapparat sind, wenn man zuverlässige Resultate erhalten will, unerlässlich, 800—1000 fache Vergrösserung zur deutlichen Erkennung der kleinen Siegelringformen am zweckmässigsten.

Unter Umständen, welche näherer Erforschung noch bedürfen, versagt diese einfachste Färbemethode bei den kleinen Siegelringformen. Dieselben färben sich trotz langdauernder Einwirkung des Färbemittels nicht, und nur bei grosser Uebung gelingt es, die zahlreichen kleinen, gänzlich ungefärbten Ringelchen auch in diesen Fällen im Blut der Kranken nachzuweisen. Es ist dieser Umstand höchst wahrscheinlich der Grund, weswegen eine Anzahl sehr geübter und erfahrener Untersucher wie Fischer[2], Pasquale[3], Lutz[4] bei ihren in denTropen

1) Nach den neuerlichen Veröffentlichungen Ziemann's scheint die praktische Bedeutung der prophylaktischen Blutuntersuchungen meine diesbezüglichen Erwartungen zu übertreffen. Anm. bei der Korrektur.

2) Fischer, VI. Internat. Congr. f. Hygiene und Demographie. Wien 1887.

3) Pasquale, Giornale medico. Roma 1889. pag. 1.

4) Lutz cf. L. P. Pfeiffer, Fortschritte d. Medicin. 1890. No. 24. S. 946.

vorgenommenen Blutuntersuchungen völlig negative Ergebnisse erhalten haben. Auch in diesen Fällen ist mir die Färbung der Parasiten fast stets bei Anwendung der Celli-Guarnieri'schen[1]) Färbemethode des frischen Blutes gelungen, welche bekanntlich darin besteht, dass dem frischen Bluttropfen ein Tröpfchen Methylenblaulösung in einer animalen Transsudatflüssigkeit, die bei der Häufigkeit der Hydrocele bei Negern leicht erhältlich ist, zugesetzt wird. Das Verfahren ist zwar unbequem und liefert keine für die Conservirung geeigneten Präparate, doch ist es für die Diagnosestellung empfehlenswerth, da bei Anwendung desselben die Parasiten als kleine intensiv blaugefärbte Ringelchen scharf und deutlich hervortreten.

Bei Vorhandensein der grossen pigmentirten Parasiten kommt man am schnellsten zum Ziel, wenn man das frische Blut unmittelbar zwischen dem mit einem flachen Lackring versehenen Objektträger und Deckglas in ungefärbtem Zustand bei offener Blende untersucht. Man vermeidet die zeitraubende Vorbereitung des Trockenpräparats und hat den Vortheil eine dickere Blutschicht, also eine grössere Blutmenge auf einmal durchsuchen zu können. Die charakteristischen bei den erwachsenen Formen in lebhaft tanzender Bewegung befindlichen Pigmentkörner entgehen trotz der verhältnissmässigen Dicke der untersuchten Blutschicht dem einigermassen geübten Beobachter nicht, und bei Abblendung gelingt es in jedem zweifelhaften Fall leicht die eigenthümlich weisslichen, beweglichen Parasitenkörper selbst von etwaigen anderweitigen Gebilden mit Sicherheit zu unterscheiden.

Wo nur kleine unpigmentirte Parasitenformen vorhanden sind, ist ein schnelles Ergebniss von dieser Methode nicht zu erwarten. Die Diagnose wird in diesen Fällen nur durch die Untersuchung des gefärbten Präparats gesichert werden können. In der Praxis habe ich es immer zweckmässig gefunden, die Zeit, welcher meine Trockenpräparate zur Fixation und Färbung bedurften, mit der Untersuchung des frischen Blutes auszufüllen.

Prognose der Kamerunmalaria.

Die Prognose der Malariaerkrankungen ist eine sehr verschiedene nach dem Kräftezustand des befallenen Individuums sowie nach der Form und Intensität, unter welcher die Krankheit bei ihm auftritt. Letztere unterliegt schon zur selben Zeit und an demselben Ort vielfachem Wechsel, sie kann aber auch ihren Charakter vorübergehend völlig ändern in dem Sinne, dass plötzlich in epidemieartiger Weise die schwersten Erkrankungsfälle an Orten auftreten, an denen bis dahin ausschliesslich oder doch vorzugsweise leichte Krankheitsformen beobachtet wurden. Nicht zuletzt kommen die Pflege und Behandlung, wie überhaupt die äusseren Verhältnisse, unter welchen sich der Kranke befindet, in Betracht.

Die gewöhnliche Intermittens bietet in Kamerun, wie bei uns eine fast absolut gute Prognose, wo die oben bezeichneten Verhältnisse nicht

1) Celli e Guarnieri, Sulla etiologia dell'infezione malarica. Archivio per le scienze mediche. Vol. XIII. 1889.

allzu ungünstig sind. In den meisten Fällen heilt sie bei zweckmässigem Verhalten des Kranken nach zwei Paroxysmen, nicht selten nach einem Anfall. Langdauernde schwächende Anfälle kommen in der Regel nur bei unzweckmässiger Anwendung von Chinin vor, namentlich wo dasselbe in kleinen verzettelten Dosen in inkonsequenter Weise während der Anfälle und zwischen denselben gegeben wird.

Remittirende und kontinuirliche Fieberformen waren meinerzeit in Kamerun äusserst selten; ihre Prognose ist, wo es sich um bereits geschwächte Individuen handelt, eine nicht so günstige, doch sind Todesfälle auch bei ihnen ohne eintretende Complikationen immerhin selten. Es unterliegt keinem Zweifel, dass ein verhältnissmässig grosser Theil der in den standesamtlichen Protokollen als an einfacher Malaria erfolgt aufgeführten Todesfälle nicht dieses, sondern der gefürchteten Form des Schwarzwasserfiebers zuzuschreiben ist, in welche sich in Folge gleichzeitig einwirkender anderweitiger Schädlichkeiten die einfache Kamerunmalaria so leicht verwandelt, während die vielen übrigen „perniciösen" Formen der Malaria, wie sie aus anderen Fiebergegenden beschrieben werden und wie ich sie theilweise selbst inzwischen in Ostafrika kennen gelernt habe, an der Westküste nur eine unbedeutende Rolle zu spielen scheinen. Jeder schwere Malariaanfall kann bei einem geschwächten oder etwa mit organischen Fehlern behafteten Individuum durch Herzlähmung zum Tode führen, zumal wenn die äusseren Verhältnisse, wie das ja in Afrika so häufig der Fall ist, jegliche Pflege ausschliessen, den Kranken vielleicht nicht einmal die erforderliche Ruhe finden lassen, wo Obdach und Nahrung gleich mangelhaft sind und eine rationelle Behandlung fehlt. Unzweifelhaft ist eine grosse Zahl von Reisenden, Missionaren und Faktoristen unter solchen Umständen an einfachen unkomplicirten Fiebern zu Grunde gegangen.

Für den Arzt kommt als wirklich gefährlicher, das Leben direkt bedrohender Feind für Kamerun wie wohl überhaupt für den grössten Theil der tropischen Küste Westafrikas fast ausschliesslich das Schwarzwasserfieber in Betracht. In dies Krankheitsbild kleidet sich bei intensiverem Auftreten oder bei Schwächung des befallenen Körpers durch längerdauernden klimatischen Einfluss oder anderweitige Schädlichkeiten jedes Fieber daselbst.

Die Prognose des Schwarzwasserfiebers ist eine sehr verschiedene, je nach der Intensität, mit welcher die Krankheit gleich anfangs auftritt. Im allgemeinen scheint sie, an der Westküste wenigstens, im Lauf der Jahre eine günstigere geworden zu sein. Fisch[1]) berichtet, dass an der Goldküste vor zwei bis drei Jahrzehnten noch fast alle Kranken zu Grunde gingen, während jetzt nur ca. 20 pCt. derselben sterben. Keineswegs ausgeschlossen ist es, dass der Krankheitscharakter sich auch dort wieder nach einer Periode leichterer Erkrankungen einmal zum schlimmeren verändern wird. Regelmässig scheint mit der Häufung der Krankheitsfälle alsdann auch eine Zunahme der Bösartigkeit der Krankheit einherzugehen.

Zur Zeit meiner Anwesenheit in Kamerun zeigte die überwiegende Zahl der beobachteten Schwarzwasserfieber einen verhältnissmässig leich-

3) Fisch, Tropische Krankheiten. Basel 1894.

ten Charakter, soweit dieselben gleich nach Beginn der Krankheit
in ärztliche Behandlung kamen. Die Mortalität der in ärztlicher
Behandlung befindlichen Schwarzwasserfieberfälle betrug etwas über
10 pCt., unter meinem Nachfolger sank sie noch unter diese Ziffer[1].
Sie dürfte also für die in Betracht kommende ca. 3jährige Beobachtungsperiode für die im Hospital behandelten Fälle etwa der des Abdominaltyphus in Deutschland entsprochen haben[2]. Eine Berechtigung
für die in Ostafrika übliche Bezeichnung des Schwarzwasserfiebers als
„perniciöses" Fieber schlechthin, ergiebt sich aus diesen Mortalitätsziffern
nicht. Die grosse absolute Zahl von Todesfällen an der Krankheit an
der Kamerunküste hat ihren Grund in der grossen Häufigkeit der Krankheit daselbst, dann an der wesentlich höheren Mortalitätsziffer der immer
noch die absolute Mehrzahl bildenden Fälle, welche ohne ärztliche Hülfe,
ja häufig ohne jede Pflege und in der denkbar ungünstigsten Umgebung
auf Reisen oder in einer kleinen Buschfaktorei durchgemacht werden.
Die Mortalität betrug unter diesen Umständen nach den Zusammen-
stellungen meines Nachfolgers 45 pCt.

Nicht unbeträchtlich höher als unter den im Hospital behandelten
Schwarzwasserfieberkranken in Kamerun während des bezeichneten Zeit-
raums war dieselbe nach den Angaben anderer Autoren in anderen
Theilen der Tropen. So betrug sie in Deutschostafrika, wo in der ersten
Zeit nach der deutschen Besitzergreifung nach Stendel[3] gegen 70 pCt.
der Befallenen der Krankheit erlagen, bei den nach Stendel'schem
Princip mit grossen Chinindosen behandelten Kranken 16—17 pCt.,
Michels[4] giebt als Mortalitätsziffer 33—50 pCt, an, Schellong[5]
42 pCt., Guiol[6] und Corre[7] 27 pCt., Barthélemy Bénoit[8] 25 pCt.,
Bérenger Ferraud[9] 23—24 pCt.

Die Zukunft muss lehren, in wie weit diese ausserordentlich hohe
Mortalität durch Aenderung der bis jetzt fast von allen den bezeichneten
Autoren angewandten Chininbehandlung ganz allgemein wird herunter-
gedrückt werden können.

Bestimmt wird die Prognose beim Schwarzwasserfieber im speciellen
in erster Linie durch die Beschaffenheit der Herz- und der Nierenthätigkeit. Der Tod an Herzschwäche im hämoglobinurischen Fieberanfall

1) A. Plehn, Beitrag zur Kenntniss von Verlauf und Behandlung der tropischen Malaria in Kamerun. Hirschwald's Verlag. S. 54.
2) Strümpell. Die specielle Pathologie und Therapie. I. pag. 33.
3) Stendel, Die perniciöse Malaria in Ostafrika.
4) Michels, Hémorrhagic malarial fever. New Orleans journal of med. 1869.
5) Schellong, Die Malariakrankheiten unter speciellerBerücksichtigung tropenklimatischer Gesichtspunkte. Jul. Springer. 1890.
6) Guiol cf. Scheube, Krankheiten der warmen Länder. Jena 1896. S. 107.
7) Corre, Traité clinique des maladies des pays chauds.
8) Barthélemy Bénoit cf. Scheube, Krankheiten der warmen Länder.
Jena 1896. S. 107.
9) Bérenger-Ferraud, De la fièvre bilieuse mélanurique. pag. 235, stellt
286 mit grossen und kleinen Chinindosen behandelte Krankheitsfälle zusammen, die
im Hospital beobachtet wurden. Es starben 66.

selbst ist bei einem nicht hochgradig geschwächten Individuum und bei zweckmässiger, vor allem von jedem Chiningebrauch im Anfall absehender Behandlung, selten. Eine Wiederholung des Paroxysmus kam in ca. 20 pCt. der Fälle vor; auch der zweite verlief in den weitaus meisten Fällen unter den oben bezeichneten Umständen günstig. Ausschlaggebend für die Prognose ist der Zustand nach erfolgter Entfieberung. Ist alsdann die Urinproduktion reichlich und seine Beschaffenheit annähernd normal, so ist die Prognose durchaus günstig, auch wenn noch eine geringe Albuminurie als Zeichen bestehender Nierenreizung vorhanden ist. In diesem Fall erholt der Kranke sich bei zweckmässigem Verhalten meist im Verlauf einiger Tage wieder. Bedenklich ist die Prognose in den Fällen, in welchen die Urinsekretion, wie dies nicht selten gleich nach den Entleerungen des ersten hämoglobinhaltigen Urins der Fall ist, völlig oder fast völlig stockt, so dass, meist unter empfindlichen Schmerzen in der Glans, nur wenige Tropfen dunkelschwarzrothen Urins entleert werden. Je länger dieser Zustand, welcher auf einer Verstopfung der Harnkanälchen mit Hämoglobinkrystallen und -Schollen und dadurch hervorgerufener, sekundärer Nierenentzündung beruht, anhält, um so schlechter wird die Prognose. Eine Anurie am ersten Tage braucht eine besonders ungünstige Bedeutung nicht zu haben, da sie unter dem alleinigen Einfluss eines reflektorischen Krampfs des Blasenschliessmuskels zu Stande kommen kann. In einzelnen Fällen sah ich auf eine 12—20 stündige Anurie eine reichliche Menge fast normalen Urins entleert werden, worauf dann ohne weitere Zwischenfälle Rekonvalescenz eintrat. Wo die Anurie länger als einen oder zwei Tage andauert, ist der Zustand stets als sehr bedenklich anzusehen. Verhältnissmässig häufig begegnet der Arzt in diesen Fällen auch bei ruhigen und muthigen Leuten einer bestimmt geäusserten Todesahnung, welche soweit er Erfahrungen an einem grossen Krankenmaterial gesammelt hat, kaum ohne Einfluss auf seine Prognose sein wird. Nur in einem geringen Theil dieser Fälle stellt sich die Nierenfunktion alsdann überhaupt noch wieder her. Absolut ausgeschlossen ist das nicht, als völlig hoffnungslos ist also auch in diesen schwersten Fällen der Zustand des Kranken noch nicht zu bezeichnen, denn manchmal werden auch nach mehrtägiger Anurie die Nierenkanäle wieder wegsam. Immerhin ist die Zahl dieser Fälle gegenüber denen, in welchen die Kranken an Urämie eingehen, sehr gering.

Eine etwa an die Hämoglobinurie sich anschliessende Nephritis giebt im ganzen keine sehr ungünstige Prognose. In den meisten Fällen verschwinden, ohne dass es zu bedrohlichen Erscheinungen kommt, nach einer Anzahl von Tagen Cylinder und Eiweiss wieder aus dem Urin. Immerhin sah ich einen derartigen Fall auch mit dem Tod endigen.

Die zweite grosse Gefahr liegt nach Ablauf des acuten Stadiums der Krankheit in den direkten Folgen der Blutzersetzung, der Thrombenbildung im Herzen und in den grossen Gefässen. Dieselbe tritt manchmal ein, ohne dass irgend eine Verminderung der Urinmenge bemerkbar geworden wäre, meist in Fällen, wo die Hämoglobinurie abnorm lange angehalten hatte. Wo es zur Thrombenbildung gekommen ist — was mit einiger Sicherheit aus den lauten Herzgeräuschen und der sehr unregelmässigen häufig aussetzenden Herzthätigkeit schon intra vitam erkannt werden kann, ist die Prognose sehr schlecht. Es ist kaum anzunehmen, dass in solchen Fällen die Organisation resp. Resorption des Thrombus, ohne dass derselbe zu den schwersten Cirkulationsstörungen führte, erfolgen könne. Diese Fälle enden wohl stets nach einer mehr oder weniger langen Zeit, etwa nach 5—8 Tagen tödtlich durch plötzlich eintretende Herzschwäche oder Embolie, verhältnissmässig häufig im unmittelbaren Anschluss an eine brüske Bewegung des Kranken im Bett.

Die Prognose quoad valetudinem completam bei den mit Genesung endenden Fällen ist im allgemeinen gut. Langwieriges Siechthum gehört bei vorher gesunden Individuen zu den seltenen Ausnahmen. Die einzige mir zur Beobachtung gelangte Nachkrankheit des Schwarzwasserfiebers ist abgesehen von einer mehr oder weniger lange anhaltenden Anämie, eine Nierenläsion, welche sich in gesundem Zustand durch die Urinuntersuchung häufig gar nicht nachweisen lässt, aber bei späteren Fieberanfällen durch regelmässig auftretende Albuminurie sich verräth, welch letztere sonst beim Kamerunfieber kaum je beobachtet wird.

Milztumoren, Neuralgien und andere namentlich in Südeuropa im Anschluss an Malariaerkrankungen häufig beobachtete und letztere nicht selten lange überdauernde Folgezustände sind im Anschluss an die Kamerunmalaria sehr selten, auch bei dem, der viele Dutzende von Anfällen zu überstehen hatte.

Therapie und Prophylaxe der tropischen Malaria.

Bei der Unsicherheit der Wirkung aller anderen gegen die tropischen Malariafieber empfohlenen Mittel steht immer noch das Chinin als das einzige Medikament, welches richtig angewendet ganz unzweifelhaft eine grosse Anzahl von Malariaformen in specifischer Weise günstig beeinflusst, an erster Stelle.

Ueber seine ausgezeichnete Wirkung bei den typischen, in mehr oder weniger regelmässigen Zwischenräumen intermittirenden Formen der Krankheit, welche in den Tropen so gut wie in den europäischen Fiebergegenden vorkommen und hier wie dort durch die charakteristischen grossen pigmentirten Blutparasiten hervorgerufen werden, herrscht bei allen Tropenärzten so völlige Uebereinstimmung, dass auf eine Diskussion dieses Gegenstandes an dieser Stelle verzichtet werden kann. Auch die Zeit und Art der Anwendung des Mittels wie seine Dosirung ist bis auf einzelne kleine, praktisch kaum in Betracht kommende Unterschiede eine für diese Fälle ziemlich genau übereinstimmende geworden. Endlich haben unsere Vorstellungen von der Art der Chininwirkung bei Malaria durch die Arbeiten von Binz[1], Golgi[2], Romanowski[3] und Rosin[4]

1) Binz, Experimentelle Untersuchungen über das Wesen der Chininwirkung. Berlin 1868.

2) Golgi, Gazetta degli Ospedali. 1888.
Derselbe, Berl. med. Wochenschr. 1892. No. 29—32.

3) Romanowski, Zur Frage der Parasitologie und Therapie der Malaria. Petersburg 1891.

4) Rosin, Deutsche med. Wochenschr. 1893. No. 44.

eine wissenschaftliche Grundlage erhalten, wenn sich in der Hinsicht auch noch manche Widersprüche zwischen den einzelnen Autoren finden, und die Frage noch nicht endgültig beantwortet ist, ob nicht ausser der unzweifelhaften Beeinflussung der Malariaparasiten durch das Chinin auch eine solche der zelligen Elemente des Blutes selbst, wie wir sie in tropischen Fiebergegenden häufig zu beobachten Gelegenheit haben, von allgemeiner Bedeutung für die Wirkung des Mittels bei Malaria ist.

Im Gegensatz zu der Einigkeit, welche zwischen sämmtlichen Autoren bezüglich der specifischen Heilwirkung des Chinins gegenüber den typischen Intermittenten im gemässigten Klima wie in den Tropen herrscht, steht die Unsicherheit und das weite Auseinandergehen der Ansichten unter den Tropenärzten bezüglich der atypischen, durch morphologisch wenigstens von den Erregern der ersteren durchaus verschiedene Parasiten hervorgerufenen Tropenfieber, für welche wir Analogien in den Subtropen sowohl als auch in den Fiebergegenden Südeuropas finden.

Der Meinung, dass es auch bei den schweren Tropenfiebern nur grösserer Dosen des Mittels bedürfe, um dieselbe specifische Heilwirkung zu erzielen, wie bei der Intermittens, etwa in der Weise, dass die Grösse der Gabe proportional sein müsse der Schwere der Erkrankung, steht schroff die Ueberzeugung Anderer gegenüber, dass das Chinin diesen Fieberformen gegenüber machtlos ist, dass es bei denselben sogar schädlich wirkt, dass die bei seiner Anwendung erzielten Heilungen jedenfalls nicht ihm zuzuschreiben seien, dass dagegen auf seinen Einfluss vielfach Verschlimmerungen im Krankheitsverlauf, Komplikationen und durch diese bewirkte Todesfälle direkt bezogen werden müssten.

Den ersteren Standpunkt sehen wir namentlich von älteren französischen Kolonialärzten[1]), in letzter Zeit mit allem Nachdruck wieder von Steudel[2]) vertreten, welch letzterer alle seine Vorgänger weit hinter sich lassend. Tagesdosen von 8 g Chinin zur Heilung der häufigsten Form der perniciösen Malaria in Afrika, des Schwarzwasserfiebers, für erforderlich erklärt und dieselben bis zu 10,5 g im Tage steigert.

Im Gegensatz zu den Genannten verfahren im allgemeinen die englische Kolonialärzte wie Parke[3]), Moore[4]), Coterill[5]), Becker[6]) sehr vorsichtig bei der Verabreichung des Chinins in schweren atypischen Fiebern, Grant[7]), Mc. Daniell[8]), Pietro Pucci[9]) sowie die

1) Bérenger-Ferraud, l. c. pag. 327.
Laveran, Du paludisme et de son hématozoaire. Paris 1891. pag. 197.
Bourgarel cf. Bérenger-Ferraud, l. c. pag. 235.
Primet, Gazette des hôpitaux. 1872. pag. 825.
Roux, Traité pratique des maladies des pays chauds. pag. 460.
2) Steudel, l. c.
3) Parke, Guide to health in Africa. pag. 87 u. 88.
4) Moore, How to live in tropical Africa. pag. 132.
5) Coterill, Lakes and mountains of eastern and central Africa. pag. 154.
6) Becker, La vie en Afrique. pag. 154.
7) Grant, West African hygiene. 1887. pag. 14.
8) Mc. Daniell, Medical News. XLIII. pag. 56.
9) P. Pucci, Gaz. d. Osp. 1883. 7. Dec.

jüngeren französischen Kolonialärzte Maclaud[1], Hébrard[2], Quennec[3], Vaysse[4] verzichten auf seine Anwendung vollkommen, sobald
Hämoglobinurie die Krankheit complicirt.

Wir begegnen bezüglich der Indikationen für die Verordnung des
Chinins, der Art seiner Anwendung und Dosirung bei den letztgenannten
Fieberformen völlig entgegengesetzten Ansichten unter den medicinischen
Schriftstellern und dementsprechend vielfach diametral entgegengesetzt ist
die Stellungnahme der Chininfrage gegenüber unter den praktischen Tropenärzten — nicht zu Gunsten ihres Ansehens dem Laien- und im besonderen dem Krankenpublikum gegenüber. Wer die vielfach kritiklose
Art und auf ein bestimmtes, häufig bereits vor dem Herausgehen in die
Tropen zweckmässig befundenes Schema zugeschnittene Malariabehand-
lung unter einem Theil der Tropenärzte selbst kennen zu lernen Gelegenheit gehabt hat, versteht recht wohl den von J. Etterlé[5] publicirten
Stossseufzer des Schiffslieutenants Giraud, welcher einer in den Tropen
unter dem Laienpublikum sehr verbreiteten Ansicht Ausdruck giebt: „Bei
unseren Vätern heilte die Krankheit auf 0,5 g Chinin und machte sie
zu 1 g Dosen verrückt, jetzt soll die Behandlung mit 4 g erstaunliche
Resultate erzielen; auf unsere Enkel wird sie wahrscheinlich bei 10 g
keinen Einfluss mehr haben. Meinen Kranken werde ich entsprechend
dem ärztlichen Codex das Chinin in grossen Dosen geben, mir aber
vorbehalten, es bei mir selbst nur im äussersten Nothfalle anzuwenden."

Zu einer zielbewussten und konsequenten Behandlung der verschiedenen Formen des Malariafiebers in den Tropen gehört eine genaue Kenntniss der Wirkungsweise des einstweilen einzigen unter Umständen specifisch auf die Krankheit einwirkenden Medikaments auf den normalen,
wie auf den malariabehafteten Organismus nicht weniger als die genaue
Kenntniss der verschiedenen Aeusserungen der bestehenden Infektion und
der ursächlichen Parasiten.

Die Einwirkung des Chinins auf den normalen menschlichen Organismus im gemässigten Klima ist mit hinlänglicher Genauigkeit studirt
worden.

Wir wissen, dass unter diesen Umständen grosse Chinindosen ohne
wesentliche dauernde Schädigung vertragen werden, wo nicht, wie nur
in verhältnissmässig sehr seltenen Fällen, eine Idiosynkrasie gegen das
Mittel besteht[6]. Immerhin sind auch im gemässigten Klima und für
den gesunden Organismus Chinindosen von 12 g als direkt lebens-
gefährlich anzusehen. Bailles sah in zwei Fällen nach versehentlicher
Einführung einer solchen Dosis Chinin einmal den Tod eintreten, im
anderen Fall erfolgte, wahrscheinlich in Folge bald nach der Einfuhr
auftretenden heftigen Erbrechens Heilung. Giacomini berichtet von

1) Maclaud, Arch. de méd. nav. Bd. 63. 1895.
2) Hébrard, eod. loc. Bd. 64. 1895.
3) Quennec, eod. loc. Bd. 64. 1895.
4) Vaysse, eod. loc. Bd. 65. 1896.
5) Etterlé, Les maladies de l'Afrique tropicale Cruxelles. 1892. pag. 93.
6. Trousseau et Pidoux, Traité de thérapeutique. II. pag. 457.
Dieselben. Bull. de thérap. LXIII. pag. 254.

Jemand, der aus Versehen 12 g Chinin auf einmal nahm, aber durch Anwendung von Excitantien am Leben erhalten werden konnte, Guersent von einer Dame, welche 41 g Chinin innerhalb weniger Tage nahm, Gesicht, Gehör und Sprache verlor, aber wieder hergestellt wurde. Briquet[1]) erzählt von einem geisteskranken Arzt, welcher 10 bis 12 Tage hindurch ausserordentlich grosse Dosen Chinin zu sich nahm. Nach Verbrauch von 120 g im ganzen erfolgte Tod an Prostration.

Andererseits wird von Stillé[2]) ein Fall angeführt, wo ein Mann in 17 Stunden 25 g Chinin nahm, ohne dass der Tod eintrat und von Clapton ein solcher, wo nach 30 g nur Delirium und Stupor beobachtet wurde.

Wir sind auf die Mittheilungen hin, dass die bezeichneten grossen Chinindosen verschluckt wurden, ohne den Tod herbeizuführen, nicht zu der Annahme berechtigt, dass derartige Chininmengen wirklich in die Cirkulation eingebracht, auch diese Wirkung nicht gehabt hätten. Zwischen beidem ist ein grosser Unterschied. Sehr mit Recht betont Binz[3]) im Hinweis auf die Arbeiten L. Hermann's die Nothwendigkeit, zur Beurtheilung der Grösse der vom Menschen eben noch vertragenen Dosen sich von der erfolgten Resorption des eingeführten Medikaments zu überzeugen. In hohem Maasse hemmend auf dieselbe wirkt jeder katarrhalische Zustand der Magenschleimhaut ein, welcher durch Chinin schon im gemässigten Klima so schnell hervorgerufen wird, und wir dürfen annehmen, dass in den Fällen, wo nach der Einführung kolossaler Chinindosen doch Reconvalescenz eintrat, ein verhältnissmässig grosser Theil des Medikaments den Körper unverdaut mit den Fäces verlassen hat, ein anderer so langsam resorbirt wurde, dass bei der schnellen Wiederausscheidung des Mittels durch die Nieren die jeweilige Concentration der im Kreislauf befindlichen Chininlösung durchaus nicht der durch das Zahlenverhältniss zwischen der eingenommenen Anzahl von Grammen Chinin und der Masse der Blutflüssigkeit ausgedrückten entsprechendes gewesen war. Wir dürfen das um so mehr annehmen, als die Experimente Baccelli's[4]) beweisen, dass bereits sehr kleine Chinindosen, 0,3—0,8 g, durch intravenöse Injektion unzweifelhaft sicher auf einmal in den Kreislauf gebracht, charakteristische Vergiftungserscheinungen, Schwindel, Ohnmacht, kleinen Puls, Ohrensausen und Oppressionsgefühl verursachen.

Viel schwieriger noch als beim Gesunden sind ohne exakte Harnuntersuchungen die Resorptionsverhältnisse des Chinins in den Fällen zu beurtheilen, in denen es sich um einen bereits unter dem Einfluss einer

1) Giacomini cit. von Briquet, Traité thérapeutie du quinquina. pag. 585.

2) Stillé cit. von Roux, Traité pratique des maladies des pays chauds. 1885. pag. 346.

3) Binz, Experimentelle Untersuchungen über das Wesen der Chininwirkung. Berlin 1868.

Derselbe, Chinin in Eulenburg's Realencyklopädie.

Derselbe, Pharmakologische Studien über Chinin. Virch. Arch. 1869. Bd. 46.

Derselbe, Schultze's Archiv für mikroskopische Anatomie. III.

4) Baccelli, Studien über Malaria. Berlin 1895.

zweiten Schädlichkeit stehenden Verdauungstraktus handelt, zumal wenn dieselbe von so ausgesprochener Wirkung auf den letzteren ist, wie gerade die Malaria, bei welcher heftigstes, häufig unstillbares Erbrechen mit Entleerung galliger, alkalisch reagirender Maassen zu den konstantesten Erscheinungen gehört und welche zugleich verhältnissmässig häufig durch Darmkatarrhe komplicirt wird. Unter diesen Umständen sind wir, solange der Beweis der wirklich erfolgten Resorption nicht durch das Ergebniss der chemischen Urinuntersuchung einwandfrei erbracht ist, berechtigt, den Angaben über die Unschädlichkeit so ungeheurer Chininmengen, wie sie Steudel z. B. zur Heilung des perniciösen Fiebers für erforderlich hält, sehr skeptisch gegenüberzustehen, ebenso wie seiner Annahme, dass der malariakranke Organismus weit grössere Chininmengen ohne Schaden zu ertragen im Stande sei als der gesunde.

Es giebt eine Anzahl tropischer Malariaformen, auf welche das Chinin einen günstigen Einfluss nicht ausübt, andererseits vermag in bestimmten Fällen das Chinin den Zustand eines Malariakranken beträchtlich zu verschlimmern.

Wenn Zahl[1] bei perniciöser Malaria 12 g Chinin subkutan ohne jeden Erfolg anwendet, Schellong[2] selbst in einem Fall, wo im Uebereifer 6 g Chinin auf einmal genommen waren, keine Beeinflussung des Fieberanfalls bemerkt, Steudel[3], trotz 10 Tage hindurch täglich gegebener grosser Chinindosen noch Fieber und am 10. Tag den Tod eintreten sieht, in einem anderen von ihm beobachteten Fall nach Verbrauch von 56,6 g Chinin innerhalb 16 Tagen noch hohes Fieber besteht und in einem weiteren Fall das Fieber trotz der Einführung täglicher Dosen von 6—8 g Widerstand leistet — und ähnlichen, wenn auch mit weniger exorbitanten Dosen behandelten Fällen begegnen wir vielfach in der Malarialitteratur —, so muss in der That das unbegrenzte Vertrauen einzelner Autoren in die ganz allgemeine specifische Heilwirkung des Chinins im Malariafieber einigermaassen befremdend erscheinen.

Eine möglicherweise durch eine derartige Chinintherapie hervorgerufene Verschlimmerung des Krankheitsprocesses wird in der betreffenden Litteratur überhaupt kaum in Erwägung gezogen, auch da nicht, wo wenigstens zugegeben wird, dass der erwartete günstige Erfolg ausgeblieben ist. In der That ist die Frage, ob durch Chininanwendung unter Umständen eine bestehende Malaria verschlimmert werden kann, ohne vergleichende Beobachtungen einer grossen Zahl mit und ohne Anwendung des Medikaments behandelter Fälle kaum zu beurtheilen. Im allgemeinen gehen die in Betracht kommenden Autoren über dieselbe ziemlich leicht hinweg, in der Neigung, alle im Verlauf einer Malariaerkrankung auftretenden ungünstigen Erscheinungen dem Krankheitsprocess an sich, alle günstigen dem Chinin zuzuschreiben. Ein brauchbares Beobachtungsmaterial boten mir in der Hinsicht in Kamerun einige im Hospital wegen Fieber behandelte Neger, speciell Sudanesen, welche sehr häufig erkrankten, aber stets, soweit es sich nicht um pneu-

---

1) Schellong, Klimatologie der Tropen pag. 91.
2) Derselbe, Die Klimatologie der Tropen. Berlin 1891. pag. 19.
3) Steudel, l. c.

monische Komplikationen handelte, an einfachen, mehr oder weniger
typisch verlaufenden Intermittenten. Günstig für die in Frage stehenden Versuche, die ich zur Prüfung der Chininwirkung auf der Höhe des
Malariaanfalls einleitete, war es, dass bei den Fiebern der Neger im
Gegensatz zu denen der Europäer die gastrischen Erscheinungen in den
weitaus meisten Fällen völlig in den Hintergrund traten, dass ich dementsprechend erwarten durfte, bei zweckentsprechender Auswahl der Fälle
eine völlige resp. fast völlige Resorption des eingeführten Chinins zu erhalten. Andererseits war bei ihnen die Gefahr des Eintretens hämoglo-
binurischer Erscheinungen als Folge der Chininwirkung bei deren seltenem
Vorkommen beim Neger überhaupt lange nicht in dem Maasse wie beim
Europäer vorhanden.

1. 7. Juni '94. Osman Ali ca. 8 Wochen in Kamerun. Ca. 30 jähriger, kräftig
gebauter Sudanese. Seit gestern erkrankt. 5 Stunden anhaltender typischer Malariaanfall. Wiederholt sich heute um 9 Uhr a. m. Frost. Beklemmung auf der Brust geklagt.
Milz erreicht den Rippenbogen, auf Druck nicht schmerzhaft. Keine Uebelkeit. Kein
Erbrechen. Auf den kurzdauernden Frost folgt lebhaftes Hitzegefühl mit starkem
Durst. 10 a. m. Temperatur 40,5⁰. Patient erhält 3 g Chin. mur. in wässriger Lösung.
¹/₄ stündlich 20 Tropfen Acid. mur. dil. in Wasser. Nach ¹/₂ Stunde klagt Patient
über Kopfschmerzen und Ohrensausen. Temperatur 40,3⁰, leichter Schweiss. Er-
scheinungen halten an. 12 M. Temperatur 39,8⁰. Patient erhält abermals 3 g Chinin
gelöst in Wasser. Acid. mur. wie vorher. 2 Stunden nach dieser Gabe nehmen die
Intoxikationserscheinungen schnell zu. 2 p. m. Patient schreit, klagt laut über unerträgliche Kopfschmerzen und Ohrensausen, Puls 116, leicht unterdrückbar. Der
Kranke ist sehr unruhig und zittert am ganzen Körper. Der Urin zeigt eine geringe
Eiweisstrübung. Temperatur steigt auf 40,2⁰, 4 p. m. 39,1⁰. 10 p. m. 38,3⁰. Die
Erscheinungen lassen allmälig nach, das Ohrensausen hält bis Mittag des 8. Juni 94
an. Kein Anfall in den nächsten 3 Tagen. Entlassung 11. Juni.

2. 7. Juni 94. Abdullah bin Ibrahim ca. 26 jähriger kräftiger Sudanese. Quotidiana seit 2 Tagen. Temperatur beim Eintritt in das Hospital 7 a. m. 40,1⁰. Anfall
hat angeblich vor einer Stunde mit Frostgefühl eingesetzt. Zur Zeit Haut glühend
heiss, trocken. Milz unter dem Rippenbogen fühlbar, auf Druck etwas empfindlich. Kein
Erbrechen, keine Uebelkeit. Patient giebt an, seit 14 Stunden nichts gegessen zu haben.
Im Blut melaninhaltige, grosse Amöben. 12 M. Patient erhält 2 g Chinin in Pulver
in Cigarettenpapier. Dann wiederholtes Trinken von Salzsäurelösung. Sehr bald
darauf leichter Kopfschmerz, Ohrensausen und Zittern der Hände. Temperatur 40,0⁰.
Nach 1 Stunde wieder 2 g Chinin. Die Erscheinungen nehmen zu. 2 p. m. Temperatur 39,5⁰. Puls 110. Patient erhält abermals 2 g Chinin. Nach ¹/₄ Stunde lebhaftes Erbrechen. Schweissausbruch. Kleiner frequenter (134) Puls. Urin eiweissfrei. Patient fühlt sich äusserst matt. Die Temperatur fällt schnell, erreicht 5 p. m.
35,9⁰. Sehr starkes Schwitzen. Der Kranke klagt über heftige Beklemmung auf
der Brust. Deutliches Intentionszittern. Urin eiweissfrei. Am folgenden Tage fühlt
der Kranke sich wohl, ist noch fast völlig taub, hört noch 2 Tage lang schwer.
Nächster Anfall 11. Juni.

3. Osman Mohammed Tschausch, ca. 33 Jahr. 10. Juni wegen Fieber ins
Hospital gebracht. Dasselbe besteht angeblich seit einer Woche, ist jeden zweiten

Tag aufgetreten. Im Blut zahlreiche grosse pigmentirte, vereinzelte kleine Amöben. 8 a. m. Temperatur 40,5°. Haut trocken. Milz unter dem Rippenbogen deutlich fühlbar. Patient klagt über lebhaften Kopfschmerz. Kein Erbrechen. Keine Uebelkeit. Hat angeblich seit gestern Abend nichts gegessen. 8¹/₂ a. m. 3 g Chinin. 9¹/₄ Patient klagt über Ohrensausen und Mattigkeit. Temperatur 39,9°. Puls 120, klein, kein Schweiss. Kein Erbrechen. Hustenreiz. Patient erhält abermals 3 g Chinin und Acid. muriat.-Lösung. Nach ca. ¹/₂ Stunde klagt er über Zittern der Hände und zunehmende Kopfschmerzen. Macht einen leicht soporösen Eindruck. Temperatur 40,0°. Puls klein, 122. Patient erhält 2 Aetherinjektionen. Nachmittags ist er noch unbesinnlich, fast völlig taub und sehr matt. Der Urin enthält Spur von Eiweiss. Entfieberung unter starkem Schweissausbruch ca. 5 p. m. Ohrensausen und Schwerhörigkeit bestehen noch am nächsten Morgen. Am nächsten Mittag abermaliger heftiger Malariaanfall, der bei symptomatischer Behandlung innerhalb 7 Stunden abläuft. Nach der Entfieberung erhält der Kranke 1 g Chinin. Am nächsten Morgen nach 10 Stunden wieder 1 g. Ein weiterer Anfall erfolgt nicht.

4. Osman Kaliga ca. 30jähriger, kräftiger Sudanese. 15. Juni. Wegen Quotidiana ins Hospital aufgenommen. Angeblich seit vorgestern krank. Täglich gegen Mittag Fieber. 1 p. m. Frost. Temperatur 39,7°. Milz auf Druck empfindlich. Oppressionsgefühl auf der Brust. Trockner Husten. Keine objektiv nachweisbaren Veränderungen bis auf geringes Rasseln über den abhängigen Lungentheilen. Patient erhält 2¹/₂ g Chinin in Wasser gelöst. Acid. muriat.-Lösung nachgetrunken. Nach ¹/₂ Stunde klagt Patient über Benommenheit im Kopf und Taubheit. Puls voll, 100. Sensorium nicht getrübt. Temperatur 40,2°. Um 2 p. m. erhält Patient noch 2 g Chinin in derselben Form. Nach einer Stunde fühlt Patient sich sehr schlecht, mehrmaliges Uebergeben, Zittern der Hände. Klagt über Seh- und Gehörstörungen. Urin eiweissfrei. Temperatur 39,1°. Puls 105, mässig voll. 8 Uhr Abends kann Patient noch kaum seine Landsleute verstehen. Puls 90, kräftiger. Urin eiweissfrei. Temperatur 36,5°. Am nächsten Tag noch kleiner Anfall von 38,9°. Die Beschwerden des Kranken sind bis auf hochgradige Schwerhörigkeit verschwunden. Letztere ist noch nach zwei Tagen vorhanden.

5. Peter. Crujunge, kräftig, ca. 26 Jahr alt. 15. Juli 94 Morgens 7 Uhr. Seit heute Morgen am Fieber erkrankt. Frost. Temperatur 40,1°. Milz empfindlich. Kopfschmerzen. Keine Brechneigung. Patient erhält 3 g Chinin in wässriger Lösung. Nach ca. ¹/₂ Stunde klagt er über Zittern der Hände, heftiges Ohrensausen und vermehrten Hustenreiz. Temperatur 39,9°. Puls 100, ziemlich voll. Milz auf Druck empfindlich. 9 a. m. Temperatur 39,0°. Haut glühend heiss, trocken, kein Erbrechen, lebhafter Durst. Erhält 2 g Chinin. Die Beschwerden des Kranken vermehren sich schnell. Klagt über Kopfschmerzen und unerträgliches Sausen in den Ohren. Heftiger Schweissausbruch. Sehr verstärktes Zittern der Hände, so dass der Kranke nichts festhalten kann. Puls stark beschleunigt, 110, Temperatur 12 m. 40,0°. Im Urin etwas Eiweiss. Patient erhält 75 ccm Rum, stündlich 0,05 Coffein, erholt sich langsam. Kein Recidiv.

Bei den theilweise schweren Erscheinungen einzelner der während des Fiebers mit grösseren Chinindosen, welche mit Sicherheit ganz oder fast ganz resorbirt waren, behandelten Neger schien es mir nicht gerechtfertigt, diese Art der Behandlung weiter fortzusetzen. Eine Verwechs-

lung der Chininerscheinungen mit Malariaerscheinungen war hier völlig
auszuschliessen beim Vergleich mit den sehr zahlreichen anders behandelten Fieberfällen. Das übereinstimmende Resultat war, dass im
Falle wirklich erfolgter Resorption 5—6 g Chinin auf der Höhe des
Fiebers in kurzen Zwischenräumen gegeben auch beim kräftigen Menschen eine beträchtliche Herabsetzung der Herzthätigkeit, des Nervensystems und des Allgemeinbefindens hervorrufen.

Aber nicht allein durch Beeinträchtigung der Herzthätigkeit und des
Nervensystems wirkte das Chinin auf der Höhe des Anfalls schädlich,
sondern auch durch seine Einwirkung auf die Nieren. Seine Ausscheidung im Fieberurin rief sehr wahrscheinlich die leichte Albuminurie
hervor, welche in 3 der beobachteten 5 Fälle auftrat und welche ausser
beim Schwarzwasserfieber zu den seltenen Erscheinungen bei der Kamerunmalaria gehört.

Beim Europäer sind an der Westküste von praktischer Bedeutung
von den Nebenwirkungen des Chinins ausser den in allen Klimaten beobachteten Gehör- und Sehstörungen, die Chininhämoglobinurie und
das Chininfieber.

Dass durch Chinin Hämoglobinurie resp. hämoglobinurisches Fieber
hervorgerufen werden kann, wurde ziemlich zu gleicher Zeit und zwar
zuerst von griechischen und italienischen Forschern behauptet.

1888 veröffentlichten Karamitsas[1] und Pampoukis[2] Beobachtungen über das Auftreten von Hämoglobinurie nach Chiningebrauch.
Bestätigung fanden diese Angaben durch Chromatianos, Tomaselli[3], Spiridion Canellis[4] und P. Muscato[5]. Von anderen
Autoren, namentlich aus den Tropen, ist das meines Wissens bis in
die neueste Zeit hinein nicht der Fall gewesen; Clarac[6], bildet die
vielleicht einzige Ausnahme. Sie sind trotz ihrer hervorragenden praktischen Bedeutung kaum von einem der medicinischen Autoren der
Tropen entsprechend gewürdigt worden. Laveran[7] sagt ausdrücklich, dass er solche Erscheinungen bei den von ihm verordneten Dosen
— höchstens 3 g im Tage — in Algier nie gesehen habe. Es scheint
in der That, dass in verschiedenen Gegenden der Erde die Widerstandsfähigkeit des Körpers gegen das Chinin eine sehr verschiedene ist, und
dass an einigen die Blutkörper unter dem Einfluss sehr mannigfacher und
uns theilweis noch ganz unbekannter Schädlichkeiten auf die Einwirkung

1) Karamitsas, Bullet. général de thérap. 1879. T. XCVII. pag. 150.
2) Pampoukis, Étude clinique sur les fièvres de la Grèce. Paris 1885.
3) Tomaselli, 2. Congress der italienischen Gesellschaft für innere Medicin
in Rom 1888.
Derselbe, La intossicatione chinica e l'infezione malarica. Memor. lett. alla
academia giorn. Seduta. 15. März 1874.
4) Spiridion Canellis, Arch. de méd. nav. 1884.
5) Muscato, Sur l'hémoglobinurie paroxystique par la quinine. Gaz. degli
Ospedali. 1890.
6) Clarac. Deux cas d'hémoglobinurie quinique. Arch. de méd. nav. 1896.
Bd. 5.
7) Laveran, Le paludisme et son hématozoaire. pag. 197.

des Malariavirus oder anorganischer Gifte, namentlich aber wenn beide gemeinsam einwirken, eine besondere Neigung zum Zerfall haben. Kamerun, wo sich unter dem Einfluss des Klimas und der häufigen Fiebererkrankungen bei jedem Europäer nach verhältnissmässig kurzdauerndem Aufenthalt ein Zustand mehr oder weniger hochgradiger Anämie ausbildet, ist ein besonders dazu geeigneter Ort im Gegensatz zu anderen Malariagegenden, wie Russland, Algier und Englisch Indien, wo diese Erscheinungen anscheinend an praktischer Bedeutung durchaus zurücktreten. Auch im ostafrikanischen von dem kameruner wesentlich abweichenden Klima sind die Gefahren grosser, lange fortgesetzter und zur unrechten Zeit gegebener Chiningaben im allgemeinen wesentlich geringer als an der Westküste.

Dass Chiningebrauch und zwar keineswegs in besonders grossen Dosen häufig Blutharnen hervorruft, war schon bei den Laien in Kamerun, als ich meine ärztliche Thätigkeit dort antrat, eine allgemein verbreitete Ueberzeugung. Einige der dort ansässigen Faktoristen weigerten sich auf das bestimmteste Chinin zu nehmen, da dasselbe jedesmal bei ihnen Schwarzwasserfieber hervorrufe, und die im Lauf der Zeit von mir gesammelten Erfahrungen bestätigten diese Beobachtung durchaus. Von den 45 von mir in Kamerun beobachteten Fällen von hämoglobinurischem Fieber sind 24 mit Sicherheit wenige Stunden nach der Einführung von Chinin aufgetreten, meist auf der Höhe der Chininwirkung. Unter den von meinem Nachfolger in Kamerun beobachteten 55 Fällen von Schwarzwasserfieber wurden 48 mal die Attacken direkt durch Chinin ausgelöst[2]).

Meist brach die Hämoglobinurie auf der Höhe der Chininwirkung bei gleichzeitigem Bestehen der charakteristischen Erscheinungen der Chininisirung aus, 2—4 Stunden nach der Aufnahme, in selteneren Fällen, wahrscheinlich in Folge verlangsamter Resorption später, bis 10 Stunden nachher.

Die Erscheinungen des hämoglobinurischen Fiebers unterschieden sich in diesen Fällen in nichts von denen des spontan entstandenen Schwarzwasserfiebers. Die Dauer des Fiebers war, wie auch bei diesen in den weitaus meisten Fällen bei entsprechender Behandlung kurz, der Fiebertypus intermittirend, die Urinfärbung schwankte von portweinroth bis zu tiefem Schwarzroth, der Eiweissgehalt als Ausdruck für die bestehende Nierenreizung war stets bei den schweren Fällen beträchtlich und überdauerte das hämoglobinurische Stadium um wenige Stunden bis einige Tage.

Die Zahl der Fälle, wo in zweifelloser Weise ein zeitlicher Zusammenhang zwischen der Chinineinfuhr und dem Ausbruch des hämoglobinurischen Fiebers nachweisbar war, ist zu gross, um an einem ursächlichen Zusammenhang zwischen beiden zu zweifeln. Auch sprechen die Beobachtungen von paroxysmatischer Hämoglobinurie ohne irgend wesentliche Fiebererscheinungen, welche im Anschluss an Chiningebrauch auftreten, zu deutlich für einen solchen. Auffällig muss es erscheinen,

1) A. Plehn, Beiträge zur Kenntniss von Verlauf und Behandlung der tropischen Malaria in Kamerun, S. 22.

dass die Aufmerksamkeit der Aerzte in den Tropen sich bisher dieser Erscheinung fast gar nicht zugewendet hat.

Immerhin finden sich auch in den von anderer Seite aus anderen Theilen der Tropen veröffentlichten Krankengeschichten genügende Anhaltspunkte für die Annahme, dass nicht allein in Kamerun ein solcher ätiologischer Zusammenhang zwischen Chininwirkung und Hämoglobinurie existirt.

So berichtet Schellong[1] von dem Fall XIII. seiner Krankheitsgeschichten, dass ein einfacher protrahirter Paroxysmus vorangegangen sei. Der Kranke habe am Abend desselben Tages 1, am nächsten Tage 1,5 g Chinin erhalten. Am Abend habe er „trotz" lebhafter Chinineinwirkung einen neuen Paroxysmus gehabt, in dem er blutigen Urin entleert haben will. Ikterus schliesst sich an.

Fall XIV. bei demselben Autor: Morgens 1,25 g Chinin prophylaktisch genommen, trotzdem Anfall, der bis zum Abend vollständig abläuft. Am nächsten Morgen bei normaler Temperatur 1,25 g Chinin. „Trotz" ausgesprochener Chininwirkung erneuert sich Mittags der Anfall mit grosser Heftigkeit, stürmischem Erbrechen und blutigem Urin. Es folgt eine sehr schwere Erkrankung.

In Fall XI. Tags vorher ein einfacher Anfall. Früh am folgenden Tag wird bei normalem Befinden 1,5 g Chinin gegeben. „Trotzdem" erfolgt Mittags ein Paroxysmus, der sich in 2 Stunden abspielt. Unmittelbar darauf wird Hämoglobin im Urin bemerkt. Der Kranke erhält 1 g, um 5 p. m. 1,5 g Chinin. Nichts desto weniger erfolgt abends wieder ein Paroxysmus mit heftigem Schüttelfrost, der wieder nach wenigen Stunden sein Ende erreicht. Ueber den Urin ist leider nichts gesagt.

Von dem IX. Fall sagt Schellong nur, dass der mit Schwarzwasserfieber und komatösen Erscheinungen erkrankte Patient die ärztliche Behandlung abgelehnt habe, weil er gemeint, seine Krankheit von dem früher genommenen Chinin herleiten zu sollen.

Bei den von Bérenger-Ferraud[2] angeführten Krankengeschichten, finden sich in der Hinsicht verwendbare Angaben nur sehr spärlich. Immerhin giebt der pag. 365 beschriebene Fall, wo seit 7 Tagen kein Fieber bestand, wo hämaturisches Fieber aber auf Mittag des Tages ausbrach, an dem Morgens 1 g Chinin gegeben war, zu der Annahme Anlass, dass es sich hier um Chininwirkung gehandelt habe. Auch im Fall XI. pag. 369 ging Chiningebrauch dem Ausbruch der Krankheit unmittelbar voraus.

Unter den von Steudel[3] beschriebenen Fällen befinden sich mehrere, die den Verdacht erwecken, dass das Chinin bei ihrem Zustandekommen eine beträchtliche Rolle gespielt habe.

---

1) Schellong, Die Malariakrankheiten unter specieller Berücksichtigung tropenklimatischer Gesichtspunkte.

2) Bérenger-Ferraud, De la fièvre bilieuse mélanurique.

3) Steudel, l. c.

Fälle unzweifelhafter Chinin-Hämoglobinurie sind kürzlich von Clarac[1]
und Dumas[2] eingehend beschrieben worden.

Eine andere, schon seit längerer Zeit bekannte, in ihrer Bedeutung
in den Tropen aber lange nicht genügend gewürdigte Wirkung des Chinins
besteht darin, unter gewissen Umständen Fieber zu verursachen und bei
fortgesetztem Gebrauch zu unterhalten.

Ich halte es für sehr wahrscheinlich, dass in einer grossen Zahl von
Fällen, in welchen angeblich das Chinin die Malariaparasiten nicht getödtet hat, weil das Fieber trotz fortgesetzter reichlicher Chininzufuhr
immer weiter fortbesteht, es sich überhaupt gar nicht mehr um ein Fortdauern des Malariafiebers, sondern um ein artificielles Chininfieber gehandelt hat.

An der Thatsache, dass durch Chinin Fieber hervorgerufen werden
kann, ist schon nach den in malariafreien Gegenden gemachten Erfahrungen gar nicht zu zweifeln. Die Beobachtungen von Karamitsas[3],
Bretonneau[4], Peters[5], Pflüger[6], Herrlich[7] beweisen das hinreichend.

Viel häufiger als in Europa tritt diese Chininwirkung bei ohnehin
geschwächten Individuen in Malariagegenden hervor. Hier ist sie gewiss
bei der ausserordentlichen Aehnlichkeit der Erscheinungen sehr häufig
als Malariawirkung aufgefasst worden und hat vielfache Missgriffe in der
Behandlung zur Folge gehabt, welche bei Kenntniss und Würdigung der
diagnostischen Bedeutung der Blutuntersuchung gerade in diesen Fällen
vermieden worden wären.

Dass es sich beim Chininfieber in allen Fällen nicht um ein Auf-
rütteln der Malariakeime handelt, wie es Tommaselli[8] und nach
ihm Steudel[9] annimmt, geht schon daraus hervor, dass dasselbe
auch bei Individuen auftritt, die gar nicht an Malaria leiden und nie
daran gelitten haben. Auch die Leichtenstern'sche Hypothese[10],
der zu Folge das Chinin unter Umständen einen besonderen temperatur-
erhöhenden Einfluss auf die Wärmecentren ausüben soll, ist zum mindesten schwer beweisbar. Ich glaube diese Erscheinung als direkte
Wirkung des Chinins auf das Blut ansehen zu müssen.

Unter dem Einfluss des Chinins geht bei einzelnen, namentlich solchen
Individuen, deren Blutzusammensetzung bereits unter anderweiten Schädlichkeiten gelitten hat, (und unter diesen spielt die Malaria wieder ihrerseits eine Hauptrolle), ein Blutzerfall vor sich, der sich in den leichtesten

1) Clarac, Arch. de méd. nav. 1897. No. 65.
2) Dumas, Arch. de méd. nav. 1897. No. 67.
3) Karamitsas, l. c.
4) Bretonneau, Journ. des connaiss. méd.-chir. Paris 1833. I. pag. 136.
5) Peters, The Lancet. 1889. 5. Oct. pag. 727.
6) Pflüger, Berl. klin. Wochenschr. 1878. pag. 547.
7) Herrlich, Charité-Annalen. 1885. Bd. X. pag. 332.
8) Tommaselli, Semaine médicale. 1888.
9. Steudel, l. c.
10) Lewin, Nebenwirkungen der Arzneimittel. pag. 477.

Fällen äusserlich gar nicht bemerkbar zu machen braucht, wenn er höhere Grade erreicht, Fieber mit Hämoglobinämie und in schweren Fällen Fieber mit Hämoglobinurie hervorzurufen vermag.

Dieser Blutzerfall kann sogar von wesentlicher Bedeutung für die Heilung des Malariaprocesses sein, insofern die in ihrer Widerstandsfähigkeit durch den Einfluss der Malariaparasiten geschwächten Blutkörper und mit ihnen die in ihnen enthaltenen Parasiten zu Grunde gehen.

In Kamerun begegnet man ziemlich häufig der Klage von Kranken, dass sie, obwohl sie seit acht oder mehr Tagen täglich 1 bis 2 mal eine Dosis Chinin nähmen, „ihr Fieber" durchaus nicht loswerden könnten. Dasselbe träte mehr oder weniger regelmässig zu bestimmten Tageszeiten, meist ziemlich bald nach Einführung einer Dosis Chinin ein, erreiche selten eine beträchtliche Höhe, sondern schwanke — soweit Messungen vorgenommen wurden — zwischen 38 und 39° einige Stunden lang, um dann unter mässiger Schweissentwicklung wieder abzufallen. Kopfschmerzen, charakteristische Erscheinungen von Chininintoxikation, wie Ohrensausen, Schwerhörigkeit und Zittern der Hände stehen im Vordergrund der subjektiven Klagen. Das Anhalten der Erscheinungen, das die Kranken fast stets auf Malaria beziehen, bringt sie nicht selten fast zur Verzweiflung und veranlasst sie, immer grössere Dosen Chinin einzuführen, bis ihnen das durch die allmähliche Zerrüttung der Magenfunktion und des Nervensystems unmöglich wird und sie den Arzt aufsuchen.

In derartigen von mir untersuchten Fällen war der Blutbefund bezüglich aktiv parasitärer amöboider Parasiten durchaus negativ, in zwei Fällen fand ich Halbmondformen, welche auf das Zustandekommen dieses Zustands keinen Einfluss haben konnten. Es bestand mehr oder weniger hochgradige Anämie und Schwerhörigkeit, so dass einige der Kranken das Ticken einer dicht an das Ohr gehaltenen Uhr überhaupt nicht mehr zu vernehmen im Stande waren, dick belegte Zunge, gänzliche Appetitlosigkeit, häufig leichte Diarrhöe, deutliches Zittern der Hände, grosse nervöse Reizbarkeit.

Durch veränderte Behandlung, die in Darreichung von Eisenpräparaten, Arsenik, Jodkali und Narkoticis, reichlicher Zufuhr von Milch, Eiern und Porter, sowie in vorsichtig applicirten Heissluftbädern nach dem Naunyn'schen Princip bei völliger Entziehung des Chinins bestand, gelang es meist nach 1—2 Tagen das Fieber völlig zum Schwinden zu bringen. Die Erscheinungen hochgradiger Anämie und Gastritis bedurften meist weit längerer Behandlungszeit bis zur gänzlichen Beseitigung.

Ein paar charakteristische Krankengeschichten mögen das Gesagte veranschaulichen:

1. k., 22 Jahre alt. Schwedischer Clark. Seit 6 Monaten in Kamerun. Hat viel an Fieber gelitten, im Anfang wöchentlich 2 mal je 1 g, seit 10 Tagen täglich 1 bis 2 g Chinin genommen.

19. Juni 93. Erste Consultation. K. klagt, seit mehreren Wochen an hochgradiger Nervosität, Appetitlosigkeit und Schwäche zu leiden. Ausserdem bestehe Ohrensausen und Flimmern vor den Augen.

Temperatur 39,5°. Puls sehr weich, 87.

Haut und sichtbare Schleimhäute sehr blass, Zunge dick weiss belegt. Brustorgane bis auf ein als anämisches gedeutetes schwaches systolisches Geräusch über der Herzspitze normal. Abdomen in toto etwas empfindlich. Milz überragt den Rippenrand um 1 Querfinger. Lebhaftes Zittern der ausgespreizten Finger.

Augenspiegeluntersuchung ergiebt bis auf sehr geringen Füllungszustand der Gefässe am Augenhintergrund keine Abnormität. Eine Beschränkung des Gesichtsfeldes besteht nicht.

Die Blutuntersuchung ergiebt 2648000 rothe, 6700 weisse Blutkörper, trotz mehrfacher Untersuchung keine Malariaparasiten.

Trotzdem wird mit Rücksicht auf die erhöhte Temperatur und die Milzschwellung Malaria angenommen und der Kranke erhält während der folgenden Tage täglich 2—2½ g Chinin.

Eine Besserung tritt nicht ein. Die Temperaturen steigen (cf. Curve) auf 38,7°, 39,6°, 38,8°, 39,5°. Anämie, Appetitlosigkeit und Nervosität halten unverändert an.

Fig. 38.

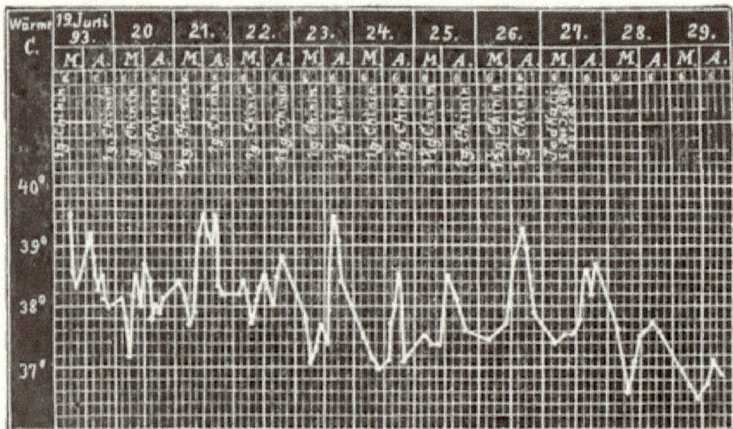

Die Blutuntersuchung am 24. Juni ergiebt 2246000 rothe, 6500 weisse Blutkörper, 54 pCt. Hämoglobin, keine Blutparasiten. Milz unter dem Rippenbogen deutlich fühlbar, auf Druck schmerzhaft.

Die Chininmedikation wird bis zum 26. Juni Abends fortgesetzt.

Die Schwerhörigkeit hat derartig zugenommen, dass man den Kranken laut ansprechen muss, um sich ihm verständlich zu machen. Klagt, dass ihm häufig schwarz vor den Augen werde und beständig vor den Augen flimmere. Die Temperaturacerbationen liegen zwischen 38 und 39°, erreichen am 26. Juni 39,3°. Puls klein, beschleunigt. Uria eiweissfrei.

Die Blutuntersuchung ergiebt 2160000 rothe, 7100 weisse Blutkörper, 49 pCt. Hämoglobin, keine Parasiten.

27. Juni. Da sich eine günstige Einwirkung des Chinins auf den Verlauf der Krankheit nicht feststellen lässt, wird von dessen weiterer Anwendung vollkommen

abgesehen. Ausschliessliche Verwendung einer Jodkali-Lösung 5 : 200 3mal täglich 1 Esslöffel, und von Stomachika, Condurango, Salzsäure und Strychnin. Strenge Diät. Die Temperatur steigt am ersten Tage noch auf 38,7 ^{0}, um in den folgenden Tagen ganz normal zu werden. Anämie und Magenkatarrh halten noch längere Zeit an, das Ohrensausen und die Schwerhörigkeit sowie die Sehstörungen bessern sich langsam, Tremor geringen Grades ist noch am 7. Juli nachweisbar.

8. Juli wird K. als wesentlich gebessert aus der Behandlung entlassen mit der Weisung Eisen, Arsen und kräftige Diät noch einige Wochen lang anzuwenden.

2. W., Missionar, 26 Jahre alt, 14 Monate an der Westküste, 5 Monate in Kamerun. Hat viel an Fiebern, meist leichten gelitten.

18. August 95. Klagt, dass er trotz reichlicher Chininmengen, die er seit seinem Eintreffen in Kamerun regelmässig zu sich nehme, seit 8—10 Tagen sein Fieber nicht los werden könne. Dasselbe tritt angeblich täglich mit Kopfschmerzen und heftigem Schwitzen auf. Er hat seine Temperatur genau beobachtet, die vorgelegten Notizen ermöglichen die Construktion der beigefügten Temperaturkurve. Die täglich eingenommene Chinindose betrug 2—4 g. Es besteht Ohrensausen und hochgradige Reizbarkeit. Die Nächte sind völlig schlaflos. Schwindel und Ohnmachtsanwandlungen namentlich bei schnellem Aufrichten nach Bücken sowie Morgens im Bett.

Fig. 39.

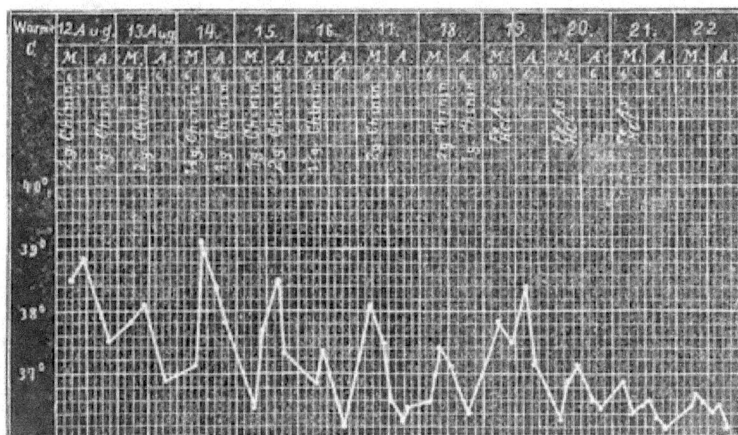

Die Gefässe am Augenhintergrund sehr stark kontrahirt. Die perimetrische Untersuchung ergiebt den völligen Ausfall des oberen nasalwärts gelegenen Gesichtsfeldquadranten.

Wachsbleiches Kolorit. Blasse Schleimhäute. Brustorgane normal. Milz eben unter dem Rippenbogen fühlbar, etwas auf Druck empfindlich.

Blut enthält 2980000 rothe, 7200 weisse Blutkörper, 54 pCt. Hämoglobin nach Fleischl, keine Parasiten trotz mehrmaliger Untersuchung.

Chinin wird ausgesetzt. Eisen. Arsen. Salzsäure 3mal 15 Tropfen täglich vor dem Essen. Dazu reichliche, leichtverdauliche Diät verordnet. Täglich eine Flasche Burgunder.

19. August. Die Temperatur steigt Nachmittags auf 38,4°, ohne dass der Kranke subjektive Beschwerden hätte. Taubheitsgefühl und Nervosität kaum verändert. Appetit gering. Hochgradige Schwäche.

20. August Die Temperatur ist den ganzen Tag über normal geblieben. Appetit etwas besser. Sonstige Erscheinungen ziemlich unverändert.

21. August. Temperatur normal. Appetit und Gehör bessern sich langsam.

Während weiterer 8tägiger Behandlung tritt eine Temperaturerhöhung nicht mehr bei dem Kranken ein.

29. August wird derselbe auf seinen Wunsch als wesentlich gebessert entlassen.

Haut noch sehr blass, innere Organe ohne nachweisbare Veränderungen. Milz nicht mehr palpabel, nicht schmerzhaft.

Der Defekt im Gesichtsfeld besteht unverändert bei der Entlassung. Gefässe des Augenhintergrundes stark verengt. Pupille sehr blass.

Blut: 4086000 rothe, 7900 weisse Blutkörper, 79 pCt. Hämoglobin, keine Parasiten. Langsame ununterbrochene Rekonvalescenz.

Nach ½ Jahre hatte ich Gelegenheit den Kranken wieder zu untersuchen. Augenhintergrund wie Sehvermögen erwiesen sich völlig normal.

3. K., Quaiarbeiter, 30 Jahre alt. 7 Monate in Kamerun. Hat angeblich viel an leichten, bisher nicht an schweren Fiebern gelitten, sehr viel Chinin gebraucht. Angeblich seit 3 Wochen jeden zweiten Tag 1 g. Seit drei Tagen täglich 2—2½ g.

15. April 93. K. klagt über täglich sich einstellendes Fieber, gegen das er mit Chinin nichts ausrichten könne. Er fühle sich matt und unbehaglich, habe gar keinen Appetit, friere fast beständig. Dazu bestehe dumpfer, vorzugsweise linksseitiger Kopfschmerz. Seit 2 Tagen habe sich Flimmern vor den Augen eingestellt. Namentlich bei intensivem Sonnenlicht sei es ihm schwer, Gegenstände in der Ferne deutlich zu erkennen.

Die objektive Untersuchung ergiebt hochgradige Blässe der Haut und der sichtbaren Schleimhäute. Brustorgane normal. Milzgegend auf Druck leicht empfindlich. Milz unter dem Rippenbogen fühlbar.

Gefässe des Augenhintergrundes sehr stark kontrahirt, Pupille blass. Eine Gesichtsfeldbeschränkung ist perimetrisch nicht nachweisbar.

Starker Tremor der gespreizt gehaltenen Finger.

Die Blutuntersuchung ergiebt 3542000 rothe, 8400 weisse Zellen, 61 pCt. Hämoglobingehalt (nach Fleischl). Keine Malariaparasiten nachweisbar.

Temperatur 37,5°. Puls ziemlich voll, 80. Gegen 9 p. m. steigt die Temperatur auf 39,1°.

Keinerlei subjective Beschwerden. Der Kranke hat vom Bestehen der Temperaturerhöhung keine Ahnung. Nach der Entfieberung erhält er 1 g Chinin.

16. Mai. Die Nacht verläuft unruhig. Die Temperatur steigt im Lauf des Tages ohne wesentliche subjektive Erscheinungen über 38°. Fast völlige Appetitlosigkeit. Hochgradige Schwäche. Patient erhält im Lauf des Tages 2 g Chinin.

19. Mai. Zustand unverändert. Zunge dick belegt. Hochgradige Schwäche. Im Blut keine Parasiten. Milz nicht mehr palpabel. Täglich 2 g Chinin.

22. Mai. Keine wesentliche Aenderung. Die unregelmässigen Temperaturerhebungen halten an. Das Allgemeinbefinden verschlechtert sich. Es besteht hochgradige Schwerhörigkeit.

Im Blut keine Parasiten. Die Zahl der rothen Blutkörper ist auf 3456000 gesunken, 59 pCt. Hämoglobin.

Das Chinin wird ausgesetzt. Täglich Strychn. nitr. und Arsen gegeben.

Am 23., 24., 25. Mai steigt die Temperatur noch über 38°, doch lassen die subjektiven Beschwerden nach.

27. Mai. Der Kranke fühlt sich noch sehr schwach. Ohrensausen und Schwerhörigkeit nur noch gering. Es besteht noch starkes Zittern der Hände. Die Temperatur ist seit gestern normal und bleibt so in der Folge. Langsame aber völlige und ununterbrochene Rekonvalescenz.

3. Juni. Geheilt aus der Behandlung entlassen.

4. R., 27 Jahre alt, englischer Faktorist. Seit 2 Jahren in Kamerun. Hat vielfach und schwer an Malaria gelitten, in letzter Zeit sehr viel Chinin dagegen gebraucht. Klagt, dass er seit 4—5 Tagen, obwohl er täglich 50—60 gran (3—3,6 g) nähme, das Fieber nicht vertreiben könne. Die Temperatur steige täglich unter Hitzegefühl und Kopfschmerz auf ca. 39°. Dabei bestehe bei ihm hochgradige Schwerhörigkeit, fast völlige Schlaflosigkeit, Appetitmangel und so grosse Nervosität, dass er häufig bei dem geringsten Anlass in Thränen ausbräche. K. bezieht seine ganzen Beschwerden auf Fieber und fragt, ob er das Chinin in grösseren als den bisherigen Dosen anwenden solle.

Die objektive Untersuchung ergab am 4. August 94 bis auf starke Blässe der Haut und der Schleimhäute, sowie leichten Tremor der Hände nichts Abnormes. Temperatur 36,8°. Brust- und Abdominalorgane ohne nachweisbare Veränderungen. Auf 5 cm hört der Kranke das Ticken einer Taschenuhr.

Die Blutuntersuchung ergiebt 4026000 rothe, 6800 weisse Blutkörper, 76 pCt. Hämoglobin, keine Blutparasiten.

Auf diesen Befund hin wird sogleich der Chiningebrauch ausgesetzt. Die Behandlung besteht in vorsichtig angewandten Schwitzbädern, Jodeisen, roborirender Diät, namentlich schwerem Rothwein und Stomachicis. Condurango. Tinct. amar. Salzsäure. Abend 2 g Chloralhydrat.

Am nächsten Tage ist die Temperatur zum Erstaunen des Kranken völlig normal. Langsame Reconvalescenz.

Die nervöse Unruhe schwindet, so dass vom 8. August mit dem Chloral ausgesetzt wird.

16. August 94. Patient hat kein Fieber mehr gehabt. Fühlt sich wohl und wünscht seine Entlassung.

Die Untersuchung der Brust- und Bauchorgane ergiebt normale Verhältnisse.

Die Blutuntersuchung ergiebt 4821000 rothe, 7100 weisse Blutkörper, 85 pCt. Hämoglobin.

Dass nicht allein bei Europäern, sondern auch bei Farbigen durch Einwirkung des Chinins ein fieberhafter Zustand viele Tage hingezögert werden kann, um erst nach dem Aussetzen des Mittels zur Heilung zu gelangen, wird durch die Krankheitsgeschichte des erst vor Kurzem von mir in dem Regierungshospital zu Tanga behandelten Chinesen Tian Go bewiesen.

5. 8. April. Tian Go wird, weil er angeblich seit 8 Tagen an Fieber leidet, im Hospital aufgenommen, nachdem ihm von seinem Herrn in den letzten

Tagen 2—3 g Chinin täglich eingegeben worden. Nach dem Bericht des dolmetschenden Tandil habe er täglich starke Hitze und keinen Appetit, fühle sich schwach und habe Kopfschmerzen.

Kräftig gebauter, ziemlich stark abgemagerter Chinese von ca. 30 Jahren. Ausser ganz geringem Bronchialkatarrh objektiv keine Organveränderung nachweisbar. Milz nicht vergrössert. Temperatur 41,3°. Puls 130. Schwitzbad, Antipyrin 2mal 0,5 g, worauf die Temperatur steil zur Norm fällt, die Abends 6 Uhr erreicht wird.

9. April. Temperatur normal. Im Blut kleine ringförmige amöboide Parasiten. Der Kranke erhält 1 g Chinin.

10. April. Die Temperatur steigt ohne wesentliche subjektive Beschwerden des Kranken wieder auf 39,8°. Derselbe erhält 1 g Chinin.

Trotz täglicher Gabe von 1 g Chinin hält die Temperatur sich während der folgenden Tage übernormal, steigt in unregelmässigen Zacken über 38 resp. auf 39°.

Die am 19. April vorgenommene Blutuntersuchung ergiebt 3682000 rothe, 7400 weisse Zellen, 61 pCt. Hämoglobin, keine Parasiten.

Der Kranke erhält täglich 1—1,5 g Chinin, ohne dass die Temperatur zur Norm zurückkehrte. Die am 27. April abermals vorgenommene Blutuntersuchung ergiebt wieder keine Malariaparasiten. Die bronchitischen Erscheinungen sind verschwunden, es besteht geringe Milzschwellung, leichte Diarrhoe, Appetitlosigkeit. Wegen der letzteren wird vom 28. April ab mit dem Chinin ausgesetzt. Die Temperatur steigt am 29. April noch bis 38°. Der Kranke ist sehr schwach. Gelbweisser Belag der Zunge. Geringer Appetit. Keine nachweisbare organische Veränderung. Die Temperatur bleibt während der folgenden Tage normal. Das Allgemeinbefinden bessert sich bei Eisen- und Arsenbehandlung und reichlicher, leicht verdaulicher Kost langsam.

7. Mai. Der Kranke wünscht seine Entlassung, da er sich als geheilt ansieht. Appetit gut. Kräftezustand wesentlich gehoben.

Die Blutuntersuchung ergiebt 4220000 rothe, 8400 weisse Blutkörper, 89 pCt. Hämoglobin.

Unzweifelhaft gehört eine gewisse Disposition des menschlichen Organismus dazu, um in der angeführten krankhaften Art auf die Einführung des Chinins zu reagiren. In der Heimath besteht sie nur bei einer verhältnissmässig beschränkten Anzahl von Menschen. Auch in Kamerun wird von Neuankömmlingen im allgemeinen das Chinin gut vertragen. Unter dem Einfluss einer Menge klimatischer und pathologischer Schädlichkeiten aber, wie sie der längere Aufenthalt daselbst mit sich bringt, scheint die Toleranz des Körpers für das Mittel schnell abzunehmen. Es entwickelt sich unter demselben bei einem grossen Theil der Bewohnerschaft, um so mehr, je länger der Einzelne bereits an der Küste sich aufhielt und je mehr er unter dem Klima bereits zu leiden hatte, auch bei viel vorsichtigerem Gebrauch, als er in den beschriebenen drei Fällen statt hatte, eine Art erworbener Idiosynkrasie gegen das Mittel, die sich in heftigem Ohrensausen, Herzklopfen, Händezittern, Schweissausbruch und Schlaflosigkeit schon nach dem Gebrauch kleiner Gaben äussert und nicht selten zu einer förmlichen Chininscheu führt. In den hochgradig entwickelten Fällen reagirt der Befallene auf jede Chinindosis, auch wenn dieselbe nicht mehr als 0,5—1 g beträgt, mit Hämoglobinurie und Fieber.

Wie das Chinin im Stande ist, Hämoglobinurie und Fieber sowohl

für sich allein als auch kombinirt hervorzurufen, so besitzt es auch in
hohem Maass die Eigenschaft, unter Umständen beide Krankheitserscheinungen, wo dieselben bereits bestanden, zu verschlimmern und hinzu-
zögern. In dieser Hinsicht ist der Vergleich des Verlaufs der mit und
der ohne Chinin behandelten Schwarzwasserfieber besonders lehrreich,
wie er auf der einen Seite durch die Beschreibung desselben seitens
Bérenger-Ferraud's[1] und Steudel's[2], auf der andern durch
mich und meinen Nachfolger in Kamerun illustrirt wird.

Zunächst geht aus dem Verlauf der durch Kohlstock[3], meinen
Nachfolger und mich in Kamerun behandelten Schwarzwasserfieber unzweifelhaft hervor, dass die Krankheit sehr häufig ohne jede Beeinflussung
durch Medikamente heilt, dass man demnach nicht berechtigt ist, etwa
erzielte Heilungen auf die Medikamente zu beziehen, die im Verlauf
derselben angewendet wurden.

Es geht aus der Vergleichung ferner hervor, dass der Verlauf der
ohne Chinin behandelten Schwarzwasserfieber im allgemeinen ein weit
leichterer und kürzerer ist als in den Fällen, in welchen grosse Chinindosen zur Anwendung kamen, und zwar mit solcher Regelmässigkeit,
dass an einer specifisch ungünstigen Beeinflussung des Krankheitsprocesses
durch dieselben kaum gezweifelt werden kann, ganz abgesehen von
den anderweitigen, sehr unangenehmen Nebenwirkungen grosser Chinindosen, vor allem seitens des Seh- und Hörorgans. Beobachtete doch
Steudel[4] unter 9 mit grossen Chiningaben behandelten Fällen zweimal
schwere Sehstörungen, einmal völlige Amaurose, bei der Heilung nicht
erzielt werden konnte, Küchel[5] unter 4 Fällen einmal komplete
Amaurose, die sich sehr langsam und auch anscheinend nicht völlig
wieder besserte. Ganz unzweifelhaft sind die vielfach von Laien an der
Westküste beobachteten Gehör- und Sehstörungen nicht, wie es von
deren Seite häufig geschieht der Malaria, sondern dem gegen dieselbe
genommenen Chinin zuzuschreiben.

Diese Schädlichkeiten müssten bei einer so gefährlichen Krankheit,
wie dem Schwarzwasserfieber in Kauf genommen werden, wenn ihnen
unzweifelhafte andere Vortheile gegenüberständen. Diese aber fehlen
durchaus. Der Verlauf der ohne Chinin behandelten Schwarzwasserfieber
ist im allgemeinen ein weit kürzerer und leichterer, der Procentsatz der
Mortalität ein geringerer.

Als durchschnittliche Behandlungszeit des hämoglobinurischen Fiebers
rechnet Bérenger-Ferraud bei Anwendung grosser Chinindosen — auf
die Höhe der Dosis im einzelnen lege ich kein grosses Gewicht, nach
dem bezüglich der Resorptionsverhältnisse desselben seitens des im
Fieber meist katarrhalisch afficirten Verdauungskanals gesagten — für die

1) Bérenger-Ferraud, l. c.
2) Steudel. Die perniciöse Malaria in deutsch Ostafrika.
3) Kohlstock. Zur Chininbehandlung des Schwarzwasserfiebers. Deutsche
med. Wochenschr. 1895. No. 46.
4) Steudel, l. c.
5) Küchel, Ueber das Schwarzwasserfieber, insbesondere seine Behandlung
mit grossen Chinindosen. Deutsche med. Wochenschr. 1895. No. 28.

leichten Formen einen mittleren Hospitalaufenthalt von 21 Tagen, für die mittelschweren von 28—35, für die schweren von 45—65 im Fall der Heilung, von 5—30 im Fall eines tödtlichen Ausgangs, beim degré sidérant von 2—5 Tagen[1].

Die von Steudel beschriebenen Fälle haben alle einen sehr schweren und langwierigen Verlauf gehabt. Nicht bei allen ist die Dauer der Behandlungszeit resp. des Lazarethaufenthalts aus den veröffentlichten Krankengeschichten deutlich ersichtlich. Bei den am Leben gebliebenen scheint dieselbe zwischen 2 und 4, im allgemeinen zwischen 3 und 4 Wochen betragen zu haben. In den Fällen, wo der tödtliche Ausgang eintrat, geschah das am zehnten resp. am fünfzehnten Tage.

Ein weiterer (XV.), wo der Kranke anurisch und anscheinend moribund ins Hospital gebracht wurde, ist in der Hinsicht kaum zu verwenden.

In den von mir sowohl wie von meinem Nachfolger in Kamerun beobachteten Fällen von hämoglobinurischem Fieber war der Verlauf ein wesentlich anderer. Zunächst äussert sich derselbe in einer ganz beträchtlichen Verkürzung des Verlaufs des fieberhaften Stadiums und zwar sowohl in den günstig als in den tödtlich verlaufenden Fällen. Sie hatten den Charakter etwas protrahirter Paroxysmen, die einfach auftraten, sich aber auch mit mehr oder weniger ausgesprochenen Intermissionen oder tiefen Remissionen einmal oder in ganz seltenen Fällen zweimal wiederholen konnten, die aber niemals die Neigung hatten unter bedrohlichen Erscheinungen tagelang anzuhalten, wie bei der Mehrzahl der von Bérenger-Ferraud und Steudel mit grossen Chinindosen behandelten Kranken. Wo der Tod im fieberhaften Stadium eintrat, was ich zweimal beobachtete, geschah das kurz nach Ausbruch der Krankheit, einmal nach vorangegangenem typischem Paroxysmus auf den ein völlig fieberfreier Tag folgte, auf der Höhe des zweiten Anfalls, das zweite Mal am dritten Tag bei schwerem remittirendem Fieber, das nur vorübergehend einen hämoglobinurischen Charakter zeigte. — In den übrigen Fällen erfolgte der Tod, nachdem eine Zeit lang, 5—9 Tage, das Fieber völlig ohne Anwendung von Chinin spontan sistirt hatte, in Folge des sehr bald nach Ausbruch desselben zu Stande gekommenen Hämoglobininfarkts an Urämie.

Es handelt sich hier um den von Bérenger-Ferraud als absolut tödtlich angesehenen degré sidérant der Franzosen, wo auch er von seiner Chinintherapie niemals einen Erfolg gesehen hat.

Die durchschnittliche Lazarethbehandlungszeit der Schwarzwasserfieberkranken in Kamerun betrug meinerzeit 8—10 Tage entsprechend der wesentlich kürzeren Dauer der fieberhaften und hämoglobinurischen Erscheinungen, sie war nicht unwesentlich kürzer als die Behandlungsdauer der nicht mit Hämoglobinurie komplicirten unregelmässig remittirenden Fieber wegen der wesentlich grösseren Neigung dieser zu recidiviren.

Eine beträchtliche Zahl meiner Schwarzwasserfieberkranken war bereits am dritten oder vierte Tage nach Ausbruch der Krankheit im Stande ihrer Berufsthätigkeit nachzugehen, ich selbst nach drei in

---

1) Bérenger-Ferraud. Fièvre bilieuse mélanurique. pag. 420.

Kamerun durchgemachten Schwarzwasserfiebern jedesmal bereits am folgende Tage.

Entsprechend der kürzeren Dauer der Erkrankung waren auch die Folgerscheinungen, welche die Dauer der Dienstunfähigkeit der Kranken bestimmten, viel unbedeutendere.

Im Gegensatz zu Steudel war ich niemals gezwungen, Schwarzwasserfieberrekonvalescenten vorzeitig nach Hause zu schicken, wo nicht eine ausgesprochene Idiosynkrasie gegen Chinin sich herausgebildet hatte, so dass auf die Anwendung desselben jedes Mal wieder der Ausbruch hämoglobinurischen Fiebers folgte oder wo nicht eine die Krankheit überdauernde Nierenaffektion bestand.

Die Mortalität der ohne Chinin behandelten Schwarzwasserfieber hat sich niedriger erwiesen als die der mit grossen Chinindosen resp. überhaupt der mit Chinin behandelten, so dass auch in der Hinsicht kaum ein Zweifel darüber möglich ist, dass in der That das Chinin beim Schwarzwasserfieber die Rolle einer specifischen Schädlichkeit spielt. Von Ausbruch der Hämoglobinurie an bis zum völligen Verschwinden dieser sowohl als der Albuminurie und des Fiebers ohne Chinin aber in energischster Weise symptomatisch behandelt ist das Schwarzwasserfieber bisher von mir, meinem Nachfolger in Kamerun, A. Plehn und Kohlstock in einer grösseren Zahl von Fällen. Kohlstock[1]) hatte unter 8 Schwarzwasserfieberkranken keinen Todesfall, A. Plehn[2]) unter 53 Erkrankungen 5, ich selbst unter 25 einen. Es kamen also im ganzen auf 86 Erkrankungen sechs Todesfälle, was einer Gesammtmortalität von fast genau 7 pCt. entspricht. Dass es sich bei diesen 86 Erkrankungen ausschliesslich oder vorzugsweise um leichte Erkrankungen handelte, wäre doch eine etwas gezwungene Erklärung für die erhaltenen günstigen Resultate. A. Plehn betont dem diesbezüglichen Einwand Steudel's gegenüber mit Recht, dass zu der gleichen Zeit, als er die bezeichneten günstigen Resultate im Kameruner Regierungshospital erhielt, von 35 ausserhalb des Krankenhauses erkrankten und nach andern als den an diesem erprobten Principien zweifellos stets oder doch sehr vielfach mit Chinin behandelten Kranken 15, also 43 pCt. dem Schwarzwasserfieber erlagen.

Ich möchte im Gegentheil behaupten, dass die verhältnissmässig niedrige Mortalitätsziffer in Deutsch-Ostafrika 11,1 pCt. 1893/94, 17,4 pCt. 1894 95, trotzdem daselbst im allgemeinen immer noch von Aerzten und Laien mit grossen Chinindosen gegen die Krankheit vorgegangen wird, ihre Ursache in der niedrigeren Fiebermortalität im allgemeinen entsprechenden verhältnissmässigen Gutartigkeit der dortigen Schwarzwasserfieber hat, wie ich sie in der That bei den wenigen nicht durch Chiningebrauch vor Eintritt in die Behandlung bereits komplicirten Fällen daselbst meinerseits inzwischen an einem grösseren Krankenmaterial feststellen konnte. Eine Chinintherapie, wie sie lange Zeit hindurch in Ostafrika dem Schwarzwasserfieber gegenüber angewendet wurde, würde unter der anämischen Bevölkerung Kameruns schwere

1) Kohlstock, l. c.
2) A. Plehn, l. c.

Opfer gekostet haben und ware gewiss nur die kürzeste Zeit in Gebrauch geblieben.

Wo man in konsequenter Weise mit einer jeden Chiningabe einer bestimmten Indikation Rechnung tragend, jedes Malariafieber mit der erforderlichen Anzahl genügend aber nicht unnöthig grosser Chininmengen energisch bekämpft unter steter Berücksichtigung des ätiologischen Moments und der schädlichen Folgen bewusst, welche jeder Chiningebrauch haben kann, andererseits eingedenk, dass das Chinin sich stets am wirksamsten in dem Körper erweist, der vorher davon am wenigsten verbraucht hat — da wird die absolute Chininmenge, welche man auch in den gefährlichsten Malariagegenden zur Erhaltung bezüglich Wiederherstellung seiner Gesundheit nöthig hat, eine verhältnissmässig sehr geringe sein.

Ich habe bereits erwähnt, dass mehrere Faktoristen in Kamerun, bei welchen sich eine Idiosynkrasie gegen das Chinin mit der Zeit herausgebildet hatte, monatelang auch trotz leichter und kurzdauernder intermittirender Fieber sich ohne ein Korn Chinin zu verbrauchen, lange Zeit verhältnissmässig wohl erhalten haben. Ich selbst habe während des ca. 1½jährigen Aufenthalts an der Westküste, während welches ich, obwohl ich vielfach sehr anstrengende Unternehmungen mitzumachen hatte, niemals länger als ca. 12 Stunden hinter einander durch Krankheit an der Ausübung meines Berufs behindert war, während ich mich allerdings sehr strikt an die aus den gemachten Erfahrungen sich ergebenden Grundsätze hielt, nicht mehr als 28 g Chinin d. h. etwa alle 3 Wochen 1 g Chinin verbraucht, in Ostafrika bisher bedeutend weniger.

Aus dem Vorangehenden ist die von mir als zweckmässig erprobte Methode zur Verhütung und Behandlung der westafrikanischen Malaria leicht abzuleiten.

Eine konsequente Chininprophylaxe in dem Sinn, dass alle 8 resp. nach A. Plehn[1] alle fünf Tage 0,5—1 g Chinin gebraucht werde, halte ich während der ersten Wochen der Akklimatisation an der Westküste für durchaus rationell. Die Zeit der ersten schweren Fieberanfälle wird dadurch in einer Reihe von Fällen wenigstens über eine Zeit hinausgezögert werden, in der der Körper durch vielfache Funktionsänderungen, durch die er sich an das veränderte Klima anpassen muss, ohne hin stark in Anspruch genommen ist. Nach 5—6 Wochen thut man gut unter allmählicher Verkleinerung der Dosis und Vergrösserung der Intervalle sich vollkommen vom regelmässigen Chiningebrauch zu entwöhnen.

Wiederaufzunehmen ist die Chininprophylaxis in den ersten Wochen nach Ueberstehen von Malariafällen während und nach besonders anstrengenden Expeditionen, nach anhaltender Durchnässung im Regen, Kanufahrten namentlich bei Ebbe und Hochstand der Sonne und ähnlichen, notorisch zu Fieberanfällen disponirenden Anlässen. Durch das Nehmen von 1 g Chinin unmittelbar nachdem man sich einer der bezeichneten Schädlichkeiten ausgesetzt und Wiederholung der gleichen

---

[1] A. Plehn, l. c.

Dosis nach 5—6 Tagen, wird unter diesen Umständen so mancher Fieberanfall vermieden werden können.

Im übrigen wird Jeder sich darüber klar zu werden haben, dass jeder Excess, jede übermässige Anstrengung, ungewohnter Aufenthalt in der brennenden Sonne am Flussufer zur Ebbezeit, wie jede Erkältung die Chance erhöht, am Fieber zu erkranken und wird derartige Gelegenheiten vermeiden, soweit es sein pflichtgemässer Dienst möglich macht.

Jedes nicht mit Hämoglobinurie komplicirte Malariafieber ist zunächst energisch und konsequent mit Chinin zu behandeln. Dabei soll, wenn irgend möglich, das Chinin nicht während des Anfalls gegeben werden, sondern nach der Entfieberung. Erstens wegen der grösseren Unsicherheit seiner Resorption während des Anfalls, zweitens wegen der geringen Wirksamkeit, welche es alsdann den Sporulationsformen gegenüber entwickelt, endlich wegen der grade zu dieser Zeit häufig zu Tage tretenden ungünstigen Nebenwirkungen. Ich lasse die erste Dosis geben, wenn die Temperatur beim Sinken 38° erreicht hat. Die Wirkung kommt dann voll zur Geltung, wenn die kleinsten Jugendstadien der Parasiten im Blut erscheinen, welche den nächsten Anfall zu verursachen bestimmt sind, und die Gefahr einer schädlichen Wirkung ist zu dieser Zeit am geringsten. Die folgenden Dosen werden in 12stündigen Zwischenräumen gegeben. Als Einzelgabe genügt gewöhnlich 1 g, sehr kräftige Patienten erhalten 1½ g, schwächliche 1 g in 2 Dosen à ½ g mit ½ stündiger Pause oder überhaupt nur ½ g.

Der Fieberanfall selbst soll, was durchaus nicht immer geschieht, im Bett durchgemacht werden. Bei mittelschweren und leichten Fällen genügt während des Froststadiums, das meist kurzdauernd ist, häufig, wie bereits erwähnt, ganz fehlt, Einwicklung in wollene Decken, die Applikation von Wärmflaschen und möglichst reichliche Zufuhr heisser Getränke, deren Auswahl sich am besten nach dem Geschmack des Kranken richtet. Glühwein, Grog, Thee sind gleich geeignet. Häufig macht reichliches Erbrechen grössere Flüssigkeitsaufnahme unmöglich. Dauert der Frost, wie das in einzelnen Fällen geschieht, stundenlang an, so ist ein heisses Wasserbad oder, da es an die Kräfte des Kranken geringere Anforderungen stellt und ihn weniger der Erkältungsgefahr aussetzt, ein Quincke'sches Heissluftbad das geeignetste Mittel, den Krampf der peripherischen Gefässe zu beseitigen und die inneren Organe von den in ihnen angehäuften Blutmassen zu entlasten.

Im Stadium der trockenen Hitze fährt man, falls der Anfall ein leichter und die Herzthätigkeit eine kräftige ist, mit der künstlichen Wärmezufuhr wie im Froststadium fort, bis Schweiss eingetreten ist. Häufig verweigern zu dieser Zeit die Kranken die Annahme heisser Getränke und verlangen kühle Getränke, ein Wunsch, dem unbedenklich nachgekommen werden kann. Ist der Anfall schwer, bleibt die Haut, wie das nicht selten der Fall ist, glühend heiss und trocken durch Stunden, namentlich aber sobald cerebrale Erscheinungen, Sopor oder Delirien auftreten, so ist das kühle Bad von vorzüglicher Wirkung. Kranke, die die Wirkung desselben einmal kennen gelernt haben, verlangen es meist von selbst wieder im weiteren Verlauf der Krank-

heit oder bei späterer Wiederholung derselben. Die Temperatur des
Regenwassers, 23 bis 27° in Kamerun, ist hinreichend, die Dauer der
Badezeit richtet sich ganz nach dem subjektiven Befinden der Kranken.
Ein Theil derselben fühlt sich eine Stunde lang und mehr äusserst
wohl im Bade, andere verlangen bereits nach wenigen Minuten dasselbe
zu verlassen. Stete Controlle, vor allem der Herzthätigkeit durch er-
fahrenes Pflegepersonal ist in jedem Fall nothwendig, wo es sich um
dekrepide durch lange Krankheit bereits erschöpfte Kranke handelt, bei
denen Collaps zu befürchten ist. Die Quincke'schen Badewannen mit
flach abfallender Rückwand sind, da sie an die Muskelthätigkeit der
Kranken viel geringere Ansprüche als die gewöhnlichen Wannen stellen
und ein bequemeres Ausstrecken gestatten, die empfehlenswerthesten.
Kühle Uebergiessungen von Kopf und Brust während des Bades werden
meist sehr wohlthätig empfunden.

Das Bad übt auf die Malariakranken eine die Temperatur beträchtlich herabsetzende Wirkung aus, welche indess nur von kurzer Dauer
ist. Nachdem der Kranke das Bad verlassen hat, erreicht die Temperatur meist nach $\frac{1}{4}$—$\frac{1}{2}$ Stunde wieder die frühere Höhe. Die Verminderung der Achselhöhlentemperatur betrug im Bad nach einer Reihe
von mir regelmässig angestellter Messungen im Mittel 3°, etwa ebenso
viel die der Hauttemperatur. Die subjektiv günstige Wirkung, namentlich die günstige Beeinflussung des Nervensystems hält im allgemeinen
noch mehr als eine Stunde nach dem Verlassen des Bades an, wenn die
Temperatur die frühere Höhe bereits lange wieder erreicht hat.

Das kühle Bad soll nur im Hitzestadium angewendet werden. Genaue Untersuchung des Kranken, ob sich nicht bereits Schweissausbruch
bei demselben nachweisen lässt, ist vor dem Bad unerlässlich. Auf
Zwischenfälle muss man gefasst sein, dieselben haben aber, rechtzeitig
beobachtet, nichts zu bedeuten. Nicht ganz selten tritt im Bad Frieren
oder selbst ein ausgesprochener Schüttelfrost auf, welches natürlich sogleich das Signal zur Hinausbeförderung des Kranken aus dem Bade
geben muss. Wird derselbe, nachdem er getrocknet und kräftig abgerieben ist, in gewärmte Decken gehüllt, so verschwinden die Erscheinungen fast stets nach wenigen Minuten. Auch kollapsartige Erscheinungen kommen, wenn auch selten, im Bade vor, meist unmittelbar
nachdem der stark entkräftete Kranke in dasselbe hineingebracht ist.
Später macht sich fast stets eine deutliche Kräftigung der Herzthätigkeit
bemerkbar.

Im Schweissstadium ist die Transpiration durch Einhüllen in
wollene Decken und reichliche Zufuhr von Getränken nach Möglichkeit
zu unterstützen. Je stärker der Schweissausbruch war, um so wohler
pflegt sich nachher der Kranke zu fühlen. Wahrscheinlich erfolgt die
Ausscheidung toxischer Stoffe, welche im Fieber gebildet werden,
vorzugsweise durch den Schweiss. Hat derselbe nach 1—2 Stunden
nachgelassen, so wird der Kranke unter sorgfältiger Vermeidung von
Zug mit feuchten Tüchern kühl abgerieben und umgebettet. In den
meisten Fällen verfällt er unmittelbar darauf in Schlaf, den ärztliche
Vielgeschäftigkeit nicht stören sollte.

Zu medikamentöser Behandlung ist während des einfachen Malaria-anfalls selten eine strikte Indikation vorhanden, sie muss aber doch häufig zur Beruhigung des Kranken eingeleitet werden. Eine einprocentige Schwefel- oder Phosphorsäurelösung mit etwas Syrup genügt dieser Indikation in den meisten Fällen. Wo cerebrale Symptome vorwiegen, thut eine zweipro-centige Antipyrinlösung stündlich esslöffelweise verabreicht, gute Dienste. Von andern Kranken wird Phenacetin gegen die subjektiven Beschwer-den bevorzugt. Gegen das quälende Erbrechen ist unsere Therapie ziemlich machtlos. Die Wirkung von Jodtinktur tropfenweis verabreicht, tritt manchmal deutlich hervor, ist aber sehr unsicher, besser wirkt im allgemeinen ein über dem Epigastrium applicirter Senfteig. Ueber der Milzgegend angebracht, erweist er sich auch von guter Wirkung in den seltenen Fällen, wo beträchtlichere Milzbeschwerden vorhanden sind. Al-koholische Excitantien, namentlich Sekt, können bei den unkomplicirten Fiebern unbedenklich angewandt werden und werden häufig zurückbehal-ten, wo alle andern eingeführten Getränke wieder durch Erbrechen ent-leert wurden. Beim Schwarzwasserfieber wird von A. Plehn[1] vor Anwendung von Alkohol gewarnt. Stärkere Excitantien, subkutane In-jektionen von Moschus, Aether und Kampfer sind bei den gewöhnlichen Fiebern selten indicirt, es sei denn, dass es sich von vorn herein um geschwächte Individuen handelte. Tritt bei solchen Herzschwäche ein, wird der Puls klein und aussetzend, so darf der Arzt auch vor der ri-gorosesten Anwendung der bezeichneten Mittel nicht zurückschrecken. Grade in diesen Fällen kann er verhältnissmässig häufig direkt zum Lebensretter seines Kranken werden, sofern es ihm gelingt, künstlich die Herzthätigkeit bis zur Zeit der vielleicht in kurzem bevorstehenden Ent-fieberung zu erhalten.

Während des Anfalls Chinin zu geben, vermeide ich, wie bereits erwähnt, im allgemeinen; in den ziemlich seltenen Fällen langwieriger Remittens kann man freilich unter Umständen völlige Entfieberung nicht abwarten, sondern muss das Chinin auch während des Fiebers, alsdann möglichst während der Remissionen geben. Für diese Fälle kommt ganz besonders das über die Wichtigkeit der objektiven Sicherung der Dia-gnose durch die Blutuntersuchung Gesagte in Betracht. An der West-küste thut man in solchen Fällen ferner gut, von vornherein den Urin genau zu kontrolliren, um die Chininmedikation sofort mit dem unter diesen Umständen häufigen Auftreten von Hämoglobinurie auszusetzen.

Was die Art der Einverleibung des Chinins betrifft, so bin ich mit der Applikation per os und per anum noch fast stets ausgekommen. Per os habe ich am liebsten das Chinin in komprimirten Tabletten à 0.5 g gegeben, welche sich mit Leichtigkeit in Wasser resp. jeder leicht sauer oder alkalisch reagirenden Flüssigkeit lösen und bei einiger-massen gewandter Anwendung einen nur sehr mässigen Nachgeschmack hinterlassen. Gelatinekapseln werden von Leuten, die sehr empfindlich gegen Chinin sind oder geworden sind, manchmal vorgezogen; im all-gemeinen reizen dieselben nach meiner Erfahrung leichter zum Ueber-

[1] A. Plehn, l. c.

geben und werden nicht so schnell resorbirt. Von den im Anfang viel
von mir angewandten subkutanen Chinininjektionen bin ich auf Grund
der gemachten Erfahrungen ganz zurückgekommen. Auch bei peinlich-
ster Asepsis sind beträchtliche Infiltrationen von äusserster, Wochen hindurch anhaltender Schmerzhaftigkeit keine Seltenheit, in der Mehrzahl
der Fälle bilden sie sich allmählich spontan zurück, nicht selten aber
führen sie zu ausgedehnter Hautnekrose und langwieriger Eiterung,
auch wenn die von der Kade'schen Oranienapotheke bezogenen sterilisirten Lösungen, welche 0,5 g Chinin im Cubikcentimeter enthielten,
mit dem 2—3 fachen Quantum abgekochten Wassers verdünnt wurden.
Wahrscheinlich ist die in den Tropen so beträchtlich gesteigerte Empfindlichkeit der Haut mit ein Grund für diese Erscheinung. Tetanus im
Anschluss an Chinininjektionen, wie er in Ostafrika in einigen Fällen
beobachtet worden ist, habe ich in Kamerun niemals gesehen. Weit
bessere Erfahrungen hat nach mir A. Plehn mit intramuskulärer Anwendung des Chinins gemacht, welche auch ich in Fällen, wo Chinin
per os durchaus nicht vertragen wurde und wo bestehender Darmkatarrh die
Einführung per Clysma kontraindicirt erscheinen liess, einige Male mit
gutem Erfolg angewendet habe[1].

Als specifisch antimalarisches Mittel kommt neben dem Chinin kein
anderes von den vielen empfohlenen Präparaten in Betracht. Von Phenokoll habe ich niemals einen unzweifelhaften Erfolg gesehen. Auch ist
dasselbe keineswegs frei von unangenehmen Nebenwirkungen. Die mit
einer gewissen Regelmässigkeit nach grösseren Dosen auftretenden ery-
thematösen und bullösen Hautausschläge sind unter ihnen noch die
harmlosesten. Bedenklicher ist seine Einwirkung auf das Herz. Ich
selbst sah nach Verabreichung von 4 g im Lauf eines Tages schweren
Collaps mit 2 Stunden lang anhaltender Beeinträchtigung der Herzthätigkeit und hochgradiger unter allgemeiner Cyanose einhergehender
Athemnoth.

Auf der „Möwe" wurde in Ostafrika 1891 nach 4 g Phenokoll als
Tagesgabe Hämoglobinurie und Collaps beobachtet[2].

Ebenso wenig wie vom Phenokoll habe ich vom Methylenblau, das
auf Guttmann's und Ehrlich's[3] Empfehlungen in einer grösseren
Zahl von Fällen europäischer Malaria mit anscheinend günstigem Erfolg
angewendet worden ist, in Kamerun Nutzen gesehen. Grade hier, wo

---

1) Eine wesentliche Concurrenz dürfte dem Chinin in kurzem in dem von den
vereinigten Chininfabriken in Frankfurt a. M. in den Handel gebrachten Euchinin
entstehen, dem durch Einwirkung von chlorkohlensaurem Aethyl auf Chinin gewonnenen Aethylkohlensäureester des Chinins. Das Euchinin zeichnet sich durch
fast völlige Geschmacklosigkeit in gelöstem Zustand aus (Thee, Kakao, Suppen).
Die Heilwirkung bei Malaria ist die gleiche wie die des Chinin, dessen unangenehme
Nebenwirkungen dem Euchinin übrigens auch grösstentheils zukommen.

2) Statistischer Sanitätsbericht über die Kaiserl. Deutsche Marine für den Zeitraum vom 1. April 1891—31. März 1893, pag. 53.

3) Guttmann und Ehrlich, Berl. klin. Wochenschr. 1891. No. 39.

— 213 —

das unstillbare Erbrechen eins der konstantesten und quälendsten Symptome des Fiebers beim Europäer ist, ist die intensive Färbekraft des Methylenblau und die Schwierigkeit, seine Spuren von Haut, Zähnen und Wäschestücken zu entfernen zum mindesten eine sehr unbequeme Nebenwirkung. Bei Negern kommt dieselbe weit weniger in Betracht, da die gastrischen Fiebererscheinungen bei diesen, wie gesagt, beim Fieber im allgemeinen ganz zurücktreten. In mehreren Fällen wurde Methylenblau in 0,1 g Dosen stündlich verabreicht und gut vertragen. Doch gelang es in keinem Fall, den Krankheitsprocess in annähernd ähnlich günstiger Weise zu beeinflussen, wie durch Chinin.

Auf die in einzelnen Malariagegenden, meiner Zeit speciell am Congo beliebte Ipekakuanhatherapie habe ich nach wenigen Versuchen verzichtet. Auch ohne das Mittel sind die Entleerungen des Magens durch das reichliche, auf cerebrale Ursachen zurückzuführende Erbrechen hinlänglich gewährleistet. Kommt es, wie so häufig, zu galligem Erbrechen, so ist häufige, reichliche Flüssigkeitszufuhr zur Verdünnung des Mageninhaltes und Verhütung des in dem Fall nicht seltenen längerdauernden Magenkatarrhs durchaus zu empfehlen.

Als völlig nutzlos im Fieber sowohl als zu seiner Verhütung hat sich mir ferner in einer grösseren Zahl von Fällen das Arsen erwiesen, dem ich übrigens eine günstige Einwirkung auf die in Kamerun so ausserordentlich häufigen Fälle postfebriler Anämie durchaus nicht absprechen will. Dass das Arsen, wie es einige Zeit lang von italienischen Kolonialärzten behauptet wurde, in den Tropen nicht vertragen wird, kann ich meinerseits nicht bestätigen.

Es braucht kaum besonders erwähnt zu werden, dass eine grosse Anzahl ausländischer namentlich englischer und amerikanischer Patentmedicinen wie nach anderen Theilen der Tropen auch nach der afrikanischen Westküste übergeführt und als specifisch gegen das Fieber angepriesen wird. Irgend welche Wirksamkeit dürften sie allein dem Chinin verdanken, welches sich als wesentlicher Bestandtheil in allen derartigen von mir untersuchten Präparaten vorfand.

Die von den eingeborenen Medicinmännern aus verschiedenen Pflanzensäften hergestellten Mittel habe ich, soweit ich sie kennen lernte, bei sehr eingehender Prüfung in vielen Fällen wirkungslos gefunden. Die Thatsache, dass die tropische Malaria im allgemeinen weit häufiger als die heimische Intermittens nach ganz kurzem Bestehen spontan heilt, hat unzweifelhaft schon zu vielen Irrthümern in therapeutischer Hinsicht Anlass gegeben.

Bei den schweren atypischen Fiebern der Tropen ist ein jedes schematische Vorgehen vom Uebel. In jedem Fall sollte der Arzt sich bewusst sein, dass keineswegs jede mit Fieber einhergehende Krankheit in den Tropen auf Malariainfektion beruht, dass andrerseits das Chinin in dem durch klimatische und infektiöse Einwirkungen geschwächten Organismus durchaus nicht das harmlose Medikament ist, als welches man es im gemässigten Klima dem vollkräftigen Körper gegenüber anzusehen gewohnt ist.

In jedem Fall atypischer Fieberbewegung, fehlender Milzschwellung und dem Hervortreten lokaler Erscheinungen sollte, bevor mit irgend welcher Therapie vorgegangen wird, die mikroskopische Untersuchung zunächst Klarheit über die Natur der vorliegenden Krankheit schaffen. Ergiebt dieselbe Malaria, so ist Chinin in den vollwirksamen und in jedem Fall, wo Chinin überhaupt hilft, durchaus ausreichenden Dosen von 1—1.5 g 2mal täglich möglichst während der Intermission resp. Remission anzuwenden. Ich suche in diesen Fällen die Wirksamkeit des Chinin auf Anregung der Herren Dr. Neuhauss und Luschan durch gleichzeitig verabreichte Strychningaben (Strychn. nitr. in pilul. à 0,002, dreimal 2 Pillen täglich) zu erhöhen und glaube damit gute Erfolge erzielt zu haben. Die symptomatische Behandlung entspricht namentlich bezüglich Bäderbehandlung durchaus der oben beschriebenen.

Nicht selten zeigt das Fieber bei dieser Behandlung nach 3—4 Tagen noch keine Neigung zur Heilung, die subjektiven Beschwerden werden zwar geringer, aber täglich erhebt die Temperatur sich unter dem Gefühl allgemeiner Abgeschlagenheit noch bis gegen 39° in unregelmässiger mehrzackiger Curve. Alsdann ist vor allem durch die mikroskopische Untersuchung festzustellen, ob hier überhaupt noch Malariawirkung vorliegt, oder ob es sich um Chininfieber handelt. Ergiebt die mehrmals sorgfältig angestellte Blutuntersuchung keine Malariaparasiten, so ist mit der Darreichung des Chinin aufzuhören und die krankheiterregenden Stoffe durch Anregung der Haut- und Nierenthätigkeit, Schwitzbäder und reichliche Zufuhr von Getränken, namentlich von kohlensauren Getränken aus dem Körper zu entfernen. Nicht selten ist dieser Wechsel der Therapie von auffälliger und schneller Wirkung.

Eine zweite strikte Indikation für die Einstellung der Chinintherapie ist das Auftreten von Hämoglobinurie, welche in Kamerun wenigstens nach dem übereinstimmenden Ergebniss meiner[1] und meines Nachfolgers Beobachtungen vielfach eine unmittelbare Folge des Chiningenusses ist. Die vergleichenden Beobachtungen der von Anfang an ohne Chinin behandelten Schwarzwasserfieber ergeben gegenüber den mit Chinin behandelten übereinstimmend einen wesentlich kürzeren Verlauf; einen tödtlichen Ausgang, soweit im übrigen der Indicatio symptomatica mit der erforderlichen Energie entsprochen werden konnte, fast ausschliesslich in den allerschwersten Fällen, in welchen entweder bereits widerstandsunfähige Individuen befallen wurden oder die Krankheit in derart foudroyanter Weise auftrat, dass bereits in den ersten Tagen nach dem Beginn der Erkrankung in Folge der Blutdekomposition irreparable, sekundäre Veränderungen in den Nieren oder grossen Blutgefässen vor sich gegangen waren, welche dann — häufig lange nach Ablauf des Fiebers — zum Exitus durch Verschluss und Entzündung der Harnwege oder durch Thrombose führten.

Bäderbehandlung halte ich in diesen Fällen wegen der Gefahr, weiteren Blutzerfall einzuleiten, für kontraindicirt, absoluteste Ruhe zur

---

[1] F. Plehn, Ueber das Schwarzwasserfieber an der afrikanischen Westküste. Deutsche med. Wochenschr. 1895. No. 25—27.

Vermeidung der hier besonders naheliegenden Gefahr plötzlicher Herzschwäche, möglichst reichliche Flüssigkeitszufuhr, um den Reiz des pathologischen Urins auf die Nieren nach Möglichkeit zu verringern und
das Hämoglobin in Lösung zu erhalten, damit es die Harnkanäle nicht
verstopft, endlich die Darreichung von Narkoticis, Morphin oder dem von
mir stets besonders wirksam gefundenen Chloral, um die häufig hochgradige Aufregung und Angst gerade dieser Kranken zu beschwichtigen,
genügen in der überwiegenden Mehrzahl der Fälle, um auch in schweren
Fällen hämoglobinurischen Fiebers die Kranken wieder der Heilung zuzuführen.

Das letzter Zeit namentlich von französischen Autoren empfohlene
Chloroform in Emulsion, innerlich gegeben, wurde von meinen Kranken
im ganzen weniger gut als das Chloral vertragen.

Bei den in einzelnen besonders schweren Fällen auftretenden Zuständen quälendster Athemnoth, — wahrscheinlich in Folge massenhaften Zugrundegehens rother Blutkörper und der Unmöglichkeit genügende Mengen Sauerstoff aufzunehmen, thun Sauerstoffeinathmungen nach
Kohlstock, wie ich in einem derartigen Zustand an mir selbst erfahren, hervorragend gute Dienste. Excitantien werden häufig nothwendig.

Ist es zur Thrombenbildung im Herzen gekommen, die man bei hochgradigem Kräfteverfall des Kranken aus der unregelmässigen Herzaktion
und den lauten Geräuschen über den Ostien meist mit grosser Sicherheit
diagnostiren kann, so ist unsre Therapie mehr oder weniger machtlos
und wird sich ausser auf möglichste Erhaltung der Körperkräfte auf absoluteste Ruhe resp. auf möglichste Steigerung der Diurese beschränken
müssen.

Schwitzbäder sind wegen drohender Herzschwäche gleichfalls kontraindicirt.

Bei den zu Anurie führenden Fällen von Nephritis und Hämoglobininfarkt ist eine Besserung durch medikamentöse Behandlung nicht zu erwarten. Es kann sich hier nur darum handeln, eine direkte Schädigung
des Kranken durch die Einfuhr stark wirkender Körper, welche durch
die Nieren normaler Weise ausgeschieden werden und zu denen vor
allem Chinin gehört, zu vermeiden, durch Calomel[1] oder salinische Ab-
führmittel die Darmthätigkeit zu vikariirendem Eintreten für die Nieren
zu veranlassen und durch kräftige Ernährung, bei häufigem Brechreiz
durch Klysma, die Kräfte möglichst lange aufrecht zu erhalten, da ja,
wenn auch nur in sehr seltenen Fällen, manchmal noch nach mehrtägiger Anurie die Nierenfunktion sich wieder herstellt.

Nimmt die Krankheit einen günstigen Verlauf, ist die Temperatur
normal geworden und Hämoglobin und Eiweiss aus dem Urin verschwunden, so ist in der Regel noch einer Reihe symptomatischer Indikationen

---

[1] Calomel wurde namentlich von den französischen Kolonialärzten früher vielfach in Senegambien gegen Schwarzwasserfieber angewendet, cf. Bérenger-Ferraud
l. c. pag. 545.

zu entsprechen. Häufig besteht, hervorgerufen durch das stürmische Erbrechen und die Reizwirkung der in den Magen getretenen Galle noch während einiger Tage Gastritis und Atonie der Magenmuskulatur, der durch Diät, Salzsäure und Strychninpräparate entgegengetreten werden muss. Ausserdem empfiehlt es sich, mehrmals täglich den Belag von der Zunge abzukratzen und mit einer dünnen Salzlösung nachzuspülen. Eine regelmässige Folgeerscheinung des Schwarzwasserfiebers ist eine mehr oder weniger ausgesprochene Anämie. Dieselbe kann hohe Grade erreichen, so dass der Blutfarbstoffgehalt auf 20—30 pCt., die Zahl der rothen Blutkörper auf 600000—1000000 im Kubikmillimeter sinkt. Eisenpräparate, unter denen der Liquor ferri albuminati und das Ferrum reductum besonders gut vertragen zu werden pflegen, sind dann dringend indicirt und häufig von sehr guter Wirkung. Auch Arsen als Fowlersche Lösung oder in Pillen zu 0,01—0,02 pro die erweist sich alsdann nützlich, wenn der Magen nicht allzu angegriffen ist. Dieselbe Aufmerksamkeit wie die Anämie erfordert eine etwa zurückgebliebene Nephritis. So lange sich Eiweiss im Urin nachweisen lässt, ist, um chronische Erkrankung zu verhüten, Bettruhe und strengste Diät, am besten ausschliessliche Milchdiät, durchaus erforderlich. Auch Tanninpräparate in täglichen Gaben von 0,3—0,5 Acid. tannic. schienen mir von günstigem Einfluss zu sein.

Ein längeres Andauern der sekundären Nephritis sehe ich stets als Indikation für Heimsendung des Kranken an.

Für Gelegenheit zur Erholung nach schwächenden Krankheitszuständen ist in Kamerun zur Zeit noch wenig gesorgt. Nach leichteren Fiebern begiebt sich der Patient häufig noch an demselben, fast stets aber am folgenden Tag wieder an seine Arbeit. Der Grund dafür liegt ausser in einem gewissen Fatalismus, der sich eines jeden Europäers nach einem Kamerunaufenthalt von einigen Monaten zu bemächtigen pflegt, in dem Mangel an Personal in den meisten Berufszweigen. Derselbe hat es nicht selten zur Folge, dass die Krankheit eines Einzelnen einen ganzen Betrieb ins Stocken gerathen oder selbst still stehen lässt. War es doch mir selbst als einzigem Arzt in Kamerun niemals möglich auch nur 24 Stunden Bettruhe hinter einander mir zu verschaffen, obwohl ich 3mal mit hämoglobinurischem Fieber erkrankte. Durch andere aber nicht weniger stark wirksame Rücksichten werden Beamte, Missionare, Faktoristen und Pflanzer daran verhindert, sich eine das absolutest nothwendige auch nur um ein geringes überschreitende Erholungszeit nach Ueberstehen des Fiebers zu gönnen, und so kommt es, dass der nächste Anfall fast stets einen gewissermassen noch im Rekonvalescenz stadium befindlichen Körper befällt, in dem es zu einer vollkommenen Regeneration der im vorhergehenden Anfall zerstörten Blutbestandtheile noch nicht gekommen ist. Während die evangelischen und katholischen Missionen durch die Errichtung relativ gesund gelegener Stationen in Mangamba am Abo und Bonjongo im Kamerungebirge für ihre Rekonvalescenten einigermassen gesorgt haben, existiren solche Erholungsplätze für Beamte und Faktoristen zur Zeit noch nicht: die vierwöchentliche Seereise auf einem der den Congo von Kamerun aus anlaufenden

Dampfer ist das in seiner Nützlichkeit recht problematische Surrogat
für eine Erholungsstation, und in der That handelt es sich für den Arzt
in Kamerun, wenn ein Ortswechsel in Frage kommt, fast ausschliesslich
um die Entscheidung der Frage, wann die vorübergehende oder dauernde
Heimsendung eines Rekonvalescenten nach Europa angerathen und durch-
gesetzt werden muss.

Es kann sich im allgemeinen nur um den Transport von Rekonvalescenten handeln. Der Transport von Schwerkranken ist stets eine ge-
fahrvolle und verantwortliche Sache. So unzweifelhaft eine Anzahl derselben mit dem Verlassen von Kamerun und dem in Seegehen eine
wesentliche Besserung ihres Zustandes verspürt, die allmälig in völlige
Rekonvalescenz übergehen kann, so gross ist andererseits die Zahl derer,
deren Zustand häufig unter dem Zutritt von Seekrankheit, bei den mangelhaften Raumverhältnissen und der Unmöglichkeit, die erforderliche War-
tung, Pflege und Beköstigung an Bord zu erlangen, eine wesentliche Verschlimmerung erfährt. Dazu kommt, dass die Schiffsärzte, in der überwiegenden Mehrzahl junge, eben absolvirte Mediciner, die an der Westküste wenigstens sehr selten mehr als eine Reise machen, meist ziemlich
ahnungslos an die Behandlung der ihnen hier entgegentretenden Krankheitserscheinungen gehen, welche kennen zu lernen sie in den heimischen
Kliniken kaum jemals Gelegenheit hatten. — Die vielen Todesfälle,
welche auf der Heimreise von Kamerun vorgekommen sind, mahnen zur
Vorsicht und fordern dringend dazu auf, zum mindesten das akute Stadium der Krankheit im Hospital oder selbst in guter Privatpflege an
Land abwarten zu lassen, bevor man dem Patienten gestattet, sich an
Bord zu begeben.

Keineswegs gleichgültig ist die Jahreszeit, in welcher Fieberrekon-
valescenten die Heimreise antreten, für den Verlauf der Rekonvalescenz.
Wenn auch von einzelnen kräftigen Individuen der schroffe Uebergang
aus der Treibhausluft der Guineaküste in die Kälte des heimathlichen
Winters ohne Schaden vertragen wird, so ist das doch nicht die Regel,
und die Gefahr schwerer Erkältungskrankheiten oder von Fieberrückfällen
zu Haus wächst mit der Dauer des vorangegangenen Tropenaufenthalts.
Wo es sich um Heimreise wegen Fiebers handelt, wird natürlich der
Zeitpunkt der Rücksendung nicht immer im Belieben des Arztes oder des
Patienten liegen und häufig die Reise zur Winterszeit angetreten werden müssen.
In diesem Fall ist nach Möglichkeit darauf zu sehen, dass die Rückkehr
nicht in einer Tour durch den zu dieser Zeit so stürmischen biskayischen
Meerbusen und die neblige Kälte der Nordsee erfolgt, sondern dass dieselbe unterbrochen wird. Wer die Mehrkosten nicht zu scheuen braucht,
sollte, wenn er ein deutsches Schiff benutzt, in Las Palmas dasselbe
verlassen und von dort einen Hafen Südspaniens oder Italiens zu erreichen suchen, um nach möglichst langem, wenigstens vierwöchentlichem
Aufenthalt in einem gemässigten Klima allmälig dem heimathlichen Norden zuzustreben. Wer die Fahrt auf einem der sehr gut eingerichteten
von Fernando Po und Sao Thomé ausgehenden spanischen oder portugiesischen Schiffe vorzieht, wird direkt nach Lissabon oder Cadix resp.
Barcelona befördert.

Wenn in der Heimath Fieberrückfälle sich häufen, ist Ortswechsel oft von ausgezeichneter Wirkung. Schon die Kurorte im Süden der Alpen, an den italienischen Seen, wie im südlichen Tirol entsprechen den an einen Erholungsort für Malariareconvalescenten zu stellenden Anforderungen. Der Aufenthalt in höher gelegenen Gegenden mit trockner Luft ist solchen an der Küste, z. B. an der Riviera im allgemeinen vorzuziehen. Jede eingreifende Kur sollte, wenn möglich, bis die Reakklimatisation beendet ist, unterbleiben. Malariarückfälle im Anschluss an Trinkkuren in Karlsbad[1]) sind mehrfach beobachtet worden. Die gleiche Erfahrung habe ich zweimal bei energischen Inunktionskuren gemacht. Es ist diese Thatsache von praktischer Bedeutung in so fern grade in letzter Zeit indische Rekonvalescenten auf Fayrer's[2]) Empfehlung anscheinend häufig von ihren Aerzten nach Karlsbad geschickt werden.

[1] Pollatschek, Der Einfluss der Karlsbader Brunnenkur auf chronische Malariaformen. Berl. klin. Wochenschr. 1889, No. 24.

[2] Fayrer, Lanzet 1895, 19. Jan. pag. 194.

Capitel IV.

Die nicht auf Malariainfektion beruhenden Krankheiten in Kamerun.

Abgesehen von den stets wechselnden Krankheitsbildern, welche die Malaria dem Arzt an der Kamerunküste vorführt, ist die Pathologie derselben im ganzen arm zu nennen, namentlich wenn man sie mit derjenigen des tropischen Ostafrika vergleicht. Die Erklärung ist nicht schwer zu geben. An der Westküste wohnt eine ethnologisch grösstentheils einheitliche Negerbevölkerung, nach einzelnen kleinen, ihrer Handelsinteressen wegen gegenseitig auf einander eifersüchtigen und einander feindselig gesinnten Stammesgenossenschaften streng geschieden. Soweit nicht die Uebermacht des Europäers oder eines zeitweis den Nachbarn überlegenen Stammes vorübergehend gewaltsam die eifersüchtig gehüteten Grenzen sprengt, findet zwischen den einzelnen nur ein geringer Verkehr statt. Die aus dem Innern kommenden Waaren werden an der Grenze des folgenden Stamms an diesen verhandelt und von ihm weitergegeben, soweit der Handelnde es nicht vorzieht, durch Erlegung beträchtlicher Abgaben an jeden Stamm, durch dessen Gebiet sein Weg führt, sich die Erlaubniss zu dem immerhin auch dann noch nicht ungefährlichen Durchmarsch zu erwirken. Dass ein solches Absperrungssystem auch ein recht wirksamer Schutz gegen die Verbreitung mancher infektiöser Krankheiten ist, darf nicht bezweifelt werden. In Ostafrika, wo jährlich in grossen Karavanen viele Tausende von Menschen verschiedener Rassen und Stämme das ganze Gebiet von den grossen Seen nach der Küste durchwandern und für den Austausch der ihnen eigenthümlichen Krankheiten ebenso wie für den ihrer Waaren sorgen, liegt die Sache anders. Nach dem tropischen Westafrika findet seiner geographischen Lage wie seines berüchtigten Klimas wegen eine Einwanderung nur in sehr beschränktem Maasse statt und fast nur von Europäern, unter diesen wieder nur von solchen mit besonders fester Constitution und unzweifelhafter Gesundheit. Ein Import fremder, nicht der Westküste eigenthümlicher Krankheiten ist unter diesen Umständen begreiflicher Weise wesentlich mehr erschwert als an der Ostküste, wo seit Jahrhunderten ein Strom von Auswanderern — von der spärlichen Zahl von Europäern ganz abgesehn — aus den verschiedenen Theilen Asiens und Afrikas sich ergiesst, wo der Araber, Perser, Beludsche, Inder und Goanese sich mit dem javanischen und chinesischen Kuli, der sudanesische mit dem Kaffern-Soldaten und dem Manyema von der Grenze des Congostaates begegnet, nicht ausgesucht kräftige Leute, sondern vielfach durch die dürftigen Verhältnisse in der Heimath oder selbst den Hunger zur Auswanderung getrieben und vielfach mit den Krankheiten ihrer Heimath behaftet.

Schon die Pathologie der Infektionskrankheiten an der Westküste bietet im ganzen wenig Abwechslung.

Ueber das Vorkommen der Pest besitzen wir keine sicheren Nachrichten. Wir kennen von Ausbrüchen der Pest auf afrikanischem Boden abgesehen von der im zweiten Buch Mosis als eine der sieben Plagen Egyptens beschriebenen und als Pest gedeuteten Krankheit, sowie der nach des Oribasius Bericht zu Trajans Zeit Lybien verwüstenden Epidemie nur die, welche 1856 und 1858—59, sowie 1874 in Egypten und Tripolis herrschten und sich von da bis nach Mursuk ausdehnten.

Die Cholera hat beträchtliche Verbreitung bisher nur an der Nord- und Ostküste Afrikas gefunden. Die erstere wurde bei jeder der bisherigen fünf Pandemien in Mitleidenschaft gezogen, an der letzteren herrschte die Krankheit 1820, 1837, 1858 und 1869.

An der Westküste trat die Krankheit 1855 auf den Cap Verdischen Inseln und Madeira, 1868 und 1893 in Senegambien auf. Ueber ihr Vorkommen weiter südlich existiren keine Nachrichten.

Das gelbe Fieber kommt endemisch an der afrikanischen Westküste nur in Sierra Leone vor, wird aber durch Schiffsverkehr öfters von dort oder direkt von Amerika aus nach anderen Theilen der Küste verschleppt und findet dann namentlich in Senegambien, dieser Brutstätte der verschiedenartigsten pathologischen Mikroben, öfter die Bedingungen für epidemische Weiterverbreitung. Ob die Epidemien, welche an andern Stellen der Küste, so an der Beninküste 1862, an der Congoküste 1816, 1860, 1862, 1865, auf Fernando Po 1839, 1862 geherrscht haben sollen, alle auf gelbes Fieber zu beziehen sind, ist bei der starken Verbreitung des Schwarzwasserfiebers in all diesen Küstengegenden und der Schwierigkeit der Differentialdiagnose für den Laien und den unerfahrenen Arzt, nicht völlig sicher. Bei der fast vollkommenen Immunität der schwarzen Rasse gegen beide Krankheiten und der geringen Zahl der europäischen Bewohner an den in Betracht kommenden Plätzen handelt es sich fast stets nur um eine sehr geringe Zahl gleichzeitig oder innerhalb kurzer Zeit erfolgender Krankheits- resp. Todesfälle. Andererseits zeigt auch das Schwarzwasserfieber unter dem Einfluss gewisser, genau noch nicht bekannter klimatischer und tellurischer Einflüsse eine besondere Neigung zeitweiser epidemieartiger Häufung der Erkrankungsfälle. Es ist immerhin auffällig, dass von Erkrankungen an Bord resp. von Schiffsepidemien, die an Gelbfieberplätzen zu den besonders häufig beobachteten Erscheinung gehören und deren Vorkommen ein zuverlässiges Reagens auf das Vorkommen der Krankheit an Land zu sein pflegt, an der Westküste Afrikas so gut wie gar nichts bekannt ist. Da die Diagnose an vielen Küstenplätzen in der Mehrzahl der Fälle von Laien gestellt wird, oder von Aerzten deren Erfahrung sich, wie bei den meisten Aerzten der Handelsmarine, auf das während einer oder höchstens zweier Küstenreisen beobachtete pathologische Material beschränkt, und in beiden Fällen nicht selten die imponirende gelbe Farbe des Schwarzwasserfieberkranken zur Stellung der Diagnose „gelbes Fieber" genügt, so dürfte an der richtigen Deutung von so manchem der gemeldeten Gelbfieberfälle Zweifel zu erheben sein. Zur Zeit meines Aufenthalts in Kamerun kam nach allen von mir angestellten Erhebungen östlich und südlich von der Goldküste Gelbfieber nicht vor, in Kamerun selbst ist auch aus der Vergangenheit über sein Vorkommen nichts bekannt.

Auf die von einzelnen Aerzten auch heute noch vertretene Ansicht, dass Gelbfieber und Schwarzwasserfieber identische Krankheitsprocesse seien, brauche ich an dieser Stelle nicht weiter einzugehen, bezüglich der Differentialdiagnose zwischen beiden Krankheiten kann ich auf das S. 180 bei Besprechung der Diagnose des Schwarzwasserfiebers Gesagte verweisen. Praktisch ist die Krankheit einstweilen, wie gesagt, ohne Bedeutung für die Kamerunküste.

Die Pocken sind im Innern Afrikas die verderblichste und verbreiteste aller Volkskrankheiten.

An den Küsten des tropischen Afrika scheinen sie endemisch nirgends vorzukommen, sondern dahin immer nur mit einer nach dem Umfang der Handelsbeziehungen mit dem Inneren wechselnden Häufigkeit verschleppt zu werden und alsdann mehr oder weniger kurzdauernde Epidemien hervorzurufen. Die gänzlich verschiedene Art des Handelsverkehrs erklärt es, dass die Krankheit an der Kamerunküste, wie überhaupt in Westafrika unvergleichlich viel seltener auftritt als an der ostafrikanischen Küste. Von einer Einschleppung aus dem Innern nach Kamerun ist bisher noch nichts bekannt geworden, dagegen erfolgte eine solche 1891 auf dem Seeweg durch die von Gravenreuth als Träger und Soldaten für die projektirte Tschadseexpedition angeworbenen Dahomesklaven. Unter denselben richtete damals die Krankheit furchtbare Verheerungen an. Die eingeborene Bevölkerung war nur sehr wenig betheiligt, obwohl Impfungen noch nicht vorgenommen waren und das Ueberstehen der Krankheit selbst jedenfalls nur einem verschwindend kleinen Procentsatz Immunität verliehen haben konnte. Die Epidemie erlosch vollkommen nach 3 bis 4 Monaten. Seither sind Pockenfälle an der Kamerunküste nicht wieder aufgetreten. Pockennarbige Gesichter, denen man an der Ostküste etwa beim vierten oder fünften erwachsenen Eingebornen begegnet, gehören an der Kamerunküste zu den ausserordentlichen Seltenheiten.

Ueber das Vorkommen von Abdominaltyphus in West-Afrika besitzen wir nur wenige zuverlässige Nachrichten. Whitehead[1] giebt nur ganz allgemein an, die Krankheit sei über ganz Afrika verbreitet, ohne indess nähere Angaben zu machen. Unzweifelhaft sind Verwechslungen mit gewissen Formen des Malariafiebers in den Tropen häufig vorgekommen und andererseits die Existenz anderer unter ähn-

---

1) Whitehead, in Davidson's Hygiene and diseases of the warm climates. pag. 219.

lichen Erscheinungen verlaufender Krankheiten solange nicht mit Sicher-
heit auszuschliessen, als nicht die bakteriologische Untersuchung die
Aetiologie zweifellos festgestellt hat. In dem Sinne ist es immerhin
zweifelhaft, ob es sich in den von Moreira[1] und Mc. William[2],
Jenner[3] und Chassaniol[4] geschilderten Krankheitsfällen am Niger, in
Sierra Leone und in Gabun wirklich, wie die Autoren es annehmen, um
Abdominaltyphus gehandelt hat. Für Gorée scheint das nach Defaut's[5]
Veröffentlichungen sicher gestellt.

Bei neueren Schriftstellern habe ich über das Vorkommen der
Krankheit an der Westküste keine sicheren Angaben gefunden. ich selbst
sah keinen Fall während meines Aufenthalts in Kamerun; mein Nachfolger[6] beobachtete eine Anzahl von schweren typhusähnlichen Fällen,
doch machte es ihm das Ergebniss der Autopsie wahrscheinlich, dass es
sich um eine anderweitige Infektion gehandelt hat.

Exanthematischer Typhus, welcher nach Griesinger[7] in
Aegypten, Nubien, nach Ferrini[8] in Tunis, Léonard und Marit[9] in
Algier beobachtet worden ist, scheint an der Westküste völlig zu fehlen.

Ueber das Vorkommen von Typhus recurrens wird aus Afrika
nur von Aegypten und Nubien, sowie der Nordküste berichtet. Ueber
sein Vorkommen an der Westküste ist nichts bekannt.

Bezüglich der akuten Exantheme habe ich eigene Erfahrungen
in Kamerun nicht machen können; dieselben fehlten zu meiner
Zeit ganz.

Scharlach kommt in Abessinien, Aegypten, Tunis und im Cap-
land vor, fast ausschliesslich sporadisch und in leichten Fällen. Schwerer und epidemieartig auftretend ist die Krankheit in Algier und auf
den Azoren beobachtet worden[10].

Einen Masernfall habe ich während meines Aufenhalts in Kamerun ebenso wenig gesehen wie im folgenden Jahr mein Nachfolger.
Dass Masern in Afrika vorkommen, wissen wir lange, von der afrikanischen Westküste speciell durch Daniell[11] und Mannerot[12]. Auch

1) Moreira, Jornal da socied. das Sc. medic. de Lisboa XV. 21. nach Hirsch.
Handb. der historisch-geographischen Path. Bd. I. pag. 444.

2) Mc. William, Medical history of the expedit. to the Niger etc. London.
1843. pag. 146.

3) Jenner, Med. Times. 1853, VI. 312.

4) Chassaniol, Arch. de med. nav. 1865. Mai. 506.

5) Defaut. Hist. clinique de l'hopital maritime de Gorée. Paris 1877. 123.

6) A. Plehn. Zur vergleichenden Pathologie der schwarzen Rasse in Kamerun.
Virchow's Archiv, 146. Bd. 1896.

7) Griesinger, Arch. für phys. Heilk. 1853, XI. 358.

8) Ferrini. Annal. univ. d. medic. 1869. Maggio. 241.

9) Léonard und Marit. Rec. de med. milit. 1863.

10) Hirsch, I. pag. 124.

11) Daniell. Dubl. Journ. of med. Sc. 1852.

12) Mannerot, Malad. endem. à Gaboun. 1840.

Felkin[1] giebt an, dass sie von Senegambien bis Angola vorkommen sollen.

Varicellen sah ich selbst einige Male bei Negern, welche die Krankheit in den Gebirgsgegenden in der Nähe der ostafrikanischen Küste erworben zu haben angaben, wo die Krankheit öfter vorzukommen scheint. An der Westküste habe ich sie niemals beobachtet und auch über ihr Vorkommen von anderer Seite nichts erfahren können.

Bezüglich des Denguefieber berichtet Hirsch[2] nur über dessen früheres Auftreten in Aegypten und Senegambien, 1845 und 1848 soll es in Gorée und Senegambien geherrscht haben, 1856 und 1865 wieder dort[3], 1865 auch auf den kanarischen Inseln.

1870—71 trat die Krankheit in Zanzibar und der vorgelagerten Küste auf. Ich habe in Kamerun keinen Fall der Krankheit gesehen.

Influenza kommt in Kamerun wie überhaupt an der Westküste vor. Sie scheint über die ganze Erde verbreitet zu sein. In der ersten Hälfte des Jahres 1893 war in Kamerun die Zahl der zur Beobachtung kommenden Fälle ziemlich gross. Nur zweimal handelte es sich um zweifellose Erkrankung von Europäern, die übrigen betrafen eingeborne Neger, nur drei importirte Krujungen. Die Erscheinungen waren durchaus die in Europa als charakteristisch angesehenen. Hohes nicht selten mit intensivem Schüttelfrost beginnendes Fieber, heftige Schmerzen in Kopf- und Rücken, seltener in den Gelenken, dazu starker Katarrh der Respirationsorgane. Da diese sämmtlichen Erscheinungen auch bei der Malaria der Neger keineswegs selten beobachtet werden, so wäre ohne Berücksichtigung des ätiologischen Moments, wenigstens im Beginn eine sichere Diagnose kaum zu stellen gewesen. Durch die mikroskopische Untersuchung gelang dies leicht und der Verlauf bestätigte die Diagnose in jedem Fall. Die charakteristischen amöboiden Parasiten der Malaria fehlten in allen Fällen im Blut, dagegen fanden sich im Auswurf in der überwiegenden Mehrzahl der untersuchten Fälle feinste meist intracellulär gelegene Bacillen mit verdickten Enden,.

Der Verlauf war bei fast allen Kranken auch bei heftigen Initialerscheinungen ein leichter, in 6—8 Tagen trat in der Regel Rekonvalescenz ein. Nur in einem Fall bei einem älteren Dualamann entwickelte sich im Anschluss an die Krankheit eine zwei Wochen dauernde katarrhalische Pneumonie, die ihn stark entkräftete. Die Behandlung bestand bei einem Theil der Kranken in der Darreichung von Chinin. Einen wesentlich leichteren Verlauf bei diesen gegenüber den allein symptomatisch behandelten Kranken habe ich nicht beobachtet.

1) Felkin, On the geographical distribution of tropical diseases in Africa.
2) Hirsch, l. c. I. pag. 43.
3) Dutroulais, Traité des maladies des Européens dans les pays chauds. Par. 1867. 87.
Rey, Arch. de méd. nav. 1868. IX. 279.
Thaly, eod. loc. 1866. VI. 57.

Die Diphtherie kommt nach den neuesten Forschungen Schellong's an sehr vielen Plätzen der Tropen sporadisch vor. Nirgends ausser auf den Hochländern Südamerikas und in Centralamerika scheint die Krankheit irgend welche praktische Bedeutung zu haben. Die Erkrankungsfälle sind spärlich, zu eigentlichen Epidemien kommt es überhaupt nicht und der Verlauf ist ein leichter. Das gilt nach den bekannt gewordenen allerdings spärlichen Nachrichten speciell vom tropischen Afrika. Die Krankheit ist zwar in Zanzibar und Nossi-Bé beobachtet worden, war aber sehr selten und nahm stets einen leichten Verlauf.

Denselben Eindruck gewann ich in Kamerun, wo ich im Juni, Juli und August 1893 14 Fälle echter Diphtherie bei Negern ziemlich kurz hinter einander zu beobachten Gelegenheit hatte. Immerhin lag zwischen den einzelnen Erkrankungen so viel Zeit, dass von einer eigentlichen Epidemie nicht gesprochen werden konnte. Starke anderweitige Inanspruchnahme zur Zeit des Auftretens der Krankheitsfälle verhinderte mich, in allen Fällen die Diagnose objektiv zu sichern. In den vier untersuchten Fällen fanden sich unzweifelhafte Diphtheriebacillen in den mit sterilen Wattebäuschen abgewischten Membranen. Die Züchtung auf Blutserum und Glycerinagar gelang leicht. Es entwickelten sich in zwei Fällen in Reinkultur, die charakteristischen kurzen, an den Enden verdickten, im flüssigen Medium völlig unbeweglichen Bacillen zu anfangs hellen, weisslichen, tröpfchenartigen Kolonien, die bald konfluirten und ein stearingraues glasiges Aussehen gewannen. An der Zugehörigkeit der übrigen Fälle zum gleichen Krankheitsprocess ist nach dem klinischen Verlauf nicht zu zweifeln. In jedem Fall bestanden die geklagten Beschwerden in Schmerzen beim Schlucken, allgemeiner Abgeschlagenheit und Appetitlosigkeit. Eigentliche Athembeschwerden wurden in keinem Fall geklagt. Die Tonsillen, in einigen Fällen auch der weiche Gaumen, die Uvula und die hintere Rachenwand waren mit einem mehr oder weniger ausgebreiteten, bald mehr fleckig disseminirten bald konfluirenden schmutzig weissgrauen Belag bedeckt, welcher der Schleimhaut so fest anhaftete, dass bei den Versuchen ihn zu entfernen leichte Blutungen auftraten. Der zwischen den exsudatbedeckten Stellen sichtbare Theil der Rachenschleimhaut war intensiv geröthet. In jedem Fall liess sich eine meist geringe Schwellung der inframaxillaren Lymphdrüsen nachweisen. Nach den Mittheilungen der Kranken ist die Krankheit unter den Kamerunnegern gut bekannt, wahrscheinlich sind auch zur Zeit meiner Anwesenheit in der Kolonie noch erheblich mehr Fälle vorgekommen, die aber nicht in ärztliche Behandlung gelangten. Auffällig ist, dass unter den 14 Behandelten kein Kind in ganz jugendlichem Alter sich befand, den jüngsten unter den Erkrankten schätze ich auf ca. 10 Jahre, der älteste mochte 20—25 Jahre alt sein. Doch kommt die Krankheit nach den Angaben der Eingeborenen auch bei Kindern vor. Sie soll im allgemeinen auch bei diesen sehr leicht verlaufen und sehr selten durch Erstickung zum Tode führen. Dass ich selbst keine kranken Kinder zu sehen bekam, ist wohl auf äussere Gründe zurückzuführen. Die mehr als die Männer konservativ veranlagten Negerfrauen suchen bei eignen Erkrankungen, wie auch bei denen ihrer Kinder zunächst mit Vorliebe Hülfe beim Mianga, dem eingebornen Zauberdoktor.

Nur 3 von den 14 Erkrankten liessen sich zum Eintritt in das Farbigenlazareth veranlassen, die übrigen wurden, 3 8 Tage lang, ambulant in der Poliklinik behandelt mit Salolpinschungen und Gurgelungen mit Kali chloricum. Bei den im Lazareth behandelten Patienten verlief die Krankheit mit sehr geringen Temperaturerhebungen, die in keinem Fall 39° überschritten.

Komplikationen bezüglich Nachkrankheiten seitens der Nieren oder des Nervensystems wurden in keinem Fall beobachtet.

Akuter Gelenkrheumatismus ist eine ziemlich häufige Krankheit, sowohl bei Europäern als bei Eingebornen. Er verläuft selten unter hochfieberhaften Erscheinungen, ist aber trotzdem, namentlich in der Uebergangszeit von der heissen zur Regenzeit ein sehr lästiges Uebel. Meist tritt die Krankheit in unmittelbarem Anschluss an eine Erkältung in Folge von Durchnässung sehr plötzlich auf. Befallen werden vorzugsweise Knie- und Fussgelenke, seltener Schultergelenk und Ellenbogen. Die Krankheit führt selten zu erheblichen Schwellungen der befallenen Gelenke, auch pflegt Druck und Berührung nicht besonders schmerzhaft zu sein. Die Beschwerden bestehen namentlich in heftigen Schmerzen bei aktiver und passiver Bewegung, die am stärksten nach längerem Ruhighalten der befallenen Extremität sind. Besonders morgens nach längerer Bettruhe können dieselben so heftig sein, dass ein nicht unbeträchtliches Maass von Energie zum Aufstehen gehört. Im Lauf des Tages, namentlich nach länger dauernder Bewegung, pflegen die Schmerzen ganz oder fast ganz zu verschwinden, um nach verhältnissmässig kurzem Ruhigverhalten, z. B. Sitzen bei Tisch während der Arbeit oder der Mahlzeiten, wieder mit unerträglicher Heftigkeit aufzutreten. Stark zu acerbiren pflegen sie während der Malariaanfälle. In den zahlreichen bei Europäern beobachteten Fällen verlief die Krankheit ausnahmslos günstig, Komplikationen seitens des Herzens, die in drei Fällen bei Negern beobachtet wurden, kamen nicht vor, auch erforderte der Zustand in keinem Fall eine völlige Ruhigstellung des Körpers im Bett, welche schon durch die ganz allgemein gemachte Wahrnehmung, dass Bewegung das Leiden günstig beeinflusste, nicht angezeigt erschien. Die Dauer der Krankheit schwankte zwischen acht Tagen und drei Wochen, salievlsaures Natron in 3—4 g-Dosen pro die schaffte stets wesentliche Erleichterung, auch Antipyrin erwies sich wirksam. In hartnäckigeren Fällen kamen heisse Wannenbäder von 35—40° C. in Anwendung und wurden sehr wohlthuend empfunden. Die Diagnose dürfte nur in seltenen Fällen Schwierigkeiten machen, doch kommen unzweifelhaft Fälle vor, wo eine anderweitige Krankheit einen Gelenkrheumatismus wenigstens im Anfang vortäuschen kann. Ich selbst beobachtete einen derartigen Fall bei einem jungen Engländer im Anschluss an typische, intermittirende Malaria auftretend. Die Affektion betraf ausschliesslich das rechte Kniegelenk, das sehr stark anschwoll und ausserordentlich schmerzhaft wurde. Die Differenz des Umfangs beider Kniegelenke oberhalb und unterhalb der Patella betrug 5—6 cm. Der Kranke machte im Verlauf seiner Krankheit, während dessen er anfangs im allgemeinen ein ein mässig hohes remittirendes Fieber hatte, noch ein schweres Schwarzwasserfieber durch, das ihn sehr entkräftete. Nach Ablauf desselben verminderten sich die spontanen Schmerzen im Knie, und die Temperatur ging zur Norm zurück, doch blieb die Schwellung und die Unmöglichkeit, das Bein ohne wesentliche Beschwerden zu bewegen, bestehen. Es wurden nach vorangegangener Probepunktion, welche ein trübseröses, mit Fibrinflocken gemischtes Exsudat ergab, zweimal 80 resp. 90 ccm Flüssigkeit mittels des Troikart entleert, in der weder Tuberkelbacillen noch Malariaparasiten nachgewiesen werden konnten und die sich rasch wieder ansammelte. Da es sich um einen schwächlichen, hereditär belasteten Menschen handelte, wurde ausser Rheumatismus Gelenktuberkulose als wahrscheinliche Ursache der Affektion in Betracht gezogen und dem Kranken nach vierwöchentlichem Bestehen des Leidens der Rath zur Heimkehr ertheilt. Bereits nach 14 tägigem Aufenthalt auf See trat eine wesentliche Besserung im Befinden desselben ein, und bei seiner Ankunft in England war er im Stande, ohne Hülfe das Schiff zu verlassen. Es erfolgte alsdann nach weiteren drei bis vier Wochen, wie er mir schriftlich mittheilte, vollkommene Genesung.

Von den akuten Wundinfektionskrankheiten sind septische und pyämische Erkrankungen im tropischen Theil der afrikanischen Westküste anscheinend sehr selten. Auch sehr schwere Verletzungen heilen bei den westafrikanischen Negern im allgemeinen ausserordentlich leicht; phlegmonöse Entzündungen in der Umgebung vernachlässigter Wunden kommen vor, führen aber selten zur Allgemeininfektion[1].

Von puerperalen Erkrankungen hört man bei Eingebornen nichts. Die nach drei von vier Entbindungen weisser Frauen in Kamerun beobachteten Fieber waren sämmtlich, wie der Blutbefund ergab, auf Malaria zurückzuführen, für deren Ausbruch das Trauma die Gelegenheitsursache gegeben hatte. Was der Grund für die auch von meinem Nachfolger betonte ausserordentliche Seltenheit von schweren septischen Erkrankungen beim westafrikanischen Neger ist, dürfte nicht ganz leicht zu entscheiden sein. Möglicher Weise giebt die zum mindesten sehr grosse Seltenheit des Streptococcus pyogenes eine Erklärung dafür, welchen ich bei der häufig vorgekommenen Untersuchung eitrigen Sekrets in Kamerun niemals gefunden habe, während Staphylococcus pyogenes aureus ein daselbst anscheinend bei keiner Entzündung fehlender Parasit ist. Weit seltener ist Staphylococcus pyogenes albus.

Hervorgehoben zu werden verdient, dass allgemeine Sepsis bei den Negern Ostafrikas nach meinen daselbst bisher gemachten Erfahrungen eine häufigere Folge von Verletzungen ist als an der Westküste. Eine grössere Empfänglichkeit dürfte kaum anzunehmen sein. Vielleicht ist es kein Zufall, dass ich in Tanga mehrmals in der Lage war aus Wundsekreten Streptokokken zu züchten.

Erysipel habe ich selbst in keinem Fall in Kamerun gesehen. Dass es vorkommt, beweisen zwei von A. Plehn nach mir beobachtete Fälle[2].

1. A. Plehn, Wundheilung bei der schwarzen Rasse. Deutsche med. Woch. 1896, No. 34.

2. A. Plehn, Zur vergleichenden Pathologie der schwarzen Rasse. Virchow's Arch. 146. Bd. 1896.

Eine unzweifelhaft auch auf Infektion zu beziehende Krankheit ist ein eigenthümliches entzündliches Oedem, zu welchem ich ein Analogon während meiner Thätigkeit als chirurgischer Assistent in Europa nicht kennen zu lernen Gelegenheit hatte. Es stellt sich in recht akuter Weise und anscheinend spontan eine äusserst schmerzhafte Schwellung des befallenen Theils ein — in allen von mir beobachteten Fällen handelte es sich um die obere Extremität. Finger und Unterarm, in geringerem Maass der Oberarm zeigten ein teigig anzufühlendes Oedem, die Haut war röthlich verfärbt, nicht mit der Intensität wie bei Erysipel, auch fehlte die für dieses charakteristische scharfe Begrenzung. Verschiedene Stellen zeigten Pseudofluktuation. Schmerzhaft waren vor allem die grösseren Gelenke, Hand- und Ellenbogengelenk, spontan in geringerem Maass, stärker auf Druck und bei Bewegung. Die Körpertemperatur war anfangs mässig erhöht, die Curve verlief remittirend mit Erhebungen auf 38—39°. Das Allgemeinbefinden war nicht wesentlich beeinträchtigt, der Verlauf in allen Fällen ein günstiger. Bei ruhiger Lage, Suspendirung des befallenen Gliedes und permanenter Irrigation mit einer Lösung von essigsaurer Thonerde gelang es schon nach wenigen Stunden eine erhebliche Linderung der subjektiven Beschwerden und in sechs bis acht Tagen ein fast völliges Verschwinden der Geschwulst und der Schmerzen zu erzielen, worauf dann in weiteren acht Tagen etwa gänzliche Heilung erfolgte.

Eine Incision, welche bei der prallen Spannung der Hautdecken zunächst indicirt erscheinen könnte, wurde nur in einem Falle, dem ersten der zur Beobachtung kam, vorgenommen und wäre nach den später gemachten Erfahrungen zur Heilung kaum erforderlich gewesen. Die ätiologische Untersuchung war insofern ergebnisslos, als die mit dem Sekret der Incisionswunde vorgenommenen Cultivirungsversuche auf Agar, Blutserum und Kartoffeln resultatlos verliefen. Sämmtliche Nährböden blieben steril.

Eine bei den Negern Kameruns wie Ostafrikas häufige aber gleichfalls ziemlich harmlos verlaufende Krankheit sind Abscesse, welche sich von Lymphdrüsen ausgehend zu beträchtlichem Umfang vergrössern können. Dieselben treten mit besonderer Vorliebe an den Extremitäten auf, doch habe ich sie in einigen Fällen auch am Rücken, an der Brustwand und in der Bauchmuskulatur sich entwickeln sehen. Wohl stets dürfte Infektion von kleinen peripherischen Wunden oder Hautabschürfungen die Veranlassung für ihr Zustandekommen geben, wenn sich auch solche nicht in allen Fällen mit Sicherheit nachweisen lassen. Als Krankheitserreger habe ich in den darauf hin von mir untersuchten sechs Fällen Staphylococcus pyogenes aureus in Reinkultur züchten können. Fieberhafte Allgemeinerscheinungen fehlen völlig, oder sind doch auf ein Minimum beschränkt. Die spontane Schmerzhaftigkeit ist meist gering und wird nur bei Bewegung des befallenen Theils bedeutender. Ist der Abscess zu beträchtlicherer Grösse herangewachsen, so bewirkt er durch Druck auf die umliegenden Gewebe ein unangenehmes Gefühl von Spannung. Entwickelt er sich am Unterarm, so ist ein Gefühl von Taubheit oder Kriebeln in den Fingern eine ziemlich häufige Erscheinung. Die Prognose ist gut. Wenn, wie es stets geschehen sollte, der Abscess sofort nachdem sein Vorhandensein festgestellt ist breit eröffnet und die häufig beträchtlichen Eitermengen entleert sind, erfolgt meist sehr schnelle und reaktionslose Heilung, auch wo sich der Kranke, nachdem durch die Incision die subjektiven Beschwerden mit einem Schlage und vollkommen beseitigt sind, nach dem ersten oder zweiten Verbandwechsel der weiteren Behandlung entzieht, wie das häufig der Fall ist.

Tetanus wurde zur Zeit meiner Thätigkeit in Kamerun ziemlich häufig beobachtet, namentlich bei den mit Gartenarbeit beschäftigten Krunegern. Die Fälle häuften sich in der auf die Regenzeit folgenden Uebergangsperiode im Oktober und November 1893. Weitere Fälle kamen zur gleichen Zeit unter den eingebornen Duallas vor, gelangten aber nicht in ärztliche Behandlung. Vom November 1893 bis Oktober 1894 sah ich alsdann nur einen Fall, während der folgenden 18 Monate kam nach dem Bericht von A. Plehn kein Fall zu ärztlicher Kenntniss. Es scheint sich demnach um eine fast epidemieartige Wucherung des Bacillus im Erdreich gehandelt zu haben, die an eine bestimmte, relativ kurze Zeit gebunden war, und zwar die Zeit, wo nach wochenlanger völliger Durchtränkung des Bodens mit Regenwasser und nach intensiver Bewölkung die Sonne wieder hervorkam und heftige Regengüsse mit trocknen, glühend heissen Tagen abwechselten.

Die Eingangspforte der Infektion war in jedem Fall in Gestalt kleiner Wunden mit mehr oder weniger stark entzündeten Rändern nachweisbar. Der Sitz war in vier Fällen die Endphalanx eines Fingers, in einem Fall die Vola der Hand, in zwei Fällen die Zehen, in weiteren zwei die Knöchelgegend beziehungsweise die Planta pedis Nach den sehr übereinstimmenden Angaben der Kranken über die zwischen erlittener Verletzung und Ausbruch der Krankheit verflossene Zeit — solche Angaben sind freilich beim Neger immer mit grosser Vorsicht zu beurtheilen — war die Inkubationszeit eine auffällig kurze, zwischen zwei und vier Tagen schwankende. Der Schnelligkeit, mit welcher der Ausbruch der Krankheit der stattgehabten Infektion folgte, entsprach die Schwere der Erscheinungen. Alle Fälle verliefen ausserordentlich stürmisch unter heftigem bis zu 42° ansteigendem Fieber von kontinuirlichem oder remittirendem Charakter, ausgesprochenem Trismus, der die Zufuhr von flüssiger Nahrung per os fast völlig unmöglich machte, und Schlag auf Schlag sich folgenden, nicht selten mehrere Sekunden anhaltenden tonischen Kontraktionen der gesammten Körpermuskulatur. Die Krankheitsdauer war eine kurze, sämmtliche Fälle endeten tödlich, drei am zweiten, vier am dritten, einer am Morgen und einer am Abend des vierten Tages nach dem Auftreten der ersten Erscheinungen. Die Therapie bestand in Exstirpation der die Infektionsstelle umgebenden Gewebe, in welchem zweimal kleine Fremdkörper, einmal ein Holzsplitter, ein zweites Mal ein Eisenstückchen von 4 mm Länge und 1 mm Dicke sich vorfand, Aetzung derselben mit Chlorzink resp. Ausbrennung mit dem Thermokauter, einmal Amputation des inficirten Fingers, endlich reichlicher Anwendung von Narkoticis, Morphininjektionen und Chloroformeinathmung. Es wurde durch diese Behandlung nichts als eine Linderung der subjektiven Beschwerden der Kranken erreicht. In dem mit Eiter vermischten Blut der

Infektionsstelle fanden sich in allen untersuchten Fällen die charakteristischen feinen Bacillen; ein junger Affe, welchem der aus der Fingerwunde eines Kranken extrahirte Holzsplitter in eine Hauttasche am Rücken eingeführt wurde, erkrankte am zweiten Tage mit Appetitlosigkeit und gänzlichem Verlust seiner früheren Munterkeit. Am dritten Tage traten tetanische Erscheinungen bei ihm auf, unter welchen er am Morgen des vierten Tages verendete.

Es wurden ferner drei jungen Katzen Erdbröckel von ca. 3 g Gewicht aus dem Theil des Gouvernementsgartens, in welchem zwei der Kranken während der Dauer der Inkubationszeit gearbeitet hatten, in Hauttaschen am Rücken eingeführt. Bei allen drei entwickelten sich Abscesse an der Impfstelle, zur Entwickelung von Tetanus kam es indess nur in einem Fall, am dritten Tag nach der Impfung. Der Tod erfolgte in der Nacht desselben Tages. Spätere Impfungen von Ratten, einem Papagei und zwei weiteren jungen Katzen mit dem gleichen, an derselben Stelle gewonnenen Impfmaterial hatten kein Ergebniss.

Ueber das Vorkommen von Hundswuth, Rotz, Milzbrand und Trichinose ist mir während meiner Thätigkeit in Kamerun nichts bekannt geworden, ebenso wenig hat mein Nachfolger einen Fall von Erkrankung an einer der genannten Krankheiten beobachtet.

Hundswuth ist eine in den Tropen keineswegs seltene Krankheit. Sie wird auf den Antillen, im tropischen Amerika, in Niederländisch Indien, Malacca, Annam und Vorderindien oft beobachtet. In Bombay erlagen ihr in einem Jahr 105 Menschen[1]. Nach Drevon[2] kommt sie auch in Westafrika vor.

Ueber das Vorkommen von Rotz und Milzbrand in den Tropen fehlen Nachrichten meines Wissens bisher vollkommen. Auch Trichinose ist im Bereich derselben zum mindesten sehr selten. Einzelne Krankheitsfälle sind früher aus Kalkutta gemeldet worden[3].

Von chronischen Infektionskrankheiten kommen in Betracht Tuberkulose, Lepra und Framboesia.

Ueber das Vorkommen der Tuberkulose im tropischen Afrika besitzen wir nur wenige, der Vervollständigung und vielleicht auch der Berichtigung sehr bedürftige Berichte.

An der ostafrikanischen Küste und auf den ostafrikanischen Inseln soll die Krankheit nach den Berichten Guiol's[4], Deblenne's[5] Grennet's[6] ein sehr häufiges und schweres Leiden sein. Lostalot[7] erklärt die Krankheit für selten auf der Insel Zanzibar und damit stimmen meine an der deutsch-ostafrikanischen Küste gesammelten Erfahrungen durchaus überein.

1) Bordier, La géographie médicale. pag. 287.
2) Drevon, Le pays de Toussous. Arch. de méd. nav. t.XII. 1894.
3) Lancet. 1864. 24. Dec.
4) Guiol, Arch. de méd. nav. 1882. Nov. 329.
5) Deblenne, Géogr. méd. de l'île Nossi-Bé. Par. 1883. 210.
6) Grennet, Journ. méd. de l'année à Mayotte Montpell. 1888.
7) Lostalot, Étude sur la constitution physicale et médicale de Zanzibar. Par. 1876. 45.

Von dem afrikanischen Innern und der Westküste liegen nur sehr spärliche Berichte vor. Der Angabe Daniell's, dass an den Golfen von Benin und Biafra, sowie auf Sao Thomé die Schwindsucht unter den Negern sehr verbreitet sei und in sehr bösartiger Form aufträte, eine Angabe, welcher Abelin[1], Bestion[2] und Quétan für die Gabunküste, Defaut[3] im Gegensatz zu Thevenot[4] und Berville[5] für die afrikanische Nordküste beistimmen, kann ich mich in Uebereinstimmung mit Chassaniot[6], Borius[7] und Gautier nach meinen eignen Erfahrungen, die ich an einigen tausend in Kamerun behandelten Krankheitsfällen zu machen Gelegenheit hatte, in ihrer Verallgemeinerung jedenfalls nicht anschliessen. Ich habe in Kamerun keinen sicheren Tuberkulosefall bei einem Europäer, nur zwei bei Negern gesehen und durch die mikroskopische Untersuchung die Diagnose gesichert, in beiden Fällen handelte es sich nicht um eingeborne Westafrikaner, sondern um importirte Sudanesen. Tuberkulöse Haut- und Knochen- resp. Gelenkerkrankungen wie auch „Skrophulose" fehlten völlig. Es ist das eine Erfahrung, die mein Nachfolger an einem noch grösseren Krankenmaterial vollauf zu bestätigen Gelegenheit hatte[8]. Die bei Negern nach geringem Witterungswechsel, Regen, bei Malaria u. s. w. häufig auftretenden Bronchialkatarrhe, ausserdem die nach mündlichen Berichten in den früheren Jahren stark verbreitete Influenza werden, wo die mikroskopische Untersuchung nicht zur objektiven Sicherung der Diagnose herangezogen wurde, wohl so manches Mal Anlass zu falschen Diagnosen gegeben haben, um so mehr als der Natur der Sache nach ausschliesslich Schwarze und diese fast nur als ambulant ein oder einige Male in der Poliklinik sich vorstellende Kranke in Betracht kamen. Nach meinen Erfahrungen spielt die Tuberkulose weder an der West- noch an der Ostküste des tropischen Afrika eine in praktischer Hinsicht in Betracht kommende Rolle.

Lepra ist über das ganze tropische Afrika verbreitet, ohne dass sie doch anscheinend an den einzelnen Plätzen eine sehr beträchtliche Ausbreitung und Bedeutung gewinnt. An der Westküste im Speciellen ist sie von Senegambien bis ins Gabungebiet hinab nachgewiesen. Im Sudan selbst ist Lepra nach Daniell[9] häufig und wird von da durch Sklaven nicht selten nach der Westküste verschleppt. Nördlich von Kamerun im englischen Oilriver-Protektorat ist die Krankheit nach der mir mündlich gemachten Mittheilung eines dort ansässigen deutschen

1) Abelin, Étude méd. sur le Gabon. Par. 1872. 31.
2) Bestion, Arch. de méd. nav. 1881. Nov. 379.
3) Defaut, Gaz. méd. de l'Algérie. 1869. Jan. 93.
4) Thevenot, Remarques sur les maladies de Sénégal. Par. 1857.
5) Berville, Arch. de méd. nav. 1885. Mai. 510.
6) Chassaniot, eod. loc. 1882. Avr. 314.
7) Borius, Des endémies au Sénégal. Par. 1865. 17.
8) A. Plehn, Zur vergleichenden Pathologie der schwarzen Rasse in Kamerun. Virchow's Arch., 146. Bd. 1891.
9) Daniell, Sketches of the med. topogr. of the Gulf of Guinea. London 1849. 56.

Missionsarztes sehr verbreitet, aus Kamerun selbst ist kein Fall zu meiner Kenntniss gekommen und auch mein Nachfolger[1]) erwähnt in seinem Bericht das Fehlen der Krankheit.

Yaws oder Framboesia, eine Krankheit, deren Verbreitungsgebiet nach Hirsch vorzugsweise an der tropischen westafrikanischen Küste liegt, von wo aus sie weit nach dem Innern sich verbreitet, ist jedenfalls in Kamerun selbst sehr selten. Auf die über 9000 Krankheitsfälle, welche von 1893—96 ich und mein Nachfolger A. Plehn beobachteten, kam kein einziger Fall.

Auch Keuchhusten kam meiner Zeit in Kamerun nicht vor. Die von meinem Nachfolger von Herbst 1895 beobachtete Epidemie ist meines Wissens die erste an der afrikanischen Westküste festgestellte. Das Vorkommen der Krankheit in Aegypten, im Sudan, Algier, sowie auf Mauritius und Madagascar war seit lange bekannt; an der Ostküste habe ich selber inzwischen Gelegenheit gehabt, ihr Vorkommen in einem vereinzelten aber ganz unzweifelhaften Fall festzustellen.

Von konstitutionellen Krankheiten kommt als erste und gewissermassen als Fundament für viele andere die Anämie in Betracht.

Ich habe an einer früheren Stelle meiner Arbeit bereits hervorgehoben, dass es nach meinen mit denen Marestang's, Glogner's, Eykmann's und van der Scheer's übereinstimmenden Untersuchungen eine Tropenanämie als gewissermassen normale Erscheinung bei dem in die Tropen versetzten Europäer nicht giebt, dass vielmehr Blutkörperzahl und Hämoglobingehalt sowohl bei dem noch inmitten des Akklimatisationsprocesses begriffenen Neuankömmling als bei dem bereits seit Jahren und Jahrzehnten in gesunden Tropengegenden nur den meteorologischen Einflüssen der Tropen ausgesetzten akklimatisirten Europäer normale Werthe aufweist.

Anders verhält es sich mit der Blutzusammensetzung, wenn neben den die Bluterneuerung verzögernden alleinigen Einflüssen des Klimas pathologische Einflüsse, ganz besonders die blutzerstörende Wirkung der Malaria sich geltend macht. Unter diesen Umständen kommt es in der That zu mehr oder weniger hochgradigen Blutalterationen, die sich in erster Linie durch Verarmung des Bluts an Formelementen und Blutfarbstoff äussern und eine Reihe charakteristischer anderweiter pathologischer Erscheinungen zur Folge haben.

Während es nach den von mir wie von den oben genannten Forschern angestellten Untersuchungen nicht gerechtfertigt ist, von einer tropischen Anämie als solcher generell zu reden, ist in der That die Blutzusammensetzung der grossen Mehrzahl der Bewohnerschaft von Kamerun, und zwar nicht allein die der europäischen, sondern, wenn auch in geringerem Grade der farbigen Bevölkerung, eine abnorme. Blutkörperzahl wie Blutfarbstoffgehalt sind vermindert, alle Erscheinungen mehr oder weniger hochgradiger Anämie sind vorhanden.

Die Untersuchungen, welche ich an Europäern, die seit wenigstens $\frac{1}{2}$ Jahr in Kamerun anwesend waren und seit wenigstens 14 Tagen

---

[1] A. Plehn. l. c. pag. 500.

keinen Malariaanfall durchgemacht hatten, anstellte, ergab bezüglich Blutkörperzahl und Hämoglobingehalt folgende Werthe:

Name.	Aufenthalt in Kamerun.	Letztes Fieber.	Hämoglobingehalt. pCt.	Blutkörperzahl.
P.	6 Monate	4 Wochen	73	5008000
G.	2½ Jahr	12 „	88	4332000
H.	1 Jahr 1 Monat	14 „	75	4216000
v. W.	11 Monate	2 „	71	4152000
B.	1¼ Jahr	8 „	70	4065000
v. W.	16 Monate	7 „	69	4512000
G.	7 „	3 „	69	3642000
S.	14 „	5 „	67	4316000
S.	7 „	8 „	73	4996000
P.	11 „	13 „	77	4736000
v. W.	18 „	11 „	67	3776000
R.	7 „	12 „	81	4864000
B.	2 Jahre	14 „	68	4715000
Z.	1 Jahr 1 Monat	52	79	5112000
B.	9 Monate	24 „	86	4250000
Sch.	5 Jahre	7 „	66	3612000
R.	11 Monate	26 „	85	4960000
H.	10 „	8 „	66	4164000
L.	11 „	10 „	71	4820000
R.	18 „	15 „	81	4828000
F.	16 „	25 „	69	4325000
B.	21 „	11 „	76	4915000
M.	7 „	3 „	80	5240000
V.	10 „	4 „	73	4733000

Es ergiebt sich also im Mittel aus 24 Blutuntersuchungen relativ gesunder Europäer in Kamerun zur Zeit meines Aufenthalts ein Gehalt an rothen Blutkörpern von 4512000 im Cubikmillimeter bei einem Hämoglobingehalt von ca. 74 pCt., somit eine Verminderung der rothen Blutkörper um $\frac{1}{10}$, des Blutfarbstoffs um $\frac{1}{4}$. Ich fand demgemäss im Gegensatz zu meinem Nachfolger, der nur wenige Blutkörperzählungen vorgenommen zu haben scheint und auf das Ergebniss derselben hin das Verhältniss zwischen Blutkörperzahl und Blutfarbstoffgehalt als ein annähernd konstantes glaubt ansehen zu können, die Blutkörperzahl annähernd normal, den Blutfarbstoffgehalt dagegen in beträchtlicher Weise und zwar sehr genau in demselben Grade wie er, herabgesetzt. Es handelt sich also um eine echte Hyphämoglobinämie. Die unter dem Einfluss der häufigen Malariaanfälle, möglicher Weise unter gleichzeitiger Einwirkung der speciellen meteorologischen Faktoren zu Grunde gehenden Formelemente des Blutes werden rasch und ziemlich vollständig wieder ersetzt, während die Neubildung des Blutfarbstoffs langsamer vor sich geht und unvollkommen bleibt. Charakteristische Veränderungen an den Blutkörpern waren namentlich im Anschluss an überwundene Malariaanfälle häufig, kernhaltige Blutkörper waren ein regelmässiger Befund, grosse blasse Makrocyten wurden oft beobachtet. Die Grösse der Blutkörper unterschied sich im allgemeinen nicht von derjenigen in Blutpräparaten, welche ich von gesunden Individuen in Europa angefertigt hatte.

Das blasse Aussehen, das den meisten Tropenbewohnern eigen ist, welche sich nicht als Seeleute, Pflanzer oder Jäger der Einwirkung der Sonne in beträchtlichem Maass auszusetzen gezwungen sind, tritt an der Kamerunküste besonders deutlich hervor. Es gesellt sich aber zu der Blässe der Haut, wie ich an früherer Stelle zu zeigen versucht, ohne jede Blutkrankheit allein durch die abnormen Belichtungsverhältnisse hervorgerufen werden kann, eine Blässe der Schleimhäute, die in gesunden Gegenden der Tropen fehlt und an sich schon den Beweis liefert, dass es sich hier in der That um eine echte Anämie handelt.

Von einer eigentlichen Malariakachexie, wie wir solche namentlich in der ungarischen Tiefebene, in Russland und einigen Gegenden Italiens antreffen, kann in diesen Fällen nicht gesprochen werden. Alle sonstigen charakteristischen Erscheinungen derselben fehlen. Ein erheblicher Milztumor ist selten vorhanden, die trockne, lederartige Beschaffenheit der Haut des Malariakachektikers fehlt, auch der Blutbefund ist, soweit nicht akute Anfälle unmittelbar bevorstehen, meist völlig negativ, in seltenen Fällen findet man Halbmondformen. Es handelt sich gewissermassen um ein protrahirtes Rekonvalescenzstadium, das wegen der klimatischen Verhältnisse sowie aus äusseren Gründen, die ich sogleich berühren werde, sich lange hinzieht und selten zum Abschluss kommt, da es meist von neuen akuten Anfällen unterbrochen wird.

Die klinischen Erscheinungen der Kamerunanämie sind zunächst keine andern als die in der Heimath bekannten: Mattigkeitsgefühl, Unlust zur Arbeit, leichte Ermüdbarkeit, Schwere in den Beinen, welche das stete Bestreben, die Beine beim Sitzen hoch zu legen, zur Folge hat: in vorgeschrittenen Fällen leichte Oedeme in der Knöchelgegend, namentlich Abends, Schlafsucht, Kurzathmigkeit und Herzklopfen beim Treppensteigen. Durch die mangelhafte Ernährung der inneren Organe werden diese, namentlich der Verdauungsapparat, geschädigt, die Salzsäuresekretion des Magens wird mangelhaft, der Appetit schwindet, desgleichen leidet die Darmfunktion, es entwickelt sich hartnäckige Obstipation oder eine chronische Diarrhoe in Folge von Darmkatarrh. So entsteht ein Circulus vitiosus, der die Rekonvalescenz beträchtlich verzögert, da die Aufnahme und Assimilirung der Nahrung eine ungenügende wird. Es darf nicht wunder nehmen, dass die einen so geschwächten Körper befallenden akuten Krankheiten, namentlich wieder die Malaria, besonders gern einen schweren Charakter annehmen, dass das pathologisch veränderte Blut sowohl infektiösen wie chemischen Einflüssen, sowohl den Malariaparasiten wie dem Chinin gegenüber, eine sonst nicht beobachtete geringe Widerstandsfähigkeit zeigt und unter ihrem Einfluss leicht weitere Zersetzungen eingeht, welche sich dann besonders häufig als Hämoglobinämie und konsekutive Hämoglobinurie äussern.

Das weitaus wirksamste Heilmittel in diesen so ausserordentlich häufigen Fällen ist Ortswechsel. Grade für sie ist das Vorhandensein eines zweckmässig gelegenen und eingerichteten Sanatoriums von unersetzbarer Wichtigkeit. Auch Seereisen sind häufig von hervorragendem Nutzen, wegen der Gefahr der Seekrankheit jedoch, der Häufigkeit von Malariarückfällen auf See, der Schwierigkeit geeignete Kost und Pflege für Kranke an Bord zu beschaffen, dem Aufenthalt in einem Sanatorium nicht gleich zu stellen. Es wird über diesen Punkt noch an späterer Stelle die Rede sein.

Vor einem plötzlichen erheblichen Klimawechsel ist zu warnen. Derselbe disponirt in hervorragendem Maass bei anämischen und geschwächten Individuen zu Malariarückfällen. Ein Sanatorium in Seelage auf gesundem sandigem Boden ohne Sumpfbildung in der Nähe und mit reichlicher Brise ist zunächst wenigstens der geeignetste Kurort für einen derartigen Kranken. Die Rekonvalescenz erfolgt in einer solchen Umgebung häufig in sehr kurzer Zeit, der Appetit stellt sich in wenigen Tagen wieder ein und nach 3—4 Wochen ist das Aussehen und Befinden des Patienten ein völlig verändertes.

Zur Zeit ist es in Kamerun, wie in den meisten unentwickelten Kolonien nicht leicht, einen Ortswechsel bei Anämischen durchzusetzen. Das liegt an der ausserordentlichen Spärlichkeit des vorhandenen europäischen Personals und der hohen Morbalität, welche fortwährende Vertretungen ohnehin erforderlich macht und einen nicht akut und schwer Erkrankten nur höchst selten als abkömmlich erscheinen lässt. Wenn erst in der kolonisirenden Bewohnerschaft wie vor allem in den für diese massgebenden Kreisen in der Heimath das Bewusstsein sich befestigt haben wird, dass auch der nicht schwer Kranke zur Erhaltung seiner Gesundheit und seiner Arbeitsfähigkeit an der Fieberküste eines regelmässigen jährlichen Erholungsurlaubs von 3—4 Wochen dringend bedarf, wird sich manches zum Vortheil ändern.

Wo ein Ortswechsel nicht durchführbar, ist von der Therapie nicht allzuviel zu erwarten. Die strenge Befolgung einer rationellen Diät scheitert meist schon an der Unmöglichkeit, eine solche in ausreichendem Maass und mit der erforderlichen Abwechslung zu beschaffen, wo frische Milch, wie es meiner Zeit wenigstens der Fall war, nicht gewonnen wurde und frisches Fleisch auch ein nichts weniger als regelmässig zu beschaffendes Genussmittel war.

Als Conserven präparirt widerstehen aber Milch sowohl wie Fleisch in kurzem den Geschmacksnerven, namentlich wo, wie in diesen Fällen, die Verdauungsorgane ohnehin nicht normal funktioniren. Die Anämie erweckt wie in der Heimath mit grosser Regelmässigkeit Gelüste nach scharfgewürzten, nach Eingeborenenart mit Pfeffer stark versetzten Speisen, welche wieder geeignet sind, den meist bestehenden Magen-Darmkatarrh zu unterhalten und zu verschlimmern.

Mit Medikamenten ist nicht viel zu erreichen. Arsen wird im Ganzen besser vertragen als Eisen, die Verbindung beider, wie sie im Levico-Wasser vorhanden ist, erwies sich mir in einigen Fällen von Nutzen. Ebenso sah ich öfters Erfolg vom sogenannten Hämatogen, das sich mir auch in den Tropen über ein Jahr haltbar erwiesen hat. Zur Anregung des Appetits ist Strychnin empfehlenswerth, eventuell mit andern Amaris zusammen: Tinct. chin., Tinct. amar. ana 30, Tinct.

Strychn. 3. M. D. S. dreimal täglich vor dem Essen einen Theelöffel voll, ist eine mit Nutzen anzuwendende Verbindung. Ebenso ist Salzsäure in grösseren Quantitäten bis 45 Tropfen pro dosi nach dem Essen in Verdünnung entsprechend dem Ewald'schen Prinzip häufig nützlich. Als appetitanregendes Mittel bewährt sich auch das Condurangodekokt gut. Die Diät besteht bei tropischer Anämie und Gastritis am zweckmässigsten mehrere Tage lang ausschliesslich aus Milch, wo solche frisch zu haben ist, alsdann kommen Eierspeisen und wenig gebratenes Fleisch dazu. Von alkoholischen Getränken bewährt sich am besten der englische Porter. Von andern Alkoholicis wird am besten ganz abgesehen.

Die Prognose ist, wie gesagt, in den Fällen, wo sich ein Klimawechsel von wenigstens 3—4 Wochen Dauer ermöglichen lässt, eine verhältnissmässig gute. Nicht selten wird unter diesen Umständen in kurzer Zeit völlige oder fast völlige Wiederherstellung erzielt. Wo die diätetische und medikamentöse Behandlung allein helfen soll, wird eine solche nur selten erfolgen. Die ohnehin langsam fortschreitende Rekonvalescenz wird meist durch neue Fieberanfälle unterbrochen und es bleibt mit häufigen Besserungen und Verschlimmerungen im Befinden bei dem oben beschriebenen Zustand allgemein verminderter Widerstandsfähigkeit, welcher für den überwiegenden Theil der Bevölkerung Kameruns charakteristisch ist und welcher dieselbe, im Gegensatz zu den Bewohnern anderer, auch, aber in geringerem Maasse mit Malaria behafteter Tropengegenden grade zur Acquisition der schwersten Fieberformen in so besonders hohem Grade disponirt.

Eine konstitutionelle Krankheit, zu welcher die Anämie unter gleichzeitiger Einwirkung anderweitiger Schädlichkeiten Veranlassung geben kann, ist der Skorbut. Ich habe denselben bei drei europäischen Expeditionsmitgliedern resp. auf Stationen im Innern angestellten Beamten zu verschiedenen Zeiten beobachtet, niemals bei einem Neger. In allen Fällen handelte es sich um hochgradig anämische Individuen, welche kurz vor Ausbruch ihrer Krankheit an Malaria gelitten hatten und unter ungünstigen Verhältnissen „im Busch" auf Conservenkost angewiesen waren, theilweise gradezu Hunger gelitten hatten. Bei allen drei handelte es sich um eine Stomatitis mit aashaft fötidem Geruch, Lockerung des grössten Theils der Zähne, die man theilweis mit den Fingern ohne jede Anwendung von Gewalt aus den Alveolen herausheben konnte und reichliche, mit schmierigem Belag bedeckte Ulcerationen am weichen Gaumen und Zahnfleisch. Da Quecksilberintoxikation mit Sicherheit ausgeschlossn werden musste, so konnte nur ein skorbutartiger Zustand, bei hochgradig anämischen Individuen durch langdauernde schlechte Ernährung hervorgerufen, in Frage kommen. Die von Hillary zuerst, dann von Bosch, Heymann, Grenier, van der Burg in Holländisch Indien beobachtete Stomatitis intertropica war hier auszuschliessen, da dieselbe weit chronischer verläuft, kaum je zu einer so völligen Lockerung der Zähne führt, wie in den von mir beobachteten Fällen, und eine initiale Bläschenbildung für sie charakteristisch ist, welche in den von mir beobachteten Fällen durchaus fehlte.

Ob es sich um vereinzelte Fälle der namentlich früher in europäischen Truppentheilen epidemisch auftretenden Stomatitis ulcerosa gehandelt hat, dürfte schwer zu entscheiden sein, da sichere klinisch-diagnostische Unterschiede zwischen beiden Krankheiten nicht existiren. Das Fehlen einer epidemischen Verbreitung spricht gegen die letztere Auffassung. Bei Negern habe ich die Krankheit, wie gesagt, niemals beobachtet; nach anderen Berichten[1] soll Skorbut ein sowohl im Ostsudan als unter den Negern der Westküste keineswegs seltenes Leiden sein. Kräftige ausschliesslich flüssige Diät und Ausspülungen des Mundes mit starken Lösungen von übermangansaurem Kali sowie Aetzungen der Ulcerationen an der Schleimhaut besserten den Zustand in den von mir beobachteten Fällen in kurzer Zeit sehr beträchtlich. Die noch nicht völlig gelockerten Zähne heilten wieder fest in die Alveolen ein. Die völlige Wiederherstellung beanspruchte 5—6 Wochen.

Von andern konstitutionellen Krankheiten sind Leukämie, Diabetes und Gicht in Kamerun weder von mir noch von meinem Nachfolger beobachtet worden. Des Vorkommens derselben im tropischen Afrika wird auch von früheren Autoren niemals Erwähnung gethan.

Von Organerkrankungen sind Krankheiten der Cirkulationsorgane an der Kamerunküste anscheinend sehr selten.

Frische Endokarditis wurde 1895—96 in keinem Fall festgestellt. Das Vorkommen von Herzklappenfehlern ist bei der strengen Kritik, die an den Gesundheitszustand der herausgeschickten Europäer gelegt wird, bei diesen so gut wie ausgeschlossen. Bei Negern sah ich sie in drei ausgesprochenen Fällen, die im Stadium der Compensationsstörung in ärztliche Behandlung gebracht wurden. Die beim Neger freilich stets mit Vorsicht zu verwerthende Anamnese ergab in allen drei Fällen das Vorangehen von Gelenkrheumatismus. In einem Fall behauptete der Kranke, denselben erst vor wenigen Wochen überstanden zu haben. Die physikalischen Erscheinungen wiesen in zwei Fällen auf Mitralinsufficienz, im dritten auf eine Aortenstenose hin. In den beiden ersteren Fällen bestanden beträchtliche Oedeme in der Knöchelgegend und Kurzathmigkeit, Schwäche und Arhythmie des Pulses. Ueber den Verlauf der Krankheit habe ich Zuverlässiges nicht in Erfahrung bringen können, da alle drei Kranken, nachdem während einer 8—12 tägigen Hospitalbehandlung durch Ruhe und Digitalis ihr Zustand wesentlich gebessert worden, ihre Entlassung forderten und sich der weiteren Beobachtung entzogen. Einer derselben soll wenige Wochen darauf eines plötzlichen Todes, wahrscheinlich an Embolie, gestorben sein.

Ein Aneurysma der Carotis in der Gegend der Theilungsstelle in Carotis externa und interna sah ich bei einem älteren mit beträchtlicher Arteriosklerose behafteten Duallaneger. Die Pulsation in der Höhe des dritten und vierten Halswirbels zur Seite des Kehlkopfs rechtsseitig war sehr deutlich. Angeblich sollte die Geschwulst erst seit wenigen Wochen bestehen. Spuren überstandener Lues fehlten gänzlich.

In Folge der hochgradigen Blutzersetzung, welche das Schwarzwasserfieber charakterisirt, kommt es im Verlauf dieser Krankheit nicht ganz selten zu Blutgerinnung im Herzen intra vitam. Es ist von

1) Chassaniol, Arch. de méd. nav. 1865. Mai. 508.

Clarke, Transact. of the epidemiolog. Soc. 1880. I. 107.

dieser fatalen Komplikation, ihren Erscheinungen und Folgen bei Besprechung des Primärleidens die Rede gewesen. Sehr wahrscheinlich ist auf sie ein grosser Theil der verhältnissmässig häufigen plötzlichen Todesfälle bei Schwarzwasserfieberrekonvalescenten zu beziehen, welche bereits eine mehr oder weniger lange Zeit fieberlos waren und deren Urin eine völlig normale Beschaffenheit wieder erlangt hatte.

Unter den Krankheiten der Respirationsorgane sind Diphtherie, Tuberkulose und Influenza bereits besprochen worden.

Angina wird selten beobachtet, Bronchitiden sind bei Negern nach plötzlichem Witterungswechsel, sowie als Komplikation der Malaria häufig. Mehrmals sah ich in solchen Fällen sich katarrhalische Pneumonien entwickeln, dieselben waren zweimal mit serofibrinösen Exsudationen in die Pleurahöhle kombinirt. Letztere erreichten nur einen mässigen Grad. Die Heilung erfolgte ohne operativen Eingriff innerhalb 3—4 Wochen spontan. Ein Empyem kam nicht zur Beobachtung.

Von Krankheiten der Verdauungsorgane ist die bei kachektischen Individuen auftretende skorbutartige Entzündung der Mundschleimhaut bereits erwähnt.

Parotitis, welche als eine an der afrikanischen Westküste sehr verbreitete Krankheit bereits von Daniell[1]) erwähnt wird, und welche von meinem Nachfolger, Frühjahr 1895, in epidemieartiger Verbreitung beobachtet wurde, habe ich selbst in Kamerun nicht gesehen.

Zahnkaries ist ein nicht so seltenes Leiden unter der westafrikanischen Negerbevölkerung, als es vielfach angenommen wird, anscheinend immerhin wesentlich seltener als an der Ostküste und namentlich als in Europa. Dass die Zähne des Europäers im tropischen Klima eine grössere Neigung haben sollen kariös zu werden als in gemässigten Breiten, habe ich, sofern eine einigermassen rationelle Pflege derselben angewandt wurde, nicht bestätigt gefunden. Die Unmöglichkeit, sich erforderlichenfalls durch zahntechnische Operationen kranke Zähne zu erhalten, hat an der Verbreitung der Ansicht gewiss beträchtlichen Antheil.

Magen- und Darmkrankheiten sind wesentlich häufiger als in der Heimath und bilden, unter der schwarzen Bevölkerung wenigstens, vorzugsweise die Veranlassung zum Eintritt in ärztliche Behandlung. „Sick fore belly" ist die stereotype Klage eines Drittels der in der poliklinischen Sprechstunde sich einfindenden schwarzen Klientel. Weniger heimgesucht wird von katarrhalischen Affektionen des Verdauungskanals die europäische Bewohnerschaft, welche bezüglich Nahrungsaufnahme mässiger lebt. Immerhin sind Verdauungsstörungen auch bei ihr nicht selten. Zunächst sind solche sehr regelmässig auftretende Akklimatisationserscheinungen beim unvermittelten Eintritt in das tropische Klima. In dieser Zeit kommt es häufig zu vorübergehender Appetitlosigkeit, leichten Magenkatarrhen nach geringen Diätfehlern und Unregelmässigkeiten der Verdauung, die sich bald als Obstipation, bald als Diarrhöen äussern.

1) Daniell, Sketches of the med. topographia of the Golf of Guinea. Lond. 1849. 115.

Die veränderten Cirkulationsverhältnisse in den Abdominalorganen unter dem Einfluss der stärkeren Blutfüllung der Hautgefässe, vorzugsweise also eine gewisse Anämie der Magen- und Darmschleimhaut, dürften dafür ebenso verantwortlich zu machen sein wie Alterationen des Nervensystems. Es entsteht eine Vulnerabilität der Darmschleimhaut, welche es organisirten Krankheitserregern eher als unter normalen Verhältnissen ermöglicht, ihren Einfluss auszuüben. Dass es in letzter Linie in der That nicht klimatische sondern infektiöse Schädlichkeiten sind, durch welche die tropischen Katarrhe des Verdauungskanals erzeugt werden, geht aus der Thatsache hervor, dass an Bord von Schiffen in den Tropen diese Zustände bei einigermassen zweckmässiger Ernährung nicht vorkommen oder doch ausserordentlich viel seltener sind als an Land, und sich, wenn sie vorkommen, meist im Anschluss an einen Landaufenthalt entwickeln. Das Klima an sich resp. die veränderten meteorologischen Einflüsse sind, wie ich schon an früherer Stelle hervorhob, für die Funktion der Verdauungsorgane unter normalen Verhältnissen ohne Belang. Im andern Fall müssten Verdauungsstörungen gleichmässiger als das thatsächlich der Fall ist über die annähernd gleiche meteorologische Verhältnisse bietenden tropischen Niederungen verbreitet sein. In Wirklichkeit bestehen indess in der Hinsicht beträchtliche, durch die Lokalität resp. die an den einzelnen Lokalitäten verschieden zahlreich und in verschiedener Virulenz vorhandenen Krankheitserreger bedingte Unterschiede. An der Westküste z. B. sind Krankheiten des Verdauungstraktus bei Europäern wie bei Farbigen wesentlich häufiger als in Ostafrika. Die direkte Veranlassung für den Ausbruch geben auf der einen Seite Diätfehler häufig unbedeutender Art, wie sie bei den in Kamerun wie in mancher anderen Kolonie noch mangelhaften Ernährungsverhältnissen keineswegs immer leicht vermieden werden können. Die schnelle Verderbniss der Nahrungsmittel ist dabei wahrscheinlich nicht ohne Bedeutung. Vor allem kommt sie in Betracht in der Trockenzeit. In der Regenzeit ist Erkältung ein wesentlicher Faktor. Namentlich wo ein Darmkatarrh bereits besteht, geben auch leichte Erkältungen, Zugluft im Hause, das Herabgleiten der Decken nachts häufig Anlass zu plötzlichen Verschlimmerungen. Auffällig ist es bei der Neigung zu Darmkatarrhen bei der europäischen wie bei der farbigen Bevölkerung, dass typische Brechdurchfälle unter den kleinen Kindern völlig zu fehlen scheinen, trotzdem dieselben von den schwarzen Müttern meist bald nach der Geburt neben der Milch noch andere Nahrung, gekochte Cassada, Bananen, Reis u. s. w. erhalten. Verhältnissmässig sehr selten übrigens litten auch die wenigen kleinen europäischen Kinder, welche ich im tropischen Afrika zu behandeln hatte — es waren freilich im ganzen nur sieben — an schwereren Verdauungsstörungen, speciell an Darmkatarrhen.

Es ist sehr wahrscheinlich, dass verschiedene infektiöse Einflüsse die klinisch verschiedenartig verlaufenden tropischen Darmentzündungen zu erzeugen vermögen. Zwischen den schwereren Formen derselben und den leichten Fällen von Dysenterie kommen so zahlreiche Uebergangsformen vor, dass es keineswegs immer möglich ist, eine scharfe Grenze zwischen ihnen zu ziehen. Die blosse Anwesenheit geringer Blutmengen im Stuhl ist im klinischen Sinne diagnostisch wie prognostisch nicht mit Sicherheit als für Dysenterie sprechend zu verwenden, da solche Fälle, wie ein einfacher Darmkatarrh bei zweckmässiger Behandlung innerhalb weniger Tage in vollständige Heilung übergehen können. Die Bedeutung profuser, sich häufig wiederholender Blutungen, die stets aus tiefen Darmgeschwüren herstammen, ist natürlich eine durchaus andere und ihr Auftreten im Verlauf einer Darmentzündung für Dysenterie pathognomonisch.

Einen objektiv verwerthbaren Anhalt für die Diagnosestellung giebt uns auch die mikroskopische Untersuchung der Fäces nicht. Die letzteren zeigen je nach der Schwere des Krankheitsfalles alle Uebergänge vom wenig gallig gefärbten, mit geringen Schleimmengen vermischten Brei, welcher, unter dem Mikroskop betrachtet, häufig ausser reichlichen unverdauten Speisetheilen, Stärkekörnchen und Muskelfasern, Cylinderepithelien von der Darmwand enthält, bis zu den erbsen- resp. bohnengrossen, glasigen Klümpchen, die nicht selten mit feinen an phthisisches Sputum erinnernden Blutstreifen und Pünktchen durchzogen sind. Die schwersten Fälle echter Ruhr mit massenhaft Eiterzellen, reichliche Blutmengen, Schleim und nekrotische Schleimhautfetzen enthaltenden Entleerungen sieht man in Kamerun sehr selten, namentlich bei Leuten, welche das Tiefland nicht verlassen haben. Im Gebirge, namentlich aber im Hochland des Innern ist die Krankheit häufiger, so im Reich des Ngila und im Baliland, wo Zintgraff an einer „ruhrartigen Seuche" ganze Dörfer aussterben sah. Dasselbe gilt von den hochgelegenen Plantagen der vorgelagerten Inseln, vor allem von São Thomé, wo die endemische Ruhr die entsetzlichsten Verheerungen unter den farbigen Arbeitern anrichtet. Es ist das eine Erfahrung, die sich im allgemeinen an der Ostküste wiederholt, wo ebenfalls die Gebirgsgegenden von schweren Krankheiten des Verdauungstraktus und speciell von Dysenterie weit stärker heimgesucht werden als das Küstentiefland. Analogien bietet Java, Cayenne, Jamaika und Martinique. Hochgelegene Punkte werden dort gleichfalls mit besonderer Vorliebe von der Krankheit befallen. Im Küstentiefland von Kamerun herrscht die Ruhr endemisch, doch scheint sie fast ausschliesslich sporadisch aufzutreten, mit Häufung der einzelnen Fälle in der heissen Jahreszeit.

Der Beweis für die Contagiosität der Ruhr ist auf Grund der in Kamerun gemachten Erfahrungen schwer zu erbringen. Verhältnissmässig häufig war das Erkranken von schwarzen Gefangenen. Dieselben arbeiteten tagüber durch Ketten eng an einander gefesselt, die durch Fusseisen gezogen waren, die Nacht verbrachten sie in demselben Zustand in einem den hygienischen Anforderungen wenig entsprechenden engen Gefängniss dicht zusammengepfercht. Die Gelegenheit zur Uebertragung von Krankheiten war also die denkbar günstigste. Da regelmässige Untersuchungen des Gesundheitszustandes der Gefangenen während der ersten Monate meiner Anwesenheit in Kamerun nicht vorgenommen wurden, kam es zu dieser Zeit nicht selten vor, dass Ruhrkranke in vorgeschrittenem Stadium der Erkrankung, nachdem letztere offenbar bereits lange bestanden, im Hospital eingeliefert wurden. Trotzdem habe ich eine epidemieartige Verbreitung der Krankheit im Gefängniss niemals beobachtet, und es dürfte die Thatsache, dass nicht selten eine grössere Anzahl von Menschen zu gleicher Zeit an Dysenterie erkrankt, nicht sowohl durch eine Uebertragung der Krankheit vom Kranken auf den Gesunden, als durch den gleichzeitigen Einfluss derselben Schädlichkeit auf eine grössere Anzahl von Menschen zu erklären sein.

Ueber die Natur dieser Schädlichkeiten wissen wir trotz aller auf die Erforschung derselben verwandten Mühe noch wenig.

Als Krankheitserreger sieht man neuerdings vielfach Amöben an, welche, wie Robert Koch dies zuerst nachgewiesen, in die Darmwand tief eindringen und welche in einigen unzweifelhaften Fällen auch in der Wand und dem Eiter von Leberabscessen gefunden worden sind, die im Anschluss an Dysenterie entstanden waren. Ob es sich um Erreger der Infektion oder um ein nachträgliches Eindringen der Amöben in die durch den primären Krankheitsprocess aufgelockerte und ulcerirte Schleimhaut handelt, ist einwandfrei noch nicht erwiesen.

Amöben sind ein sehr regelmässiger Befund in jedem diarrhoischen Stuhl an der ostafrikanischen wie an der westafrikanischen Küste. Ich habe sie kaum in $^1/_4$ der zahlreichen untersuchten Fälle vermisst, wo nach klinischen Erscheinungen, wie nach dem innerhalb weniger Tage günstigen Verlauf, von Dysenterie im klinischen Sinne unmöglich gesprochen werden konnte. Bei vier Dysenteriekranken fand ich gleichfalls Amöben und war völlig ausser Stande, einen morphologischen Unterschied gegenüber den bei einfachen Darmkatarrhen beobachteten festzustellen. Bei beiden Krankheitsformen liessen die Organismen sich noch 4—6 Wochen nach dem Aufhören der Krankheitserscheinungen, wenn auch im allgemeinen in spärlicherer Zahl in den Fäces nachweisen. In jedem Fall waren Bakterien verschiedener Art neben den Amöben im Darminhalt sehr reichlich vertreten.

Die Organismen hatten den doppelten bis dreifachen Durchmesser rother Blutkörper und zeigten namentlich im Heizkasten bei 36—38° C. untersucht lebhafte Beweglichkeit. Sie streckten 2—4 kurze Geisseln aus, mittelst derer sie sich fortbewegten und hatten ein körniges Protoplasma, welches reichlich Körperchen von differenter Lichtbrechung, anscheinend Fettkörperchen und Bakterien, umschloss; in einzelnen Fällen enthielt es rothe Blutkörper.

Die Dauerformen stellten mehr oder weniger regelmässig runde Gebilde dar mit fast in allen Fällen deutlich doppelt kontourirtem Rand und hellem, leicht gekörntem Inhalt.

Die Amöben wie auch die cystischen Dauerformen zeigten eine innerhalb ziemlich weiter Grenzen schwankende Grösse. Unterschiede in Aussehen und Grösse derselben als differentialdiagnostisches Moment zur Unterscheidung einer bösartigen und einer gutartigen Species zu verwenden, wie Quincke und Roos es thun, erschien mir nach den in Kamerun gemachten Erfahrungen mindestens nicht allgemein angängig.

Es standen dem Hospital nicht genügend Katzen zur Verfügung, um eine grössere Anzahl von Infektionsversuchen vorzunehmen. Im Ganzen wurden solche an fünf Katzen vorgenommen, in der Weise, dass die auf ein Brett gebundenen jungen (6—12 Wochen alten) Thiere mittels Aether leicht betäubt, ihnen dann ein geölter elastischer Katheter 6—8 cm tief in das Rektum eingeführt, und 2—3 ccm des amöbenhaltigen Stuhls, mit etwas Wasser verdünnt, mittels einer Spritze injicirt wurden.

I. Schwerer Fall von Dysenterie bei 30jährigem anämischem Mann auf einer Innenstation erworben. Die Krankheit besteht angeblich seit 6 Monaten und hat sich in den letzten Wochen sehr verschlimmert. Patient ist seit 8 Tagen im Hospital in Kamerun in Behandlung. Die Beschwerden bestehen in Tenesmus, 20—30maligen schmerzhaften Entleerungen täglich. Fäces farblos, glasig, mit blutigen Streifen und Punkten. Zwischendurch kopiösere Blutungen enthalten 5—15 ccm fast reinen Bluts. Im Stuhl ausser reichlichen Epithelzellen, kleinen Fibringerinnseln, Schleim und reichlichen rothen Blutkörpern massenhaft Amöben von 12—14 μ Durchmesser, sehr lebhaft beweglich unter dem Heizkasten im hängenden Tropfen in physiologischer Kochsalzlösung. Cystische Dauerformen weit weniger zahlreich. Dazwischen sehr reichlich Bakterien verschiedener Art.

16. Juli 1895. 3 junge Katzen erhalten je 2 ccm Fäces in 1 proc. Kochsalzlösung verrührt als Klysma.

In den nächsten 3 Tagen ist keine wesentliche Veränderung im Befinden und Benehmen der Katzen zu konstatiren. Nur eine zeigt geringe Fresslust. Die Fäces bei allen sind etwas dünner als normal, bei einer mit glasigem Schleim überzogen. Blut ist makroskopisch nicht nachweisbar, dagegen enthält auch der fast normal aussehende Koth an seiner Oberfläche reichliche Amöben, welche sich morphologisch nicht von denen des Dysenteriekranken unterscheiden. Blutkörper finden sich sehr spärlich in einzelnen Amöbenleibern.

20. Juli 1895. Morgens wird eine der Katzen, ohne dass sie vorher deutliche Spuren von Kranksein gezeigt, todt im Käfig gefunden. Am After befindet sich etwas dünnflüssiges schleimiges Sekret, dessen Untersuchung reichliche Amöben enthält. Die sogleich vorgenommene Obduction ergiebt ein normales Verhalten sämmtlicher inneren Organe bis auf den Dickdarm, welcher in ganzer Ausdehnung im Zustand heftiger Entzündung sich befindet. Die Schleimhaut ist stark geröthet, verdickt, an einzelnen Stellen gewulstet. 2 resp. 2½ cm vom After entfernt, zeigen sich an zwei Stellen stecknadelkopfgrosse Geschwüre, welche in kleine taschenförmige Erweiterungen unter der Schleimhaut führen. An einzelnen Stellen sitzt ein weissgrauer, fibrinöser Belag der entzündeten Schleimhaut locker auf. Der Darminhalt ist grauweisslich, dünnbreiig, an der Oberfläche mit Schleimklümpchen bedeckt. Grössere makroskopisch sichtbare Blutergüsse fehlen. Er enthält ausser massenhaften Bakterien sehr zahlreiche Amöben, in besonders grosser Anzahl lassen dieselben sich mittels einer feinen sterilisirten Platinöse aus dem Grund der beiden kleinen Geschwüre herausbefördern. An der Dünndarmschleimhaut keine Spur einer krankhaften Veränderung.

Die beiden andern geimpften Katzen sind sehr krank, die Fäces dünnflüssig mit reichlichem Schleim vermischt, welch' letzterer aus dem After spontan abfliesst. Gesträubtes Haar. Sehr geringe Fresslust. Der Zustand verschlimmert sich am folgenden Tage, an welchem beide Thiere sich kaum noch auf den Beinen zu halten vermögen. Das eine Thier liegt gegen Abend im Sterben, während das andere sich etwas erholt zu haben scheint.

22. Juli. Beide Katzen sind nachts gestorben. Die Obduction ergiebt einen mit dem ersten Fall völlig übereinstimmenden Befund, alle Organe bis auf den Dickdarm normal, letzterer im Zustand hochgradiger Entzündung. Schleimhaut stark geröthet

und geschwollen, verschiedene mit schmierigem fibrinösen Belag bedeckte kleine Geschwüre. In dem flüssigen mit Blut vermischten Darminhalt reichliche Mengen von Amöben und encystirten Dauerformen neben zahlreichen Bakterien von verschiedenartigem Aussehen.

II. Das Infectionsmaterial stammt von einem an chronischer Enteritis leidenden 25jährigen Faktoristen her. Die Krankheit ist im Anschluss an einen heftigen akuten Darmkatarrh entstanden und besteht seit 5 Wochen. Die Erscheinungen der Dysenterie sind auch im akuten Stadium in keiner Hinsicht hervorgetreten. Blut und Schleim, Eiter oder Gewebsfetzen haben während derselben im Stuhl stets völlig gefehlt. In der während des Verlaufs der Krankheit mehrmals vorgenommenen mikroskopischen Untersuchung der Fäces fanden sich ausser reichlichem Darmepithel und unverdauten Speiseresten stets grosse Mengen von Amöben verschiedener Grösse und deren Dauerformen, ihre morphologische Unterscheidung von den bei echter Dysenterie beobachteten Formen erwies sich als unmöglich. Die Zahl der Amöben verminderte sich nicht mit dem Eintritt des Leidens in das chronische Stadium. Es trat zu dieser Zeit anscheinend eine relative Vermehrung der encystirten Dauerformen ein.

7. Oktober 1893. 2 jungen, 3 Monate alten Katzen, deren Fäces vor dem Versuch keine Amöben enthielten, wurden in der gleichen Weise wie beim ersten Versuch in Aethernarkose je 3 ccm dünnflüssiger, reichlich Amöben enthaltender Fäces mit Wasser verdünnt mittelst elastischen Katheters in das Rektum eingeführt.

In den folgenden 3 Tagen ist an den Katzen nichts von Krankheitserscheinungen festzustellen. Dieselben sind, möglicherweise in Folge der ungewohnten Freiheitsberaubung und Isolirung im Käfig wenig lebhaft, fressen aber gut. Fäces konsistent. Am 4. Tag Schleimüberzug bei der einen. Amöben sind in den Fäces vom 2. Tage an mit Sicherheit und in beträchtlicher Menge nachweisbar.

Der Zustand von Katze 1, zeigt bis auf einen vom 5. Tage an sich äussernden Darmkatarrh, während dessen die Menge der Amöben sich ausserordentlich vermehrt, nichts auffälliges. Dieselbe wird am 17. Oktober nach 10tägiger Beobachtung in Freiheit gesetzt. Ihr Befinden bleibt auch während der folgenden Wochen durchaus normal.

Die zweite Katze erkrankt am 5. Tage nach der Applikation des Klysma mit Fressunlust, die Haut fühlt sich heiss an, um die Afteröffnung ziemlich reichlich dünnflüssige Fäcalmassen, welche die benachbarten Haarpartien verkleben. In den dünnflüssigen ausserordentlich übel riechenden Fäces finden sich sehr reichlich Amöben, die nach Aussehen, Grösse und Verhalten der Dauerformen durchaus nicht von den bei den echten akuten Formen beobachteten abweichen. Eine Untersuchung am 10. Tage ergiebt ziemlich reichliche rothe Blutkörper. Eine Darmblutung ist makroskopisch aus dem Verhalten der Fäces nicht nachzuweisen. Die Katze magert während der folgenden 8 Tage stark ab, der Charakter der Entleerungen verändert sich nicht.

26. Oktober. Die Katze ist munterer, beginnt reichlicher zu fressen. Exkremente noch dünnflüssig, völlig frei von Blut, enthalten noch reichlich Amöben.

Es erfolgt rasche Rekonvalescenz, die Fäces werden geformt, der Schleimgehalt nimmt ab. Die Zahl der Amöben zeigt mit der fortschreitenden Besserung kaum eine Verminderung.

Am 6. November wird das Thier als gesund in Freiheit gesetzt. Amöben bis zuletzt in den Fäces nachweisbar.

Ich bin weit davon entfernt, aus diesen fünf Versuchen weitgehende Schlüsse herleiten zu wollen. Immerhin ist es auffällig, dass die mit den Fäces des an akuter Dysenterie Leidenden vorgenommenen Injektionen einen tödtlichen Ausgang für sämmtliche inficirten Thiere hatten, während die mit den Fäces eines an gewöhnlicher Darmentzündung Erkrankten nur von einem leichteren und schwereren Kranksein gefolgt waren, von dem sich beide inficirten Thiere völlig wieder erholten. Der mikroskopische Befund bezüglich des Vorhandenseins von Amöben war in sämmtlichen Fällen übereinstimmend.

Eine morphologische Verschiedenheit der mit den Fäcalmassen injicirten Amöben war in den von mir beobachteten Fällen wenigstens nicht mit Sicherheit nachweisbar; zwischen den zwei von Quincke und Roos als verschiedene Krankheitserreger angesprochenen Amöbenarten fanden sich verschiedene Uebergangsformen sowohl des Amöbenstadiums als der encystirten Dauerformen.

Dass die Amöben in der That die Erreger der Dysenterie sind, wird durch ihr anatomisches Verhalten in den Geweben der Darmwand wahrscheinlich gemacht, in welche sie tief eindringen, während die an der Oberfläche der Schleimhaut noch üppig wuchernden Bakterien weiter in der Tiefe an Zahl ganz ausserordentlich schnell abzunehmen scheinen. Der strikte Beweis für die Pathogenität der Amöbe, welche je nach dem Verhalten ihres Nährbodens in mehr oder weniger stark infektiöser Form auftreten zu können scheint, ist jedenfalls solange kaum in exakter Weise zu erbringen, als wir nicht mit Reinkulturen derselben zu operiren in der Lage sind. Die neuesten Celli'schen Züchtungsversuche von Amöben erwecken die Hoffnung, dass das in nicht allzu langer Zeit der Fall sein wird.

Ebenso wenig sicheres wie über die Art des Krankheitserregers der Dysenterie ist uns über den Infektionsmodus bekannt. So wahrscheinlich es auf der einen Seite ist, dass das Trinkwasser eine wesentliche Rolle bei ihrem Zustandekommen spielt, so weit sind wir doch einstweilen noch davon entfernt, diesen Beweis als unzweifelhaft erbracht bezeichnen zu können. So manche unanfechtbare Thatsachen sind nicht recht in Einklang mit der Trinkwassertheorie zu bringen.

In Kamerun sind die Trinkwasserverhältnisse die denkbar schlechtesten. Es existiren nur ganz vereinzelte Brunnen, die kaum für zwei oder drei Faktoreien ausreichen, deren Wasser auch kaum einmal von einem Europäer zum Trinken benutzt wird. Die übrigen Europäer sind auf das von den Zinkdächern in umfangreiche Tanks niederfliessende Regenwasser angewiesen. Der Negerbevölkerung dagegen dient der Fluss zugleich als Abtritt und Bad, zum Reinigen des Mundes und zum Trinken. Die Fäces werden, mit Vorliebe zur Ebbezeit, am Flussufer deponirt und von dem steigenden Wasser fortgespült; die nächste Fluth führt sie dann wieder den Fluss herauf, mit ihnen öfters die Leichen flussaufwärts gestorbener Sklaven, für welche Bestattung resp. Beseitigung durch Hineinwerfen in den Fluss verbreitete Gewohnheit ist. Unter

diesen Umständen ist es recht auffällig, dass epidemische Darmkrankheiten, im besondern die Ruhr, nicht eine weit grössere Verbreitung
in Kamerun gefunden haben, als das in der That der Fall ist.

Umgekehrt verhält es sich im Gebirge. Aus dem vulkanischen
Boden von São Thomé sprudeln in reichlichster Fülle klare Bergbäche,
welche das erfrischendste Trinkwasser liefern, wo, für eine Anzahl hoch-
gelegener Plantagen wenigstens, eine Verunreinigung durch menschliche
Abfallstoffe ebenso ausgeschlossen ist, wie im Kamerungebirge bei Buéa,
dessen wasserreicher Bach oberhalb des Dorfes keine Verunreinigung
erfahren kann, da eine weiter oberhalb gelegene Ansiedlung nicht besteht. Und trotzdem ist in São Thomé, wie im Kamerungebirge die
Dysenterie eine sehr häufige und schwere Krankheit.

Die Erscheinungen der Ruhr unterscheiden sich in Kamerun in nichts
von dem allgemeinen und hinlänglich bekannten Krankheitsbilde: Heftige
Tenesmen, häufige, geringfügige Stuhlentleerungen von ungeformten, des
Gallenfarbstoffs entbehrenden, glasigen, häufig mit Blut, Schleim und
Eiter vermischten Massen, zeitweis rein blutige Exkremente, charakterisiren hier wie überall die Krankheit. Die Temperatur habe ich bis auf
zwei mit Malaria komplicirte Fälle stets normal oder subnormal gefunden. Leberabscesse als Sekundärerkrankung habe ich an der Westküste
nicht, an der Ostküste einmal beobachtet.

Die Prognose der im Kameruner Tiefland erworbenen Dysenterie
war zur Zeit meiner wie auch meines Nachfolgers Beobachtungen im
ganzen günstig. Bei energischer Lokalbehandlung und strenger Diät gelang es fast stets, die Krankheitserscheinungen in frischen Fällen innerhalb 8—14 Tagen zu vollkommenem Schwinden zu bringen oder doch
wesentlich zu bessern. Die schmerzhaften Tenesmen hören auf, die Stühle
nehmen an Zahl ab und werden kopiöser, Schleim- und Blutgehalt vermindern sich rasch, die normale Gallenfarbe stellt sich wieder ein.
Verhältnissmässig lange bleibt der Stuhl diarrhöisch, häufig wochen-
und selbst monatelang nach dem Ueberstehen der eigentlichen Krankheit.
Erst sehr allmählich nehmen die Fäces wieder konsistente Beschaffenheit an. Letzteres ist der sicherste Beweis dafür, dass die Dickdarm-
schleimhaut wieder Wasser zu resorbiren im Stande ist und es kann
damit die Heilung als vollendet angesehen werden. Länger dauernde
Behandlung war bei den veralteten Fällen erforderlich, meist bei Expeditionsmitgliedern, die aus dem Innern krank an die Küste kamen.
Bei ihnen kam es häufig auch nach dem fast stets innerhalb kurzer
Zeit zu erzielenden Aufhören sämmtlicher akuten Erscheinungen zu
einem Zustand anhaltender, hochgradiger Vulnerabilität der Darmschleimhaut. Dieselbe äusserte sich in heftigen Katarrhen, welche
im Anschluss an unbedeutende Diätfehler, kleine Erkältungen, Anstrengungen oder sonstige Schädlichkeiten, zweimal auch im Anschluss an
eben überstandene Malaria, ausbrachen. Sie machten fortwährend
äusserste Vorsicht, namentlich hinsichtlich der Diät erforderlich,
brachten die Kranken in ihrem Kräftezustand sehr herunter und wurden,
obwohl der Zustand an sich eine direkte Gefahr nicht in sich schloss,
wegen der geringen Widerstandsfähigkeit, welche voraussichtlich die
Kranken einem zutretenden schweren Malariafieber hätten entgegen-

setzen können, dreimal Veranlassung zu vorzeitiger Heimsendung des Befallenen.

Einen tödtlichen Ausgang habe ich unter 17 Fällen von Dysenterie einmal gesehen und zwar in dem bei Schilderung der von mir angestellten Katzeninfektionsversuche angeführten ersten Fall. Es war bei demselben durch die sonst vorzüglich bewährte lokale Behandlung, strengste Diät, Ruhe, Ipekakuanha und Opiate, eine Besserung nicht zu erzielen. Die unerträglichen Schmerzen zwangen zu immer reichlicherer Anwendung von Narkoticis. Die am 27. Juli 1893 in Narkose vorgenommene Digital-untersuchung liess das Rektum als ein starres dickwandiges Rohr er-kennen, das ca. 10 cm vom After entfernt eine eben für den Zeigefinger passirbare Striktur zeigte. Der Untersuchung folgte eine ziemlich heftige Blutung.

Der Zustand des Kranken zeigt in den folgenden Tagen keine wesentliche Aenderung. Derselbe verfällt langsam immer mehr, Appetit ist fast gar nicht vorhanden. Die Behandlung besteht in zweimal täg-lich ausgeführten kopiösen Klystieren, bei deren Applikation die Spitze des Hartgummiansatzes über die Striktur hinausgeführt wird, und nachfolgen-der Einführung einer Wismuthschüttelmixtur. Von einer instrumentellen Dehnung der strikturirten Stelle wird wegen deren Neigung zu Blutungen Abstand genommen. Reichliche Anwendung von Opium. Heisse Brei-umschläge auf das Abdomen. Ausschliesslich flüssige Diät.

3. August 1893. Collaps unter heftigen Schmerzen im Leib. Die Temperatur steigt auf 39,1°, schwankt seitdem zwischen 38,2 und 39,5. Abdomen in toto empfindlich. Auch nachdem der Collaps durch reich-liche Anwendung von Aether gehoben ist, bleibt der Puls klein und un-regelmässig. Die Diagnose wird sogleich auf Darmperforation und Peritonitis gestellt.

4. August 1893. Der Kranke ist bewusstlos, delirirt leise vor sich hin, zupft an seiner Bettdecke. Schmerzlich verzogener Gesichtsausdruck. Jede Berührung des Abdomen scheint die Schmerzen beträchtlich zu vermehren. Exsudat ist in der Bauchhöhle durch vorsichtige Perkussion nicht nachweisbar. 7 p. m. Exitus.

Die Obduktion konnte ich, da ich zu einem Schwarzwasserfieber-kranken auf einer entfernten Station gerufen war, nicht selbst ausführen, sondern musste mich auf die Untersuchung der von dem Lazarethgehülfen in Spiritus aufbewahrten Abdominalorgane beschränken. Ausser reich-lichen fibrinösen Auflagerungen auf Milz und Leberkapsel sowie auf der Dünndarmserosa zeigten sich keine pathologischen Veränderungen an diesen Organen. Der Dickdarm war in seinem unteren Theil ca. 20 cm lang in ein starrwandiges Rohr verwandelt, die Wandstärke desselben betrug 0,5—0,7 cm. 11 cm vom After war durch narbige Schrumpfung eine Verengerung seines Lumens verursacht, die beim Spirituspräparat an der engsten Stelle 1,2 cm im Durchmesser betrug. Die Dickdarmschleim-haut war in unregelmässigen Abständen stark gewulstet, dazwischen fanden sich reichliche unregelmässig kontourirte Substanzverluste von der Grösse eines silbernen 20 Pfennigstücks bis zu Fünfmarkstückgrösse mit vielfach narbig verzogenen Rändern. Zwei dicht neben einander sitzende Geschwüre 2 cm oberhalb der oberen Grenze der Striktur hatten die Muskularis in

weiter Ausdehnung unterminirt und die Serosa durchbohrt. Die Ausdehnung
des ganzen Entzündungsprocesses erstreckte sich, nach oben hin an Intensität schnell abnehmend, bis 25 cm unterhalb der Ileocöcalklappe.

Was die Therapie der Dysenterie betrifft, so ist von einem Ortswechsel ein Nutzen nicht zu erwarten. Gebirgsaufenthalt kommt nach
dem im Voraufgehenden über die Häufigkeit der Krankheit im Gebirge
Gesagten gar nicht in Betracht. Der an das heisse Tieflandklima Ge-
wöhnte ist bei der ohnehin grossen Empfindlichkeit gegen Witterungswechsel Verschlimmerungen seines Leidens in besonders hohem Maasse
ausgesetzt. Auch Seereisen zu Erholungszwecken sind bei Dysenteriekranken wenig angebracht, wegen der meist sehr kräftigen und derben
Kost an Bord und der Schwierigkeit, Kranken eine besondere Diät zu
verschaffen. Auch ist der Dysenteriekranke in den engen nur ausnahmsweise ausschliesslich für einen Passagier berechneten Kabinen für seinen
oder seine Mitbewohner eine stete, sehr lästige Plage; die energische und
konsequente Lokalbehandlung, welche zusammen mit der Regelung der
Diät den wichtigsten Theil der Dysenterietherapie ausmacht, ist an Bord
schwer oder gar nicht in der erforderlichen Weise durchzuführen. Eine
solche aber ist dringend nothwendig. Durch Klimawechsel allein wird
kein Kranker geheilt. Der Dysenteriekranke gehört zum wenigsten bis zur
Heilung des akuten Stadiums seines Leidens in ein Hospital an Land.

Zunächst ist absolute Bettruhe bei den schwereren Fällen dringend
erforderlich. Eine wollene oder Flanellbinde schützt das Abdomen vor
plötzlicher durch Zugluft, das Herabgleiten der Decke u. s. w. zu Stande
kommender Abkühlung. Heisse Breiumschläge schaffen häufig wesentliche
subjektive Erleichterung bei heftigen Schmerzen.

Der diätetische Theil der Behandlung hat sich nach lange aner-
kannten Grundsätzen darauf zu beschränken, dass die Anhäufung konsistenter
Fäkalmassen sowie jede sonstige direkte Reizung des Darms vermieden
wird. Feste Nahrung ist daher, bis Schleim und Blut aus dem Stuhl
völlig verschwunden sind, ganz fortzulassen. Ich verzichte im Gegensatz
zu Kartulis[1]) in schweren Fällen auch auf die Darreichung von Fleisch.
Die in Indien wie in Afrika vielfach bevorzugte reine Reiswasserdiät hat
sich, für den Anfang der Behandlung wenigstens, auch mir sehr gut
bewährt. Nach 4—6 Tagen kann man meist durch Milch, Beeftea,
Mehlsuppen, rohe oder weich gekochte Eier etwas Abwechslung schaffen.
Jedes stärkere Gewürz ist verboten. Als Getränk ist mit Wasser oder
Mineralwasser verdünnter Rothwein am empfehlenswerthesten.

Jedes die Darmperistaltik anregende Getränk wie Kaffee und Thee
ist selbstverständlich vom Speisezettel völlig auszuschliessen, ebenso
extrem heisse oder besonders kalte Getränke, welche in demselben Sinne
reizend wirken.

In jedem schwereren Fall soll die Nahrung häufig aber in jedes-
maligem kleinen Mengen verabreicht werden, da beträchtliche Füllung
des Magens gleichfalls als Reiz auf die Darmnerven wirkt.

Die medikamentöse Behandlung zerfällt in eine lokale und eine
innerliche. Auf die erstere ist ein hervorragender Werth zu legen. Der

[1] Kartulis, Infektionskrankheiten des Darms, pag. 369.

kranke Darm ist, soweit das der anatomischen Verhältnisse wegen möglich ist, wie ein Entzündungsprocess mit Geschwürsbildung an der Körperoberfläche zu behandeln. Erforderlich ist demgemäss eine gründliche, häufig wiederholte Reinigung der Geschwürsflächen und — nach Möglichkeit — Desinfektion derselben, die Abhaltung jedes mechanischen Insults und möglichst vollkommne Ruhigstellung des Darms.

Zunächst wird diesen Indikationen durch die strikte Durchführung des vorerwähnten strengen diätetischen Princips Rechnung getragen. Die Ruhigstellung des Darms wird in vollkommenster Weise durch sorgsamen Schutz der Bauchdecken gegen die, wenn auch unbedeutenden Witterungswechsel und durch Narkotika erreicht, welch letztere wenigstens im akuten Stadium der Krankheit nach meinen Erfahrungen kaum entbehrt werden können. Ich habe von ihrer Anwendung, vorausgesetzt, dass für energische Entleerung der Fäkalmassen durch reichliche Klystiere hinreichend gesorgt wurde, niemals einen Schaden gesehen. In schweren Fällen sind sie zur Beseitigung der stürmischen peristaltischen Bewegungen, durch welche die Geschwürsflächen gezerrt, das Zustandekommen von Blutungen begünstigt und die Chancen der Heilung vermindert werden, meist völlig unentbehrlich. Gründliche Entfernung reizender Fäkalmassen und Reinigung der Geschwürsflächen werden am zweckmässigsten durch kopiöse Irrigationen erreicht, die ich stets im akuten Stadium 3—4mal, im chronischen einmal täglich vornehmen liess. Die Empfindlichkeit der Kranken ist anfänglich nicht selten beträchtlich und man muss sich auf die Zufuhr geringer Mengen Flüssigkeit beschränken. Mit der Zeit pflegt die Toleranz schnell zuzunehmen, namentlich wenn man die Opiumgaben kurze Zeit vor den Irrigationen anwenden lässt. Letztere werden, um ein Eindringen der Flüssigkeit in möglichst hochgelegene Darmtheile zu ermöglichen, am besten in Kniellenbogenlage vorgenommen.

Als Irrigationsflüssigkeit verwende ich nach mehrfachen Versuchen am liebsten einen schwachen Theeinfus mit $\frac{1}{2}$—1 Glas Rothwein darin. Die Temperatur beträgt 36—41° C. Ein einfacher Hegar'scher Trichter genügt völlig, am Ende des Schauches bringe ich einen dicken elastischen Katheter an, der sich, ohne wesentliche Schmerzen zu verursachen, höher einführen lässt als ein Darmrohr.

Im Beginn der Krankheit ist es selten möglich mehr als einige 100 ccm Flüssigkeit einzuführen, bei besonders empfindlichen Kranken empfiehlt es sich auf die Einführung grösserer Flüssigkeitsmengen zu verzichten, statt dessen nach Johnston's Vorschlag zwei elastische Katheter nach Art der doppelläufigen Uteruskatheter einzuführen und die Ausspülungen so lange fortzusetzen, bis die Flüssigkeit ganz oder fast ganz klar abläuft. Darauf führe ich meist eine Schüttelmixtur von 1 g Bismuth. subnitr. in 50—100 ccm warmen Wassers ins Rektum ein und weise den Kranken an dieselbe so lange als irgend möglich bei sich zu behalten. Durch völliges Ruhigverhalten nach der Irrigation und warme Bedeckung wird das am besten erreicht.

Von der gleichzeitigen Darreichung grösserer Wismuthmengen innerlich (0,5 g zweistündlich) verspreche ich mir nicht allzu viel Erfolg, habe sie aber trotzdem in der Hoffnung, möglicher Weise doch höher gelegene und durch die Irrigationen vom Rektum aus nicht erreichbare Geschwüre und Entzündungsherde günstig zu beeinflussen, regelmässig angewendet.

Nach hinlänglicher Erprobung der vorbeschriebenen Therapie habe ich in letzter Zeit von anderen Mitteln nur noch selten Gebrauch gemacht. Calomel, von dem namentlich Kartulis bei täglicher Anwendung in kleineren Dosen sehr günstige Erfolge sah, leistet in einer grossen Dose zur Eröffnung der Cur gegeben häufig recht gute Dienste, von länger dauerndem Gebrauch desselben habe ich wegen der starken Reizwirkung, die es auf den Darm ausübt und der Erregung der Peristaltik bisher abgesehen.

Ipekakuanha, namentlich das in letzter Zeit in den Handel gebrachte, relativ emetinfreie Präparat, erwies sich einige Male von wesentlichem Nutzen, deutliche Vortheile vor dem Wismuth schien sie mir nicht zu haben; energische Lokalbehandlung wird durch sie jedenfalls nicht überflüssig gemacht.

Mit den andern gegen Ruhr empfohlenen Mitteln, Ailanthus glandulosa (Simaruba), Naphtalin, Salol, Tannin in seinen verschiedenen Modifikationen u. s. w. habe ich nicht hinreichende Erfahrungen, um mir über ihre von verschiedenen Autoren (Dujardin-Baumetz, Deb, Novikoff, Rossbach, Kartulis) angegebene günstige Wirkung ein eigenes Urtheil zu bilden. Ich glaube, dass man sie bei strenger Durchführung der oben skizzirten einfachen Behandlungsmethode in den meisten Fällen wird entbehren können.

Bis zur völligen Genesung sollte die Leibbinde nicht abgelegt werden. Zur Verhütung von Darmerkrankungen erscheint sie mir nicht rationell. Die Bauchhaut des Gesunden wird durch sie verwöhnt und reagirt häufig mit Erkältung auf ein zufälliges Fortlassen derselben, während man sich andrerseits durch das regelmässige Tragen eines nicht unwichtigen Mittels zur Bekämpfung thatsächlich bestehender Darmkrankheiten beraubt.

Chronische Milzkrankheiten sind trotz der Verseuchung der Küste mit Malaria verhältnissmässig selten. Die Entwicklung grosser Milztumoren bildet selbst bei Leuten, welche viel an Malaria litten, keineswegs die Regel, in der Mehrzahl der Fälle fehlen solche ganz oder sie überragen doch nur um ein geringes den Rippenbogen. Zu wesentlichen subjektiven Beschwerden geben sie kaum je Anlass. Es ist dies eine den Arzt, welcher ganz entgegengesetzte Erfahrungen in Europa zu machen Gelegenheit hatte, wie schon früher bemerkt, zunächst recht überraschende Thatsache. Es scheint in der That, als ob sich grade bezüglich der Milzerscheinungen ein durchgehender Unterschied zwischen den pathologischen Aeusserungen der kleinen nicht oder wenig pigmentirten gegenüber den grossen pigmentirten Parasiten zeige. — Rochard[1]) fand bei 22 an perniciösem Fieber in Madagascar Gestorbenen in der Hälfte der Fälle die Milz normal, in der andern Hälfte verkleinert. Auch Wilson und Haspel fanden bei frischen Fällen nur vorübergehende

---

1 Rochard, Union médicale. 1852.

Schwellung durch kongestive Hyperämie. Roux[1]) konstatirt während des akuten Tropenfiebers keine oder nur eine geringe Vergrösserung der Milz, die indess in den chronischen Fällen regelmässig sich einstelle. Auch bezüglich der letzteren, in Kamerun übrigens, wie gesagt, sehr seltenen Fälle, stimmen meine Erfahrungen mit den seinen nicht völlig überein.

Auffällig ist mir inzwischen die wesentlich grössere Häufigkeit geworden, mit der sich Milzschwellungen im Verlauf der Malaria an der afrikanischen Ostküste entwickeln.

Eine besonders grosse Bedeutung kommt in vielen tropischen Ländern den Leberkrankheiten zu. Ich habe schon an früherer Stelle, bei der Besprechung der vielfach behaupteten Alteration der physiologischen Beeinflussung der Leber allein durch die meteorologischen Faktoren in den Tropen, meine Ueberzeugung dahin ausgesprochen, dass eine solche in unanfechtbarer Weise niemals bewiesen ist, dass die tropischen Leberkrankheiten stets ihr Entstehen bestimmten Schädlichkeiten toxischer oder infektiöser Natur verdanken, welche vielfach auch in gemässigten Breiten wirksam sind, dort aber meist chronisch interstitielle Entzündungen hervorrufen im Gegensatz zu den foudroyanten Formen der tropischen zur Abscedirung führenden Hepatitis. Dass es sich beim Zustandekommen des Leberabscesses im Speciellen nicht um eine specifisch klimatische Krankheit der Tropen handelt, wird hinlänglich bewiesen durch sein sehr verschieden häufiges Vorkommen in Tropengegenden, deren meteorologische Verhältnisse kaum irgend eine in Betracht kommende Verschiedenheit zeigen. Es gilt das schon von räumlich nahe gelegenen Orten resp. Gegenden. Die Präsidentschaften Bombay und Bengalen weisen einen weit geringeren Procentsatz an Erkrankungen auf als Madras[2]), auf Banka, Celebes und den Molukken sind sie weit seltener als auf Sumatra, Java und Borneo. Auf den ostafrikanischen Inseln, wie in Aegypten und Nubien ist die Krankheit sehr häufig, während sie an der tropischen Ostküste verhältnissmässig selten beobachtet wird.

An der Westküste ist wieder Senegambien, dies Eldorado für die verschiedenartigsten Infektionskeime, hervorragend betheiligt. in Sierra Leone, an der Goldküste, im Nigerdelta ist sie auch jetzt noch häufig, weiter südlich an den Golfen von Benin und Biafra muss die Krankheit, wenn man die von früheren Autoren gemachten Angaben[3]) mit den Erfahrungen der letzten Jahre vergleicht, ganz wesentlich an Verbreitung und Bedeutung zurückgegangen sein. Von der Gabunküste und dem süd-

1) Roux, Maladies des pays chauds. II. 293.

2) Hirsch, Handb. d. geogr. hist, Pathol. pag. 240.

3) Boyle, Med. histor. account of the western coast of Africa. London 1831. 360.

Bryson, Reports of the climats and diseases of the African station. London 1847. 252.

Daniell, Sketches of the med. topogr. of the Gulf of Guinea. London 1849. 54.

Féris, Arch. de méd. nav. 1879. Mai 328.

Clarce, Transact. of the epidemiol. soc. 1869. 1. 108.

Quétan. Arch. de méd. nav. 1888. Févr. 75.

hemisphärischen Theil der Küste wird dieses Seltenerwerden der Krankheitsfälle schon früher berichtet[1].

An der Kamerunküste selbst ist eitrige Leberentzündung sehr selten,
ich selbst sah zwei, mein Nachfolger gleichfalls zwei Fälle, bis auf einen
betrafen dieselben sämmtlich Neger. Eine bestimmte Veranlassung war
in keinem der beiden von mir beobachteten Fälle nachweisbar. Alkoholismus wie Ruhr waren als solche mit Sicherheit auszuschliessen.

Der Beginn erfolgte plötzlich mit intensiver Schmerzhaftigkeit des
Abdomen, einmal unter heftigem Schüttelfrost. Der Verlauf war ein
sehr stürmischer. Die Temperaturkurve zeigte steile bis 40° gehende
Erhebungen und tiefe Intermissionen, sie erinnerte durchaus an die typischen
Kurven des septischen Fiebers.

In dem einen Fall bildete sich nach 8 tägigem Bestehen der Krankheit eine deutliche circumscripte Prominenz im rechten Epigastrium etwa
in der Höhe der Ansatzstelle der elften an die zehnte Rippe heraus, die
sehr undeutliche Fluktuation zeigte. Um Sicherheit bezüglich der Diagnose zu schaffen, wurden Punktionen vorgenommen, welche reichlich
dicken Eiter zu Tage förderten.

Die Punktionen wurden alsdann, um Verwachsungen der Leberkapsel
mit der Bauchwand zu erzielen, mehrmals wiederholt.

Die Geschwulst vergrösserte sich während der folgenden Tage, das
Fieber hielt an, die Kräfte des Kranken nahmen ab. Es wurde deshalb
am 4. Oktober 1893 die Eröffnung des Abscesses in Narkose vorgenommen, durch einen sagital verlaufenden 12 cm langen, über die
Höhe der Geschwulst geführten Schnitt die Haut, dann schichtweis die
Muskulatur und Fascie durchtrennt, jedes blutende Gefäss sofort unter-
bunden und das Bauchfell, unter welchem man unmittelbar die Fluktuation auf das deutlichste fühlte, in 3 cm Länge freigelegt. Nachdem die
abermalige Probepunktion ergeben, dass der Abscess nunmehr ganz ober-
flächlich lag, wurde das Peritoneum mittelst des Thermokauter in der
Ausdehnung eines 10 Pfennigstücks eröffnet und ca. 160 ccm dicken
gelben Eiters entleert. Die Abscesshöhle wurde mit gestielten Tupfern
ausgewischt, alsdann ein lockerer Tampon von Jodoformgaze eingeführt
und verbunden.

Der Kranke fühlt sich 4 Stunden nach der Operation vollkommen
wohl, die Temperatur sinkt auf die Norm. Die Schmerzen verschwinden
völlig. Täglicher Verbandwechsel. Reaktionslose Heilung durch Granu-
lationsbildung. Der obere und untere Theil der Haut- und Muskel-
wunde wird am achten Tage nach Anfrischung der Wundränder mittels
des scharfen Löffels durch Naht vereinigt, in die Wundhöhle ein Drain
eingeführt. Nach vier Wochen ist die Wunde bis auf eine kleine
granulirende Stelle geheilt, der Kranke wird zu weiterer poliklinischer Behandlung entlassen. Amöben wurden im Abscesseiter nicht gefunden,
wohl aber reichlich Staphylococcus pyogenes aureus.

1) Griffon du Bellay, Arch. de méd. nav.

Monnerat, Considér. gén. sur les maladies observées à l'hôpital de Gabon.
Montpellier 1868. 36.

Ritchie, Edinb. monthl. Journ. 1852. Juni.

im zweiten Fall stellte sich keine deutliche Lokalisation des Krankheitsprocesses heraus resp. es wurde über heftige Schmerzen an drei
verschiedenen Stellen, im linken Epigastrium, in der Axillarlinie in der
Höhe der zehnten Rippe und in der rechten Schulter und Rücken geklagt. Der Fiebertypus war unregelmässig intermittirend. Die wiederholt vorgenommene Probepunktion der sehr beträchtlich vergrösserten
Leber an Stellen, welche bei Palpation des Abdomen undeutliche Fluktuation schienen erkennen zu lassen, ergab ein negatives Resultat. Nach
vierwöchentlicher Hospitalbehandlung des Kranken, während dessen zeitweis die Temperatur normal war, während die Leber stark geschwollen
und auf Druck intensiv empfindlich blieb, erfolgte Exitus an Entkräftung.

Die Obduktion ergiebt eine beträchtliche vergrösserte[1] Leber, deren
Kapsel mit dem Bauchfell an verschiedenen Stellen verwachsen ist. Die
Leber enthält 20—25 kirsch- bis wallnussgrosse Abscesse, dieselben
enthalten dicken, theilweise gallig gefärbten Eiter. Amöben werden vermisst, dagegen sind reichlich Staphylokokken nachweisbar. Die Milz
ist etwas vergrössert[2]. Darmschleimhaut sehr blass, zeigt keine Spur
einer Entzündung.

Herz schlaff, atrophisch, Lungen sehr blass, durchaus lufthaltig,
völlig kollabirt. Gehirnhäute nicht verwachsen, geringe Gefässfüllung, in
den Ventrikeln 15 ccm klare hellgelbliche Flüssigkeit.

Primäre Nierenkrankheiten sind anscheinend in Kamerun sehr
selten. Ich selbst habe keinen Fall beobachtet. Ueber das Vorkommen
einer Akklimatisationsatrophie der Niere unter dem Einfluss des heissen
Klimas habe ich mich schon an früherer Stelle skeptisch geäussert.
Unter den allerdings spärlichen Obduktionen, welche ich zu machen Gelegenheit hatte, ist mir niemals ein auf das Zustandekommen eines
solchen Zustands deutender Befund vorgekommen. Die von mir wie von
Eykmann und Glogner durchgeführten Urinmessungen sprechen von
vornherein schon gegen das allgemeine Zutreffen der von Dundas[3]
behaupteten Verminderung der Urinsekretion in den Tropen, welche er
als Beweis für die Richtigkeit seiner Annahme anführt. Absolut gerechnet besteht eine solche weder nach meinen, noch Eykmann's oder
Glogner's Untersuchungen in den Tropen. Uebrigens habe ich irgend eine
Bestätigung des Dundas'schen Befundes von anderer Seite auch in der
Litteratur nicht zu finden vermocht.

Die grosse Seltenheit, mit welcher nach den Angaben älterer Autoren[4] ausser in Segu westlich von Senegambien, die Steinkrankheit
bei Negern an der Westküste Afrikas vorkommt, lässt es sehr auffällig
erscheinen, dass sich unter den von mir bei Negern in Kamerun
beobachteten Krankheitsfällen drei Steinkranke befanden. Die Diagnose

---

1) Gewicht 2400 g.
2) Gewicht 280 g.
3) Dundas, Sketches of Brasil. London 1862. 60.
4) Daniell, Sketches of the med. togogr. of the Gulf of Guinea. London
1849. 96.
Clarke, Transact of the epidem. soc. 1860. I. 112.
Quintin, Extract d'un voyage dans le London. Paris 1869. 38.

— 252 —

konnte bei allen drei Kranken, männlichen Negern im Alter von etwa
40–50 Jahren, durch kombinirte Untersuchung vom Mastdarm und den
Bauchdecken aus mit völliger Sicherheit gestellt werden. Die freilich
bei jedem Neger wenig zuverlässige Anamnese machte es in einem
Fall wahrscheinlich, dass sich das Leiden im Anschluss an eine frühere
Gonorrhoe entwickelt habe. Die unter dem Mikroskop untersuchten
kleinen, mit dem Urin abgegangenen und als Filterrückstand gewonnenen
Bröckel erwiesen sich als einem Phosphatstein angehörig. Ob es sich
um einen primären Phosphatstein oder um die Phosphathülle eines
Uratsteins handelte, war mir zu entscheiden unmöglich, da jeder operative Eingriff bestimmt verweigert wurde.

Dies war leider auch der Fall bei einem an Blasenblutungen leidenden Sudanesen, in dessen Urin sich reichlich die Eier von Distoma haematobium vorfanden. Die kombinirte Rektal- und Steinsonden-Untersuchung in Narkose ergab einen Stein von etwa Wallnussgrösse in der
Blase. Möglicherweise hatten hier wie in einigen von Bilharz beobachteten Fällen die Parasiteneier das Konkretionscentrum gebildet.

Im dritten Fall handelte es sich um einen reinen Phosphatstein,
wie die Löslichkeit der nach Zertrümmerung desselben durch den Lithotriptor mit dem stark trüben und alkalisch reagirenden Urin herausgespülten massenhaften Bröckel in Säuren bewies. Durch lokale Behandlung der nachbleibenden Cystitis mittels Sublimatausspülungen gelang
es im Verlauf von einigen Wochen völlige Heilung zu erzielen.

Prostatahypertrophie ist eine bei Negern anscheinend nicht
seltene Alterskrankheit.

Ebenso wurde Hydrocele in einer grösseren Zahl von Fällen
beobachtet.

Von Brüchen sind mehr oder weniger umfangreiche Nabelbrüche
ein ganz regelmässiger Befund bei jungen Kindern. Der frühzeitige Genuss voluminöser fester Nahrung ist gewiss nicht ohne Einfluss auf ihr Zustandekommen. Leisten- und Schenkelbrüche kamen in acht Fällen
zur Beobachtung. In einem Fall handelte es sich um eine seit drei
Tagen bestehende Incarceration mit Peritonitis. Der Tod trat zwei Tage
nach Einlieferung des Kranken in das Hospital ein.

Von Geschlechtskrankheiten ist die Gonorrhoe ein sehr stark
verbreitetes Leiden unter den Eingebornen, wie unter den zu deren
Weibern in Beziehung stehenden europäischen und afrikanischen Eingewanderten. Der Verlauf der Krankheit unterscheidet sich im allgemeinen
beim Europäer kaum in irgend etwas von dem in Europa selbst. Dass
sie, wie vielfach behauptet, bei demselben in den Tropen im allgemeinen
bösartiger verläuft als in gemässigten Breiten, habe ich nicht gefunden. Von Nachkrankheiten sind Drüsenschwellung und Epididymitis
nicht ganz selten.

Weit leichter als beim Europäer verläuft die Gonorrhoe beim Neger
und zwar an der afrikanischen Westküste wie an der Ostküste. Obwohl
sich derselbe verhältnissmässig sehr selten dazu entschliesst, eine lokale
Behandlung in rationeller Weise wochenlang an sich vornehmen zu lassen,
— es ist das fast ausschliesslich bei solchen möglich, auf welche der
Arzt einen physischen Druck auszuüben vermag, wie auf die farbigen

Soldaten — heilt die Gonorrhoe meist überraschend schnell und führt nur äusserst selten zu Komplikationen seitens der Lymphdrüsen und des Nebenhodens. Ich habe unter diesen Verhältnissen, soweit es sich nicht um Kranke handelte, welche wie Soldaten, Ruderer oder Hausjungen regelmässig kontrollirt werden konnten, nach den Erfahrungen der ersten Monate auf jede Injektionsbehandlung verzichtet, nur äusserste Reinlichkeit und mehrmalige Waschungen — immer mit verabreichter „Medicin", da sie im andern Fall doch sicher unterblieben wären —, verordnet und in den meisten Fällen nach 3—4 Wochen Spontanheilung erfolgen sehen. Chronischwerden der Gonorrhoe ist jedenfalls wesentlich seltener als beim Europäer. Kaum jemals war es nothwendig, Negersoldaten wegen Gonorrhoe vom Dienst zu dispensiren. Zur Zeit meiner Anwesenheit in Kamerun waren gut ein Drittel derselben mit Gonorrhoe behaftet.

Ulcus molle wurde sehr selten beobachtet und nahm stets unter Jodoform- und Bäderbehandlung nach wenigen Tagen einen günstigen Verlauf.

Die Syphilis war zur Zeit meiner Anwesenheit in Kamerun eine unter den Eingebornen unbekannte Krankheit. Ich habe daselbst bei Negern keinen frischen Fall von Ansteckung gesehen; einige mit Wahrscheinlichkeit auf frühere Infektion zu beziehende veraltete Fälle bei importirten Liberianegern. A. Plehn bestätigt das völlige Fehlen der Syphilis für das auf meine Anwesenheit folgende Jahr, erlebte aber die Einschleppung der Krankheit seit anfangs 1896. Wahrscheinlich erfolgte dieselbe durch Seeleute der Kriegs- oder Handelsmarine. Es kam zur Infektion von Duallaweibern, und durch diese auch von Europäern. Auffällig ist die unzweifelhafte Thatsache, dass unter mehreren tausend Krankheitsfällen von Anfang 1893—96 — über die frühere Zeit liegen sichere Nachrichten nicht vor — die Syphilis in Kamerun nicht oder doch in so verschwindend wenigen Fällen vorkam, dass diese sich gänzlich der Kenntniss des Arztes entzogen. Es steht diese Erfahrung in völligem Gegensatz zu den bezüglich anderer Theile der westafrikanischen Küste in der Litteratur enthaltenen Angaben.

Die Syphilis ist im allgemeinen an allen Theilen der afrikanischen Küste stark verbreitet. Lostanot-Bochanet[1]) behauptet von Zanzibar, dass $^9/_{10}$ der Einwohnerschaft syphilitisch seien; die andern ostafrikanischen Inseln, Madagascar, Mauritius, Réunion sind völlig verseucht, ebenso Nubien und Aegypten, sowie in intensivster Weise die ganze Nordküste.

Daniell[2]) nennt die Syphilis die vielleicht häufigste und verderblichste Krankheit an der Benin- und Biafraküste. Griffon du Bellay[3]) und Abelin[4]) erklären sie für ausserordentlich häufig an

---

1) Lostanot-Bochanet, Zanzibar. Paris 1876.
2) Daniell, Sketches of the med. topogr. of the Gulf of Guinea. London 1849.
3) Griffon du Bellay, Arch. de méd. nav. 1861. Jan. 77.
4) Abelin, Étude méd. sur le Gabun. Paris 1872.

der Kamerunküste, Clarke[1], Moriarty[2], Michel[3] berichten dasselbe von der Goldküste.

Eine sehr starke Verbreitung hat die Syphilis auf den der Kamerunküste vorgelagerten Inseln gefunden, wie ich mich selbst während meines Aufenthalts auf Fernando Poo und São Thomé überzeugen konnte. Auf ersterer Insel ist namentlich die eingeborne Bevölkerung der Bubis in beträchtlichem Maass von der Seuche ergriffen. Hochgradig verseucht ist auch Principe.

Was Kamerun selbst anlangt, muss ich den diese unzweifelhaften Thatsachen verallgemeinernden Angaben, wie gesagt, auf das bestimmteste widersprechen, wobei ich es durchaus dahin gestellt sein lasse, was die Ursache der eigenthümlichen Exemption dieses Theiles der Küste ist. Vielleicht eine geringere Disposition der Kamerunneger gegenüber anderen Küstenstammen etwa in dem Sinn, wie die malagassische Negerbevölkerung Madagaskars eine wesentlich grössere Widerstandsfähigkeit der Syphilis gegenüber zeigt als die von Osten eingewanderten Hovas[4].

Die für die afrikanischen Kolonien in Betracht kommenden Intoxikationskrankheiten sind Schlangenbiss, Alkoholismus und Morphinismus. Ich habe dieselben hier nur kurz zu streifen, da ihre praktische Bedeutung für die Kamerunküste verhältnissmässig gering ist.

Von Verletzungen durch Schlangenbiss hört man in Kamerun ganz ausserordentlich selten; ich selbst habe keinen derartigen Fall beobachtet, A. Plehn nach mir einen, welcher auf die eingreifende Lokalbehandlung hin günstig verlief. Giftige Schlangen sind keineswegs selten in Kamerun, die ziemlich häufig vorkommende Puffotter und Hornviper gehören zu den giftigsten ihrer Gattung. Dass trotzdem Fälle von Schlangenbiss so selten vorkommen, hat seinen Grund vor allem in der grossen Vorsicht der Neger, welche von ihren ausgetretenen Pfaden sich sehr selten in den dichten hochgrasigen Busch begeben und nachts, wo die Schlangen häufig nach Beute suchend auf den Wegen herumkriechen, kaum je zu bewegen sind, ohne Licht auszugehen. Auf den ostafrikanischen Plantagen in der Nähe der Küste sind namentlich bei der ersten Arbeit des Bäumefällens und Buschrodens Verletzungen durch Schlangenbiss häufiger.

Ein gewisses Maass von chronischem Alkoholismus ist abgesehen von den Vertretern der Missionen einem beträchtlichen Theil der europäischen Bewohnerschaft von Kamerun zuzusprechen. Es ist darunter nicht sowohl ein häufiges Excediren in Baccho, als der gewohnheitsmässige tägliche Verbrauch wesentlich grösserer Mengen alkoholischer Getränke zu verstehen, als sie im allgemeinen in Europa verbraucht zu werden pflegen. Die Ursachen liegen einerseits in dem beträchtlichen, in Folge der Hitze nach jeder, auch geringen körperlichen Anstrengung lebhaft rege werdenden Durstgefühl, andererseits in den ungünstigen Wasserverhältnissen, dem Widerstand, welchen die Geschmacksorgane der Einfuhr des dortigen lauwarmen Regen- oder auch Brunnenwassers in unvermischtem

---

1) Clarke, Transact. of the epidemiol. soc. 1860. I.
2) Moriarty. Med. Times and Gaz. 1866
3) Michel. Not. méd. rec. à la Côte d'or. Paris 1873.
4) Arch. de méd. nav. 1870.

Zustand entgegensetzen, endlich in dem Bedürfniss der anämischen Magenschleimhaut nach Reizmitteln. Dazu kommen Momente, die auf andern
Gebieten liegen: das fast völlige Fehlen jeder geistigen Anregung, die
nicht der eignen Initiative entspringt, die täglich vor Augen tretenden
Gefahren des Klimas, welche leicht zu einem gewissen Fatalismus und
damit zu Ausschweifungen jeder Art führen, die meiner Zeit wenigstens
grossentheils durchaus ungenügenden Wohnungsverhältnisse, welche eine
einigermassen behagliche und zurückgezogene Lebensführung für viele
völlig ausschlossen, endlich die Qualität eines nicht unbeträchtlichen
Theils des gerade in diese Kolonie herausgehenden Menschenmaterials.

Es sind die bezeichneten Momente wohl ziemlich allgemein verantwortlich zu machen für den in den Tropen so stark verbreiteten Alkoholismus, vor welchem die Regierungen in Europa in anerkennenswer-
thester Weise durch die einschneidendsten und wirthschaftlich bedeutungs-
vollsten Gesetzesbestimmungen den Eingebornen zu behüten suchen, um
damit, wenn die zu dem Zweck getroffenen Maassregeln den erwarteten
Erfolg haben sollten, ein gewisses Maass von Alkoholismus mit der Zeit
zu einer Art von differenzialdiagnostischem Civilisationsmerkmal des Europäers in den Kolonien zu gestalten. Eine kurze Umschau über die Wirkung der oben angeführten Momente ist nothwendig um die Bedeutung,
welche ihre Beseitigung oder doch möglichste Einschränkung für die
Tropenhygiene hat, zu begründen.

Sehr lehrreich sind die Zustände in der englischen und holländischen Kolonialarmee, wie denn das Militär ganz im allgemeinen den
Theil der europäischen Tropenbewohnerschaft ausmacht, von welchem
allein völlig zuverlässige statistische Daten erhältlich sind.

So berichtet Nicoll[1]), dass in dem indischen Regiment, welchem
er als Arzt beigegeben war, die Trunksucht derart eingerissen war, dass
von 10 ihm zugeführten Kranken durchschnittlich 9 als an Alkoholismus
erkrankt sich erwiesen. Henderson, dass täglich im Durchschnitt
ca. $\frac{1}{2}$ Liter Schnaps ($\frac{3}{4}$ Gallonen) auf den Kopf des Regiments in
Cannanur gekommen sei[2]).

In Holländisch Indien steht es oder stand es vor kurzem nicht
besser. Die Soldaten der holländischen Kolonialarmee sind mit geringen
Ausnahmen dem Alkohol ergeben. Die Ausschliesslichkeit, mit welcher
in den unteren Chargen die gesammte Gage in alkoholischen Getränken
angelegt wird, findet einen charakteristischen Ausdruck in der von van
der Burg[3]) berichteten Thatsache, dass seiner Zeit bei Obduktionen die
durch Alkohol bewirkten Veränderungen an der Leber graduell einfach
nach der dem Gehalt entsprechenden Charge des Gestorbenen bezeichnet
wurden, Gefreiten-, Mineur-, Stabsmusikantenleber u. s. w.

1) Nicoll, Vergl. Hirsch, Handb. d. histor. geogr. Pathologie. III. 278.
2) Henderson, Vergl. Hirsch, Handb. d. histor. geogr. Path. III. 279.
3) van der Burg, Das Leben in der Tropenzone, speciell im indischen Archipel. Nach Dr. van der Burg's: De geneesheer in Nederlandsch Indië. I. Bd.
II. Auflage. Mit Genehmigung des Autors bearbeitet von Dr. L. Diemer, Stabsarzt
in Dresden.

Uebrigens spielt der Alkoholismus eine wesentliche Rolle charakteristischer Weise ausschliesslich in den Kolonien germanischer Stämme.

Wesentlich geringer ist derselbe nach meinen Erfahrungen in den französischen, spanischen und portugiesischen Kolonien vertreten, an der afrikanischen Westküste sowohl wie in Südamerika.

Schweren Alkoholismus habe ich in Kamerun in einem Fall zu beobachten gehabt, welcher von besonderem Interesse ist, wegen seiner nicht gewöhnlichen Akuität, sowie insofern als es anfangs schwierig war, auf den klinischen Befund hin die Differenzialdiagnose gegenüber anderweitigen akuten Nervenleiden, im speciellen gegenüber Beri-Beri zu stellen.

T., Beamter, 26 Jahre alt, kräftig gebauter, fettleibiger Mann. Früher gesund. Vorangegangene Lues geleugnet. Starker Trinker. Ausser beträchtlichen Mengen Wein und Branntwein Konsum von 6 Liter Exportbier täglich im Durchschnitt, bei aussergewöhnlichen Gelegenheiten wesentlich mehr. Seit 8 Monaten in Kamerun, hat sehr wenig an Fieber oder sonstigen Krankheiten gelitten. T. ist ein abgesagter Feind jeder körperlichen Bewegung, bei der ihm überdies der sich rasch mehrende Fettansatz behindert.

Erkrankung ohne äussere Veranlassung in der zweiten Hälfte Mai 1893 mit zunehmender Schwäche und reissenden Schmerzen in den Beinen, die es dem Patienten schwer machen, ohne häufiges Niedersetzen seinen Dienst zu versehen.

20. Mai. Die physikalische Untersuchung der inneren Organe ergiebt ausser etwas beschleunigter und unregelmässiger Herzaktion, welche auf bestehendes Fettherz bezogen wird, normale Verhältnisse; die Perkussion führt wegen des dicken Fettpolsters zu keinem sicheren Resultat. — Urin eiweissfrei. Waden auf Druck sehr empfindlich. Gang sehr unsicher, doch kann Patient auf einen Stock gestützt noch Treppen steigen und sich aus seiner Wohnung nach dem ca. 500 m entfernten Messgebäude begeben. Bei geschlossenen Augen schwankt er stark. Sehr heftiger Tremor manuum. Die faradische und galvanische Erregbarkeit der Beinnerven ist stark herabgesetzt, die Muskelerregbarkeit für den galvanischen Strom deutlich erhöht, die Zuckungen verlaufen langsam und träge. Die Sensibilität der Haut beider Unterschenkel ist deutlich vermindert. Die Erscheinungen nehmen in der Folge rapide an Intensität zu. Nach wenigen Tagen ist T. überhaupt nur noch im Stande, auf einen kräftigen Neger gestützt umherzugehen. Die reissenden Schmerzen in den Beinen nehmen zu, die Nervenerregbarkeit vermindert sich rapide. Der Tremor wird so stark, dass T. nur mit Mühe im Stande ist, sich Nahrung selbstständig zuzuführen. Dabei machen sich auch psychische und intellektuelle Störungen bei ihm bemerkbar. Sein Gedächtniss schwindet fast ganz, der sonst gutmüthige Mann misshandelt die ihn umgebenden schwarzen Diener sowie Thiere, die sich in seinem Zimmer befinden, sobald er ihrer habhaft werden kann. Nachts äusserste Unruhe, ausgesprochene Delirien, die meist in einem mehrere 100 m weit hörbaren Gebrüll enden, bis mit grossen Dosen Chloral Ruhe geschaffen wird.

Das gleich anfangs ärztlicherseits erlassene Verbot, T. fernerhin noch alkoholische Getränke zukommen zu lassen, wird, wie sich erst nachträglich herausstellte, von diesem umgangen, indem er sich durch seinen Jungen aus einer entlegenen Faktorei Alkoholika in gewohnter Menge am Abend in seine Wohnung schmuggeln lässt.

Die Behandlung besteht in mehrmaligen kalten Abreibungen täglich, Strychninpräparaten und Faradisirung der Unterextremitäten, Nachts 2—3 g Chloral. Ein Erfolg ist nicht zu erkennen, vielmehr nehmen die Erscheinungen sehr schnell zu. Seit dem

11. Juni ist der Kranke nicht mehr im Stande das Bett zu verlassen, der Tremor der Hände ist so stark, dass er gefüttert werden muss, die Lähmung der Beine ist eine fast vollständige. Dabei klagt er über starkes Herzklopfen, namentlich nach jeder heftigeren Bewegung im Bett. Die Herzaction ist schwach und unregelmässig. Es bestehen Sehstörungen, beruhend auf Lähmung des rechten Abducens. Die Intelligenz ist sehr herabgesetzt, das Gedächtniss fast ganz geschwunden. Der ganze Verlauf der Krankheit ist durchaus fieberlos.

Am 21. Juni erfolgt plötzlich unter apoplektiformen Erscheinungen der Tod. Die Obduktion musste leider unterbleiben, da der Lazarethgehülfe krank und ich selbst durch mehrere Schwerkranke völlig in Anspruch genommen war. Trotzdem kann mit Rücksicht auf das notorische Potatorium T.'s, die cerebralen Erscheinungen, namentlich aber den Charakter der nächtlichen Delirien, an der Natur des Leidens als einer alkoholischen Neuritis kaum gezweifelt werden. Auffällig ist der ausserordentlich rapide Verlauf und die Schnelligkeit, mit der es zu dem tödtlichen Ausgang kam.

Für die Küstenneger in Kamerun hat der Alkoholismus trotz der sehr erheblichen Mengen Schnaps, welche von Hamburg her in die Kolonie importirt werden, eine in Betracht kommende praktische Bedeutung bisher noch nicht erlangt. Jedenfalls sieht man daselbst viel seltener einen betrunkenen Neger wie einen betrunkenen Europäer. Einen guten Anhalt in der Hinsicht giebt dem Arzt der Verlauf der Chloroformnarkosen. Bei Europäern verliefen dieselben ganz allgemein schwer und mit langdauerndem, häufig sehr stürmischem Excitationsstadium.

Mit meinen eignen Erfahrungen in der Hinsicht übereinstimmend wurde mir im Jahre 1892 in Java versichert, dass die im Hospital von Batavia an europäischen Soldaten vorgenommenen Narkosen daselbst für so gefährlich gelten, dass dieselben ausschliesslich in Gegenwart des Chefarztes vorgenommen werden dürfen. Als Ursache wurde vor allem auf den unglaublich grossen Geneververbrauch und die in Folge desselben häufig auftretende Herzschwäche hingewiesen. Im Gegensatz dazu verlief die Narkose in einer sehr beträchtlichen Zahl von Fällen bei Kamerunnegern ganz allgemein so leicht und ohne jede üble Nebenerscheinung, dass das grosse, anfänglich seitens derselben gegen die Chloroformwirkung gehegte Misstrauen sehr schnell völlig verschwand und der Wunsch „getödtet und nachher wieder lebendig gemacht zu werden" während der zweiten Hälfte meines Aufenthalts in Kamerun vor jedem chirurgischen Eingriff in sehr dringender Weise geäussert zu werden pflegte. Die für den Kamerunneger zur Durchführung der Narkose verbrauchte Chloroformmenge betrug im Durchschnitt wenig mehr als die Hälfte derjenigen, welche unter gleichen Umständen für den Europäer erforderlich war.

Eine noch geringere Gefahr wie für die Küstenneger ist der importirte Schnaps einstweilen noch für die Binnenlandbewohner. Es hat sich der Gebrauch herausgebildet, dass die Gefässe mit concentrirtem Schnaps, welcher aus Hamburg verschifft wird, von den schwarzen Käufern an der Küste zunächst in der Mehrzahl der Fälle etwa zur Hälfte geleert werden, zum Weiterverkauf wird die so entstandene Leere mit Wasser gefüllt, und das auf diese Weise um ein beträchtliches harmloser gewordene Getränk

in der bis weit ins Innere hinein wohlbekannten Originalverpackung
kleinen grünen Kisten — zunächst auf Kanus und dann auf dem Land-
wege weiter befördert. Die folgenden Stämme verfahren dann nach dem
nämlichen Princip, so dass in das Hochland hinein ein sehr unschäd-
liches Getränk zu gelangen pflegt, wie das namentlich die v. Stetten-
sche Expedition 1893 in Adamaua mehrfach feststellen konnte.

Die Gefahr der Schnapseinfuhr für den afrikanischen Neger wird in
mancher Hinsicht vielleicht etwas überschätzt. Alkohol sich zu verschaffen
versteht der Eingeborne hinreichend auch ohne jede Unterstützung durch
den Europäer. Die Oelpalme (Elaeis Guineensis), die Borassuspalme (Bo-
rassus flabelliformis), die Dattelpalme, die Souképflanze (Parinarium Se-
negalense), eine Mimose, Ulla (Parkia africana), das Negerkorn (Sorghum),
Aubrya Gabonensis, Groeyia melocarpa, die Buja in Nubien (G. Cazent),
der Mzir in Darfur, überall, im Küstengebiet wenigstens, die Kokospalme,
liefern hinreichend Alkohol und werden auf das ausgiebigste zu dessen
Gewinnung ausgenutzt. Die Wadigo im nördlichen Theil des deutsch-
ostafrikanischen Schutzgebietes sind in weit höherem Maass dem Trunk
ergeben als die Kamerunbevölkerung. Bei ihnen ist der Alkoholismus
gradezu zu einem nationalökonomischen Uebel geworden; obwohl keinerlei
Schnapseinfuhr nach der ostafrikanischen Küste von aussen erfolgt, wird
der beträchtliche Bedarf an Alkohol durchaus im eignen Lande durch den
aus den Kokospalmen gewonnen Palmwein, Tembo, gedeckt. Dasselbe
scheint nach Zintgraff's Berichten, wenn auch vielleicht in etwas geringerem Grade von den Bafis im Grasland von Nordkamerun zu gelten,
wo Schnaps nicht hingelangt, wo aber auch der Palmwein alle Bedürfnisse
in der Hinsicht deckt, ebenso wie das selbstgebraute Durrhabier bei vielen
Stämmen im Innern Afrikas. In jedem Fall also entspricht es den Thatsachen nicht, wenn das Verbot, Alkohol in Afrika einzuführen, mit der
Behauptung begründet wird, es handle sich um ein den Eingeborenen
noch unbekanntes Gift, vor dessen Einwirkung dieselben zu bewahren
Pflicht der Humanität sei.

Während immer von medicinischer Seite sehr beträchtliche Bedenken gegen den Gebrauch koncentrirter Alkoholika in den Tropen geäussert werden müssen und akute Alkoholintoxikation sicher eine sehr
häufige Gelegenheitsursache für den Ausbruch von Fieber ist, sind leicht
alkoholhaltige Getränke in mässiger Menge genossen keineswegs als eine
wesentliche Gefahr anzusehen. Die Anschauung Müller's[1] freilich,
dass der Alkohol direkt ein Gegenmittel gegen die Malaria sei, muss
entschieden als bedenklich und durchaus unerweisbar bezeichnet werden.
Während Schnaps in jeder Form in den Tropen gemieden werden sollte,
vermag ich die gegen das Bier als Tropengetränk vielfach geäusserten
Bedenken nach meinen Erfahrungen nicht zu theilen. Freilich sind die
meisten zum Versand in die Tropen kommenden Biersorten, um sie halt-
barer zu machen, viel zu alkoholreich. Es gilt dies namentlich von der
Mehrzahl der Münchener Exportbiere.

[1] Müller, Ueber Malaria in Kamerun. Berl. klinische Wochenschrift. 1888.
pag. 599.

Dem Rath Navarre's[1], die schweren Biersorten durch Zugiessen von Wasser auf den zuträglichen Alkoholgehalt von 3—4 pCt. zu bringen, dürfte auf Befolgung in einer deutschen Kolonie kaum zu rechnen haben. Gewisse helle Prager, Pilsener und Wiener Biere entsprechen den an ein Tropengetränk zu stellenden Ansprüchen einstweilen am meisten, haben, wenn leicht eingebraut, freilich den Nachtheil geringerer Haltbarkeit. Gegen den mässigen Genuss leichter Weine ist gleichfalls ärztlicherseits nichts einzuwenden. Vom Uebel wird stets eine ganz plötzliche Aenderung der gewohnten Lebensweise sein. Wer zu Haus an die Zufuhr mässiger Mengen von Alkohol gewöhnt war, braucht in den Tropen nicht aus Furcht vor einem etwa daselbst zu Tage tretenden schädlichen Einfluss desselben plötzlich ganz zum Temperenzler werden. In jedem Fall aber ist als bedenklich das viel häufigere umgekehrte Verhalten zu bezeichnen, dass junge Leute, deren materielle Lage ihnen nicht oder nur ausnahmsweise den Genuss von grösseren Mengen alkoholischer Getränke gestattete, unter dem Eindruck der plötzlichen, meistens ja recht beträchtlichen Gehaltsaufbesserung draussen und in Ermangelung sonstiger gewohnter Vergnügungen einen grossen Theil ihrer Energie auf Alkoholkonsum von ihnen bisher ganz ungewohntem Umfang concentriren. Der gewohnheitsmässige Konsument beträchtlicher Mengen alkoholischer Getränke ist in jedem Fall schwerer Fiebererkrankung in besonderem Maasse gefährdet.

Der Morphinismus, welcher in Ostafrika eine bedauerlich grosse Zahl von Opfern direkt und indirekt bereits gefordert hat und im Lauf der nächsten Jahre wohl noch fordern wird, ist nach meiner persönlichen Erfahrung an der Kamerunküste eine unbekannte Erscheinung. Auch mein Nachfolger erwähnt die Krankheit mit keinem Wort. Es hat sich während meiner Anwesenheit in Kamerun daselbst nur einmal für wenige Monate ein Morphinist aufgehalten, welcher sich sein Leiden während eines früheren langdauernden Aufenthalts in Deutsch-Ostafrika zugezogen hatte. Er ist nicht lange genug in Kamerun geblieben, um zur Ansteckungsquelle auch für seine Umgebung zu werden. Er musste wegen fortwährender schwerer Fieber nach kurzem Aufenthalt die Westküste verlassen, und ein solches Schicksal oder frühzeitiger Tod wird zweifellos auch in etwaigen weiteren Fällen ein Umsichgreifen des Leidens in einer so gefährlichen Fiebergegend, wie es die Kamerunküste ist, verhindern.

Die relative Häufigkeit des Morphinismus unter Europäern in Afrika ist nicht schwer zu erklären. Nur selten handelt es sich um das Zustandekommen des Leidens unter geordneten Verhältnissen und in friedlicher Umgebung. Die später zu besprechende Schlaflosigkeit könnte dazu führen; besonders schmerzhafte Leiden sind jedenfalls in den Tropen nicht häufiger als in gemässigten Breiten. Auch ist unter geordneten Verhältnissen das Morphium dem Laien meist ebenso wenig direkt zugänglich als in Europa. Anders verhält sich das für den Expeditions- oder Truppenführer auf Reisen oder kriegerischen Unternehmungen. Der durch Anstrengungen und Fieber entkräftete Körper kann in Folge der

1) Navarre. Manuel de l'hygiène coloniale. pag. 349.

fortwährenden Aufregung auch nachts den erforderlichen Schlaf nicht finden und gelangt so schliesslich in einen unerträglichen Zustand hochgradiger Nervenabspannung. Die Reiseapotheke mit dem ihm wohlbekannten Heilmittel steht frei zu seiner Verfügung, was Wunder, dass so Mancher der Versuchung erliegt und sich mit der mehr oder weniger nach Gutdünken abgemessenen Dosis Morphium ein paar Stunden Schlaf und Vergessen seiner Gefahren und Strapazen erzwingt. Dazu kommt, dass, vielfach gewiss von solchen ausgehend, die das Mittel schon gewohnheitsgemäss zu gebrauchen begonnen haben, um sich vor sich selbst und vor Andern zu entschuldigen, die jedenfalls völlig irrige Ansicht in Ostafrika wenigstens verbreitet wurde, dass das Morphium ein sicher wirkendes prophylaktisches Mittel gegen die Malaria sei. Hat dann der Reisende erst einmal die wunderbare Wirkung des Mittels, zunächst wohl stets in den Fällen äusserster Abspannung erprobt und sich mit einem Schlage über Schwächegefühl und Abspannung fortgeholfen, dann ist die Gefahr gross, dass die Morphiumlösung bei immer geringfügigeren Anlässen und immer häufiger aus der Reiseapotheke hervorgeholt wird, und dass sie dann schnell überhaupt den Charakter des Heilmittels verliert und zu dem gewohnheitsmässig genommenen, weil nicht mehr entbehrlichen, gefahrvollen Genussmittel wird. Ein solcher Kranker aber ist stets eine beträchtliche Gefahr für seine europäische, namentlich die ihm nächststehende Umgebung, denn es hat sich in Afrika so manches Mal gezeigt, wie ansteckend die Morphiumsucht wirkt und wie der Morphinist das unheimliche und unwiderstehliche Streben bethätigt, auch seine nächste Umgebung zum Gebrauch und zur Angewöhnung des Gifts zu überreden und unter diesen Verhältnissen selten ganz ohne Erfolg.

Erkrankungen des Nervensystems kommen unter dem Einfluss des feuchtheissen Klimas, der häufigen Erkankungen, der steten umgebenden Gefahren, vielfach auch unter Mitwirkung des Alkohols in Kamerun häufig vor. Ja man kann sagen, dass in gewissem Sinn nach einer mehr oder weniger langen Zeit des Aufenthalts die Mehrzahl der europäischen Bewohner nerös wird. Diese Nervosität hat eine gewisse Popularität in der Heimath dadurch erlangt, dass sie vielfach zur Entschuldigung von Fehlern, Vergehen oder Verbrechen gedient hat, die draussen begangen wurden und den in den Tropen lebenden Europäer dem Landsmann in der Heimath gewissermassen als ein mit beschränkter Haftpflicht für seine Thaten und mit dem berechtigten Anspruch auf eine Moralität II. Classe versehenes Wesen erscheinen liess. Der Arzt hat dieser aus seinen Beobachtungen gezogenen Schlussfolgerung gegenüber sich doch recht reservirt zu verhalten. Unzweifelhaft sind der bedeutende Einfluss des Klimas, die Menge kleiner aber recht lästiger Leiden, die Häufigkeit der Fiebererkrankungen, schnell auf einanderfolgende Todesfälle naher, vor kurzem noch völlig rüstiger Bekannter, dabei äusserste Monotonie der Umgebung wechselnd mit aufregenden und gefährlichen Situationen wohl geeignet, das Nervensystem in abnorme Spannung zu versetzen und nicht selten folgt auf die anfängliche übermässige Reizbarkeit, wenn sie länger andauert, Abspannung und eine gewisse resignirte Indolenz.

Der erste Einfluss des Tropenlebens auf das Nervensystem äussert sich ziemlich allgemein im Zustandekommen einer gewissen Reizbarkeit, d. h. einer stärkeren Reaktion auf äussere Eindrücke, gewissermassen einer erhöhten seelischen Reflexerregbarkeit. Dieselbe lässt den Ankömmling auf verhältnissmässig geringe Reize resp. Eindrücke hin leicht in extreme Stimmungen gerathen, die sich um so auffallender äussern, wenn Charakter oder Erziehung nicht energisch als reflexhemmende Momente in Thätigkeit treten. Diese in ihren geringeren Graden noch die Grenze des tropenphysiologischen streifenden Erscheinungen nehmen auf andere Anlässe, namentlich Fieber und Leiden des Verdauungskanals, beträchtlich zu und können alsdann an sich schon einen pathologischen Charakter haben. Einen solchen werden wir unzweifelhaft annehmen, sobald unter dem Einfluss dieser „Nervosität" körperliche Funktionen des Organismus in Mitleidenschaft gezogen werden. In erster Linie steht in dieser Hinsicht die tropische Schlaflosigkeit.

Soweit es sich dabei nicht um ein im Anschluss an eine anderweitige Organerkrankung entstandenes Leiden, sondern gewissermassen um eine Primäraffektion handelt, tritt die Schlaflosigkeit nicht plötzlich sondern allmählich auf. Die schwüle Hitze der Nächte in der Trockenzeit disponirt in besonderem Maasse zu ihrem Zustandekommen. Der Aufenthalt im Zimmer wird unerträglich, der unerlässliche Begleiter der Trockenzeit „der rothe Hund" peinigt die Haut und zwingt zu fortwährendem Lagewechsel, alle Thüren und Fenster müssen weit geöffnet sein, um der geringen nächtlichen Zugluft wenigstens etwas Zugang zu verschaffen; besonders schlimm für den, dessen Schlafzimmer der nächtlichen Landbrise abgewandt liegt. Der an sich schon unruhige Schlaf wird weiter gestört durch die mannigfachen Geräusche der tropischen Nacht, die sich wenige Schritte von der Lagerstatt vor den offnen Fenstern und Thüren vernehmbar machen, wenn es sich auch meist nur um harmlose Urheber handelt, vor allem die Nachtaffen und fliegenden Hunde, welche kreischend im Laub der Mangobäume ihr Wesen treiben und die Zweige schütteln, um die fast kindskopfgrossen Früchte loszureissen, die dann dröhnend zu Boden oder auf das Wellblechdach niederfallen. So manches Mal verirrt sich auch ein solcher Fremdling in das Schlafzimmer, kann keinen Ausweg finden und fliegt ängstlich und klatschend mit den Flügeln an die Wände schlagend im Zimmer herum. Wohl auch andere Thiere der Wildniss finden in die einsamer und niedriger gelegenen Wohnungen Zutritt und stören durch ungewohnte Laute den ohnehin nur oberflächlichen Schlaf. Dazu kommen dann häufige Gewitter von einer in Europa völlig unerhörten Schwere und Heftigkeit in den Uebergangsperioden, das abwechslungsreiche Gedröhn des Regens auf den Wellblechplatten des Hauses und das laute Concert der Cicaden und der Frösche in den um das Haus entstehenden Seen und Lachen in der Regenzeit. Wären diese Geräusche und diese Umgebung an sich schon geeignet, auch ohne die an andern Küstenplätzen ausserdem noch in Betracht kommende, in Kamerun selbst dagegen fast völlig fehlende Moskitoplage, selbst dem Gesunden den ruhigen Schlaf zu rauben, so ist das bei dem anämisch gewordenen Neurastheniker, und in gewissem Sinn ist eine beträchtliche Zahl der europäischen Bewohner Kameruns nach längerer Zeit des Aufenthalts dort so zu bezeichnen, in wesentlich höherem Maasse der Fall. Ein solcher kommt unter diesen Umständen nicht selten dazu, überhaupt nicht mehr fest einzuschlafen. Aus dem leichten Halbschlummer, in den ihn die äusserste körperliche und geistige Abspannung versetzt, wird er durch das unbedeutendste Geräusch emporgescheucht und ist häufig gezwungen auf einen festen, ungestörten Schlaf wochenlang vollkommen zu verzichten. Nur in den schwülsten Mittagsstunden oder unmittelbar nach der Mahlzeit verfällt ein solcher Kranker, bei gänzlichem Unvermögen sich aufrecht zu erhalten, aus gänzlicher Abspannung in einen kurzandauernden Zustand der Bewusstlosigkeit, aus dem er meist in Schweiss gebadet und ohne jedes Gefühl der Erfrischung wieder erwacht. Dass ein solcher Kranker zu körperlicher wie geistiger intensiverer Arbeit unfähig ist, braucht nicht besonders hervorgehoben zu werden. Er lebt einen beträchtlichen Theil des Tages in einer Art von Halbschlummer hin, aus dem ihn nur besondere Anlässe meist zu Handlungen der Gereiztheit und Unüberlegung zu reissen vermögen. Gelingt es in diesem Stadium der Krankheit, welches sich über eine Zeit von Wochen und selbst von Monaten hinziehen kann, nicht, durch energisches Eingreifen Heilung zu schaffen, so tritt das zweite, von A. Plehn zuerst in treffender Weise geschilderte Stadium der Krankheit ein, das der Apathie und Schlafsucht in Folge von Uebermüdung. Die anfänglichen Reizerscheinungen machen allmählich Lähmungserscheinungen gewisser nervöser Centra Platz. Die vorwiegenden Erscheinungen sind hochgradige Apathie, Scheu vor jeder, namentlich jeder geistigen Arbeit und ein unüberwindliches Schlafbedürfniss, das sich nach jeder eingenommenen grösseren Mahlzeit, dann aber sehr früh am Abend bereits geltend macht und namentlich geistige Anstrengung zu dieser Zeit völlig verhindert. Die Stimmung ist sehr wechselnd, gleich leicht in das Extrem von Freude und Trübsinn bei kleinen Anlässen umschlagend. Die Reflexerregbarkeit dagegen ist herabgesetzt, der Befallene erträgt Unglücksfälle mit einem gewissen resignirten Stumpfsinn.

Die Prognose der nervösen Schlaflosigkeit ist je nach der angewandten Behandlung eine sehr verschiedene. Schlecht ist sie im ganzen, wenn sie einigermassen vorgeschritten ist und ein Ortswechsel nicht ermöglicht werden kann. Dieser ist das souveräne Mittel in den vorgeschrittenen Fällen. Im Anfangsstadium sind reichliche körperliche Bewegung Abends, eine Flasche schweres Bier sowie eine kühle Douche oder ein Bad unmittelbar vor dem Schlafengehn, vor allem auch eine Lage des Schlafzimmers, welche dasselbe nach Möglichkeit dem Einfluss der Brise aussetzt, die weitaus wirksamsten Mittel. Schlagen sie nicht an, so ist Luftwechsel dringend nothwendig. Derselbe ist häufig von glänzendem Erfolg. Schon eine Seereise von wenigen Tagen giebt den Kranken nicht selten die verlorne Nachtruhe wieder, weit wirksamer noch ist ein Aufenthalt im Gebirge, und ein ausgezeichnetes Unterstützungsmittel der Kur nach meinen persönlichen Erfahrungen der Gebrauch kühler Flussbäder, wo dieselben beschafft werden können.

Die in Westafrika so sehr verbreitete Nervosität ist für Sanatorienbehandlung eine der allerdankbarsten Krankheiten. Medikamentöse Behandlung kommt erst an dritter Stelle in Betracht. Sulfonal und Chloral erweisen sich anfangs wohl schon in kleinen Dosen nützlich, versagen aber im Verlauf des Leidens in den gewöhnlichen Dosen von 1—2 g häufig, können auch ohne anderweitige Schädigung des Organismus nicht so lange, wie der Zustand des Kranken es erfordern würde, fortgebraucht werden. Besonders zu warnen ist vor dem Morphium. Nach meinen Erfahrungen ist grade die neurasthenische Schlaflosigkeit, besonders wenn sie sich im Anschluss an schwere Strapazen, Gefahren oder Erkrankungen entwickelt, eine der Hauptveranlassungen für das Umsichgreifen des Morphinismus in Ostafrika gewesen.

Uebrigens äussert sich die tropische Nervosität keineswegs ausschliesslich in Schlaflosigkeit resp. im späteren Stadium in einem gesteigerten Schlafbedürfniss. Es kann unter ihrem Einfluss, namentlich aber bei der gleichzeitigen Einwirkung äusserer Einflüsse ein Krankheitsbild von psychiatrischem Interesse sich entwickeln, es kann zur Entwicklung von Hallucinationen und Verfolgungsideen kommen. Einen solchen Fall beobachtete ich in Kamerun bei einem Gouvernementsbeamten B., der lange Jahre früher in Südamerika zugebracht hatte, und bereits ziemlich hochgradig neurasthenisch, in den Aufstand, freilich passiv, hineingezogen wurde. Die in der Nacht vom 15. zum 16. December 93 während der Beschiessung der Gouvernementsgebäude und während der darauf folgenden Gefechte empfangenen Eindrücke waren so nachhaltig bei dem ohnehin geschwächten, übrigens durchaus nüchternen Mann, dass er, nachdem die Ruhe seit mehreren Tagen wieder hergestellt und sämmtliche Aufständische eingebracht waren, in häufigen Hallucinationen bewaffnete Neger aus den Zimmerecken auf sich losspringen zu sehen glaubte und nachdem bereits seit längerer Zeit alle Europäer ihre Quartiere an Land wieder bezogen, jede Nacht sich an Bord eines der im Fluss liegenden Schiffe begab, da er an Land aus Furcht nicht schlafen könne. Er wurde nach Hause geschickt und erholte sich daselbst in kurzer Zeit vollkommen.

Es kann bei sehr allmählicher Entwicklung des Leidens, namentlich wenn akute Krankheiten als primäre Veranlassung fehlten, ohne dass das Stadium der reizbaren Schwäche vorangegangen, die für die höheren Grade der Tropenneurasthenie charakteristische apathische Erschlaffung mit Schlafsucht und Arbeitsscheu eintreten, oder das erste Stadium doch nur kurzdauernd und nicht besonders deutlich ausgesprochen sein.

Für die Kolonien ist dies Leiden von einer recht beträchtlichen Bedeutung, insofern der Missmuth und die Reizbarkeit dieser Kranken, besonders wenn sie sich in massgebenden Stellungen befinden, schon recht häufig zu bedenklichen Massnahmen und unüberlegten Schritten, namentlich zu dem in den Kolonien so üppig wuchernden Zank und Streit Anlass gegeben haben. Die gebührende Bedeutung ärztlicherseits ist diesen Zuständen bisher im allgemeinen noch nicht zugewendet worden.

Von andern in Kamerun vorkommenden Nervenkrankheiten habe ich einen schweren Fall von alkoholischer Neuritis bereits bei Besprechung des Alkoholismus in den Tropen angeführt.

Von geringerer Bedeutung in Kamerun selbst als an anderen Theilen der afrikanischen Westküste ist die Beri-berikrankheit.

Ueber das Vorkommen dieser namentlich in Ostasien und dem ost-
asiatischen Archipel, sowie in Brasilien verbreiteten Krankheit in Afrika
besassen wir bis vor kurzem nur spärliche Nachrichten. Neuerdings ist
sie in Zanzibar[1], in Loango[2], am Congo[3], in Gabun und Gorée beobachtet worden. In Kamerun wurde das Vorkommen der Krankheit von
Zahl und mir festgestellt. A. Plehn sah nach mir mehrere Fälle von
Neuritis, die er indess nicht als Beri-Beri glaubte bezeichnen zu dürfen.

Eine ausserordentliche Verbreitung hat die Krankheit allein unter
den Arbeitern der Congobahn gefunden. Die erste festgestellte Epidemie
brach 1859 unter Negersklaven aus, die von einem Sklavenhändler vom
Congo nach Guadeloupe transportirt wurden. Seit Beginn der Bahnbauten,
an welchen Tausende von Neger- und anfangs wenigstens Chinesen-
arbeitern unter sehr ungünstigen hygienischen Verhältnissen in ausserordentlich gefährlicher Umgebung arbeiten mussten, wuchs die Zahl der
Erkrankungen ungeheuer. Ein Bericht des „Conseil d'administration de
la Compagnie du Congo pour le commerce et l'industrie" äussert sich
über die Sterblichkeit, von welcher ein sehr grosser Theil auf Beri-Beri
kommt, am 18. December 1893 folgendermassen[4]: Seit Beginn der
Arbeiten haben wir 7000 farbige Arbeiter angenommen; 2000 bleiben auf
unsern assanirten Niederlassungen. Von den 5000 anderen sind 1500
in ihre Heimath zurückgeschickt, 3500 gestorben oder entlaufen.

Sehr interessante Ergebnisse lieferten die am Congo angestellten
Beobachtungen über die Empfänglichkeit der einzelnen Racen[5].

Die Arbeiter von der Westküste von Liberia, Sierra Leone, der
Goldküste, Elmina, ebenso die einheimischen Neger aus dem Congobecken selbst und vom Oberlauf des Flusses erwiesen sich als in hohem
Maasse empfänglich, besonders exponirt waren die aus Westindien eingeführten Neger und vor allem die Chinesen — von 500 im Jahre 1892
als Arbeiter angeworbenen Ostasiaten lebte Anfang 1894 weniger als
ein Drittel mehr. Wesentlich widerstandsfähiger waren die Sene-
galesen, fast völlig refraktär die Europäer. Es ist das bekanntlich
keineswegs allgemein der Fall. In Inselindien nimmt der Procentsatz
der Erkrankungen unter Europäern, nachdem dieselben lange Zeit als
immun oder fast immun gegolten, von Jahr zu Jahr zu, und in Brasilien
ist das Verhältniss der Erkrankungen unter Europäern, Mestizen und
Negern annähernd gleich. Bei den Arbeiten am Panamakanal erkrankte
eine beträchtliche Zahl[6] französischer Ingenieure und europäischer Arbeiter, und im Seemannskrankenhaus zu Greenwich hatte Manson Gelegenheit, innerhalb weniger als 4½ Monat 36 Fälle von Beri-Beri zu

1) Davidson, Hygiene and diseases of warm climates.
2) Firket, Bruxelles 1894. Sur un cas de beri-beri.
3) eod. loc.
4) Mouvement géographique, 18. Dec. 1896, pag. 114.
5) Die Beobachtungen über Beri-Beri am Congo rühren namentlich von Bour-
gignon und Carré her.
6) Firket, Professeur à l'univers. à Liège, pag. 6, l. c.

beobachten. Wahrscheinlich wird sich auch die heimische Pathologie in absehbarer Zeit praktisch mit der Krankheit zu beschäftigen haben.

Bis jetzt ist die Bedeutung der Beri-Beri-Krankheit für die Pathologie von Kamerun eine verschwindend geringe, wenn sie auch daselbst ganz unzweifelhaft endemisch vorkommt. Mit Rücksicht auf die Bedeutung, die sie an andern Gegenden der Tropen, wo sie vor einigen Jahren gleichfalls noch keine praktisch in Betracht kommende Rolle spielte, inzwischen und zwar auch in der unmittelbaren Nachbarschaft von Kamerun erlangt hat, liegt die Mahnung nahe, auf eine etwaige Verbreitung derselben besondere Aufmerksamkeit zu verwenden. Meine eigne Kenntniss der Krankheit beschränkt sich ausser den Fällen, welche ich durch die Freundlichkeit indischer Hospitalärzte untersuchen und beobachten konnte, auf 13 Fälle bei Negern, welche ich als völlig sicher ansehe. Es kommen dazu 3 Fälle bei Europäern, welche verschieden beurtheilt werden mögen, welche mir aber, grade bei der ausserordentlich grossen praktischen Bedeutung der Differenzialdiagnose in leichten initialen Fällen, werth erscheinen, hier auch kurz besprochen zu werden.

Dass die sämmtlichen von mir beobachteten kleinen Epidemien zeitlich in die Periode der Hafen- und Wegbauten in Kamerun fielen, mag mit Rücksicht auf die Bedeutung, welche derartige Arbeiten auf den Ausbruch solcher Epidemien in Atjeh, Panama und am Congo unzweifelhaft gehabt haben, hier wenigstens erwähnt werden.

1. „Big swine", Kruneger, Gouvernementsarbeiter, ca. 30 Jahre alt. Seit $1\frac{1}{2}$ Jahr in Kamerun, einmal früher wegen Malaria behandelt. Sonst in dieser Zeit stets gesund. Kommt am 3. Juni 94 ins Hospital mit der Angabe, er fühle sich seit 6—8 Tagen unsicher beim Gehen, habe Schmerzen in den Beinen und könne nichts essen. Da sich bei der poliklinischen Untersuchung keine Organveränderung nachweisen lässt, wird er als der Simulation verdächtig nach Verabreichung eines Löffels Ricinusöl mit der Weisung entlassen, sich an einem der folgenden Tage wieder einzufinden. Patient bleibt aus und wird erst am 17. Juli 94 von seinen Landsleuten ins Hospital gebracht. Er ist sehr stark abgemagert und vermag sich nur mühsam auf den Beinen zu halten. Er erzählt, die Beschwerden hätten seit seinem letzten Erscheinen beständig zugenommen. Er habe nur noch 8 Tage lang arbeiten können, habe dann wegen zunehmender Schwäche sich gelegt und „Countrymedicin" gebraucht. Appetit habe er gar nicht, aber Schmerzen im Leib und in den Beinen. Die Konjunktiven sind sehr blass, die Zunge stark belegt. Temperatur 36,3°. Puls 90, unregelmässig. Urin enthält ziemlich beträchtliche Mengen von Eiweiss. Ueber dem Herzen systolisches Blasen. Abdomen etwas eingezogen, in toto auf Druck empfindlich.

Grobe Kraft in den Armen etwas, in den Beinen sehr stark herabgesetzt. Keine Patellarreflexe. Wirbelsäule an keiner Stelle schmerzhaft. Die Hautsensibilität ist wesentlich herabgesetzt. Im Gebiet des Cutan. fem. intern., Saphen. major und Peron. superficialis sehr stark, des Cutan. fem. ant. ext. und theilweise med. wenig herabgesetzt. Am Rumpf und den oberen Extremitäten ist keine Herabsetzung der Sensibilität nachweisbar. Eine beträchtliche Schmerzhaftigkeit bei Druck auf die Muskeln besteht nicht.

Die elektrische Untersuchung ergiebt fast völliges Erlöschen der Nervenreizbarkeit. Die mit dem galvanischen Strom erzielten Muskelzuckungen verlaufen langsam und träge. Die Diagnose wird auf Neuritis, mit grosser Wahrscheinlichkeit auf ascendirende Neuritis ev. auf Beri-beri gestellt.

Die Behandlung besteht ausschliesslich in der Darreichung von Digitalis 3 mal täglich 10 Tropfen, Strychnin. nitr. 0,004 dreimal täglich und Faradisation der Unterextremitäten mit schwachem Strom. Die subjektiven Beschwerden lassen angeblich etwas nach, eine objektive Besserung lässt sich nicht nachweisen.

24. Juli. Der Kranke ist völlig appetitlos. Die Lähmungserscheinungen nehmen rapid zu, ebenso die Atrophie der gesammten Muskulatur. Am 26. Juli ist der Kranke kaum mehr im Stande die Arme vom Lager zu erheben, die Beine sind völlig gelähmt. Er ist zum Skelet abgemagert, hat keinen Appetit und klagt über heftige Schmerzen im Leib und in den Beinen. Erhält täglich 0,05 Morphium. In der Nacht 29.—30. Juli Exitus.

Obduktion 30. Juli. Hochgradig abgemagerter Leichnam. Todtenstarre stark ausgeprägt. Ueber dem Kreuzbein thalergrosser Decubitus. Geringes Oedem der weichen Hirnhäute. Die makroskopische wie mikroskopische Untersuchung lässt gröbere Veränderungen am Gehirn nicht erkennen.

In der Brusthöhle 120 ccm seröser Flüssigkeit. Lungen beiderseits nicht verwachsen. Hypostase. Geringes Oedem beider Unterlappen. Einzelne punktförmige bis linsengrosse Blutergüsse auf der Pleura, sowie auf der Bronchialschleimhaut. Im Herzbeutel 60 ccm gelbliche klare Flüssigkeit, Herz etwas vergrössert, hellgelbbraun, rechte Herzhälfte erweitert (fettige Degeneration des Muskels).

In der Bauchhöhle ca. 100 ccm trübseröse Flüssigkeit. Leber und Milz blutarm, keine wesentlichen Veränderungen. Darmschleimhaut und Nieren zeigen auch bis auf grosse Blässe nichts krankhaftes.

Die Nerven der untern Extremitäten ergeben makroskopisch nichts abnormes. Die mikroskopische Untersuchung ergiebt feinkörnige Trübung und fettige Degeneration der Muskelsubstanz. Das intramuskuläre Bindegewebe vielfach kernhaltig. Besonders ausgesprochen sind die Veränderungen an den Unterschenkelmuskeln, sowie an Gracilis und den Adductoren der Oberschenkel, weit weniger an den Glutäen.

Die bakteriologische Untersuchung des Herzbluts, von Milz- und Leberstückchen, sowie von steril gewonnenen Muskelstückchen und Stückchen aus dem N. ischiadicus ergiebt ein völlig negatives Resultat.

2. Half Dollar, Cruneger, ca 25 Jahre alt. Wird wegen Unfähigkeit zu gehen am 6. Juli 94 in das Hospital gebracht. Giebt an, bereits vor 2 Jahren an dem gleichen Leiden in Kamerun erkrankt, aber auf der Heimreise bereits auf See rasch und vollkommen wieder genesen zu sein. Sein jetziges Leiden sei vor ca. 14 Tagen entstanden mit Appetitlosigkeit, Schwächegefühl in den Beinen, das allmählich zugenommen habe, so dass er seit 2 Tagen überhaupt nicht mehr im Stande sei zu gehen.

Patient ist ein mittelgrosser, magerer Mann, die Muskulatur an den Unterextremitäten wenig entwickelt. Er sitzt aufrecht auf der mit Matten bedeckten Bettstelle, auf welcher ihn seine Landsleute hergeschafft und erhebt sich auf die diesbezügliche Aufforderung mühsam von derselben, indem er sich an einer Tischkante festhält. Frei vermag er nur kurze Zeit zu stehen, das Romberg'sche Phänomen ist stark ausgesprochen. Der Gang ist sehr unsicher. Nach wenigen Schritten knickt der Kranke in die Knie ein.

Die Empfindlichkeit in der Haut der unteren Extremitäten ist stark herabgesetzt, im oberen Theil des Rumpfs, im Gesicht und in den oberen Extremitäten völlig erhalten. Die Grenze scheint bei der Aufnahme etwa in Nabelhöhe zu liegen. Die grobe Kraft ist in erheblichem Maasse herabgesetzt. Kniereflex deutlich herabgesetzt.

Die elektrische Erregbarkeit der Nerven und Muskeln der Unterextremität ist deutlich herabgesetzt, die galvanische Reizung der Muskeln ergiebt langsame träge Zuckungen. Es besteht ausgesprochene Entartungsreaktion.

Die Untersuchung der inneren Organe ergiebt deutliche Veränderungen nur am Herzen. Der Puls ist stark beschleunigt, 100—110, bei völlig normaler Temperatur, er ist klein, weich und aussetzend.

Die Herzdämpfung überragt um $1\frac{1}{2}$ Querfinger den rechten Sternalrand, der Spitzenstoss ist dicht unterhalb der Mammilla am deutlichsten zu fühlen.

An Lungen und Abdominalorganen ist nichts abnormes nachweisbar.

Urin völlig frei, von Eiweiss und Zucker.

Die Diagnose wurde auf ascendirende Neuritis, mit grosser Wahrscheinlichkeit auf Beri-Beri gestellt.

Die Behandlung bestand in kräftiger Diät, Galvanisation der unteren Extremitäten, Anode auf dem Rücken, Kathode auf die atrophirenden Muskeln, ausserdem Digitalistinktur dreimal 10 Tropfen und Stychnin 0,002 dreimal täglich in Pillen.

Ein Einfluss der Therapie auf den Verlauf der Krankheit zeigte sich nicht. Die Lähmungserscheinungen nahmen rapid zu, so dass der Kranke bereits nach 8 Tagen völlig ausser Stande war, sich von seinem Lager zu erheben. Hochgradige Athemnoth; nach jedem Versuch sich aufzurichten, steigt die Pulsfrequenz auf 130—140. Die Verbreiterung der Herzdämpfung überschreitet rechts den Sternalrand um 2 Querfinger. Der Spitzenstoss ist kaum fühlbar.

Ueber beiden Lungen h. u. leerer Perkussionsschall, abgeschwächtes Athmen. Temperatur völlig normal. Der Kranke erhält dreimal täglich 0,01 g Morphium.

Der tödtliche Ausgang erfolgte am 17. Juli nach vorangegangener Zunahme sämmtlicher Beschwerden unter Erscheinungen, welche in erheblichem Maasse mit denen übereinstimmen, welche die japanischen Aerzte Shiyôshin bezeichnen und die ich früher bereits in Java und Japan zu beobachten Gelegenheit gehabt hatte. Der Kranke, welcher bis gegen Mittag wie gewöhnlich apathisch dagelegen hatte, wurde plötzlich unruhig, suchte sich mit Gewalt von seinem Lager zu erheben, übergab sich mehrmals und setzte sich dann, die Hände gegen den Leib gestemmt, vorn übergebeugt hin. Seine weit aufgerissenen Augen verriethen die äusserste Angst, die lebhaft arbeitenden Nüstern und die keuchend athmende Brust hochgradige Dyspnoe. Nachdem der Kranke etwa 5 Minuten so gesessen, sanken die Arme von der Brust schlaff an den Seiten herab und er selbst fiel als Leiche hinten über.

Die kaum eine Stunde nach dem Tode ausgeführte Obduktion ergab reichlich seröse Flüssigkeit in den Hirnventrikeln, im Herzbentel 40 ccm trübröthlichgelbe Flüssigkeit, rechter Ventrikel und Vorhof stark hypertrophirt und dilatirt, linker Ventrikel in weit geringerem Grade, Klappen völlig intakt. In den Brusthöhlen 200 resp. 300 ccm trübgelbliche Flüssigkeit, Milz nicht vergrössert (150 g) blassbraun, Kapsel leicht abziehbar, Leber, Nieren, Darm bis auf beträchtliche Blutarmuth völlig normal. Keine Blutungen, keine Erosionen. Darmschmarotzer sind nicht nachweisbar.

Die mikroskopische Untersuchung ergab fettige Degeneration am Herzmuskel, muskulären Theil des Zwerchfells und an der von verschiedenen Stellen entnommenen Muskulatur der Beine. Die Querstreifung undeutlich. Stücke aus den Hautnerven Saphen., Cutan. femor. ant. und med. herauspräparirt, zeigten deutlichen Zerfall der Markscheide und des Axencylinders.

Die sogleich angesetzten Kulturen ergaben kein Resultat. Sämmtliche mit Organtheilen, vorzugsweise Stücken grösserer Nerven, des Ischiadicus und Cruralis beschickte Röhrchen bis auf zwei, in welchen sich verschiedene, offenbar durch Verunreinigung zu erklärende Kokkenarten entwickelten, blieben steril. Ein kleiner Affe, welchem ich ein Stück Rückenmark in eine Hauttasche auf dem Rücken einbrachte, blieb völlig gesund.

Die beiden bezeichneten Fälle sind die einzigen, welche ich in Kamerun tödtlich habe enden sehen. Ein weiterer, welcher mit ähnlich foudroyanten Erscheinungen in Behandlung kam, wurde mit dem wenige Tage später nach Europa abgehenden Dampfer nach seiner Heimath zurückbefördert und soll sich, wie mir später seine Landsleute versicherten, unterwegs erholt haben. In allen andern Fällen — es handelt sich noch um 10 — , welche mit Motilitätsstörungen in die Behandlung kamen und bei welchen die Herabsetzung der Hautsensibilität wie der groben Kraft, die Herabsetzung der Sehnenreflexe, die mehr oder weniger deutlich ausgesprochene Entartungsreaktion, sowie die Herzerscheinungen die Diagnose Beri-Beri wahrscheinlich machten, gelang es durch konsequente elektrische Behandlung, Digitalis, Strychnin, Ruhe und gute Verpflegung meist nach wenigen Wochen die Krankheit zum Stillstand zu bringen. Zur Beseitigung sämmtlicher Erscheinungen gehört alsdann freilich noch eine langdauernde weitere Behandlung, welche der Neger sehr selten abzuwarten geneigt ist. Wenn derselbe wieder so weit ist, dass er einigermassen sicher umherzugehen vermag, so ist meist jeder Versuch überflüssig, ihn noch ferner im Hospital zu halten. Aus der verhältnissmässigen Seltenheit, mit welcher diese Rekonvalescenten wegen Rückfällen das Hospital wieder aufsuchen, dürfte doch der Schluss zu ziehen sein, dass nach einmal eingeleiteter Rekonvalescenz die weitere Besserung auch ohne jede weitere therapeutische Unterstützung vor sich gehen kann. — Auffällig an sämmtlichen von mir in Kamerun beobachteten Fällen von Beri-Beri ist es, dass es sich ausschliesslich um die sog. trockne Form der Krankheit handelte, die durch ausgedehnte Oedeme des ganzen Körpers charakterisirte, in Ostasien zum mindesten ebenso häufige Form, habe ich in Westafrika niemals beobachtet unter den ja allerdings wenig zahlreichen Fällen.

Dass es sich in der That bei den angeführten Fällen, um Beri-Beri gehandelt hat, scheint mir kaum zweifelhaft. Dass eine multiple meist ascendirende Neuritis vorlag, beweist die in keinem Fall vermisste, mehr oder weniger deutlich ausgesprochene Entartungsreaktion, dass es sich um einen infektiösen Process handelte, wird durch die Häufung der Fälle zu einer bestimmten Zeit wenigstens wahrscheinlich gemacht.

Worauf die letztere zurückzuführen ist, dürfte mit irgend welcher Sicherheit nicht zu sagen sein. Immerhin verdient erwähnt zu werden, dass die kleine Epidemie, welche mir fast das ganze Beobachtungsmaterial auf diesem Gebiet lieferte, zeitlich wenigstens mit dem Ausbleiben eines Dampfers zusammenfiel, welcher die farbigen Gouvernementsarbeiter mit neuen Vorräthen von Salzfleisch versorgen sollte, und dass in Folge dessen einige Wochen lang die gewöhnliche aus Fleisch und Reis gemischte Ration durch eine fast ausschliessliche Reisnahrung ersetzt werden musste.

Eine praktische Bedeutung, wie unter den zusammengedrängten und vielfach ungünstig lebenden Menschenmengen am untern Congo hat die Beri-Beri-Krankheit jedenfalls bisher in Kamerun durchaus nicht gewonnen — mein Nachfolger ist zweifelhaft, ob die von ihm beobachteten Neuritisfälle als „echte" Beri-Beri überhaupt anzusehen seien.

Die Lehre von der Ursache der Krankheit zu fördern, war ich nicht im Stande. Einen bestimmten Mikroorganismus in den inneren Organen, den Nervenscheiden, der Cerebrospinalflüssigkeit im mikroskopischen Präparat oder durch die Cultur nachzuweisen, gelang mir nicht. Die Zuverlässigkeit der Pekelharing-Winkler'schen Befunde glaube ich auch nach meinen Untersuchungen als zweifelhaft bezeichnen zu müssen.

Gegen die Theorie Glogner's[1], dass die Beri-Beri-Krankheit nur eine bestimmte Aeusserung des Malariaprocesses sei, scheinen mir doch eine Reihe von schwerwiegenden Einwendungen gemacht werden zu müssen. Zunächst entspricht die räumliche Verbreitung der Beri-Beri-Krankheit durchaus nicht derjenigen des Malariafiebers. Das letztere nimmt bekanntlich einen ausserordentlich viel weiteren Raum auf der Erdoberfläche ein. In Afrika kommt die Beri-Beri bis auf ganz vereinzelte Plätze nur ganz ausnahmsweise vor, der südliche Theil der Vereinigten Staaten, dieser intensive Malariaherd, Russland und die südeuropäischen Halbinseln sind völlig frei von Beri-Beri[2].

Andrerseits können die verschiedentlichen epidemiologischen Erfahrungen bezüglich der Verbreitung der Beri-Beri-Krankheit kaum anders gedeutet werden, als dass es sich hier um eine kontagiöse Krankheit handelt, deren Keime dementsprechend völlig andere Eigenschaften haben müssen als die der Malaria. Endlich ist es in der That weder Glogner noch sonst einem Forscher gelungen, bei einem unzweifelhaft allein mit Beri-Beri behafteten, fieberlosen und auch in der Folge fieberfreien Kranken Malariaparasiten nachzuweisen, wie das, um einer derartigen Theorie eine bestimmte Stütze zu geben, unzweifelhaft erforderlich wäre. Ich selbst habe das Blut sämmtlicher Beri-Beri-Kranken, von den beiden zur Obduktion gelangten Fällen ausserdem das Herz- und Milzblut, die Nervenscheiden der nach den klinischen Erscheinungen vorzugsweise betheiligten Nerven, sowie deren Substanz selbst auf Malariaparasiten untersucht, aber jedesmal mit einem durchaus negativen Ergebniss. Ich muss dementsprechend, gemäss meiner Ueberzeugung, dass wir Malariakrankheiten nur da anzunehmen haben, wo die ursächlichen Parasiten vorkommen, den Zusammenhang von Beri-Beri und Malaria in dem Sinne, dass Beri-Beri gewissermassen ein in den Nervenbahnen lokalisirter Malariaprocess sei, entschieden bekämpfen.

Es werden dem Arzt in tropischen Gegenden, wo auch Beri-Beri vorkommt, vielleicht nicht allzu selten eigenthümliche Krankheitsfälle entgegentreten, bei welchen ihn der Gedanke, dass es sich um beginnende Beri-Beri handeln könne, andrerseits die Frage, als was

---

1) Glogner, Die Stellung der Beri-Beri unter den Infektionskrankheiten. Virchow's Arch. CXXXII. pag. 50

2) Cf. die Karte Geogr. Verbr. der Beri-Beri. Scheube, Die Beri-Beri-Krankheit. Jena 1894.

sonst das vorliegende Leiden aufzufassen sei, lebhaft beschäftigt. Ich selbst war in dieser Lage dreimal in Kamerun bei Europäern. Dieselben konsultirten mich wegen hochgradiger Schlaffheit, Mattigkeit in den Beinen bei jeder Bewegung, Herzklopfen bei der geringsten Anstrengung. Dies allein wären keine irgend besonders auffallenden Symptome in einer Fiebergegend wie Kamerun gewesen, wo die bezeichneten Erscheinungen als Ausdruck einer ganz allgemein bestehenden Anämie resp. Hyphämoglobinurie eine ganz gewöhnliche ist. Das eigenthümliche an diesen Fällen war einmal das Fehlen oder doch die beträchtliche Herabsetzung der Sehnenreflexe und mehr oder weniger stark ausgesprochene, durchaus unsymmetrisch sitzende, umschriebene Hautödeme. Ein solches hatte seinen Sitz im einen Fall in der Schultergegend im Gebiet der Nn. supraclaviculares und des Ram. cutan. nerv. axillaris, das andre Mal über der rechten Brustseite im Bereich der Nn. cutanei pector. anterior, im dritten Fall endlich zog es sich von der linken Inguinalfalte beginnend längs des Ober- und Unterschenkels bis zu den Knöcheln herab; nach 8—10 Tagen beschränkte es sich auf die Knöchelgegend, das rechte Bein war völlig frei von Oedem. Eine Veranlassung für das Entstehen dieser unsymmetrischen Oedeme war objektiv durchaus nicht nachweisbar, weshalb ich mich für berechtigt halte, eine lokale Affektion trophischer Nerven anzunehmen. Die Herabsetzung der Sensibilität über den befallenen Theilen war eine beträchtliche, anscheinend wesentlich hochgradiger als es schon unter gewöhnlichen Umständen die Haut über ödematösen Partien ist.

Die elektrische Untersuchung ergab in einem Fall an dem betroffenen Bein deutlich Herabsetzung der Nervenerregbarkeit, in beiden andern Fällen war eine solche nicht deutlich nachweisbar.

Die Blutuntersuchung ergab in allen Fällen nichts auffälliges d. h. die Zahl der Blutkörper im Cubikmillimeter war wenig, der Blutfarbstoff beträchtlich herabgesetzt, der Urin völlig eiweissfrei, die Temperatur normal.

Die Herzaktion war in allen Fällen stark beschleunigt, 100—115; in keinem Falle war ein deutliches Geräusch über der Herzspitze vernehmbar.

Die energisch durchgeführte elektrische Behandlung verbunden mit völliger Ruhe und roborirender Diät war nicht im Stande, eine wesentliche Besserung im Befinden der Kranken zu bewirken. Da die Erkrankungen zeitlich mit der vorerwähnten kleinen Epidemie bei Negern zusammenfielen und die Wahrscheinlichkeit, dass es sich auch hier um Beri-Beri handle sehr nahe lag, veranlasste ich dieselben nach 14tägiger bis 4 wöchentlicher Beobachtung zur Heimkehr nach Europa. Zwei der Kranken besserten sich nach einem kurzdauernden Aufenthalt auf See in solchem Grade, dass sie als völlig genesen in Europa ankamen. Der dritte, bei welchem die kardialgischen Erscheinungen besonders ausgesprochen gewesen waren, ging bereits vor Las Palmas nach der Beschreibung des Schiffsarztes unter den Erscheinungen des Insufficientwerdens des Herzmuskels in einer für Beri-Beri durchaus charakteristischen Weise zu Grunde.

Die Schwierigkeit der Diagnosestellung ist da, wo Beri-Beri nicht endemisch herrscht, gewiss oft recht gross, doch wird die genaue

elektrische Untersuchung der befallenen Glieder, die Prüfung der
Schnenreflexe, das eigenthümliche Verhalten asymmetrischer Oedeme,
sowie die unregelmässig beschleunigte Herzaktion doch wohl in den
meisten Fällen die Diagnose rechtzeitig stellen lassen. — Eine Therapie
am Ort zu versuchen, dürfte in Kamerun nur in den allerleichtesten
Fällen resp. so lange berechtigt sein, bis die Diagnose mit aller Sicherheit gestellt ist. Alsdann ist die Indikation Heimsendung für Europäer
wie für die importirten farbigen Arbeiter unzweifelhaft gegeben. Von
der elektrischen Behandlung, Schröpfköpfen, Bädern, Bromkali- und
Strychninpräparaten ist dem einzigen bezeichneten Radikalmittel, dem
gänzlichen Verlassen des Infektionsorts gegenüber, nicht viel zu erwarten.
Auch die elektrische Behandlung dürfte auf den Verlauf der Infektionskrankheit als solcher ohne irgend welchen wesentlichen Einfluss und
nur geeignet sein, die sekundäre Entartung der Muskelsubstanz aufzu-
halten.

Ueber die eigenthümliche Schlafkrankheit der Neger an der
West- speciell an der Guineaküste habe ich aus eigner Anschauung Erfahrungen nicht sammeln können. Jedenfalls ist die Krankheit, welche
in der Gegend der Congofälle ganze Dörfer zum Aussterben gebracht
hat, im Küstengebiet von Kamerun äusserst selten. Ich habe aus den
Beschreibungen meiner schwarzen Vertrauensleute in Kamerun nur zwei
wohl unzweifelhaft sichere Fälle in Erfahrung bringen können, welche
beide „nach kurzer Zeit" einen tödtlichen Ausgang nahmen.

Hysterische Affektionen, welche bekanntlich die sogenannten
Naturvölker keineswegs verschonen und unter den abessinischen und Hotten-
tottenweibern z. B. sehr verbreitet sind, scheinen bei den Bautunegerinnen
ausserordentlich selten zu sein. Ich selbst habe nur einen Fall unzweifelhafter Hysterie mit Globus und mehrere Wochen anhaltender
Stimmbandlähmung bei einer der Frauen des alten King Bell beobachtet,
welche sich fast 2 Monate fast täglich, von ihren Sklavinnen gefolgt, in
der poliklinischen Sprechstunde einfand und stets neue wunderbare Beschwerden vorzubringen wusste.

Eigentliche Geisteskrankheiten sind sehr selten. Die geringe
Verbreitung von Syphilis und Alkoholismus unter den Eingebornen sind
darauf gewiss nicht ohne Einfluss.

Ich selbst sah einen Fall von psychischer Störung bei einer jungen
Negerin zur Zeit der Menstruation.

Kretinismus wie Kropf scheinen vollkommen zu fehlen.

Von Krankheiten der Sinnesorgane waren meiner Zeit Entzündungen des äusseren Gehörgangs häufig unter den Europäern. Dieselben
waren äusserst schmerzhaft, und es vergingen bis zu einem wesentlichen
Nachlass der Beschwerden meist 5—8 Tage. Es handelte sich nicht
um einen umschriebenen furunkelartigen Process, sondern um eine ziemlich gleichmässig von allen Seiten her erfolgende Schwellung, durch
welche das Lumen des Gehörgangs schliesslich fast ganz verlegt wurde.
Heisse Breiumschläge wie auch Skarifikationen der Geschwulst des
äusseren Gehörgangs milderten die Schmerzen nur in geringem Grade.
in den meisten Fällen waren Narkotika in Gestalt von Morphininjektionen nicht zu vermeiden. Die nach 10—14 Tagen erfolgende Heilung

war stets eine vollkommene. Ein Uebergehen der Entzündung auf das Mittelohr habe ich niemals beobachtet. Diese ist anscheinend in Kamerun überhaupt selten, unter meinem poliklinischen Krankenmaterial kamen nur 4 Fälle von Otitis media in Beobachtung, welche bei konservativer Behandlung (Einträuflung von 10 proc. Carbolglycerin in den äusseren Gehörgang) nach 2—3 Wochen heilten.

Unter den Krankheiten des Sehorgans werden Refraktionsanomalien sehr selten beobachtet. Hypermetropie kommt bei Negern vor und wurde in 3 Fällen, einmal bei einem älteren, viel mit Schreibarbeit beschäftigten Togomann, der nach Kamerun deportirt war und 2 Sierra-Leone-Schneidern objektiv festgestellt. In allen 3 Fällen wurden die Kranken durch die Beschwerden beim Nahesehen veranlasst, den Arzt aufzusuchen. Myopie ist ganz selten, doch habe ich dieselbe bei 2 erwachsenen Duallas gesehen. Was die Veranlassung für das Zustandekommen der Anomalie war, liess sich nicht zweifellos feststellen. Die Befallenen leugneten auf das Bestimmteste bei dunkler Beleuchtung feine Arbeit vorgenommen zu haben — dazu waren sie völlige Analphabeten und angeblich niemals in die Schule gegangen. Die Zahl der Dioptrien betrug 3 resp. 4, die Sehschärfe war völlig erhalten. Konjunktivitiden und Keratitiden kommen ziemlich häufig vor, z. Th. unter dem Einfluss von Hautkrankheiten. Trachom sah ich nur bei zwei angeworbenen Sudanesen-Soldaten.

Eine bisher meines Wissens aus den Tropen nicht beschriebene Krankheit, welche ganz vorzugsweise an der afrikanischen Westküste vorzukommen scheint, während ich an der Ostküste bisher nur einen nicht einmal besonders ausgebildeten Fall zu beobachten Gelegenheit hatte, ist eine eigenthümliche Form von Nyktalopie, welche offenbar auf Blendung durch den Reiz des Sonnenlichtes beruht. Ich habe das Leiden niemals bei einem Europäer sondern ausschliesslich bei Negern in der überwiegenden Mehrzahl der Fälle Krunegern von der Liberiaküste beobachtet.

Die Erscheinungen sind höchst charakteristisch. Der Kranke kommt in den ganz akut einsetzenden Fällen zur Zeit des Hochstands der Sonne, geführt von einem oder zweien seiner Bekannten zum Arzt mit der Klage, dass, nachdem ihm schon in den letzten Tagen mehrmals bei sehr heller Sonne die Gegenstände seiner Umgebung sehr undeutlich und verschwommen erschienen seien, er heute anfänglich ganz schlecht gesehen und dann das Sehvermögen vollkommen verloren habe, so dass er den Weg zum Krankenhaus allein zu finden nicht im Stande gewesen, sondern sich dahin habe führen lassen müssen. Diese Fälle sind grossentheils während der Arbeit am Flussufer entstanden, wo ausser den direkt einfallenden Sonnenstrahlen noch deren Reflex vom Wasser aus das Auge trifft. In der Mehrzahl der Fälle entwickelt sich das Leiden chronischer. Die Augen der Kranken werden empfindlich gegen die Einwirkung der Sonne, die Gegenstände verschwimmen ihnen und erscheinen undeutlich zur Zeit des höheren Sonnenstandes, so dass sie bei ihrer Arbeit in hohem Grade belästigt werden. Das Sehvermögen bessert sich wesentlich, sobald die Sonne wieder sinkt und wird in der Dämmerung, in welcher der Neger ganz im allgemeinen besonders ausgezeichnet sieht, wieder fast vollkommen normal. Am nächsten Vormittag wiederholt sich dieselbe Erscheinung, der Kranke verliert den grössten Theil seines Sehvermögens, vor allem nach den übereinstimmenden Angaben meiner Patienten das Farbenunterscheidungsvermögen wieder fast ganz und verharrt in diesem trostlosen Zustand, bis ihm die wieder einbrechende Dämmerung etwas von seinem Sehvermögen wiedergiebt.

Der Befund ist meist äusserst geringfügig. Aeusserlich lässt sich bei der Inspektion, ausser einer meistens vorhandenen selten hochgradigen Röthung der Konjunktiven, nichts Abnormes nachweisen. Auf Lichteinfall reagiren die Pupillen etwas träger als in der Norm.

Bei der ophthalmoskopischen Untersuchung fiel mir in einzelnen Fällen ein starker Kontraktionszustand der Gefässe auf, an der Papille vermochte ich niemals etwas Abnormes zu entdecken, während meinem Nachfolger, A. Plehn, in einigen Fällen eine beträchtliche Blässe derselben feststellte.

Wenn der Erkrankte nicht rechtzeitig in ärztliche Behandlung eintritt, kann sich das Leiden sehr lange Zeit, nach Angabe der Neger monatelang hinziehen. Auch bei frühzeitiger energischer Behandlung ist auf eine Heilung der Krankheit vor 14 Tagen bis 3 Wochen nicht zu rechnen, nicht selten nimmt die Behandlung längere Zeit in Anspruch.

Die Behandlung besteht am besten zunächst in Unterbringung des Kranken in einem ganz dunklen oder doch stark verdunkelten Raum, in der Verordnung einer dunklen Schutzbrille, welche längere Zeit über die eigentliche Behandlungszeit hinaus getragen werden muss, und in der 1—2 maligen Einträuflung von Eserin in beide Konjunktivalsäcke.

Die Prognose scheint in allen Fällen quoad restitutionem completam gut zu sein. Es ist mir wenigstens in den von mir beobachteten 24 Fällen von Nyktalopie jedesmal mit den bezeichneten Mitteln gelungen vollkommene Heilung zu erzielen.

Die Krankheitsgruppe, welcher nach der Zahl der Erkrankungsfälle wie nach dem Grade der durch sie hervorgerufenen Beschwerden trotz ihrer verhältmässigen Harmlosigkeit nach dem Fieber die grösste Bedeutung für den Europäer an der Kamerunküste zukommt, ist die der Hautkrankheiten.

Die Haut ist zunächst und am unvermitteltsten den veränderten Einflüssen des umgebenden Klimas ausgesetzt, und auf sie machen sich auch meist zunächt nicht allein die im zweiten Capitel besprochenen physiologischen sondern auch die pathologischen Einflüsse des veränderten Klimas geltend.

Wenn die primäre pathologische Bedeutung der tropischen Hautkrankheiten auch gewiss nicht sehr hoch angeschlagen werden darf - - denn unter denselben befindet sich kein einziges Leben und Gesundheit direkt gefährdendes Leiden —, so führen dieselben doch vielfach sehr lästige Zustände herbei, welche bei ohnehin bestehender nervöser Disposition, besonders der vorhin besprochenen Neigung zu Schlaflosigkeit, durch ihre das primäre Leiden ungünstig beeinflussende Wirkung eine beträchtliche praktische Bedeutung erlangen können.

Es handelt sich bei den tropischen Hautkrankheiten nur zum kleineren Theil um specifische Leiden, die überwiegende Mehrzahl kommt auch in gemässigten Breiten vor. Immerhin sind die klinischen Erscheinungen, die Intensität des Krankheitsprocesses und die Hartnäckigkeit desselben eine so viel beträchtlichere in den Tropen, dass das in der Heimath gewohnte Krankheitsbild recht wesentliche Modifikationen erfährt.

Selten tritt eins der Bilder tropischer Hautkrankheiten völlig rein in die Erscheinung. Namentlich ist der Reiz, welchen der Krankheitsprocess auf die empfindliche Haut des Europäers ausübt, meist ein so beträchtlicher, dass er zu heftigem Kratzen veranlasst. Die durch das Kratzen entstandenen Hautabschürfungen und Excoriationen werden dann wieder häufig die Eingangspforte für andre meist wohl durch die kratzenden Finger selbst eingeführte Infektionsstoffe, und es entwickeln sich auf dem Boden der Primärerkrankung kleinere und grössere Geschwüre, Furunkel und Pusteln. Dementsprechend ist der Grad der individuellen Reizbarkeit von grosser Bedeutung für die Schnelligkeit der Ausbreitung und Hartnäckigkeit der Hautleiden. Reiner präsentirt das Bild der Hautkrankheit sich bei den weit weniger empfindlichen Negern wegen des häufigeren Fortfalls äusserer Insulte an dem primären Krankheitsherd. Dementsprechend ist das Hautleiden auch nur selten beim Neger die Veranlassung, welche ihn zum Arzt treibt, sondern es ist meist ein accidenteller Befund.

Von ganz allgemeinem Einfluss für Zustandekommen und Verlauf der tropischen Hautkrankheiten sind die Jahreszeiten. Auf der Höhe der Regenzeit im Juli und August treten dieselben in Kamerun unter dem Einfluss der relativ geringen Lufttemperatur und der beträchtlichen Bewölkung an Bedeutung völlig in den Hintergrund, um während und nach der zweiten Tornadoperiode im Oktober und November schnell hervortretend, in der eigentlich heissen trockenen Zeit, im Dezember, Januar und Februar, mit den Darmleiden zusammen, den Höhepunkt ihrer Entwicklung zu erreichen. In ganz ähnlicher Weise verhält sich der Europäer in Ostafrika zur Zeit der kühlen trockenen Monate Juli, August und September im Gegensatz zu der zweiten heissen Trockenzeit im December, Januar, Februar und März.

Von beträchtlicher Bedeutung ist für die Entstehung und Verbreitung der Hautkrankheiten in den Tropen natürlich das Maass der persönlichen Reinlichkeit. Grosse Reinlichkeit, speciell mindestens einmal täglich vorgenommene Bäder, Uebergiessungen oder Waschungen des ganzen Körpers sind in den tropischen Niederungen ganz allgemein zur Erhaltung des körperlichen Wohlbefindens so völlig unentbehrlich, dass es wohl nur wenige Europäer giebt, welche aus unüberwindlicher Unreinlichkeit oder wohl auch irgend welchen albernen Vorurtheilen das in der Hinsicht Erforderliche versäumen.

Auch der Küstenneger in Kamerun ist im allgemeinen in gewissem Sinne reinlich, d. h. er badet sich täglich, soweit es seine Beschäftigung irgend zulässt, in dem Kamerunfluss, der ja freilich, wie oben bereits gesagt, in seinem trüben Wasser reichliche Verunreinigungen mit sich führt. Anders ist es im Gebirge, wo das fliessende Wasser, wenigstens am Süd- und Südostabhang, sehr spärlich ist und nach einzelnen Dörfern eine Stunde und mehr weit von der nächsten Quelle von den Weibern geschleppt werden muss. Da das reichlich fallende Regenwasser nicht in einigermassen rationeller Weise aufgefangen wird, so herrscht dort eigentlich beständig Wassernoth, und das vorhandene Wasser wird ausschliesslich zum Trinken und Kochen verbraucht. Unter solchen Umständen ist es erklärlich, dass die Reinlichkeit der Gebirgsbewohner auf der denkbar tiefsten Stufe steht und als Folge davon sind Hautkrankheiten erheblich mehr verbreitet als in der wasserreichen Niederung.

Unter allen Hautkrankheiten in Kamerun wie vielleicht überhaupt in den Tropen giebt es nur eine, bei welcher wir mit Sicherheit Infektion als ursächliches Moment ausschliessen können, das ist der rothe Hund. Der rothe Hund, der Hitzschlag und die tropische Nervosität sind vielleicht die einzigen Krankheiten, welche ausschliesslich durch meteorologische Einflüsse zu Stande kommen.

Wir verstehen unter rothem Hund einen nicht nässenden Hautausschlag, der sich objektiv anfangs durch erythematöse Hautröthung, später durch das Auftreten zahlloser kleiner, dicht bei einander sitzender, aber nicht konfluirender, halbstecknadelkopfgrosser Knötchen äussert. Die Krankheit befällt ganz vorzugsweise die mit Kleidung bedeckten und deshalb in der Schweissverdunstung beeinträchtigten Körpertheile, Rücken, Unterbauchgegend, Oberarme und Oberschenkel, dann die Gelenke, namentlich Kniegelenk, Achsel und Ellbogen, die der Reizung der Kleidung besonders ausgesetzt sind, die Hals- und Gürtelgegend, in besonders schweren Fällen auch Hände, Gesicht und die behaarte Kopfhaut in so hohem Grade, dass manchmal der Befallene durchaus das Aussehen eines Masernkranken zeigt. Eine Immunität gegen das Leiden beim Europäer giebt es nicht. Erst nach langjährigem Aufenthalt in den Tropen tritt eine gewisse Akklimatisation der Haut gegen den Reiz ein und die Erscheinungen werden etwas weniger stark. Immerhin ist die persönliche Disposition für dieselbe graduell eine recht verschiedene. Sie geht im allgemeinen mit der Intensität der Schweissproduktion Hand in Hand, fettreiche Menschen sind in besonderem Maasse exponirt. Die Krankheit tritt recht häufig schon bei Neugebornen auf. Die Negerrasse ist gegen sie vollkommen immun.

Der rothe Hund ist allen Tropenniederungen eigenthümlich, er kommt auch auf See bei Leuten, die das Land in den Tropen niemals berührt haben vor, wie auch in der heissen Jahreszeit im südlichen Europa.

Das pathologisch-anatomische Substrat der Krankheit ist eine durch den Reiz des massenhaft excernirten Schweisses hervorgerufene Entzündung der Schweissdrüsen, deren Ausführungsgänge theilweise verstopft werden. Durch Anhäufung des weiter producirten Sekrets kann die Schweissdrüse dann so ausgedehnt werden, dass der Inhalt in Gestalt eines trübwässrigen Bläschens über die Kuppe der kleinen entzündlichen Erhebung emporragt. Es bleibt nicht bei der Entzündung der Schweissdrüsen, zwischen den kleinen prominenten Geschwülsten, Papeln und Bläschen erscheint die Haut offenbar durch den Reiz der nach Verdunstung der wässrigen Bestandtheile des Schweisses zurückbleibenden koncentrirten Salzlösung stark eczematös entzündet, wozu das durch den lebhaften Juckreiz ausgelöste Kratzen das seinige beiträgt. Unter dem

Einfluss desselben kommt es bei sehr hochgradigen Fällen auch zur Entwicklung von kleinen Pusteln und Furunkeln.

Die Erscheinungen des rothen Hundes bestehen in einem bis zur Unerträglichkeit sich steigernden Stechen, Jucken und Brennen in den betheiligten Körpertheilen, nicht selten an der gesammten Körperoberfläche. Jede Berührung derselben mit einem rauhen, oder die Luft abschliessenden Kleidungsstück, jede Flüssigkeitszufuhr, namentlich heisser oder kalter Getränke steigert im Moment die Beschwerden auf das quälendste. Die nächtliche Ruhe ist in schwereren Fällen auf das äusserste beeinträchtigt, da das Brennen und Stechen an den der Unterlage aufliegenden Körperstellen das Gefühl erweckt, als ob man auf Millionen Nadeln liege und zu fortwährender Lageveränderung zwingt. Starkes Kratzen schafft durch den Gegenreiz auch nur für Augenblicke einige Ruhe, nachdem derselbe nachgelassen, kehren die Beschwerden mit verdoppelter Heftigkeit wieder.

Von grösstem Einfluss ist die Jahreszeit. Die heisse Trockenzeit im December, Januar und der ersten Hälfte des Februar ist in Kamerun die, in welcher die Krankheit sich zur höchsten Blüthe entwickelt und während welcher mit graduellen Unterschieden jeder Europäer an ihr leidet. Mit dem Einsetzen der Regen werden die Erscheinungen allmählich seltener und milder, um auf der Höhe der Regenzeit vollkommen aufzuhören, und dann mit dem Vorschreiten der zweiten Tornadozeit allmählich wieder zur Geltung zu kommen.

Ein gewisser Feuchtigkeitsgehalt der Luft ist für das Zustandekommen der Krankheit offenbar erforderlich. In sehr trockenen Gegenden, wie schon zu gewissen Jahreszeiten im Innern von Togo fehlt der rothe Hund auf der vollkommen trocknen Haut ganz und erst bei Annäherung an die Küste und Feuchterwerden der Athmosphäre tritt zugleich mit der Produktion von Schweiss die Krankheit wieder auf[1].

Die Prognose ist eine durchaus günstige, wenn auch nicht ausser Acht gelassen werden darf, dass Nervosität und namentlich Neigung zur Schlaflosigkeit wesentliche Verschlimmerung durch die Krankheit erfahren, und die Rekonvalescenz durch sie unter Umständen beträchtlich verzögert werden kann. Die vielfach verbreitete Ansicht, dass ein stark entwickelter „rother Hund" ebenso wie andere Hautkrankheiten einen gewissen Schutz gegen Malaria gewähren, ist durch exakte Beobachtungen kaum zu erbringen.

Die Therapie ist, soweit sie sich auf eine medikamentöse Behandlung beschränken muss, keine sehr aussichtsreiche. Sie ist lediglich symptomatisch, indem sie die lästigen subjektiven Erscheinungen auf ein möglichst geringes Maass zu reduciren sucht.

Die vielfach empfohlenen Salben und Puder sind lästig wegen der Schicht, welche sie auf der Haut erzeugen. Auch ihr Erfolg ist nur ein ganz vorübergehender. Am besten hat sich mir immer noch die mindestens dreimal täglich und namentlich abends kurz vor dem Schlafen-

1) Aerztliche Erfahrungen und Beobachtungen aus der deutschen Togoexpedition 1893/94 von Dr. Doering, Arbeiten aus dem Kaiserl. Gesundheitsamt. XIII. Bd. II. 1. pag. 71.

gehen vorgenommene Abwaschung des ganzen Körpers mit einer dünnen
½ proc. Creolinlösung erwiesen. Ich habe dieselbe stets wirksamer gefunden, als die gleichfalls empfohlenen Carbol- und Sublimatwaschungen.
Während alle bezeichneten Mittel lediglich durch Anästhesirung der
Haut sich nützlich erweisen und den Krankheitsprocess an sich so gut
wie völlig unbeeinflusst lassen, demgemäss auch das makroskopische
Aussehen der erkrankten Hautpartien in keiner Weise verändern, ist das
einzige aber auch völlig sichere Mittel zum schleunigen Vertreiben der
Krankheit das Aufsuchen eines, wenn auch nur um weniges höher und
kühler gelegenen Ortes im Gebirge. Meist genügt bei dem Landange-
sessenen schon eine kurzdauernde Seefahrt in frischer Brise dazu, um
zunächst sämmtliche subjektiven Beschwerden und nach Verlauf von
1—2 Tagen auch die ganze Röthung der Haut verschwinden zu lassen.
Praktisch kommt diese Therapie selten in Betracht, da kein Kolonist in
der Lage ist, wegen des äusserst lästigen aber höchst ungefährlichen
Leidens allein einen Ortswechsel vorzunehmen, zumal die Beschwerden
beim Wiederaufsuchen des alten Wohnorts mit grösster Sicherheit wieder
mit der früheren Intensität zum Vorschein kommen. Und somit hat
der europäische Tropenbewohner sich daran gewöhnt, den rothen Hund
als eine unerlässliche Zugabe des Tropenlebens in der heissen Zeit anzusehen und beschränkt sich meist darauf, durch leichte Kleidung, feines
baumwollnes oder seidenes Unterzeug, das Fortlassen aller beengenden
und die Transpiration behindernden Kleidungsstücke, namentlich ge-
stärkter Leinenkragen und eng anschliessender Gürtel den Reiz der
Krankheit nach Möglichkeit zu beschränken, durch Unterlassen schnellen
Trinkens sehr heisser oder geeister Getränke plötzlichen Schweissausbruch
mit seiner reizenden Wirkung auf die entzündete Haut zu vermeiden und
durch die Verlegung des Schlafraums nach dem der nächtlichen Landbrise
ausgesetzten östlichen Theil des Hauses für rasche Verdunstung des
angesammelten nächtlichen Schweisses zu sorgen.

Abgesehen vom rothen Hund sind alle Hautkrankheiten in Kamerun
auf parasitäre Ursachen zurückzuführen.

Die weitaus verbreitetsten unter ihnen sind Kokro und Ringwurm,
von welchen der erstere fast ausschliesslich Neger, der zweite in gleichem
Maasse Europäer wie Neger befällt.

Für den Neger ist Kokro keineswegs ein bestimmt begrenzter
Krankheitsbegriff, er bezeichnet in Kamerun wenigstens mit Kokro ziemlich jedes chronisch verlaufende Hautleiden, namentlich unterscheidet er
nicht zwischen der ärztlicherseits unter die Bezeichnung Kokro fallenden knötchenförmigen Dermatitis und dem ätiologisch wie klinisch völlig
verschiedenen Herpes circinnatus.

Auch in der Wissenschaft ist übrigens eine völlige Klärung des Be-
griffs Kokro anscheinend noch nicht erfolgt, und dementsprechend eine
zuverlässige Angabe über die Verbreitung der Krankheit nicht zu machen.
Davidson beschreibt den Kokro als einen papulopustulösen Process, in
dessen Sekret sich nach O'Neil ein lebhaft beweglicher, der Filaria
nocturna ähnlicher Parasit herumbewegt. Mit derartigen Vorgängen hat
die in Kamerun vorzugsweise als Kokro bezeichnete Krankheit nichts zu
thun. Soweit nicht inficirte Kratzwunden zu eczematöser oder pustulöser

Entzündung der Haut im Bereich des Ausschlags führen — und das geschieht ausschliesslich bei den sehr seltenen Erkrankungen von Europäern —, verläuft der Hautausschlag nach meinen kameruner Erfahrungen ohne jede Flüssigkeitsproduktion.

Die Krankheit, an welcher von zehn Negern in Kamerun gewiss im Durchschnitt zwei leiden, äussert sich durch das Auftreten kleiner, stecknadelkopf- bis hühnerschrotgrosser Knötchen, welche allmählich bis Hirsekorngrösse anwachsen können. Die Knötchen sitzen vorzugsweise an der Innenfläche der Oberschenkel, am Skrotum bis in die Inguinalbeuge herauf, sowie in der Glutäalgegend. Seltener sind Rumpf, Rücken und Arme Sitz der Erkrankung.

Die Entstehung dieser Knötchen vollzieht sich in ziemlich akuter Weise, und ebenso erfolgt wenigstens in der ersten Zeit die Weiterverbreitung des Infektionserregers oder mechanische Uebertragung durch die kratzenden Finger schnell sowohl durch peripherische Ausdehnung als durch Aufeinanderrücken der anfangs in Abständen von einigen Millimetern von einander sitzenden disseminirten Knötchen. Es kommt dadurch allmählich zur Bildung beetartiger, flacher, harter, stark infiltrirter Auflagerungen von höckriger Oberfläche, um welche kleine frisch entstandene Knötchen herumgelagert sind.

Dabei tritt in den seltenen Fällen von Erkrankung beim Europäer eine leichte röthliche Verfärbung der Haut auf, während dieselbe sich beim Neger an den befallenen Stellen weisslich grau verfärbt. Als Ursache ergiebt die mit der Lupe vorgenommene Untersuchung die reichliche Abschilferung oberflächlicher Epidermisschuppen.

Die Knötchen selbst erweisen sich bei der mikroskopischen Untersuchung als durch zellige Infiltration und Exsudation einer stark fibrinhaltigen Flüssigkeit in die Follikel und Talgdrüsen der Haut und nächstliegenden Papillen entstanden.

An der infektiösen Natur der Krankheit ist nicht zu zweifeln. Mir selbst gelang es in sämmtlichen drei von mir angestellten Versuchen durch Verreiben des mittels des scharfen Löffels von beetartigen Auflagerungen gewonnenen Materials in die an einzelnen Stellen leicht skarificirte Oberschenkelhaut gesunder Neger die Hautkrankheit wieder zu erzeugen. Es bildeten sich zunächst genau den Rändern der Skarifikationswunden folgend nach 4—5 Tagen kleinste ca. sandkorngrosse, rasch wachsende Knötchen, welche nach weiteren 4—6 Tagen Stecknadelkopf- bis Hirsekorngrösse erreicht hatten. Ihr Wachsthum war ein nicht unwesentlich schnelleres, als das der auf der gesunden Haut sich entwickelnden Knötchen; der weitere Verlauf entsprach durchaus dem der natürlichen Infektion. Nach 3—4 Wochen begannen die Knötchen zu konfluiren und flache harte Infiltrationen zu bilden, so dass das typische Krankheitsbild hergestellt war.

Als Erreger des „Craw-Craw" wird von O'Neil[1]), welcher übrigens die klinischen Erscheinungen der Krankheit so wesentlich verschieden von denen darstellt, welche ich selbst in wenigstens 60—70 Fällen genau festzustellen und zu verfolgen Gelegenheit hatte, dass die Identität beider

---

1) O'Neil. Lancet. 1875. Februar.

Krankheitsbider als nicht unzweifelhaft angesehen werden muss, eine Filaria angegeben, deren reifer Wurm sich in der afficirten Haut aufhalte, während die Embryonen sich im Kreislauf befänden. Nielly [1]) beobachtete ähnliche Parasiten bei sich selbst in der Heimath beim Ausbruch eines juckenden papulösen Exanthems.

Ich selbst habe bei einer grossen Zahl von Haut- und Blutuntersuchungen von kokrobehafteten Negern niemals einen positiven Befund hinsichtlich filariaartiger Organismen gehabt. Dagegen fand ich fast stets die Drüsengänge ausgestopft mit Staphylococcus pyogenes aureus, neben dem sich auf der Haut und zwischen den oberflächlichen Epidermisschuppen reichliche andersartige Pilzvegetationen entwickelten. Eine Wiedererzeugung der Krankheit durch Verimpfung von Reinkultur des aus dem Kokro gezüchteten Staphylococcus gelang niemals, es entwickelten sich nach derselben dagegen mehr oder weniger reichlich die für die tropische Dermato-Pathologie gleichfalls so charakteristischen Furunkel.

Die Diagnose ist nicht schwer. Bei genauer Betrachtung der stets vorhandenen auch bei vorgeschrittenem Leiden wenigstens peripher deutlich zu Tage tretenden einzelnen Knötchen, aus welchen der ganze Ausschlag sich zusammensetzt, ist auch die Differentialdiagnose gegen Ringwurm, mit welchem die beetförmigen centralen Partien unter Umständen eine gewisse Aehnlichkeit haben können, stets zu stellen. Eine Verwechslung mit den andern tropischen Hautkrankheiten, der Furunkulose und der Dermatitis ulcerosa ist stets auf den oberflächlichsten Augenschein hin mit Sicherheit zu vermeiden.

Schwieriger zu vermeiden ist wenigstens im Anfangsstadium die Verwechslung mit Krätze.

Die Prognose des Kokro ist, soweit eine energische Behandlung eingeleitet wird, eine durchaus günstige. Im andern Fall kann das für Europäer wenigstens sehr lästige Leiden, sich monatelang hinziehen, und das ist beim Neger auch die Regel. Eine Gefahr beim Neger liegt in der Sorglosigkeit, mit welcher derselbe, nachdem er eben die mit der Affektion bedeckten Stellen berührt und gekratzt, ohne vorangegangene Reinigung andre Körperstellen berührt und so die Krankheit überträgt. Von besonderer Bedeutung ist die Uebertragung in die Umgebung des Auges, wo die erforderlichen stark reizenden Medikamente nicht angewendet werden können und von wo aus der Ausschlag auf die Conjunctiva übergeht und in einigen Fällen auch Keratitis zur Folge hatte, welche in den beobachteten 3 Fällen erst nach 3—5 Wochen unter Hinterlassung ausgedehnter Hornhautnarben heilte.

Die Therapie ist, wenn sie im Anfangsstadium der Krankheit eingeleitet wird, was allerdings beim Neger selten der Fall ist, sehr aussichtsreich. Unter den vielen versuchten Mitteln hat mir schliesslich starke, 3 proc. Lysollösung die besten Dienste gethan.

Ich liess nach reichlichem Baden und Abbürsten der betroffenen Theile eine derartige Lösung fest und mehrere Minuten lang massirend in die Haut einreiben und den entstehenden Schaum antrocknen. Der-

1) Nielly. Arch. de méd. nav. 1882.

selbe wurde erst nach 12 Stunden abgewaschen und die Procedur wiederholt. Bei frischen Processen gelang es stets in wenigen Tagen völlige Heilung zu erzielen, während bei veralteten Leiden eine 1- 1½ wöchentliche Behandlung erforderlich war.

Eine der häufigsten und lästigsten Erkrankungen der Haut ist an der Westküste der Ringwurm, Herpes circinnatus, welcher Europäer in gleichem Maasse befällt wie Eingeborne.

Die Krankheit unterscheidet sich in ihrem makroskopischen Aussehen in nichts Wesentlichem von der europäischen Form des Herpes tonsurans, klinisch unterscheidet er sich von demselben durch sein äusserst rapides Wachsthum — ich sah in einem Fall eine Affektion von dem Umfang eines Zehnpfennigstücks innerhalb zweimal 24 Stunden den Umfang eine Handfläche erreichen —, das vorzugsweise Befallenwerden unbehaarter Körperstellen, ätiologisch durch das abweichende Aussehen und Verhalten des Infektionserregers.

Vorzugsweise befallen ist die Inguinal- und Glutäalgegend sowie die Achselhöhle, am seltensten der Kopf und die Extremitäten. Wo er behaarte Körpertheile passirt, bedingt er im Gegensatz zum Herpes tonsurans niemals Haarausfall.

Die Krankheit äussert sich zunächst in dem Auftreten kleiner nahe bei einander sitzender, erhabener, etwa stecknadelkopfgrosser Prominenzen beim Europäer, beim Neger gewinnt die erkrankte Hautstelle sehr bald durch die den Kuppen der Knötchen aufsitzenden abgeschilferten Epidermisschuppen ein grauweisses Aussehen.

Im Beginn schreitet der Krankheitsprocess in auffällig regelmässiger Kreisform nach allen Seiten gleichmässig fort, nach der Peripherie zu einen scharf gegen die gesunde Haut abgegrenzten, flachwallartigen Rand dicht neben einander sitzender Knötchen bildend, während entsprechend der Schnelligkeit der Ausbreitung im Centrum und von da immer weiter peripheriewärts fortschreitend Abheilung eintritt. Der geschlossenen Randzone sind fast stets reichlich vereinzelte Knötchen in grösserem oder geringerem Abstand vorgelagert, welche bei der Erweiterung des Ringes allmählich von diesem aufgenommen werden. Ebenso ist die Abheilung im Centrum selten eine vollkommene, meist bleiben kleinere disseminirte Krankheitsherde in Gestalt unregelmässig geformter röthlicher Flecke zurück.

Nachdem die Affektion etwa Handtellergrösse erreicht, pflegt das Wachsthum ein ungleichmässiges zu werden; es sistirt häufig an einer oder der andern Stelle ganz, es tritt hier Abheilung ein, so dass das weitere Wachsthum in Halbkreis- oder Hufeisenform fortschreitet.

Die Schnelligkeit des Wachsthums wechselt innerhalb weiter Grenzen nach den meteorologischen Verhältnissen. Bei starker Hitze und Luftfeuchtigkeit ist dasselbe ein ausserordentlich rapides, während es beim Eintreten kühler Witterung, auf einer Seereise oder einem Aufenthalt im Gebirge vollkommen für längere Zeit sistiren kann. In demselben Maass ist die Grösse der subjektiven Beschwerden nach den jeweiligen Witterungsverhältnissen in hohem Grade verschieden. Der Einfluss der Witterung auf die subjektiven Beschwerden ist so gross, dass Ringwurmkranke vielfach mit grosser Bestimmtheit behaupten, aus den Sensationen in den befallenen Körperstellen einen Witterungswechsel sicher vorhersagen zu können. In der heissen Zeit verursacht der Ringwurm ein unerträgliches Jucken vorzugsweise in seinen Randpartien, welches beim Eintreten kühler Witterung vollkommen aufzuhören pflegt. Die Hartnäckigkeit der Affektion ist, wenn nicht mit Consequenz therapeutisch eingegriffen wird, eine sehr grosse. Ich selbst habe einen Europäer in Kamerun 2 Tage lang wegen ausgedehnten Ringwurms an Nates, Skrotal- und Inguinalgegend behandelt, welcher sich am dritten Tage durch Abreise der weiteren Behandlung entzog. Nach 2 Jahren begegnete ich demselben in Ostafrika wieder, wohin er ebenso wie ich nach seinem Heimathurlaub sich begeben hatte und stellte sich mir mit Ringwurm an den gleichen Körpertheilen, welche in Kamerun befallen gewesen waren vor. Seiner Angabe nach hatte der Process in der ganzen Zwischenzeit niemals gänzlich aufgehört, er hatte in Europa keinerlei subjektiv empfindliche Erscheinungen hervorgerufen, aber sofort wieder lebhafte Beschwerden zu machen begonnen, als er auf der Reise nach Ostafrika in den südlichen Theil des rothen Meeres gelangt war. Durch eine viertägige Lokalbehandlung wurde der Befallne vollkommen und wie es scheint, endgültig von seinem Leiden befreit.

Der Ringwurm ist ein durchaus ungefährliches, aber äusserst lästiges Leiden, das einen schon bestehenden nervösen Zustand, vor allem Schlaflosigkeit, verschlimmert und durch sekundäre Infektion der durch Kratzen erzeugten kleinen Schrunden schwerere Hautleiden, Furunkel und Geschwüre zur Folge haben kann.

Ebenso wie Kokro kann er sehr unangenehm werden, wenn er sich in der Nähe der Augenlider etablirt und, was nicht ganz selten zu sein scheint, auf diese übergreift. Schwere Bindehaut- und Hornhautentzündungen können dann folgen und wegen der Unmöglichkeit eine Behandlung mit den sicher wirkenden reizenden Medikamenten durchzuführen, einen langwierigen Verlauf haben.

Spontanheilung kann bei sehr kräftigen jungen Leuten nach verhältnissmässig kurzem Bestehen der Krankheit eintreten, ist aber äusserst selten. Die Regel ist ein monate-, selbst jahrelanges Bestehen der Krankheit, wo nicht rechtzeitig die Therapie eingreift.

Es sind sehr viele Mittel gegen den Ringwurm mit grösserem oder geringerem, im ganzen ziemlich unsicheren Erfolg angewendet worden. Antiseptische und adstringirende Pulver und Salben, die aus ungelöschtem Kalk, Schwefel und Wasser bestehende Flemmickz'sche Mixtur mit Lanolin verrieben findet, namentlich in englischen Kolonien reichliche Anwendung. In Indien wird die Cassia alata, eine häufig vorkommende Pflanze, als hauptsächlichstes Ringwurmmittel verwendet, und ihre Blätter entweder in Spiritus zerrieben auf die kranken Hautpartien aufgetragen oder ein aus denselben mittels Eisessig gewonnener Extrakt mit Lanolin vermischt aufgetragen. Manchmal genügen 2—3 Applikationen zur Vernichtung der Parasiten. Die kranken Hautstellen verlieren ihr entzündlich rothes Ansehen, nehmen braunrothe, dann graugelbe Farbe an und blassen dann ganz ab, die parasitendurchsetzte kranke Epidermis schilfert sich in grossen Schuppen ab und unter ihr tritt die neue gesunde Oberhaut zu Tage.

Der wirksame Bestandtheil der Cassia alata ist sehr wahrscheinlich die in ihr enthaltene Chrysophansäure.

Ein ausgezeichnetes, wohl das sicherst wirkende Mittel gegen den Ringwurm besitzen wir in dem Chrysarobin, das leider wegen seiner untilgbaren Färbekraft von Wäsche und Händen, sowie das häufig auf Anwendung in der Nähe der Genitalien auftretende starke Oedem des Präputium und Skrotum, auf deren Eintreten der Patient bei Anwendung der Salbe an diesen Körpertheilen in jedem Fall vorbereitet werden muss, des hochgradigen Reizes endlich, den es auf die Augen ausübt, unbequem anzuwenden ist. In einer 2—3 proc. Salbe, mit Vaselin verrieben, heilt er nach 5—6 maliger konsequenter Applikation den Ringwurm mit sehr grosser Sicherheit. Die Salbe wird kräftig in die befallenen Hautpartien eingerieben und diese, um eine Verunreinigung der Wäsche zu vermeiden, mit einem Schutzverband bedeckt. Nach 12 Stunden wird der Körpertheil mit Terpentinöl abgerieben, abgeseift und abgewaschen und die Einreibung erneuert. Mit der fünften Einreibung kann in den meisten Fällen die Kur als beendet angesehen werden. Weniger sicher, wenn auch häufig von sehr gutem Erfolg begleitet, ist die Anwendung der Jodtinktur, welche ich nicht in dem Maass unwirksam wie Roux[1] gefunden habe.

Mit der einmaligen Beseitigung des Ringwurms ist der Befallene in den seltensten Fällen das Leiden endgültig los, sei es, dass durch die kratzenden Hände verschleppt, kleine eben im Entstehen begriffenen Knötchen in grösserer Entfernung von dem hauptsächlichen Krankheitsherd der Aufmerksamkeit entgangen waren, oder dass Neuinfektionen durch die eigne inficirte Wäsche zu Stande kommen. Eine gründliche Desinfektion der gesammten Leibwäsche in 5 proc. Carbollösung gehört unter allen Umständen zu einer Erfolg versprechenden Ringwurmkur. Bis zur völligen Heilung sollte der Ringwurmbehaftete niemals seine Wäsche mit Andern zusammen waschen lassen. Es ist dies in der That unzweifelhaft der weitaus häufigste Anlass zur Uebertragung, so häufig, dass in Indien die Krankheit direkt als Dobi-itsch (Wäscherkrankheit) bezeichnet wird. Der Wäscher ist selbst natürlich als erster der Ansteckungsgefahr ausgesetzt und Erkrankungen desselben sind sehr häufig. Da es sich fast ausschliesslich um Farbige handelt, welche derartigen Leiden eine nur sehr geringe Beachtung zu schenken pflegen, so erreicht das Leiden bei nicht genügender Controlle eine beträchtliche Ausbreitung, und durch Infektion der durch seine Hände gehenden Wäsche finden zahlreiche Uebertragungen statt. Eine häufige Untersuchung der Wäscher und Verhinderung derselben an der Ausübung ihres Gewerbes bis zur völligen Wiederherstellung ist demgemäss eine nicht unwichtige Forderung der tropischen Hygiene.

Kaum weniger wichtig ist als Infektionsquelle das Kloset, um so mehr als der Ringwurm mit besonderer Vorliebe Gesäss- und Genitalgegend befällt. Der Ringwurmkranke ist unter allen Umständen auf den Gebrauch eines eignen ausschliesslich für seinen Gebrauch bestimmten Klosets zu verweisen und muss dasselbe häufig mit Creolin- oder Karbollösung abgewaschen und desinficirt werden.

---

[1] Roux, Traité pratique des pays chauds. IV. pag. 246.

Es ist bisher noch nicht mit völliger Sicherheit zu sagen, ob der tropische Ringwurm ätiologisch von dem in kühlerem Klima vorkommenden Herpes tonsurans verschieden ist, oder ob die modificirten klimatischen Verhältnisse nur das Wachsthum des Trichophyton so günstig beeinflussen, dass es sich so ausserordentlich rapide verbreitet, so häufig recidivirt und verhältnissmässig so schwer definitiv zu beseitigen ist.

Labourand[1]) hat vor kurzem die Verschiedenheit beider Krankheiten nachzuweisen gesucht und eine wesentliche Stütze seiner Auffassung dürfte in dem durchaus verschiedenen Verhalten der beiden Krankheiten den Haaren gegenüber zu finden sein, welche durch das Wuchern des Trichophyton tonsurans zum Ausfallen gebracht werden, während der Ringwurm ohne den Haarwuchs merklich zu schädigen über behaarte Körpertheile weggeht. Ebenso wenig wie eine Betheiligung der Haare an der Erkrankung ist mir eine solche an den Fingernägeln vorgekommen, welche beim Herpes tonsurans bekanntlich nicht selten befallen werden.

Die mikroskopische Untersuchung der Epidermis hat mir niemals einen verschiedenen Befund von dem bei Herpes tonsurans gewöhnlichen ergeben. Es finden sich, abgesehen davon, dass die Pilzwucherung eine weit üppigere zu sein pflegte, als beim Trichophyton tonsurans in gemässigten Breiten, wo der Nachweis bekanntlich wegen der Spärlichkeit der Pilzfäden in den erkrankten Hautpartien keineswegs immer leicht zu führen ist zwischen gequollenen Epidermiszellen reichlich verzweigte Mycelfäden, einzelne und in Reihen aneinander liegende ovale Sporen.

Ebenso wie der Ringwurm unterscheidet sich die in den Tropen häufige Furunkulose von der gleichen Krankheit in der Heimath klinisch fast ausschliesslich durch ihren weit akuteren Verlauf.

Die Furunkulose — boils der Engländer — ist eine in den Tropen sehr weit verbreitete und speciell an der afrikanischen Westküste recht häufige Krankheit. Als Krankheitserreger fand ich in den zahlreichen von mir bakteriologisch untersuchten Fällen ausschliesslich Staphylokokken, welche sich durch die Art ihres Wachsthums auf Kartoffeln und Gelatine, die nach 2—3 Tagen blassgelb, später citronen- bis goldgelb werdende Farbe der Kolonien und die traubenförmige Anordnung der einzelnen Kokken im gefärbten Präparat sich in nichts von dem europäischen Staphylococcus pyogenes aureus unterschieden. Der Beweis für die ätiologische Bedeutung des bezeichneten Mikroorganismus für die Krankheit liess sich in einem Fall durch Verreibung einer in Kochsalzlösung emulgirten Kultur auf den Oberarm eines Europäers durch das Auftreten von 5 typischen Boils nach Verlauf von 3 Tagen erbringen, während bei 5 entsprechenden Versuchen bei Negern 2 ohne Erfolg waren, wie überhaupt die Empfänglichkeit der Negerrasse für die Krankheit recht gering zu sein scheint.

Die Furunkel können bis auf Hand- und Fussfläschen an jeder Körperstelle auftreten, Prädilektionspunkte sind der Nacken, namentlich wo enge Kragen getragen werden, auch die Glutäalgegend wird mit besonderer Vorliebe befallen: die Extremitäten sind der Erkrankung in

1) Labourand, Annales de l'institut Pasteur, 1895.

stärkerem Maasse ausgesetzt als der Stamm. Die Krankheit äussert sich in dem Auftreten kleiner ca. stecknadelkopfgrosser, schmerzhafter, rother Pünktchen, welche von einer gleichfalls gerötheten und empfindlichen Hautpartie umgeben sind. Es entwickelt sich im Centrum sehr schnell unter steter Zunahme der Schmerzhaftigkeit eine Prominenz, deren Basis bis über Markstückgrösse sich ausdehnen kann, in andern Fällen nicht wesentlich mehr als die halbe Grösse einer Johannisbeere erreicht. Nicht selten tritt nach kurzdauernder Entwicklung spontane Rückbildung ein, in den meisten Fällen indess kommt es zur Vereiterung des Centrums der Geschwulst, es werden mehr oder weniger reichliche Mengen von Gewebsfetzen und Eiter ausgestossen und es bleibt ein kraterförmiges Geschwür mit wallartig erhöhten Rändern zurück, das nach Entleerung seines Inhalts, meist in kurzer Zeit heilt. — Besonders empfindlich ist das Leiden, wenn es sich an Orten, die ohnehin lokaler Irritation in besonderem Grade ausgesetzt sind, lokalisirt, an den Gelenken, wo jede Bewegung durch Zug oder Druck einen heftigen Reiz ausübt, an der Stirn, wo der Druck des Hutes schwer zu vermeiden ist, in der Glutäalgegend. Namentlich an letzterer kommt es nicht selten zu einer Häufung von Furunkeln, die so dicht an einander treten können, dass sie eine mit reichlichen knolligen Erhabenheiten versehene äusserst schmerzhafte Infiltration bilden, die ein karbunkulöses Aussehen gewinnt, aber in den beobachteten Fällen auch auf Staphylokokken- und niemals auf Milzbrandinfektion beruhte. Wo die Krankheit eine derartige Ausdehnung gewinnt, ist sie nicht selten mit wesentlicher Beeinträchtigung des Allgemeinbefindens, leichten Fiebererhebungen, Nervosität und Schlaflosigkeit verbunden.

Ohne frühzeitige Incision, zu welcher es bei der in den Tropen anscheinend besonders grossen Messerscheu der Patienten häufig gar nicht oder erst spät kommt, ist die Furunkulose eine über mehrere Tage sich hinziehendes sehr lästiges und schmerzhaftes Leiden. Die tiefe Incision schafft fast stets augenblickliche wesentliche Erleichterung. Wo sie verweigert wird, sind Karbolinjektionen nach Hüter in die Geschwulst häufig von recht gutem Erfolg, der Patient versteht sich zu denselben im allgemeinen weit leichter als zur Incision, obwohl letztere kaum schmerzhafter ist. Heisse Breiumschläge, Karbolspülungen, Brandsalbe aus Oleum Lini und Kalkwasser und ähnliche vom Laien mit Vorliebe angewandte Mittel können wohl die Schmerzhaftigkeit herabsetzen, sind aber kaum im Stande, den Verlauf der Krankheit abzukürzen. Arsen, durch das die übrigen tropischen Hautkrankheiten im ganzen wenig beeinflusst zu werden scheint, wirkt bei Disposition zu Furunkulose günstig.

Von weiteren Hautkrankheiten werden die durch den Guineawurm, die Filaria medinensis, sowie die durch Filaria Loa und Pulex penetrans hervorgerufenen Leiden an späterer Stelle bei Besprechung der an der Kamerunküste vorkommenden thierischen Parasiten des Menschen behandelt werden.

Nicht beobachtet sind von mir Yaws oder Framboesia, die übrigens in der Nachbarschaft Kameruns häufig vorzukommen scheinen. Auch der sogenannte tropische Phagedänismus ist mir nicht in überzeugender Weise als selbständige Krankheit zur Beobachtung gekommen. Unterschenkelgeschwüre sind bei Negern sehr häufig, wozu die Nachlässigkeit, mit der sie behandelt werden, viel beiträgt, ebenso die anscheinend bei den meisten Negerstämmen übliche Art ihrer Behandlung durch centrales Umschnüren der befallenen Extremität durch einen Bindfaden oder Baststrick, der durch Blut- und Lymphstauung die Chance für Ausdehnung des Geschwürs noch vergrössert. Sitz der Geschwüre sind, wie in der Heimath in erster Linie die Unterschenkel, selten ist der Fuss mitbetheiligt, fast niemals Oberschenkel, Rumpf und obere Extremitäten. In den weitaus meisten Fällen entspricht der Verlauf dem des Unterschenkelgeschwürs in höheren Breiten, d. h. er ist sehr chronisch. In den nach meiner Erfahrung in Kamerun seltenen Fällen, in denen der geschwürige Process in die Tiefe geht, Muskeln und Knochen blosslegt, Gefässe arrodirt und ganze Zehen resp. Tarsal- und Metatarsalknochen ausgestossen werden, dürfte es sich stets um sekundäre Infektion handeln, die bei der Vernachlässigung resp. unzweckmässigen Behandlung der Krankheit durch den indolenten Neger rascher und verderblicher um sich greift als im gemässigten Klima. — Die Behandlung der Unterschenkelgeschwüre bei Schwarzen ist im allgemeinen eine noch weit undankbarere als schon in der europäischen Poliklinik. Es liegt das an der grossen Sorglosigkeit der Neger und ihrer Neigung, sobald nur eine kleine Besserung in ihrem Befinden sich bemerkbar macht, sich als geheilt anzusehen und die Behandlung zu unterbrechen. Ich habe mich unter diesen Umständen in letzter Zeit nur dann auf die im andern Fall ganz aussichtslose Behandlung eingelassen, wenn der Kranke in die Zulassung von Operationen einwilligte. Voraussetzung für diese ist die Umwandlung des unter einem Blätterverband verpackten meist in entsetzlich unsauberem Zustand befindlichen, von schlaffen Granulationen ausgekleideten und mit schmierigem Belag bedeckten Geschwürs in eine gesunde Granulationsfläche. Eine solche ist bei ausgiebiger Anwendung des scharfen Löffels und Thermokauters und nachfolgende Chlorzinkätzung meist in wenigen Tagen zu erhalten. Alsdann fragt es sich, wie der Substanzverlust am besten zu decken ist. Durch die einfache Transplantation von Epidermisscheiben von Oberarm oder Oberschenkel erreicht man selten einen dauernden Erfolg, so leicht und regelmässig dieselben zunächst auch anheilen. Auf die Dauer erweist sich die Ernährung durch die in das Geschwür auslaufenden Gefässe doch als nicht genügend und die Abstossung ist nach wenigen Monaten wieder erfolgt und alles beim Alten. Ich habe es in Folge dessen in letzter Zeit immer vorgezogen, nach Thiersch's Vorgang das Geschwür zu umschneiden, die umschnittenen Hautlappen von der Unterlage loszupräpariren und mit ihnen, die wenn möglich an beiden Enden mit der gesunden Haut in Verbindung bleiben, die Granulationsfläche nach Möglichkeit zu bedecken. Die Ernährung dieser Lappen durch die stehenbleibenden Haatbrücken erweist sich dann fast stets als eine genügende. Der durch die Verschiebung der abgelösten Hautlappen an der Stelle von deren früherem Sitz entstehende Defekt wird durch Transplantation aus Oberarm oder Oberschenkel gedeckt. und es scheint mir nach meinen diesbezüglichen Erfahrungen, als ob der Erfolg in diesen

Fällen, wo gesundes auf gesundes Gewebe transplantirt wird, ein wesentlich günstigerer und nachhaltigerer wäre, als bei der Transplantation der Hautlappen auf die Geschwürsfläche selbst, wenn dieselbe auch noch so gut vorbereitet war.

Ein meines Wissens noch nicht beschriebenes recht auffälliges und gut charakterisirtes Krankheitsbild in Form einer ulcerösen Dermatitis habe ich in einigen Fällen bei Europäern, vorzugsweise solchen, welche unter ungünstigen äusseren Verhältnissen längere Zeit „im Busch" zugebracht hatten, beobachtet. Sie soll auch bei Negern vorkommen, welche sie, wie überhaupt jedes chronische Hautleiden, Kokro nennen, obwohl sie mit der im Anfang unter diesem Namen geschilderten Krankheit durchaus nichts zu thun hat. Ich habe selbst keine Erkrankung eines Negers beobachtet. Die Krankheit äussert sich durch die Bildung multipler Geschwüre von der Grösse eines silbernen Zwanzigpfennig- bis Zweimarkstücks, welche sich in Abständen von 1—12 cm und zwar auf der Haut der Unter- und Oberschenkel, der Fussrücken und der Glutäalgegend bilden. Das Befallenwerden anderer Körperstellen habe ich niemals beobachtet. Die Geschwüre entstehen aus kleinen rothen prominirenden Knötchen, auf deren Kuppe sich nicht selten, aber keineswegs immer ein Bläschen befindet. Dieselben üben einen unerträglichen Juckreiz aus und werden wohl stets bald nach ihrem Entstehen durch den kratzenden Finger zum Zerfall gebracht. Es bilden sich erst kleine flache Ulcerationen, die unter dem steten Einfluss des mechanischen Insults an Umfang und Tiefe zunehmen. Sie haben fast stets einen kreisrunden Contour, seltener kommt es durch Confluiren zweier Geschwürsränder zur Entstehung unregelmässigerer Formen. Selten beträgt die Tiefe der Geschwüre mehr als ca. 2,5—3 mm. Die Verbreitung findet offenbar durch Selbstinfektion durch die unter dem Nagel deponirten Krankheitserreger statt. Während sich in leichteren Fällen der Process auf die Unterschenkel beschränken kann und der Abstand der einzelnen Geschwüre ein beträchtlicher 6 bis 12 cm betragender ist, werden in schwereren Fällen die ganzen unteren Extremitäten bis auf die Fusssohlen, und schliesslich die Glutäalgegend und Nates befallen und der Abstand der Geschwüre beträgt nur wenige Centimeter. Dieselben sind ausgefüllt mit dunkeln Borken, welche durch die Gerinnung des beim Kratzen producirten Blutes gebildet werden. Nach ihrer Entfernung treten schlaffe, missfarbige Granulationen zu Tage, die einen dünnflüssigen Eiter liefern. In diesen Fällen ist der Zustand der Kranken ein höchst beklagenswerther, selten verläuft die Krankheit ohne intercurrirende Temperaturerhebungen, auch die zwischen den Geschwüren befindliche, nicht geschwürig zerfallene Oberhaut wird durch den Reiz des Geschwürsekrets und der kratzenden Finger Sitz ekzematöser oder furunkulöser Entzündung, in der Umgebung der Nates bildet sich meist ein beträchtliches höckriges mit Geschwüren besetztes entzündliches Infiltrat, so dass sich an den befallenen Partien nur wenig umfangreiche gesunde Hautstellen nachweisen lassen.

Jede Lage ist in diesem Zustand für den Kranken unerträglich, die Defäkation in Folge der um den Anus sitzenden Geschwüre schmerzhaft und beschwerlich, das Sitzen unmöglich, die Nachtruhe fast ganz aufgehoben.

Dass die Krankheit durch Infektion zu Stande kommt, kann nicht bezweifelt werden. Die bakteriologische Untersuchung des Sekrets, wie auch der mit einem ausgeglühten Platindraht abgekratzten Granulationen ergiebt eine reiche Entwicklung von Bakterien der verschiedensten Art. In keinem Fall habe ich Staphylococcus pyogenes aureus vermisst, dieser aber ist ein so regelmässiger Befund bei allen eiternden Processen an der Küste, dass es durchaus noch nicht als erwiesen angesehen werden kann, ob wir in ihm in der That den Erreger der Krankheit zu erblicken haben. Es erscheint das vielmehr nach den von mir vorgenommenen Uebertragungsversuchen auf die Unterschenkelhaut zweier farbiger Diener, die sich dazu bereit erklärt hatten, zum mindesten ganz zweifelhaft. Das Ergebniss war in beiden Fällen negativ. Ebenso wenig gelang mir die Erzeugung einer Krankheit durch die subkutane Verimpfung zweier feiner Bacillensorten, die ich mit grosser Regelmässigkeit aus allen von mir darauf hin untersuchten Geschwüren eines Kranken züchtete.

Die Prognose ist auch in schweren Fällen eine günstige, doch ist eine Heilung in diesen vor Ablauf von 3–4 Wochen nicht zu erwarten.

Die Behandlung bestand in völliger Ruhiglagerung des Kranken meist auf einem Luftkissen, in einem besonders schweren Fall auf einem Holzgestell im Wasserbade, in gründlicher Reinigung der Geschwüre und Entfernung der schlaffen Granulationen durch kräftiges Auswischen mittels Wattetupfern, die in eine dünne Lösung von essigsaurer Thonerde getaucht waren. Alsdann wurden die Geschwüre mit Zinkoxyd bepudert und die entzündeten Ränder mit Borvaseline bestrichen. Grosse Bedeutung wurde in jedem Fall auf einen festen Verband gelegt, um die weitere Reizung der Geschwüre durch Kratzen zu verhindern.

Unter der bezeichneten Behandlung, die in jedem Fall durch kräftige Diät und Eisen- oder Arsenpräparate unterstützt wurde, liessen Schmerzen und Temperaturerhöhungen meist nach wenigen Tagen nach. Die Heilungsdauer richtet sich natürlich nach dem Umfang den der Krankheitsprocess vor Eintritt des Kranken in die Behandlung bereits gewonnen hatte. In den von mir beobachteten Fällen hat er 5 Wochen niemals überschritten. In jedem Falle bleiben dem Kranken als Andenken an das überstandene Leiden reichliche dunkelpigmentirte Flecke an den Stellen der Haut erhalten, an welchen die Geschwüre gesessen hatten. Dieselben erhalten sich in vielen Fällen jahrelang.

Unkomplicirt verlaufender Hitzschlag ist in Kamerun jedenfalls eine recht seltene Erscheinung. Ich habe keinen Fall beobachtet, in welchem sich nicht an denselben Malaria, mit den bei Besprechung der komatösen Malaria geschilderten Erscheinungen angeschlossen hätte. Es entsteht in diesen Fällen die Frage, ob es sich um einen primären Hitzschlag gehandelt hat, welcher durch die Alteration der Gewebssäfte den im Blut jedes in Kamerun längere Zeit Ansässigen im Latenzstadium befindlichen Parasiten die Entwicklung ermöglicht oder um eine unter dem Einfluss der Schädlichkeit des ohne hinreichenden Kopfschutz erfolgten Aufenthalts in der Sonne zum Ausbruch gelangte Malaria, welche unter diesen Umständen mit besonderer Intensität auf das Cerebrum einwirkt. Dass Malaria in jedem dieser

Fälle mit im Spiel war, wird durch den klinischen Verlauf wie durch
den im Lauf der Krankheit erbrachten positiven Befund der Blutuntersuchung zweifellos gemacht.

Was das Vorkommen von Tumoren in Kamerun betrifft, so bietet
die europäische Bewohnerschaft begreiflicher Weise kein günstiges Beobachtungsmaterial, da es sich zum überwiegenden Theil um junge, kräftige,
kurz vorher besonders auf ihren Gesundheitszustand hin untersuchte
Leute handelt. Bei Negern kommen Tumoren vor. Ich selbst habe
Carcinom und Sarkom beobachtet. Carcinom einmal als Mastdarm-,
zweimal als Uterus- und einmal als Magencarcinom, in 2 weiteren Fällen
konnte die Diagnose nur mit Wahrscheinlichkeit gestellt werden. Sar-
kome sah ich in 2 Fällen, einmal an der Tibia, dem unteren Theil derselben ansitzend, im andern Fall am Sternum. In beiden Fällen gelang
es, Stücke aus der Geschwulst zu exidiren, deren Untersuchung die
Diagnose sicherte; die in jedem Fall eingeleitete specifische Behandlung
blieb ohne Erfolg. Die Operation wurde in beiden Fällen verweigert.
Der zweite Kranke starb 2 Monate nach seinem Verlassen des Hospitals
unter Erstickungserscheinungen, die auf Lungenmetastasen zurückzuführen
sein dürften.

Ueber das Vorkommen von Frauenkrankheiten in Kamerun ist
es schwer, während einer verhältnissmässig kurzen Zeit ein Urtheil zu
gewinnen. Für die wenigen in die Kolonie auswandernden weissen Frauen
trifft im allgemeinen das zu, was von den Männern gilt, sie sind jung,
kräftig und widerstandsfähig, dazu ihr Aufenthalt draussen meist nur
von kurzer Dauer.

Störungen der Menstruation sind bei europäischen Frauen an der
Kamerunküste eine verhältnissmässig häufige Klage. Dieselben äussern
sich eben so wohl als Amenorrhoe wie als Menorrhagie. Bei der verhältnissmässigen Häufigkeit, mit der sie sich bei früher völlig gesunden
Frauen entwickeln, ist kaum zu bezweifeln, dass klimatische Verhältnisse als solche oder dem Lande eigne Krankheiten von wesentlichem
Einfluss auf ihr Zustandekommen sind. Unter den letzteren steht
wieder an erster Stelle die Malaria und die Anämie, welche nach
mehrmaligem Ueberstehen der Krankheit bei fast jedem Bewohner von
Kamerun zurückbleibt. Verhältnissmässig häufig scheinen Menorrhagien
in den Fällen zu sein, wo ein Malariaanfall in die Zeit der Menstruation
fällt, in anderen Fällen sind Unregelmässigkeiten der Menstruation für
die Frauen ein ziemlich sicheres Zeichen für das Bevorstehen von Malariaanfällen. Auch plötzliches Sistiren der Menstruation unter dem Einfluss eines gleichzeitigen Malariaanfalls wird beobachtet. In einem Fall
hatte die Darreichung von Chinin bei einer dem klimakterischen Alter
sich nähernden Frau jedesmal eine Uterinblutung zur Folge, auch ausserhalb der Menstruationszeit.

Mehr oder weniger erhebliche Bleichsucht entwickelt sich nach
kurzem Aufenthalt an der westafrikanischen Küste bei den meisten
Frauen, ohne dass der Blutbefund im allgemeinen ein wesentlich un-
günstigeres Ergebniss hätte als bei den Männern. Eine Verarmung des
Bluts an rothen Blutzellen um ca. 10 pCt., an Blutfarbstoff um ca. 25 pCt.
bildet auch hier die Regel.

Schwangerschaft und Geburt sind wieder in besonderem Grade durch Malaria bedroht. Abort unter dem Einfluss von Malaria ist nicht ganz selten; in einem Fall erfolgte in einem schweren Anfall von Schwarzwasserfieber die Geburt eines reifen, aber todten Kindes. Meiner Zeit war jedes der von mir beobachteten Wochenbetten bei Europäerinnen mit Malaria komplicirt. Ueber die Schwierigkeit der Diagnosestellung in solchen Fällen ohne die Blutuntersuchung ist bereits an früherer Stelle die Rede gewesen. Eine der in Europa häufigen Komplikationen durch lokale Entzündung wurde in keinem Fall beobachtet.

Ueber Genitalerkrankungen der Negerfrauen gewinnt der europäische Arzt wegen der Spärlichkeit des ihm zur Verfügung stehenden Materials in kürzerer Zeit schwerlich ein richtiges Bild; die durch die regelmässigen Untersuchungen der Soldatenweiber und Dirnen gewonnenen Erfahrungen dürften kaum allzuweit verallgemeinert werden. Im Ganzen scheinen dieselben bis auf die weit verbreitete Gonorrhoe verhältnissmässig sehr selten zu sein. Uteruskarcinom beobachtete ich in zwei Fällen. In beiden Fällen waren die Kranken, welche während der mehrmonatlichen äusserst schmerzhaften Krankheit alle erdenklichen Zaubermittel ihres und der benachbarten Stämme angewandt hatten, einige Tagereisen weit zugereist.

Käme die Krankheit in der Nähe der Niederlassung Kamerun selbst häufiger vor, so würde sie sich der Kenntniss des europäischen Arztes kaum entzogen haben. Carcinom der Mamma sah ich keinmal.

Die Entbindungen verlaufen, trotzdem der geschlechtliche Verkehr für die Weiber ganz allgemein unmittelbar nach der ersten Menstruation, durchschnittlich etwa mit dem zehnten Jahr, zu einer Zeit beginnt, wo das Skelett noch keineswegs als ausgewachsen angesehen werden kann, im allgemeinen sehr leicht. Von einem Todesfall intra partum habe ich nie etwas gehört; um Hülfe bin ich selbst nur einmal in einem Fall von Querlage bei Zwillingsschwangerschaft angegangen, bei dem die den Verlauf der Entbindung überwachenden und mit ihrem Gesang begleitenden weisen Frauen sich nicht mehr zu helfen wussten. Zwillinge werden, wie auch jetzt noch vielfach an der Ostküste, fast stets getödtet; ebenso wurden es bis vor kurzem regelmässig und werden es auch jetzt wohl noch in den meisten Fällen die von Europäern erzeugten Mischlinge, deren Zahl im Verhältniss zur Lebhaftigkeit des seit Jahren bestehenden Verkehrs der europäischen Ansiedler mit den Negerfrauen eine ausserordentlich geringe, jedenfalls noch nicht ein Dutzend betragende, ist.

Bezüglich des Verhaltens europäischer Kinder fehlt es an genügend umfangreichen Erfahrungen. Nach dem was wir von andern, theilweise weit weniger ungesunden tropischen Niederungen in der Hinsicht wissen, dürfen wir nicht bezweifeln, dass eine mehrjährige gute Entwicklung derselben an der Kamerunküste so gut wie ausgeschlossen ist. So gerechtfertigt es also erscheint, wenn der gesunde, alleinstehende Mann, den Gefahren des Küstenaufenthalts Trotz bietend, sein Fortkommen und seinen Gewinn an der von der Natur mit einer unvergleichlichen üppigen Fruchtbarkeit bedachten Kamerunküste sucht, so wenig wird dieselbe jetzt und überhaupt in absehbarer Zeit für eine eigentliche Kolonisation in Betracht kommen. Das gilt durchaus nicht für die küstennahen Gebirge und vor allem das Hochplateau des Innern.

Das Negerkind gedeiht im allgemeinen ausgezeichnet und der Procentsatz von Todesfällen dürfte unter den Negerkindern ein wesentlich geringerer sein als in Europa.

Die sogenannten Kinderkrankheiten fehlen so gut wie ganz; akute Exantheme sind von mir in keinem Fall beobachtet, die Diphtherie ist eine seltene und fast stets leicht verlaufende Krankheit. Keuchhusten ist von mir nicht, von A. Plehn allerdings in einigen Fällen beobachtet worden; die berüchtigten Darmkatarrhe spielen in der Pathologie des Negerkindes in Kamerun zum mindesten eine sehr untergeordnete Rolle, trotzdem dasselbe sehr bald nach der Geburt von der Mutter ausser mit Milch auch mit Manjokbrei, zerquetschten Bananen, Mangopflaumen vollgestopft wird. Ein sehr regelmässiges aber das Wohlbefinden des kleinen Kamerunnegers in keiner Weise beeinträchtigendes Leiden sind die ausserordentlich häufigen Nabelbrüche. Dieselben bilden sich anscheinend mit dem weiteren Wachsthum in allen Fällen spontan zurück.

Recht reichhaltig ist die Fauna der thierischen Parasiten, welche in Kamerun die Gesundheit oder doch das Wohlbefinden des Menschen bedrohen.

Wenn wir von den höher organisirten Arten ausgehen, so sind von den Arthropoden die folgenden von mir in Kamerun beobachtet worden: Ixodes ricinus, der Holzbock, kommt auf der Haut von Hunden und Katzen vor, in einem Fall beobachtete ich ihn in der behaarten Haut der Regio pubica bei einem Neger. Seine Entfernung mittelst Betupfen mit Petroleum oder Benzin gelingt leicht.

Eine 5—6 mm lange, gelbbraune Zecke ist in Tauben- und Hühnerställen häufig, mehrmals sah ich sie an jungen Tauben und Hühnern. Sie dürfte mit Argas reflexus identisch oder ihm doch nahe verwandt sein. An Menschen habe ich den Parasiten nicht beobachtet.

Scabies kommt vor, ist aber anscheinend selten. Im Beginn kann die Krankheit leicht zu Verwechslung mit beginnendem Kokro Veranlassung geben, und es bedarf der Sicherung der Diagnose durch die mikroskopische Untersuchung.

Pentastoma habe ich in Kamerun nicht beobachtet, Pediculi kommen vor, sind aber äusserst selten, was mit der beträchtlichen Reinlichkeit, welche die Neger speciell ihrem Haar zu Theil werden zu lassen pflegen und der einfachen und innerhalb 1—2 Stunden wasch- und wieder trockenbaren Bekleidung zusammenhängt.

Phthirius inguinalis wurde bei einem, von las Palmas importirten Europäer behandelt, in Kamerun sah ich keinen zweifellos dort entstandenen Fall.

Cimex lectularius scheint ebenfalls zu fehlen.

Erkrankungen durch Fliegenlarven, Musca- und Oestrusarten, wie sie in Amerika und Europa letzter Zeit häufiger beobachtet worden sind und wie sie auch in Ostafrika ziemlich häufig vorkommen, habe ich in Kamerun nicht gesehen.

Moskitos sind an einzelnen Flussläufen und Niederlassungen sehr häufig und eine grosse Plage, namentlich wo sie durch die Lage des

Orts Schutz vor stärkerer Brise finden, wie an den mehr oder weniger den Meridianen parallel fliessenden Flüssen. Die Seeküste selbst, wie die Niederlassung Kamerun haben sehr wenig unter den lästigen Parasiten zu leiden, so dass Moskitonetze in der Kolonie keineswegs ein derart unentbehrliches Requisit sind wie z. B. an der ostafrikanischen Küste. Fliegen kommen vor, sind aber selten und werden nie annähernd zu einer ähnlichen Plage wie in Europa.

Pulex irritans ist als Cosmopolit auch in Kamerun vertreten, doch keineswegs häufig. Die täglichen ein- oder mehrmaligen Bäder, der häufige meist täglich oder öfter erfolgende vollkommene Kleiderwechsel, die fortwährende Kleiderwäsche sind nicht geeignet, ihm annähernd gleich behagliche Lebensbedingungen zu gewähren, wie unter den wesentlich anders gearteten Verhältnissen in nördlichen Ländern.

Dagegen gewinnt sein Verwandter, der Sandfloh, Pulex penetrans, immer weitere Verbreitung an der Küste. Es ist bekannt, dass der Sandfloh von Brasilien aus durch den „Thomas Mitchell“, ein englisches Schiff, im Jahre 1872 nach Ambriz gebracht und von da vor Ablauf des Jahres schon in Loando importirt war, durch die stark inficirte Mannschaft selbst und wahrscheinlich auch durch alte Kaffesäcke[1]). Von der Küste aus ist die Infektion des ganzen Westafrika bis zu den grossen Seen in sehr kurzer Zeit erfolgt. Am Tanganikasee ist der Parasit bereits vor 2—3 Jahren mit Sicherheit festgestellt, an der Ostküste mehren sich die Fälle, wo unverkennbar auf Sandflohinvasion beruhende Fuss- und Zehenverletzungen aus dem Innern nach der Ostküste gebracht werden. Ich selbst habe derartig afficirte Individuen unter Karavanenträgern öfter beobachtet, einen lebenden Sandfloh an der Ostküste indess bis jetzt noch nicht zu Gesicht bekommen. Bei dem unvergleichlich viel lebhafteren Verkehr des Seengebiets mit der Ost- als mit der Westküste und der weit geringeren Entfernung bis zu ihr kann es auffällig erscheinen, dass der Parasit den Weg bis zur Küste anscheinend noch nicht zurückgelegt hat, zumal kaum angenommen werden kann, dass die in mancher Hinsicht anders gearteten physikalischen Verhältnisse des östlichen gegenüber dem westlichen Afrika seiner Verbreitung weiter nach Osten ein Ziel gesteckt haben sollten, wie einer Reihe höher organisirter Thiere, deren Verbreitungsgebiet durch die grossen innerafrikanischen Seen gebildet wird. Die Angabe Davidson's, dass der Sandfloh bereits bis nach Zanzibar gelangt ist, dürfte sich nach den von mir angestellten Erhebungen jedenfalls nur auf den Import einzelner Exemplare mittels der grade von dort aus in grosser Zahl mit Expeditionen nach dem Innern Afrikas auswandernden Träger beziehen. Von einer Verbreitung der Krankheit ist mir dort nichts bekannt geworden[2]).

Bekanntlich führt nur das Weibchen des Sandflohs und auch dieses nur in befruchtetem Zustand ein parasitisches Dasein, indem es sich von

1) Pechuel-Loesche, Die Loango-Expedition. pag. 298.

2) Diese Verhältnisse haben sich inzwischen wesentlich geändert. Seit dem Herbst 1897 tritt der Sandfloh auch an der deutsch-ostafrikanischen Küste in ungeheuren Massen auf. Anm. bei der Korrektur.

dem Boden aus, in dem es lebt, in die Haut von Thieren und Menschen einbohrt, in derselben durch das Anwachsen des eiergefüllten Uterus die Grösse eines Stecknadelkopfes erreicht und eine lebhafte Entzündung in der Umgebung hervorruft, die auf die Nachbarschaft übergehen und bei der beim Neger häufigen Vernachlässigung der Anfangs unbedeutenden Affektion zu schweren Folgeerscheinungen, Verkrüppelung und selbst Verlust von Zehen, Vereiterungen von Sehnen und tiefen Phlegmonen führen kann. Der Aufenthaltsort des Sandflohs am Boden bringt es mit sich, dass in erster Linie der Fuss, besonders die Planta und an dieser wegen der ein leichteres Eindringen gestattenden Dünne der Haut die Unter- resp. Zwischenfläche der Zehen befallen wird, sowie auch, dass Neger im allgemeinen weit häufiger als Europäer befallen werden. Immerhin sind Invasionen auch an andern Körperstellen, an Händen und Fingern, sowie am Rumpf beim Expeditionsleben und Ruhen auf dem Erdboden nicht selten. Ebenso wie der Mensch werden Thiere — ich selbst habe es bei Hunden und Papageien beobachtet — von dem Parasiten befallen.

Während die meisten Invasionen beim Neger im Freien erfolgen — ein von wenig oder keiner Vegetation bedeckter, der Sonne gut zugänglicher Boden scheint den Sandflöhen besonders zuzusagen — ist beim Europäer das entgegengesetzte der Fall, da er kaum je in der Lage ist, sich im Freien seiner Fussbekleidung zu entledigen. Das Eindringen des Sandflohs ist je nach der Körperstelle, an der es erfolgt, entweder von einem stechenden heftigen Schmerz begleitet, wie an der mit dünner Epidermis bekleideten Unter- und Seitenfläche der Zehen, oder fast ganz schmerzlos, wie an den meisten Stellen der Planta. Auch in diesem Fall stellt sich mit dem Wachsthum des Parasiten ein lebhaftes Druck- und Schmerzgefühl ein, das meistens den Befallenen veranlasst, die schmerzhafte Stelle zu untersuchen und zu der frühzeitigen Entdeckung des Parasiten Veranlassung giebt. Die Stelle ist alsdann an der leicht geröteten näheren Umgebung, die häufig ein central gelegenes dunkles Pünktchen, die Eintrittsstelle des Thieres umschliesst, leicht zu erkennen. Ebenso leicht und einfach ist in den meisten Fällen die Entfernung des Parasiten, zu welcher man sich kaum je eines operativen Eingriffs zu bedienen braucht, sondern welche durch die Neger selbst mit grosser Gewandheit mittels eines zugespitzten Hölzchens oder einer Federspule vorgenommen wird. Auf die unversehrte Beseitigung des Parasiten ist Werth zu legen, da bei Anbohrung und Berstung des eiergefüllten Körpers leicht Entzündung die Folge ist. Hat man dieselbe nicht vermeiden können, so eröffnet man den Gang des Sandflohs am besten durch einen oberflächlichen Messerschnitt und spült mit 5 proc. Carbollösung aus. Durch diese, sowie durch die leichte Blutung werden die etwa zurückgebliebenen Eier herausgespült oder entwicklungsunfähig gemacht.

Erfolgt nicht rechtzeitig die Entfernung des Parasiten, so können, wie gesagt, sehr unangenehme Zustände die Folge sein. Bei der Sorglosigkeit des Negers sind sie nicht selten, beim Europäer gehören sie zu den Ausnahmen.

Beim Neger beobachtet man häufig die vorgeschrittenen Stadien des Leidens. Die Planta zeigt an verschiedenen Stellen beträchtliche

Hypertophie des Corium mit zwischen durchziehenden Rissen und Schrunden, die in der Tiefe wund und ulcerirt sind, reichliche oberflächliche Ulcerationen finden sich zwischen den hypertrophischen Stellen. Mehrfache ca. erbsengrosse, dunkler pigmentirte, infiltrirte Stellen mit central gelegnen dunklen Pünktchen zeigen die Eingangsstelle oder den Sitz des Parasiten an. Aus ihnen entleert sich häufig eine trübseröse Flüssigkeit, oder die Entzündung greift nach äusserer Verstopfung des Ganges bei fortdauernder Sekretion in die Tiefe, führt zu Eiterungen, Phlegmonen, zum Uebergreifen der sekundären Infektion auf Sehnenscheiden und Knochenhaut und endet, wenn der Kranke sich nicht zum Arzt begiebt und der nun erforderlichen mehr oder weniger eingreifenden Operation unterwirft, spontan erst nach Zerstörung oder Verkrümmung eines oder mehrerer Zehen, oder durch Vereiterung von Sehnen zur Verkrüppelung des ganzen Fusses.

Sehr stark vertreten ist die Klasse der parasitischen Würmer.

Aus der Klasse der parasitischen Anneliden, mit der ich auf Japan Bekanntschaft zu machen Gelegenheit hatte, und die dort sowie in Ceylon, auf den Sunda-Inseln und in Neu-Guinea eine wahre Landplage bilden, kennen wir an der Guineaküste keinen Vertreter.

Unter den parasitischen Plattwürmern scheint Taenia solium zum mindesten sehr selten zu sein, was wohl mit der äusserst geringen Verwerthung, welche das Fleisch der halb wild in Dörfern sich herumtreibenden und grossentheils von Exkrementen sich nährenden, daher auch vom Neger für unrein gehaltenen Schweine im Haushalt des Negers sowohl als des Europäers an der Westküste findet. In dem einen Fall, wo ich Taenia solium bei einem Europäer beobachtete, handelte es sich mit grosser Wahrscheinlichkeit um Einführung von auswärts.

Taenia saginata ist ziemlich häufig, wenn auch seltener als an der Ostküste. Ihre Entfernung ist, wie in den Tropen überhaupt, schwerer als in Europa und unvollständige Erfolge sind häufiger, was wohl mit einem schnellen Nachlassen der Wirksamkeit der specifischen Medikamente zusammenhängt.

Andre Cestoden, so auch Bothriocephalus latus, habe ich in Kamerun nicht beobachtet; ebenso wenig Cysticercus und Echinococcus.

Von Trematoden habe ich nur in einem Falle Distoma haematobium resp. seine Eier im Urin eines mit Chylurie und Hämaturie behafteten Pflanzers sowie eines sudanesischen Soldaten nachweisen können. Die Anamnese ergab mit Sicherheit, dass die Infektion nicht in Kamerun, sondern in Aegypten resp. dem Sudan vor Jahren erfolgt war.

Von Rundwürmern ist Ascaris lumbricoides häufig, auch Oxyuris vermicularis-Eier konnte ich als zufälligen Befund im Stuhl zweier an leichter Dysenterie leidender Neger nachweisen, Trichocephalus dispar oder seine Eier habe ich bei den von mir ausgeführten Obduktionen bei den zahlreichen mikroskopischen Fäaluntersuchungen nicht gefunden.

Anchylostoma duodenale habe ich gleichfalls niemals gesehen, und wenn es vorkommen sollte, so spielt es jedenfalls keine in Betracht kommende Rolle bei der früher besprochenen für Kamerun charakteristischen Anämie. Das anscheinende Fehlen von Trichina spiralis hängt wohl mit der kaum in Betrachtung kommenden Verwerthung von Schweinefleisch zusammen.

Ein besonderes Interesse beanspruchen in Kamerun, wie an der Westküste überhaupt, die Filariakrankheiten.

Filaria medinensis ist eine bei den von den nördlicheren Theilen der Küste importirten Dahome-, Lagos- und Sierra Leone-Leuten ziemlich stark verbreitete Krankheit. Bei einem Kamerunneger habe ich sie niemals beobachtet, es dürfte also nicht mit völliger Sicherheit zu sagen sein, ob der Parasit an der Kamerunküste vorkommt.

In jedem der von mir beobachteten 8 Fälle handelte es sich um ein Befallensein der unteren Extremität. In einem Fall wurden innerhalb 14 Tagen bei demselben Individuum 2 Medinawürmer, von denen der eine einen Abscess oberhalb des rechten äusseren Knöchels, der andere am inneren Rand der Achillessehne etwa in deren Mitte erzeugt hatte. Die subjektiven Beschwerden, welche die Anwesenheit des Wurms machte, waren in keinem Fall sehr bedeutende. Stets kamen die Kranken um ärztliche Hülfe erst bitten, nachdem sich bereits eine Geschwulst vom Umfang eines Markstücks bis Thalers gebildet hatte, auf deren Kuppe deutliche Fluktuation nachweisbar war. Es wurde alsdann stets der spontane Durchbruch abgewartet und nur mittels häufiger Fussbäder und Duschen zu beschleunigen gesucht. Hatte sich auf der Höhe der Geschwulst die kleine für den Austritt des Parasiten bestimmte Fistelöffnung gebildet und war die Geschwulst nach Entleerung der meist ziemlich beträchtlichen Menge seröser Flüssigkeit etwas zusammen gesunken, so gelang es stets leicht, den Wurm mit einer Pincette zu fassen und ca. 1 cm hervorzuziehen. Es wurde dann mittels einer feinen Nähnadel ein dünner Seidenfaden um den Körper des Wurms geschlungen, lose geknotet und bis zur Länge von ca. 1 dm abgeschnitten, um den kleinen Wurm bei etwaigen Rückzugsversuchen wieder hervorziehen zu können. Es wurden solche indess niemals mit Sicherheit beobachtet, sondern sehr regelmässig vollzog sich unter dem Einfluss von warmen Bädern und Duschen des befallnen Theils die Ausstossung des Wurms spontan oder unter zeitweiser Anwendung leichten Zuges innerhalb 1—2 Tagen. Ein Platzen des Uterinschlauchs und durch den Reiz der entleerten Eier auftretende Entzündung habe ich bei Anwendung dieses Verfahrens in keinem Fall gesehen. Die völlige Heilung erfolgt unter einem leichten Okklusivverband, nachdem die Fistelöffnung mit etwas Jodoform oder Zinkoxyd bestreut worden, innerhalb weiterer 2—3 Tage.

Die Frage, auf welche Weise die Invasion des Guineawurms in den menschlichen Körper erfolgt, ist bekanntlich trotz der Manson'schen Untersuchungen noch nicht gelöst. Der Manson'schen Ansicht, dass die Embryonen in kleinen Cyklopen mit dem Trinkwasser in den Magen gelangen, die Magenwand durchbohren und zur Zeit der Entwicklung ihrer Eier unter die Haut gelangen, steht die von Chapotin[1]) gegenüber, welcher das Eindringen durch die Hautporen behauptet. Als

1) Chapotin. Observations sur le etrayoneau. Bullet. de science méd. 1810.

Stütze dieser Ansicht betrachtet er die überwiegende Häufigkeit, mit welcher der Wurm die unteren Extremitäten befällt[1]). Die Fähigkeit, sich in lebendes Gewebe einzubohren, besitzen die Embryonen in jedem Fall, wie die Untersuchungen Fedschenko's[2]) in Samarkand beweisen, welcher das Eindringen derselben in kleine Cyklopen von der Bauchdecke aus beobachtete.

Bei der Harmlosigkeit der Guineawurminvasion und der praktischen Wichtigkeit, über den Invasionsmodus ins Klare zu kommen, habe ich einige diesbezügliche Versuche in der Weise angestellt, dass ich den extrahirten Wurm aufschnitt und durch leichtes Streichen den zum überwiegenden Theil aus Embryonen bestehenden Inhalt in ein Gefäss mit sterilisirtem Wasser entleerte. In demselben behalten sie längere Zeit ihre charakteristische Beweglichkeit und lassen sich durch das Mikroskop mit Leichtigkeit nachweisen.

Als Versuchsthiere benutzte ich, da Hunde und Katzen sich Fedschenko als nicht geeignet erwiesen hatten, 2 Affen, welche das inficirte Wasser, in Bananenstückchen eingezogen, verzehrten. An beiden Thieren war 2 Monate lang keine Spur einer Erkrankung nachweisbar, nach 2 Monaten starb der eine wahrscheinlich an Darmkatarrh, die Obduktion liess weder im subkutanen Gewebe noch in den Muskelinterstitien Guineawurm erkennen. Der andere erkrankte zu der gleichen Zeit, und es bildete sich bei ihm an der äusseren Fläche des Oberschenkels eine Schwellung, die ihm auf Druck und anscheinend auch spontan heftige Schmerzen verursachte. Er wurde fressunlustig, magerte ab und starb $8\frac{1}{2}$ Monat nach der Fütterung. Die Obduktion ergab an den inneren Organen keine Veränderung, auf welche mit Sicherheit der Tod hätte bezogen werden können. Unter der Geschwulst am rechten Oberschenkel fand sich bei völlig intakter, nur an einer Stelle der Unterseite eine ca. linsengrosse Hämorrhagie zeigender Haut eine bräunlichrothe pilzige Masse, die nach oben bis zur Crista ossi ilei, nach unten bis zum Ende des zweiten Drittels des Oberschenkels reichte. In der pilzigen Masse lag ein langer, walzenförmiger bräunlicher Wurm mit spitzen Enden, sein hinteres Ende führte zwischen Extensoren und Adduktoren in das Becken. Durch vorsichtigen Zug gelang es, den Wurm unverletzt herauszubefördern. Die Länge betrug 40 cm, bis auf die auffällige Kürze unterschied er sich in nichts von den bei Eropäern beobachteten Exemplaren von Filaria medinensis. Ob durch die Invasion der Tod des Affen herbeigeführt worden ist, erscheint zweifelhaft, aber nicht ausgeschlossen. In jedem Fall ist mit grosser Wahrscheinlichkeit die Uebertragbarkeit des Guineawurms durch den Genuss von Wasser, in welchem sich die Embryonen befanden, experimentell bewiesen und zugleich bewiesen, dass das Zutreten von Zwischenwirthen zur Invasion nicht erforderlich ist, denn in diesem Fall war das verwendete Wasser durch Kochen sicher keimfrei gemacht und jedes höhere organische Leben darin auch unzweifelhaft vernichtet.

---

1) Nach Aitken's Beobachtungen in 98,85 pCt. der Fälle.
2) Fedschenko, Protokolle der Freunde der Naturwissenschaften in Moskau. 1869, pag. 71.

Es ist einstweilen noch nicht mit Sicherheit zu entscheiden, ob die Filaria Medinensis eine einheitliche Species ist, oder ob dieselbe verschiedene parasitisch lebende Abarten in sich schliesst. Aus den ausserordentlich abweichenden Grössenverhältnissen, welche der afrikanische Guineawurm gegenüber dem in Indien beobachteten besitzt — 6' und mehr gegenüber 60—80 cm — ist mit grosser Sicherheit auf eine Verschiedenheit geschlossen worden. In wie weit die grosse Elasticität des Wurms, der sich, ohne zu reissen, leicht um ein Drittheil, nach Peiper und Moster sogar auf das Doppelte seiner Länge ausdehnen lässt, andrerseits die beträchtliche Schrumpfung, die er einige Zeit nach seinem Absterben eingeht, ausser Betracht gelassen ist, mag dahin gestellt bleiben, in jedem Fall ist die ausserordentliche Verschiedenheit der Angaben in der Hinsicht auffällig.

Ich habe die Messungen an den frischen, durch ganz leichten Zug unter gleichzeitiger Anwendung der kalten Dusche auf die umgebenden Hautstellen und Massage entfernten Parasiten in frischem Zustand vorgenommen und glaube, jede in Betracht kommende Längenveränderung durch die vorgenommenen Manipulationen vermieden zu haben. Die Länge der von mir extrahirten Filarien schwankte zwischen 43 und 95 cm, überschritt also nicht wesentlich die von Leukart und Manson angegebenen Maasse. Einen Wurm von auch nur annähernd 6' Länge habe ich niemals gesehen. Die körperlichen Merkmale stimmten mit den von Leukart und Manson beschriebenen durchaus überein. Es handelte sich um einen grauweissen bis gelblichweissen Wurm von fadenförmiger Gestalt mit langsam sich verjüngendem Ende. Niemals betrug der Umfang an der dicksten Stelle mehr als 0,5 mm. Das Kopfende ist abgerundet mit einer dreieckigen Mundöffnung versehen, von welcher aus der Nahrungskanal beginnt, der dicht am Schwanz anscheinend blind endet. Der ganze übrige Theil des Inneren wird durch das Ovarium eingenommen. Die durch Bespülung des afficirten Hauttheils mit kaltem Wasser oder durch leichte Massage entleerbaren Embryonen sind von äusserster Lebhaftigkeit und bewahren dieselbe in Wasser, das mit organischen Substanzen stark verunreinigt ist, einige Tage lang. Ihre Länge beträgt ein geringes über einen halben Millimeter, sie sind abgeplattet, von einer quergestreiften Cuticula bedeckt und enden in einen spitz zulaufenden Schwanz, mittels dessen sie ihre lebhaften Bewegungen im Wasser ausführen. Ueber die weitere Entwicklung dieser Embryonen gelang es mir nicht, sichere Ergebnisse zu erhalten. Ein Eindringen derselben in die im Wasser des Kamerunflusses äusserst zahlreichen kleinen Cyklopen habe ich bei mehrfachen Untersuchungen nicht beobachten können.

Filaria loa beobachtete ich in drei Fällen bei Kamerunnegern, in einem vierten Fall, bei welchem es sich um einen englischen Faktoristen handelte, der mit Bestimmtheit behauptete, ein „Wurm" käme ihm von Zeit zu Zeit, d. h. in Zwischenräumen von einigen Wochen in das Auge und rufe in demselben Schmerz und Thränen hervor — er könne den Wurm jedesmal als einen feinen weissen Faden im Auge sehen — liess sich zu der Zeit, als er mich konsultirte, nichts abnormes nachweisen.

Nach Angabe der Eingebornen kommt der Wurm auch im Auge von Ziegen und Schafen vor.

In den von mir beobachteten Fällen hatten an andern Körperstellen irgend welche abnormen Sensationen angeblich nicht bestanden, als plötzlich, zweimal über Nacht, sich eine heftige Schmerzhaftigkeit des einen Auges, lebhafte Röthung der Konjunktiva bulbi und Thränen einstellte. In zwei Fällen war die Schmerzhaftigkeit so gross, dass es erst nach Anwendung von 10 proc. Cocainlösung gelang, die fest zusammengekniffenen Lider auseinander zu bringen. Alsdann konnte man, namentlich deutlich unter Zuhülfenahme einer Lupe, den in allen 3 Fällen vom temporalen Augenwinkel aus unter der stark injicirten Konjunktiva auf dem Bulbus liegenden kleinen fadenförmigen Wurm sehen. Die Entfernung machte in keinem Fall Schwierigkeiten. Die Konjunktiva wurde mit einer Irispincette etwas emporgehoben und eingeschnitten, ein feiner Schielhaken unter den Wurm geschoben und mittels desselben unter Zuhülfenahme einer feinen Pincette der Parasit entfernt. Es folgte die Anlegung eines Druckverbandes am ersten Tage, dann die Applikation von Bleiwasserumschlägen, und die Krankheit sowie die sekundären Entzündungserscheinungen waren in 3—4 Tagen vollkommen beseitigt.

Der Parasit hatte eine Länge von 26—31 mm, Fadenform und eine gelbweisse Färbung. Das Vorderende, welches den Mund trägt, ist konisch abgestumpft, das Schwanzende verläuft ziemlich spitz. Nähere, die Entwicklung des Parasiten betreffende Untersuchungen sind nicht angestellt worden.

Es ist sehr wahrscheinlich, dass gewisse, ihre Lokalität wechselnde Entzündungen der Haut, welche sich durch eine ziemlich scharf abgegrenzte Röthung und Empfindlichkeit derselben auf Druck, sowie ein eigenthümliches spontanes Kriebeln charakterisirten, gleichfalls auf Invasion von Filaria loa zu beziehen sind, die zur sicheren Diagnose nur gelangt, wenn sie den einzigen Körpertheil, in dem sie ohne weiteres durch die makroskopische Inspektion erkannt werden kann, erreicht. Ich habe in zwei Fällen in Kamerun und inzwischen auch zweimal in Deutsch-Ostafrika eigenthümliche cirkumskripte Erytheme auf der Haut des Arms und des Brustkorbs beobachtet, welche eine mässige Empfindlichkeit spontan und besonders auf Druck zeigten und ihre Stelle langsam veränderten. Die Stellen hatten die Grösse eines Fünfmarkstücks bis zu der eines halben Kartenblatts und wanderten, indem sie täglich um ca. 2—3 cm, von der Peripherie aus gerechnet, vorrückten, von der Schulter bis gegen das Handgelenk hin und von dort wieder zurück nach der Schulter. Zu einer Perforation kam es in keinem Fall, objektiv gesichert konnte die Diagnose nicht werden, da der vorgeschlagene operative Eingriff von den europäischen Kranken verweigert wurde. Heilung erfolgte in dem einen Fall spontan, in den 3 anderen innerhalb 3 bis 4 Tagen nachdem die Haut an den befallenen Stellen energisch mit Unguentum cinereum eingerieben worden war. Inwieweit schmerzliche oder kriebelnde Sensationen, die nicht selten an der Westküste geklagt wurden, die aber mit keinen objektiv nachweisbaren Erscheinungen verbunden sind, und ihren Sitz mehr oder weniger langsam verschieben, auf die Einwirkung von Parasiten zu beziehen sind, welche mit der Filaria loa

identisch oder ihr doch nahe verwandt sind, dürfte schwer festzustellen sein.

Von beträchtlicher Wichtigkeit sind für die Pathologie der schwarzen
Rasse in Kamerun die durch Filaria sanguinis hervorgerufenen Erkrankungen.

Die Filariainvasion äusserte sich meiner Zeit im allgemeinen in
Kamerun verhältnissmässig selten als Hämaturie oder Chylurie. Nicht
ausgeschlossen ist es freilich, dass ein sehr beträchtlicher Theil der vorkommenden Fälle, so lange die hervorgerufenen subjektiven Beschwerden
gering sind, sich wegen der Sorglosigkeit des Negers seiner Beachtung
und damit auch der Kenntniss des Arztes entzieht. Die vereinzelten
Fälle von Filaria-Chylurie, die ich in Kamerun zu beobachten Gelegenheit hatte, wurden alle mehr oder weniger zufällig bei den wegen anderer Krankheiten ins Hospital eingetretenen Negern entdeckt. Eine
Erkrankung unter den europäischen Bewohnern Kameruns ist mir nicht
begegnet.

Die 3 Erkrankungen, die ich beobachtete, betrafen junge Kamerun-
neger im Alter von ca. 18—25 Jahren. Zuverlässige anamnestische
Angaben über die Dauer des Bestehens des Krankheit waren in keinem
Fall zu erhalten.

Wesentliche subjektive Beschwerden wurden nicht geklagt. Eine
Beeinträchtigung der Ernährung war nicht festzustellen.

Das Verhalten des bei jeder Entleerung besonders aufgefangenen
Urins wechselte innerhalb weiter Grenzen, blieb aber bei demselben Individuum während der 3—6 wöchentlichen Beobachtungszeit annähernd
konstant. Die Menge des gelassenen Urins schwankte zwischen 1100
und 1700 ccm, zeigte also keine wesentlichen Abweichungen von der
Norm, die Reaktion war eine deutlich sauere. Das specifische Gewicht
schwankte zwischen 1012 und 1023.

Die Farbe des Urins war stets milchig weiss mit mehr oder weniger starker gelblicher Beimischung. Blutbeimischung wurde zeitweise in
jedem der 3 Fälle beobachtet, war aber im ganzen selten, d. h. trat innerhalb
8 Tagen etwa einmal im Durchschnitt auf. Alsdann erhielt der Urin
eine röthlichweisse Färbung mit reichlicher Bildung gelbweisser und röthlicher Gerinnsel. Stets war der Gehalt des Urins an Eiweiss beträchtlich, 0,5—1 g im Liter. Anderweitige pathologische Beimischungen
fehlten. So habe auch ich im Sediment niemals Nierencylinder nachweisen können. Filariaembryonen gelang es in allen 3 beobachteten
Fällen im Sediment nachzuweisen.

Krankhafte Erscheinungen, welche auf das Leiden zu beziehen gewesen wären, habe ich an den Befallenen nicht bemerkt. Nur in einem
Fall wurde über leichten Harndrang und Schmerz beim Uriniren geklagt.
Anderweitige Zeichen stattgehabter Invasion, elephantiastische Verdickungen am Skrotum oder an den Beinen fehlten in diesen Fällen völlig.

Augenfälliger als die Hämaturie und Chylurie sind die elephantia-
stischen Veränderungen, welche als Folgeerscheinungen der Filariainvasion
vorzugsweise ein Bein oder das Skrotum befallen.

Elephantiastische Verdickungen der Art sind an der ganzen Westküste häufig, doch werden sie selten Gegenstand der Behandlung für den

europäischen Arzt. Mein Beobachtungsmaterial in Kamerun beschränkt
sich auf Eingeborne, einen Europäer habe ich nicht befallen werden sehen.
Die Erscheinungen der Krankheit weichen in nichts von denen hinlänglich von andern Erdtheilen her bekannten ab. Erysipelatöse Erscheinungen in mehr oder weniger schneller Aufeinanderfolge leiten den Krankheitsprocess ein, und hinterlassen nach ihrem Ablauf eine allmählich
immer zunehmende Hypertrophie der Haut und des Unterhautzellgewebes
an dem befallenen Theil. Im weiteren Verlauf der Krankheit tritt allein
unter dem Einfluss der Stauung weitere chronische Gewebszunahme ein,
ohne dass die akut entzündlichen Erscheinungen sich zu wiederholen
brauchten. Exkoriationen und selbst tiefe Geschwüre zwischen den
Knollen und Falten der betroffenen Extremität sind häufig vorhanden und
können die Eingangspforte für weitere Infektionserreger bilden. Nicht
selten soll sich Gangrän der entzündeten Theile anschliessen. Ich selbst
habe eine solche zu beobachten nicht Gelegenheit gehabt. Beträchtliche
Schwellung der benachbarten Inguinaldrüsen bildet die Regel.

Die subjektiven Beschwerden, welche dem Befallenen die elephantiastische Hyperplasie eines Beines verursacht, sind wenigstens in den
früheren Stadien der Krankheit keine allzu beträchtlichen. Selten sind
die Kranken verhindert, weite Märsche zurückzulegen. Grössere Behinderung in jeder Hantirung verursachen grosse Skrotaltumoren. Es
ist bekannt, dass dieselben ein Gewicht bis zu 224 (engl.) Pfund erreichen können. In Fällen, wo beträchtliche Skrotaltumoren vorhanden
sind, ist die Bewegungsfähigkeit so gut wie völlig aufgehoben, und der
Kranke kann weder stehen noch gehen noch auch im Sitzen oder Liegen
auf die Dauer Ruhe finden.

Eine verhältnissmässig häufige, anscheinend manchmal mit Unrecht
auf Malaria bezogene, einer Filariainvasion zuzuschreibende Krankheit ist
die in Westafrika nicht selten in akuter Weise und unter heftigem Fieber
auftretende Orchitis. Stets ist dieselbe mit einer mehr oder weniger
heftigen Entzündung des Nebenhodens kombinirt. Die Schwellung, welche
mit sehr heftiger Schmerzhaftigkeit verbunden zu sein pflegt, kann mehr
als das 3—4 fache des bezeichneten Organs in kürzester Zeit erreichen,
nimmt aber ebenso wie das Fieber dann meist sehr schnell wieder ab.

Andere als die bezeichneten Erscheinungen der Filariakrankheiten
habe ich während meines Aufenthaltes in Kamerun nicht beobachtet. Als
solche werden von anderen Autoren noch chylöser Ascites, Enteritis
und Konjunktivitis sowie Varikose der Leistendrüsen beschrieben.

Die Diagnose ist in fast allen Fällen durch den Augenschein zu stellen,
von Bedeutung ist sie bei den nach Davidson[1]) häufigen interkurrenten,
unter stark fieberhaften Erscheinungen auftretenden Exacerbationen. In
diesen Fällen kann man in der That in einem Malarialand wie Kamerun eine
Zeit lang im Zweifel sein, ob es sich um Filariafieber oder Malaria handle,
und die sichere Beantwortung der Frage ist von grosser Bedeutung für die
einzuschlagende Therapie. Die Differentialdiagnose lässt sich durch die
Blutuntersuchung ohne weiteres stellen. Es wird ein Bluttropfen aus
der mit Alkohol und Aether gereinigten wohl abgetrockneten Fingerbeere

1) Davidson, Hygiene and diseases of the warm climates, p. 777.

durch Einstich mit einer feinen Lancette oder Nadel gewonnen, mittels
eines reinen trocknen Deckgläschens, das man mit einer Pincette hand-
habt, aufgefangen und schleunigst durch Ueberstreichen mit einem
Glimmerplättchen oder Kartenblatt in dünnster Schicht vertheilt. Nachdem das Präparat lufttrocken geworden, wird es in einer concentrirten
alkoholischen Sublimatlösung fixirt, reichlich in Wasser abgespült und
ca. 20 Minuten lang in einer Eosin - Methylenblaulösung gefärbt [1].
Diese Lösung färbt gleich gut die in dem Präparat etwa vorhandenen
Malariaparasiten wie Filariaembryonen, so dass es in den meisten Fällen
möglich ist, die Diagnose bereits aus dem Befund des ersten untersuchten
Präparats mit Sicherheit zu stellen. In den für die Differentialdiagnose
überhaupt in Betracht kommenden eben bezeichneten Fällen akuter Erkrankung wird die diagnostische Blutuntersuchung kaum je im Stich
lassen. In anderen Fällen erweist sie sich freilich unzureichend, in sofern
auch bei unzweifelhaft bestehender Filaria-Krankheit der Ausfall der
Blutuntersuchung ein negativer sein kann, da die Krankheitserscheinungen nicht mit dem Absterben der Parasiten verschwinden. So habe ich
bei 2 von 5 darauf hin untersuchten, mit Elephantiasis des Skrotums
resp. Beins behafteten Individuen die Parasiten trotz mehrfacher Untersuchungen nicht zu finden vermocht, während mir das in allen den Fällen,
wo Chylurie bestand, bis auf einen vorher erwähnten, welcher auf Distoma-
Invasion beruhte, ohne Mühe in den ersten Präparaten gelang.

Bezüglich der Therapie der Filariakrankheit habe ich beträchtliche
positive Erfolge nicht erzielt.

Die innerlich dargereichten Mittel, Thymol und Glycerin hatten
keinen nennenswerthen Einfluss auf die Krankheit, auch das nachträglich
von Flint [2] empfohlene Methylenblau war in dem einen Fall, in welchem ich es (3 mal täglich 0,2) experimentell anwandte, nicht im Stande,
die in der Cirkulation befindlichen Embryonen abzutödten. Zu operativen
Eingriffen in grösserem Umfang habe ich bei dem verhältnissmässig geringen Umfang, in welchem sich die von mir beobachteten Skrotaltumoren
befanden, keine Indikation gesehen. In den Fällen von Elephantiasis der
Beine habe ich mir einen Erfolg von grösseren Operationen nicht versprechen können, namentlich dürften solche so lange nicht indicirt sein,
als sich noch lebende Parasiten resp. deren Embryonen in der Cirkulation nachweisen lassen. In diesen Fällen wird man wegen der zu er-
wartenden Recidive kaum einen Erfolg erzielen. Kleinere Operationen,
wie Abscessspaltungen, mussten im Lauf der Behandlung öfters ausgeführt
werden.

1) Ich benutze concentrirte wässrige Methylenblaulösung 2, 0,5 proc. wässrige
Eosinlösung 1.
2) Flint, New-York. Med. journ. 1895. Juni.

Capitel V.

Die Kamerunküste in allgemeiner sanitärer und hygienischer Hinsicht.

Die Kolonie Kamerun steht nicht mit Unrecht in dem Ruf ausserordentlicher Ungesundheit. Zuverlässige statistische Erhebungen über die Mortalität besitzen wir erst seit 1891. Vorher wurden die Todesfälle nicht regelmässig amtlich konstatirt resp. in besonderen Listen zusammengestellt, wie es jetzt durch die mit standesamtlichen Befugnissen versehenen Bezirksämter in Victoria, Kamerun, Kribi und neuerdings Edea geschieht. Immerhin lassen die von mir bei den verschiedenen im Kamerungebiet ansässigen Missionen, Handels- und Plantagengesellschaften angestellten Nachforschungen, welche von diesen ausnahmslos in der dankenswerthesten Weise unterstützt und gefördert worden sind, zum mindesten erkennen, dass eine wesentliche Aenderung in der Sterblichkeit seit etwa 10 Jahren in der Kolonie nicht eingetreten ist.

In den Jahren 1890–95 waren durchschnittlich etwa 200 Europäer zu gleicher Zeit in der Kamerunkolonie angesessen. Die Bewohnerzahl[1] hat sich letzthin regelmässig jährlich um ein nicht unbeträchtliches vergrössert.

Die Zahl der jährlichen Todesfälle schwankte zwischen 17 und 25, die durchschnittliche Mortalität betrug 11,2 pCt. Zu berücksichtigen ist, dass dieselbe aus kleinen Zahlen berechnet ist und dass, wie in jeder jungen afrikanischen Kolonie ein nicht unbeträchtlicher Theil der Todesfälle auf äussere Gewalt zurückzuführen ist.

Zu einem Vergleich geeignet sind die Militärstatistiken älterer tropischer Kolonien. Van der Burg hebt mit Recht die Unzuverlässigkeit der allgemeinen Statistik ihr gegenüber hervor, und zum Vergleich ist dieselbe auch insofern besser geeignet, als es sich in Kamerun einstweilen

---

1) Die jeweilige Bewohnerzahl von Kamerun wechselt durch Tod, Urlaub und Erholungsreisen nicht unbeträchtlich. Die verwertheten Zahlen beruhen auf den meist Mitte des Sommers seitens des Gouvernement aufgestellten Präsenzlisten.

fast ausschliesslich um völlig gesund herausgekommene Personen im
Alter von 20—40 Jahren handelt.

In Englisch Indien betrug die Mortalität unter den europäischen
Truppen: 1800—1830 8,46 pCt.; 1830—1856 5,77 pCt.; 1869—1878
1,93 pCt.; 1879—1887 1,63 pCt.

In Niederländisch Indien betrug die Sterblichkeit unter den europäischen Truppen 1879—1887 3,06 pCt.

Unter den europäischen Truppen der Goldküste wurde im Zeitraum
von 1879—1885 eine Sterblichkeit von 6,8 pCt. festgestellt.

Auch die ausserordentlich ungünstige Mortalität der französischen
Senegal-Truppen mit 10,61 pCt. Todesfällen während des Zeitraums von
1819—1855 erreicht die in Kamerun während der letzten Jahre festgestellte Sterblichkeitsziffer nicht.

In langbewohnten Kulturstädten der Tropen ist die Sterblichkeit
wesentlich niedriger; sie schwankt in Englisch Indien zwischen 2,44 pCt.
(Kalkutta 1886—1888) und 3,82 pCt. (Madras 1886—1888), beträgt
also, trotzdem sie Kinder und alte Leute einschliesst, nur den dritten
bis vierten Theil der Mortalität Kameruns.

Diesen Zahlen gegenüber beträgt nach G. Mayer die mittlere Sterblichkeit in Bayern bei Personen zwischen 20 und 40 Jahren 0,42 bis
0,47 pCt., also den 22. bis 23. Theil der in Kamerun während der letzten
Jahre festgestellten Werthe.

Morbilität wie Mortalität schwanken nach den Berufsarten.

Relativ am grössten war die Morbilität, ausser bei den vom Gouvernement angestellten Gärtnern, unter den in sehr exponirter Thätigkeit
beim Quaibau beschäftigten Beamten der Firma F. Schmidt-Altona.
Von 26 herausgeschickten Arbeitern vermochten nur zwei ihre kontraktliche Dienstzeit durchzuhalten. Der eine kehrte nach 19 monatlicher
Thätigkeit relativ gesund nach Hause zurück, der zweite war erst drei
Monate vor Beendigung der Arbeiten herausgekommen. Von den übrigen
24 starben 2, 19 mussten wegen schwerer Erkrankung vorzeitig nach
Hause geschickt werden, 3 wurden aus andern Gründen entlassen.

Von 36 während 3 Jahren von der katholischen Mission der Pallotiner herausgeschickten männlichen und weiblichen Missionaren mussten
12 nach höchstens 1¼ jähriger Dienstzeit krankheitshalber nach Haus
geschickt werden, 3 starben am Fieber.

Von 30 durch die Baseler Mission innerhalb 7 Jahren herausgeschickten Missionaren starben 10, davon 8 an klimatischen Krankheiten,
5 mussten krankheitshalber vorzeitig nach Haus geschickt werden.

Von 81 innerhalb 11 Jahren von der Firma Woermann herausgeschickten Angestellten, starben 13, davon 9 am Fieber, 4 eines unnatürlichen Todes. Die mittlere Zeit ihres afrikanischen Aufenthalts
betrug etwa 20 Monate. Die kontraktliche Dienstzeit von 3 Jahren ein-
zuhalten oder zu überschreiten vermochten nur 14, 26 kehrten im Lauf
des ersten Jahres zurück resp. starben in demselben.

Von 100 Regierungsbeamten, welche von 1884 bis Januar 1894
nach Kamerun geschickt, waren im Dienst zu dieser Zeit noch 17, gesund resp. ohne wesentliche Schädigung der Gesundheit zurückgekehrt
23, krankheitshalber zurückgekehrt 28, 17 an Krankheiten, 5 eines

unnatürlichen Todes gestorben, der Rest aus anderen Gründen vorzeitig entlassen.

Die Ursachen der ausserordentlich hohen Morbidität und Mortalität von Kamerun sind einmal solche, die durch das Klima an sich und die natürliche Beschaffenheit des Landes bedingt sind, die als nicht oder doch nur in geringem Maass einer Veränderung fähige Konstante eben jeder Zeit in Berechnung genommen werden müssen, und dann solche, welche durch die specifischen Infektionskrankheiten entstehen. Sie sind der Beeinflussung durch hygienische und sanitäre Maassnahmen in hohem Grade zugänglich. Die in ersterer Hinsicht in Betracht kommenden Faktoren sind im ersten Theil hinreichend besprochen.

Entwässerungen im Grossen, wie sie in andern Gegenden der Tropen von erheblichen Besserungen der sanitären Verhältnisse gefolgt waren, kommen in einem über viele Quadratmeilen weit sich ausdehnenden, flachen, von zahllosen Flussläufen durchschnittenen Sumpfland, wie es die Umgebung von Kamerun darstellt, mit einem bis über 4 m wechselnden Wasserstand praktisch nicht in Betracht.

Mit Erfolg einzugreifen dagegen ist in die Lebensbedingungen und die Lebensführung des Einzelnen, welche noch in vieler Hinsicht weit davon entfernt ist, den von der Hygiene zu stellenden Anforderungen zu genügen.

Es bliebe demgemäss an dieser Stelle kurz zu besprechen, was unter den exponirten Verhältnissen der tropischen Westküste als geeignet und durchführbar erscheint, um Erkrankungen nach Möglichkeit vorzubeugen und was geschehen kann, um die Chancen einer völligen Wiederherstellung der Gesundheit im Fall von Erkrankung möglichst günstig zu gestalten.

In ersterer Hinsicht kommt zunächst in Betracht die Behandlung der Wohnung, Kleidung und Ernährung, sowie der Lebensweise im speciellen.

Bei der Auswahl des Ortes für die Anlage der Niederlassungen sind in einer jungen tropischen Kolonie selten gleich anfangs hygienische Gesichtspunkte maassgebend. Für die Küstenniederungen Westafrikas kann man sogar ganz allgemein sagen, dass wegen der Handelsinteressen, welche in erster Linie für die Gründung derselben in Betracht kommen, grade die ungesundesten Plätze zunächst und am reichlichsten von Europäern besiedelt werden. Es ergiebt sich das ganz natürlich aus der Art der hauptsächlichsten Verkehrs- und Handelsstrassen der Eingebornen, welche überall durch die Flussläufe bezeichnet werden.

Selbst für die Auswahl der Baustellen an den zur Niederlassung bestimmten Plätzen überwiegen die Handels- vor den hygienischen Interessen vielfach derartig, dass die Faktoreien so nahe, als es die Niveauschwankungen der Flüsse unter dem Einfluss der Gezeiten und der Niederschläge gestatten, an die Ufer gerückt, in nicht seltenen Fällen fast in das Flussbett hineingebaut werden, um das Anlegen der Boote zu erleichtern. Erst neuerdings haben in Kamerun selbst einige Handelsgesellschaften wenigstens die Wohnhäuser für ihre Beamten auf den Rand des Lateritplateaus zu versetzen begonnen und nur die Geschäfts- und Lagerräume am Flussufer bestehen lassen.

Unter den Flussläufen sind im allgemeinen die in ostwestlicher Richtung verlaufenden, weil sie der Brise am freiesten zugänglich sind, für Ansiedlungen die günstigsten, um so günstiger, je gestreckter ihr Verlauf ist und je vollkommener demgemäss die Brise in sie einzudringen vermag. Hygienisch bedenklicher sind stets die Niederlassungen an meridian gerichteten, tief eingeschnittenen und vielfach gewundenen Flussläufen, also fast alle diejenigen, welche an den den Hauptwasseradern des Küstengebiets zuströmenden Nebenflüssen liegen.

Günstiger gelegen als die Faktoreien sind im allgemeinen an der Kamerunküste die Gouvernements- und Missionsbauten, für welche die bezeichneten Rücksichten völlig oder fast völlig fortfallen, sowie die an der Seeküste gelegenen Ansiedlungen, wenn auch für sie theilweis noch die Niveauschwankungen der in ihrer Nähe mündenden Flüsse von Bedeutung sind.

Wo nicht Handelsinteressen allein ausschlaggebend sind für die Wahl eines Platzes, ist eine nach Möglichkeit freie Lage, welche der See- wie der Landbrise Zutritt gewährt, an erster Stelle von Wichtigkeit. Nur wo die Anlage der Station in unmittelbarer Nähe von Sümpfen und Lagunen sich nicht vermeiden lässt, ist es gerechtfertigt, durch das Stehenlassen oder Anpflanzen von Gebüsch zwischen beiden das direkte Herüberwehen des Windes von dorther nach Möglichkeit zu verhindern.

Der Untergrund ist abgesehen von einzelnen Stellen am Kamerungebirge, wo das vulkanische Gestein nur von einer Humusschicht bedeckt ist und einigen zu Tage liegenden Sandflächen an der Küste im südlichen Theil des Schutzgebiets, in durchweg so gleichmässiger Weise von einer tiefen Lateritschicht mit oberflächlicher Auflagerung von Humus gebildet, dass in der Hinsicht eine specielle Auswahl für den Bauplatz kaum in Betracht kommt. Ueberall macht die Art des Untergrundes, welche ein schnelles Einziehen des darüber sich ansammelnden Regenwassers erschwert, ausgiebige Drainage zur Verhinderung von Sumpfbildung in der Nähe der Ansiedlungen dringend nothwendig.

Ueber die Zweckmässigkeit von Baumanlagen oder überhaupt von Vegetation in der Umgebung einer Niederlassung im tropischen Tiefland ist viel diskutirt worden. Nach meinen Erfahrungen sind, soweit nicht die oben angeführten Gegengründe vorliegen, die beiden hauptsächlichen Windseiten, Ost und West bezüglich Südwest nach Möglichkeit von dichterem Wald und Gebüsch zu säubern, um die Brise nicht abzuhalten als den wichtigsten Faktor zur Minderung der durch extreme Temperaturgrade hervorgerufenen Beschwerden. Gegen die Anlage lichter Gärten und Pflanzungen um das Haus mit überwiegend niedrigem Gebüsch oder hochstämmigen Bäumen sind Bedenken kaum zu begründen, sofern nicht fortgesetzte, reichliche Erdarbeit erfordernde Thätigkeit in denselben stattfinden soll. Dass die letztere für Malariaerkrankungen disponirt, ist eine wie an andern Plätzen der Tropen so auch in Kamerun an Gärtnern und Pflanzern so vielfältig gemachte Erfahrung, dass an der Thatsache nicht gezweifelt werden kann, auch wenn wir über ihre Ursache noch völlig im Unklaren sind.

Von gewissen stark wasseraufsaugenden Bäumen, speciell Eukalyptusarten, eine sanitäre Melioration des Bauterrains zu erwarten, halte ich nicht für berechtigt. Schon die ersten in Tre Fontane bei Rom damit angestellten Versuche haben nur anfangs ein anscheinend günstiges Ergebniss gehabt, und dort handelt es sich um eine hohe Lufttrockenheit während eines grossen Theils des Jahres in Folge geringen Regens. In einem Land mit stets mehr oder weniger feuchtigkeitsgesättigter Luft und einer Niederschlagsmenge von durchschnittlich etwa 4000 mm im Jahr, die am Gebirgsabhang auf mehr als das Doppelte steigt, ist ein praktisch in Betracht kommender Einfluss einer solchen Anpflanzung mit grosser Sicherheit auszuschliessen. Weit mehr ist von einer systematischen Entwässerung durch Röhrenleitung oder Abzugsgräben zu erwarten. In der Hinsicht ist an der Kamerunküste noch sehr viel verbesserungsfähig. Auf der Höhe der Regenperiode erstreckten sich meinerzeit ausgedehnte Sümpfe von theilweise fast Knietiefe von der Jossplatte bis zum Ende der östlich sich an sie anschliessenden Negerstadt.

Die Orientirung der Längsachse des Hauses sollte mit Berücksichtigung des Laufs der Sonne nach Möglichkeit in ostwestlicher Richtung erfolgen, damit dieselbe beim Tiefstand nur die schmalen Giebelflächen bescheint und erwärmt.

Für die Bauart des Hauses kommen in einer tropischen Niederung natürlich wesentlich andere Rücksichten in Betracht als in gemässigten Breiten. Nur was den Schutz gegen Regen und Sturm anbetrifft gelten etwa die gleichen Regeln. Die bezüglich künstlicher Belichtung und Ventilation zu stellenden Anforderungen sind, weil künstliche Erwärmung der Innenluft nicht stattzufinden braucht, natürlich ausserordentlich vereinfacht. An ihre Stelle tritt das Bedürfniss ausgiebigen Schutzes gegen die Bodenausdünstungen sowie gegen die strahlende Wärme der Sonne, endlich ungehinderten Zutritts frischer bewegter Luft. Das hinsichtlich der Temperatur im Innern des Hauses zu erstrebende Ziel ist, dass dieselbe sich möglichst wenig über die Schattentemperatur im Freien erhebt. Mehr ist in der Hinsicht nicht zu erreichen ohne Beschränkung der für die Unterhaltung lebhafter Verdunstung an der Körperoberfläche nothwendigen ergiebigen Ventilation.

Die specielle Art des Baumaterials ist, eine zweckmässige Konstruktion des Hauses vorausgesetzt, in sanitärer Hinsicht von keiner besonderen Bedeutung. Die Auswahl desselben kann ganz allgemein nach Rücksichten der Dauerhaftigkeit und Billigkeit des am einzelnen Ort zur Verfügung stehenden Materials erfolgen. Im ganzen wird sich überall, wo Steine in genügender Menge vorhanden sind, der Steinbau seiner Dauerhaftigkeit halber zunächst empfehlen. Am Gebirgsabhang wie an den meisten Plätzen der Meeresküste giebt es reichlich Steine, an den Flussläufen weiter im Innern dagegen sind sie im allgemeinen schwer zu erlangen. Der Betrieb der vor einigen Jahren begründeten und anfangs von europäischen Ziegelarbeitern, später von Negern betriebenen Ziegeleien hat nur eine kurze Dauer gehabt. Im Besitz von Eingebornen producirten sie in der Zeit meines Aufenthalts so geringe Mengen von Backsteinen, dass sie für europäische Bauten gar nicht in Betracht kamen.

Gut bewährt haben sich in vielen Gegenden der Tropen die sogenannten Monierbauten, deren Wände aus Gipsdielen bestehen, welche
durch ein Stützwerk von starkem Drahtgeflecht Halt bekommen. Dass
die beiden nach diesem System gebauten Häuser in Kamerun den zu
stellenden sanitären Ansprüchen nur in geringem Maasse genügten, dürfte
mehr ihrer unzweckmässigen Anlage als dem verwendeten Material zuzuschreiben sein.

Mit Recht beliebt sind Holzhäuser an der Kamerunküste, wo Termiten eine wesentlich unbedeutendere Rolle spielen als in anderen Gegenden des tropischen Afrika, besonders an der ostafrikanischen Küste.
An letzterer hat der Holzbau der Termiten wegen neuerdings fast vollkommen aufgegeben werden müssen. Wo dieser Einfluss nicht in Betracht kommt oder durch zweckmässige Konstruktion des Unterbaus abgehalten werden kann, sind die mit den Holzbauten in den Tropen
gemachten Erfahrungen günstig. Grade von den erfahrensten Praktikern
in Kamerun wurden Holzkonstruktionen allen andern vorgezogen, sowohl
wegen ihrer Widerstandsfähigkeit gegen die klimatischen Einflüsse als
wegen der geringen Kosten und der Schnelligkeit, mit welcher die in
Schweden und England, neuerdings auch in Deutschland fertig gestellten
transportablen Häuser zusammengesetzt und aufgestellt werden können.

Im Kongostaat haben die Eisenkonstruktionen der Société anonyme
des Forges d'Aiseaux in Brüssel weite Verbreitung gefunden und bewähren sich vor allem durch ihre Unverwüstlichkeit. Die Nachtheile des
Eisens als eines guten Wärmeleiters werden durch ein zweckmässiges Ven-
tilationssystem völlig aufgehoben. Die Eisenwände erhalten im Innern
im Abstand von einigen Centimetern eine dichte Holzverschalung, beide
schliessen einen das Haus umgebenden Ventilationsschacht ein, welcher
durch Oeffnungen am Boden mit den Innenräumen, durch Oeffnungen am
oberen Rand der Eisenwand mit der Aussenluft kommunicirt. Es entsteht so tagüber ein beständiger Luftstrom in dem Schacht, welcher nach
Art eines Ofens wirkt, das Eindringen der warmen Luft in das Innere
des Hauses unmöglich macht und durch dauernde Aspiration der Innenluft für stete Erneuerung derselben sorgt.

Für die erste Anlage von Unterkunftsräumen in neuen Niederlassungen wird sich die Verwendung von Wellblechplatten wegen der Schnelligkeit und Leichtigkeit, mit welcher sich damit ein Haus um ein
einfaches Holzgerüst aufschlagen lässt, nicht umgehen lassen. Das einfache Wellblechhaus sollte in den Tropen stets nur als ein für kurze
Dauer berechnetes Provisorium angesehen werden. Um es für länger-
dauernde Benutzung verwendbar zu machen, ist zum mindesten zu verlangen, dass durch hinlänglichen Abstand der oberen Wandkante vom
Dach für ausreichende Ventilation, durch Vorbau von Veranden und
innere Holzverschalung von Dach und Wänden, oder Bedeckung des
ersteren mit Palmblättergeflecht, für Abwehr der strahlenden Wärme gesorgt wird. Ohne diese Vorkehrungen wird der Aufenthalt im Wellblechhaus sehr bald unerträglich; in der stagnirenden Luft steigt in den
Mittagstunden die Temperatur um 3—4° höher als in einer zweckmässig
angelegten Wohnung, und die das Wellblech durchdringenden Strahlen

der Sonne üben auf den unbedeckten Kopf einen derartigen Einfluss aus, dass heftige Kopfschmerzen und Benommenheit die häufige unmittelbare Folge des Aufenthalts darin ist.

Zur Abhaltung der übelriechenden Gase, welche als Produkte der Fäulniss im Sonnenschein nach heftigen Regengüssen reichlich an der Bodenoberfläche sich entwickeln und namentlich intensiv gegen Mittag und zur Ebbezeit am Flussufer sich bemerkbar machen, ist für die Hauskonstruktion selbst eine Erhöhung des Bodens und die Ermöglichung freier Ventilation unter demselben aus praktischen Gründen erfahrungsgemäss zu befürworten, auch wenn die Ansicht von dem Zustandekommen der Malariainfektion durch Inhalation dieser dem Erdreich entströmenden Gase oder von gleichzeitig mit ihnen emporgehobenen korpuskulären Elementen der exakten Begründung noch entbehrt. Dass eine gewisse Erhebung über den Erdboden die Gefahr der Fiebererkrankung in der That wesentlich verringert, ist eine dem Volksbewusstsein an den verschiedensten Malariaplätzen der Erde gleichmässig eingeprägte Ueberzeugung. Der hinterindische und sudanesische Küstenmalaye baut sich seine Wohnung auf Pfählen wie der Battak im Innern Borneos und der Hirt in der römischen Campagna, soweit diesen nicht alte Grabmonumente oder Mauertrümmer von Aquaedukten wenigstens nachtüber eine über dem Fieberboden erhöhte Lagerstätte finden lassen. Die grossen Tabackgesellschaften auf Sumatra sind nach sehr ungünstigen Erfahrungen, die sie mit ebenerdigen Unterkunftsräumen für ihre Tausende von Arbeitern gemacht, sämmtlich und mit gutem Erfolg zu dem bewussten Princip des Pfeilerunterbaus übergegangen[1]), und im Schiffsverkehr an der fieberberüchtigten Küste der Sunda-Inseln ist es eine seit lange bekannte Thatsache, dass die in den Häfen in ca. 30′ über See auf der Kommandobrücke kampirenden Mannschaften in unvergleichlich geringerem Maasse unter dem Fieber zu leiden haben, als die an Deck oder in den Kabinen schlafenden[2]). Erhebung über dem Erdboden allein durch Unterbau eines von Europäern nicht bewohnten Stockwerks kann die Unterstützung des Gebäudes durch Pfeiler oder eiserne Säulen nicht völlig ersetzen, da sie den unteren Luftschichten nicht wie die letztere Bauart die Möglichkeit giebt, frei durch zu streichen, sondern da diese in die unteren Räume gelangen und bei eintretender Ausdehnung durch Temperatursteigerung unter Umständen durch den Boden in das obere Stockwerk emporsteigen, dann aber die bei jedem Regen aus den Poren des Bodens verdrängten Fäulnissstoffe auch von jedem Windzug an der unteren Hauswand empor und in die oberen Räume getrieben werden können. Eine sehr beträchtliche Erhebung der Wohnräume für Europäer ist, eine ergiebige Ventilation unter dem Hause vorausgesetzt, durchaus nicht nöthig, 1—1,5 m genügen vollkommen. Für Abhaltung des Unge-

1) Martin, Die Malaria der Tropenländer.
2) Graeser, Einige Beobachtungen über Verhütung des Malariafiebers durch Chinin. Berl. klin. Wochenschr. 1888. No. 42.

ziefers durch theer- oder wassergefüllte Gefässe, welche in mittlerer Höhe die Pfeiler umgeben, sowie völlige Reinhaltung des Platzes unter dem Hause, der bei nicht genügender Aufsicht von den schwarzen Bediensteten besonders gern zum Stapelplatz für Abfälle und Unrath aller Art gemacht wird, ist besondere Sorge zu tragen.

Wo die Bestimmung des Hauses gleichzeitig zur Wohnung für Europäer und zum Waarendepot die Anlage zweier Stockwerke nothwendig macht, weil die Raumverhältnisse oder pekuniäre Rücksichten die Anlage zweier getrennter Gebäude nicht ermöglichen, muss auf die in jedem Fall empfehlenswertheste Art des luftdurchgängigen Unterbaus verzichtet werden. Es sind alsdann, wie es wohl auch überall in den Tropen geschieht, die unteren Räume zu Magazinen, Bureaux, Wohnungen der schwarzen Diener und anderen Zwecken, nicht zum ständigen, namentlich nicht nächtlichen Aufenthalt von Europäern zu verwenden, und nur der obere Stock zu Wohnungen für Europäer auszubauen. Auch in diesem Fall ist Sorge zu tragen, dass durch ausgiebige Ventilation der Magazinräume die Ansammlung und das Aufsteigen der sich in denselben nicht selten entwickelnden übelriechenden Gase völlig vermieden werde.

Eine der wesentlichsten Anforderungen an ein tropisches Wohnhaus besteht in dem ausreichenden Schutz gegen die Sonne. Zu diesem Zweck dient das weit überstehende, in seinem unteren die Veranda bedeckenden Theil stark geneigte und über deren Stützpfosten beträchtlich hinausragende Dach, welches der direkten Sonne nur bei einem Tiefstand von weniger als ca. 30° über dem Horizont Eintritt gewährt.

Das flachgedachte, seine Aussenwände der Sonne schutzlos preisgebende südamerikanische und das typische arabische Haus in Ostafrika, welche beide der Veranda ganz entbehren und ihre Fenster analog den alten pompejanischen Hausanlagen nach einem innen liegenden, mehr oder weniger engen, geschlossenen und der Brise nicht zugänglichen Hof öffnen, eignet sich weit weniger als Wohnung für Europäer in den Tropen.

Als Material für den Dachbau wird wegen der Nothwendigkeit, den Regen aufzufangen und als Nutzwasser zu verwerthen, in Kamerun fast ausschliesslich Wellblech verwendet, während für die indischen Bungalows vorzugsweise sonnengebrannte Ziegel und Cement in Betracht kommen. Die wenig handlichen grossen Wellblechplatten, welche ihre Dimensionen unter dem Einfluss der Sonne erheblich ändern und dadurch nicht selten Zerrungen und Verschiebungen des Balkenwerks bedingen, auf welchem sie festgenagelt sind, werden neuerdings von der wegen ihrer besonders zweckmässigen Hausanlagen berühmten Baseler Mission durch die kleineren Göppinger sogenannten Wellblechziegel ersetzt, welchen die bezeichneten Fehler nicht anhaften und die sich ausgezeichnet bewährt haben. Eine Verschalung bei Verwendung des Wellblechs als Dachmaterial ist dringend nothwendig, um die strahlende Hitze abzuhalten. Holzleisten in Abstand von $1\frac{1}{2}$—1 Fuss von den Platten genügen, eine freie Ventilation zwischen beiden Bedeckungsschichten vorausgesetzt, vollkommen. In Ostafrika werden zu dem gleichen Zweck mit Vorliebe die aus Palmenwedeln zusammengeflochtenen sogenannten

Makuti verwendet, welche bei grosser Billigkeit die strahlende Wärme ausgezeichnet abhalten, häufig freilich als Niederlassungsplatz allen möglichen
Ungeziefers, namentlich von Ratten, unangenehm werden.

Ein unerlässlicher Theil eines gut konstruirten Hauses für die tropische Niederlassung ist die Veranda. Sie gestattet einerseits den Aufenthalt in freier, fast von allen Seiten zutretender Luft und Brise,
während sie Sonne und Regen abhält, andererseits schützt sie die Seiten-
flächen des Hauses selbst vor der Einwirkung der strahlenden Wärme
und verhindert dadurch die nächtliche Erwärmung der Luft im Innern
durch Wärmestrahlung von Seiten der Wände. Die Veranda des Tropenhauses sollte dasselbe von allen vier Seiten, zum mindesten aber auf der
Ost- und Westseite schützen und eine Breite von 3, wenn möglich von
4 m haben. Bei zweckmässig konstruirtem Dach ist sie dann in der
That geeignet, den Bewohnern während des grössten Theils des Tages
und Abends zum Aufenthaltsort zu dienen und macht eine Anzahl
andernfalls nicht entbehrlicher Räume im Hause selbst überflüssig. Es

Fig. 46.

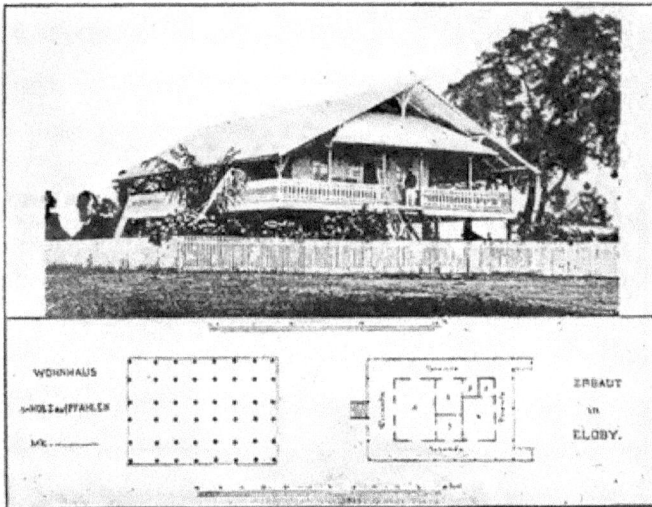

Typus des westafrikanischen Faktoreigebäudes. Hinreichender Sonnenschutz
durch die Bedachung.

ist das bei der grossen Bedeutung, welche dem Ausbau der Veranden
in Indien sowohl als in Westafrika allgemein beigelegt wird, dort auch
in der That der Fall, während in Ostafrika, wenigstens bei den älteren
Bauten, vielleicht unter dem Einfluss der durch die Araber dort eingeführten Bauart, die Veranda mehr zurücktritt und bei einer fast durchweg
zu hoch und zu wenig geneigt verlaufenden und zu wenig überstehenden

Bedachung bei nicht allgemein genügender Breite einen wirklichen Schutz gegen die hochstehende Sonne nur während der Mittagsstunden gewährt und auch gegen den Regen nur unvollkommen schützt. Die beiden beigefügten Skizzen typischer Hauskonstruktionen aus unseren tropischen Kolonien mögen das illustriren.

Als Material für die Veranda eignet sich in Westafrika festes Holz: an der fast ausschliesslich dem Regen ausgesetzten Westseite ist es zweckmässig, dasselbe durch Cementboden zu ersetzen. Dem Boden wird, um jedes Stagniren des Regenwassers zu vermeiden, eine leichte Neigung nach dem äusseren Rande hin gegeben. Als Anstrich für Haus- und Verandadach eignet sich, wo ein solcher überhaupt in Betracht kommt, die weisse Farbe zu möglichst intensiver Reflektirung der Sonnenstrahlen am besten, für die Seitenwände empfehlen sich graue oder grünliche Farbentöne wegen des starken Reizes, den bei intensiver Besonnung die weisse Wand auf das Auge ausübt.

Fig. 47.

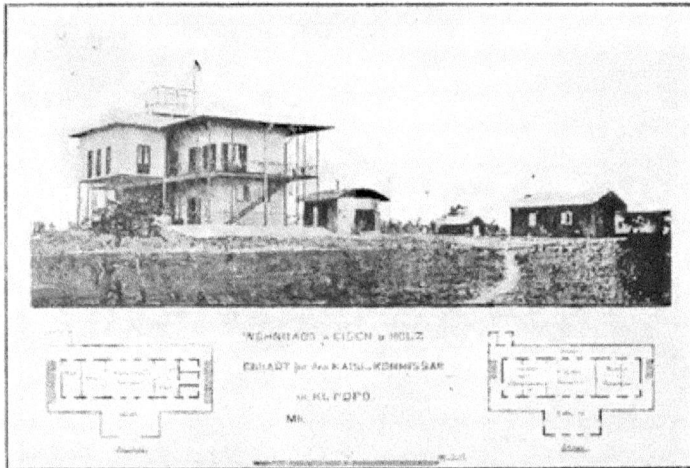

Bedachungsart des Europäerhauses an der ostafrikanischen Küste.
Ungenügender Sonnenschutz.

Die Anordnung der Räume im Inneren des Hauses ist am besten so zu treffen, dass ein direkter Luftzug durch das Haus bei geöffneten Fenstern und Thüren in jeder Richtung hin stattfinden kann. Bei grösseren Anlagen empfiehlt es sich, einen Korridor der Längsachse des Hauses entsprechend durch dasselbe zu führen und die Thüröffnungen auf beiden Seiten einander entsprechend anzulegen. Die oberen Kanten der Zimmerwände sollten in keinem Fall bis unmittelbar an den Dachboden reichen, sondern ca. 10—20 cm unterhalb desselben frei enden, so dass durch den Zwischenraum ausgiebige Ventilation möglich ist, oder es sind zum mindesten eine grössere Anzahl von ca. 20 cm im Geviert messenden Luftlöchern unterhalb der Decke anzubringen. Eine günstige Lage des Hauses und Berücksichtigung des vorher über die Konstruktion desselben gesagten vorausgesetzt, werden sich diese Ventilationsvorrichtungen als hinreichend erweisen. Ich habe bei den zahlreichen Kohlensäurebestimmungen, die ich früh morgens in verschieden angelegten Schlafräumen in Kamerun anstellte, in den auf diese Art ventilirten Räumen niemals einen Kohlensäuregehalt gefunden, der zu Bedenken hätte Anlass geben können, vielmehr handelte es sich fast durchweg um minimale, häufig kaum nachweisbare Werthe. Auf die in Indien vielfach vorhandene künstliche Ventilation mittels Windmotoren kann demgemäss unbedenklich verzichtet werden.

Fenster erhalte das Haus nach den Verandaseiten hin reichlich; entbehrlich sind, wenigstens für den gewöhnlichen Hausbau, Glasfenster, ein an den meisten Plätzen der Westküste seltener und dementsprechend schwer zu ergänzender Artikel. Jalousien entsprechen den Bedürfnissen am besten, da Kälte und Staub Faktoren sind, deren Abwehr in der Niederung nicht in Betracht kommt, die Abwehr des regelmässigen Windes durchaus kein Bedürfniss ist und vor dem Eindringen des Regens eine zweckmässig angelegte Veranda vollkommen hinreichend schützt. Ohnehin werden Thüren und Fenster nur ausnahmsweise, etwa bei heftigem Tornado, geschlossen, zu andern Zeiten verzichtet Niemand leicht auf den möglichst uneingeschränkten Verkehr frischer Luft im Innern des Hauses, und nur Krankheitsfälle bedingen einmal vorübergehend eine Aenderung. Auf eine Absperrung der Veranda nach aussen durch vorgehängte Matten oder Decken kann bei richtiger Konstruktion fast stets verzichtet werden; die Sonne dringt erst bei beträchtlichem Tiefstand, wenn sie nicht mehr lästig fällt, hinein und dann entzieht man sich ihr leicht, indem man auf einen anderen Theil der Veranda herübergeht.

Die Anordnung der Zimmer im Hause geschieht mit Rücksicht auf die Brise am besten in der Weise, dass der westliche Theil des Hauses, welcher den tagüber wehenden Seewind empfängt, die Wohn- und Arbeitszimmer enthält, welche zum Tagesaufenthalt bestimmt sind. Die Schlafzimmer sollen nach Osten zu liegen und möglichst frei der Landbrise zugänglich sein, gegen welche in Kamerun wenigstens irgend welche auf Erfahrung begründete hygienische Bedenken nicht gehegt werden können, und deren Stärke, welche in der Trockenzeit sehr beträchtlich sein kann, sich durch verstellbare Jalousien in jeder beliebigen Weise regeln lässt. Mehr noch als in gemässigten Breiten gilt für das Schlafzimmer in den Tropen das Gesetz, dass es das luftigste Zimmer des Hauses sein soll. In einem zweckmässig gelegenen Schlafzimmer in den Tropen darf der Kohlensäuregehalt der Luft am Morgen 0,7 pCt. nicht überschreiten, andernfalls ist dasselbe sicher unzweckmässig gebaut oder für die Zahl der darin nächtigenden Menschen zu klein, in jedem Fall die Ventilation nicht genügend, um die gerade für das Schlafen in den Tropen unbedingt erforderliche Euphorie hervorzurufen. Neben dem Schlafzimmer sollte, von diesem direkt zugänglich das Badezimmer liegen; wenn transportable Closets, welche täglich ein- bis zweimal ausgetragen

und gründlich gereinigt werden, vorhanden sind, so ist gegen die Anlage
des Closets im Hause nichts einzuwenden, dieselbe erweist sich in den
sehr häufigen Erkrankungen des Darmkanals vielmehr oft sehr bequem;
im andern Fall sollte abseits vom Haus für dasselbe ein eigner, leicht
desinficirbarer Raum geschaffen werden.

Bezüglich der inneren Einrichtung dürfte von speciellerem hygienischem
Interesse nur die Punkha, der bewegliche Fächer sein, welche in Englisch
Indien als unerlässliches Inventar einer jeden Tropenwohnung angesehen
wird, auf welche man in den deutschen Kolonien indess einstweilen fast
vollkommen verzichtet. Er kann bei mangelnder Luftbewegung eine Art
künstlichen Ersatzes für die fehlende Brise abgeben und durch Beschleunigung der Flüssigkeitsverdunstung an der Hautoberfläche wie auch durch
den direkten Reiz der bewegten Luft erfrischend und nützlich wirken.

Wenige Plätze an tropischen Küsten giebt es, an welchen nicht die
Moskitoplage zum regelmässigen Gebrauch eines dichtmaschigen Moskitonetzes um die Lagerstätte zwingt. Die Abwesenheit oder doch grosse
Seltenheit dieser Plagegeister auf der Jossplatte und in den hochgelegenen
Faktoreien und Missionen von Kamerun ist einer der wenigen hygienischen
Vortheile, dessen sich dieser Theil der Küste vor anderen Tropenplätzen
erfreut. Dies Fehlen ist wenigstens stellenweis ein so völliges, dass ich
selbst z. B. während meines Aufenthalts in der Kolonie mich stets nur
auf Reisen eines Moskitonetzes zu bedienen brauchte. Es ist das ein nicht
gering anzuschlagender Vortheil, denn das Moskitonetz ist in jedem Fall
ein beträchtliches Hinderniss für den Zutritt der Brise, und die Luft-
erneuerung durch seine Maschen ist bei Windstille eine so behinderte, dass
der in den Tropen ohnehin durch viele Momente leicht beeinträchtigte
Schlaf durch seine Anwendung eine weitere wesentliche Schädigung erfährt.
Wo Moskitos zahlreich sind, machen sie abends die Arbeit bei Licht fast
ganz unmöglich und zwingen, unter dem Netz Schutz zu suchen und
dort die Arbeit fortzusetzen. Unter diesen Umständen ist wegen der
Feuergefährlichkeit die Imprägnirung des Netzes mit Alum. acetic. und
nachfolgendes Eintauchen in Seifenlösung empfehlenswerth. Murray[1])
räth dringend, nachtüber in jeder Tropenwohnung ein offenes Feuer
zu unterhalten, welches seiner Ansicht nach nicht allein dazu dient,
die Luft in den Innenräumen trockner und damit gesunder zu machen,
sondern welches zugleich dazu bestimmt ist, eine von ihm angenommene
Anziehungskraft auf etwa in der Luft herumfliegenden Mikroben auszuüben und auf diese Weise die Athmungsluft gewissermassen zu sterilisiren. Die Erreichung des ersteren Zwecks hat in jedem Fall eine
Erhöhung der Temperatur zur Voraussetzung, die nicht als gleichgültig
angesehen werden darf, und ob der letztere Effekt erreicht wird, erscheint
vollends unwahrscheinlich.

Nachdem in kurzen Zügen die für das tropische Küstengebiet von
Westafrika bisher als zweckmässigste erkannte Art des Hausbaus behandelt
ist, muss auf die dem Einzelnen zur Verfügung zu stellenden Räume im
Hause als eine in hygienischer Hinsicht sehr wichtige Frage mit wenigen
Worten eingegangen werden.

---

[1]) Murray, How to live in tropical Africa. 1894. London.

Wenn in irgend einem Theil der Erde, so besteht für eine unkulti-
virte tropische Küste der Ausspruch Rubner's zu Recht, dass durch
gute Wohnungen die — in mancher Hinsicht mit der Hygiene zu iden-
tificirende — Moralität gehoben wird und dass kein Mittel in wohlthuenderer
Weise den Alkoholmissbrauch einzuschränken vermag, wie die Behag-
lichkeit in der eigenen Behausung. Im andern Fall wird das Gefühl
des „Auf-Expedition-Seins" und des, fortdauernden Verzichts auf die
eigne Häuslichkeit leicht zur Gewohnheit, es wird nicht mehr als ein für
den Menschen abnormer Zustand empfunden, was für eine Milderung der
Sitten und das Zustandekommen einer maassvollen Lebensweise nicht
günstig ist.

Unter allen Umständen muss an dem Grundsatz festgehalten werden,
dass auch jeder Unterbeamte — die Beamten sind einstweilen in der
Kolonie bezüglich der Wohnungen nicht unwesentlich schlechter gestellt
als die meisten Angehörigen von Missionen und Faktoreien — wenigstens
einen Raum zur ausschliesslichen Verfügung hat; während meiner Anwesenheit in Kamerun hausten zeitweise vier in einem Zimmer.

Mit dem Fortschreiten der Kultur in der Kolonie wird sich das Bestreben geltend zu machen haben, nach Möglichkeit allen Beamten die
Vorbedingung für die Begründung einer eignen abgeschlossenen und gemüthlichen Häuslichkeit durch Ueberweisung kleiner Villen zu schaffen, wie
sie in Indien in Gebrauch sind und bereits viel dazu beigetragen haben,
die Ansiedler vor der sittlichen Verwilderung mit ihren durch Excesse in
Baccho et Venere verbundenen gesundheitlichen Gefahren zu behüten.

Auf die für vorübergehenden Aufenthalt in ganz unkultivirten
Theilen des Inneren auf Expeditionen bestimmten Wohnungsanlagen,
Zelt und Lagerausrüstung, an dieser Stelle einzugehen, liegt nicht in
meiner Absicht, die Nützlichkeit der einzelnen Modelle ergiebt sich in
diesen Fällen stets mehr oder weniger vollständig von technischen oder
rein praktischen Gesichtspunkten aus. Dagegen soll einiger Modifikationen
des Hausbaus hier Erwähnung gethan werden, welche bei der Anlage
eines Hospitals in tropischen Niederungen in Betracht kommen.

Während die Wahl des Niederlassungsorts im allgemeinen und des
Bauplatzes im besondern in einer jungen Kolonie, wie gesagt, stets fast
ausschliesslich von merkantilen oder sonstigen praktischen Gesichtspunkten aus erfolgt, kann bezüglich des Hospitalbaus überall mehr
oder weniger den hygienischen Bedürfnissen Rechnung getragen werden.
Natürlich kommen lokale wie überhaupt specielle Verhältnisse auch hier
vielfach als ausschlaggebend in Betracht.

In Java werden Hospitäler mit Vorliebe an den Hängen des die
ganze Insel durchziehenden hohen Gebirgszugs angelegt, wo die Luft
gesund und dank vorzüglicher Kommunikationswege, ein Transport selbst
mit der Bahn leicht und in einer für den nicht ganz schwer Kranken
wenig anstrengenden Weise durchzuführen ist; daneben kommen namentlich für kranke Soldaten daselbst Lazarethschiffe in Anwendung, welche
ausserhalb der Fieberluft der Küste auf einer meist ruhigen See den
Kranken die beste Gewähr für eine günstige klimatische Umgebung
bieten. Die Schaffung derart günstiger Verhältnisse ist nicht in einer
jeden tropischen Kolonie möglich. An der afrikanischen Westküste fehlt

es an den meisten Stellen an gut zugänglichen Plätzen von beträchtlicher Erhebung und, wo sie vorhanden, sind die Verkehrsverhältnisse
nicht derart, dass sie für Hospitalanlagen in absehbarer Zeit genügen
können. Aehnlich steht es mit der Verwendung von Lazarethschiffen
zur Unterbringung von Kranken in der Absicht, sie dem gefährlichen
Einfluss des Klimas an Land wenigstens für die Dauer ihrer Krankheit
zu entziehen. In der That würde wegen der stark bewegten See vor
der Kamerunküste, der berüchtigten westafrikanischen Kalema, und der
Häufigkeit von heftigen Stürmen während der Tornadomonate ein
schwimmendes Lazareth nach indischem Muster für den bezeichneten
Zweck kaum in Betracht kommen, abgesehen von den praktischen
Schwierigkeiten, mit demselben im Fall von Neuerkrankungen an
Land, zwecks Ueberführung des Patienten, in Verkehr zu treten.
Für die Franzosen, welche vor Gabun ein schwimmendes Lazareth
an Bord eines abgetakelten, geräumigen Schiffes stationirt hatten,
ergaben sich auch so viele Schwierigkeiten, dass die Ueberführung des
Lazareths an Land seit lange erwogen ist und zur Zeit feststeht. Andrerseits ist die Unterbringung von Kranken auf Hulks, die in den Flüssen
verankert liegen, wie eine solche z. B. als Lazarethschiff für die Marinestation in Kamerun dient, nach den gemachten Erfahrungen nicht
empfehlenswerth. Gilt auch die Morbiditätsziffer an Bord im Kamerunfluss mit Recht als etwas niedriger als an Land, so ist nach den
während der letzten Jahre gemachten Erfahrungen der in dieser Hinsicht bestehende Unterschied schwerlich gross genug, um einen Verzicht
auf alle die dem Kranken in einem gut eingerichteten Hospital an Land
erwachsenden anderweitigen Vortheile aufwiegen zu können. Das dichte
Zusammengedrängtsein mit Andern, die Unmöglichkeit, völlige Ruhe auf
dem kleinen Raum zu schaffen, die Unbequemlichkeit, ja Gefährlichkeit
des Transports eines Schwerkranken an Bord, werden das Princip der
Lazarethschiffe kaum in unserer Kolonie in grösserem Umfang zur Aufnahme kommen lassen.

In einem afrikanischen Lazareth überwiegen weitaus die an akuten
Krankheiten Leidenden, deren Transport oft mit wesentlicher Gefahr
verbunden ist. Es ist daher bei der Wahl eines Platzes für ein Hospital
davon auszugehen, dass in erster Linie das Bedürfniss dort vorhanden
ist, wo die meisten Europäer wohnen, unter diesen Plätzen wieder
zunächst an denen, welche die ungünstigsten gesundheitlichen Verhältnisse haben.

Für die Anlage des Hospitals an Land sind natürlich auch vielfach die für die Anlage der Wohnung in den Tropen im allgemeinen
geltend gemachten Gesichtspunkte maassgebend. Doch bringt die specielle Bestimmung die Nothwendigkeit mancher Modifikation mit sich.
Holländer und Engländer können in der Hinsicht in erster Linie unsere
Lehrmeister sein.

Dass an diesem Platze in noch höherem Maasse als für die
anderen Wohngebäude die strenge Einhaltung der für die Auswahl und
Vorbereitung des in Betracht kommenden Baugrundes entwickelten
Grundsätze dringend erforderlich ist, ist selbstverständlich; es muss das
Krankenhaus wenigstens in relativem Sinne an dem Ort, an dem es

liegt, als eine Art Sanatorium angesehen werden dürfen. Es ist ferner eine möglichst isolirte, von dem lärmenden Getriebe einer Negerstadt, namentlich aber von Exercir- und Schiessplätzen entfernte Lage eine selbstverständlich scheinende, aber keineswegs überall in den Tropen erfüllte Forderung und auf die Nothwendigkeit derselben grade mit Rücksicht auf komatöse, delirirende und tetanusbehaftete Kranke mit dem grössten Nachdruck hinzuweisen.

Das auch in Europa immer mehr in Aufnahme kommende Barackensystem eignet sich in ganz hervorragender Weise für den Hospitalbau in den Tropen; es ermöglicht wie kein anderes die Isolirung infektiöser, wie delirirender Kranker, wie die häufige und gründliche Desinfektion der inficirten Abtheilungen, und gewährt im allgemeinen besser als der zweistöckige Bau ohne besondere Kosten hinlänglichen Schutz gegen die Sonne.

Ein besonderer Werth wird in Indien auf die Drainage gelegt, die sich durch Asphaltirung oder Cementirung des Baugrundes und von dessen Umgebung erreichen lässt, durch leichte Neigung der Flächen nach aussen und durch gemauerte Gräben, welche das ablaufende Wasser fortführen. Die Wege der schattigen Anlagen, in welchen das Krankenhaus liegt, werden mit Vorliebe mit Coaks bedeckt. Die Zimmerböden liegen 2—3 m über dem Boden; in jedem Fall ist für freie Ventilation der tiefen Luftschichten unter dem Hause Sorge getragen. Die Fussböden sind zur Ermöglichung leichterer Desinfektion mit Fliesen belegt, statt der Glasscheiben in den Fensteröffnungen dienen Jalousien aus Bambusgeflecht, breite Gallerien mit schräg abfallendem Dach umgeben die einzelnen Baracken, zum Abhalten der seitlich einfallenden Sonne dienen vielfach mit geöltem Segeltuch ausgefüllte Holzrahmen oder Bambusschirme. Eine Verbindung der Anlage mit Desinfektionsanstalt und Eisfabrik ist in vielen Fällen vorgesehen.

Häufiger als in Holländisch Indien begegnet man in Englisch Indien noch grösseren, an den älteren Hospitalstyl erinnernden, kasernenartigen Bauten zu Krankenhauszwecken. Doch sind dieselben wenigstens in den grösseren Städten, wie Madras und Kalkutta, so ausgezeichnet ausgestattet, dass sie, vielleicht mit einem beträchtlich grösseren Aufwand von Kosten, den an ein modernes Tropenkrankenhaus in hygienischer Hinsicht zu stellenden Anforderungen doch in der vollkommensten Weise genügen, und den hervorragenden Ruf, welchen sich englische Sanitätseinrichtungen auf der ganzen Erde mit Recht erworben haben, vollkommen bestätigen.

Weit mehr als in den sonstigen Wohnräumen ist im Hospital mit Rücksicht auf die in den Tropen häufigen Fälle von Gelenkrheumatismus oder die Erkältungsmöglichkeit von Malariakranken im Schweissstadium, Sorge für die Abhaltung von Zugluft zu tragen. Es sollten deshalb alle für Krankenzwecke bestimmten Räume mit verschliessbaren Glasfenstern ausser den Jalousien versehen sein, und dementsprechend ist einer ausgiebigen Ventilation durch beträchtlichen Abstand der Zimmerwände vom Dachboden resp. künstliche Ventilationsvorrichtungen besondere Aufmerksamkeit zuzuwenden. Ein bequemer, gut desinficirbarer, von den Krankenräumen aus leicht erreichbarer Baderaum für Schwerfieberkranke ist dringendes Bedürfniss; da es sich meist um bettlägerige

Kranke handelt, sind eine grössere Anzahl transportabler Klosets, welche
jedesmal nach dem Gebrauch mittels 5 proc. Carbolsäure, Kalk oder
Formalin desinficirt werden, dringend erforderlich. Wo es sich irgend
durchführen lässt, sollte das Hospital von einem Wasserthurm oder
grossen Reservoir aus, in welches das Wasser mittels eines Windmotors
gehoben wird, durch eine Leitung mit Wasser versehen werden. Eher
kann auf eine Eismaschine verzichtet werden, wenn dieselbe auch
namentlich in den Fällen komatöser, von Hitzschlag ausgehender Malaria
durch ein anderes Mittel schwer zu ersetzen ist.

Hinsichtlich der zweckmässigsten Kleidung haben sich mit der Zeit
in den verschiedenen Theilen der Tropen recht übereinstimmende Grundsätze herausgebildet.

Die Kleidung soll nicht allein wärmen, nächtliche Kälte und schnellen
Witterungswechsel abhalten, sondern sie hat auch eine andere sehr wichtige
Bedeutung: Schutz gegen Sonnenstrahlung. In diesem Sinne ist Rohlfs
Bonmot: die beste Kleidung in den Tropen ist gar keine Kleidung, cum
grano salis zu verstehen. Die Gewohnheit vieler Europaer namentlich
in Ostafrica, ganz ohne Unterkleidung zu gehen, ist schon wegen der
damit verbundenen, in den Tropen keineswegs gegenüber der Heimath
verminderten Erkältungsgefahr, zu verwerfen.

Für die Unterkleidung gilt vor allem, dass sie die Hautperspiration
so wenig wie möglich beeinträchtigen, nicht durch rauhe Oberfläche die
ohnehin sehr empfindliche Haut reizen und reichlich Flüssigkeit aufzunehmen im Stande sein soll. Es wird diesen Anforderungen tagsüber nach
den bisher gemachten Erfahrungen durch feine, glatte, trikotartig anliegende
Baumwollenstoffe am besten entsprochen. Baumwolle eignet sich besser
als Leinen, da sie ein weniger guter Wärmeleiter ist und mehr Wasser
aufzunehmen vermag, so dass bei ihrem Gebrauch nicht so leicht
das unangenehme Gefühl des an der Haut anklebenden nassen Kleidungs-
stücks entsteht. Aeusserst praktisch ist die von vielen Chinesen in
Singapore und Canton bevorzugte Unterkleidung. Dieselbe besteht in
einem feinen Netz aus Bambusfasern, welches sich selbst nicht unmittelbar der Körperoberfläche anlegt und damit auch die unmittelbare Berührung der darüber getragenen Kleidung unmöglich macht. Wolle als
Unterkleidung ist von Stanley und Parke empfohlen worden, Rohlfs
verwirft den Gebrauch der Wolle in den Tropen meiner Erfahrung nach
sehr mit Recht, da die feinen Härchen die Haut reizen, und das Waschen
durch die Farbigen besonders leicht zur Schädigung des Gewebes und
zum Einlaufen der Kleidungsstücke führt.

Gut bewährt haben sich vielfach nicht zu grossmaschig gestrickte
sogenannte Netzhemden. Gänzlich verbannt sollten im Küstenklima der
Tropen alle die Hautventilation in so hohem Maass beeinträchtigenden
Kleidungsstücke werden, wie steif gestärkte Vorhemden, Kragen oder
Manschetten. Unter ihnen pflegt das so lästige, klimatische Hautleiden, der rothe Hund, seine üppigste Entwicklung und quälendste Intensität zu erreichen. Hals- und Handgelenke sollten völlig frei getragen werden und dementsprechend die Hemden nur mit kurzen,
höchstens bis zur Hälfte des Unterarms reichenden Aermeln versehen
sein. Von beträchtlicher praktischer Bedeutung ist die Frage, ob das

ständige Tragen einer Leibbinde im tropischen Küstenklima allgemein empfehlenswerth ist. Für die Zeit bis zur erfolgten Akklimatisation möchte ich diese Frage ebenso wie Wicke bejahen, namentlich aber zum sofortigen Anlegen derselben beim Auftreten von Indigestionen, besonders von Darmleiden rathen. In dem fortwährenden Tragen einer Leibbinde vermag ich einen Nutzen, wie früher schon bemerkt, nicht zu erblicken. Dieselbe verweichlicht, disponirt in besonders hohem Grade zur Erkältung, wenn sie doch einmal abgelegt werden muss, und beraubt uns vor allem eines sehr wirksamen Heilmittels für den Fall einer wirklichen ernsteren gastroenteritischen Erkrankung.

Für die Oberkleidung ist der weisse, lose Baumwollanzug, bestehend aus Rock und Beinkleid nachgrade so ziemlich in allen tropischen Niederungen eingebürgert. Eine Weste ist, da der Rock stets geschlossen getragen wird, unnöthig und als zu stark beengend und erwärmend zu vermeiden. Auf die weisse Farbe wird trotz der entgegengesetzten Ansicht Fisch's, welcher dunkle Oberkleider zu tragen empfiehlt, auch abgesehen von der weit weniger vollkommenen Waschbarkeit solcher, allein aus dem Grunde Werth gelegt werden müssen, weil das Wärmeabsorptionsvermögen schwarzer Kleidung nach den Pettenkoferschen Untersuchungen 2,08 mal so gross ist als weisser, mithin durch Strahlung dem Körper beim Tragen schwarzer Kleidung mehr als das Doppelte an Wärme zugeführt wird als beim Tragen von weisser. Auf Expeditionen tritt an Stelle des weissen Baumwollanzugs der derbere, dafür freilich auch wärmere, gelbliche Kakey-Drellanzug. Gegen die namentlich in Englisch Indien eingeführte Mode, bei festlichen Gelegenheiten schwarzen Anzug und gestärkte Leinenwäsche zu tragen, müsste aus hygienischen Gründen entschieden Einspruch erhoben werden, wenn sich die Zeitdauer, während welcher diese Kleidung getragen wird, nicht auf wenige Stunden des Abends beschränkte.

Die Befestigung des Beinkleids geschieht nach meinen Erfahrungen am besten durch einen elastischen Gürtel, der nur einen sehr mässigen Druck auf das Abdomen ausüben darf. Sehr praktisch sind in der Hinsicht die an der Westküste allgemein verbreiteten sogenannten Springbelts englischen Fabrikats, aus federnden Messingspiralen hergestellt. Dieselben verhindern die Hautperspiration gar nicht und üben einen sehr leichten, und doch seinem Zweck völlig entsprechenden, gleichmässigen Druck aus. Ganz zu vermeiden sind unelastische, solide, also keine freie Ventilation zulassende Gürtel. Unter ihnen kommen gern Furunkel oder der rothe Hund zur Entwicklung, und man sollte ihnen zweckmässig gearbeitete elastische Tragbänder noch vorziehen, obwohl sie auch den Metallgürtel nicht ersetzen können und die Haut stärker reizen als dieser.

Von besonderer Wichtigkeit ist ein hinreichender Schutz für den Kopf während der Stunden, an welchen die Sonne hoch über dem Horizont steht. Eine Unterlassung dieser Vorsichtsmaassregel rächt sich mit grosser Regelmässigkeit zum mindesten durch unmittelbar sich anschliessenden Kopfschmerz, häufig auch durch Sonnenstich oder komatöses Fieber.

Am besten bewährt als Kopfbedeckung in den Tropen hat sich der indische Korkhelm, welcher bei leichtem Gewicht der Kopfform angepasst ist und durch den Augen- und Nackenschirm vollkommenen Schutz dieser empfindlichsten und exponirtesten Theile des Kopfes gewährt, ohne durch grossen Umfang die Beweglichkeit zu beeinträchtigen. Ausreichende Ventilation der Kopfoberfläche gewährleistet er dadurch, dass dem Kopf selbst sein innerer Rand nicht unmittelbar anliegt, sondern ein in demselben in ca. 1 cm Abstand koncentrisch laufender, lederüberzogener und durch Korkstücke an ihm befestigter Blechstreif. Der in Englisch Indien übliche Nackenschleier ist bei hinreichend langem hinterem Helmschirm durchaus entbehrlich, derselbe wirkt eher lästig durch Behinderung der freien Luftcirkulation.

Die Farbe der Kopfbedeckung ist natürlich, um möglichst viel strahlende Wärme zu reflektiren, wie die der Kleidung weiss, auf Expeditionen wird dieselbe mit einem dünnen, waschbaren, grauen oder braunen Ueberzug bedeckt.

Gegenüber dem Tropenhelm haben alle anderen Kopfbedeckungen mehr oder weniger grosse Nachtheile. Zintgraff empfiehlt ihm gegenüber den breitrandigen Filzhut meiner Erfahrung nach nicht mit Recht. Der Filzhut gestattet, da sein Rand dem Kopf fest anliegt, keine Luftcirkulation zwischen beiden; die von mir durch kleine im Innern angebrachte Maximumthermometer bestimmte Temperatur stieg demgemäss unter dem Einfluss der strahlenden Wärme um 3—4° höher als unter einem gut gebauten Helm. Dazu wird durch die breiten Krämpen der Ausblick und die Beweglichkeit weit mehr als durch den Tropenhelm beeinträchtigt, und namentlich in den schweren Tropenregen der Filzhut durch das Herabsinken der regenbeschwerten breiten Krämpen sehr unbequem. In der That hat nur bei den Tropenbewohnern spanischer und portugiesischer Abstammung der „Sombrero" vor oder neben dem Tropenhelm sich behaupten können.

Ebensowenig wie der breitkrämpige Filzhut wird die von Stanley in die Ausrüstung des Tropenreisenden eingeführte und nach ihm genannte Mütze den indischen Helm verdrängen können, da der weit vorstehende Schirm wohl die Augen, nicht aber die Schläfen schützt, eine freie Luftcirkulation durch die an den Seiten angebrachten runden Oeffnungen nur in beschränktem Maass ermöglicht wird und der in Ermangelung eines anderweitigen Nackenschutzes an der Hinterseite angebrachte frei herabhängende Schleier die Luftcirkulation hemmt und im Busch, namentlich im Dornbusch, sehr unpraktisch ist.

Das Tragen von gefärbten Gläsern zum Schutz der Augen gegen das intensive Licht der tropischen Sonne ist, wo ein Augenleiden nicht vorliegt, bei Gebrauch einer zweckmässigen Kopfbedeckung wohl stets unnöthig und als überflüssige Verwöhnung zu widerrathen. Es ist interessant, dass funktionelle Sehstörungen unter dem Einfluss des intensiven Sonnenlichts anscheinend ausschliesslich bei Negern entstehen. Ich habe einen derartigen Fall bei einem Europäer wenigstens bisher ebensowenig wie mein Nachfolger beobachtet. Wahrscheinlich ist der Schutz, welchen das Auge des Europäers durch die Kopfbedeckung gegen die von oben einfallenden Lichtstrahlen erhält, in der Hinsicht von Bedeutung.

Abends von etwa 5 Uhr an wird der Tropenhelm zweckmässig durch eine leichtere Kopfbedeckung, einen kleinen weichen Filzhut oder eine Mütze ersetzt, welche auch bei anhaltendem Regen gute Dienste thun.

Als Fussbekleidung eignen sich über leichten, kurzen, baumwollnen Strümpfen niedrige, den Knöchel freilassende Segeltuchschuhe im Zimmer sowie in der Trockenzeit auch im Freien. Dieselben werden, wie Kopfbedeckung und Kleidung, der strahlenden Wärme wegen zweckmässig mittels Kreide weiss gefärbt. Schwarzes, namentlich blank gewichstes oder lackirtes Schuhwerk eignet sich nicht wegen der in der Sonnenwärme sehr lästigen Erhitzung des Fusses unter dem Einfluss der Sonnenstrahlung. In der Regenzeit wie überhaupt auf Reisen treten an Stelle der Segeltuchschuhe derbe, naturlederne Schnürschuhe, welche über den Knöchel hinaufreichen. Auf Expeditionen werden über ihnen zum Schutz gegen Dornen und eventuell Schlangen, sowie um dem Beinkleid am Unterschenkel Halt zu geben, Gamaschen aus Leder oder Segeltuch getragen. Das Tragen langer Reitstiefel an Stelle der Schuhe, welche Zintgraff empfiehlt, habe ich im Tiefland nicht praktisch gefunden, da dieselben schwer sind, das Hereinlaufen von Wasser von oben her beim Passiren der Flussläufe doch nicht vermieden werden kann und dasselbe in dem Fall aus dem Stiefel während des Marsches schwer zu beseitigen ist, andererseits ein Austrocknen der völlig durchnässten Fussbedeckung, welche, wenn sie nicht drücken und scheuern soll, dem Fuss genau angepasst sein muss, über Nacht kaum durchführbar und das Wiederanziehen am nächsten Morgen alsdann weit mehr als bei Schnürschuhen mit lästigen Schwierigkeiten verbunden ist.

Durchaus zweckmässig ist auf Reisen „im Busch" der in Indien und Ostafrika vielfach üblich gewordene Schutz der Unterschenkel durch Umwicklung derselben mit wollnen Binden. Sie giebt dem Bein einen guten Halt, schützt hinreichend vor Verletzungen durch Dornen und Schlangen und ist schnell und mühelos an- und abzulegen.

Auch im Zimmer sollte man an der Westküste niemals unterlassen, den Fuss bekleidet zu tragen mit Rücksicht auf die zahlreichen Sandflöhe.

Von dem Schutz durch Ueberkleider gegen den westafrikanischen Regen darf man sich in keinem Fall wesentlichen Erfolg versprechen. Völlig abgehalten wird auf die Dauer Regen von der dort üblichen Intensität nur durch Oberkleider, welche so vollkommen wasserundurchlässig sind, dass sie die Hautperspiration zugleich in der beträchtlichsten Weise beschränken und dadurch bereits nach kurzem Gebrauch ein höchst lästiges Gefühl von Unbehagen hervorrufen. Empfehlenswerth ist das Tragen von Ueberkleidern in Form von mehr oder weniger wasserdichten Segeltuch- oder Gummimänteln, sowie von den ihnen wegen der grösseren Ventilirbarkeit nach unten hin vorzuziehenden südamerikanischen Ponchos nur bei kurzdauernden Regenschauern. Ist man zu längerem Aufenthalt namentlich Marsch im Regen gezwungen, so verzichtet man am besten auf den sich doch nach kurzer Zeit als ungenügend erweisenden Schutz vollkommen. Es ist unter diesen Umständen in der That bei vielen erfahrenen Afrikanern üblich geworden, nicht nur jedes Uebergewand abzulegen, sondern die Kleidung noch durch Ablegen des Rocks, der durch das Ankleben an der Körperoberfläche unangenehme Sensationen hervorruft, nach Möglichkeit zu reduciren und sich höchstens durch einen Schirm gegen den Reiz der direkt aufschlagenden Regentropfen zu schützen.

Schädlich ist ein Aufenthalt im Regen in diesem Zustand, eine andauernde lebhafte Bewegung vorausgesetzt, nicht, da im Regen selbst ein sehr geringes Maass von Wärme durch Verdunstung dem Körper entzogen und durch die lebhafte Muskelaktion während des Marsches alsbald wieder ersetzt wird. Lässt der Regen nach und beginnt die Wasserverdunstung stärker zu werden, so ist das dem Körper entzogene Wärmequantum natürlich um so geringer, je geringer die wasserdurchtränkte Kleiderbedeckung ist, und demgemäss die Verminderung der Kleidung im und nach dem Regen nicht nur durch die Praxis geboten. Dringend nothwendig ist das sofortige Ablegen der nassen Kleidung, sobald das Quartier erreicht ist und die kompensirende Wärmeproduktion durch intensive Muskelbewegung aufhört. Erfolgt dasselbe unmittelbar nach der Ankunft, und wird das zweckmässig sofort genommene Bad durch eine kräftige trockne Abreibung und Frottirung des ganzen Körpers beschlossen, so wird auch ein mehrstündiger Marsch im westafrikanischen Regen schwerlich je schädliche Folgen haben.

Als Nachtkleidung dient in Afrika wie fast überall in den Tropen der Schlafanzug, in welchem häufig auch die kalten Abendstunden vor dem Zubettgehn verbracht werden. Die vielfach beobachtete Sitte, in den heissen Nächten der Trockenzeit ganz unbekleidet zu schlafen, ist stets bedenklich und hat häufig Gelenkrheumatismus oder Enteritis zur Folge. Zum wenigsten sollte der Körper stets mit einer Leinendecke bedeckt sein. Am angenehmsten ist während der heissen Zeit der Gebrauch seidener, loser Schlafanzüge, bestehend in Beinkleid und Bluse, die beide mittels elastischer Gummieinlagen um den Leib befestigt werden. Wegen ihrer Kostspieligkeit werden sie kaum allgemeine Verbreitung finden. Im indischen Tiefland sind buntbedruckte Kattunhosen, die sogenannten Panjamas, und kurze Leinenjacken üblich, in Afrika wird meist Baumwolle oder Flanell getragen. Specielle Rathschläge oder Vorschriften sind in der Hinsicht kaum zu geben.

Dass die durch den Einfluss des Tropenklimas bewirkten Veränderungen von Organfunktionen des gesunden Europäers an sich durchaus nicht die Einhaltung eines bestimmten, von dem in gemässigten Breiten üblichen abweichenden Ernährungsprincips erforderlich machen, ist bereits im zweiten Capitel ausgeführt und begründet worden. Den Maassstab für die Beurtheilung der Ernährungsverhältnisse in einer tropischen Kolonie werden wir demgemäss weniger in der daselbst üblichen speciellen Zusammensetzung der erforderlichen Nährstoffe, als darin zu suchen haben, ob die Nahrung reichlich, abwechslungsreich und relativ wohlfeil ist. In letzterer Hinsicht wird verlangt werden müssen, dass wenigstens die wichtigsten Nahrungsmittel an Ort und Stelle producirt werden und nicht importirt zu werden brauchen.

In Kamerun waren die Ernährungsverhältnisse im Gegensatz zu andern afrikanischen Kolonien, speciell zur deutsch-ostafrikanischen

Küste nicht besonders günstig. Frisches Fleisch war zwar fast stets zu
haben, meist aber nur in Gestalt der im Ganzen wenig beliebten Ziegen
und des bis zum Ueberdruss vertretenen, sprichwörtlichen, afrikanischen
Huhnes. Rindfleisch gab es verhältnissmässig selten. Die einzelnen Rinder
mussten, wie anfangs erwähnt, vom Käufer im Busch, wo sie sich halbwild herumtrieben, aufgesucht und regelrecht erlegt werden. Alsdann fand
die Vertheilung an die einzelnen Tischgenossenschaften der Ansiedlung statt.
Auch in Essig aufbewahrt, war das Fleisch nicht über 2 Tage haltbar.
Schafe und Enten werden verhältnissmässig selten zum Verkauf gebracht.
Die Schweine, welche sich vorzugsweise von Abfällen und Fäkalien
nähren, werden auch von den Europäern nicht gegessen. Fischfang wird
von den Duallas zwar sehr eifrig auf dem Fluss getrieben, doch liefert er
fast ausschliesslich kleine, für den Europäer wenig schmackhafte Arten.
Aeusserst selten schafften Krabben oder Mangroveaustern etwas Abwechslung. Fleischkonserven waren kaum völlig zu entbehren; sie sind
an Geschmack dem frischen Fleisch niemals gleich zu setzen, und gestalteten die Verpflegung namentlich für den weniger gut situirten Theil
der unteren Beamtenschaft zu einer ziemlich kostspieligen. Von Zukost
und Gemüsen wurden Kartoffeln noch ausschliesslich aus Europa importirt, sie verdarben schnell in der feuchten Hitze und wurden schon dadurch so kostspielig, dass mancher Europäer auf ihren Genuss ganz
verzichtete und an ihrer Statt die derbere, mehlige Koko der Eingebornen verwandte. Im Tiefland gelingt es nach mehrfach angestellten Versuchen anscheinend nicht, die Kartoffel zu mehr als Kirsch- oder
höchsten Pflaumengrösse heranzuziehen, während sie im Gebirge in Buea,
wenigstens in der ersten Generation in vorzüglicher Qualität gedeiht.
Auf die ausserordentliche hygienische Wichtigkeit frischen Gemüses für
die Ernährung des Europäers in den Tropen ist von verschiedener Seite
mit Recht hingewiesen. Dass Gemüse in der Kolonie bei sachverstän-
diger Pflege in ausgezeichneter Weise fortzukommen vermag, beweisen
die im Versuchsgarten von Victoria mit der Kultivirung von Rüben,
Rettich, Petersilie, Gurken, Salat und Radieschen gemachten günstigen
Erfahrungen. Sie gediehen dort in solcher Reichlichkeit, dass sie bei
der Unmöglichkeit die gewonnene Ernte am Ort zu verwerthen oder
in regelmässigen Zwischenräumen zu verschiffen, nicht selten am Platz
verdarben, während fast alle übrigen Niederlassungen bis auf einige
Missionsstationen des frischen Gemüses fast gänzlich entbehrten. Die
Einrichtung eines regelmässigen Lokalverkehrs zwischen den einzelnen
Küstenstationen würde diesem recht empfindlichen Mangel abzuhelfen
vermögen. Regelrechte Märkte bestanden meinerzeit seit lange in
Victoria und bewährten sich vorzüglich. Ihre Einrichtung in Kamerun
selbst wussten die Duallas bisher mit anerkennenswerther Hartnäckigkeit
zu hintertreiben, um die Konkurrenz der übrigen Uferbewohnerschaft
auszuschliessen und sich selbst das Monopol für alle zur Ernährung
des weissen Mannes gehörenden frischen Lebensmittel, Fleisch, Fisch,
Eier und Früchte, zu erhalten. Geringe Mannigfaltigkeit des Gebotenen und verhältnissmässige Kostspieligkeit waren die nothwendige
Folge.

Die Einführung von regelmässigen Märkten, welche auch von den andern das Flussufer bewohnenden Dörfern aus besucht werden, wird eine wesentliche hygienische Verbesserung für Kamerun bedeuten, namentlich wenn nach ostafrikanischem Vorbild zugleich dafür Sorge getragen wird, dass die zum Verkauf gebotenen Nahrungsmittel in offenen Markthallen dem allzu schnellen Verderben durch Tropensonne und Regen entzogen werden. Zugleich würde dadurch die Ausübung einer häufigen ärztlichen Controlle ermöglicht werden.

Auch in anderer Hinsicht lässt sich zur Besserung der Ernährungsverhältnisse in Kamerun manches thun. Vor allem durch rationelle Viehzucht und Verbesserung des kleinen unansehnlichen Rindviehstammes an der Küste. Schon durch Kreuzungen mit dem ungleich stattlicheren Vieh im Gebirge würde sich eine wesentliche Verbesserung der Rasse wahrscheinlich mit Leichtigkeit erzielen lassen. Sollte dieses oder europäisches Rindvieh das Malariaklima nicht vertragen, wie das in andern Gegenden der Tropen vorkommt, so käme der Import des an der ostafrikanischen Tieflandküste vorzüglich gedeihenden Buckelrindes oder des indischen Büffels in Betracht.

Eine rationellere Viehzucht würde ohne weiteres zu der einstweilen im Kamerungebiet noch nicht betriebenen Gewinnung und Ausnutzung der Milch führen. Auch in dieser Hinsicht stehen die Ernährungsverhältnisse an der ostafrikanischen Küste, wo eine ausgedehnte, wenn auch in ihrem Betrieb ziemlich primitive Milchwirthschaft im Schwunge ist, denen an der Kamerunküste weit voraus, an welcher einstweilen noch ausschliesslich Konservenmilch in ihren verschiedenen Formen zur Verwendung kommt.

Von besonderer Bedeutung ist die Wasserversorgung in einer tropischen Kolonie, insofern der Europäer im heissen Klima zur Deckung der durch die Transspiration verlorenen Feuchtigkeit einer erhöhten Flüssigkeitszufuhr bedarf.

Die Wasserverhältnisse in Kamerun sind noch in mancher Hinsicht verbesserungsfähig. Die meiner Zeit vorhandenen Brunnen waren in ihrer Anlage grossentheils anfechtbar, da eine Verunreinigung von aussen und von der Seite nicht ausgeschlossen werden konnte. Ihr Wassergehalt genügte für die Bewohnerschaft nicht, abgesehen davon, dass sie lange nicht allen den verhältnissmässig weit zerstreuten europäischen Haushaltungen überhaupt zugänglich waren. So waren die Europäer zum überwiegenden Theil ganz auf die Gewinnung von Regenwasser angewiesen, das in Röhren von den Zinkdächern in Tonnen und eiserne Wassertanks geleitet wurde und bei den beträchtlichen Regenmengen den grössten Theil des Jahres über auch ausreichte. Während der ausnahmsweis langwährenden Trockenzeit 1893/94 musste, da sämmtliche Wasserreservoirs im Dahomeaufstand zerschossen und die ganzen angesammelten Wassermengen ausgelaufen waren, das Wasser, welches zu Trink- und Waschzwecken verwendet werden sollte, von den Hausjungen fast eine Stunde weit aus einer Quelle im Busch herbeigebracht werden; so gross war der Mangel an verwendbarem Grund- und Quellwasser in der Niederlassung selbst.

Die Bedeutung, welche dem Wasser für die Verbreitung einer grossen Zahl von ansteckenden Krankheiten, namentlich Typhus und Cholera,

zukommt, ist für eine Anzahl charaktristischer Tropenkrankheiten anscheinend gering. Ob die Malaria durch Wassergenuss verbreitet
werden kann, ist trotz der dahingehenden Ueberzeugung einer Autorität
wie Laveran mindestens noch nicht sichergestellt; durch die zahlreichen, gänzlich negativ verlaufenen Experimente Celli's, welcher
durch das Trinken von Sumpfwasser aus berüchtigten Fiebergegenden
die Krankheit hervorzurufen versuchte, sogar sehr zweifelhaft geworden.
Meine in Kamerun gemachten Erfahrungen bieten für die Trinkwassertheorie ebenfalls keine Stütze. Von mindestens der Hälfte der europäischen Bewohnerschaft des Ortes konnte man mit Sicherheit annehmen, dass sie in Kamerun gewonnenes Grund- und Quellwasser
während der ganzen Dauer ihres Aufenthalts daselbst nicht tranken. Der
überwiegende Theil behalf sich mit Regenwasser und Cognak, soweit er
sich nicht ganz auf den Genuss von künstlichen Mineralwässern beschränkte. Dasselbe gilt nach Wicke's Bericht von Togo. Für die
Mannschaften der Kriegsschiffe, welche ihr Trinkwasser durch Destillation
gewannen und für die Passagiere und Besatzung der Hamburger Handels-
dampfer, welche dasselbe mitführten, war der Genuss von Wasser in
Kamerun so gut wie völlig ausgeschlossen; und trotzdem waren die
Malariafälle unter ihnen sehr häufig.

Dass demgegenüber die eingebornen Neger so selten an Malaria
erkranken, obwohl sie aus dem mit allem erdenklichen Unrath verunreinigten Kamerunfluss, sowie auf Expeditionen aus jedem passirten Fluss,
Bachlauf oder stagnirenden Wasser unbedenklich trinken, ist als Beweis
gegen die Trinkwassertheorie weniger vollgültig, da ihre Disposition für
die Krankheit unzweifelhaft von vorn herein eine geringere ist; doch verdient die Thatsache immerhin Beachtung.

Ebensowenig leicht wie für die Malaria dürfte sich im tropischen
Westafrika für die Dysenterie der Beweis erbringen lassen, dass sie
ausschliesslich durch den Genuss schlechten Wassers verursacht wird. Es
ist bei Besprechung dieser Krankheit bereits gesagt, dass in Ost- wie in
Westafrika die mit dem schlechtesten, vielfach auf sumpfigem Untergrund
stagnirenden, reichlichen Verunreinigungen ausgesetzten Wasser versehene
Küstentiefebene im Ganzen spärliche Fälle leichter Dysenterieformen
aufweist, dass die Krankheit dagegen starke Verbreitung im Hochland
und im Gebirge gewonnen hat, wo, wie in Buea und an vielen Stellen
von São Thomé eine Verunreinigung des ausgezeichnet klaren, wohl-
schmeckenden, dem Felsen unmittelbar entfliessenden Quellwassers durch
oberhalb gelegene Niederlassungen völlig ausgeschlossen erscheint.

Es würde sehr falsch sein, aus diesen und anderen in gleichem
Sinne zu deutenden Thatsachen den Schluss ziehen zu wollen, dass das
Wasser des westafrikanischen Küstentieflands ohne weitere Vorsichts-
massregeln gefahrlos getrunken werden dürfe. Wenn der Beweis der
Uebertragbarkeit einer Anzahl von tropischen Krankheiten, wie Malaria,
Dysenterie, ferner von Gelbfieber, Beriberi und andern auch bisher nicht
hat erbracht werden können, so steht dieselbe doch für andere un-
zweifelhaft fest.

Der Ausbruch von Enteritis unmittelbar im Anschluss an den Genuss zweifelhaften Wassers wird namentlich auf Expeditionen häufig be-

obachtet. A. Plehn sah eine typhusartige Epidemie in Kamerun bei Negern ausbrechen, welche ihr Trinkwasser aus einem Brunnen gewonnen hatten, dessen Wasser sich als stark verunreinigt erwies. Die Uebertragbarkeit von Filaria medinensis, Filaria Bankrofti, wahrscheinlich auch von Filaria loa, Distoma haematobium, sowie von Bandwurmeiern ist sichergestellt. Es wird demgemäss auf das entschiedenste auf der Sterilisation des zum Genuss bestimmten Wassers zu bestehen sein und von derselben höchstens etwa ein völlig reinlich und unter allen Cautelen aufgefangenes Regenwasser ausgenommen werden dürfen.

Ein den Ansprüchen der Praxis genügendes Filter für die Gewinnung grösserer Mengen keimfreien Wassers besitzen wir nicht, auch das Chamberland Filter ist in den Händen von Laien als solches nicht anzusehen. Seine Anwendung setzt ein nicht bei jedem Laien zu erwartendes Sachverständniss voraus, und es arbeitet sehr langsam. Zudem ist es, wenn es nicht häufig ausgeglüht wird, unzuverlässig, da die Bakterien durch die feinen Thonzellen durchwuchern.

In der Praxis wird die einfachste und beste Sterilisation zweifelhaften Wassers im Filtriren desselben durch kleine Kohlefilter bestehen, welche die gröberen Verunreinigungen zurückhalten, und in dem nachfolgenden, einige Minuten hindurch fortgesetzten Aufkochen. Es hat diese Art der Wassersterilisation den praktischen Nachtheil, dass eine geraume Zeit vergeht, ehe das Wasser sich soweit abgekühlt hat, dass es als Trinkwasser verwendet werden kann. Das Vorräthighalten grösserer Mengen abgekühlten sterilisirten Wassers aber verbietet sich namentlich auf Expeditionen von selbst wegen der Unbequemlichkeit, die erforderlichen grossen Transportgefässe mitzuführen; es erscheint demnach die Erfindung einer Methode, schnell und sicher Wasser zu sterilisiren, ohne dessen Temperatur zu erhöhen und seinen Geschmack zu beeinträchtigen, sehr bedeutungsvoll für die afrikanische Hygiene. Die Lösung dieser Aufgabe scheint neuerdings in einwandsfreier Weise Schumburg[1] gelungen zu sein. Die Methode besteht in dem Zusatz von Bromwasser zu dem zu sterilisirenden Trinkwasser, welches nach 5 minutenlanger Einwirkung sämmtliche bisher im Wasser nachgewiesenen pathogenen Mikroben mit Sicherheit tödtet und welches alsdann durch Zusatz von Ammoniak neutralisirt wird; es bildet sich unterbromigsaures Ammonium und Bromammonium, beides indifferente, völlig geschmacklose Körper.

In praxi empfiehlt Schumburg eine Lösung von 100 Wasser, 20 Bromkali, 20 Brom zu bereiten und von dieser 0,2 ccm pro Liter zu verwenden. Neutralisirt wird das Brom nach 5 minutenlanger Einwirkung durch die gleiche Menge einer 9 proc. Ammoniaklösung.

Ich habe mit dem bezeichneten Verfahren inzwischen mehrfach selbst Versuche anzustellen Gelegenheit gehabt und kann die Angaben Schumburg's nur in vollem Umfang bestätigen. Auch in sehr stark verunreinigten Wässern, wie sie mir einige Sümpfe in der Umgebung

---

1 Schumburg. Ein neues Verfahren zur Herstellung von keimfreiem Trinkwasser. Deutsche med. Wochenschr. 1897. No. 10.

von Tanga in Ostafrika lieferten, hörte nach Zusatz von 0,2 ccm der
bezeichneten Bromlösung die Beweglichkeit der im hohlen Objektträger
beobachteten niederen Fauna auf, und die nach 5—10 minutenlanger
Einwirkung des Broms mittels sterilisirter Pipetten gewonnenen Proben
erwiesen sich durch das Kulturverfahren als steril. Nach Neutralisirung
des Brommittels der bezeichneten Ammoniaklösung erwies sich das
Wasser als farblos und wohlschmeckend, wobei allerdings Genauigkeit
bei der Abmessung des Ammoniaks Voraussetzung war: ein wenn auch
geringer Ueberschuss machte sich immer recht unangenehm bemerkbar;
derselbe kann übrigens durch weiteren Zusatz kleiner Quantitäten des
Bromwassers mit Leichtigkeit wieder beseitigt werden.

Es dürfte das Schumburg'sche Verfahren eine beträchtliche Bedeutung namentlich für das Expeditionswesen im tropischen Afrika gewinnen, zumal nach Angabe des Erfinders die für je 2½ Liter Wasser
erforderlichen Bromwasser- und Ammoniakmengen abgewogen und in
Glasröhrchen eingeschmolzen im Handel bereits zu haben sind[1]), die
praktische Ausführung demgemäss auch für den Laien ausserordentlich
einfach ist.

Schon die durchschnittliche Höhe der Temperatur macht das un-
vermischte Wasser in den Tiefländern der Tropen zu einem schwer
und mit wenig Aussicht auf Erfolg zu empfehlenden Getränk. Beträgt
doch ohne künstliche Abkühlung seine Temperatur im Mittel mehr als
das doppelte von der, welche in gemässigten Breiten dem Geschmack
zusagt: 25° zu 12°. Von den für die Abkühlung von Getränken in Betracht kommenden Apparaten sind die bis jetzt im Handel erhältlichen
Handeismaschinen für die Verarbeitung des lauwarmen Wassers tropischer Tiefländer wenig zu empfehlen. Sie bedürfen meist zur Eis-
bereitung eines unter 25° temperirten Wassers, funktioniren sehr
selten und kurzdauernd in wirklich befriedigender Weise und machen
fortdauernde Reparaturen erforderlich, die nicht überall ausgeführt werden können. Ein Apparat, der sich mir sehr gut bewährt hat, und der
auch im Hospitalbetrieb sehr gute Dienste leistet, ist der von der
Kade'schen Oranienapotheke in Berlin konstruirte Kühlapparat, welcher
innerhalb weniger Minuten die Abkühlung einer je nach der Grösse des
Modells verschiedenen Anzahl von Flaschen auf die denkbar einfachste
Art ermöglicht. Das Princip desselben beruht auf der Erzeugung
von Kälte durch die schnelle Auflösung von Salzen, vor allem von
salpetersaurem Natron in Wasser. Der Apparat besteht aus einem
mittels eines aufschraubbaren Deckels verschliessbaren, von einer
Isolirschicht umgebenen Cylinder, in welchem durch schnelles Ver-
rühren eines abgemessenen Quantums des Salzes in Wasser von 25° C.
eine Temperatur von 0° erzeugt wird, die hinreichend ist, den Inhalt
einer Anzahl hineingestellter Flaschen in wenigen Minuten auf die
dem Geschmack entsprechende Temperatur abzukühlen. Da das an
sich schon wenig kostspielige Salz durch Verdunsten des Wassers

---

1) Bei Almann Berlin, Luisenstrasse resp. in der Kade'schen Oranienapotheke.
Berlin.

aus der Lösung in der Sonne oder besser über dem Herdfeuer fast ohne Verlust wiedergewonnen werden kann, sind die Betriebskosten dieses Apparats minimal und sein Gebrauch in den Tropen durchaus zu empfehlen. Wo, wie auf Expeditionen, komplicirtere Apparate, um die Temperatur des Wassers herabzusetzen, nicht in Betracht kommen, müssen primitive Mittel aushelfen, mit welchen allerdings nur eine verhältnissmässig geringe Abkühlung zu erreichen ist. Das bekannte, an Bord viel verwendete Mittel, die Getränkeflaschen in angefeuchteten Strohhüllen oder Säcken in den Zug zu hängen, führt im allgemeinen an den tropischen Küsten zu keiner beträchtlichen Abkühlung wegen des hohen Wassergehalts der Luft, welcher nur während der Mittagsstunden eine bemerkenswerthe Differenz zwischen dem in gleichem Sinne funktionirenden trocknen und feuchten Thermometer des Psychrometers zu Stande kommen lässt. Zur Mittagszeit freilich lässt sich mit diesem Verfahren eine grössere Differenz erzielen; doch ging die Temperatur der auf diese Art abgekühlten Flüssigkeiten nach meinen Beobachtungen an der Kamerunküste unter 23° nicht herunter. Abends und morgens ist eine Abkühlung von mehr als 1° unter Lufttemperatur auf diese Weise überhaupt kaum zu erreichen.

Wirksamer ist die etwas umständlichere Methode der Abkühlung von Getränken durch Feuer. Es wird eine ca. 1 m tiefe Grube ausgeworfen, in diese die Gefässe mit den abzukühlenden Getränken hineingelegt, die Erde wieder darübergeschüttet und festgetreten. Alsdann wird ein Eimer voll Wasser langsam darauf entleert, und, nachdem das Wasser eingezogen, ein Feuer darüber angezündet. Durch die Wärme desselben, welche selber durch den schlechten Wärmeleiter nicht direkt bis zu den Getränken dringen kann, tritt eine erst oberflächliche, dann immer tiefer gehende Wasserverdunstung ein, welche eine erhebliche Wärmemenge bindet und binnen 1—2 Stunden eine Abkühlung um 3—4° zu Stande bringt.

Zum Ersatz des natürlichen Wassers dient in Kamerun sowohl wie in andern tropischen Niederungen an erster Stelle künstliches Mineralwasser mit oder ohne Zusatz von kleinen Mengen Alkohol in Form von Cognak oder Whisky.

Wo das Mineralwasser nicht wie in den grösseren Plätzen Deutsch-Ostafrikas an Ort und Stelle hergestellt sondern importirt wird, ist sein regelmässiger Verbrauch für den minder gut Situirten bei der beträchtlichen Menge von Flüssigkeit, die er namentlich in der Trockenzeit sich zuzuführen gezwungen ist, eine nicht unerhebliche Ausgabe und es wird aus diesem Grunde das Mineralwasser gern durch kalten Thee ersetzt, der in der That namentlich auf Reisen ein sehr empfehlenswerthes Getränk zur Stillung des Durstes ist.

Von hervorragender Bedeutung ist die Auswahl des zur Verwendung im Tropendienst bestimmten Menschenmaterials und die Lebensweise des Einzelnen.

Ein nicht ganz unerheblicher Theil der europäischen Bewohnerschaft der jungen Kolonie besteht, wie in andern Theilen der Tropen aus Leuten, denen der Boden in der Heimath zu eng oder zu heiss geworden. Die häufigen Erkrankungen und Todesfälle reissen in das Personal von

Faktoreien und Plantagen, wohl auch in das der unteren Gouvernementsbeamten Lücken, welche schleunigst ausgefüllt werden müssen, und
zwingen zur Einstellung von Personen, deren Vergangenheit nur geringe
Gewähr für ein geregeltes Leben in der Zukunft giebt, die an Zügel-
losigkeit und Ausschweifungen gewöhnt sind und wenig geneigt, auf den
eignen Körper zu achten.

In den Niederungen an der Küste und den Flussufern führt die Abspannung, in welche wenigstens in den Mittagsstunden die Treibhausluft
Körper und Geist versetzt, zur Anwendung starker und in dieser Umgebung doppelt gefährlicher Reizmittel: das Bewusstsein der steten Gefahr, durch die häufigen Todesfälle naher Bekannter, die man vor kurzem
noch in guter Gesundheit um sich sah, stets unterhalten, verlockt leicht,
wie zu Zeiten schwerer Epidemien in unseren Breiten, den Einzelnen,
sobald und solange er sich körperlich in erträglichem Zustand befindet,
die spärlichen Genüsse nach Möglichkeit und häufig masslos wahrzu-
nehmen, welche seine Umgebung ihm zu bieten vermag.

Für die fernab vom Verkehr in einsamer Buschfaktorei einzeln oder
zu zweit lebenden jungen Kaufleute kommen noch andre Schädlichkeiten
dazu. Häufig in primitiven Blockhäusern, wenigstens während der ersten
Monate ihrer Thätigkeit untergebracht, die sie gegen Regen, Sonne und
Bodenausdünstungen nur unvollkommen schützen, vielfach auf Reisen
und dann auf die Unterkunft in einer ebenerdigen Negerhütte oder dem
im feuchten Urwald aufgeschlagenen Zelt angewiesen, nicht selten ohne
die Möglichkeit, die tagüber beim Durchwandern stark angeschwollener
Wasserläufe oder in strömendem Regen völlig durchnässte Kleidung des
Abends zu trocknen, entbehren sie in der That so ziemlich alles, was
man auch in gesunderer Gegend als für das Wohlbefinden unerlässlich anzusehen sich gewöhnt hat. Ist die Proviantsendung von der Küste, die
weiter im Innern wenigstens meist für Monate auszureichen bestimmt
ist, eingetroffen, so geht es hoch her, und namentlich der Alkohol kommt
in mehr als nützlichem Maass zur Geltung: in der Zwischenzeit oder
wenn die Menge der Niederschläge das Passiren der schmalen Pfade im
Urwald oder der Bachläufe unmöglich gemacht hat und jeder Verkehr
stockt, herrscht nicht selten gradezu Mangel, und der Faktorist ist auf
die Lieferungen von Landesprodukten seitens seiner schwarzen Umgebung angewiesen.

Die auch in geschlechtlicher Hinsicht meist zügellose Lebensweise,
geringe Pflege und häufig recht unzweckmässige Behandlung bei erfolgter
Erkrankung, endlich bei fehlendem Ersatz die Nothwendigkeit, so lange
noch ein Rest von Kraft vorhanden ist nicht allein auf dem Posten
zu bleiben sondern auch die angeknüpften Handelsbeziehungen durch
fortgesetzte Reisen zu erhalten, kommen dazu, um das Leben dieser
Berufsklasse so ausserordentlich gefährlich zu machen und ihre Mortalitätsziffer so hoch ansteigen zu lassen. So wird es erklärlich, dass
eine einzige Handelsgesellschaft meiner Zeit im Verlauf von zwei Jahren
zwölf ihrer grösstentheils im Urwald thätigen europäischen Angestellten
durch den Tod verloren hat.

In mancher Hinsicht ähnlich liegen die Verhältnisse auf Expeditionen, auf welchen im allgemeinen die physikalischen und pathologischen

Schädlichkeiten der Umgebung an sich ebenso wie auf der Buschfaktorei zum mindesten nicht ungünstiger sind als in den grösseren Niederlassungen des Küstengebiets. In noch höherem Maass muss hier häufig die Rücksicht auf den Einzelnen dem eigentlichen Expeditionszweck nachgestellt werden; die provisorische Unterkunft bietet keinen hinreichenden Schutz gegen die Einflüsse der Witterung; der Wirkung von Krankheit gesellen sich die Anstrengungen der Märsche, der häufig lange Zeit hindurch fortdauernde gänzliche Mangel an Ruhe und die durch kritische Situationen bedingte nervöse Aufregung zu, endlich die fast stets fehlende rationelle Behandlung der im Beginn vielfach leicht zu beseitigenden Leiden, da der grösste Theil der im Kamerungebiet unternommenen Expeditionen ärztlicher Begleitung entbehrt.

Unter Verhältnissen wie den angedeuteten wird von hygienischen Maassnahmen eine sehr wesentliche Beeinflussung der Morbilitäts- und Mortalitätsziffer kaum zu erwarten sein, wohl aber ist das der Fall an den dem Verkehr nahe gerückten grösseren Niederlassungen, wo die Beschaffung günstiger Unterkunft und Ernährung sich ermöglichen lässt und die äussere Umgebung einer gesundheitsgemässen Lebensweise keine unüberwindlichen Schwierigkeiten entgegengestellt. Mit der Besserung ihrer sanitären Verhältnisse wird die koloniale Hygiene sich zunächst zu beschäftigen haben.

Dass der Gesundheitszustand dessen, der sich den Gefahren des tropischen Tiefenklimas auszusetzen beabsichtigt, ein völlig unanfechtbarer sein muss und eine genaue ärztliche Untersuchung der Heraussendung vorauszugehen hat, ist von der Regierung seit Gründung der Kolonien nachdrücklich anerkannt, und auch bei den meisten Missions- und Privathandelsgesellschaften ist es Bedingung für die Heraussendung geworden. Bezüglich des Alters gilt im allgemeinen, dass grosse Jugend für das an Entbehrungen wie Versuchungen reiche Leben an der Fieberküste nicht besonders günstig ist. Dieser allgemeine Grundsatz, der eine Reihe von Ausnahmen zulässt und zugiebt, ist nicht sowohl deshalb aufzustellen, weil der jugendliche Organismus den physiologischen und pathologischen Einflüssen des Tropenlebens unter gleichen Lebensbedingungen weniger Widerstandskraft entgegenzusetzen im Stande ist wie der des völlig Erwachsenen, als deshalb, weil die Lebensbedingungen sich sehr vielfach bei dem jugendlichen Individuum infolge von Leichtsinn, Unerfahrenheit und Ueberschätzung der eigenen Kraft gegenüber den Gefahren des Klimas durch die eigne Schuld ungünstiger gestalten, als bei dem, welcher in einem längeren Leben das Maass seiner Kraft richtiger zu schätzen gelernt hat. Unter dem 25. Lebensjahr sollte im allgemeinen eine Heraussendung in diese ungesundesten Theile der Erdoberfläche nicht erfolgen; die namentlich an den jugendlichen Clarks der englischen Handelsgesellschaften gemachten Erfahrungen, welche sehr häufig lange vor erreichtem 20. Lebensjahr herausgeschickt werden, sind im ganzen recht ungünstig und mahnen zur Vorsicht. Nach oben hin sind die Altersgrenzen ziemlich weit zu stecken. Nach dem 40. Lebensjahr wird die Anpassung des Organismus an das ungünstige Klima der Umgebung zunächst grössere Schwierigkeiten machen; ist sie eingetreten, so ist die

Morbilität mindestens keine grössere als bei jugendlicheren Individuen. Eine im Ganzen rationellere Lebensweise ist gewiss nicht an letzter Stelle der Grund dafür, abgesehen davon, dass Personen in diesem Alter sich nicht mehr in besonders exponirte Stellungen herauszubegeben pflegen. Das Herausgehen von Greisen wird praktisch kaum in Betracht kommen. Im allgemeinen vertragen dieselben das tropische Klima recht gut, die Akklimatisation an die tropische Hitze fällt ihnen verhältnissmässig leicht und den schweren akuten Malariafiebern gegenüber scheinen sie wenigstens eine gewisse relative Immunität zu besitzen. Die im Alter von 56—65 Jahren stehenden, theilweis lange vor der deutschen Besitzergreifung in Kamerun als Agenten und Faktoristen ansässigen deutschen und englischen Kapitäne, welche seit Dezennien die Westküste bereisten resp. an der Westküste ansässig waren, haben sich im allgemeinen günstiger Gesundheitsverhältnisse erfreut. Zugleich aber waren sie beweisend für die Richtigkeit der van der Burg'schen Behauptung, dass für solch alte, völlig akklimatisirte Tropen-Europäer der Versuch einer Reakklimatisation an die meteorologischen Verhältnisse der Heimath sehr gefährlich ist. Einige derselben sind unmittelbar nach der in guter Gesundheit erfolgten Abreise von Kamerun in der Heimath gestorben. Malariarecidive im Anschluss an den schroffen Klimawechsel und Pneumonie scheinen in diesen Fällen die hauptsächlichste Gefahr zu sein.

Nicht ganz das gleiche wie für die Männer gilt bezüglich des Alters der Herauszusendenden für die Frauen. Von Bedeutung sind in der Hinsicht die Menstruationsstörungen, welche bei den im klimakterischen Alter stehenden Frauen ziemlich regelmässig und mit besonderer Heftigkeit unmittelbar nach ihrer Ueberführung in die ungewohnten meteorologischen Verhältnisse der afrikanischen Küste sich einzustellen pflegen. Es ist aus diesem Grunde von der Heraussendung von Missionarinnen und Krankenpflegerinnen in dem bezeichneten Alter abzusehen.

Mit organischen Leiden Behaftete sind für den Dienst im tropischen Tiefland principiell als ungeeignet zu bezeichnen. Es gilt das in erster Linie von Herz- und Lungenleiden, wenn man auch keineswegs so selten die Beobachtung macht, dass sich Leute mit gut kompensirten Herzfehlern und beginnender Lungentuberkulose eine Zeit lang durchaus nicht schlecht darin befinden, beträchtlichen Anstrengungen sich gewachsen zeigen und selbst schwere Fieber ohne auffällige Beeinträchtigung ihrer Widerstandsfähigkeit überstehen. Einer meiner Bekannten, welcher seit 22 Jahren mit einer Aorteninsufficienz behaftet ist, hat während eines dreijährigen Aufenthalts in Afrika 5 Schwarzwasserfieber, ausser anderen leichteren Erkrankungen durchgemacht, ohne dass deshalb die auch zur Zeit noch vollkommene Compensation eine Unterbrechung gezeigt hätte. Es ist das natürlich immer als eine seltene Ausnahme anzusehen, und der Nachweis eines Klappenfehlers ärztlicherseits bei der Untersuchung eines Anwärters für den Kolonialdienst unter allen Umständen Grund zur Zurückweisung desselben. Dasselbe gilt von der Tuberkulose, obwohl ich auch hinsichtlich ihrer die verbreitete Ansicht, dass dieselbe sich in den Tropen besonders florid entwickele, keineswegs allgemein bestätigt gefunden habe. In 2 von mir beobachteten Fällen von beginnender, durch die mikroskopische Untersuchung sichergestellter Tuberkulose — in beiden Fällen war die Krankheit unzweifelhaft lange vor dem Herauskommen des Befallenen nach Kamerun aquirirt — zeigte das Leiden im Gegentheil während einer 6 resp. 8 monatlichen Beobachtungszeit keinerlei Neigung zum Fortschreiten, was mit der völligen oder fast völligen lokalen Immunität dieses Theils der Westküste, sowie dem gänzlichen Fehlen korpuskulärer, die Lungen reizender, Beimischungen der Athemluft in Verbindung zu bringen sein mag.

Einen um so florideren Verlauf zeigte freilich ein dritter Fall bei einem bereits in weit vorgeschrittenem Stadium der Tuberkulose in Kamerun eingetroffenen, zugleich mit Diabetes behafteten Kranken.

Ausser auf Herz- und Lungenkrankheiten ist auf etwa vorhandene Nierenaffectionen zu achten, da solche bei den ausserordentlichen Anforderungen, welche gerade die berüchtigtste Krankheit der Küste, das Schwarzwasserfieber, an dieses Organ stellt, besonders leicht für den Träger verhängnissvoll werden können.

Hervorragende Neigung zu Magen- und Darmkatarrhen lassen gleichfalls die Tropendienstfähigkeit ausschliessen.

Ist der Anwärter ohne jeden organischen Fehler, dabei nicht in auffälligem Grade blutarm, in welcher Hinsicht das blosse Aussehen recht häufig täuscht und nur die mikroskopische Untersuchung resp. die Untersuchung der Färbekraft des Blutes Sicherheit geben kann, ist er nicht besonders nervösen Temperaments und über den leisesten Verdacht des Morphinismus erhaben, so sollte man nach den gemachten Erfahrungen eine besonders robuste Natur, beträchtlichen Brustumfang, mächtige Knochen- und Muskelentwicklung nicht zur Bedingung der Annahme machen, da dieselbe keineswegs hervorragend günstige Chancen gegenüber den Gefahren des Klimas zu bieten scheint, und andrerseits, wenigstens in den Stellungen, in welchen nicht Ansprüche an besondere Körperkräfte gestellt werden müssen, zarte und anscheinend nicht besonders widerstandsfähige, aber natürlich völlig gesunde Leute sich im ganzen weniger geneigt gezeigt haben, an den schwersten, akutesten Fieberformen zu erkranken.

Die Zeit zum Herausgehen nach Westafrika wird in den seltensten Fällen in die Wahl des Einzelnen gestellt sein; in der Hinsicht wie in mancher anderen werden meist die sanitären Forderungen gegenüber praktischen resp. materiellen zurücktreten müssen. Wer die Wahl ausnahmsweise hat, sollte in der Regenzeit oder doch während der Uebergangsperioden herausgehen, wo die Temperaturdifferenz zwischen dem europäischen Sommer, welchen er verlässt und der kühlen Zeit in Kamerun, in welche er hineinkommt und dementsprechend auch die Ansprüche an die bei der Akklimatisation in Betracht kommenden Organe relativ geringe sind, wie ich das in einigen Fällen selbst objektiv nachweisen konnte. Demgegenüber lege ich auf die Thatsache, dass die Regenzeit die Hauptfieberzeit in Kamerun darstellt, weniger Gewicht. Eine Akklimatisation an das Fieber giebt es, wenigstens innerhalb dieser relativ kurzen Zeit nicht, die Fälle, in welchen die häufig besonders heftigen erstmaligen Erkrankungen länger als wenige Monate auf sich warten lassen, sind selten, in welcher Jahreszeit der Neuankömmling auch in Kamerun eingetroffen ist, und es ist zweckmässig, dass nicht der ohnehin durch die Akklimatisation an völlig veränderte meteorologische Verhältnisse stark in Anspruch genommene und relativ geschwächte Körper von denselben ergriffen wird.[1]

Meine Erfahrungen bezüglich medikamentöser Malariaprophylaxe während der ersten Wochen des Aufenthalts in Kamerun habe ich bei Besprechung der Krankheit selbst bereits dargethan und mich als Anhänger einer konsequenten Chinindarreichung in 5–8 tägigen Zwischenräumen während der ersten Wochen der Akklimatisation bekannt.

Es wäre im folgenden mit möglicher Kürze die für die Erhaltung der Gesundheit rationelle Tageseintheilung zu besprechen, wobei ich, wie bereits an früherer Stelle angedeutet, in erster Linie die in den kleineren und grösseren Niederlassungen stationirten Europäer im Auge habe.

Eine zweckmässige Zeiteintheilung ist bei der im allgemeinen ermüdend einförmigen Lebensweise an der Küste von beträchtlicher Bedeutung. Vor allem gilt es, die wenigen Stunden, welche ein erträgliches, ja selbst ein erfrischendes Klima bieten, möglichst vollkommen dem Körper nutzbar zu machen.

Aufstehen mit dem ersten Erscheinen der Morgendämmerung ist eine wichtige Voraussetzung für ein völliges Wohlbefinden in den Tropen, speciell in einem Land mit der Treibhausluft Kameruns. Die von van der Burg[2] wie von Schwalbe[3] gegen die frühen Morgenstunden in den Tropen geltend gemachten Bedenken habe ich ebenso wenig wie Martin[4] berechtigt gefunden.

Bad oder Dusche eröffnen mit Recht in fast allen Theilen der Tropen die Tagesthätigkeit, am besten nicht später als um 6 Uhr früh. Die Morgenmahlzeit sollte gleich nach dem Aufstehen zwischen 6 und 7 Uhr eingenommen werden und mit Rücksicht auf den zu dieser Zeit meist recht regen Appetit eine reichliche und abwechslungsvolle sein. Ein kurzer Spaziergang in der erfrischenden Morgenluft schliesst sich zweckmässig an die Mahlzeit an. — Die folgenden Stunden bis zum Höhertreten der Sonne sind vor allem zu intensiver geistiger Arbeit und produktivem Schaffen geeignet, während von etwa 10 Uhr ab, nachdem die Landbrise abgeflaut, und Windstille mit ihrer bedrückenden Schwüle eingetreten ist, sich kaum noch oder doch nur kurze Zeit erfolgreich arbeiten lässt. Während der folgenden, wegen jeglichen Mangels von Luftzug schlimmsten 2–3 Tagesstunden, bis zum Einsetzen der Seebrise ist nur eine mehr oder weniger mechanische Thätigkeit möglich, wenigstens für den, welcher dem Einfluss des Klimas sich bereits

1) Müller (Die Malaria in Kamerun. Berl. Klin. Wochenschr. 1888) vertritt im Gegentheil die Ansicht, dass die heisse aber relativ fieberfreie Trockenzeit bessere Bedingungen für die Akklimatisation biete.

2) van der Burg, De geneesheer in Hollandsch Indië. l. c.

3) Schwalbe, Virchow's Arch. CV. 1888. pag. 486.

4) Martin. Aerztliche Erfahrungen über die Malaria in den Tropen.

seit längerer Zeit hat aussetzen müssen. Dem, welchen sein Beruf dazu nicht zwingt, ist grade zu dieser Zeit der Aufenthalt am Flussufer, namentlich bei Ebbe dringend zu widerrathen.

Gegen 1 Uhr, etwa zur Zeit des absoluten Temperaturmaximums, bringt die Seebrise wieder einige Erfrischung. Es pflegt zu dieser Zeit ziemlich allgemein die Mittagmahlzeit eingenommen zu werden. Nach derselben verdunkelt sich ebenso allgemein das Innere der Häuser und die Bewohnerschaft hält ihren Nachmittagsschlaf. Ueber die hygienische Nützlichkeit resp. Zulässigkeit desselben in den Tropen sind die Ansichten getheilt. Unzweifelhaft gehört für den, welcher bereits längere Zeit dort zubrachte, ein nicht geringes Maass von Energie dazu, der Müdigkeit zu widerstehen, denn die bei der Mehrzahl der Bewohnerschaft von Kamerun wenigstens als Theilerscheinung der allgemeinen Anämie bestehende relative Blutleere des Gehirns wird durch die Füllung der Abdominalgefässe während der Verdauungsthätigkeit noch ausgesprochener und empfindlicher und bringt in Verbindung mit der Beeinflussung der Hautnerven durch Hitze und Schweiss, einen Zustand hochgradiger Ermattung hervor. Trotzdem stimme ich Kohlstock[1]) in der Verwerfung des Nachmittagsschlafes in den Tropen durchaus bei. Wenn die unmittelbare erschlaffende Wirkung desselben auch durch eine sogleich danach genommene Dusche oder ein Bad einigermassen aufgehoben wird, so hinterlässt er doch niemals ein Gefühl der Erfrischung und beeinträchtigt fast in jedem Fall die für viele wenigstens in der heissen Jahreszeit ohnehin schon problematische Nachtruhe. In jedem Fall sollte es vermieden werden, eine horizontale Lage nach der Mittagsmahlzeit einzunehmen. Starker Kaffee und Lektüre bei sitzender Haltung sind sehr zweckmässige Unterstützungsmittel zur Bekämpfung der schwer bezwinglichen Versuchung. — Die späteren Nachmittagsstunden etwa von 3 Uhr an dienen der Mehrzahl der europäischen Bewohner von Kamerun wieder zur Erledigung der Berufsgeschäfte. Gegen 5 athmet mit Schluss der Dienststunden der Beamte und Faktorist auf, und es beginnt die Zeit der Erholung von den Strapazen des Tages.

Es sollte diese Zeit in ausgiebigster Weise, weit mehr als im allgemeinen bisher in den deutschen Kolonien geschieht, der Körperübung und Bewegung gewidmet sein. Auf die Schaffung geeigneter Gelegenheit und Anregung dazu lege ich ein besonderes Gewicht. Sie dient in hervorragendem Maass dazu, der körperlichen und geistigen Erschlaffung entgegenzuarbeiten, zu welcher der Einfluss des tropischen Tieflandklimas so leicht führt.

Es können in der Hinsicht namentlich die Engländer unsere Lehrer und Vorbilder sein, welche ihren heimischen Sport, Lawn Tennis, Fussball und Pferderennen zum Nutzen für ihre Gesundheit überall mit sich genommen haben in ihre tropischen Kolonien und ihn in Singapore und

1) Kohlstock, Aerztlicher Rathgeber für Deutsch-Ostafrika. Berlin. Verlag von Springer.
Kohlstock, Aerztlicher Rathgeber für Ostafrika. pag.

Hongkong mit nicht geringerer Leidenschaft betreiben als in England selbst. Ganz besonders gesunde Bewegungen in den Tropen sind Reiten und Kegelschieben im Freien, die leider lange noch nicht die genügende Würdigung in unsern Kolonien gefunden haben. Die spärlichen bisher mit dem Pferdeimport aus Lagos in Kamerun gemachten Erfahrungen sind durchaus günstig gewesen und lassen auch vom ärztlichen Standpunkt aus dringend wünschen, dass sie zunehmen, und dass der Reitsport allmählich den wenigstens in der nächsten Umgebung von Kamerun bezüglich des Resultats fast ganz aussichtslosen Jagdsport verdrängen möchte, welcher meinerzeit die einzige sonntägliche Abwechslung der europäischen Bewohnerschaft bildete, die mit körperlicher Bewegung verbunden war. Da ihr Ziel stets die kleinen Flussläufe und Kreeks um die Niederlassung selbst bildeten, waren sie sehr häufig nach Verlauf einiger Tage von Fieberanfällen gefolgt.

Mit völligem Einbruch der Dunkelheit gegen 7 Uhr abends pflegt, gleichfalls so ziemlich in allen Theilen der Tropen, die Abendmahlzeit stattzufinden. Nach derselben finden sich die, welche Neigung oder Beruf nicht zu weiterer Arbeit in ihrer Wohnung veranlasst, entweder gesellig zu gemeinsamer Unterhaltung zusammen oder gehen für sich ihrem weiteren Vergnügen nach. In der erfrischenden Nachtluft ist geistige Arbeit wieder in vollem Umfang möglich, und die Bedeutung einer zweckmässigen luftigen Veranda kommt zu voller Geltung. Vom Aufenthalt im Freien um diese Zeit braucht Niemand Schaden zu fürchten. Die Nachtluft dringt in die Räume eines gut ventilirten Tropenhauses doch so gut wie ungehindert ein und sie ist gewiss nicht schädlicher wenn sie im Freien selbst als wenn sie im Zimmer eingeathmet wird. Ein wesentlicher Theil der tropischen Hygiene besteht darin, dafür zu sorgen, dass durch zweckmässige Vorkehrungen die Versammlungen nicht den Charakter regelmässiger, bis in den Morgen hinein fortgesetzter Kneipgelage bekommen, und dass die Unterhaltung nicht allein in Alkohol und schwarzen Weibern besteht. Hier tritt das für die Wohnung im allgemeinen Gesagte besonders in sein Recht und die Kosten, welche durch Schaffung gemüthlicher, wirklich komfortabel eingerichteter Kasino- resp. Messräume, die mit Büchersammlungen, Billard, Kegelbahn, Klavier u. s. w. ausgerüstet sind, entstehen, werden sich mit der Zeit in vieler Hinsicht bezahlt machen und stellen grade in dieser Umgebung nichts weniger dar als einen müssigen Luxus und eine zwecklose Spielerei.

Zur Ruhe begebe man sich nicht sehr früh und jedenfalls nicht unter dem Einfluss der im Anschluss an die Abendmahlzeit häufig entstehenden für kurze Zeit wenigstens oft intensiven Müdigkeit. Dieselbe gewährleistet keineswegs eine ungestörte Nachtruhe. Andrerseits sollte ein späteres Schlafengehen als 11 oder 12 Uhr mit Rücksicht auf die Zweckmässigkeit frühzeitigen Wiederaufstehens vermieden werden. Ueber die Nützlichkeit einer kalten Dusche vor dem Zubettgehen ist bereits bei Besprechung der tropischen Schlaflosigkeit das erforderliche gesagt worden. Nach meinen Erfahrungen ist durchaus nichts dagegen einzuwenden, wenn nachts Thüren und Fenster offen gehalten werden, um der nächtlichen Brise ungehinderten Eintritt in das Schlafzimmer zu gestatten. Ich selbst habe das während fast zweijährigen Aufenthalts an der afrikanischen Westküste stets gethan und niemals einen Schaden davon bemerkt, solange ich völlig gesund war. Bei vorübergehender Indisposition durch Gelenkrheumatismus oder Enteritis gelten natürlich andere Grundsätze.

Von Bedeutung in hygienischer Hinsicht sind die sexuellen Verhältnisse in der Kolonie namentlich mit Rücksicht auf die unter den eingeborenen Weibern sehr stark verbreitete Gonorrhoe und die Verhütung eines Umsichgreifens der, wie bereits gesagt, erst neuerdings in vereinzelten Fällen aufgetretenen Syphilis. Ueber die ethische Seite der Frage, welche bereits zu scharfen Diskussionen auch in der ärztlichen Litteratur geführt hat, ist hier nicht der Ort zu verhandeln. Dieselbe mag getrost als in das Gebiet der Missionsthätigkeit gehörig den Vertretern derselben überlassen werden.

Die Erfahrung hat gezeigt, dass es keinen Völkerstamm mit so missgestalteten Weibern auf der Erde giebt — und die Kamerunnegerin dürfte bezüglich Hässlichkeit und Missgestalt wohl getrost die Konkurrenz mit den Vertreterinnen ziemlich jedes anderen Volksstammes aufnehmen — dass die eingewanderten Europäer nicht fast ausnahmslos mit denselben in regen geschlechtlichen Verkehr und häufig in ein wenigstens zeitweise an eheliche Gemeinschaft erinnerndes Verhältniss zu treten bereit wären.

Die letztere Art des Verhältnisses ist unzweifelhaft die nützlichere, insofern, wie Falkenstein das mit Recht hervorhebt, die auf diese Weise „geheirathete" Negerin für den in der Buschfaktorei einsam und von menschlicher Hülfe weit entfernten Faktoristen oder für das Expeditionsmitglied im Busch eine sehr gewissenhafte und sorgsame Pflegerin in Krankheitsfällen inmitten einer im übrigen meist gänzlich unzuverlässigen Umgebung ist. Zugleich ist sie ein gewisser Schutz gegen die Gefahren der rings üppig gedeihenden Prostitution, zu welcher der Neger seine Sklavinnen oder auch seit längerer Zeit bereits in seinem Besitz befindlichen Frauen, sehr viel seltener seine Töchter verwendet, da der letzteren Verkaufswerth dadurch beeinträchtigt werden würde.

Durch regelmässige ärztliche Untersuchungen und Internirung der krank befundenen Weiber in gewissem Maasse wenigstens dem Umsichgreifen der Gonorrhoe entgegenzutreten ist verschiedentlich, aber jedesmal ohne redenswerten Erfolg versucht worden, da bei dem Uebergehen der gelegentlichen in die gewerbsmässige Prostitution eine Grenze schwer oder gar nicht gezogen werden konnte und auch die Kontrolle der Soldatenweiber bei den weit ausgedehnten geschlechtlichen Beziehungen der Männer in der „Stadt" den erstrebten Zweck nicht erreichen liess. So war in der That geraume Zeit lang mindestens der dritte Mann der damaligen Polizeitruppe mit Gonorrhoe behaftet; bei der Harmlosigkeit mit der in der überwiegenden Mehrzahl der Fälle die Krankheit verlief und der grossen Seltenheit von bedenklichen Komplikationen war die Nothwendigkeit, Diensterleichterungen für die Kranken eintreten zu lassen, eine äusserst seltene Ausnahme.

Während von einer prophylaktischen Bekämpfung der Gonorrhoe bei dem derzeitigen Entwicklungszustand der Kolonie ein in Betracht kommender praktischer Erfolg nicht erwartet werden darf, ist die Verhütung eines Umsichgreifens der Syphilis im Küstengebiet für dieselbe von immenser praktischer Bedeutung und dürfte sich durch energisches Aufspüren und Unschädlichmachen der Quelle im Falle des Auftretens frischer Erkrankungen wohl ohne besondere Schwierigkeiten erreichen lassen.

Von Maassnahmen allgemeiner Art zum Schutz der Gesunden gegen Erkrankung sind in der Kolonie, ausser den bereits an früherer Stelle besprochenen, welche sich auf Verbesserung der Wasserversorgung, Wohnungs- und Beköstigungsverhältnisse beziehen, von Bedeutung Durchführung ärztlicher Untersuchung der die Kolonie anlaufenden Seeschiffe und regelmässige Schutzimpfungen gegen Pocken, sowie die Beaufsichtigung der Abfuhr und der Begräbnissplätze.

Durch die ärztliche Untersuchung der anlaufenden Schiffe soll eine gewisse Sicherheit gegeben werden gegen die Einschleppung von Cholera, Gelbfieber und Pocken, andre Krankheiten kommen praktisch einstweilen nicht in Betracht. Die Choleragefahr wurde im Jahr 1891 und 1892 bei dem rapiden Umsichgreifen der Seuche in Senegambien akut; zur Zeit dürfte sie wieder auf ein minimales Maass reducirt sein. Gelbfieber hat bereits mehrmals, wie an einer früheren Stelle specieller ausgeführt, namentlich 1829 in dem der Kamerunküste gegenüberliegenden Fernando Po starke Verheerungen angerichtet[1], und sich der Kolonie in bedenklicher Weise genähert. Freilich mag unter den sporadisch auftretenden Fällen wohl auch manche Verwechslung mit Schwarzwasserfieber mit untergelaufen sein. Die Pocken, deren Einschleppung auf dem Landweg bei der Art des westafrikanischen Handels zur Zeit noch keine sehr naheliegende Gefahr darstellt, werden an den nördlicher gelegenen Theilen Westafrikas häufig an die Küste gebracht und könnten von dort, wie im Jahre 1891 durch die freigekauften Dahomesklaven Gravenreuth's, wohl einmal wieder in die Kamerunkolonie eingeschleppt werden. Namentlich die jedes Jahr von der Liberiaküste und Goldküste, sowie aus Lagos importirten Farbigen bedürfen in der Hinsicht geeigneter Ueberwachung. Als Station der sanitären Schiffskontrolle kommt der zunächst im Schutzgebiet angelegte nördlichste Küstenplatz, Victoria naturgemäss in erster Linie in Betracht; — eine Einschleppung von Seuchen von Süden her ist bei den pathologischen Verhältnissen im südlichen Theil der Westküste einstweilen nicht zu befürchten. Zu meiner Zeit war in Victoria ein Arzt nicht stationirt und die Quarantäneuntersuchung fand in Kamerun selbst statt. Mit Rücksicht auf den mächtigen Aufschwung, den der Plantagenbau im Kamerungebirge letzter Zeit zu nehmen verspricht und auf die Gründung von Sanatorien oberhalb Victoria in Buea und Bonjongo ist die Stationirung eines Arztes in Victoria sicher nur eine Frage der nächsten Zukunft.

Zur Verhütung eines Umsichgreifens der Pocken für den Fall von deren Einschleppung sind bereits seit 5 Jahren in kürzeren Zwischen-

[1] Bryson. Report on the climate and principal diseases of the African station. pag. 68.

raumen Impftagen in grösserem Umfang sowohl der eingebornen Bewohnerschaft wie der seit längerer Zeit nicht geimpften europäischen
Einwanderer von den Regierungsärzten ausgeführt worden. Dieselben
haben im Gegensatz zu den in Ostafrika während eines grossen Theils
des Jahres gemachten Erfahrungen im Ganzen einen sehr günstigen Erfolg gehabt. Bei der beschränkten Haltbarkeit der Lymphe in den
Tropen — dieselbe erwies sich mir bei der gewöhnlichen Aufbewahrungs-
art in den Postkammern der Dampfer bei einer mittleren Temperatur
von 26,5° an Land bereits nach 4 Wochen in ihrer Wirksamkeit wesentlich abgeschwächt, nach 3 Monaten vollkommen unwirksam — ist für
einen regelmässigen Ersatz durch frische Lymphe Sorge zu tragen.
Uebrigens gelingt es auch ohne dieselbe durch systematische Ueber-
impfungen von Arm zu Arm, welche bei dem völligen Fehlen von Tuberkulose und der grossen Seltenheit von Lepra und Syphilis in Kamerun
wenig bedenkliches haben und nur mit Rücksicht auf Filaria sanguinis
eine gewisse Vorsicht erfordern, bei einiger Aufmerksamkeit leicht, sich
dauernd im Besitz brauchbaren Impfmaterials zu halten. Für die Theil-
nehmer an Expeditionen ins Innere, europäische wie eingeborne, sollte
nach den nunmehr in mehr als hinreichendem Umfang bei der Wiss-
mann'schen Seenexpedition, der letzten Expedition Emin Pascha's,
der Togoexpedition Gruner's und der wegen des Todes ihres Führers
gescheiterten Tschadseeexpedition v. Gravenreuth's gemachten Erfahrungen die Schutzimpfung völlig streng obligatorisch sein, sowohl um
die Expedition selbst zu sichern, als auch um einer Verschleppung der
Krankheit an die Küste vorzubeugen.

Die Beseitigung der Fäkalien und sonstigen Abfallstoffe geschieht in Kamerun im allgemeinen durch direktes Hineinbefördern in die
Flussläufe, deren Ufer den Eingeborenen zugleich als Abtritt dienen, namentlich zur Ebbezeit. Es wäre gegen diese Art der Abfuhr auch nichts
einzuwenden, wenn die Flüsse, im besondern der Kamerunfluss, nicht,
wie bereits erwähnt, zum Baden, ihr Wasser zum Mundausspülen und
Trinken benutzt würde. In nächster Zeit wird sich in der Hinsicht
freilich eine wesentliche Aenderung kaum erreichen lassen. — Die Abort-
anlagen für Europäer bestehen in transportablen Eimerklosets, auf deren
tägliche Entleerung und Reinigung durch die eigens zu diesem Dienst
angestellten schwarzen Jungen besonderer Nachdruck zu legen ist.

Eine regelrechte Abfuhr der Küchenabfälle und sonstigen Ueber-
reste des Haushalts in der Umgebung der Negerhäuser existirt zur Zeit
nicht. Dieselben sammeln sich solange an, bis einer der in kurzen
Zwischenräumen herabkommenden schweren Regen sie direkt oder durch
Vermittlung der Bachläufe, welche dann die zahlreichen in das Flussbett einmündenden Schluchten ausfüllen, in dieses hineinspült. Eine
wesentliche Verunreinigung der Negerstadt ist auf diese Weise für den
grössten Theil des Jahres so gut wie ausgeschlossen. Die Regen
beseitigen zugleich die reichlich sich auf und zwischen den die Stadt
durchziehenden schmalen Pfaden ansammelnden Exkremente der Ziegen,
Schaafe, Schweine, Rinder und Hunde, sowie des zahlreichen Geflügels,
welches sich in ihr frei herumtreibt. Für die Regenzeit hat sich diese
natürliche oberirdische Kanalisation ausreichend erwiesen. In der

Trockenzeit wäre eine systematische Beseitigung des Unraths doch wünschenswerth.

Die derzeitige Art der Leichenbeseitigung in Kamerun hat im Fall des Ausbruchs ansteckender Krankheiten unzweifelhaft ihr bedenkliches und eine allmähliche Aenderung derselben, die zunächst wohl lebhaften Widerstand bei den Schwarzen finden wird, ist anzustreben. Die Duallas bestatten ihre Todten zur Zeit in Gräbern, welche sie in der Hütte auswerfen, in der der Todte bei Lebzeiten gewohnt hat. Das Grab ist ca. 2 m tief, der Todte wird in sitzender Haltung hineinversenkt, dann das Grab zugeschüttet und der Boden darüber festgestampft. Das Haus wird ganz allgemein weiter bewohnt. Bei der Lage zahlreicher Hütten an mehr oder weniger steilen Abhängen mit Gefälle nach den die Stadt durchziehenden Rinnsalen und Schluchten ist es nicht ausgeschlossen, dass das Wasser infektiöse Keime in den Gräbern aufnimmt und in die Wasserläufe hineinspült.

Ebensowenig wie bezüglich der strengen hygienischen Anforderungen nicht genügenden Art der Beerdigung bei den Duallanegern dürfte in nächster Zeit gegenüber den bei verschiednen am Oberlauf des Kamerunflusses ansässigen Stämmen gehenden Gebräuchen mit polizeilichen Maassregeln etwas zu erreichen sein, welche die Leichen ihrer Sklaven ohne Weiteres in den Fluss werfen, vor dessen Mündung sie alsdann durch die mit den Gezeiten wechselnde Strömung bis zu ihrer völligen Auflösung resp. ihrer Vernichtung durch Fische oder Krokodile umhergetrieben werden.

Es wäre im Folgenden der Maassnahmen zu gedenken, welche geeignet erscheinen, für den einzelnen Kolonisten die Chancen dauernder Erhaltung seiner Gesundheit resp. schneller Heilung im Erkrankungsfall so günstig als möglich zu gestalten.

Es kommt in der Hinsicht in Betracht die Sorge für das Vorhandensein einer hinreichenden Zahl in der Tropenpathologie erfahrener Aerzte, wo diese fehlen für möglichste Aufklärung der gebildeten Laien über das Wesen und die zweckmässige Behandlung der Krankheiten, welche den Herausgehenden in der Kolonie erwarten, die Schaffung möglichst günstiger Verhältnisse zum Ueberstehen der Krankheiten selbst in zweckmässig eingerichteten Hospitälern und ihrer Folgezustände in günstig gelegenen Sanatorien.

In einer Kolonie wie Kamerun, — und in der Hinsicht entspricht der grösste Theil der tropischen Kolonien Westafrikas dieser mehr oder weniger genau -- wird der Vortheil einer rationellen ärztlichen Behandlung stets nur einem verhältnissmässig kleinen Procentsatz der Bewohner zu Theil werden können. Es liegt das an der Entlegenheit, bezugsweise der völligen Unerreichbarkeit der Mehrzahl der weit über das Gebiet der Kolonie zerstreuten Handelsniederlassungen, an der Länge der Zeit, die infolge dessen vergeht, bis nur die Nachricht von einer schweren Erkrankung von da zu dem nächstwohnenden Arzt gelangt ist und in welcher dieser im günstigsten Fall den Kranken besuchen kann. In dieser Zeit hat sich in der überwiegenden Zahl der fast ausschliesslich in Betracht kommenden akuten Fälle

die Krankheit im günstigen oder ungünstigen Sinne bereits entschieden.
Selbst bei räumlich nicht weit von einander gelegenen Plätzen
schaffen die elementaren Gewalten namentlich während der dauernden
Regen Schwierigkeiten, welche eine Kommunikation häufig wochenlang fast unmöglich machen. Für die Küstenplätze ist eine Besserung der bestehenden sanitären Verhältnisse in der Hinsicht durch
Schaffung eines auch aus andern Gründen wünschenswerthen regelmässigen Seeverkehrs zu erstreben und wohl durchführbar. Mittels
desselben könnte ein Arzt wenigstens die grösseren Niederlassungen in
gewissen Zwischenräumen regelmässig besuchen, Rath ertheilen und die
schwerer Erkrankten in das Regierungshospital überführen. Es würde
eine derartige Thätigkeit durch die Vielseitigkeit des zunächst freilich nur
zu flüchtiger Beobachtung kommenden Krankenmaterials eine gute Vorbereitung für die Wahrnehmung einer späteren Hospitalarztstelle in der Kolonie sein.

Wir dürfen uns darüber nicht täuschen, dass die Ausbildung
unserer Kolonialärzte zur Zeit im Gegensatz zu der bei allen civilisirten
Kolonialmächten im allgemeinen eine der Verbesserung recht bedürftige ist.
Das deutsche Kolonialarzthum — vielleicht ist es überhaupt noch gar
nicht berechtigt, von einem solchen zu sprechen — laborirt zunächst
an der Unmöglichkeit, in Deutschland selbst Kenntnisse auf dem Gebiet der Tropenpathologie anderswoher als aus Büchern sich zu
erwerben — grösstentheils aus ausländischen Büchern, erst in neuester
Zeit sind von Scheube in sehr dankenswerther Weise die Ergebnisse der
bisherigen Forschung über die wichtigsten Krankheiten der Tropen auch
in deutscher Sprache zusammengestellt und bearbeitet worden. Die
spärlichen Fälle tropischer Krankheiten, welche als rarissimae aves einmal in deutschen Kliniken zur Demonstration und Besprechung gelangen,
ändern daran gewiss nichts. Ferner ist im allgemeinen die Zeit, welche
der deutsche Arzt sich dem Studium der tropischen Pathologie widmet,
zu kurz, um sich gründliche Kenntnisse in ihr anzueignen. Eine berufs-
mässige kolonialärztliche Laufbahn wie im Ausland hat sich in Deutschland bisher noch nicht herausgebildet. Bei uns sind die auf dem Gebiet der
Kolonialmedicin arbeitenden Aerzte entweder Schiffsärzte, welche diesen
Beruf in der überwiegenden Mehrzahl nach eben bestandenem Staatsexamen
antreten und häufig geneigt sind, ihre auf einer oder einigen Reisen
unter ganz exceptionellen Bedingungen gemachten Erfahrungen viel weiter
als berechtigt zu verallgemeinern, und auf die vielfach ganz abweichenden
Verhältnisse an Land ohne weiteres zu übertragen oder Militärärzte,
welche zum nicht geringen Theil in der 2 – 3 jährigen Abkommandirung
nach Afrika eine amüsante und anregende Unterbrechung ihrer häufig
etwas einförmigen europäischen Dienstzeit erblicken und für welche der
Rücktritt in den heimathlichen Militärdienst nur eine Frage mehr oder
weniger kurzer Zeit ist. Es ist erklärlich, dass unter diesen Umständen ein tiefergehendes Interesse für die pathologischen und hygienischen
Verhältnisse ihrer zeitweiligen fremdartigen Umgebung bei ihnen nicht
grade die Regel ist.

Jedenfalls fehlt es durchaus an Aerzten, welche während langdauernder Thätigkeit in unsern Kolonien umfangreiche Erfahrungen er-

worben haben. Die Mehrzahl verlässt dieselben kurze Zeit, nachdem sie über die anfänglich unvermeidliche Unsicherheit gegenüber den vielfachen neuen Krankheitserscheinungen hinausgekommen. So dienen in nicht wenigen Fällen die erkrankten Körper der Bewohner in unseren Kolonien als Objekte für therapeutische Versuche ziemlich unerfahrener Experimentatoren in ähnlicher Weise wie das, freilich während eines kurzen Zeitraums, für die aus den Tropen heimkehrenden Europäer an Bord der Fall ist. Das Ansehen, welches dem jungen, eben herausgekommenen und nach kurzer Zeit wieder zur Ablösung bestimmten Arzt seitens der alteingesessenen Residenten der Kolonie im allgemeinen entgegengebracht wird, entspricht demgemäss denn auch etwa dem, welches seitens derselben dem jungen Schiffsarzt zugemessen wird. Es ist nicht sehr bedeutend.

Wichtig wäre zunächst eine theoretische Ausbildung in der Heimath, in welcher der angehende Kolonialarzt über die in sanitärer Hinsicht so wichtigen klimatischen Verhältnisse der Tropen mit ihren wesentlichen Unterschieden zwischen Küste und Innerm, Tiefland und Hochland belehrt würde und zugleich Anregung und Anleitung für die selbständige Ausführung meteorologischer Beobachtungen gewänne. Sehr wünschenswerth wäre es, wenn die theoretischen Belehrungen mit Demonstrationen tropischer Krankheitsfälle verbunden werden könnten.

Das erforderliche Krankenmaterial würden unsere bedeutenden Seestädte leicht zu liefern im Stande sein. Dementsprechend käme dort die Gründung eines kleinen Hospitals für Tropenkranke oder einer eignen Abtheilung für solche in einem ihrer grossen Krankenhäuser in erster Linie in Betracht und würde sich ohne in Betracht kommende Schwierigkeiten ermöglichen lassen. In einem solchen Hospital hätte der angehende Kolonialarzt die Gelegenheit tropische Krankheitsbilder kennen zu lernen und die für Tropenkrankheiten vorzugsweise wichtigen chemischen und mikroskopischen Untersuchungsmethoden am Krankenbett selbst zu üben. Zugleich könnte er unter Bezugnahme auf konkrete Fälle auf die vielen in der tropischen Pathologie und Therapie noch strittigen Fragen in weit wirksamerer Weise hingewiesen werden, als das durch einen blossen theoretischen Vortrag oder das Studium eines wissenschaftlichen Werkes möglich ist.

Es wäre endlich eine solche Anstalt, mit einem gut ausgerüsteten Laboratorium verbunden, eher im Stande, über viele die Aetiologie tropischer Krankheiten bezügliche Fragen Licht zu verbreiten, als der einzelne vielfach durch die Praxis und Verwaltungsgeschäfte in Anspruch genommene Hospitalarzt in einer tropischen Niederlassung selbst, dem es namentlich bei langem Aufenthalt draussen nicht leicht wird, mit den Fortschritten seiner Wissenschaft in der Heimath Schritt zu halten.

Zu erweitern wären die in einem Institut der bezeichneten Art erworbenen Kenntnisse durch eine praktische Ausbildungszeit an einem der bereits bestehenden und wahrscheinlich in kurzem nicht unbeträchtlich zu vermehrenden Hospitäler der Kolonien, denn die aus ihrer natürlichen Umgebung herausgerissenen Fälle von Tropenkrankheiten, welche der Arzt in der Heimath zur Beobachtung bekommt, zeigen doch in mancher

Hinsicht Abweichungen gegenüber den natürlichen Verhältnissen an ihrem Entstehungsorts.

Erst nach Ablauf einer Vorbereitungszeit der bezeichneten Art wäre die Zulassung zur ärztlichen Praxis in der Kolonie zu gestatten.

In Holländisch-Indien ist die letztere vom Bestehen eines besonderen, sehr eingehenden Examens abhängig gemacht, von welchem auch der in Holland selbst approbirte Arzt nicht dispensirt ist. Dispensirt sind nur die Militärärzte für die Dauer ihrer Dienstzeit. Auch sie müssen sich, nicht selten nach Jahre langem Aufenthalt in Indien, dem Examen unterwerfen, wenn sie aus dem Militärdienst ausscheiden und die ärztliche Praxis ausüben wollen.

Nächst der Ausbildung der Kolonialärzte ist die Unterweisung der herauszusendenden Laien über die gewöhnlichsten Krankheitsfälle, welche sie draussen zu erwarten haben, ein wichtiges Mittel, den Verlauf der einmal ausgebrochenen Krankheiten möglichst mild zu gestalten. Es ist das um so dringender nothwendig, als wie bereits erwähnt ein verhältnissmässig sehr grosser Theil der in unsern Kolonien Erkrankten seine Krankheit ohne ärztliche Behandlung durchmachen muss.

Für den, welcher es nicht mit eignen Augen zu sehen Gelegenheit hatte, ist es in der That schwer, sich einen richtigen Begriff davon zu machen, wie viel namentlich der erst vor kurzem herausgekommene Laie durch unzweckmässige Behandlung seiner Krankheiten häufig zu deren Verschlimmerung beiträgt, wie wenig im besondern die Bedeutung des obersten therapeutischen Grundsatzes des non nocere von demselben gewürdigt wird. Ueber die Indikationen und die Dosirung von etwa einem Dutzend der wichtigsten Medikamente sollte auch der Laie genau unterrichtet sein, speciell über die verschiedenen Fieberformen und die Art ihrer Behandlung. Durch den Missbrauch des Chinins bei Schwarzwasserfieber ist ganz unzweifelhaft an der afrikanischen Westküste eine beträchtliche Zahl von Menschen zu Grunde gegangen, welche leben würden, wenn sie das Mittel vom Ausbruch der charakteristischen Erscheinungen bis zum völligen Verschwinden derselben nicht berührt hätten.

Nächst der nach Möglichkeit vollkommnen Vorbildung von Aerzten und Laien für die Behandlung der Krankheiten draussen liegt in der Anlage zweckmässiger Hospitäler eine weitere Gewähr für deren glücklichen Ablauf.

Die an ein tropisches Hospital bezüglich Lage und baulicher Einrichtung zu stellenden Ansprüche sind im vorangegangenen kurz besprochen worden, eine Ergänzung hat dasselbe in dem über die Volbildung der leitenden Aerzte Gesagten gefunden und es dürfte nur noch über das in Betracht kommende Pflegepersonal mit wenigen Worten zu sprechen sein.

Es ist in den betheiligten Kreisen vielfach darüber diskutirt worden, ob sich weibliches Pflegepersonal zur Wahrnehmung des Krankendienstes in den Tropenhospitälern eignet. Für grössere, vorzugsweise oder ausschliesslich militärischen Zwecken dienende Lazarethe, wie sie im allgemeinen den Kern der indischen Hospitäler bilden, ist diese Frage selbstverständlich zu verneinen. Für die Hospitäler unserer Kolonien, welche durchweg zunächst mit einem verhältnissmässig geringen

Krankenmaterial zu rechnen haben, sind Pflegerinnen nach den von mir
während meiner Thätigkeit als Hospitalarzt in Kamerun und Ostafrika
gemachten Erfahrungen nicht zu entbehren, allein schon wegen der häufig
zur Aufnahme gelangenden europäischen Frauen. Unzweifelhaft ist der
Gesundheitszustand der von dem deutschen Frauenverein zur Krankenpflege in den Kolonien in diese hinausgesendeten Pflegeschwestern im
allgemeinen und speciell in Kamerun ein recht ungünstiger gewesen und
mit ungeschwächter Gesundheit hat wohl kaum eine der dorthin Her-
ausgegangenen nach vollendeter Dienstzeit die Heimreise angetreten.
Unrichtig aber wäre es aber, daraus einen Schluss auf geringere körperliche Widerstandsfähigkeit des weiblichen Geschlechts gegenüber den
grade in der Krankenpflege gestellten körperlichen Anforderungen erblicken zu wollen, als dieselbe seitens eines männlichen Pflegepersonals
zu erwarten wäre. In einer gefährlichen Malariagegend gehen die
schweren Krankheitsfälle niemals völlig aus, zu gewissen Zeiten häufen
sie sich, offenbar unter dem Einfluss einer zu gleicher Zeit auf eine
grössere Menge mehr oder weniger widerstandsunfähig gewordener Menschen einwirkenden Noxe, in epidemieartiger Weise, so dass im Hospital
die unausgesetzteste Anspannung des Pflegepersonals erforderlich ist und
eine ungestörte nächtliche Ruhe nicht selten wochenlang für dasselbe
kaum möglich wird. Die Ansprüche, welche an die mit der Krankenpflege betrauten Frauen gestellt werden müssen, sind im allgemeinen
unter diesen Verhältnissen derart hohe, dass die in der Berufsthätigkeit
irgend eines Mannes an diesen gestellten Anforderungen mit ihnen nicht
verglichen werden können und ihre hohe Morbilität hat demgemäss ihre
sehr natürliche durchaus nicht im Geschlecht als solchem allein liegende
Begründung.

Das ausgesprochene Pflicht- und Verantwortlichkeitsgefühl und die
körperliche Zähigkeit, wie sie einem grossen Theil unserer Pflegerinnen
in einem weit höheren Maasse eigen ist als dem Durchschnitt unserer
männlichen Krankenwärter und Lazarethgehülfen, lassen dieselben trotz
der Nothwendigkeit zeitweiser besonderer Rücksichtnahme in Folge physiologischer Verhältnisse und einer grade bei Frauen sich sehr regelmässig in den Tropen herausbildenden nervösen Reizbarkeit — besonders im Verkehr unter einander, — grade bei der Art des Krankenhaus-
betriebs in unsern Kolonien ganz unersetzbar erscheinen. Vielfache
Rücksichtnahme und häufige Beurlaubungen in Fällen von Krankheit und
Erholungsbedürftigkeit werden geeignet sein, die Morbiditätsziffer auch unter
ihnen herabzudrücken. Der Segen, welchen eine gewissenhafte Krankenpflegerin in einem Tropenhospital zu stiften vermag, ist ein sehr erheblicher und es dürfte für Frauen und grade für gebildete Frauen mit
widerstandsfähiger Natur kaum einen Beruf geben, der ihnen durch die
stets wach erhaltene Ueberzeugung von dem Nutzen, den sie zu stiften
vermögen, eine so vollkommne Befriedigung zu gewähren vermöchte wie
der einer Krankenpflegerin in einer tropischen Fiebergegend.

Für viele Hülfs- und Dienstleistungen im Hospital, namentlich bei
der Behandlung der Farbigen und der zahlreichen Geschlechtskranken,
sowie für die vielfachen Handreichungen, die eine beträchtliche Muskel-
kraft erfordern, müssen europäische Krankenwärter ergänzend eintreten.

Neger als Krankenwärter sind selten von ausreichender Zuverlässigkeit, namentlich sobald die von jedem Neger auf das äusserste verabscheuten Nachtwachen in Betracht kommen.

Ist das akute Krankheitsstadium glücklich überstanden, so ist eine zweite und ausserordentlich wichtige Frage, die an Arzt und Patienten herantritt, die, wie in möglichst kurzer Zeit die während der Krankheit verlornen Kräfte wieder zu ersetzen sind.

Es führt diese Frage von selbst herüber auf die Besprechung der Bedeutung von Sanatorien-Anlagen in tropischen Fiebergegenden und speciell an der Kamerunküste.

Die andern kolonisirenden Nationen haben, wie in andern Theilen der Tropen, so auch an der afrikanischen Westküste ihre Verwaltungs-centren, soweit die natürlichen Verhältnisse die Möglichkeit dazu irgend boten, den Einflüssen des Tieflandklimas nach Kräften entzogen. Das sehen wir in Sierra Leone und San Isabel auf Fernando Poo so gut wie auf Java, Penang, Singapore und Hongkong. Wo keine Höhenerhebungen in der Nähe der Küste zu dauernder Niederlassung vorhanden sind, be-gegnen wir wenigstens überall dem Bestreben, sich innerhalb der Kolonie einen gesunden, hochgelegenen Ort zu sichern, wo Erholungsbedürftige nach schweren Erkrankungen Gelegenheit finden, ihre Gesundheit wieder herzustellen, ohne gezwungen zu sein, die Kolonie ganz zu verlassen. Es haben sich eben alle kolonisirenden Nationen davon überzeugt, dass die durch Schaffung solcher Sanatorien bedingten Kosten mehr als auf-gewogen werden durch die Erhaltung von Menschenleben, die Vermei-dung des sonst häufigen und in mehr als einer Hinsicht schädlichen Personalwechsels in Folge von Beurlaubungen und vorzeitigen Heim-sendungen Erholungsbedürftiger, sowie auch durch die beträchtlich gesteigerte Leistungsfähigkeit des relativ Gesunden, wenn ihm die zeitweise Gelegenheit zur Erholung in einer gesunderen Umgebung ge-boten wird.

In erster Hinsicht kommen für die Anlage von Gesundheitsstationen günstig gelegene Plätze im Gebirge in Betracht.

Den Portugiesen der Westküste dienen die zahlreich und in hoher und gesunder Lage den steilen Pik von São Thomé umgebenden Plan-tagen vielfach zugleich als Erholungsstationen.

Die Spanier besitzen am Westhang des Clarence Piks auf Fer-nando Poo, von der Bucht von San Carlos in 2 Stunden erreichbar, ein unter der Aufsicht von Mönchen stehendes Sanatorium. Ausserdem bereitet das spanische Gouvernement die Verbindung der an der Nord-spitze der Insel am Strand gelegenen Hauptstadt San Isabel mit dem in gesunderer Lage am Hange des Piks gelegenen Basilé durch eine Dampf-bahn vor. In Basilé befindet sich schon zur Zeit der Sitz des Gouver-neurs der Insel. Durch die Verbindung mit San Isabel wird auch den übrigen Bewohnern der Stadt die Möglichkeit geboten werden, nach Er-ledigung ihrer Geschäfte Abends in ein gesunderes Klima zu gelangen, ein Princip, das in vielen tropischen Kolonien, namentlich ausgebildet in Singapore und Hongkong, jetzt schon in ausgedehntem Maasse zur Geltung kommt.

Die Engländer besitzen ein Sanatorium auf dem steil in die See

abfallenden Bergzug der Sierra Leone und in Abori im Hinterland der
Goldküste.

Den Franzosen dient die verhältnissmässig gesunde kleine Halbinsel,
auf der Conacri liegt, als Erholungsort. Navarre[1]) setzt bei seiner Besprechung der Bedeutung tropischer Sanatorien in etwas voreiliger Weise
als ganz selbstverständlich voraus, dass auch die Deutschen im Kamerungebirge ein solches besässen, indem er sagt: Les Allemands ne se
maintiennent à la baie de Biafra que grace aux hauteurs du Cameroun.
Nach seiner auf lange Erfahrung in den Tropen gegründeten Ueberzeugung ist die Kolonisation in einem tropischen Küstengebiet überhaupt
unmöglich, das nicht mit einem Sanatorium versehen ist.

Bis vor kurzem lagen in der Hinsicht die Verhältnisse in der Kolonie Kamerun noch recht ungünstig. In ganz vereinzelten Fällen
machten fiebergeschwächte Kranke von der Gastlichkeit des deutschen
Vicekonsuls Spengler auf São Thomé Gebrauch und suchten auf dessen
690 m hoch im Gebirge gelegener Plantage Monté Café Erholung.

In andern vereinzelten Fällen wurde der Erkrankte nach den
Kanarischen Inseln geschickt. Eine solche Beurlaubung war immerhin
kostspielig und entzog den Betreffenden mindestens ein Vierteljahr seinem
Dienst, da die deutschen Dampfer fahrplanmässig 34 Tage, meist aber
längere Zeit, für die Reise gebrauchten.

Auch die Seereise nach dem Süden auf den Kamerun anlegenden
deutschen oder englischen Schiffen wurde als Erholungsmittel angewendet.
Die Erholungsbedürftigen reisten mit denselben nach Gabun oder nach
dem Congo und kamen mit ihnen wieder nach Kamerun zurück. Diese
Reise dauerte im Mittel 4 Wochen. Unzweifelhaft hatten diese Seereisen
in so manchen Fällen, namentlich bei hochgradiger Nervosität, beginnenden Beri-Beri, Leberleiden, Furunkulose und Anämie günstigen Erfolg.
Doch kann ich mich, nach meinen in Kamerun gemachten Erfahrungen,
ihrer ganz allgemeinen Empfehlung seitens Wicke und Martin nicht
anschliessen, namentlich nicht für Fiebergeschwächte, welche ja den
weitaus grössten Procentsatz der in Frage kommenden Patienten ausmachen. Grade bei diesen habe ich schwere Rückfälle an Bord, häufig
unter dem Einfluss der Seekrankheit und der ganz veränderten Lebensweise, sehr zahlreich gefunden. Dazu ist geeignete Pflege und Behandlung
an Bord meist schwer, in völlig ausreichender Weise fast nie zu erlangen.
Schwerkranke sind aus diesem Grunde ganz auszuschliessen. Darm-,
namentlich Dysenteriekranke, werden durch die für solche Kranken
unzureichenden Beköstigungsverhältnisse, sowie die reichliche Gelegenheit
zu Erkältung, häufig ungünstig beeinflusst. Neben einer Anzahl guter
Erfolge habe ich auch mehrere Kranke von einer solchen Erholungsreise
in schlechterem Zustand zurückkommen sehen, als sie ausgefahren waren,
und der Procentsatz der auf der Heimreise bald nach Verlassen der
Colonie auf See am Fieber Gestorbenen ist verhältnissmässig gross. Nach
meinen Erfahrungen ist der Erfolg der Seereise ziemlich unsicher und

---

1) Navarre. Manuel de l'hygiène coloniale. Paris 1895.

ich glaube nicht, dass dieselbe den Aufenthalt in einem gut eingerichteten Sanatorium ersetzen kann.

Seiner natürlichen Lage nach ist das Kamerungebirge in ungewöhnlichem Maasse geeignet für die Anlage von Gesundheitsstationen. Bereits vor der deutschen Besitzergreifung hat v. Danckelman die Anlage von solchen am Abhange des Kamerungebirges seitens aller Nationen, welche an den flachen Fieberküsten Westafrikas Kolonien besitzen, empfohlen.

Dass in der That die Malariamorbilität in höheren Theilen des tropischen Gebirges im allgemeinen wesentlich abnimmt, beweisen auf das schlagendste die von den Engländern auf ihren Hillstations im Himalaya gemachten Erfahrungen, auf denen die Malaria unvergleichlich viel seltener und in viel milderer Form auftritt, als wenige Stunden entfernt im Tiefland am Fusse des Gebirges. Ob es sich um ein absolutes Fehlen der Krankheit an diesen Plätzen handelt und die oben vorkommenden Fieberfälle nur von der Küstenebene aus, die ja von jedem oben Ankommenden passirt sein muss, importirt sind, ist schwer zu entscheiden. In jedem Falle wissen wir, dass in Ceylon das Fieber bis 2000, in Mexico nach Hirsch sogar bis 4000 m an den Bergen emporsteigt. Für das Fehlen von Malaria in den höheren Theilen des Kamerungebirges könnte der Umstand sprechen, dass die dieselben bewohnenden Negerstämme so gut wie ganz von der Krankheit verschont sind. Dass es sich dabei nicht um Rassenimmunität handelt, wird durch das häufige Ausbrechen von Fieberanfällen unter ihnen bewiesen, wenn Angehörige derselben sich zu Handelszwecken an die Küste begeben.

Bei der Wahl eines für die Anlage eines Sanatoriums geeigneten Orts legen die ungünstigen Wasserverhältnisse des Gebirges gewisse Beschränkungen auf. Ausser ihnen kommt die Entfernung von der Küste, die Erhebung über dem Meere und die Zugänglichkeit für den Seewind in Betracht. Von Wichtigkeit ist auch die Nähe einer grösseren Niederlassung von Eingeborenen zur Beschaffung von Arbeitern und Lebensmitteln.

Sehr günstige Verhältnisse in jeder der bezeichneten Richtungen bietet der kleine Kamerunberg, der nordwestlich und ganz nahe bei Victoria bis zur Höhe von 1774 m steil und unmittelbar aus der See ansteigt. Er besitzt reichliches Wasser, ist der Seebrise mit seiner ganzen westlichen Fläche direct zugekehrt, gestattet die Wahl jeder in Betracht kommenden Höhenlage und trägt an seinem Abhang mehrere grosse Negerdörfer. Trotzdem wird er wegen seiner Unzugänglichkeit, sowie des Fehlens jeder Ansiedlung von Weissen, endlich wegen seiner Abgelegenheit gegenüber allen in praktischer Hinsicht einstweilen für die Regierung in Betracht kommenden Punkten im Gebirge hinter dem grossen Kamerunberg zurückstehen müssen. Später dürfte er eine um so grössere Bedeutung gewinnen.

Am grossen Kamerunberg können, wenn wir von einigen oberhalb der Waldgrenze in der Höhe von über 2000 m mit Quellen versehenen Plätzen, wie der Umgebung der Manns- und Levinsquelle wegen der einstweiligen Unmöglichkeit, Kranke dorthin zu schaffen, absehen, nur zwei Plätze in Betracht kommen, Buea resp. Soppo und Bonjongo als die einzigen, in deren Nähe sich fliessendes Wasser befindet. In beiden sind vor Kurzem die ersten Anfänge mit der Gründung von Gesundheitsstationen gemacht.

Buea ist bereits früher mehrfach für den Bau eines Sanatoriums in Aussicht genommen worden und eignet sich in mancher Hinsicht zur Anlage eines solchen am besten. Es ist der höchstgelegene, dauernd bewohnte Ort im Gebirge, zugleich der ausgedehnteste und bevölkertste, er besitzt ausgezeichnetes fliessendes Wasser in einer Fülle, dass es selbst zu Bade-Anlagen ausreichen würde, ein erfrischendes Klima und einen für Gartenwirthschaft ausgezeichnet geeigneten Boden; zugleich ist es der einzige Ort im Gebirge, von dem wir eine über mehrere Monate sich erstreckende Reihe exacter klimatologischer Beobachtungen durch Dr. Preuss besitzen. Buea ist über 900 m hoch gelegen. Gegenüber den Erhebungen, welche die Engländer in Vorder-Indien zur Anlage ihrer Gesundheitsstationen gewählt haben, ist das eine geringe Höhe. Von ihren Hillstations liegt die niedrigste, Ramandroog in der Präsidentschaft Madras, 1036 m hoch, Darjeelen in Bengalen, die höchste, 2264 m hoch. Doch sind die Erfahrungen, die in sanitärer Hinsicht mit so hoch gelegenen Orten gemacht sind, keineswegs allgemein günstig; namentlich Herz- und Lungenleidende, Rheumatismus- und Dysenteriekranke vertragen das Klima durchweg schlecht. Vollens bei Personen, deren Aufenthalt in dem Höhenklima nur von kurzer Dauer sein soll und die alsdann wieder in die sumpfige Niederung zurückkehren müssen, sind derartige klimatische Differenzen mit den hohen Anforderungen, welche sie an die Akklimatisationsfähigkeit des Einzelnen sowohl beim Betreten als beim Verlassen derselben stellen, zu vermeiden. Die Franzosen ziehen mit Recht zu diesem Zweck gringere Erhebungen zwischen 500 und 1000 m vor. Solche haben sie auf Camp Jacob (Guadelonpe), Salacie, Mafatte und Cilaos auf Réunion mit Sanatorien versehen.

Die klimatischen Unterschiede zwischen Buea und Kamerun sind nach den Beobachtungen von Dr. Preuss völlig hinreichend, um einen wesentlichen Einfluss auf das Allgemeinbefinden auszuüben. Sie sind in Kürze bereits bei der Besprechung der klimatologischen Verhältnisse von Kamerun angegeben worden. Die mittlere Tagestemperatur schwankte in Buea vom März bis Oktober 1891 zwischen 18,5° im August und 20,7° im April, während sie in der gleichen Zeit in Kamerun im Mittel zwischen 24,4° und 26,6° beträgt; es ergiebt sich ein mittlerer Temperatur-Unterschied von 5,6°, welcher von sehr grossem physiologischem Einfluss ist. Die mittleren Tagesmaxima schwankten in Buea zwischen 25,4 und 20,5; in Kamerun zwischen 30,2 und 27,9, die mittleren Minima in Buea zwischen 16,6° und 15,9°; in Kamerun zwischen 22,1° und 21,6°; die mittlere tägliche Wärmeschwankung betrug 4,1° bis 9,2° in Buea, in Kamerun 6,0°–7,6°. Die höchste in Buea beobachtete Temperatur betrug 28,5°; in Kamerun 31,9°; die tiefste in Buea 12,4°, in Kamerun 20,1°.

In soweit müssen die klimatischen Verhältnisse von Buea, soweit wir sie bisher kennen gelernt haben, als durchaus günstig bezeichnet werden. Als ungünstig sind die hohe Luftfeuchtigkeit, die sehr reichlichen Niederschläge, sowie der Umstand anzusehen, dass der Ort während der Regenzeit in einen dichten Wolkengürtel eingehüllt ist, welcher in einer durchschnittlichen Höhe von 1000 m den Abhang des Kamerungebirges umgiebt. Es sind das freilich Nachtheile, welche für jeden Ort an der Küste der Biafra-Bai in der in Betracht kommenden Höhe gelten, und welchen beim Bau des zum Sanatorium bestimmten Hauses durch massive solide Construktion und breite Veranden, die den Aufenthalt im Freien auch bei Regen gestatten, in besonderem Maasse Rechnung zu tragen sein wird. Ein vorzügliches Baumaterial liefert die Lava des Gebirges. Die Verkehrsverhältnisse sind für Reconvalescenten zur Zeit noch recht ungünstig, insofern eine fahrbare Strasse von Victoria herauf erst im Bau begriffen und das Heraufgelangen auf den Negerpfaden in einem Tage für den Rekonvalescenten zur Zeit kaum möglich ist, da auch der Transport in der Hängematte und das Reiten auf einem Esel oder Maulthier bei dem coupirten Terrain beträchtliche Anstrengung erfordert. War es doch unserer eigenen Expedition im März 1894 nicht möglich, den Weg nach Buea in einem Tage zurückzulegen und wir wurden etwa 3 Stunden von Buea entfernt in Boana zum Uebernachten gezwungen.

Im Vergleich mit Buea hat der zweite Platz, welcher am grossen Kamerunberg für die Anlage eines Sanatoriums noch in Frage kommt, und mit einem solchen von der katholischen Mission der Pallotiner auch bereits versehen ist, Bonjongo, den Nachtheil der geringeren, wenn auch genügenden Höhe von ca. 600 m, und der weiteren Entfernung und geringeren Ergiebigkeit der am Fuss des Dorfberges zu Tage tretenden Quelle. Dem gegenüber steht der Vortheil der geringen Entfernung von Victoria, von wo aus der Gesunde wenigstens den Ort in kaum 3 Stunden bequem zu Fuss erreichen kann und der nach allen Seiten freien und vor allem dem Seewind voll ausgesetzten Lage des Hügels, welcher die europäische Ansiedelung trägt.

Die in Bonjongo vom Präfekten Vieter vorgenommenen meteorologischen Beobachtungen gestatten noch kein abschliessendes Urtheil wegen der kurzen Zeit, seit der sie angestellt worden sind und den häufigen Unterbrechungen, zu welchen den Beobachter seine sonstigen Obliegenheiten zwangen. Immerhin ergeben die bisherigen Untersuchungen eine mittlere Temperaturdifferenz von mindestens 3° gegen Kamerun. Einen Anhalt zum Schluss auf die klimatischen Verhältnisse, welche der Hügel von Bonjongo voraussichtlich bieten wird, gewähren die Beobachtungen, welche der Viceconsul Spengler seit einer längeren Reihe von Jahren auf seiner Plantage Monte Café anstellt. Deren Erhebung über dem Meere sowohl (690 m), als ihre Lage am Abhange des Piks von São Thomé und ihre nähere Umgebung stimmen mit den entsprechenden Verhältnissen von Bonjongo sehr genau überein. Monte Café hat eine mittlere Lufttemperatur von 20,74°, 0,5° höher als das meiner Zeit beobachtete absolute Minimum in Kamerun. Die höchste beobachtete Temperatur betrug 29,4°, die tiefste 16,6°, die mittlere tägliche Wärmeschwankung 12,2°, die mittlere relative Feuchtigkeit 80,8 pCt., der durchschnittliche Regenfall 2540,7 mm.

Das Klima von Monte Café hat sich in einigen Fällen von ausgezeichneter Wirkung auf fiebergeschwächte Kranke erwiesen, welche wir auch von

Bonjongo zu erwarten berechtigt sind. Vorversuche mit der Entsendung von Rekonvalescenten nach Buea sowohl wie nach Bonjongo sind von der Regierung, der Baseler und der katholischen Mission bereits mehrfach gemacht und im Allgemeinen recht günstig ausgefallen. Die specielleren Indikationen für die Verwendung dieser Sanatorien und eine Uebersicht über die durch das Gebirgsklima bewirkte Beeinflussung des gesunden und des kranken Körpers wird sich erst auf Grund eingehender und und lange fortgesetzter Beobachtungen, für welche einstweilen kaum der erste Grund gelegt ist, ermöglichen lassen. Die mit dem Anbau von Gemüse gemachten Versuche haben vorzüglichen Erfolg auf beiden Stationen gehabt. Honig ist reichlich im Gebirge und auch mit der Gewinnung von Milch von dem stattlichen aber halbwilden Rindvieh, dass die Eingeborenen sich meist zu melken fürchten, ist der Anfang gemacht. Die Kranken werden einstweilen auf einem Esel von Victoria auf die Station gebracht, der späteren Verwendung von Maulthieren oder Pferden, wie sie in Lagos, Fernando Poo und São Thomé sich sehr gut bewähren, steht kein Bedenken entgegen; sie scheinen das Klima der Westküste, auch der Niederungen gut zu vertragen, besser als im Hinterland von Togo und an der ostafrikanischen Küste.

Als Ergänzung für die Gebirgssanatorien mit ihrer frischen, kühlen, aber häufig auch recht rauhen Luft, dem häufigen Regen und der starken Nebelbildung, welche den Aufenthalt für Rekonvalescenten von Dysenterie und Enteritis, Bronchialkatarrhen und Rheumatismus von vornherein wenig angezeigt erscheinen lassen und, wie die mit den Hillstations am Himalaya gemachten Erfahrungen beweisen, für solche Kranken gefährlich und selbst verhängnissvoll werden können, ist in jeder tropischen Kolonie die Begründung eines in gesunder Lage an der See gelegenen Sanatoriums in Betracht zu ziehen. Wo der Platz günstig gewählt werden kann, Sümpfe fern liegen, ein breiter sandiger Strand, der Brise von allen Seiten frei zugänglich, am Gestade sich hinzieht, wie an vielen Theilen der Kamerunküste, da ist die Anlage eines solchen Sanatoriums, wie es jetzt auf der weit ins Meer vorspringenden Halbinsel Suellaba südlich von der Mündung des Kamerunflusses in Aussicht genommen ist, geeignet, die meisten Vortheile eines Aufenthaltes an Bord auf See zu bieten ohne dessen Nachtheile, enge Zusammenpferchung, schwerverdauliche Kost, Mangel an Pflege und Seekrankheit. Namentlich, wenn Seebäder mit Erholungsstationen verwerthet werden können, ist der Aufenthalt in einem solchen tropischen Seesanatorium nach Erfahrungen, die ich inzwischen in Ostafrika zu machen Gelegenheit hatte, bei gewissen Leiden, vor allem der tropischen Nervosität und Schlaflosigkeit, aber auch bei Blutarmuth, namentlich bei Frauen und im Rekonvalescenzstadium bei Wöchnerinnen von vorzüglicher Wirkung und dem Aufenthalt in dem sehr differenten Gebirgsklima auch insofern vorzuziehen, als bezüglich Akklimatisation an wesentlich differente meteorologische Verhältnisse so gut wie gar keine Ansprüche an den Organismus gestellt werden.

Von der Schaffung und zweckmässigen Verwendung von Sanatorien der bezeichneten Art ist zu erwarten, dass eine verhältnissmässig grosse Anzahl von Europäern, welche jetzt mit Rücksicht auf ihren Gesundheitszustand und die Unmöglichkeit, ihnen in ihrer gewohnten Umgebung die Gelegenheit der Erholung zu schaffen, beim Verbleib an der Fieberküste einer sehr zweifelhaften Zukunft entgegengeht oder nach Hause geschickt werden muss, der Kolonie erhalten bleiben wird.

Als weitere Folge wird sich daraus ergeben, dass die contractliche Dienstzeit von 2 Jahren für die Beamten, im Allgemeinen 3 Jahren für die Factoristen in einer weit grösseren Zahl von Fällen wirklich wird eingehalten werden können als bisher. Einstweilen ist dieselbe für die klimatischen Verhältnisse von Kamerun erfahrungsgemäss zu lang. In der That eingehalten wird sie von gewissen Berufsklassen nur in seltenen Ausnahmefällen, in der Regel erfolgt die vorzeitige Heimsendung wegen schwerer Erkrankung oder gänzlichen Verfalls der Körperkräfte infolge derselben nicht unbeträchtliche Zeit vorher.

Hier ist nur die sanitäre Seite der durch eine Verlängerung der thatsächlichen Dienstzeit entstehenden Vortheile zu betonen. In der ersten Zeit des Aufenthalts an der Fieberküste besteht häufig eine grosse Empfindlichkeit gegenüber den Einflüssen des fremdartigen Klimas; wer ein paar Jahre bereits draussen ist, bietet im ganzen bessere Chancen dafür, dass er sich leistungsfähig erhalten wird. Die Unterschiede, welche die Engländer in dieser Hinsicht zwischen ganz jungen und akklimatisirten Soldaten machen, beruhen auf einer sehr reichlichen Erfahrung. Auch Martin unterscheidet scharf zwischen Neuangekommenen und Akklimatisirten, die ca. 4 Jahre in Indien waren und meist nur an leichteren regelmässig intermittirenden Fieberformen erkranken, eine Angabe freilich, die von anderer Seite bestritten wird.

Sanatorien sind ein absolut dringendes Bedürfniss für eine tropische Fiebergegend, wo sie fehlen, werden die an der Hand der Statistik gemachten Erfahrungen dahin führen, dass die Dienstzeit immer weiter, bis zu dem Maass von einem Jahr, das für die englischen Beamten am Golf von Guinea gilt, zurückgeht. Den deutschen Beamten pflegt bei Abnahme der körperlichen Widerstands-fähigkeit nach 1½ Jahren Urlaub ertheilt zu werden. Dass sich in der Regel wirklich eine zweijährige Dienstzeit durchführen lassen würde, wenn denselben in jedem Jahr einmal ein ca. vierwöchentlicher Erholungsurlaub ins Gebirge ertheilt und nach Erkrankungen ihnen regelmässig Gelegenheit gegeben würde, sich in relativ günstiger Umgebung zu erholen, ist kaum zu bezweifeln.

Hat auch länger dauernder Aufenthalt im Gebirgs- oder See-Sanatorium sich als nicht ausreichend erwiesen, die Körperkräfte des Kranken in genügender Weise zu heben, zeigt sich namentlich die Verarmung des Bluts an Farbstoffgehalt und Zahl der Formelemente als nicht zu beseitigen, liegt der Appetit dauernd darnieder und hat die nervöse Schlaflosigkeit Stimmung und Leistungsfähigkeit zerrüttet, häufen sich die Fieberanfälle in Form hartnäckiger und trotz aller Chininprophylaxe sich wiederholender, mit geringen Temperaturerhöhungen, aber um so stärkerer Beeinträchtigung des Allgemeinbefindens einhergehender Anfälle, oder entwickelt sich endlich, wie das gleichfalls häufig ist, Hand in Hand mit der allgemeinen Entkräftung ein chronischer Zustand von Idiosynkrasie gegen das Chinin, so dass nicht allein jedes heftigere Fieber, sondern auch kleine prophylaktisch genommene Chiningaben regelmässig oder fast regelmässig Hämoglobinurie hervorrufen, so darf sich Arzt und Patient von einer Fortsetzung der Behandlung im tropischen Klima einen Erfolg nicht mehr versprechen und allein ein schleuniges Verlassen desselben kann den Kranken vor weiterem Siechthum oder Tod in der nächsten schwereren akuten Krankheit bewahren.

Es ist für den Arzt häufig eine sehr schwere und verantwortliche Aufgabe, dem Kranken mit apodiktischer Bestimmtheit die Weisung zum Verlassen der Kolonie zu geben, in welcher derselbe vielleicht nach langer beschwerlicher Arbeit unter Entbehrungen und Gefahren endlich eine auskömmliche Existenz bei gutem Lohn und freiem Leben gefunden hat, während er, nach Hause zurückgekehrt, mittel- und arbeitslos, jedenfalls zu ungewohnter Arbeit in engeren Verhältnissen und bei geringerem Lohn gezwungen ist. Dazu kommt die Thatsache, dass die einmal wegen Nichtvertragens des tropischen Klimas erfolgte Heimsendung, bei immer grösser werdendem Personalangebot für den Kolonialdienst vielfach ein Grund zur Ablehnung des Wiederengagements durch den bisherigen oder auch andere Arbeitgeber wird. In solchen Fällen begegnet dann nicht selten das ernsteste Zureden des Arztes, die Kolonie zu verlassen, der ebenso bestimmten Weigerung seitens des Kranken, und ersterer sieht unter einer Klientel wohl stets eine Anzahl von siech sich herumschleppenden Menschen, deren Kräftezustand die Prognose bei einem etwa sie befallenden schwereren Fieber von vornherein als eine höchst zweifelhafte erscheinen lässt.

Der Unterschied, welcher in der Hinsicht zwischen Privatpersonen oder den Angestellten von Privatgesellschaften und dem unter steter ärztlicher Aufsicht stehenden Theil der Beamtenschaft besteht, bei welcher die Heimsendung in jedem erforderlichen Fall auf das amtliche Zeugniss des verantwortlichen Arztes hin erfolgt und bei welcher seitens des Betroffenen, da ihm Nachtheile materieller Art aus der Heimsendung nicht erwachsen, ein Widerspruch auch kaum je in Betracht kommt, ist in der sehr verschiedenen Mortalität in einer nicht misszuverstehenden Weise ausgesprochen.

Von der Beamtenschaft in Kamerun, deren Zahl innerhalb geringer Grenzen schwankte und während des für mich vorzugsweise in Betracht kommenden Jahres 1893/94 44 Köpfe stark war, sind während der Zeit meiner ärztlichen Thätigkeit 4 gestorben, einer an alkoholischer Neuritis und drei am Fieber. Von letzteren war nur einer, ein vor Kurzem in hochgradig entkräftetem Zustand von einer Reise ins Innere zurückgekehrter Expeditionsmeister, vom Beginn seiner Krankheit an im Hospital behandelt worden, der zweite wurde in dem hoffnungslosen Stadium der sekundären Anurie nach Schwarzwasserfieber von einer Innenstation am Sannaga nach Kamerun geschafft, der dritte starb ohne jede ärztliche Behandlung auf einer Zollstation am Rio del Rey nach nur 2 tägiger Krankheit.

Es ergiebt sich daraus für diese Kategorie von Bewohnern in einem über 1½ jährigen Zeitraum eine jährliche Mortalität von ca. 6 pCt., während die mittlere Gesammtmortalität in der Kolonie fast 12 pCt. und für einzelne Berufe noch erheblich mehr beträgt. Hieraus, sowie aus der Thatsache, dass die Zahl der durch anhaltende Fiebererkrankungen erforderlich werdenden vorzeitigen Beurlaubungen bei den Unterbeamten des Gouvernements, welche in hygienischer Hinsicht, speciell bezüglich Wohnung und Beköstigung ungünstiger gestellt waren als die Oberbeamten, während sie zugleich die Art ihrer Beschäftigung im Allgemeinen den Gefahren des Klimas in höherem Maasse aussetzte, wesentlich grösser war, als bei den ersteren, ergiebt sich, dass Morbilität und Mortalität in einer tropischer Kolonie in wesentlicher Weise durch sanitäre Maassregeln auch da beeinflussbar sind, wo, wie in Kamerun, eine in Betracht kommende Melioration der natürlichen Umgebung im Grossen als kaum durchführbar bezeichnet werden muss.

Die Wahl für die Zeit der Heimreise wird, wenn sie im unmittelbaren Anschluss an eine akute Krankheit erfolgt, selten mit Rücksicht auf die Jahreszeit getroffen werden können. Wenn dies doch möglich ist, so sollten die verhältnissmässig gesunden Monate der Trockenzeit — der Winterzeit der nördlichen Halbkugel — abgewartet werden und die Heimreise nach deren Ablauf, etwa im April, mit Beginn der schweren Regen stattfinden. Die späteren Monate erhöhen beim Verbleib in Kamerun die Chance der Fiebererkrankung wieder, während andererseits allerdings die Leichtigkeit der Reakklimatisation an das gemässigte Klima stetig zunimmt. Von einem in hohem Grade durch Krankheit Geschwächten sollte der unmittelbare Uebergang aus dem heissen in das kalte heimathliche Winterklima besonders dann vermieden werden, wenn es sich um vorangegangenen langen Aufenthalt in den Tropen oder um hohes Alter des Heimkehrenden handelt. In diesem Fall, namentlich wenn langer Tropenaufenthalt und hohes Alter zusammenkommen, ist der Klimawechsel niemals unbedenklich. Schnelle Todesfälle unmittelbar nach der Heimkehr sind bei alten Leuten unter dem Einfluss von schweren Malariarecidiven oder von Pneumonien häufig. Van der Burg räth in solchem Fall den alten in den Tropen ergrauten Residenten gradezu, ihren Lebensabend lieber auch draussen zu beschliessen, ein Rath, dessen Befolgung sich freilich in Indien eher wird durchsetzen lassen als im tropischen Afrika.

Bezüglich der für die Heimreise von Fiebergeschwächten zu wählenden Dampferlinie kommt in Betracht, dass die deutschen Schiffe der Woermann-Linie für dieselbe eine sehr lange Zeit — manchmal über 40 Tage von Kamerun bis Hamburg — gebrauchen und während des ersten Theils der Fahrt öfter Fieberplätze an der Küste und am Ufer der mit Recht berüchtigten Oelflüsse anlaufen. Dasselbe gilt von den englischen Kamerun anlaufenden Dampfern. Es werden deshalb von den besser situirten Bewohnern der Kolonie nicht mit Unrecht die von Fernando Poo und São Tomé abgehenden schnelleren und nur wenige Küstenplätze an der Küste anlegenden spanischen und portugiesischen Dampfer bevorzugt, auf welchen Unterkunft und Verpflegung in jeder Hinsicht tadellos ist.

Ist die Heimkehr nicht auf die Sommerzeit zu verlegen, so ist für stark angegriffene Rekonvalescenten eine Unterbrechung der Reise, wie sie sich

auf allen die Küste befahrenden Dampfern in Las Palmas bequem vornehmen lässt, dringend anzurathen. Das Klima der Kanarischen Inseln
ist vorzüglich zur Interpolation zwischen die Extreme des tropischen
Afrika und des winterlichen Nordeuropa geeignet, wer einen europäischen
Platz als Zwischenstation vorzieht, hat von Las Palmas aus mittelst
sehr guter spanischer, italienischer, englischer und deutscher Schiffe fast
täglich Gelegenheit, einen südspanischen oder italienischen Hafen zu erreichen, von welchem aus etappenweis die weitere Heimkehr fortgesetzt
werden kann.

Sehr irrig ist die von vielen, die zum ersten Mal in eine Fiebergegend der Tropen sich begeben, gehegte Ansicht, dass mit dem Ver-
lassen derselben, jedenfalls aber mit dem Eintreffen in Europa die
Chance häufiger und schwerer Fiebererkrankungen, wenn nicht ganz beseitigt,
so doch in wesentlicher Weise vermindert sei. Wie schon während der
Anwesenheit in der Kolonie selbst jeder mit einer, wenn auch geringen
Aenderung des Klimas, der Umgebung und der Lebensweise verbundene
Ortswechsel eine erhöhte Gefahr der Fiebererkrankung mit sich bringt,
so ist das in noch höherem Maasse auf Grund der beträchtlichen klimatischen
Aenderungen beim Verlassen der Kolonie auf See oder in dem gemässigten
Klima der höheren Breiten der Fall, und zwar in dem Maasse mehr,
als der Körper bereits geschwächt und der Uebergang ein schroffer ist.
So ist es eine nicht selten gemachte Beobachtung, dass Schiffe,
welche sich längere Zeit in einem der westafrikanischen Flüsse
auf Station befanden, während dieser Zeit einen verhältnissmässig guten
Gesundheitszustand an Bord hatten, dass indess Fiebererkrankungen in
epidemieartiger Weise unter der Mannschaft ausbrachen einige Tage nachdem sie die Station verlassen hatten und in See gegangen waren. Von
den Todesfällen, welche das Kamerunklima verschuldet, kommt eine verhältnissmässig sehr beträchtliche Zahl auf die erste Zeit der Heimreise.
Lagos speciell ist der Friedhof für so manchen geworden, welcher den
afrikanischen Boden weiter südlich in Gabun, Kamerun oder im englischen Oilriverprotectorat verlassen hatte. Noch lange nach vollendeter
Heimreise können Fieber, auch solche der schwersten Form, die Erinnerung an den Aufenthalt in Afrika in sehr unangenehmer Weise aufrecht erhalten. Keineswegs besonders selten nehmen diese Fieber-
recidive noch Wochen und Monate nach der Entfernung von der Westküste den Charakter des Schwarzwasserfiebers an. Da dauernde Organerkrankungen infolge des Aufenthalts an der Westküste und der dort
vorkommenden Krankheiten, wie gesagt, einschliesslich Milztumoren im
ganzen selten sind, und auch die Syphilis im Gegensatz zu andern Theilen
des tropischen Afrika an der Kamerunküste wenigstens zu meiner Zeit
kaum beobachtet wurde, so kommt die Auswahl zwischen specifischen
Heilfaktoren zur Beseitigung der infolge von Tropenkrankheiten häufig
zurückbleibenden Schwäche in der Heimath selten in Betracht. Höhenluft in
mittleren Erhebungen, wie sie schon Deutschland in einer grossen Zahl von
Kurorten im Harz, schlesischen Gebirge, Thüringer Wald, Fichtelgebirge
und Schwarzwald besitzt, entsprechen dem bezeichneten Zweck im ganzen
am besten. Unter Umständen wird die Luftkur mit dem Gebrauch

eines eisenhaltigen Wassers, wie das Fichtelgebirge es speciell in ausgezeichneter Qualität in Alexandersbad bei Wunsiedel, der Frankenwald in Steben bei Hof besitzt, sich in vielen Fällen nützlich erweisen. Sehr gute Wirkung habe ich einige Male von dem Gebrauch des eisen- und arsenhaltigen Leviko-Wassers bei anämischen Zuständen infolge von Malaria beobachtet. Dasselbe scheint auch auf bestehende Milztumoren einen günstigen Einfluss auszuüben. Stets zu bedenken ist bei etwaiger Nothwendigkeit des Gebrauchs angreifender Kuren, etwa in Karlsbad oder Aachen, dass dieselben in besonderem Maasse geeignet sind, die Auskeimung der im Körper noch deponirten inaktiven Dauerformen der Malaria zu begünstigen und Recidive hervorzurufen. Es sind also, wenn angängig, solche Kuren zum wenigsten einige Wochen bis nach erfolgter völliger Wiederakklimatisation an das gemässigte Klima zu verschieben.

Der Arzt, welcher längere Zeit hindurch sich mit afrikanischer Pathologie beschäftigt hat, wird schwer der Versuchung widerstehen können, der Schilderung der derzeitigen sanitären Verhältnisse in einer, so recht das Prototyp eines Malarialandes darstellenden jungen afrikanischen Kolonie, einige Worte anzufügen über die Aussichten, welche die Kolonien des tropischen Afrika im allgemeinen für die Zukunft in gesundheitlicher Hinsicht bieten dürften.

Aeussere Verhältnisse brachten es mit sich, dass ausser dem Küstengebiet nur ein verschwindend kleiner Theil unserer Kamerunkolonie bisher einigermaassen genau bekannt geworden ist. Während wir von dem Innern Deutsch-Ostafrikas durch eine grosse Zahl von Expeditionen, welche dasselbe bereits in nahezu allen Richtungen durchzogen haben, bis zu seinen Grenzen eine verhältnissmässig recht genaue Kenntniss haben, ist bezüglich Kamerun in der Hinsicht noch fast alles zu thun. In einem grossen Theil des Küstengebietes sogar beschränkt unsere genauere Kenntniss des Landes sich auf einen wenige Meilen breiten Streifen und nur dieser ist uns auch bezüglich seiner gesundheitlichen Verhältnisse wirklich genauer bekannt. Auf ihm sind die zur Zeit sich darbietenden sanitären Verhältnisse in der That vielleicht die ungünstigsten, welche irgend eine Gegend der Erde bietet. Aber auch hier kann durch Menschenhand ausserordentlich viel gethan werden, um wesentlich günstigere Lebensbedingungen zu schaffen. Die klimatischen Veränderungen, die physiologische Beeinflussung, welche durch sie der menschliche Organismus durchzumachen hat, sind nicht derartige, dass eine Akklimatisation ausgeschlossen erscheinen könnte. Die Pathologie ist eine höchst einfache, für den Europäer wenigstens leiten sich die praktisch in Betracht kommenden krankhaften Zustände so gut wie ausschliesslich direkt oder indirekt von der Malaria her. Gelingt es später einmal die Malaria mit sichererem Erfolge, als es bis jetzt der Fall ist, durch Prophylaxe und Therapie zu bekämpfen, so ist in der Kolonisationsgeschichte Afrikas damit ein höchst bedeutungsvoller Wendepunkt erreicht. In der Erkenntniss des Wesens der Krankheit sind wir seit den ersten epochemachenden Veröffentlichungen auf diesem Gebiet noch wenig gefördert, trotz vielfachen fleissigen Arbeitens ist die Biologie der ätiologischen Blutparasiten noch in tiefes Dunkel gehüllt. Einen praktischen Fortschritt bedeutet die Forschung der letzten 10 Jahre insofern, als sie in einer Reihe zweifelhafter Krankheitsfälle die Diagnose zu sichern ermöglicht hat und es damit ermöglicht hat, einer Anzahl von Krankheitsbildern die ihnen bisher fehlende feste Stellung im pathologischen System anzuweisen. Dadurch ist manche Klärung auch in den pathologischen Begriff der Malaria gebracht. Das früher geltende Kriterium der Chininwirkung für die Diagnose ist damit in mancher Hinsicht erschüttert worden. Wir wissen jetzt, dass die Malariaparasiten einer gewissen Entwickelungsart zu ihrer Vernichtung das Chinin nicht unbedingt brauchen, sondern dass deren aktiv parasitäre Formen in manchen Fällen nach verhältnissmässig kurzer Zeit an den Folgen ihrer eigenen Thätigkeit zu Grunde gehen, wir sind ferner anzunehmen berechtigt, dass viele Erscheinungen, welche dem Fieber als solchem früher zugesprochen wurden, nicht auf diesem allein, sondern darauf beruhen, dass die Wirksamkeit toxischer Stoffe, welche im Malariafall erzeugt werden und die Erscheinungen des Malariaanfalls hervorrufen, durch das Chinin unter Umständen verstärkt wird, welch letzteres sogar nach Ablauf der eigentlichen Infektionskrankheit — nach dem Verschwinden der Parasiten aus dem Kreislauf — die Krankheitserscheinungen zu unterhalten vermag. Noch stets hat sich das Chinin während des Anfalls selbst als machtlos erwiesen, es ist, wie ich das bereits in meinen ersten Arbeiten über den Gegenstand hervorhob, ein ausschliesslich prophylaktisch wirkendes Mittel, das die Krankheitserreger in einem gewissen Entwicklungsstadium tödtet, in welchem dieselben zur Bildung der vergiftenden Substanzen, durch die der Anfall selbst erfolgt, noch nicht befähigt sind. Ist es zur Bildung dieser toxischen Substanzen erst gekommen, so ist das Chinin zunächst machtlos, da es auf dieselben nicht zerstörend einwirkt, und sogar schädlich, insofern es seine eigenen toxischen Eigenschaften mit denen der Parasitenprodukte summirt und deren Ausscheidung verzögert.

Nach meinen nunmehr an vielen hundert in vielfach modificirter Weise behandelten Malariafiebern gemachten Erfahrungen stehe ich nicht an zu behaupten, dass reine mit langdauerndem remittirendem oder kontinuirlichem Fieber auftretende Malariaformen selbst in Kamerun mindestens recht selten sind und dass dieselben auch aus der Zahl der Beobachtung anderer Aerzte grossentheils verschwinden werden, wenn diese den Blutbefund für ihre Behandlung ausgiebig verwerthen und mit der Anwendung des Chinins in den Fällen äusserst vorsichtig verfahren werden, wo sich active parasitäre Formen im Blut bei sorgfältiger Untersuchung nicht nachweisen lassen. Ein in mehr oder weniger kurzen Pausen intermittirender Fiebercharakter gehört zu den hervorragendsten klinischen Erscheinungen des reinen nicht durch anderweite Schädlichkeiten oder die Behandlung beeinflussten Malariafiebers in Afrika, auch der schwersten Formen desselben, und Verkennung der fiebererregenden Eigenschaft des Chinins ist die hauptsächliche Veranlassung für die von vielen Autoren mit Befremden immer wieder konstatirte Thatsache, dass, während die intermittirenden Fieberformen in so auffällig günstiger Weise durch das Chinin beeinflusst werden, die remittirenden und kontinuir-

ziehen sich der Wirkung desselben ganz oder fast ganz unzugänglich zeigen.

Die praktische Aufgabe der weiteren therapeutischen Malariaforschung in den Tropen wird es sein, nach Stoffen zu suchen, welche etwa geeignet sind, die toxischen Fremdkörper, die im Anfall im Blut des Kranken gebildet werden, zu neutralisiren. Weitgehende Hoffnungen an eine etwaige Möglichkeit der Immunisirung gegen Malaria zu gründen, erscheint von vornherein im Gegensatz zu andern Infektionskrankheiten nicht berechtigt, da eine natürliche Immunität nicht erworben wird, sondern der, welcher die Krankheit einmal überstanden, eine besondere Neigung hat zum Wiedererkranken. Aber auch solange uns das specifische Heilmittel des Malariaanfalls selbst noch völlig fehlt, giebt die moderne Hygiene uns eine Reihe sehr wirksamer Mittel in die Hand, die Gefahren der Krankheit auch in den gefährlichsten Sumpfgegenden der Tropen, um ein beträchtliches herabzudrücken und es ist nicht zu besorgen, dass aus Furcht vor den Gefahren des Klimas, es an Männern fehlen wird, welche dem westafrikanischen Boden, einem der reichsten und fruchtbarsten der Erde, seine Schätze zu entlocken bereit sind. Freilich wird in diesen Küstenniederungen stets nur ein mehr oder weniger kurz dauernder Aufenthalt des Einzelnen in Betracht kommen, an eine Akklimatisation im eigentlichen Sinne, an ein Gedeihen von fortlaufenden Generationen ist zunächst hier nicht zu denken.

Völlig anders steht es schon in der Nähe der Küste in einer gewissen Höhe im Gebirge und im Hochland. Die Erfahrung, dass auch am Hange der Gebirge die Malaria hoch empor steigt, braucht keineswegs zu pessimistischer Auffassung zu veranlassen. Bisher handelte es sich, wo in unsern Tropenkolonien Niederlassungen im Gebirge begründet wurden, um die erfahrungsgemäss überall sehr gefährliche Zeit der ersten Rodungen.

So wenig ausgedehnt auch unsere Kenntniss des Innern unserer Kamerun-Kolonie ist und so völlig unzureichend bezüglich der hygienischen Bedingungen für das Fortkommen von Europäern daselbst, so unzweifelhaft sicher ist es doch durch die von den Expeditionen gemachten Erfahrungen, welche mit den weit umfangreicheren aus Central- und Ostafrika durchaus übereinstimmen, erwiesen, dass es ganz unberechtigt ist, von den ungünstigen sanitären Verhältnissen der Küste auf die des Innern zu schliessen und dass das früher gern und häufig citirte Bonmot, dass Afrika ungesund sei, wo es fruchtbar ist und unfruchtbar wo es gesund ist, sehr viel von seiner angeblichen Berechtigung verloren hat. Die Yaundestation und ihre Umgebung hat, wie das durch eine mehrjährige gewissenhafte Beobachtung festgestellt ist, ein dem Europäer in hohem Maass zusagendes gemässigtes Klima, Fieber ist unter der Bevölkerung so gut wie unbekannt. Dabei ist das Land nicht etwa eine unwirthliche Wüste, sondern ein üppiger Gartenboden, der neben einer grossen Menge tropischer Produkte sich befähigt gezeigt hat, viele europäische Nutzpflanzen zu vorzüglicher Entwickelung zu bringen. Es handelt sich keineswegs um einen vereinzelten Ort in der Kolonie. Wo unsere Forschungsreisenden, nachdem sie einmal das feuchte Urwaldgebiet der Küste passirt, in das Hochland des Innern eingedrungen waren, da begegnen wir der übereinstimmenden Schilderung eines gemässigten dem Europäer in hohem Maass zuträglichen Klimas, des Fehlens schwerer Fieber, nachdem der Einfluss des Küstenklimas einmal überwunden war und einer üppigen Vegetation. Keiner derselben bezweifelt, dass europäische Ansiedler — es sei ausdrücklich hervorgehoben, dass ich ausschliesslich von den meteorologischen resp. pathologischen Bedingungen spreche — in dieser Umgebung vorzüglich würden ausdauern können, wie das für andere Theile des centralafrikanischen Gebirgs- bezüglich Hochlandes, speciell in Ostafrika, ja als hinlänglich erwiesen angesehen werden kann, durch das jahrelange Ausdauern und Wohlbefinden einer verhältnissmässig nicht ganz kleinen Zahl von Europäern. Dass die Malaria, geeignete lokale Verhältnisse vorausgesetzt, hoch in den Bergen hinauf und auf das Plateau dringt, ist sichergestellt, ebenso sicher aber ist, dass, wo nicht Einschleppung aus dem Tiefland stattgefunden, die schweren, die eigentlich perniciösen Fieberformen sehr selten werden, wenn sie überhaupt vorkommen und dass andererseits eine sehr beträchtliche Zahl gefährlicher Krankheiten ganz fehlt, die in Europa die Menschheit heimsuchen. Dazu ist zu berücksichtigen, dass für die von den Forschungsreisenden auch im Innern Afrikas geklagte und an vielen Stellen desselben, besonders im Congobecken und Sudan auch unzweifelhaft vorhandene Insalubrität vielfach die Lebensweise der Beschreiber verantwortlich zu machen ist. Wer umgeben von fortwährenden Gefahren ohne die Möglichkeit nach hygienischen Grundsätzen seine höchstens für Tage berechnete Niederlassung zu wählen, ein afrikanisches Expeditionsleben führt, in einzelnen Landschaften mit Fieber inficirt, das noch nach Wochen in Folge ungünstiger Lebensweise auch in ganz gesunden Orten Rückfälle verursacht, und damit den Ort, wo der Rückfall erfolgte, gewiss häufig unberechtigter Weise, in den Ruf bringt, auch ein Malariaherd zu sein, dessen Eindrücke und Urtheile hinsichtlich Malariasalubrität sind immerhin mit Vorsicht aufzunehmen. Dass auch in den Tropen das Hochland durchaus günstige der Kolonisation durch Europäer zugängliche Gegenden hat, beweist in erster Linie Südamerika in seinem westlichen Theil, auch vom Hochland Javas wissen wir, dass es gesund ist, während die Küste durch Malaria, Beri-Beri, Tuberkulose, Cholera und Syphilis weit mannigfacheren Gefahren ausgesetzt ist, als im allgemeinen das tropische Afrika mit Ausnahme vielleicht von Senegambien mit seiner mannigfaltigen Pathologie. Ob eine schliessliche völlige Akklimatisation des Europäers an die klimatischen und pathologischen Verhältnisse eines tropischen Gebirges und Hochlandes erfolgen kann, wie im Hochland von Süd- und Mittelamerika, ist eine Frage, für deren Entscheidung keineswegs allein hygienische sondern vor allem sociale Verhältnisse maassgebend sind. Letztere dürften es im indischen Gebirge wenigstens vorzugsweise sein, welche zu der vielfach, vor allem von van der Burg und Wise betonten Ueberzeugung von der Unmöglichkeit, die europäische Race in den Tropen über die dritte Generation heraus rein zu erhalten, geführt haben. Das Eingehen von Mischehen mit eingeborenen oder halbblütigen Weibern in den Fällen völliger Entfremdung von der europäischen Heimat, bei dem Fortbestehen des Zugehörigkeitsgefühls zu letzterer das früher oder später sich regende dringende Bestreben, die leichter und schneller als in Europa erworbene materielle Unabhängigkeit in vorgeschrittenem Alter in Europa zu geniessen und namentlich den Kindern die Vortheile der europäischen Erziehung zu Theil werden zu lassen, wirken auch in den völlig gesunden Theilen des javanischen Hochlandes, und dort gewiss nicht allein, mehr als klimatische und sanitäre Schwierigkeiten der völligen Akklimatisation von Generationen entgegen. Einer Kolonisationsfähigkeit auch des afrikanischen Gebirgs- und Hochlandes stehen unzweifelhaft eine ausserordentlich grosse Menge wirtschaftlicher und politischer Schwierigkeiten entgegen, in sanitärer Hinsicht kann für ausgedehnte Landstriche ein berechtigter Zweifel an ihrer Möglichkeit nicht erhoben werden.

Register.

Autoren-Register.

Sach-Register.

Gedruckt bei L. Schumacher in Berlin.

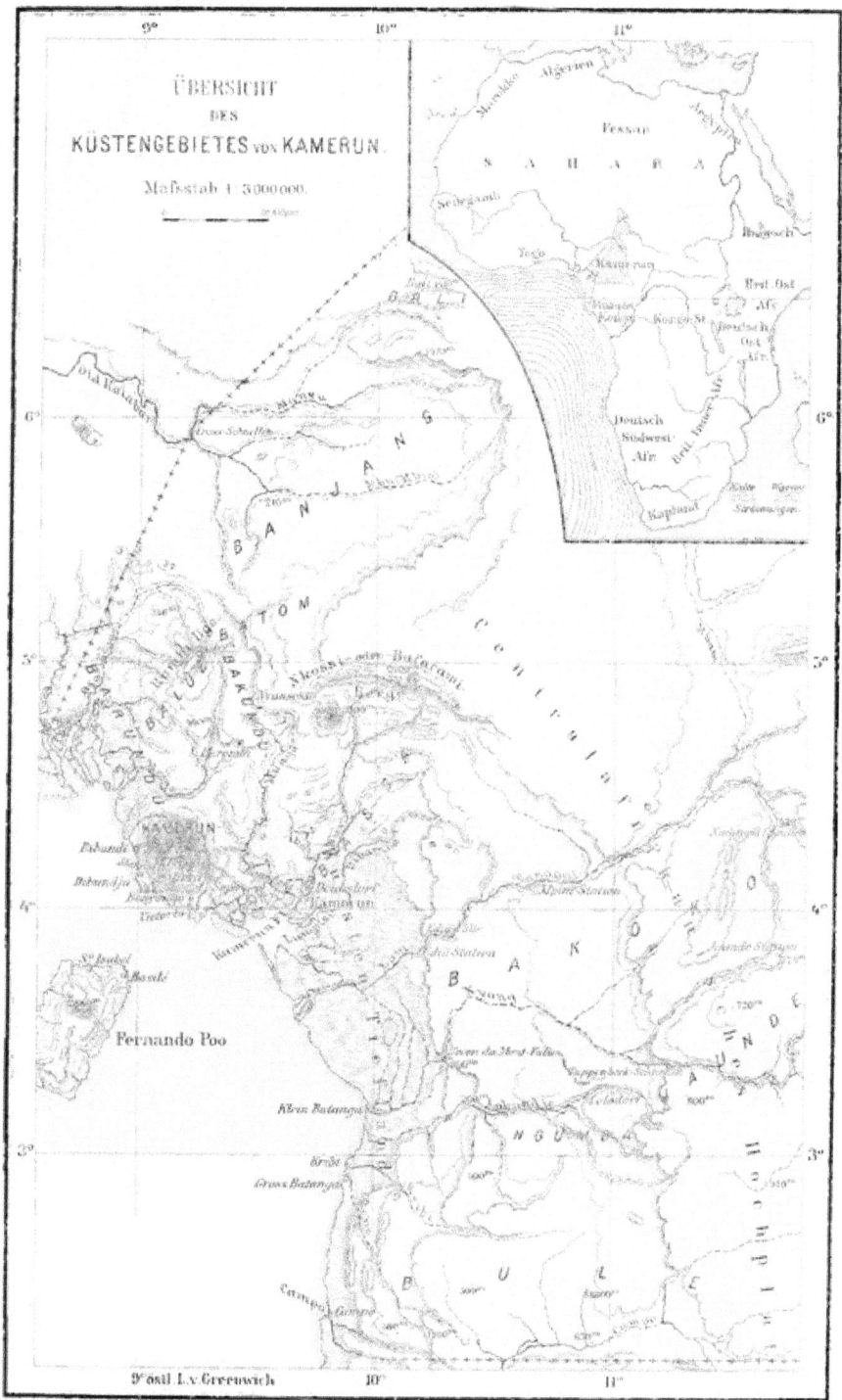

ÜBERSICHT
DES
KÜSTENGEBIETES von KAMERUN.

Maßstab 1 : 3000000.